西汉木刻星象图

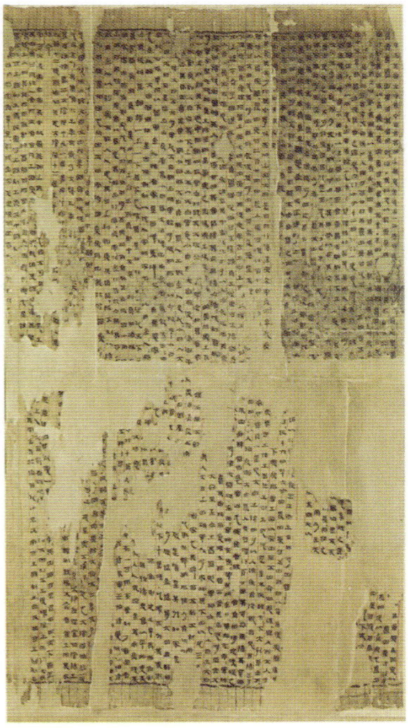

五星占

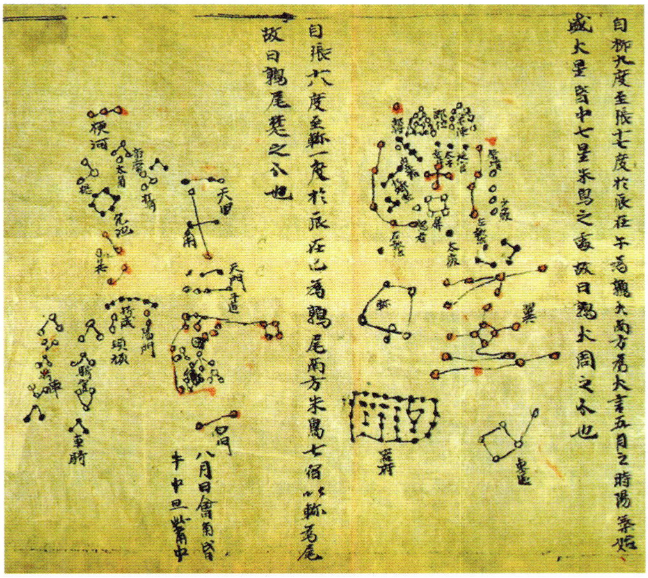

敦煌星图

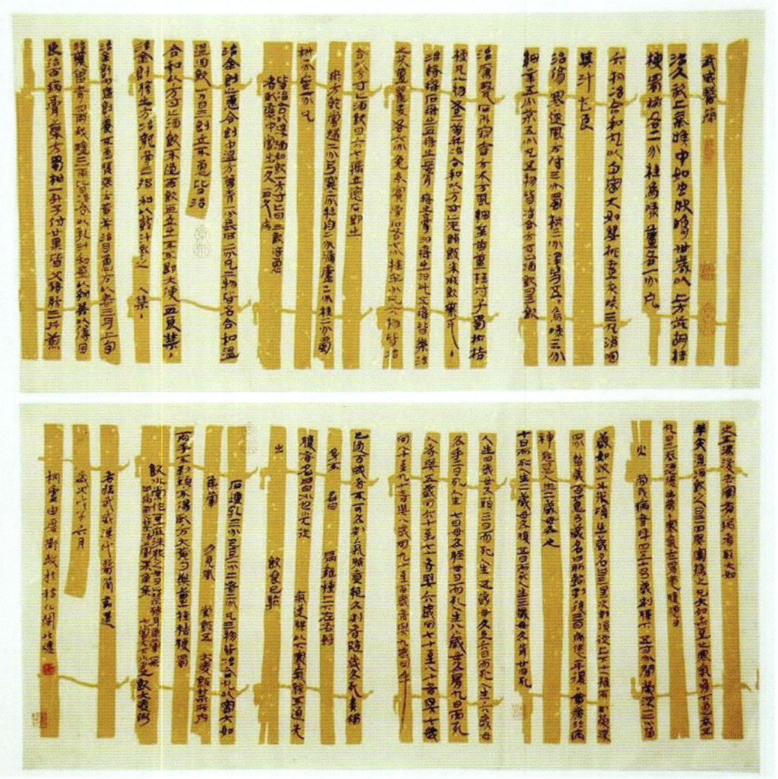

临汉《武威医简》

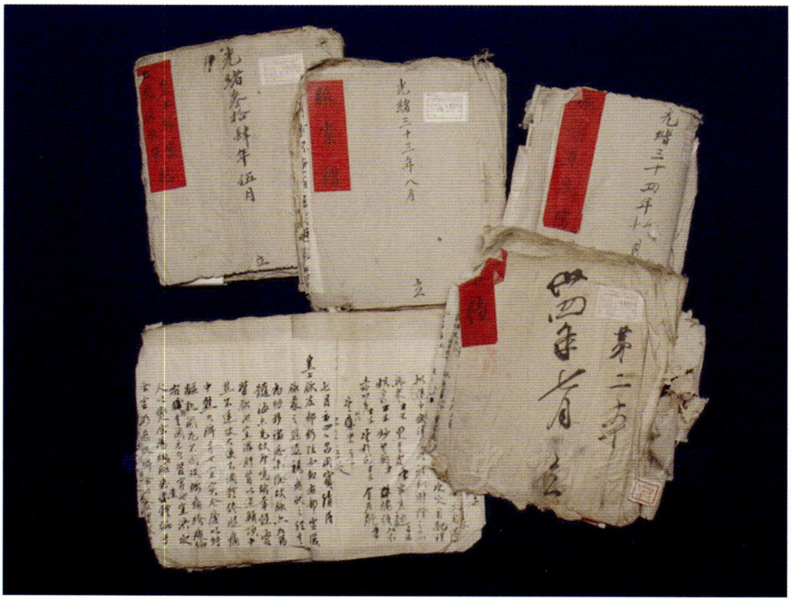

清宫脉案

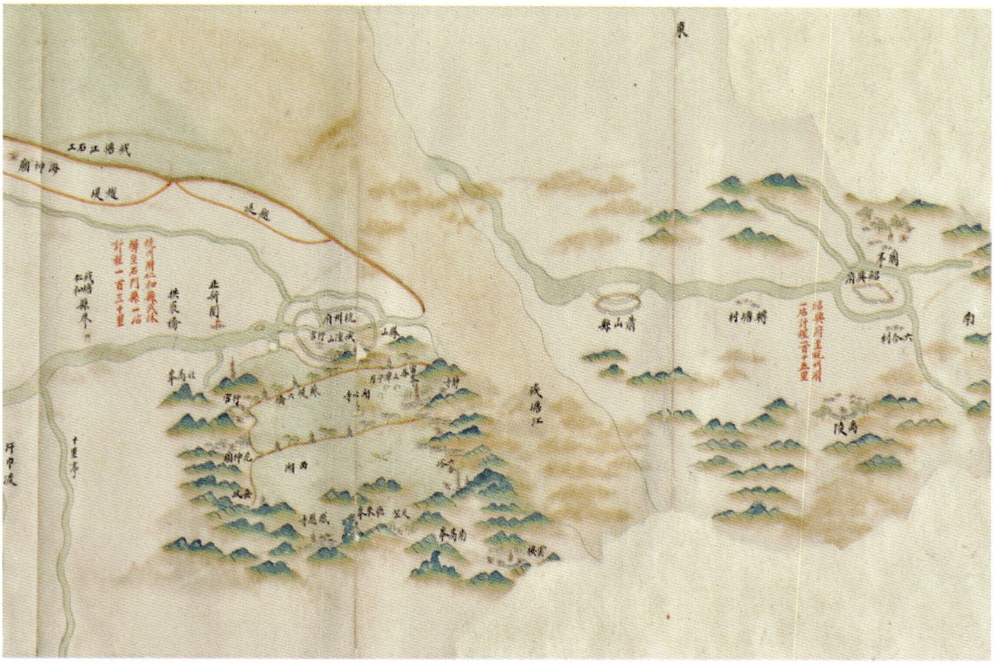

京杭运河局部图

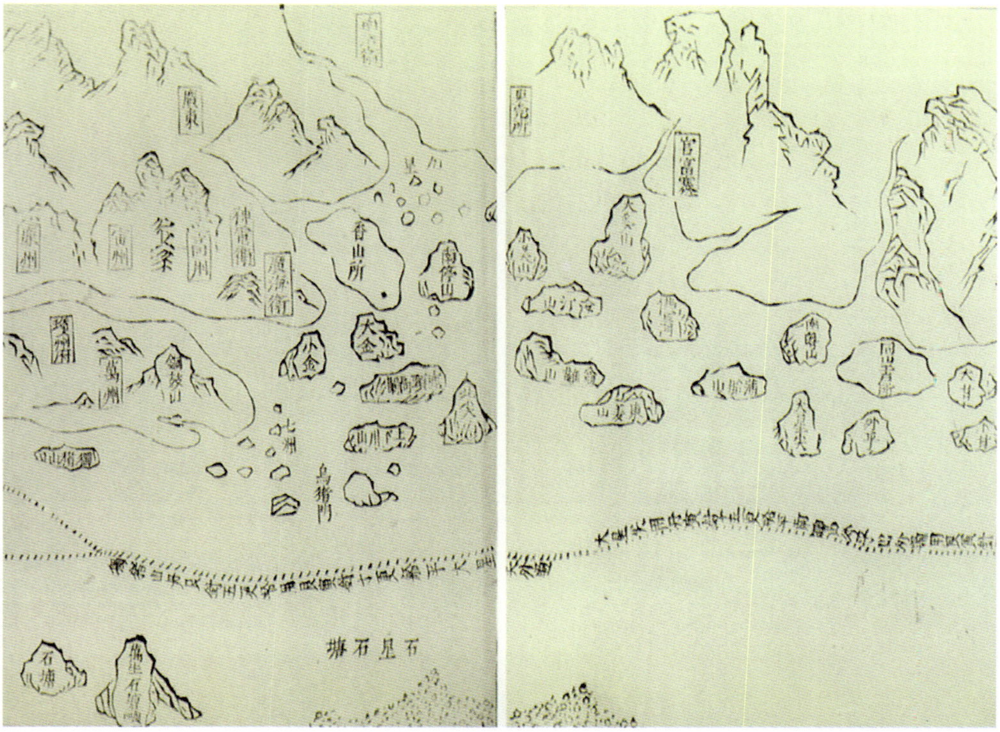

郑和航海图

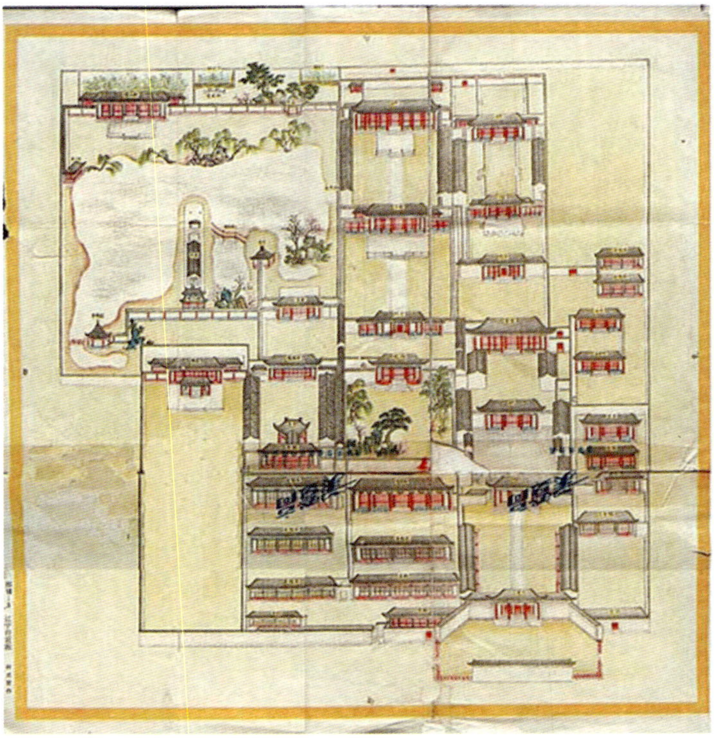

清代皇家建筑师“样式雷”家族设计图版一

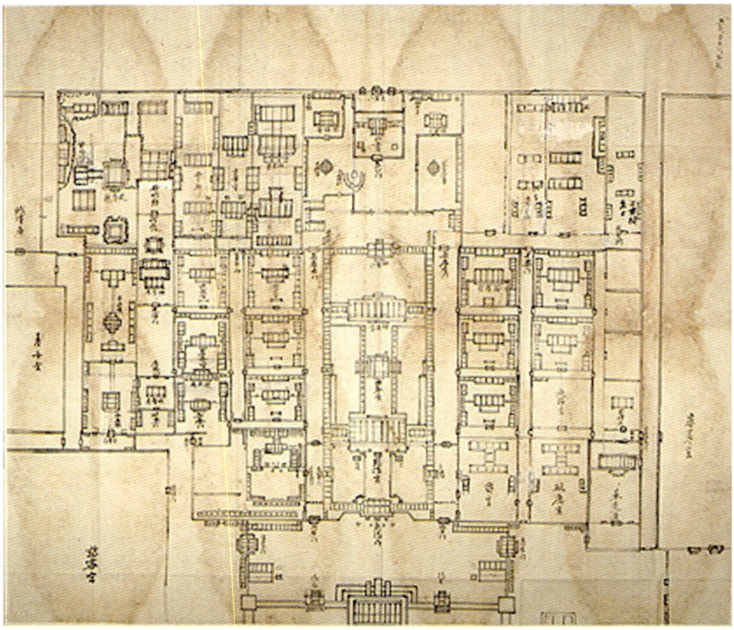

清代皇家建筑师“样式雷”家族设计图版二

国家社会科学基金课题“现存中国古代科技档案遗产及其科技文化价值研究”（07BTQ032）项目成果

中国古代科技档案遗存及其科技文化价值研究

丁海斌 等　著

科学出版社
北京

内 容 简 介

中国古代科技档案数量多、连续性强、内容丰富，是中华文明的宝贵历史财富。尤其是遗存下来的中国古代科技档案，对我们今天的科学研究和生产建设活动，具有重要的参考价值。本书是国家社会科学基金课题“现存中国古代科技档案遗产及其科技文化价值研究”（07BTQ032）的项目成果。它较系统地介绍了中国古代遗存下来的天文、地理、医药、农业、手工业、建筑业、气象、水文等方面的中国古代科技档案遗存（包括直接遗存和间接遗存），并对其科技文化价值作了简单介绍。

图书在版编目（CIP）数据

中国古代科技档案遗存及其科技文化价值研究／丁海斌等著.
—北京:科学出版社，2011.4
ISBN 978-7-03-030392-9

Ⅰ.①中… Ⅱ.①丁… Ⅲ.①科学技术－技术史－研究－中国 ②技术档案－档案管理－研究－中国 Ⅳ.①N092 ②G275.3

中国版本图书馆 CIP 数据核字（2011）第 030431 号

责任编辑：郝莎莎／责任校对：林青梅
责任印制：赵德静／封面设计：谭 硕

科学出版社 出版
北京东黄城根北街 16 号
邮政编码：100717
http://www.sciencep.com

中国科学院印刷厂 印刷

科学出版社发行 各地新华书店经销

*

2011 年 5 月第 一 版 开本：787×1092 1/16
2011 年 5 月第一次印刷 印张：26 3/4 插页：2
印数：1—1 200 字数：630 000

定价：158.00 元

（如有印装质量问题，我社负责调换）

目　录

第一章　概　　论

科学认识来源于哪里？来源于对前人经验的学习和对科学事实的概括与分析。不论是前人经验还是科学事实，都存在着获得与积累的问题，而这种获得与积累都需要适当的方式、方法和载体、工具。科技档案无疑是科学经验与科学事实的重要载体和工具。

所谓科技档案是保存备查的直接记述和反映科技活动与科技思想的科技文件及其他原始记录。它是科技活动中重要但易被忽视的部分。中国古代文明具有古代世界其他文明所不可比拟的连续性，中国古代科技具有很强的应用性和辉煌的成就。所有这些，都需要有一个必要的支撑条件，即中国古代应该有内容丰富、数量巨大、连续保存的科技档案。事实上，中国古代的确有世界其他国家所无法比拟的数量巨大的科技档案，及较为先进的科技档案管理工作。作为中国古代科学技术活动体系的有机构成要素，作为中国古代辉煌的科学技术成就的一部分，中国古代科技档案有着很好的管理系统和价值认可性。并且，这些在当时数量巨大的科技档案有一些被人们以各种方式保存至今，成为历史的见证，并在一些科学技术领域中仍然发挥着独特的作用。

第一节　中国古代科技档案及其管理

科技档案遗存来源于最初的记录制作、保存和管理。中国古代科技档案之所以能够大量保存至今，是因为中国古代有着相对完善的科技档案形成和保管工作（主要是官方）。为了使人们对中国古代科技档案遗存的来源有一个较清晰的认识，本节简要介绍一下中国古代科技档案的形成与管理。

一、中国古人为什么形成和保藏科技档案

人类是本着需要去做事的，中国古人形成与保存科技档案是有着明显的目的性的。

第一，用于学术研究。

有一些科学技术研究活动是以数据和事实记录档案为基础条件的，如天文学、中医药学、地理学等。这里略举两例。

例一：候簿，是中国古代一种比较重要的天文记录档案。它的作用在于以长期连续的观测记录为依据，通过数学运算，来研究天文变化规律，特别是以此来准确地制订历法。沈括在《梦溪笔谈》中，较详细地记载了候簿的内容与作用，并说明由于政治腐败，而没有形成完整的候簿。沈括《梦溪笔谈》卷八载：“卫朴造历，气朔已正，但五

星未有候簿可验。……其法须测验每夜昏、晓、夜半月及五星所在度秒，置簿录之，满五年，其间剔去云阴及昼见日数外，可得二年实行，然后以算术缀之，古所谓缀术者此也。是时司天历官，皆承世族，隶名食禄，本无知历者，恶朴之术过己，群沮之，屡起大狱，虽终不能摇朴，而候簿至今不成。”《梦溪笔谈》卷十八载：卫朴“熙宁中撰《奉元历》，以无候簿，未能尽其术”。

例二：中医药学是一种经验科学，它需要档案的经验积累。诊籍，是中国古代最早的药案档案。据司马迁《史记·扁鹊仓公列传》记载：西汉著名医学家淳于意，“所诊者，皆有诊籍”。这些诊籍详细记载了患者的姓名、籍贯、职业、病名，分析了病因、病理、脉象，并载明了治疗方法和治疗结果等。淳于意不但师从名医，博览各种秘方、脉书，而且深知收集资料、积累经验的重要性。对于所诊治的每一个患者，他都要“表籍所诊，期决生死，观所失所得者合脉法”。也就是说，建立起病人的医案，随时查阅，以与脉法相比照，总结自己诊治中的经验与教训。汉文帝对淳于意的精湛医术颇为欣赏，曾很感兴趣地询问淳于意：“皆安受学？受学几何岁？”并问淳于意所为治病“尝有所验，何县里人也？何病？医药已，其病之状皆何如？”淳于意即从自己的“诊籍”中选择了25例医案，回答了汉文帝所提出的问题。

还有一些科学技术研究活动需要以科技档案作为参考资料。我们以晋代裴秀为例：裴秀发明制图六体及绘制《禹贡地域图》等都与其接触和掌管地图档案有关。他在青年时代相继在曹魏、西晋的中央机关做过官。到晋武帝时，他升为司空（相当于宰相），“又职在地官”（兼任地官，见《晋书·裴秀传》），所以负有管理国家地图档案的职责。因此，裴秀能够有机会看到包括“汉氏舆图及括地杂图”在内的晋宫廷所藏的各种地图档案和其他地理资料。在此基础上，裴秀提出了“制图六体”的理论。同时，由于裴秀接触大量的前几代的地图，便产生了研究整理旧地图、绘制新图的愿望。经过几年的辛苦努力，主持完成了《禹贡地域图》十八篇，这是中国和世界上见于文字记载的最早的一部历史地图集（地图档案汇编）。《晋书·裴秀传》载：“秀…作《禹贡地域图》十八篇，奏之，藏于秘府。”这部以“制图六体”绘制的地图集，开创了区域沿革为主体和古今地名对照的传统，对后世有较大的影响。

第二，用于各种生产与工程建设。

这些生产和工程建设活动包括农业生产、手工业生产、水利工程、建筑工程等，它们也需要科技档案的帮助，以资借鉴和凭证。在这里举两个例子。

例一：用于农业生产。如《周礼·地官司徒》记载：“土训掌道地图，以诏地事，道地慝，以辨地物，而原其生，以诏地求，王巡守，则夹王车。”即：土训掌管记载各道（省）地理形势和物产的地图，用于安排农业生产。帝王出巡时，土训必须随王左右，以便随时向帝王汇报这个地方的地理物产。

例二：用于水利工程。《汉书·匡衡传》载：汉武帝太始二年，“齐人延年上书言：‘河出昆仑，经中国，注渤海，是其地势西北高而东南下也。可按图书（笔者注：这里的图书是指地图档案，中国古代特别是早期这种称谓比较普遍）观地形，令水工准高下，开大河上领，出之胡中，东注之海。如此，关东长无水灾……’书奏，上壮之”。又如《后汉书》载：东汉明帝“永平十二年，议修汴渠，帝赐王景以《禹贡图》”。

第三，用于管理。

科技档案也应用于国家行政管理、经济管理、手工业管理、医药管理等管理活动中。

在国家行政管理与经济管理方面，我们以地图档案为例：在中国古代国家管理中，有两种档案极为重要，这就是地图和户籍。作为科技档案，地图被国家用来进行经济管理（征税等）与行政管理（划定行政区域、评定政绩等）。御史大夫职责的变化也反映出地图在这方面的作用：御史，在秦汉之前原为史官。秦时具有保管地图档案的职责，成为丞相的副官，地位越来越高，汉时成为国家最高监察官。御史大夫之所以成为监察官，就是因其掌管图籍档案，了解各地方的情况，知道各地土地多少、户口多少，这样才有了发言权，才能考察各地方官的政绩。

在手工业管理方面，我们以骨签档案为例：骨签（主要由牛的肩胛骨制成）档案是20世纪80年代出土于汉末央宫遗址的西汉国家工官部门（官方手工业管理部门）形成的手工制造业系统的管理档案，有3万余片，“涉及兵器、皇帝乘舆之物等，范围很大”①。

在医药管理方面，我们以明清皇家医疗机构为例：明清宫廷医药档案主要分为脉案与药方两种。因御医的治疗涉及皇帝、后妃及王公重臣的性命，所以，每看病须保留这些脉案、药方，以备考查。且这些档案要由御医与太监联名签字或用印，共同负责。其档案则由太监及内务府保管。现在中国第一历史档案馆所存的清内务府档案中，有不少此类医药档案。

第四，用于政治与军事活动，如地图档案、历书档案等。

地图与历书，是国家专有物，它既具有十分重要的实用价值，也具有重大的政治意义。

关于地图，《韩非子·五蠹》曰：“献图则地削，……地削则国削。”地图已经成为国家领土主权的象征。在一国向另一国表示降服时，常以奉献地图为标志。据《战国策·燕策》记载，在燕国为官的荆轲为刺杀秦王，以奉上燕国督亢（今河北固定、易县一带）之地图为诱饵而得以面见秦王。

军事活动也离不开地图档案。如《管子·地图》记载：“凡主兵者，必先审知地图，……然后可以行军袭邑，举措知先后，不失地利，此地图之常也”。汉武帝时，淮南王刘安和江都王刘非先后谋反，江都王“具天下之舆地及军阵图”②；淮南王“日夜

① 西汉末央宫遗址出土三万余片骨签文书［N］. 光明日报. 1989-03-07，(1).
② 汉书·江都王传［M］.

与左吴等按舆地图，部署兵所从入”①。他们都是按《舆地图》了解形势，进行军事部署。

二、中国古代科技档案的内容构成

一般说来，有什么样的科学技术，有什么样的科学技术活动，就有什么内容的科技档案。与中国古代科学技术的实用性有关，中国古代科技档案的内容与组成也具有明显的实用性。它们主要有：地理档案、天文档案、农业档案、手工业生产技术档案、建筑档案、医药档案等。具体情况如下：

1. 地理档案

人活天地间，所以人类最早进行的科技活动就是“察地观天”。甚至在文字发明之前，人类就有了地理与天文方面的记录。如许多民族在没有文字之前，就有了地图。中国古代的地理档案，包括地图档案、地质档案、气象档案、水文地理档案、环保档案、人文地理档案等。其中地图档案的数量巨大，气象档案、水文地理档案的数量也比较多。

地图档案的种类繁多，如唐代有行政区划图、地势图、军事地图、藩属和邻国地图、交通图、风俗图、城市规划图、物产图等；气象档案以清代为例，有雨量观测记录档案、雨雪分寸记录档案、晴雨录档册等；水文地理档案主要有黄河水系的水文地理档案（含沙量记录、河源探查记录等）、长江水系的水文地理档案（如著名的长江上游今三峡库区的洪水、枯水题刻等）、海洋水文档案（如潮汐观测记录、航海图等）等。

2. 天文档案

中国古代的天文档案主要集中在官方，因为它是“天子”的权利。从甲骨档案开始，天文档案在中国就大量出现，它们主要有天文观测与历书档案。特别是中国古代天文观测记录，是中华民族贡献给人类的宝贵的科技文化遗产。

3. 医药档案

医药档案也是中国古代科技档案中的数量较大且独具特色的组成部分。其种类主要有：医疗记录档案（医案、脉案），方剂档案，中草药档案，防疫档案等。我们的前人还有一个优良传统，这就是他们常常将积累起来的医案、方剂、本草档案编纂出版，为更多人提供了宝贵的经验和事实。如清代就有江南名医叶天士的《临证指南医案》等大量医案汇集。

---

① 汉书·淮南王传［M］.

4. 工程技术档案

包括建筑工程档案、水利工程档案、土木工程档案、器物制作工程档案及其他手工业技术档案等。我们以现存中国第一历史档案馆的清代工部档案为例，其中包括：营缮司的关于修缮宫殿、坛庙、城垣、衙署等工程做法、用料档案；虞衡司的关于陵寝、坛庙等修缮工程、修办铁路、矿务及河工、修造战船等方面的文件档案；都水司的关于各地河工事宜的奏底和江南、江西等地河工事务清册以及治理黄河的图纸等；屯田司的关于各陵修缮工程做法的档案，等等。

工程技术档案中以各种工程图纸最为引人关注，仅清代“样式雷”家族（皇家建筑设计师）就形成了大量的建筑图档案。

5. 农业档案

中国古代农业档案范围较广，来源众多，比较分散。如现存中国第一历史档案馆档案中就包括“各地官吏涉及农业屯田、垦荒、耕作、农作物品种、种植、禾苗生长、自然灾害灾情和防治，以及植树造林、桑蚕经营等情况的奏报，共3142件。它们均源于中国第一历史档案馆收藏的朱批奏折和军机处录副奏章内的雨雪两家、屯垦耕作、黄河水文灾情、全国水利、自然灾害、自然现象、天文地理等类档案及上谕档、户科题本农业类等各档。”①

除这些地方官等的奏折之外，还有物产图、田亩图等农业档案值得我们关注。它们因涉及贡赋、税收等而显得非常重要。且有时它们数量巨大，如明代的田亩图档案——鱼鳞图册。

6. 气象档案

中国古代人们就知道对自然寒暑进行观测，在甲骨、简牍、缣帛和纸张等载体上形成了以旱、风、云、雨、晕等大气现象为主的气象观测记录——气象档案。它们记载了人们对于四时更替、气候变化等规律的掌握过程，不断地为后代人们利用，对于探究古代气候变迁规律、中西方文化交流历史和气象灾害统计等具有重要的科技文化价值和作用。

7. 水文档案

中国古代水文档案是在水文观测活动中产生并保存下来的原始观测材料。包括水位、水质、水温、流量、水情、地下水位、降水、蒸发等的观测记录，水文手册及图集

---

① 中国科学院地理科学与资源研究所、中国第一历史档案馆．清代奏折汇编［G］．北京：商务印书馆，2005：5~6.

和水文年鉴等。水文档案反映水文气象、陆地水文、海洋水文、水文地质等不同领域长期观测积累的水文变化和洪水旱情预报的情况，为水利和其他国民经济建设部门提供基础资料。

三、中国古代官方科技档案的管理

关于中国古代科技档案的管理，因民间资料极为匮乏，我们在这里主要介绍官方科技档案的形成、保管以及利用情况。

（一）中国古代官方科技档案的形成

中国古代官方科技档案的形成多数是有规矩的，有一套关于形成者、经费、文档形制等的制度与办法。这种制度与办法我们可以上溯到《周礼·夏官司马·量人》的记载：量人“邦国之地与天下之涂数，皆书而藏之”（意为：量人的职责中包括把“邦国之地”和各地的道路情况记录、描绘下来，并作为档案保管妥当）。而且，这种制度与办法越来越严密、科学。相关的中央机关（如钦天监、太医院、工部及内务府所属的手工业部门等）都有自己的一套科技档案的形成与管理制度。地方政府除形成本部门工作所需的科技档案外，还须向中央机关报送相关档案。

我们以地图档案为例：在中国古代，许多朝代都形成了定期“造送”地图档案的制度。如《唐六典·兵部》载：唐朝政府规定，“凡地图委州府三年一造，与板籍皆上省”。此外，中国古代政府对其他方面也有要求，如五代后唐明宗有《令诸道进州县图经敕》①：“宜令诸道州府，据所管州县先各进图经一本，并须点勘文字，无令差误。所有装写工价，并以州县杂罚钱充，不得配率人户。其间或有古今事迹，地理山川，土地所宜，风俗所尚，皆须备载，不得漏略。限至年终进纳，其画图候纸到，图经别敕处分。”这道敕文对各地绘制报送图经的各项要求非常明确。

（二）中国古代官方科技档案的保管部门

多数情况下，官方科技档案的形成、保管与使用者是统一的，即谁（指某一机构）形成谁保管谁使用。古代的国家机构中往往设有专门的部门或个人负责集中保管本机构形成的科技档案。如：在20世纪80年代中期，考古工作者在汉未央宫遗址的一个房间中，集中获得西汉手工业档案——骨签档案3万余片。而且骨签档案的年代与整个西汉王朝相始终，其间连续不断。说明了该处所是集中管理手工业档案的地方。

---

① 全唐文［G］. 卷一百十一. 北京：中华书局影印，1983.

此外，一些重要的科技档案也要上奏皇帝并保存在宫中。我们以清代中央图样档案为例，对中国古代官方科技档案的整理与保管加以说明。

在清代，与科技活动有关的中央机构多设有管理科技档案的人员与部门，如兵部职方司是统一管理地图档案的部门。而清中央重要的地图档案，集中保存在宫中专门保存图样档案的库房——舆图房内。舆图房是内务府造办处的下属机构，皇帝御览后的舆图皆批贮此处收藏。它是一座专门性的图样档案（包括地图档案、工程图档案等）保管库房。

清代中央政府的地图档案除以上保管者之外，还有一部分保存在当时的陪都——盛京的皇宫中。在盛京内务府中，乾隆四十五年的文件上记载："……由京领赍到《皇舆全图》十份，……奴才查照来文数目逐一验收，并详查舆图十份，每份计一百零四张。"① 乾隆五十二年的文件上记载："……今查得由京带到……《皇舆全图》地盘纸样一张，并图边应贴排数字号黄签一份。"②

（三）中国古代官方科技档案的整理

关于中国古代科技档案的分类，由于距今时间久远，文献匮乏，前人记录罕见，往往已无从查考了。但有一点是比较明确的，自甲骨档案（甲骨档案中有相当多的关于天文、医药、气象、地理等科技方面的内容）以降，时间顺序是古人分类、整理、保管科技档案的基本依据。如前面提到的骨签档案有一个极为突出的特点，这就是它在排列上具有很强的时间上的连续性。在所出土的 3 万余片骨签档案上绝大部分记有准确的时间，即标有汉代皇帝的年号等。

此外，地域、内容等分类要素也被涉及。我们以清代舆图档案的分类整理为例：

清代距今时代较近，文献较多，给我们的研究提供了方便。尤其舆图档案目录《天下舆图总折》、《萝图荟萃》等的发现，为我们的研究提供了极为可靠的依据。

经过清初的积累，到乾隆时期，清宫内的舆图档案已相当多，为了便于保管和利用，清人进行了较认真地分类整理。舆图房在收贮舆图档案时，以"时间—地域"二级分类顺序登记，并按此顺序排列于库房架阁之上。如现藏于中国第一历史档案馆的《天下舆图总折》，即为按照这种分类方法编制的目录，它是舆图房的第一份舆图档案目录。但随着舆图房舆图档案数目的增多，这种以时间为主的分类排序方式越来越不便于查阅利用。于是，在乾隆二十五年十二月四日，皇帝传旨曰："着裘曰修、王际华赴造办处会同阿里衮、吉庆，将所有舆图，照依斋宫册页办法一样归类，编定次序，缮写清折二份呈览后，一份交懋勤殿；一份交造办处收贮，以备随时览阅。钦此。"③ 由此

① 辽宁省档案馆．黑图档（京行档）［Z］．乾隆四十五年．卷 376.

② 辽宁省档案馆．黑图档（京行档）［Z］．乾隆五十二年．卷 382.

③ 中国第一历史档案馆．宫中档·朱批奏折·文教类［Z］.

可知皇帝对舆图档案的情况非常关心，亲自览阅，并指示认真分类整理。但当时舆图房所藏舆图档案的管理状况并不理想，除分类、排架方法不便保管和利用外，有 291 件尚未能登记编目，而且有 107 件已潮湿霉烂。在这种情况下，造办处和阿里衮等得到皇帝具体指示后，即开始进行舆图档案的分类整理工作。经过近一年整理编目，舆图房所存 684 种舆图，全部整理完毕，按照“君临天下，统驭万方”的思想和便于保管和查阅的原则，将其中关系重要、绘画完备者计 418 件，分为 13 类，编制目录《萝图荟萃》一册。“至杂项图样，无关轻重及重复者计一百九件，绘画装潢尚属整齐，应请别为收贮，其余重复破损霉泡缺略不全者，计一百五十三件，似无庸存贮。”①

根据《萝图荟萃》所载，舆图分类为：天文、舆地、江海、河道、武功、巡幸、名胜、瑞应、效贡、盐务、寺庙、山陵、风水。

整理小组将库藏舆图档案分为上等、次等两大部分。上等即以上所列，拟长期保存；下等（次等）共有 109 件，拟销毁处理，但须经皇帝审阅后方可处理。整理小组将次等各库列条目呈皇帝阅览，乾隆皇帝看后认为有些图可列入上等。如：《贵州苗子图》二张目下，黄条签注：“二十六年十月十七日呈览，着归入上等。”《海翁渔图》一卷、《山兜图》一张、《船样图》三张、《江船纸图》一张，上述各条目下，均贴黄条签注：“二十六年十月十七日呈览。留中。”②

舆图房的舆图档案分类整理工作历时一年终告完竣。这是有清以来第一次对舆图进行系统分类、整理与编目。最后，整理小组将乾隆二十六年造办处舆图房的舆图档案汇总编目，档案目录名为《萝图荟萃》。

《萝图荟萃》目录记载了清代中前期舆图档案的精华。它的分类整理原则及方法，奠定了整个清代舆图档案管理的基础。乾隆二十六年舆图档案分类编目后，阿里衮、王际华具折奏称：“臣等办理造办处上等舆图四百一十八件，分为一十三类，缮写图目，装成巨册，恭识跋语于后，进呈御览。并请嗣后如有续发之图，随时交该处另行登记。俟件数稍多，再分类办理。”此奏折所提图目巨册即为《萝图荟萃》，乾隆二十六年十二月二十七日奏事太监高升将其转呈乾隆皇帝。乾隆皇帝览后大悦，当即批示“知道了。大本图目前后用御览宝，交乾清宫陈设。着再办见方一尺图目二册：一交懋勤殿；一交造办处存贮。钦此。”

这本皇帝御览的舆图档案目录现存于中国第一历史档案馆。该图目编制极为精美。图目后有阿里衮、福隆安、裘曰修等所写跋语。

乾隆六十年，王杰、福长安、董诰、彭元瑞又将乾隆二十六年以后，续贮舆图房之皇朝所绘及中外臣工所进的重要舆图档案，依类目编纂成册，这册目录称为《萝图荟萃续》。该舆图档案目录共列九类：舆地、江海、河道、武功、巡幸、名胜、效贡、寺庙、

① 中国第一历史档案馆．宫中档·朱批奏折·文教类［Z］.

② 中国第一历史档案馆．宫中档·朱批奏折·文教类［Z］.

山陵。它与《萝图荟萃》的类目一脉相承，只因图的数量较少，无图类目省删掉了。

清宫舆图房所存舆图档案，以后都按《萝图荟萃》、《萝图荟萃续》为基本账目，每年一次，将有无新收、开除的舆图档案呈明存案。每五年将收贮各项舆图，按旧管、新收、开除、实存细数汇总分析，造具清册，钤用“造办处印信，一本交档房存案，一本交舆图房贮库备查”①。以旧管、新收、开除、实存四项登记舆图档案数目的办法，是借用了当时的财物部门的记账方法，这种账册当时称为四柱清册。从《萝图荟萃》之后，日积月累，舆图房的舆图档案数量不断增加。当数量约达2500件后，收销相抵，数量便不再有大的变化。同时，在日常管理中，不断形成新的舆图档案清册。如：

《舆图房嘉庆九年正月起至嘉庆十三年十二月底止库贮各项舆图清册》。内载：旧存图二千五百四十一件，包括《萝图荟萃》所录十三大类八百五十二件和《萝图荟萃续》所录九大类二百七十七件。新收图一件，共实存图二千五百四十二件。

《舆图房道光二十二年正月至二十四年十二月底止库贮舆图清册》。内载：旧存图二千五百四十七件，包括《萝图荟萃》及《萝图荟萃续》所录一千一百二十九件。新收香山画图横披一张，共实存图二千五百四十八件。

以上所述及的各项舆图档案与目录，现都完好地存于中国第一历史档案馆。

（四）中国古代官方科技档案的利用

总的说来，中国古代官方科技档案官方形成、官方保管、官方利用，不存在今天的“官方”档案（国家机构形成的档案）社会利用的做法。其基本情况如下：

1. 科技档案的利用者

中国古代官方科技档案的利用范围十分狭窄，仅局限于帝王本人和统治集团中的少数分子。以宋代天文档案为例，可以说明这一时期统治者对于科技档案的利用情况。宋代天文档案的利用者主要分为三个层次：帝王、管理人员和科技人员。具体表现为：第一，帝王。如宋真宗在位时，禁中设置龙图阁存放许多珍贵的天文学图籍，其主要目的就是为了方便自己“退朝之暇，聚图书以自娱”。第二，馆阁管理编修人员。古代各种文馆、史馆存有档案以供研究与编修书籍之用。如北宋著名的天文学家苏颂，因其曾任馆阁校勘，同知太常礼院及集贤校理，负责编审皇家秘阁所藏的档案图书，得以有机会遍览普通人士看不到的内府档籍图书，因此，他能够为后人留下了一部记述水运仪象台形制的专著——《新仪象法要》。第三，科技机构的科技人员。他们是科技档案的基本利用者，其工作与科技档案密不可分，如编制历法、绘制地图等必须依赖于相关的档案数据。

---

① 中国第一历史档案馆．宫中档·朱批奏折·文教类［Z］.

2. 中国古代科技档案的利用方式

第一，直接运用于科学技术工作。这是科技档案利用的基本方式，参见前面的有关阐述，此处不再冗述。

第二，编纂科技档案汇编。古人也常常把科技档案汇集成书，如各种《星经》（《甘石星经》等）、《图经》（唐代官绘《长安四年十道图》13卷、《开元三年十道图》10卷等）、标准文件汇集（《营造法式》等）、本草集（唐官修《新修本草》等）、药方医案集（隋政府曾组织编撰长达2600卷的《四海类聚方》等）及《地方志》和各种史书中的《天文志》、《地理志》等的汇集。

第三，用于编修其他书籍。中国古代，官方科技档案的保管机构是封闭的，或处皇宫内苑，或属官衙禁区。但是，最高统治者及一些官员在使用档案维护利权、查证事责之外，往往也十分重视档案的文化功能，认识到档案在资政、存史、教化等方面发挥作用的重要性。这种作用通常不是由档案原件来实现的，而是通过档案内容加以编辑加工转化成书籍形式来实现的。中国古代这种情况很多，此处不再冗述。

第四，用于传播知识、教化民众、指导实践。如《周礼》记载：地官部门的土均、草人、土训、司稼以及夏官部门的土方氏，分别在本职范围内形成有关因地制宜、改良土壤、因地因年交纳赋税等的文件、档案。而且，这些文件法令是直接用来指导农业生产实践的，分别以“和”（宣布）、“悬”、“授”等方式施行于民，而本官保存其正本。这种较完善的颁行方法显示出指导实践的显著的实用功能。

第二节　中国古代科技档案的直接遗存

中国古代科技档案的遗存按照内容的原始性（原件与非原件），可以分为两种基本形态：直接遗存和间接遗存。与同时期世界各地的科技档案遗存相比，中国古代科技档案遗存数量极其丰富，连续性、实用性、多元性强，种类较齐全，价值巨大。

中国古代科技档案的直接遗存是指以原件形式遗存下来的中国古代科技档案。它包括两大类：档案原件和档案汇编。从这些档案遗存的来源上来说，有四种基本情况：档案部门保存下来的科技档案原件、考古出土和文博部门保存的科技档案原件、地面遗存的石刻科技档案等、古人今人的科技档案汇编。

一、档案部门保存下来的档案原件

档案部门保存下来的档案原件是指各级档案馆接收的古代档案，如中国第一历史档案馆接收的清中央政府档案和清皇室档案、地方档案馆收集的本地古代档案等。这些档案一般形成时间较晚，主要是明清档案，从载体形式上，以纸质形态为主，其他形态则数量较少。

（一）中国第一历史档案馆保存的明清科技档案

中国第一历史档案馆保存了大量明清时期（以清代为主）的科技档案原件。涉及23个全宗，它们是：内阁全宗（全宗号—02）、军机处全宗（全宗号—03）、宫中档案全宗（全宗号—04）、内务府档案全宗（全宗号—05）、责任内阁档案全宗（全宗号—07）、国史馆档案全宗（全宗号—11）、户部—度支部档案全宗（全宗号—13）、工部档案全宗（全宗号—17）、外务部档案全宗（全宗号—18）、农工商部档案全宗（全宗号—20）、民政部档案全宗（全宗号—20）、八旗都统衙门档案全宗（全宗号—23）、顺天府档案全宗（全宗号—28）、山东巡抚衙门档案全宗（全宗号—29）、黑龙江将军衙门档案全宗（全宗号—30）、阿拉楚喀副将都统衙门档案全宗（全宗号—32）、珲春副都统衙门档案全宗（全宗号—33）、会议政务处档案全宗（全宗号—35）、醇亲王府档案全宗（全宗号—38）、舆图汇集档案全宗（全宗号—47）、钦天监档案全宗（全宗号—53）、太常寺档案全宗（全宗号—58）、其他征集档案、舆图等。

这些全宗包括综合类全宗，如内阁全宗（全宗号—02），也包括专业性全宗，如钦天监档案全宗（全宗号—53）、舆图汇集档案全宗（全宗号—47）。它们从不同角度保存了相关的科学技术档案。这里各举一例：

内阁全宗（全宗号—02）包括的科技档案有：各省汇报人口、谷数的文件；农业类：有题报雨水粮价、禾麦收成分数的文件，关于农业耕作、开垦地亩等文件，有关于森林畜牧方面的文件；工业类：关于开办金、银、铜、铅、锡、水银、煤等矿厂内容的文件，有关陶瓷等工业的文件；天文气象类：有日食、月食、星异、历法等内容的文件；建筑工程类：关于宫殿、园囿、陵寝、坛庙、衙署、城垣、营房、驿站、仓库工程的文件，关于道路、桥梁工程的文件，及其工料银两核准报销的文件；军需工程类：关于水陆军营修造、军装器械、火药铅弹的制造及采买硝磺等事务的文件；水利工程类：关于修筑和疏浚各省河道、湖港、渠堰、城市沟渠工程及工料银两核准报销的文件，关于题报海塘沙水与河湖汛情的文件；造船工程类：关于修造一般船只、军用船只等方面的文件。

钦天监档案全宗（全宗号—53），档案全宗起止年度：康熙五十四年（1715年）至光绪三十四年（1908年）。档案包括：颁发、领取时宪书和康熙五十四年七政经纬宿度五星伏见目录以及道光十五年、同治三年、同治五年的时宪书。测月食的奏付及月食图，观测天象、风占的图册，及顺义县雨雪阴晴全年平均数量统计表、晴雨录等。选择营建地势及缓修观象台问题的文件。

除以上全宗外，保存了部分科技信息的档册还有“起居注”等。“起居注”发端于先秦，但现存的除《大唐创业起居注》外，皆为清代“起居注”。清代自康熙正式设馆撰修“起居注”。起居注官轮值侍从皇帝，逐日记录，按月装订，成一或二册，题《起居注册》。第二年初整理好前一年的《起居注册》，写出序跋，送内阁储存。“起居注”记载内容广泛，除私生活外，皇帝的一切言论、活动皆记录在案。中国历史档案馆保存有一套清代《起居注册》，共计3863册（包括稿本、清底和正式本），另一套存于台北故宫博物院，共3699册。两者都有所整理出版。

（二）各级地方档案馆保存的明清科技档案

包括台湾省在内的23个省以及为数更多的省属市档案馆也收藏有部分明清时期的科技档案。如天津市档案馆收藏有，天津海关档〔档号—旧（外）1〕：1909年出版的《海务科报告》，及海河治理工程，大沽口航道航标的资料；河北邮政管理局档〔档号—旧（外）2〕：该全宗档案均为英文，反映了近代天津、河北邮政通讯能力及经营管理概况，亦反映了中国早期通信的发展和演变过程；河海工程局档〔档号—旧（外）3〕：光绪二十七年至宣统三年历年章程会议的稿件、年报、工程进度报告等，光绪二十六年以来各种河道工程的资料、合同、契约、备忘录、航海日志等文件；英国工部局档〔档号—旧（外）19〕：英国在天津英租界内的土地登记、房地契及租界图；英商太古公司档〔档号—旧（外）23〕：太古河东产业历史沿革等；天津电力公司档〔档号—旧（外）40〕：天津法租界公议局1909年至1911年在天津电力公司之前经营电力事业的业务文件；美最时、克福满、稗臣三洋行档〔档号—旧（外）51〕：1911年蛋品成本计算及检验生鸡蛋方法等业务的记录；天津电车电灯公司档〔档号—旧（外）52〕：有关供电、发电、电车及设备的有关文函，用户用电来函等，1909年以来的公司装设指示图表，天津城市里一带人口调查和租界内的发电设备等。

（三）流传、出版的私人日记等

这些私人日记，特别是观察日记（笔记），也保存了大量的科技记录。它们中极少的一部分流传下来，有的被出版发行，也成为科技档案的直接遗存。

如：南宋吕祖谦（1137～1181年）的《庚子·辛丑日记》，是1180至1181年进行的物候观测记载，是迄今发现的最早的实测物候记录。虽然名为日记，但实际上是物候观测实录，具有气象档案的性质。现存浙江省图书馆的元代《郭天锡日记》，记载了1309年冬天两个月的天气情况。而清代法国传教士张诚留下的《张诚日记》① 更是为后人了解当时中国北方地区的气象和气候情况提供了真实的佐证。

---

① 陈霞飞译，〔法〕张诚．张诚日记［M］．北京：商务出版社，1973.

二、考古出土和文博部门保存下来的档案原件

（一）中国古代科技文物与科技档案遗存

虽然古代档案部门也具有较严密的制度和较好的保管条件，但年代久远的档案通过档案部门保存下来仍然是不可想象的。所以，现今所存远古、中古时代的档案原件遗存绝大多数来源于考古出土。具体地说，远古时代的档案原件遗存全部来源于考古出土；中世纪时期（约唐、宋、元三个朝代）的档案原件遗存只有零星的来源于档案部门，绝大多数来源于考古出土；近古时期（明清）则以档案部门保存为主，但来源于考古出土的科技档案原件遗存仍有一定数量。总的说来，考古出土的档案原件时间较早，且各个历史时期、各个朝代都有所分布。总体数量虽不多，但价值很大。最早的考古遗存可上溯到原始社会后期的石刻、陶刻、玉刻等。如：安徽含山县长岗乡凌家滩一处相当于大汶口文化中期的原始墓葬中，出土了一个刻有图形的玉片（出土时置于死者胸部）。专家们认为它应是远古时代的洛书和八卦①（河图洛书被认为是古时的历法或天文图、地理图）。再如，在20世纪70年代中期，河南郑州大河村出土了一批新石器时代的彩陶。上面有带芒的太阳、月牙和星星等。其他遗址中也有此类发现，它们是早期天象记录的遗存。

20世纪特别是近几十年以来，中国的科技考古有了很大的发展，出土了大量的科技文物。那么，这些科技文物大体上有哪些种类？它们与科技档案遗存有什么关系呢？

总的说来，科技文物我们可以把它分为两大类：实物和文献。它们和科技档案有什么关系呢？从广义角度讲，这些实物和文献多属于档案。档案界有实物档案的说法，即：把具有历史记录意义的实物称为实物档案。从这个角度讲，科技考古中出土的非文献类实物也属于档案遗存。但实物档案这一概念既没有得到档案界以外的各界人士的认可，也没有在档案界得到普遍认同。所以，笔者在此倾向于使用狭义的档案概念，即文献型的概念——“具有原始性的符号记录”。因此，考古出土的科技文物中，我们只把文献类的科技考古出土物作为科技档案遗存。当然，也不能所有出土文献皆归为档案，但从考古出土科技文献看，它们多数具有档案属性。

结合表1-1，具体地讲，科技考古出土中的科技档案遗存包括：天文文物中的天文图表（甲骨卜辞、帛画、岩画、星象图等）、算学文物中的算学文图（记数陶文、算简、画像石刻、砖刻等）、医学文物中的医学文图（医学竹简木牍、石刻方药、针灸图像）、地学文物中的地图、农业文物中的农桑石刻图像、矿冶文物中的矿冶图、纺织文物中的石刻织机图、建筑文物中的建筑图、其他器物图等。

① 田合禄．太极图是原始天文图［J］．晋阳学刊，1992（5）．

表 1-1　古代科技文物分类示意表

<table>
<tr><td rowspan="8">古代科技文物</td><td rowspan="4">自然科学文物</td><td>天文文物</td><td colspan="2">天文仪器：漏刻、圭表、占星盘……
天文文图：甲骨卜辞、星月纹饰陶片（器）、帛画、岩画、星象图……
天文遗迹：天体崇拜遗址、占星台址……</td></tr>
<tr><td>算学文物</td><td colspan="2">算学工具：记数石子、算筹、算珠盘……
算学文图：记数陶文、算简、画像石刻、砖刻……</td></tr>
<tr><td>医学文物</td><td colspan="2">医学器具：砭镰、针具、脉枕、经脉漆雕木人……
医药标本和药具：丹药、中药、药碾、药煮……
医学文图：医学竹简木牍、石刻方药、针灸图像……</td></tr>
<tr><td>地学文物</td><td colspan="2">帛、木和金属地图……</td></tr>
<tr><td rowspan="4">技术文物</td><td rowspan="4">生产技术文物</td><td>农业文物</td><td>农具：耕作工具：铧、锸、锄、铲、镰……
粮食加工工具：磨盘、磨棒、石磨……
粮食标本：炭化稻、麦、粟、高粱……
冥器模型：陶碓、陶磨、陶风车……
农桑石刻图像：图像石刻……</td></tr>
<tr><td>矿冶文物</td><td>铜矿冶址：矿井、炼炉……
坩锅、石范、锤、凿、铲镰、铜锭……
铁矿冶址：炼炉、鼓风管、金属型范、铁渣……</td></tr>
<tr><td>窑业文物</td><td>陶窑址：窑炉、陶轮、陶拍……
瓷窑址：窑炉：半倒焰式、龙泉式……
窑具：支钉、匣钵、垫圈……
附属设施：淘洗池、调釉缸、凉坯台、烘干炕……</td></tr>
<tr><td>纺织文物</td><td>石刻织机图、织机构件……</td></tr>
</table>

续表

古代科技文物	技术文物	计量文物	度器：骨、木、铜、铁尺…… 量器：陶量、铜撮…… 衡器：木衡、铜砝码、铁权……
		其他技术文物	建筑文物：建筑模型、构件、重要地下基址、地上古建…… 交通文物：舟车残骸（迹）和构件…… 军事文物：弓、弩机、火器…… 有关四大发明文物：（略）

注：引自万欣．科技文物简论——关于中国古代科技文物与科技史研究的几点思考［A］．科技考古论丛（第二辑）［C］．合肥：中国科学技术大学出版社，2000：203.

（二）20世纪初中国学术界的四大发现与科技档案遗存

说到档案原件的直接遗存，我们要提一提20世纪初中国学术界的四大发现：一是殷墟甲骨文的发现；二是敦煌藏经洞的写经和古文书的发现；三是汉晋简牍文书的发现；四是北京明清内阁大库档案的发现。这四大发现皆为学术价值极高的档案的直接遗存（其中皆包含有科技档案内容，请参考本书其他部分）。其中，前三者属于考古出土的直接档案遗存，后者属于通过档案部门保存下来的档案直接遗存。

1. 甲骨科技档案

首先是指殷墟出土的以龟甲兽骨制成的档案材料，包括天文、气象、农业、医学等多方面的内容。如关于天文学，其中的日食、月食、新星、日饵等天象记录，是迄今为世界上最古老的档案记录，等等。

后来，甲骨类科技档案家族中又增加了一个新成员，这就是近年来出土的汉代骨签档案。骨签档案作为一种工业管理档案，是选用高级骨料制成的，体积小，便于集中穿放，工艺高，表面整齐、光洁。上面文字用书刀镌成，填以矿物颜色，刀笔有力，是一种规格较高的档案材料。

2. 敦煌遗书中的科技档案遗存

敦煌遗书是指清代以来，在古敦煌境内多次出土的古代文献和在外地发现的敦煌古文献。遗书总数超过 5 万件，其中汉文写本在 4 万件以上。宗教藏经洞中为什么有科技方面的文献呢？这要从宗教与科学技术的关系说起，简单地说，教会为了研究教义、传教和必要时进行生产建设，都要与科学技术发生这样或那样的联系。正像牛顿认为的那样，从对自然和宇宙的研究论证的过程中，可证明造物主的无所不在①。古今中外莫不如是。

敦煌遗书的年代上起东汉，下至元代（即 2 ~ 14 世纪）。其间，三国、两晋、梁、陈、北魏、西魏、北周、隋、唐、后梁、后唐、后晋、后周、北宋、沙州回鹘、西夏、元朝等 10 多个朝代的文献都有所保存，成为研究各个朝代历史和文化的珍贵资料。其主要部分，更是传统文献宝库中所佚缺者，价值尤为珍贵。

敦煌遗书内容可分为宗教典籍和世俗典籍两大部分。世俗文献（包括大量的“官私文书”）约占 20%，数量虽少，但其学术价值比宗教典籍更大。其种类除了传统的经、史、子、集之外，还有大量地方文献。以内容来分，有数学、地理、历史、政治、贸易、哲学、军事、民族、民俗、音乐、舞蹈、文学、语言、音韵、名籍、账册、函状、表启、类书、书法、医学、兽医、工艺、体育、水利、翻译、曲艺、占卜书等，广泛反映中古社会的各个方面，是研究中古社会生活的重要资料。

敦煌遗书中的数百件科技史文献更是敦煌遗书中的珍品。包括：医药学类近百件，有医方 1000 多个，有《脉经》、《平脉略例》、陶弘景《本草经集注》、唐代官修《新修本草》、《食疗本草》等医药档案汇编类文献；针灸学方面有《灸法图》、《新集备急灸经》等目前最古的绘有人体穴位的灸法图谱档案，还有关于气功、辟谷、石药服饵、房中等方面的医书和档案；天文历法方面以星图、历日档案为主，包括著名的《石氏甘氏巫咸氏三家星经》、《全天星图》等，历日档案约有 50 件之多；数学方面的约 20 件，有的属于图书，也包括《土地计簿》等档案类文献；此外，还包括水利、农业、化学等方面的文献。

3. 简帛科技档案遗存

这里所说的简帛科技档案包括简策和帛书两种载体类型。

简策是一种在中国周代至秦汉时期应用比较普遍的档案载体。现今遗存的著名简策科技档案有中国最早的历谱档案——山东临沂出土的汉武帝七年竹简历谱、世界上最早的法医档案——湖北云梦出土的秦代竹简法医记录等。

在中国古代，由于某些科技档案极为珍贵，因此时常用造价昂贵的缣帛来制作。著名的帛书科技档案有马王堆三号汉墓出土的三幅古地图和《五星占》等（详见表 1-2）。

---

① 〔东德〕H · 武辛．伊萨克 · 牛顿［M］．北京：科学普及出版社，1979：78.

表 1-2 20 世纪 70 年代以来出土的与科技有关简帛文献概况表

1972. 4	山东临沂银雀山	西汉	阴阳杂占等
1972. 11	甘肃武威旱滩坡	东汉	医方
1973. 5～12	河北定县八角廊村	西汉	《日书·占卜》等
1973. 12	湖南长沙马王堆	汉文帝十二年（公元前 168 年）	《周易》、《黄帝书》、《式法》、《五星占》、《天文气象杂占》、《相马经》、《五十二病方》、《导引图》等
1975 年末	湖北云梦睡虎地	秦	《效律》、《封诊式》、《日书》等
1977 年	安徽阜阳双古堆	西汉早期	《周易》、《大事记》、《杂方》、《行气》、《相狗经》、《日书》等
1981. 5～1989	湖北江陵九店	战国	《日书》等
1983. 12	湖北江陵张家山	西汉早期	《脉书》、《引书》、《算数书》、《日书》等
1986 年	甘肃天水放马滩	秦	《日书》
1993. 3	湖北江陵荆州镇郢北村王家台	秦	《效律》、《日书》、《灾异占》等
1993. 3	江苏连云港东海县尹湾村	西汉	《神乌赋》、《博局占》、《元延二年起居记》、《日书》、历谱等
1993 年冬	湖北荆门郭店	战国中晚期	《太一生水》、《缁衣》、《五行》等
1994 年	上海博物馆购自香港，据信出于湖北	战国	《周易》、《缁衣》、《彭祖》等
1999. 6～8	湖南沅陵县城关镇虎溪山	西汉早期	《美食方》、《日书》等
2000. 3	湖北省随州孔家坡	西汉早期	《日书》、历谱等

（三）其他材质的古代科技档案的出土

中国古代科技档案的其他特殊载体包括金属（青铜及其他金属材料）、木板等。如：著名的金属材料科技档案有战国中山王墓中出土的铜板《兆域图》等；著名的木板科技档案有现今世界上最早的古地图——天水放马滩一号秦墓出土的 7 幅刻在木板上的地图等。

三、以石刻为主的地面遗存科技档案

地面遗存的科技档案以石刻档案为主。所谓石刻档案，就是以岩石为载体，刻以文字或其他符号所形成的历史记录。石刻档案以地面遗存为主，也有少量属于考古出土。

中国古代形成了大量石刻文献，并形成了石刻学。其原因一方面在于先人的乐文好记的文化传统，较经常地将各种图样、药方等科技档案书刻在石上，并称之为上石；另一方面，源于得天独厚的自然条件。据研究表明，中国大陆面积的77%为地球“三大岩”中的“沉积岩”（其他两种为“岩浆岩”、“变质岩”），由于它的特性便于加工，为中国石刻的大量出现创造了优越的物质条件。并且，这些石质材料的档案记录易于长久保存，所以在这种情况下，使石刻科技档案实物成为中国明清以前科技档案中实物遗留较多的一种。

古代石刻的种类包括岩画、刻石、摩崖、碣、碑、墓志、画像、造像、石经、法帖、题名题记、杂刻等。

中国的岩画资源十分丰富。仅阿尔泰山岩画群就有岩画1万余幅，其中与科技有关的主要是动物图像、劳动画面、社会画面等。

碑包括实用碑和刻字碑。我们这里指的是刻字碑。刻字碑的内容以颂扬人和记载史实为主，其中也包括科技内容。科技碑主要包括科技图碑、科技记事碑和科技法规碑。科技图碑的数量较大，也很珍贵，主要是地图、天文图碑等，如著名的《天文图》、《华夷图》、《禹迹图》、《九域守令图》、《平江图》、《静江府城防图》、《汾阴后土图》、陕西泾渠水利图等；科技记事碑如山西地震碑47种、四川西昌《地震碑林》100种、《大朗堰记》、《李冰治水格言碑》、陕西《河渎碑》及历代水利碑等；科技法规碑如福建《交通规则石碑》2种、江苏《生态环境保护碑》3种等。

中国古代的石刻画像中也有一些科技内容。包括反映生产状况的图像，如农耕、纺织、冶铁、煮盐等；生活图像，如楼堂、车骑等；天文、动植物图像，如天文图、植物图等。

石刻中包含科技内容很多，除以上所述外，还包括水文水利石刻、医药石刻、交通石刻等。水文、水利石刻有著名的长江上的各种洪水和枯水题刻、浙江《通济堰石刻》、安徽孙权敖祠《重修安丰塘记》、广西《花桥水文石刻》等；医药石刻有著名的洛阳龙门石窟药方洞中的石刻药方等；交通石刻有福建泉州海外交通史博物馆碑刻、龙海县《江东桥碑》、长乐县《天妃灵应之记碑》等。

四、以编研成果形式保存下来的中国古代科技档案

有一种不是档案原件，但可以与档案原件具有同等原始性意义的作品，这就是档案编研成果。所以，它们也可被列为直接遗存。

中国古代遗存下来的科技档案编研成果包括：数据汇编、图集、文件选编或汇编、案例汇集、科技手册、科技大事记等。前几类皆为汇编，以图录表谱为主，它们构成了中国古代科技档案编研成果遗存的主要内容。

当各种科技档案的积累达到一定数量，规模和连续性都发展到一定程度时，各种科技档案汇编（如各种观测记录汇编、图样汇编、标准汇集等）就应运而生了。它们可以是独立成集，也常常作为其他作品的一部分。这些科技档案汇编有利于系统利用、留存与流传。我们的先人以汇编形式保存下来了大量古代科技档案，因为这些汇编是原件的直接汇集，虽然不是以单件形式出现的档案原件，但仍不失档案原件的原始性，所以，我们仍把它们作为直接的档案遗存。

（一）一般性科技档案汇编

中国古代科技档案汇编类遗存的数量是巨大的，主要有天文观测记录汇编、技术标准文件汇编、中医药档案汇编（药方集、医案集、本草集等）、地图档案汇编等。并且，中国古代的科技档案汇编在先秦时期就开始产生并遗存下来，如著名的《甘石星经》、《考工记》和《春秋》等。

《甘石星经》是观测记录汇编的典型。它是战国时期天文官甘德、石申夫将自己和前人的观测记录及根据记录绘制的星表汇总编纂而成，属于天文档案的汇编类。甘德，又称甘公，战国时期的齐国（一说是楚国或鲁国）人；石申夫（原误称石申），战国时期的魏国人，他们都是当时的官方天文学家。他们各自依据亲身观测档案并结合前人原有观测记录，甘德编纂有《天文星占》八卷，石申夫汇编成《天文》八卷，后人把这两部档案汇编合为一部，称《甘石星经》。《甘石星经》不仅在中国而且在世界上也是最早的一部天文观测档案汇编，由于形成久远又历经辗转流传，可惜它在宋代以后已不可全见，幸好我们可以从唐代的大型天文档案汇编《开元占经》中见到它的一些原始篇章摘录。

《考工记》是官方文件汇编的典型。它是对当时齐国的官营手工业内部的细密分工、生产技术和考核标准进行了系统的归纳整理，相当详尽地记述了各种产品的制作规格及城市、宫舍的建筑布局和设计规范。其中，对生产方法和产品规格进行统一规定的标准文件较多，同时存有现今世界上最早的冶金配方等。根据学者们研究的结果，我们可以认为该书应是春秋末年及战国时期以齐国官府手工业工艺技术规范文件为主的汇集，其中可能也有一些周代遗文。西汉刘歆在校理典籍时发现《周礼》中“冬官司空”篇已亡佚，便以《考工记》补足之，也因此它得以见载于儒家经典《周礼》并因此而广泛流传。

《春秋》是史家记事档案编研成果的典型。春秋时期，各国皆有记事之史（档案），多名为“春秋”。孔子以鲁国《春秋》为底本编纂成儒家六经之一的《春秋》。在《春秋》一书中，记述了自鲁隐公元年（公元前 722 年）至哀公十四年（公元前 481 年）计 242 年间的重要史实。孔子“述而不作”，对史家记事档案并未进行再创作。因此，我们可以把《春秋》看作当时的档案原本（有所删削）。《春秋》中的这些档案记录包含一些科技方面的内容，如天象记录。史家的天象记录与天文学家不同（尽管先秦时期二者常常是合一的），史家往往以当时人们的天象观测，记录异常天象，预测国家的吉凶。天文学家与史家出于不同角度的高度重视，使这些观测与记录成为一种传统，从而形成了中国古代天文档案的一大特色。

其他著作中保存的科技档案汇集，主要是正史中的《天文志》和某些私家著述中保存的重要的观测记录。如北宋杨惟德星表是景祐年间对全天星官位置进行测量成果的遗存，被录载于南宋李季编纂的《乾象通鉴》中。现存有 341 颗恒星的入宿度和去极度值。

（二）图录

“图录”是各种图像的汇集，有的配以少数文字说明。它们包括地理图录、历史图录、文物图录、人物图录等。与科技档案直接遗存有关的主要是地理图录和器物图录（其中也有一部分属于间接遗存）。

地理图录：明代《郑和航海图》、《广舆图》，清代《皇舆全图》、《乾隆内府舆图》、《大清一统舆图》、《历代舆地图》等。

器物图谱：礼制图谱中的《五服图》、《周室王城明堂宗庙图》、清敕编《皇朝礼器图式》等；名物图谱中的《尔雅图》、《钱图》、《鲁史欹器图》、《器准图》等；文物图录中的宋代吕大林《考古图》、王黼等《宣和博古图录》，明代吕震等《宣德彝器图谱》，清《宁寿鉴古》、《西清古鉴》等。

其他还有：清代戴震《考工图记》，程瑶田《考工创物小记》，李佐贤、鲍康《古泉汇》、《续泉汇》，吴大澂《恒轩所见所藏吉金录》、《古玉图考》，昆冈、徐桐《大清会典图》，端方《陶斋集金录》、《续录》等。

第三节　中国古代科技档案的间接遗存

中国古代科技档案的间接遗存是指以非原件形式遗存下来的中国古代科技档案内容，其主要形式是通过相关著作保存下来。

中国古代以实用科学为主，包括天文、地理、医药、手工业、农业、水利等。它们多以观测、观察、记录为基础来进行传承。因此，即使是著作类文献，也往往与档案记录有关，常常内含数量不等的档案遗存。这些档案遗存与其他内容（如作者的观点、议论等）混杂在一起，经过了作者的加工、使用，原始记录与作者的创作融为一体，所以我们称之为间接遗存。这种间接遗存以各种官方著作为主，兼及各种私人科技著述。

一、史志、政书等著作的官修与私修及与科技档案遗存的关系

在古代社会，史志等有官修与私修之分，这是长期并存的编修史志等的两种形式。就它们与档案遗存的关系而言，官修著作中一般包含档案遗存内容较多。

在中国，文献产生之初，“学在官府”，书面文献的产生局限于官府。孔子出于教学的需要，以官方档案为依据私修《春秋》等著作，开启了两种形式并存的时代。秦汉以降，私修史书有了较大的发展。由于私修容易触及统治阶级的忌讳和利益，所以从总的发展趋势看，统治者对以史书为代表的官修著作日益重视，对史书等的控制也日益严密。隋文帝时期的禁绝私修的举措，实际上为后世建立更加严格的官修史书制度提供了舆论准备。唐太宗君臣出于李唐皇朝长治久安的目的，要求思想文化领域必须适应当代政治上的一统局面。于是，贞观三年（629 年），“于中书置秘书内省，以修五代史”①，并建立相应机构，责成姚思廉修《梁书》、《陈书》，李百药修《北齐书》，令狐德棻修《周书》，魏征负责修《隋书》。同时以房玄龄总领监修，任秘书监魏征“总加撰定”，由秘书丞令狐德棻负责体制及义例的划一事宜。这样，自唐代为始，集众修书、重臣监修的所谓官修制度，便更加完备、更加严密地建立起来，以后历代最高统治者也都大体如此。官修得到封建国家的推崇和支持，不少文人以得亲历盛事为幸。这种制度历代相沿，直至清亡。

在前述制度之下，中国古代史学著作形成官修和私修两种形式。以二十六史为例：《史记》、《汉书》、《后汉书》、《三国志》、《宋书》、《齐书》、《新五代史》、《新元史》等是私修的；《晋书》、《隋书》、《旧唐书》、《旧五代史》、《宋史》、《辽史》、《金史》、《元史》以及《明史》和《清史稿》等属于官修史书②。

对于史书等著作的两种修纂形式，应该辩证地看待。官修与私修，各有所长，也各有所短。就档案资料的搜集和利用而言，官修有莫大优势。官修最大的优势在于一个“官”字——由国家举办，不仅可以提供丰富的资料来源（特别是可以收集大量档案）和其他物质条件，又可以组织专门机构。各种专业人员济济一堂，可以各尽所长，分工协作，为编撰史书提供优越的人事和资料条件。《晋书》、《隋书》等就是官修著作中的范例。宋人郑樵对此给予高度评价：“古者修书，出于一人之手，成于一家之学，班、马之徒是也。至唐始用众手，晋、隋二书是矣。然亦随其学术所长而授之，未尝夺人之能，而强人之所不及。如李淳风、于志宁之徒，则授之以志，如颜师古、孔颖达之徒，

---

① 唐会要·卷六十三·修前代史［M］.

② 司马迁、班固虽然皆以个人名义私修史书，但都利用职务之便，充分使用了官方的典藏。如此看来，二书虽名为“私修”，实为官私兼备。

则授之以纪、传。以颜、孔博古通今，于、李明天文、地理、图籍之学。所以《晋》、《隋》二志高于古今，而《隋志》尤明。”① 而对于私修而言，在当时的社会条件下，以私家之人力、物力，几不仅不能与官修分庭抗礼，同时也不能适应全社会日益发展的经济、政治和文化需要。从资料角度讲，官修私修的条件无法相比，普通书籍私人尚可购得搜寻，而就最具原始性的档案来说，私人则是力所不及了。宋人欧阳修的《新五代史》就是一例。与《旧五代史》相比，欧书虽然于文字颇见功底，于内容则新增无几，故而史料价值不大。

历代史馆等皆收藏有大量档案，地方史志也是以本地档案资料作为编纂的基本依据，官修实录、政书等其他官修著作也无不与档案有密切的关系。所以，从档案信息遗存角度看，官修著作是我们研究的重点。

二、史官写史与史部文献

中国古代有编史修志的优良传统。而编史修志又有以档案为依据（设馆收集档案、图籍等）的优良传统，所以，我们把官修史志等列为档案内容的间接体现。这些官修著作的内容虽不是档案原件，但大量反映了档案原件的内容。学术界也有人把这些官修史志等同为档案——“有的史料，既是书籍，又是档案，例如中国古代社会中的某些史籍官书。它们的内容采自档案或根据档案而摘录编纂，它们虽然不是档案原件，但保存了档案原件记述的内容”②。“我们通常把一些史书视为第一手资料，如清历朝实录、清三通、各种方略、国史馆传记，但是它们也有其资料来源，这就是官方文书。即档案。”③ 这些官修史志等的资料来源于档案，与档案的关系极其密切。但由于不是档案原件，按照原件与非原件标准，笔者将其列入间接遗存。

官家写史有两种方式：一种形式是进行原始记录。据文献记载，古代史官常常置身于最高统治者一侧，随时记录其言行。《汉书·艺文志》云：“古之王者，世有史官，君举必书，所以慎言行，昭法式也。左史记言，右史记事，事为《春秋》，言为《尚书》，帝王靡不同之。”今日可见的《尚书》中的五篇《商书》可以证实。其中，《汤誓》是商汤进攻夏桀前的誓词，《盘庚》是殷王盘庚在迁都前告诫臣民的演说，《微子》则记载了微子和父师、少师的对话等。上述诸篇文献虽经后世加工润色，但所据仍然是史官所记的原始资料。西周以后，文献中也时有史官担任历史记录的记载。春秋时期，晋国有史臣操笔简于门下，书大夫赵鞅之过。战国时期，齐国孟尝君每延宾客，必有侍史记录于屏风。汉章帝建初四年（79 年）有关白虎观会议的记载更为详细。这次会议论定五经，“考详同异，连月乃罢”（《后汉书·儒林传》）。会议由汉章帝亲自主持，

① 通志·艺文略［M］.

② 朱荣基. 档案史料概论［M］. 北京：档案出版社，1983：3.

③ 冯尔康. 清史史料学［M］. 沈阳：沈阳出版社，2004：115.

今、古文经学大师楼望、丁鸿、杨终、贾逵等十二人齐集白虎观展开讨论。《汉书》作者班固以史官身份出席，并且自始至终担任了会议记录。另一种形式是加工原始记录，使成正式文献。对各种原始零碎的记录，统一加工、编辑、润色，使其转变为可供参阅的历史文献，也是史官的职责。如晋之《乘》、楚之《梼杌》、鲁之《春秋》、周之《春秋》、燕之《春秋》之类，皆为其时史官编纂之成果。孔子删定的《尚书》是依据三代史官所记，他删定的《春秋》也是在鲁国史官所写的《春秋》基础上完成的。历代的起居注、实录、国史乃至正史等历史文献，也都凝集了历代史官们加工整理的心血。

《四库全书总目》史部分为：正史、编年、纪事本末、别史、杂史，诏令奏议、传记、史抄、载记、时令、地理、职官、政书、目录、史评15类。体类虽多，但就史书编纂的总体特点而言，主要是记叙而不是论说；主要是博采史料的“编著”，论著次之；编著的经纬纲目又主要是人、事、时、地四端；或以人为纲（如纪传体正史或单独的人物传记，职官志以职官为纲亦是以人为纲的一种变通），或以时为纲（如编年体史书按年月日记史事），或以事为纲（如纪事本末体史书、诏令奏议汇编、史料汇编等），或以地为纲（如国别史、地理类）。

三、纪传体史书中的中国古代科技档案间接遗存

纪传体史书即正史，是经历朝政府规定的史书。其名始创于梁阮孝绪《正史削繁》。《隋书·经籍志》列《史记》、《汉书》、《三国志》为正史；《旧唐书·经籍志》又增《晋书》、《宋书》、《南齐书》、《梁书》、《陈书》、《后魏书》、《北齐书》、《周书》、《隋书》共十三史为正史；宋又增《南史》、《北史》、《新唐书》、《新五代史》共十七史为正史；明又增宋、辽、金、元四史共二十一史为正史；清又增《旧唐书》、《旧五代史》、《明史》共二十四史为正史；1921年，北洋政府又增《新元史》共二十五史；《清史稿》刊行后，则共以二十六史为正史。

正史的体裁是由司马迁《史记》开创、班固《汉书》定型的。《史记》是中国第一部纪传体通史，分本纪、世家、列传、书、表五种体例。“本纪”是按年月为序记述每个皇帝在位时期重大史事，如《秦始皇本纪》、《汉高帝本纪》等。“世家”是以一个封建王侯个人或家族为中心的纪事（圣人孔子列入世家属个别例外），以其子孙世袭相承，故称世家。“列传”是为公卿大臣和其他各类名人所写的传记，包括传主的籍贯、世系、生平履历、言行、著述等史实，有一人单传（如《李将军列传》）、多人合传（如《廉颇蔺相如列传》）、若干同类人物的类传（如循吏、儒林等）等。“书”是记述各类典章制度或地理风俗的专门史，与科技档案遗存相关者较多，如《天官书》记天象，《河渠书》记山川地理交通，《历书》记历法等。“表”是用表格记人物世系和大事的，后来历朝断代史虽各自类目有些增减变化，但大体不出《史记》、《汉书》

所确立的构架。

非正史的纪传体史书，传统目录学中一般归入“别史”以别于正史之谓。而从编纂体裁而论仍属纪传体。早于《史记》的有《世本》。后于《史记》的纪传体，通代者如梁武帝《通史》、宋苏辙《古史》、明邵经邦《宏简录》、李贽《藏书》等；断代史如晋司马彪《续汉书》、陆游两种《南唐书》等。

此外传统目录学归入“杂史”类中的如汉杨雄《蜀王本纪》、皇甫谧《帝王世纪》等，实际上编纂体裁都是用纪传体。

表 1-3　正史中与科技档案遗存密切相关部分的列表

史书名	相关部分名称
《史记》	天官书、历书、河渠书、平准书①
《汉书》	天文志、律历志、五行志、地理志、沟洫志、艺文志、食货志
《后汉书》	天文志、律历志、五行志、郡国志
《晋书》	天文志、律历志、五行志、地理志、食货志
《宋书》	天文志、历志、五行志、符瑞志、州郡志
《南齐书》	天文志、五行志、祥瑞志、州郡志
《魏书》	天象志、律历志、灵征志、地形志、食货志
《隋书》	天文志、律历志、五行志、地理志、经籍志、食货志
《旧唐书》	天文志、历志、五行志、地理志、经籍志、食货志
《新唐书》	天文志、历志、五行志、地理志、食货志、艺文志
《旧五代史》	天文志、历志、五行志、郡县志、食货志
《新五代史》	司天考、职方考
《宋史》	天文志、律历志、五行志、地理志、河渠志、艺文志、食货志
《辽史》	历象志、地理志、食货志
《金史》	天文志、历志、五行志、地理志、河渠志、食货志
《元史》	天文志、历志、五行志、地理志、河渠志、食货志
《明史》	天文志、历志、五行志、地理志、河渠志、艺文志、食货志
《清史稿》	天文志、时宪志、灾异志、地理志、河渠志、艺文志、交通志、食货志

从表 1-3 可见，在中国古代的官修史志中，多数包含天文志、历志、地理志、水利志、食货志、五行志、灾异志及涉及部分科技内容的经籍志等。其名称虽有变化，但基本内容总的来说变化不大。具体内容如下：

《天文志》：源于《史记·天官书》，后世传之，此外也有别称二种，如：《魏书·

① 平准书实为食货志的前身，《史记》中它的主要内容集中在农商方面，而后世正史中的食货志在内容上更加丰富了，包含有农田、水利、手工、商贸等百工之业。

天象志》、《新五代史·司天考》。它们专载恒星观测资料、天象记录、“史传事验”、天文仪器、宇宙理论、重要天学活动等内容，直接转录天文档案内容最多。

《律历志》：起于《史记·历书》，后世名称多有变化，如：《宋书·历志》、《辽史·历象志》、《清史稿·时宪志》等。“历”的部分专记历法沿革、重要历法的术文、围绕历法所出现的争论、机构的沿革等等，直接遗存了历法档案的内容。“律”的部分记述音律的理论和数据，实际上与天学没有直接关系。

《五行志》：首创于《汉书》，后世称谓虽有变化，如：《宋书·符瑞志》、《魏书·灵征志》、《南齐书·祥瑞志》、《清史稿·灾异志》等，但是它们的记录内容大同小异，专记各种“祥瑞”和“灾异”——即不常见的自然现象，其内容也大多出自档案记录。

《地理志》：源于《汉书》，后世另有别称，如：《后汉书·郡国志》、《宋书·州郡志》、《旧五代史·郡县志》、《新五代史·职方考》等，是关于古代自然地理与人文地理的重要的间接档案遗存。它们主要记录了当时的郡国行政区划、历史沿革和户口数字，有关各地物产、经济发展状况、民情风俗的记载更加引人注目。

《河渠志》：《史记》首创《河渠志》，而后班固继承司马迁之体例写作《汉书·沟洫志》。汉以后至唐代，正史均无有关水文、水利的专志，水文、水利的内容在《食货志》、《地理志》中有相当的比重。此外，《五行志》、《本纪》记载水旱灾害，人物传中常涉及各地的水利建设等。宋代开始金、元、明、清都设有《河渠志》，按河流地域或工程分别记载，是研究相应时期水文状况、水利发展的最系统、最原始的档案遗存。

《艺文志》：起于《汉书》，到了编写《隋书》时又有《经籍志》之名。它考证了各种学术派别的源流，记录了存世的书籍，是中国现存最早的图书目录。它条分缕析分门别类地保存有当世现存科技档案文献的目录与历史散佚的目录，为我们研究当时社会的整体科技发展状况提供了不可多得的原始信息。

《食货志》：名称源于《汉书》，是由《史记·平准书》演变而来，但内容更加丰富了。它有上下两卷，上卷谈“食”，即农业经济状况；下卷论“货”，即商业和货币的情况，是当时的经济专篇。随着封建社会经济的发展，正史中《食货志》的内容也不断地丰富起来，成为记载“百工之业”的重要书体。

《交通志》：在司马迁之《史记》、班固之《汉书》中，“交通”一项未能单独成篇。晋司马彪之《续汉书》创设《舆服志》，载有车辆之内容，但不能反映出交通运输之真面貌。在整个中国传统知识体系中，“交通史”散见于“舆服”、“车服”等制度之勾画中，断而不全，隐而不彰。直至《清史稿》，方创设《交通志》之体例，区分“铁路”、“轮船”、“电报”、“邮政”诸类别……以概括当时的工矿交通通信建设之情况。《清史稿·交通志》为我们研究中国近代工业的发展状况保存了重要的间接档案史料。

总之，官修史书的体例中较充分地反映了有关科技方面的内容，成为科技档案信息遗存的重要渠道。

四、其他史书中的科技档案信息遗存

1. 编年体

是按年月日顺序编纂史事的史书体裁，即逐年以事系日，以日系月，以月系时（季），以时系年。以时间为经，事实为纬。其优点在容易了解同时期之事件及其相互联系；缺点是所记一事前后被其他事件割裂，首尾不相连贯。现存最古的编年体史书为《竹书纪年》、《春秋》、《左传》等，其后东汉荀悦《汉纪》、东晋袁宏《后汉纪》等。北宋司马光《资治通鉴》则是中国第一部通代编年史名著。断代尚有北宋刘恕《资治通鉴外纪》、南宋朱燕《资治通鉴纲目》、清蒋良骥《东华录》、王先谦《东华录》、朱寿朋《光绪朝东华录》等。特别是唐以后历代官修的“实录”，如唐《顺宗实录》、宋《太宗实录》、《明实录》、《清实录》等都用编年体。

实录作为官修著作，不以史书为名，但实属编年体史书。实录也是以档案为根据编纂的，即“发秘府之藏，检诸司之椟”①，所以档案学界往往把它们也作为档案或准档案看待。但笔者未把它们纳入直接遗存，原因在于一方面它们毕竟不是档案原件；另一方面它们在编纂过程中也确有修改饰过的地方。而作为档案的间接遗存，它们的原始性程度是高于其他著作的。它们也包含了科技档案遗存，我们以《清实录》为例。

《清实录》为清朝官修大型编年体史籍，天聪（清太宗皇太极做后金大汗时的年号，时间是 1627～1635 年）年间始修，清制：以后凡新君继位，都下诏开设实录馆，为前朝皇帝纂修其执政期间政治、军事、经济、外交、旗务、民族、教育、文化等方面的重大事件和活动，凡十二朝实录计 4400 余卷，被称为“根本史料”而广泛使用。在科技方面，其内容包括天文、地理、气象、医药、农林、水利、工矿、军事技术、城市建设等。如“顺治十年四月己酉”记载：“钦天监奏：‘连日夜见火星逆行房宿，初度，在黄道南，宜防火灾。’报闻。”②

2. 纪事本末体

是以历史事件为纲的史书体裁。即将重要事件分别列目，独立成篇，各篇所记史事按时间顺序备述各事件之始末。首创此体者为南宋袁枢《通鉴纪事本末》。此书创体之后仿效者历代不绝。如南宋章冲《春狄左氏传事类本末》、明陈邦瞻《宋史纪事本末》、《元史纪事本末》、清谷应泰等《明史纪事本末》、离士奇《左传纪事本末》、魏源《圣武记》。除上述通代、断代纪事本末史外，还有专记一事的纪事本末专史，如《三藩纪事本末》等。此种体裁优点是历史及事件记述完备而有

---

① 清世祖实录 · 序［M］.

② 清世祖实录 · 卷七四［M］.

条贯，缺点是同一时期各事件的横向联系无法顾及，特别是与科技文件有关的典章制度难以系统地载入。

五、方志中的中国古代科技档案间接遗存

1. 中国古代地方志概述

方志是将一特定地区地理和历史等情况包罗于一书中，卷帙浩瀚，内容包罗万象，地理、天文、气象、食货（农业、手工业）等科技内容亦在其中。编修方志也是要以档案为基本依据，所以，它保存了大量的包括科技档案在内的古代档案遗存。

古代编史修志之风极盛，据《中国地方志联合目录》统计，传世方志达8264种。我们以清代为例：清朝廷编修《一统志》，并因此广泛搜求历代旧志，同时多次诏编新志。雍正年间规定州县志书每六十年一修。各省府大都设立志局或志馆，由省府长官领衔主修，聘当地学士名流主纂。由于各级官府的督促要求，各省府州县志书的编纂持续不断，极其繁盛。据统计，传于今世的清代各类方志约6000种。

2. 地方志的种类

中国地方志的种类比较多。按照其所记载的地域范围划分，可分为总志、省志、府志、州志、县志、乡镇志等；按它记载的内容又可以分为通志、专志、杂志等。

3. 内容特点

（1）反映地区特点

除全国性的总志或一统志外，所有省、府、州、县、镇各种方志，都以反映该地区特点为编写目的，内容都以自然、社会为中心。

（2）资料真实、连续

由于地方志多根据当地图籍档册、碟谱、传志、碑碣、笔记、信札等文献资料进行编写，其原则一般是照抄照录，“述而不作”。有的还进行实地采访，取得第一手档案资料，所以它所提供的资料客观真实，具有较高的可信度和很强的可靠性，在很大程度上保持了以档案为主的资料的原始性。而且，一般来说，大凡一个地区的地方志修成以后，就会不断地连续修纂下去，使其前后相继，便于考察该地区政治、经济、文化等多方面发展变化的情况。早在唐代，政府就规定各州郡按时向朝廷编送图经，以后历代朝廷都曾多次颁发修志诏令。规定省、府、州、县的志书，每隔若干年重修一次，在旧志基础上增添新资料，使之连续不辍，并不断更新。这样，也使这一地区的档案信息（包括相当数量的科技档案）遗存连续不断。

(3) 科技方面的内容占有相当大的比例

方志内容之广泛，上至天文，下至地理，以及社会的各个方面无所不包，比较详细地揭示了各个不同历史时代的经济、政治、文化和科学技术各方面的成就。一般包括：行政建制、职官、兵备、大事记、沿革、疆域、山川、面积、分野、津梁、名胜、资源、物产、户口、田赋、关税、天文、气候、灾害、人物、艺文、金石、古迹、教育、科技、体育、民族、民俗、方言、寺观、祥异等各个方面，其中间接遗存了大量的科技档案内容，有不少是在正史或其他书籍中所无法见到的资料，如在山川、水利、物产、人物、祥异、天文、地学、生物、水利工程以及科技人物生平等方面的记载都相当丰富，可以大大补充科技档案直接遗存的不足。

历史上的天象观测记录档案是研究天体运动和演化的宝贵资料，由于有些天象的发生，仅在局部地区可见，所以我们就只得求助于地方志的记载了。中国古代在世界上最早和最系统的关于日食、月食、太阳黑子、彗星、新星、超新星、流星雨和极光等的观测记录，大多保存在地方志中。地方志中反映区域特点的地学资料也很多，它们对于分析自然环境的变化和发展规律十分有用。这些地学资料中有关经济地理（人口、物产、交通等）、政治地理（疆域、形势、建置沿革）和气候、水文、潮汐、地震等方面的档案间接遗存，对我们今天的经济建设和探讨大自然的规律等，都具有重要的参考价值。

总之，地方志中的科技档案遗存内容广泛、数量多，对于中国的经济、文化、科技建设和学术研究等方面都有着重要的参考作用。

4. 《中国地方志综录》及古代著名方志

《中国地方志综录》，朱士嘉编，1935 年初版。后来重新增订，1958 年由商务印书馆出版。它是一部有关地方志的工具书，以它为线索才能翻检到地方志原书。其中著录了全国 41 个图书馆收藏的方志 7413 种，共 109 143 卷。各地方志按省分录，行省次序根据中央人民政府内务部编印的《中华人民共和国行政区划简册》排列。由于现存方志大部分修于清代，故书名顺序根据《清一统志》排列。书后附有书名索引、人名索引，均按笔画及字典部首排列。另有两个附录：一是现存台湾的稀见方志目录，共 232 种，3487 卷；二是美国国会图书馆所藏中国稀见方志目录，美国所藏中国方志约有 4 000种，其中稀见版本 80 种，附编于此。

《元和郡县志》（《元和郡县图志》），40 卷，唐宪宗时宰相李吉甫撰。这是唐代官修的地方志，是中国现存最早的全国性的地理总志。书中原有地图，宋代即已亡佚。文字部分详述唐代地域十道、四十七镇（藩镇）郡县建置的情形，体例比较完善，该书以唐宪宗元和八年（813 年）为准，依次记述了当时全国 10 道及道属各府、县户数、沿革、道里、山川、古迹、贡献、物产等内容，保存了后世研究唐时疆域、水利、经济、人口等方面大量的重要史料。嘉庆初年，孙星衍为其作序时称：《元和郡县图志》载州郡、都城、山川、冢墓，皆本古书，合于经征，无不根之说，诚一代巨制，无此书而地理之学几绝矣①。可惜该书已有数卷亡佚，今天的40卷本，实际只相当于原书的34卷，已非全书了。

《太平寰宇记》，200卷，宋乐史撰。这是北宋初年官修的地方志，性质、体例都与《元和郡县志》相近，但搜采的范围更为广泛。此书到清代已有亡佚，今本缺7卷或8卷不等。

《明一统志》，90卷，明李贤等撰。这是明代官修的地方志。据《四库全书总目提要》记载，历代官修的地方志，以元代岳琳等纂修的《元一统志》“最称繁博”，但该书已散佚。明英宗时，遂命李贤等仿《元一统志》体例修成此书，所以仍沿用“一统志”的名称。但《明一统志》成于众人之手，内容错误很多，在历代官修地方志中是质量较差的一部。

《读史方舆纪要》，130卷，后附《舆图要览》4卷，清顾祖禹撰。这是顾氏私人著述，志在补充、订正《明一统志》的疏漏谬误而写定的。作者对当时中国的地理做了不少实地调查，并参考了各种文献档案，对于每一地区的山川险要，都有详细记述。全书分十八部分，除第一部分《历代州域形势》、第十七部分《川渎》和第十八部分《分野》（古代地理学家根据天文学上银河系二十八宿的位置来区划某一地区在全国中的位置，叫“分野”）属于总论性质外，其余则按照地区的划分逐一记载，包括直隶（今河北省）、江南（今江苏、安徽两省）、山东、山西、河南、陕西、四川、湖广（今湖南、湖北两省）、江西、浙江、福建、广东、广西、云南、贵州共十五部分。该书商务印书馆有铅印本，后来中华书局又据原纸型重印问世。日本东方文化学院东京研究所曾为《读史方舆纪要》编了一本“索引”，名叫《支那历代地名要览》，编者青山定男，1933年（昭和八年）3月出版。

《清一统志》，560卷，清嘉庆时官修地方志，所以又名《嘉庆重修一统志》，清代沿用元、明《一统志》的体例，自康熙年间即纂修《大清一统志》，到乾隆八年（1743年）修成，乾隆二十九年（1746年）又重新修订，成书500卷。这个560卷本，是嘉庆时再度增修的，材料则截至嘉庆二十五年（1820年）为止，至道光二十二年（1842年）修成，另有“凡例”、“目录”二卷。此书以省为单位，每省都先用图表说明。文字部分则以省、县为单位，从分野、建置沿革、形势、职官、户口、田赋、名宦等一直说到城池、学校、山川、古迹、关隘、津梁、陵墓、寺观以及风土人情等。此书以商务印书馆出版的《四部丛刊续编》中的影印本为较好，也比较易得。

还有一些专业性质的官修志书、著述，如《浙江通志·水利志》、盐井志（如清康熙《黑盐井志》、《琅盐井志》，乾隆《白盐井志》）等，亦具有保存古代科技档案信息的功能。

① 孙星衍. 元和郡县图志序［M］.

六、政书中的中国古代科技档案间接遗存

史志之下，政书与档案的关系较为密切，一般亦为官修，取材于档案。因此，其中包含大量的包括科技档案在内的档案信息遗存。政书中的内容十分接近档案原件的内容，但因其不以原件形式显示，且有少量创作成分，所以笔者亦将其列为科技档案的间接遗存。

1. 政书及其产生

政书，是政府各部门规章制度和各项政治、经济、文化政策及它们实行情况的记录，比较集中地提供了社会政治、经济、文化的重要资料。政书涉及的内容很广，政治制度、经济制度、文化制度、科技制度（天文、地理、医药等）都包罗在内。

政书之名始于清代。乾隆后期，编辑《四库全书》时将记载“国政朝章六官所职考”的图书归为一类，以“政书”一词命名。《四库全书总目》把政书分为通制、典礼、邦计、军政、法令、考工六小类，所涉科技内容是相对丰富的。

政书本身出现在清以前，“是纪传体史书中书志的发展，从纪传体中分离出来，成为独立的体裁”①。杜佑的《通典》、郑樵的《通志》、马端临的《文献通考》等，都是清代以前著名的政书著作。最早创制政书这种体裁的是唐代的刘秩，他收集了大量典章制度资料，于唐玄宗开元年间（713～741年）编成《政典》。

清代或民国时编纂有关清朝的政书是政书著作最丰富的时期，著名的有《清朝文献通考》、《清朝通典》、《清朝通志》、《清会典》、《清朝续文献通考》、《皇朝政典类纂》、《皇朝掌故汇编》、《枢垣纪略》、《中枢政考》等。

2. 政书的类别

政书按其收录典章制度的时代范围，可分为两大类：一类是“通古今”的，即所谓“三通”、“九通”、“十通”；另一类是断代性的，即所谓“会要”、“会典”。

“三通”、“九通”、“十通”包括：唐代杜佑根据刘秩所编《政典》，参考《大唐开元礼》，并采集五经、诸史以及汉魏六朝文集、奏疏档案中关于典制的资料，经历了30多年的时间，编成《通典》，正式开创了政书的体例，对后世影响很大。宋代郑樵编纂《通志》，元代马端临编《文献通考》。后人因称这三部书为“三通”。清朝将“三通”一续再续，编了《续通典》、《续通志》、《续文献通考》，又编了《皇朝（清）通典》、《皇朝（清）通志》、《皇朝（清）文献通考》，合“三通”而称为“九通”。清末刘锦藻又编了《皇朝（清）续文献通考》，加起来就成了“十通”。从而使中国几千

---

① 白寿彝主编. 史学概论［M］. 银川：宁夏人民出版社，1983：126.

年的古代典章制度有了系统完整的记载。

“会要”、“会典”：“会要”之作也创始于唐代。苏冕首先编了《会要》，记唐高祖至唐德宗九朝典章制度史料。后来杨绍复等采德宗至宣宗事，编为《续会要》。宋代王溥在此基础上又采宣宗八年以后至唐亡史事，连同苏、杨二书合编为《唐会要》。这是现存最早的会要著作。王博又撰《五代会要》。从此，会要体的体裁被确定下来，南宋徐天麟作《东汉会要》和《西汉会要》，首次将内容分门别类编排，为后世会要所效法。到清朝末年，从春秋战国至清朝的历代会要都被补齐。“会典”的性质与“会要”相似，但它不以门类分录材料，而以吏、札、户、兵、刑、工六部为纲。注重章程法令和各种典礼，与“会要”略为不同。而且，“会典”著作，均为官修。会典之作从唐代的《大唐六典》开始，但“会典”之名却始于明代的《明会典》，清朝有《清会典》。

3. 政书举要及其科技档案遗存内容

《通典》唐杜佑撰，商务印书馆 1935 年影印，中华书局 1985 年重印，浙江古籍出版社 1988 年重印（商务本）。这是中国第一部体例完备的政书。唐德宗贞元十七年（801 年）编成，历时三十余年。书中所记典章制度之沿革，上起传说中的黄帝时代，下迄唐玄宗天宝末年。附注间及肃宗、代宗两朝，为后人所补。其中于唐代叙述尤详。全书 200 卷，附考证 1 卷，分为食货、选举、职官、礼、乐、兵、刑、州郡、边防等 9 门，门下又分子目，大约 1500 子目。每事以类相从，把历朝政治、经济的沿革详加记载，“详而不烦，简而有要”。其取材范围包括但不限于正史，博及五经群书和汉魏六朝人的文集奏疏档案，凡是有关政治得失的材料，无不网罗在内，资料相当丰富。书中保存了不少今已亡佚的古籍片段和奏章档案，可供辑佚之用。

《通志》南宋郑樵编著。商务印书馆 1935 年影印，浙江古籍出版社 1988 年重印。该书是仿《史记》的体例，收罗上起传说中的三皇、下迄隋唐之史料而编成的一部通史著作。高宗绍兴三十一年（1161 年）成书。全书 200 卷，附考证 3 卷，内容极广。此书发凡起例，贯通各史书志，包举历代典章制度、学术源流，提供了有关古代社会和自然的各种知识。其最大价值在于“二十略”：氏族略、六书略、七音略、天文略、地理略、都邑略、礼略、谥略、器服略、乐略、职官略、选举略、刑法略、食货略、艺文略、校雠略、图谱略、金石略、灾祥略、昆虫草木略。涉及科技档案遗存等方面的内容颇多，有较高的文化史、学术史价值。

《文献通考》元马端临编著。商务印书馆 1936 年影印，浙汇古籍出版社 1988 年重印。该书以杜佑的《通典》为蓝本，记载了上古至宋宁宗嘉定末年历代典章制度之沿革。元大德十一年（1307 年）成书。全书 348 卷，附考证 3 卷，分为 24 考，每考再分子目。门类较《通典》为广，书中田赋、钱币、户口、职役、征榷、市杂、土贡、国用等 8 考，从《通典》的食货典析出，另外又新增经籍、帝系、封建、象纬、物异等 5 考，其中经籍考最有成就。明清以来的史学家对于《文献通考》的评价都比较高，被认为是政书中最有价值之作，连同后出的《续文献通考》、《清朝文献通考》、《清朝续文献通考》，构成了一部相当完整的中国历代典章制度和文化史资料汇编。

《唐会要》宋王溥撰，中华书局 1955 年重印。这是现存最早的一部会要著作。宋太祖建隆二年（961 年）成书。专记有唐一代政治、经济、文化等各种制度的沿革变迁。其内容性质与《通典》有许多相似，只是对唐代制度沿革损益记载更为详备，保存了新、旧《唐书》所未载的一些史实。原本在流传中渐次残缺，今本据清乾隆整理本重印。全书 100 卷，不分门，只标出 514 目（一说 571 目），查阅不很方便。中华书局 1991 年出版了张忱石编的《唐会要人名索引》，可供查考时使用。

《宋会要辑稿》宋代官修，清徐松辑。中华书局 1957 年据前北平图书馆影印本重印。本书是宋代几种会要的辑佚本，根据徐松原稿整理影印。全书 366 卷，分为帝系、后妃、乐、礼、舆服、仪制、瑞异、运历、崇德、职官、选举、食货、刑法、兵、方域、蕃夷、道释等 17 门，未标细目。此书内容丰富，十之七八为《宋史》各志所无，是研究宋史的重要参考资料。

《唐六典》唐玄宗时官修，中华书局 1985 年影印出版。亦称《大唐六典》，为中国现存最早的一部会典著作，唐开元二十六年（738 年）成书。书中记载唐初至开元官制建置及其渊源。“六典”的名称出自《周礼》，原指大宰掌建邦之六典：治典、教典、礼典、政典、刑典、事典。明清之际中央官设吏、户、礼、兵、刑、工六部本于此。全书 30 卷，以三师、三公、三省六部、九寺、五监、十二卫以至地方三府、督府、州县等为目，述其职司、官佐、品秩及章程、令式，并注周秦至殿前诸官沿革。书中收入不少唐代诏令，涉及均田、赋役、物产、土贡、户等、差科、屯田等制度资料，反映了唐代的政治、经济实况。

《元典章》元代官修，中华书局 1957 年据清光绪三十四年（1908 年）沈家本刊本与陈垣《元典章校补》合刊，中国书店 1982 年重印。该书即《大元圣政国朝典章》，记载有元一代的典章制度。其中前集 60 卷，载元世祖中统元年（1260 年）至元仁宗延佑七年（1320 年）的政令及事例。新集不分卷，续载至英宗至治二年（1322 年）的资料。前集分为诏令、圣政、朝纲、台纲、吏部、户部、礼部、兵部、刑部、工部等 10 门，下分 373 类（一说 327 类），每类又各分条格，是研究元代政治、经济、科技、法律、风俗等的重要资料。

《明会典》明代官修，商务印书馆 1937 年影印，江苏广陵古籍刻印社 1989 年重印。此书记载明代的典章制度。初编本 180 卷，续修本 53 卷，重修本 228 卷，体例均以六部职官制度为纲，以事物名数、仪文等级为目，分述各行政机构的职掌、事例、冠服、仪礼等，并附有插图。内容较《明史》各志为详，是研究明代典章制度的重要资料。

《六典通考》清阎镇珩撰，清光绪二十九年（1903 年）阎氏家刻本。本书是“六典”方面的通史性著作。全书 200 卷，按《周礼》六官职掌分目，记载西周初到明末的典章制度建置沿革。计有设官、爵命、禄制、宫政、邦计、膳饮、庵寺、医政、民政、教典、宾兴、委积、荒政、市政、礼制、乐制、礼器、司天、建国、兵制、军礼、王政、职方、刑典、宾礼、都邑、工政、沟洫等28考，每考又各分子目。汇集历代典制资料颇为系统，间附评论，参以考证，甚便稽考。在医政、荒政、礼器、司天、建国、职方、都邑、工政、沟洫等考中涉及大量科技档案遗存。

《清朝文献通考》、《清朝通典》、《清朝通志》三书为“清三通”，它们统由清三通馆纂修。它们从各个角度反映了清代科技档案的内容，其中《清朝通志》反映科技档案的内容最多，包括天文6卷、地理8卷、都邑4卷、器服6卷、食货16卷、图谱2卷、灾祥3卷、昆虫草木2卷等。《清朝续文献通考》的内容比《清朝文献通考》在科技方面增添了实业、海运、海军、船政等。

《清会典》包括会典、则例（事例）、图说等部分，清朝先后五次纂修。它记载政府各部门的职掌、百官奉行的政令以及职官、制度等。它“以官统事，以事隶官”，以政府机构为纲来记述各种政事。这些政府机构包括工部、钦天监、太医院等与科技活动有关的部门，当然也记述了有关的科技内容。特别是《清会典》中的图说部分，包括礼制器物、乐器、冠服、舆卫、武备、天文、舆地等图，是重要的清代科技档案间接遗存，是研究清代器物、武器装备、全国与分省地图、天文仪器等问题的必读文献。

七、类书中的中国古代科技档案间接遗存

1. 类书及类书的特点

所谓类书是中国古代采辑或杂抄各种古籍的有关资料，分门别类地加以整理，编次排列于从属类目之下，以供人们查阅的工具书。类书，“以杂见称”为其特点。所收内容往往是上至天文，下至地理，旁及社会生活、科学技术、文化知识，举凡人间的学问，世上的知识，以类相从，无所不收，是具有百科全书性质的古典文献。为后人保存了大量很有价值的文化遗产，也包括中国古代科技档案信息的间接遗存，成为中国古籍辑佚、校衡和考证、数据记录检查等的重要文献资料的来源。

类书按内容性质分类编排，先分成若干个大部类，再在每个大部类下分若干个小类，小类之下先排书名，再排材料并注明出处，其材料按原著时代的顺序排列。

从与档案的关系看，类书居于以上两类著述之下。但也需视具体著作而论：有些著作基本上与档案无关，如文学类、启蒙类；有些综合性类书中不同程度地包含了部分科技档案信息，如综合性类书《永乐大典》、《古今图书集成》、《王海》等；官修类书相对于私修类书包含科技档案信息的比例一般较大；科技性类书则相对与科技档案关系较密切，其内容往往是档案记录汇集等，如《格致镜原》等。

2. 类书的范围和类型

正宗的“类书”是兼有“百科全书”和“资料汇编”性质的古籍文献。类书的始

祖《皇览》就具有这种性质。作为"类书"这一体裁的书是取此做衡量标准的。类书包括以下类型：

（1）就内容性质来说，有一般性的类书，有专业性的类书。前者是包括自然界与人类社会的各种知识的，如《皇览》、《艺文类琅》、《太平御览》等；后者则只是某一方面的，如《册府元龟》为政事历史的专业类书；《格致镜原》为科学技术的专业类书。

（2）按编录的体裁来说，有征事的，如《修文殿御览》；有征事兼采诗文的，如《艺文类康》，有词燕的，如《佩文韵府》；有编成韵语的，如《幼学故事琼林》；有重视图表的，如《帝王经世图谱》；有综合数种的，如《初学记》综合第二与第三两种，《古今图书集成》综合第二与第五两种。

（3）按编录的方法来说，有分类编的，有分韵编的，有以数目字来编录的。分类编录是较普遍的形式。也是类书的主要形式，从《皇览》以下，大多数是采取分类编录的方式。分韵编的如《韵府群玉》、《永乐大典》、《佩文韵府》等，较分类的更便于寻检到所需的主题材料，但也有不能把有关的主题材料"类聚"在一起的缺点。以数目字来编录的类书，以数字为纲，聚集事实，如《小学柑珠》、《读书纪数略》等。

（4）按编纂的情况来说，有官修的，有文人学者编的，有书坊编辑的。第一种如《艺文类策》、《太平御览》等；第二种如《北堂书钞》、《白氏六帖事类集》等；第三种如《古今合璧事类备要》、《事林广记》等。

（5）从编纂时提供的用途来说，有为一般检查的，有为诗文取材的，有资科场之用的，有供启象之用的，还有备家常日用的。

3. 与科技档案遗存有关的现存历代主要类书简介

现存最早的完整类书是唐代的。唐代所编的类书，据史籍所载有十余种，现在流传下来的有《北堂书钞》、《艺文类聚》、《初学记》、《白氏六帖事类集》等四种，被称为"唐代四大类书"，其中以《艺文类聚》最为有名。

《艺文类聚》，唐欧阳询等奉敕编撰，中华书局1965年出版汪绍祖校点本，上海古籍出版社1982年重印。这是中国现存最早的一部完整的官修类书。唐高祖武德七年（624年）成书。全书100卷，分为46部，包括天、岁时、地、州、郡、山、水、符命、帝王、后妃、储宫、人、礼、乐、职官、封爵、政治、刑法、杂文、武、军器、居处、产业、衣冠、仪饰、服饰、舟车、食物、杂器物、巧艺、方术、内典、灵异、火药、香草、宝玉、百谷、布帛、果、木、鸟、兽、鳞介、虫豸、祥瑞、灾异等。每部下又分各事物的细目，如天部下又分为天、日、月、星、云、风、雪、雨、异、雷、雾、虹等，共计727个子目，约百万字。此书资料古稀，体例比较完善，事文兼备，对后代类书影响较大。该书用途较广，宋以后多用来校勘古籍、辑录佚文以及查找唐以前的文献资料等，并存有大量科技档案信息，颇有学术价值。

宋代类书从数量到种类皆超过唐代。官修的《太平广记》《太平御览》与《册府元龟》被称为三大类书。宋代私编类书也不少，最著名的是《玉海》。

《玉海》，宋王应麟编，清光绪九年（1883 年）浙江书局重刊本，江苏古籍出版社、上海书店 1987 年影印。此书专为参加科举考试而编，元至元六年（1269 年）刊行，全书 200 卷，分为天文、律历、地理、帝学、圣文、艺文、诏令、礼仪、车服、器用、郊祀、音乐、学校、选举、官制、兵制、朝贡、宫室、食货、兵捷、祥瑞等 21 门。门下再分类，共 240 多类。所列门类大都是“巨典鸿章”，所录故事皆“吉祥善事”，在诸类书中别具一格。书中采辑丰富，自经、史、子、集至百家传记，宋代掌故多取材于实录、国史、日历等档案文献。编排也比较特殊，每类之下按隶属关系以事物或图书名称列若干小标目。每一类、目，先有“提要”简释类、目名称或概述事实梗概，然后才汇集有关资料。类目之间，时有“参见”。每遇异说，还略引古籍加以考证。其中，所录科技档案信息量极大，难能可贵。

明代类书数量不少，其中以《永乐大典》最为有名。

《永乐大典》，明解缙、姚广孝等奉敕编纂。中华书局 1984 至 1986 年缩印。这是中国历史上内容最广博、卷帙最庞大的一部综合性类书，世称“世界上最大的百科全书”。明成祖永乐六年（1408 年）成书。全书共 22 937 卷（内有目录、凡例 60 卷），约三亿七千多万字，可惜流传在世的只有 800 多卷。1984 年起中华书局将 1960 年影印的 730 卷，连同新发现的 67 卷一并缩印，附目录 60 卷，分装 10 册。原书汇集了中国宋元以前重要图书典籍七八千种，包括经、史、子、集、佛经、道藏、医书、方志、平话、戏曲、小说、工技、农艺等各方面的珍贵资料，另有一些附图。科技档案信息量亦相当大。

清代类书较以前更多，其中较有名的有《古今图书集成》、《渊鉴类函》、《佩文韵府》、《骈字类编》、《子史精华》、《格致镜原》等。

《古今图书集成》，清陈梦雷原编，蒋廷锡奉钦命校补，中华书局 1934 年影印铜活字本，中华书局、巴姆书社 1986 年起影印出版。这是中国现存规模最大、内容最丰富、体例最完善、用途最广的一部类书。雍正三年（1725 年）编成。全书 10 000 卷，一亿六千多万字，中华书局 1934 年影印本，共 800 册。中华书局、巴蜀书社 1986 年影印本，分装 80 册，附考证 1 册、索引 1 册。全书分为历象、方舆、明伦、博物、理学、经济等六汇编。汇编之下又分典，分乾象、岁功、历法、庶征、坤舆、职方、山川、边裔、皇极、宫闱、官常、家范、交谊、氏族、人事、闺媛、艺术、神异、禽虫、草木、经籍、学行、文学、字学、选举、铨衡、食货、礼仪、乐律、戎政、祥刑、考工等 32 典。典下分部，共 6117 部，每部设有汇考、总论、图表、列传、艺文、选句、纪事、杂录、外编等项，无者缺之。它集古代图书之大成，搜罗古代社会政治、经济、军事、文化、教育、文学、艺术、哲学、宗教、历史、地理，以及天文、气象、地质、矿产、农业、牧业、手工业、工程技术、数学等各方面的资料，其中保存明代资料特多，西学传入也多有反映。

《格致镜原》，清陈元龙编。光绪二十二年（1896年）上海积山书局石印，台湾商务印书馆1971年据雍正间海宁陈氏刻本影印，江苏广陵古籍刻印社1989年影印。这是一部查考事物起源沿革的专门性类书。清康熙五十六年（1717年）编成并刊行。它仿宋高承的《事物纪原》而编，是宋以来考察事物起源类书的发展和总结。全书100卷，分为30类，包括乾象、坤舆、身体、冠服、宫室、饮食、布帛、舟车、朝制、珍宝、文具、武备、礼部、乐器、耕织器物、日用器物、居处器物、香奁器物、燕赏器物、玩戏器物、谷、蔬、木、草、花、果、鸟、兽、水族、昆虫等。类下分目，共886子目。某种名物资料比较多的，再以总论、名类、称号、纪异等分别标列。此书采撷极博，编次有条理，保存科技档案信息量大，对研究中国古代科学技术史和文化史颇有参考价值。

八、表谱中的中国古代科技档案间接遗存

表谱，包括年表、历表和其他历史表谱。其编纂特点是以年代（或年月日）为经，以人事为纬，用表格形式、极简练的文字以简驭繁，提要钩玄，使人能提纲挈领、一目了然。

年表是供查考年代、纪元和历史大事的工具书。历表是供查考和换算不同历法的年月日的工具书。此外还有专门性表谱，如人物生卒年、籍贯、字号、行事等的人物表谱；记古今各种职官的职官表谱；记历代地理区划沿革的地理表谱；以及其他记学术、文艺、科技之类的表谱。与科技档案有关的主要是历表和地理表谱。

历表最早的是1984年在湖北江陵张家山发现的西汉前期墓葬出土的《历谱》。其后有西晋杜预编《春秋长历》、宋代刘羲叟《长历》（亦名《刘氏辑术》）、元代耶律俨《辽宋朔闰考》。至清代，历表有了进一步发展，如钱侗《四史朔闰考》、顾栋高《春秋朔闰表》、王韬《春秋历学三种》，尤以汪曰祯《二十四史月日考》和《历代长术辑要》较为系统。

地理表谱有清代陈芳绩等编《历代地理沿革表》，段长基等编《历代疆域表》、《历代沿革表》，杨丕复编《舆地沿革表》等。

九、笔记、游记等私家著述中的中国古代科技档案间接遗存

古代科学家对所见所闻加以记录、整理，而形成笔记、游记等私家著述。这些著述首先有记录之义，然后才抒议论之情，其中间接遗存了科技记录档案的内容。

这里所说的私家著述是指中国古代的一些学者，以个人身份完成的著作（中国古代有许多官员科学家，他们有些著作是官修著作，不在我们所说私家著述的范畴内，如前述之《元和郡县图志》等）。从保存档案遗存的角度讲，私家著述较之官修著作要少

一些，因为官方有比较好的档案保管条件和制度，有比较多的档案积累。但私家科技著述也多与这些科学家平时的观察、记录密切相关，保存了他们平时积累的档案材料. 如《梦溪笔谈》、《天工开物》、《水经注》、《徐霞客游记》、《广东新语》等。我们仅举两例：

古代知识分子喜欢“行千里路”，并将自己所闻所见记载下来，形成特殊的旅游记录档案，《徐霞客游记》就是日记体的中国地理记录集。明末徐弘祖经30多年旅行，写有天台山、雁荡山、黄山、庐山等名山游记17篇和《浙游日记》、《江右游日记》、《楚游日记》、《粤西游日记》、《黔游日记》、《滇游日记》等著作，除佚散者外，遗有60余万字游记资料。死后由他人整理成《徐霞客游记》。主要按日记述作者1613～1639年间旅行观察所得，对地理、水文、地质、植物等现象，均作详细记录，是他个人形成的旅游记录档案的间接遗存。

《广东新语》，屈大均撰，28卷，以所记叙的事物性质分类，为天语、地语、山语、水语、石语、神语、人语、女语、事语、学语、文语、诗语、艺语、食语、货语、器语、宫语、舟语、坟语、禽语、兽语、麟语、介语、虫语、木语、香语、草语、怪语。笔记图籍中有严格分类的并不多，它以人、生物、自然现象、器具区别门类，甚为清晰，记事也丰富。对广东的各种田地的形成、生产与占有状况，清初的迁海，广东冶铁业的记载等，都是有价值的史料。

第四节　中国古代科技档案遗存的重要价值

中国古代科技档案遗存具有四大基本价值：历史价值、科学技术研究与经济生产价值、文化价值、社会价值。

一、历史价值

1. 它们是研究中国科学技术史的基本依据之一

郑天挺先生说过：“历史档案在史料中不容忽视，应该把它放在研究历史的最高地位，就是说离开了历史档案无法研究历史。”[①] 对于研究中国古代科学技术史而言，中国古代科技档案遗存具有重要的凭据价值。任何历史研究对原始材料的依赖都是不言而喻的，科技史也不会例外。正如文献学家、历史学家尤里乌斯·鲁斯卡（Julius Ruska）所说：“各门科学的历史将继续依赖于当时所支配的原始材料。”[②]

---

① 郑天挺．清史研究和档案［J］．历史档案，1981（1）．

② 转引自：〔丹麦〕赫尔奇·克拉夫．科学史学导论［M］．任定成译，北京：北京大学出版社，2005：130.

原始材料分为两类：符号性的原始材料和非符号性（实物性）的原始材料。赫尔奇·克拉夫解释道："李比希实验室的曲颈瓶是非符号性原始材料；有该实验室的记录的笔记本是符号性原始材料。"①"信件和其他书面文献是典型的符号性原始材料。与非符号性原始材料不同，它们包含着一种规范的信息，……与科学史最相关的原始材料主体上就属于这一类。"②

赫尔奇·克拉夫列了一个重要的原始材料表，其中当然包括了一些档案文献如信件、日记、实验室日志、著作手稿和草稿、科学机构的管理文件、科技文件、表格、地图、照片、录音带、文献目录等，还有一些档案界人士看来不能称为原始材料的其他文献③（在档案界人士看来，只有档案才称得上符号性原始材料）。赫尔奇·克拉夫进一步说道："书面原始材料通常保存在档案馆，而博物馆则自然是找到第9类原始材料（笔者注：指实物）的地方。"④

以上叙述反映了西方科技史界对档案之于科技史研究的重要价值的认识。而对于中国人来说，由于传统的悠久和遗存的丰富，人们的认识和感受更深刻。正如前国家档案局局长、中央档案馆馆长毛福民先生所言"档案是历史的记录。……历史的脚印，在一页页的档案上留下了深深的印记，虽历经风雨，依然清晰可辨"⑤。

2. 它们还具有一般性的历史价值

科学技术不是一项孤立的社会活动，它是在社会大环境中进行的。所以，反映古代科学技术活动的档案也必然涉及社会的其他问题，特别是与其关系密切的问题，如经济史、社会史、政治史、文化史等。

科学技术（特别是技术）与经济的关系极为密切，这必然反映到科技档案上来。从中国古代科技档案遗存来看，它们对研究中国古代官方经济史也具有突出的价值，如田亩图与赋税、矿产图与矿业、器物图与手工业、标准文件与手工业等。

此外，中国古代科技档案遗存在中国古代社会史、政治史、文化史研究等方面也有着特殊的价值，此处不一一冗述。

---

① 〔丹麦〕赫尔奇·克拉夫．科学史学导论［M］．任定成译，北京：北京大学出版社，2005：130.

② 同①。

③ 〔丹麦〕赫尔奇·克拉夫．科学史学导论［M］．任定成译，北京：北京大学出版社，2005：131～132.

④ 〔丹麦〕赫尔奇·克拉夫．科学史学导论［M］．任定成译，北京：北京大学出版社，2005：133.

⑤ 国家档案局，中央档案馆编．中国档案文献遗产名录［M］．北京：中国档案出版社，2002.

二、科技研究价值

许多历史上的科学技术档案，具有不可替代性，如数据和其他观察记录，因为这种历史活动本身具有不可再现性。同时，由于在世界范围内，古代科技档案遗存的数量相对而言数量是极少的。所以，这些档案材料对科学技术研究而言，弥足珍贵。

关于档案记录的科学技术价值，古人就对此有充分认识。如沈括对天文观测档案“候簿”就有比较充分的认识，他在《梦溪笔谈》中说道：“卫朴造历，气朔已正，但五星未有候簿可验。”① 卫朴“熙宁中撰《奉元历》，以无候簿，未能尽其术”②。没有科技档案的积累，科技专家就不能充分发挥他们的能力来很好地完成科技工作（“未能尽其术”），非常清楚地说明了科技档案的科学技术价值。而崇尚实证的西方科学家，从亚里斯变法开始，特别是近代科技革命之后，十分重视客观观测并加以记录的重要性。在他们看来，原始记录具有无以复加的凭据性。

在今天的科学技术研究活动中，中国古代科技档案遗存仍然具有特殊的价值，发挥着一些基础性作用。

如：中国古代医药档案遗存对继承和发展中医药学有着不可或缺的价值。中医药学是一种依赖于经验积累的科学，它的发展离不开文献积累，特别是医案、本草、方剂档案的积累。正因为如此，古今中医药界人士做了大量的工作，编纂了大量的档案汇编，充分彰显了中国古代医药档案的科学技术价值。

再如：古代遗留的地震档案数量相当庞大，特别是清代地震档案比较完整地保存下来了，内容十分具体翔实，为我们今天的科学工作者研究相关领域的问题提供了十分宝贵的材料。

通过使用中国古代科技档案遗存，中国科技界可以参与世界性的科学研究活动。如在谈到中国古代的天文观测活动时，中国科学院院士席泽宗指出：“在中国，不但皇家天文台持续了几千年，而且天文记录也持续了几千年。二十四史中以‘天文志’命名的篇章绝大部分是记录奇异天象和与它相关联的政治事件。这批记录，抛除其星占部分，就成了一份宝贵遗产，对当今的天文学研究还有重要的作用，至今已在超新星遗迹、太阳活动、地球自转等方面取得了一些成果。”③ 席泽宗先生本人根据中国古代天文记录，取得许多重要的科学成果，如他“于 1955 年根据中国资料，编了《古新星新表》，又于 1965 年与薄树人合作，将日本和朝鲜的资料合并进去，作为《中朝日三国古代的新星记录及其在射电天文学中的意义》

---

① 梦溪笔谈·卷八［M］.

② 梦溪笔谈·卷十八［M］.

③ Xi Zezong：The application of historical records to astrophysical problems；Proceeding of Academia Sinica-Max Plank Society Workshop on High Energy Astrophysics，pp. 158-169，Nanjing，1982.

一文的附录发表。这两篇文章的发表，引起了美苏两国的极大重视，他们纷纷翻译出版。二十年来，世界各国在讨论超新星、射电源、脉冲体、中子星和X射线源等最新天文学研究对象时，引用过这两篇文章的文献，已在一千种以上”①。

三、生产建设价值

科学技术是第一生产力，科学技术研究（特别是技术研究与应用研究）与经济、生产建设活动密切相关。科学技术与经济、生产活动的这种必然关系，使作为其内容承载者的科技档案本身也必然具有经济、生产价值。

中国古代科技档案以实用科技内容为主，这就更加强了其对经济、生产活动有关的价值指向。通过研究而解决经济、生产活动中的相关问题，中国古代科技档案遗存的这种经济、生产价值得到了较好的发挥。如：在治理黄河、长江、海河、永定河、金沙江、洪泽湖等的工程中，都利用过清代水文档案，查得黄河、长江历史上最大的洪水流量和最小的枯水量，成为设计黄河三门峡水库和长江三峡水利枢纽工程的重要依据；在进行基本建设中，如兴修工厂、开矿、筑路、架桥，也要参考古代地震、地质方面的材料；在发展中国农业生产中，曾广泛查阅清代晴雨录等档案材料，掌握了近二百多年气候变化规律和水旱灾害情况，为制定中国农业发展规划提供了有益的参考资料。

1956至1958年，水利电力部水利电力科学研究院水利史研究所20多名同志，在原中央档案馆明清部（现中国第一历史档案馆）的大力支持下，从该馆百余万件清宫奏折中，采用抄写、打字、拍照等办法，整理成近14万张照片、2万余件抄件。这部分资料在全国水利水电系统等发挥了重要作用。正如这批资料的整编者所言：“多年来，前来我院（指水利水电科学研究院）利用这份资料的水利水电系统以及科研、教学等单位，几遍全国，这说明这个资料对社会主义建设是有价值的。”②

四、文化价值

从大概念而言，科学技术是文化的组成部分，科学技术档案遗存也可归入人类文化遗存的范畴，这是毫无疑义的。在这里，为了与其他价值相区别，我们采取最为狭义的具体而微的文化概念——文学艺术。就文学艺术而言，中国古代科技档案遗存具有两个方面的基本价值：第一，许多中国古代科技档案遗存本身就是艺术品；第二，中国古代科技档案遗存为文学艺术的创作提供了重要养料。

关于第一点，我仅举三个例证：中国古代地图多数是以绘画形式完成的，它们是地

---

① 席泽宗．科学史十论［M］上海：复旦大学出版社，2003：167~168.

② 水利水电科学研究院水利史研究室编．清代海河滦河洪涝档案史料［M］．北京：中华书局，1981.

图，也是绘画作品；中国古代陶器既是生活工具，也是艺术作品，制作这些陶器所依据文件—如“官样”（制作瓷器的标准图样），多是精美的艺术品；中国古代的园林建筑艺术的成就被世人所称道，而相关的建筑档案也是美轮美奂的艺术品，如圆明园的图纸。

文学艺术创作离不开相关的人和事，这些人和事中自然也包括科学技术方面的人和事。为了力求创作不脱离生活，保持艺术的真实性，不胡编滥造，求助于档案就是必然的了。而科学技术档案由于它的专业性强，其内容难于被大众了解。并且，当涉及文学艺术创作时，这部分内容的真实性要求较高。所以，当艺术家创作有关作品时，查阅有关档案有时是必不可少的。如：描述战争的艺术品，查阅当时的地图、战图，是十分必要的。否则，张冠李戴、南辕北辙就贻笑大方了。

五、社 会 价 值

中国古代科技档案遗存对一些社会事务也是颇具价值的。联合国教科文组织总干事穆鲍指出：“人们可以设想一个国家没有海军，但不可能想象一个国家没有货币，没有金库，没有基金，以及没有档案，这是最基本最广泛的国家财产，因此可以说它们是国家存在的衍生物。”档案是一个国家主权的重要组成部分，也是维护国家主权的重要工具。

宋代曾发生过沈括在利用地图档案与辽国进行疆界谈判中取得胜利的故事①。而这样的故事在当代中也多次发生，中国古代地图档案遗存等在维护国家主权问题上发挥了重要作用。如：西藏问题一直是一些对中国怀有敌意的西方人士和国家攻击中国的敏感问题，但中国保存的大量历史档案，都不容置疑地证明了自元朝以来，中国中央政府一直对西藏实施着有效的管理；在中印、中苏、中俄的边界谈判中，中国都出具了古代地图档案，有力地维护了我们国家的主权。

在一些社会性的宣传、教育活动中，我们也常常可以看到中国古代科技档案的内容，其社会价值得到了社会各方面人士的普遍认可。

第五节 今人对中国古代科技档案遗存的保护与研究

注意形成和保管档案材料，是中华民族的优良文化传统。在经历了漫长的中国古代社会后，国人在枪炮声中进入了中国的近现代社会。在战乱中，人们虽无法顾及文化建设，但只有得到片刻安宁，中国的知识分子就不忘整理、保护古代档案。20 世纪的四大文化发现，虽受到战争和某些外国文化盗贼等不利因素的影响，但总体上还是保护下来了。即使如罗振玉这般文化商人、清朝遗老，仍然深知保护档案的重要性，身体力行、出钱出力，得保“八千麻袋”档案无虞。就是在这样一种文化传统之下，经历了

① 宋史·列传第九十［M］.

20 世纪 30 年代的一个高潮之后，从 20 世纪 70 年代以来，中国历史档案的保护、保管、利用、研究工作不断发展，进入了安全、稳定的时期。进入 21 世纪，当代中国档案人和各界人士在新的技术背景下，各项工作在不断推进中。下面，仅就中国古代科技档案的保护与研究做一简单说明。

一、民国以来国人与政府就十分重视中国古代科技档案的保护

民国时期，对中国古代科技档案的保护刚刚开始，系统的全面的保护还没有实现，但相关部门和有识之士已经开展了相关工作。我们以“样式雷”图档为例：

“样式雷”家族掌管清代皇家建筑设计工作 200 年之久，形成了大量图样档案。清灭亡后，家境败落后，雷廷昌与雷献瑞商量卖掉一部分图纸和烫样。而早在民国时期，洋人在民间便开始收集“样式雷”图档。而且影响越来越大，最后惊动了“中国营造学社”的朱启钤，经过与雷家谈判、动员、折中，一举买断。买图档的钱（1500 大洋）全是化缘所得，朱启钤自己一张图纸未留，全都献给国家，使“样式雷”部分图档收归今天的国家图书馆。

当时，除国立北平图书馆（今国家图书馆）外，故宫文献馆（中国第一历史档案馆）等也保存了一些古代科技档案。

建国后，随着档案工作体系的建立和完善，古代档案的收集、保管逐渐进入正轨。进入 21 世纪以来，许多古代科技档案进入了《中国档案文献遗产名录》，如：清代五大连池喷发满文档案、“样式雷”图档等，其中“样式雷”图档已于 2007 年 6 月正式被列入《世界记忆遗产名录》。

二、科技档案遗存的编纂工作

以档案界和科技界为主，专家们积极开展了中国古代科技档案（尤其是官方科技档案）的整理、编纂工作，取得了相当大的成绩（见表 1-4）。

表 1-4 20 世纪以来部分中国古代科技档案编纂作品列表

汇编名称	编纂者	出版单位	出版时间
广西沿边各营驻防中越交界对汛法屯距界远近图	故宫文献馆	故宫印刷所	1934 年
清乾隆内府舆图（铜版地图）	故宫文献馆	故宫印刷所	1935 年
清内务府造办处舆图房图目初编	故宫文献馆	故宫印刷所	1936 年
乾隆朝京城全图坊巷宫殿考	故宫文献馆北京大学文科研究所中研院史语所	北大法商学院印刷部	1936 年

续表

汇编名称	编纂者	出版单位	出版时间
苏州织造李煦奏折	故宫文献馆、北京大学文科研究所、“中央”研究院历史语言研究所	北大法商学院印刷部	1936 年
海防档	“中央”研究院近代史研究所	“中央”研究院近代史研究所	1957 年
清代地震档案史料	明清档案馆	中华书局	1959 年
矿务档	“中央”研究院近代史研究所	精华印书馆	1960 年
洋务运动①	中国社会科学院近代史研究所、故宫明清档案部	上海人民出版社	1962 年
清代档案史料丛编（相关内容）	中国第一历史档案馆	中华书局	1978 ~ 1990 年
湖北开采煤矿总局、荆门矿务总局	陈绪麓等	上海人民出版社	1981 年
清代海河滦河洪涝档案	水电部研究院	中华书局	1981 年
湖北开采煤矿总局、荆门矿务总局（盛档之二）	陈绪麓等	上海人民出版社	1981 年
西藏地震史料汇编	西藏档案馆等	西藏人民出版社	1982 年
慈禧、光绪医方选议	陈可冀	中华书局	1982 年
清末海军史料	张侠等	海洋出版社	1982 年
清代的矿业	中国人民大学清史研究所等	中华书局	1983 年
清代帝王陵寝	中国第一历史档案馆	档案出版社	1983 年
汉冶萍公司（一）	陈绪麓等	上海人民出版社	1984 年
云南近代矿业档案史料选编	云南省档案馆、云南省经济研究所	内部出版	1987 年
天津邮政史料（第一辑至第五辑）	天津市邮政局、天津市档案馆	北京航空航天大学出版社	1988 ~ 1993 年
清代江河洪涝档案史料丛书	水利电力部水管司科技司、水利电力科学研究院	中华书局	1988 ~ 1998 年
清宫医案研究	中医研究院、中国第一历史档案馆	中医古籍出版社	1990 年

① 因相连关系，清朝近代部分笔者亦列入。

续表

汇编名称	编纂者	出版单位	出版时间
圆明园	中国第一历史档案馆	上海古籍出版社	1991年
清代吉林盐政·清代东北参务	吉林师范学院古籍研究所、吉林省档案馆	吉林文史出版社	1991年
中国近代兵器工业档案史料	中国第一历史档案馆、兵器工业总公司等	兵器工业出版社	1993年
中国古星图	陈美东主编	辽宁教育出版社	1996年
香港历史问题档案图录	中国第一历史档案馆	三联书店（香港）	1996年
中国明清史档案文献光盘库	中国第一历史档案馆	中央档案馆、北京超星公司	1996年
清代天文档案史料汇编	中国第一历史档案馆、北京天文馆古观象台	大象出版社	1997年
澳门历史地图精选	中国第一历史档案馆、澳门一国两制研究中心	文华出版社	2000年
明清档案通览	《明清档案通览》编委会	中国档案出版社	2000年
中国明朝档案总汇	中国第一历史档案馆	广西师范大学出版社	2001年
清代气象档案史料	中国第一历史档案馆		
清宫医案研究	陈可冀	中医古籍出版社	2003年
清代奏折汇编——农业·环境	中国科学院地理科学与资源研究所、中国第一历史档案馆	商务印书馆	2005年
清代内府刻书档案资料汇编	故宫博物院图书馆、中国第一历史档案馆	紫禁城出版社	2005年
中国古代医方真本秘本全集	全国图书馆文献缩微复制中心	全国图书馆文献缩微复制中心	2005年
中国历史日食典	《夏商周断代工程丛书》，刘次沅、马莉萍著	世界图书出版公司	2006年
治河奏牍—全四册影印版	全国图书馆文献缩微复制中心	全国图书馆文献缩微复制中心	2006年

（一）中国档案界的相关工作

1. 中国第一历史档案馆的编纂出版工作

以中国第一历史档案馆为例，介绍一下档案界这方面的工作①。

中国第一历史档案馆（前故宫博物院文献馆、档案馆，中央档案馆明清部，以下简称“一史馆”）凭借巨量馆藏优势和一代又一代专业人员的敬业精神与开拓能力，自1925年至2003年共编辑出版各种各类档案史料书目165部，总计1240册，约4亿字，累计公布档案达64万余件。按编纂形式和档案内容，概略介绍如下：

第一，档案丛书出版物。

清代档案最早对外公布便是以丛书形式编辑出版的，这就是1927至1930年刊印的《掌故丛编》10辑，其后相继有《史料旬刊》、《文献丛编》、《文献论丛》、《文献专刊》等共96册。1978至1990年，编辑出版《清代档案史料丛编》14辑。这类丛书涉及政治、军事、文化、外交、宗教方面的档案材料较多，涉及科技方面的内容相对较少。

第二，按文种进行的系统出版。

主要有七种：一是明代档案，编为《中国明代档案总汇》102册。二是清帝谕旨，有关雍正、乾隆、嘉庆、道光、咸丰、同治、光绪、宣统这八朝的《军机处上谕档》相继出版，共计144册。三是《起居注册》，康熙、雍正、乾隆三朝先后出版，共48册。四是朱批奏折，相继出版康熙、雍正及光绪三朝148册。五是官员履历引见折，编辑出版《清代官员履历全编》30册。六是军机处随手登记档，已出版乾隆朝46册。七是内阁史书，已出版《雍正朝吏科史书》83册。

第三，专题类档案史料的编辑出版。

主要包括：

（1）反映近代中国重大历史事件的档案史料。其一，农民战争类。相继出版《清政府镇压太平天国档案史料》26册，以及《清代农民战争史资料选编》、《天地会》、《清代中期五省白莲教起义资料》、《福建上海小刀会档案史料汇编》等。其二，列强侵略类。出版了《鸦片战争档案史料》7册，《第二次鸦片战争》6册，《中日战争》12册，《中法战争》7册，《清末教案》3册。其三，义和团问题。出版了《义和团档案汇编》和《续编》共5册及《筹笔偶存》。其四，辛亥革命问题。出版了《辛亥革命》8册。

（2）反映中外关系的档案史料。文献馆时期，曾刊印出版《筹办夷务始末》130册，光绪、宣统朝《中日交涉史料》47册，光绪朝《中法交涉史料》11册，嘉庆、道

① 李国荣．编纂清代档案服务清史工程［J］．历史档案，2004（1）．

光朝《清代外交史料》10册，《朝鲜国王来书》1册。新中国成立后，出版《清代中俄关系档案选编》5册142万字。近十几年先后出版《清代中琉关系档案》选编、续编、三编、四编4册，《清代琉球国王表奏文书选录》1册。另有《英使马戛尔尼访华档案史料汇编》1册，《清代中朝关系档案汇编》2册，《清代中国与东南亚各国关系档案史料汇编》1册，《中葡关系档案史料汇编》2册，《清中前期西洋天主教在华活动档案史料》4册相继出版。

（3）反映国家统一问题的档案史料。其一，有关台湾方面，出版《康熙统一台湾档案史料选辑》1册，《郑成功档案史料选辑》1册。其二，有关西藏方面，出版《元以来西藏地方与中央政府关系档案史料汇编》7册，另有五世达赖和六世班禅档案精选各1册。其三，为配合香港、澳门回归，编辑出版《香港历史问题档案图录》1册，《明清时期澳门问题档案文献汇编》排印本6册，《澳门历史地图精选》1册，还出版了澳门珍档影印本和线装书。

（4）反映社会经济文化等方面的档案史料。其一，与相关部门合作，整理出版《清代江河洪涝档案史料丛书》一套，其中囊括了黄河、长江、淮河、海河与滦河、珠江、黑龙江与松花江及辽河这六大水系在清代的洪涝档案，共约500余万字。其二，有关地震灾害，出版《清代地震档案史料》1册。其三，清代商贸档案，有《清代粤港澳商贸档案全集》10册及《清宫广州十三行档案》1册。其四，文化等方面，文献馆时期曾刊印《清代文字狱档》9册，近年出版了《纂修四库全书档案》2册，《清代"服制"命案》1册。另有《华工出国史料汇编》4册、《乾隆朝惩办贪污档案选编》4册及《清代妈祖档案史料汇编》1册。

（5）反映民族事务的档案史料。除有关藏事档案外，近20年还相继编辑出版了《清代锡伯族档案史料》2册，《清代西迁新疆察哈尔蒙古满文档案译编》1册，《清代皇帝御批彝事珍档》1册。反映边疆地方事务的《清代黑龙江历史档案选编》2册和《清代东北阿城档案》1册，也分别出版。

（6）反映清代宫廷史方面的档案史料。文献馆时期曾出版《交泰殿宝谱》、《多尔衮摄政日记》、《升平署月令承应戏》等。新中国成立后编辑出版了《清代帝王陵寝》1册，《圆明园》2册，《清宫医案研究》1册，《康熙雍正乾隆御批真迹选编》3册，《清宫秘档珍集》5函23册。

（7）有关清代历史人物的档案史料。先后出版了《宋景诗档案史料》1册，《关于江宁织造曹家档案史料》1册，《李煦奏折》1册，《左宗棠未刊奏折》1册。另有《林则徐全集》等清代历史人物文献，也分别辑录了大量相关的奏折。

第四，满蒙文档案的翻译出版。

一史馆现存满文档案200万件（册）以上，约占馆藏档案的五分之一。近20年来，先后出版《满文老档》汉译2册，《郑成功满文档案史料选译》1册，《清初内国史院满文档案译编》3册，《土尔扈特满文档案译编》1册。特别是大型满文翻译项目

《康熙朝满文朱批奏折全译》汉译270万字、《雍正朝满文朱批奏折全译》汉译470万字，近年相继出版。另有《十七世纪蒙文文献》业已出版，这是一史馆第一次出版蒙文档案。

第五，出版发表档案史料的专业刊物。

《历史档案》作为以公布档案为主、史论结合的学术刊物，自1981年创刊至今已有92期。该刊以其自身优势，成为颇受清史学界欢迎的杂志之一。

第六，档案缩微品。

迄今为止，一史馆制作专题档案史料缩微胶片150余种，总量达1000余盘。其中主要有：《军机处录副奏折》、《军机处随手登记档》、《上谕档》、《汉文起居注》、《宫中粮价单》、《顺天府档案》、《内阁秋审题本》、《刑科题本命案类》、《宗人府红名册》、《清代谱牒档案》、《黑龙江将军衙门档案》等等。档案缩微品与档案出版物优势互补，为清史研究提供了一种新型档案史料。

第七，光盘出版物。

1996年，《中国明清史档案文献光盘库》出版，共计10张。这套光盘浓缩了一史馆1995年以前出版的有关档案资料，每张光盘存有1万余页的文献资料，总计约有2亿字。这是一史馆着手光盘出版的一次尝试。

第八，出版目录专辑。

为方便专家学者了解和查找档案，一史馆还编辑出版了一些目录检索专辑。文献馆时期，刊有《雍正朱批谕旨不录奏折总目》1册，《清季各国照会目录》1册，《清代汉文黄册联合目录》1册等。近年来，编辑出版了《清代朱批奏折财政类目录》5册，《清代边疆满文档案目录》12册，《西藏与藏事档案目录》满汉文各1册。

第九，配合清史工程的清代档案编纂工作

清史工程启动伊始，一史馆即与清史编纂委员会商讨论证，将正在编纂的有关工作项目列作清史工程“档案丛刊”首批出版物。其中有反映避暑山庄历史的《清宫热河档案》18册，反映八国联军侵华历史的《庚子事变清宫档案汇编》18册，以及《清宫普宁寺档案》2册。这3套档案史料，按清史编纂工程的统一规格，均于2003年出版，成为清史编纂工程第一批问世的出版物，受到各界关注。

围绕清史工程，一史馆对如下一些专题档案进行整理编纂：晚清时期的《清代军机处电报档》35册，反映清朝皇家宫苑历史的《清代中南海档案》30册，重新选编的《明清地震档案》2册，经过全面系统编辑总量达710万字的《清代中俄关系档案汇编》，全面反映明清时期台湾地方与中央政府关系的《明清台湾档案总汇》，卷册浩繁系统记载内廷事务的《清宫内务府造办处档案总汇》、《清代内务府奏案》、《清代内务府奏销档》，另有《清代珲春档案》、《嘉庆起居注》、《雍和宫档案》等。作为大型系列档案史料的《清朝外务部档案》和《清朝内阁史书》，也正在陆续推出。

除以上已经启动、甚至已编纂完成的项目外，为服务清史工程，一史馆还将根据纂修清史的特殊需要，有计划地推出一批系列化的档案出版物。初步规划，拟启动或正在启动如下一些编纂出版项目：清代雨雪粮价单与晴雨录、清代各朝题本与录副奏折、乾隆以后各朝朱批奏折、军机处随手登记档、清代科举档案、清代留学生档案、清代海关档案等等。

此外，应该说明的是，一史馆所藏明清档案的编纂出版，浸透着社会各界专家学者的心力。自20世纪50年开始，一史馆就注意与社会学术研究机构、高等院校、文博单位及出版界合作，共同编纂出版有关专题的档案史料，特别科技方面的专题材料。进入80年代以后，与社会各界的合作规模进一步扩大，合作方式也更灵活多样。而且，与港、澳、台地区及国外的文化研究机构，也有越来越多的专题合作。因此说，字数以数亿计的明清档案的编纂出版，是社会各界、海内外、国内外专家学者共同努力的结果。

2. 台湾学者的整编工作

由于历史原因，明清档案分存大陆和台湾两地。近三四十年来，台湾学者也陆续整理出版了一些较重要的档案史料。其中系统出版的主要有康熙、雍正、乾隆及光绪四朝的《宫中档奏折》，总共影印117册。还有道光、咸丰、同治、光绪四朝的《清代起居注册》。台湾编辑出版的丛书性质出版物有《明清档案》10编。专题档案有《海防档》、《矿物档》、《中法越南交涉档》、《清季中日韩关系史料》、《四国新档》（俄、英、法、美）、《中美关系史料》、《清季教务教案档》、《旧满洲档》、《清代准噶尔史料》、《刘铭传抚台前后档案》，以及《年羹尧奏折》、《袁世凯奏折专辑》等。应该说，台湾方面出版的明清档案史料，与一史馆的编纂出版是互补的，双方有不少档案出版物合璧一起，恰恰是一个有机的整体。

（二）科技界的相关工作

古代科技档案的事实性存在，为各行各业提供了利用、编纂古代科技档案为社会各界特别是为本行业服务的客观条件。在这种有利条件下，中国科技界和一些行业管理部门不同程度地开展了收集、利用、编纂古代科技档案的工作。笔者在这里介绍一个科技界保护、利用、编纂中国科技档案的典型案例：水利电力部水利电力科学研究院的相关工作。

1956～1958年，水利电力部水利电力科学研究院水利史研究所20多名同志，在原中央档案馆明清部（现中国第一历史档案馆）的大力支持下，从该馆百余万件清宫奏折中，采用抄写、打字、拍照等办法，整理成近14万张照片、2万余件抄件。其内容包括雨情（降雨强度、历时长短、得雨尺寸），水情（洪水情况，包括：水位涨落，堤堰漫溢或决口的时间、地点、口门尺寸，洪水流向、经由地区、决口堵筑过程及合龙时间等），旱涝灾情（除雨水造成的洪涝灾害外，还包括海潮、台风灾害，及其对农作物的播种、栽插、生长的影响，对建筑物的破坏，人畜伤亡，受灾人口、地域、村庄等)，河道变迁及治理（洪水期间河道变化，河道疏浚、整治等)，水利工程技术和内河航运等。由此形成了水利电力科学研究院水利史研究室保存的清宫档案史料。这些档案史料聚集保存后，全国有关单位，曾先后到该院利用过这些史料。对推动相关研究起到了良好作用，并有效地保护了中国第一历史档案馆的档案原件。

但是，由于文献浩萦，又缺乏系统整编，也造成一些重复劳动和浪费。为了解决这一问题，适应水利事业的需要，便利水利工作者研究中国历史洪水和洪涝规律，1981年水利电力科学研究院整编了《清代海河滦河洪涝档案史料》一书，由中华书局出版，受到有关方面的欢迎。1983 年 3 月，在水利电力部办公厅、水管司等有关负责同志支持下，决定以“清代江河洪涝档案史料丛书”的形式陆续整编出版其他河流的清代洪涝档案史料。此后，先后整编出版了《清代淮河流域洪涝档案史料》、《清代珠江韩江洪涝档案史料》、《清代长江流域西南国际河流洪涝档案史料》、《清代黄河流域洪涝档案史料［附：山东省诸河、西北内陆河（湖)］》等。单专业出版如此大量的清代科技档案史料，在国内外是很少见的，极大地推动相关研究工作，很好地发挥了古代科技档案遗存的重要作用。

三、各界人士开展了对中国古代科技档案的研究工作

主要包括档案界和相关行业的研究工作（见表 1-5)。

表 1-5 相关著述和文章不完全统计表

题名	作者	出版单位	出版或发表时间
中国古代气候档案	丁海斌	《档案》	1988 年 4 期
中国古代工官档案初探	丁海斌	《机械电子档案》	1991 年 2 期
先秦及秦代的地图档案	丁海斌	《档案》	1991 年 2 期
汉代地图档案事业	丁海斌	《档案》	1991 年 3 期
三国两晋南北朝时期的地图档案	丁海斌	《档案》	1991 年 3 期
隋唐五代时期的地图档案事业	丁海斌	《档案》	1991 年 4 期
宋代的地图档案事业	丁海斌	《档案》	1991 年 5 期
明清两代的地图档案事业	丁海斌	《档案》	1991 年 6 期
中国古代科技档案与科技文件之最（一）	丁海斌	《北京档案》	1991 年 3 期
中国古代科技档案与科技文件之最（二）	丁海斌	《北京档案》	1991 年 5 期
《周礼》中记载的科技档案与科技档案工作	丁海斌	《档案学通讯》	1991 年 6 期
中国古代水文档案	丁海斌	《档案工作》	1991 年 8 期
谈中国古代科技档案工作的基本特点	丁海斌	《航空档案》	1992 年 1 期

续表

题名	作者	出版单位	出版或发表时间
中国古代医药档案	丁海斌	《档案与建设》	1992 年 1 期
中国古代的天文档案	丁海斌	《辽宁档案》	1992 年 4 期
中国天文气象档案起源	丁海斌	《辽宁档案》	1992 年 8 期
《周礼》中记载的天文、气象档案工作	丁海斌	《辽宁档案》	1993 年 7 期
中国秦汉时期天文档案	丁海斌	《辽宁档案》	1994 年 7 期
沈括与天文档案	丁海斌	《辽宁档案》	1994 年 10 期
明清时期的天文档案工作	丁海斌	《兰台世界》	1995 年 1 期
《周礼》中所记载的迷信活动中所形成的档案	丁海斌	《辽宁大学学报》	1995 年 2 期
明清时期的气象档案工作	丁海斌	《兰台世界》	1995 年 9 期
清宫舆图房的设立及其管理（载中国第一历史档案馆编：《明清档案与历史研究论文集》）	刘若芳	中国友谊出版公司	1982 年
科技档案起源论	丁海斌	《档案》	1996 年 6 期
中国古代科技档案之沿革、特征及研究价值	王艳明	湖北大学学报	1996 年 6 期
档案学理论与历史研究	丁海斌	香港同泽出版社	1997 年
天学外史	江晓原	上海人民出版社	1999 年
中国科技档案史纲	丁海斌、张克复	甘肃文化出版社	1999 年
中国古代科技档案特点初探	汪红梅	《档案》	2001 年 3 期
中国古代石刻通论	徐自强、吴梦麟	紫禁城出版社	2003 年
清宫藏书	齐秀梅、杨玉良等	紫禁城出版社	2005 年
古典文献学	陈广忠等	黄山书社	2006 年
中国科技档案史	丁海斌、陈凡	东北大学出版社	2007 年
先秦时期的科技档案与科技档案工作	丁海斌、滕春娥	《档案学通讯》	2007 年 3 期
宋元时期的科技档案与科技档案工作述略	丁海斌、邓艳艳	《黑龙江档案》	2008 年 2 期

总之，作为古代科技事实与科技经验的纪录，中国古代科技档案在中国古代发挥了重要的作用，并且留下了丰富而宝贵的遗产。我们应进一步地了解它、保护它、利用它，使它们发挥更大的作用。正如席泽宗院士所说："历史上的东方文明并没有完全进入博物馆，它在现代科学的发展中仍有重要的作用。""我们应该珍视这份宝贵的遗产，搜集、整理、研究、利用，对人类做出较多的贡献。"①

① 席泽宗．科学史十论［M］．上海：复旦大学出版社，2003：177.

第二章　中国古代的天文档案遗存及其科技文化价值

史学界公认的四大文明古国中，古代中国天学是其中延续长、流域广、成就辉煌的一系。从中国最早的天文记录产生到中国古代社会结束几千年的时间里，中国天学始终完整地保留和发展了体系的基本特征，作为封建社会科技发展的带头性科学，各个时期遗存下来的天文档案研究价值便凸现出来。

中国古代自有文明史以来，皆设有专门人员或机构进行天象观测与研究，并形成了天文档案。它们主要有两大类：一是天文观测记录及据其所形成的星图星经等；二是历书档案。历代绵延不辍的天学机构既是天文档案的形成者又是主要管理者，良好的保管制度和各朝天文史志的编研为我们留下了数量可观的天文档案遗存。它们可分为两大基本类型：直接遗存与间接遗存。由于它们异常珍贵，因而具有极其重要的科技文化研究价值。

第一节　中国古代天文档案的形成与管理

天文档案是在早期人类观测天象满足生产活动需要的过程中产生的，经历了从萌芽期、形成期、发展期再到丰富与完善期的历史过程。在中国古代，天文观测一直被统治阶级掌控着，并设置专门机构完成特定的天文观测职能，形成的天文档案自然也由统治阶级所设立的特别机构来保管。这些天文机构附庸于古代王权之下，随着社会经济的发展与王权的更迭而不断地适应现实政治的需要，在名称与职能上有所变化与完善。与此相应，天文档案的载体类型多样化，如：甲骨、金石、帛书、简牍、纸卷及其他特殊载体等；天文档案的记录内容也由单一的物候观测到全天候天文观测，诸如天野分区、特殊天象、五星推步进而制定的天文历法等无不记录在案；天文档案的遗存数量得益于官方系统的保管，而遗存至今者，相比其他几大文明，也有可观的数量。

一、中国古代天文档案的起源

天文学是一门对观察记录具有很强依据性的学科，这些观测记录前后相因，不断积累，为天文学的发展提供了条件。这些积存起来的天象记录，就是我们所说的天文档案。早期的天文档案主要有两类：一是天文观测记录及据其所形成的星图、星表等；二是历书星占档案。

天文观测活动的历史几乎和人类的历史一样久远。远古先人们对充满神秘且对人类生活关系巨大的天空必常仰望、观察。一旦他们掌握了记录这些天象的工具，最初的天象记录就产生了。事实上，中国最早的天象记录的产生要早于文字的产生，可追溯到数千年前的新石器时代。明代学者顾炎武在其《日知录》中曾说："三代以上，人人皆知天文。七月流火，农夫之辞也；三星在天，妇人之语也；月离于毕，戍卒之作也；龙尾伏辰，儿童之谣也。"在20世纪70年代中期，河南郑州大河村出土了一批新石器时代的彩陶。上面有带芒的太阳、月牙和星星等①。其他遗址中也有此类发现，它们为早期天象记录的产生提供了有力的实证。

天文星象对早期人类活动产生着重要影响，自有文明史以来，皆设有专门人员或机构进行观测和研究，由此而形成了天文档案。学者们根据现今所掌握的材料断言："自有文字以后的天象均有记录。"② 而中国目前所知最早的文字为新石器时代的文字。以此和大河村彩陶等出土图像等相对照，我们可以得出绪论：中国古代天文档案记录最迟产生于新石器时代。

历法档案的产生要晚于天象记录档案，因为历法是人们认识天象到达一定程度后的产物。据现有材料看，中国历法档案最迟产生于夏代，《夏小正》为这一论断提供了有力依据（在夏代之前，文献中就有有关历法的记载，但没有有力的证据加以证实）。通常人们认为《夏小正》成书于战国，但通过历代考证，认为内存夏代的资料，与传说相符。作为一种物候历，它显然是早期历法的代表，同时它还记录了一些天象。

历法与农业生产关系甚密。而国家政权负有领导农业生产的职责，因此，制订和颁布历法就成为中央政府的一种职责。所颁布的历法原本要郑重地保存起来，这就形成了历法档案。关于历法档案的产生过程，历来都有较严密的制度，先秦更是这种制度的滥觞期。通过甲骨档案，我们可以了解商代的历法档案。在我们现今所发现的甲骨档案中，有一片记载的是殷代的"月令"，内容是一月和二月的干支表，它应是整部殷年历的一部分，这部殷代历法档案的其他部分可能已散失。

二、中国古代天文档案的形成主体

在中国古代，天象被视作上天显示自己意志的媒介，制历颁历被视作上承天意，下御万民的权力象征。所以历代朝廷均设有专门的天文机构，主管观象占星及制订历法等事物，并把这视作皇家独享的专权，庶民常常不得侵犯。所以，我们在研究中国古代天文档案的形成主体和内容时，以官方为主。

古代的天文机构是形成天文档案的主体，它对于维护中央王朝统治的必要性，使得

① 郑州市博物馆发掘组．谈谈郑州大河村遗址出土的彩陶上的天文图像［J］．河南文博通讯，1978（1）．

② 方克主编．中国的世界记录·科技卷［M］．长沙：湖南教育出版社，1987（51）．

天文观测机构的设立不仅较其他行政机构为早而且历代相承连绵不辍。传说夏商两朝已建有天文台，周初即有灵台之设，则相应的天文机构在这些朝代也应出现。《尚书·尧典》中分命羲和兄弟往四方分别掌管四季中星的观测："以润约定四时成岁"的文字可能就是早期天文制度的一种写照。《左传》云："天子有日官，诸侯有日御。"所指的也是天文官员的设置，大体反映了春秋战国时期的状况。自汉代以后，历代正史"百官志"中几乎都有该朝天文机构设置情况的记述，只不过详略各异罢了。

一般来说，中国古代的天文机构总是归口在两个部门之下的，有时归于分管礼制的部门。如《周礼》中的春官宗伯，汉至魏晋南北朝的太常及明清两代的礼部等，它们在执掌陵庙群祀、礼乐仪制等事物外，有时也分管天文术数及历法事物；有时则归于分管图书经籍、国史实录等的部门，如隋代至元代的秘书省、秘书监等，它们有时也分管天文历数。

另外，早期天文机构还曾经历了一个从分散到集中的过程。例如，按《周礼》描述，在春官宗伯之下并列着太史、冯相氏、保章氏眂（视）祲氏、鸡人及司寤氏等天文官员。太史手下率50余人，职责之一是正岁年、颁正朔，同时还掌管吉凶选择。冯相氏手下率22人，负责历法事物。保章氏手下亦率22人，职责是"掌天星，以志星辰日月之变动，以观天下之变，辨其吉凶"。眂祲氏手下率8人，职责是监视太阳及其周围的十种特殊变化（"十煇之法"）。鸡人手下率6人，职责之一是在国家有大的祭祀、礼仪活动时负责发布时间。司寤氏手下率数人，负责"掌夜时，以星分夜，从诏夜士夜禁"。这些官员在职位上是与占梦、占人、龟人、太卜之类的官员平级的。除此之外，管理漏刻计时的挈壶氏被设在夏官司马手下，是为军事机构服务的。

到了汉代，《周礼》中所述的分管天文、历法及各类占卜的人员均被集中到太常分管的太史令手下。太史令的职责虽然仍是："掌天时、星历。凡岁将终，奏新年历。凡国祀、丧、妻之事，掌奏良日及时节、禁忌。凡国有瑞应、灾异，掌记之。"与《周礼》所述大同，但其手下所设的态势丞、名堂丞及灵台丞则基本分担了原春官宗伯手下许多官员的职责。例如，太史丞手下的三十七名太史侍诏就包揽了治历、龟卜、庐宅（堪舆）、日时（择日）、易筮、典禳、请雨等事物，有时也掌管漏刻。分管灵台的灵台丞手下的41名侍诏也承担了候星、候日、候风、候气、候晷景、候钟律等事物。

汉代这种相对集中的天文机构基本成为定例，虽然唐代尚书省下的祠部也掌天文、漏刻之事，但相对于秘书省下的太史局来说在规模、作用及专业权限方面均难相提并论。另外，宋代除立太史局外，还在禁城内设天文院，主要是为了与太史局在天象记录上相互监督，以防作伪。除此之外，宋朝所设的浑仪刻漏测验所及浑仪台虽然也进行天文观测，但基本上属于太史局的附属机构。元代除大都（北京）设有太史院外，还在上都设立回回司天监，由阿拉伯天文学家执掌，这主要是出于对回回天文历法的特殊考虑，占主导地位的当然仍是太史院。而明代初年的回回司天监与明代末年徐光启所开的历局也都只是暂时所设，正式天文机构仍是钦天监。

汉代以后，天文机构在职责上也开始向观象、占星、制历、择日等方面集中。例如，刘宋时代取消了太史令手下的明堂丞，而另设了一个明堂丞的平行官员，执掌明堂事物。后魏、后齐及隋朝又在太史之外另设太卜一职，专门“掌诸卜筮”。隋代的太卜之下有卜师、相师、男觋、女巫、太卜博士、相博士等职，而太史除设令、丞各 1 人外，仅有司历 2 人、监候 4 人，历博士、天文博士、漏刻博士及生员若干员，职责范围已集中到治历、观象、守时、占星等方面，一般的卜筮、典禳诸事则划归太卜手下。此后，各代史书对天文机构所司之职一般只写“监察天文，稽历数。凡日月星辰、风云气色之异，率其属而占”，“岁颁历于天下，则预造进呈，祭祀、冠昏及大典礼，则选所用日”等项。唐乾元元年曾在司天监置通玄院，“掌布诸坛神位”，明初也曾“置稽疑司，以掌卜筮”，但二者很快都被取消了。

由以上所述中国古代天文制度的演变，可见虽然官方天文研究机构的名称历代不同，但基本上三千年来一脉相承，并无改变，表 2-1 所列有助于我们对其演变情形的了解。

表 2-1　中国历代天文机构演变一览表①

隶属机构	主管官员	机构名称②	朝代
春官、宗伯	太史、小史等		周
太常	太史公		西汉
太常	太史令		东汉
太常	太史令丞		晋
太常			南朝
太常	太史令		
太常	太史令		
太常	太史令		
太常	太史令		北朝
太常	太史令		
太常	春官太史中大夫		
秘书省	太史令	太史曹	隋
秘书省	司天台监	太史局、司天台	唐
秘书省	太史令司天监	太史局、司天台	宋
秘书省	太史令	司天监	辽
秘书监	司天台提点	司天台	金
	司天监提点太史令	回回司天监、太史院	元
	钦天监正	钦天监	明
	钦天监正	钦天监、西洋钦天监	清

① 刘昭民．中华天文学发展史［M］．台北：台湾商务印书馆，1985（43）．略有改动．

② 隋朝以前，天文机构的名称就是其主管官员的职称。

天文机构在古代名目繁多的官僚机构中虽然位品不算很高，但却占有举足轻重的地位，因为古人认为它与政权之间存在着一种微妙的联系。由于这个原因，天文机构在很大程度上成了一种保密机构。例如，唐代就明文规定："凡天文图书、器物，非其任不得与焉。"① 甚至规定，天文机构的官员不得与其他部门的官员及各色人等交往，以便保密。明代也规定，天文官员"毋得改他官，子孙毋得徙他业"。而且每遇天有异变，则须"密疏以闻"。除此之外，古代天文机构的改革有时还与政权的更迭或动荡相对应。例如，唐自开国后的160余年中，天文机构就更名十三四次。仅在武则天实际当权的50余年中更名就达八次，而且绝大部分名称都是在新皇登基或改用新年号之后的第一二年内改变的，这是古代政权与天文机构之间微妙联系的又一体现。

三、中国古代天文档案的基本内容

从我们前面描述的中国古代天文机构的演变中可以看出，虽然古代天文机构名称繁多，隶属不一，职能屡有变动，但基本上没有跨出观测天象、编制历法及进行星占活动的范围之外，因此很好地保持着三千年一脉相承的传统。古代天文档案的基本内容与天文机构的职能是密切相关的，我们以唐代为例，便可知中国古代天文档案内容之大概。

这一时期，中央政府的天文机构趋于完善，天文观测、历法档案的形成与掌管也更为专门化。唐设司天台（或称太史局等），专掌天文星历之事，成为独立的国家天文气象机关。司天台除设有监、少监、丞、主簿等外，主要有正、副正、保章正、监候、司历、灵台郎、挈壶正、司辰等。这些官员于乾元元年（758年）都加上春官、夏官、秋官、冬官、中官等五官为名。五官正各一人，副正各一人，掌四时及其四方变异，形成有特殊星象记录档案，这些记录或预测文件要上奏，存于宫廷秘阁。五官保章正各二人，五官监候各三人，五官司历各三人，掌历法及测影，形成有历法档案。历法文件亦要上奏，正本存于内廷。五官灵台郎掌观测天文变化，为观测记录档案之形成者。

此外，司天台的部分天文档案亦要报送史馆，以供修史之用，报送材料包括"天文祥异"② 和气象材料等。《旧唐书·职官志》载：司天台"凡玄象器物、天文图书，苟非其任，不得予焉。每季录所见灾祥，送门下中书省，入起居注，岁终总录，封送史馆"。因此，史馆亦存有天文档案。

四、中国古代天文档案的管理

中国古代天文档案的流传与保存离不开周密的管理制度，而历代统治者对此也尤为

---

① 唐六典：卷十［M］.

② 唐会要：卷六十三［M］.

重视，往往在开国初期就已经开始筹建观象台，颁历授时，宣誓君受天命以示正统。下面我们以明清时期的天文档案管理为例，简单加以介绍，以此窥见中国古代天文档案管理制度之整体概况。

明代，钦天监为官方天文机构，是天文档案的主要形成者，其天文档案的形成与保管具有良好的制度。《明史·职官三》卷七十四载："监正、副掌察天文、定历数、占候、推步之事。凡日月星辰风云气色，率其属而测候焉，有变异，密疏以闻。……每岁冬至日，呈奏明岁大统历，移送礼部颁行。其《御览月令历》、《七政躔度历》、《六壬遁甲历》、《四季天象历》，并先期进呈。……日月交食，先期算其分秒时刻、起复方位以闻，下礼部移内外诸司救护之。仍按占书条奏。""灵台郎，辨日月星辰之□次分野，以占候天文之变。观象台，四面，面四天文生，轮司测候。保章正，专志天文之变，定其吉凶之占。"

清代沿袭明制，设钦天监。据《光绪会典》记载："钦天监掌测候推步之政令，以协天纪，以受人时。凡观象占验，选择时候之事，皆掌之。"其与天文档案形成相关的职掌主要有：

1. 编制时宪书

每年二月初一日，以次年时宪书送皇帝阅后翻译刊印，有时宪书和七政时宪书两种。时宪书又有御览本和颁行本。御览本缮写满汉文二种，颁行本（印刷本）有满、蒙、汉文三种。十一月将御览本和印刷的颁行本进呈给皇帝，并将印刷本颁发各衙门。直隶、盛京、吉林、黑龙江及蒙回各旗，由钦天监颁发。其余各省于四月初一，由驿递各省布政使司书式二本。一本用印，存司署（即作为正本档案保存）；一本不用印，照式刊刻，于十月初一日印发各府、州、县①。

由上可见，清时宪书（历书）档案在中央由宫内、钦天监保存，地方的由布政使司等处保存。

2. 观测天文气象

按规定日期立春、立夏、立秋、立冬各以交节之时验风、验雷。推算日月食，要在前五个月报告皇帝会同礼部官登观象台测验②。事后，要将实际测验结果具文上奏。推算日月食，包括日食分秒时刻、月食时刻、带食分秒时刻，并于前五日绘图具题。

3. 分送春牛图

每年六月，顺天府移文到钦天监，经校正次年春牛颜色绘图，俟立春日礼部进呈春

---

① 光绪会典事例：卷一一〇四 [M].

② 光绪会典：卷七十七 [M].

山土牛后，由钦天监分送诸王贝勒各一图。所谓春牛图，是当时的一种日历，上面有象征农事的春牛图案，故称春牛图。清富察敦崇《燕京岁时记·打春》载："立春日……顺天府里进春牛图。"

钦天监下设时宪科、天文科、主簿厅等，其与形成、保管天文，气象档案有关的职掌有如下几项内容：

时宪科掌制时宪书，推算节候，以定年月日时之纪。办御览本和颁行本二种，定其格式，推算日月交食，七政相距，冲退留伏，交宫同度，各项祭祀则选择吉日记于册。

天文科掌观天象。凡晴雨风雷，云霓晕珥，流星异星，皆察而记之。晴明风雨，按日记注，汇于晴明风雨录。满、汉文各一本。于次年二月初一日呈送给皇帝。每日风向云气，晕珥单双及流星出没，彗索诸异星，均要奏报或注册。

主簿厅掌办理章奏文移及有关行政事务，保管图籍档案。

从以上可见，钦天监具有相当严密的天文档案的形成制度，可算是无日不记录，形成的天文档案是十分翔实的。钦天监所存天文档案，经一定审批手续，也可被官员们利用。如龚自珍《定盦集》补编三《与陈博士笺》："惟彗星之出，古无专书，亦无推法，足下何不请于郑亲王，取钦天监历来彗星旧档案，（彙）查出推成一书？"

在钦天监所记的天文、气象文件中，重要的要上奏皇帝，所以宫中亦有天文档案保存。

此外，礼部、国史馆等亦有相当数量的天文档案。

第二节　中国古代天文档案的直接遗存

中国古代天文档案的直接遗存包括两大类：一是档案原件，包括天文观测记录及据其所形成的星图和历法档案，这些档案原件主要通过考古出土和档案馆保存两种方式遗存下来；二是它们的汇编。以下按照时间顺序加以说明。

一、先秦至魏晋南北朝时期的天文档案直接遗存

虽然造纸术发明起于西汉，改进于东汉蔡伦之手，但是直至东晋纸张才大行天下，而纸质文本应用于天文观测记录更晚，至少目前还没有发现这一历史时期遗存下来的纸质天文档案。因此，这时的天文档案载体类型多样，多取材于自然物，经久耐用，易于保管，时至今日已通过考古挖掘出土了大量这方面的天文档案遗存。

（一）先秦时期的天文档案直接遗存

1. 先秦时期的天文历法档案汇编

先秦时期，文字初创，印刷术等尚未发明，人类所制作的书面文字以档案为主。在中国古代，由于种种条件所限，只有官方人士才能接触到或多或少的档案资料。尤其在先秦时期，学在官府，且数量还不够丰富的档案资料几乎是当时进行学术研究可供参考的唯一的书面资料。到春秋战国时期，人们开始以档案为依据，创制出图书等二次创作成果。早期的图书大多是档案编研成果，即所谓“六经皆史”①。在天文学领域，也出现了同样的历史现象，即大多数先秦天文著作都是从天文档案脱胎出来，它们或是天文科技文件与档案的直接汇集，或是经过再创作而形成的。

（1）《夏小正》

《夏小正》是按照时间顺序将有关社会生产活动中长期观测所得的物候记录和星象记录汇编在册的档案汇编，也是中国现存最早的一部指导农业生产活动的星象物候历。《夏小正》（被编入《大戴礼记》）包括“经”与“传”两部分。经文部分全篇共400多字，主要记载的是随着季节的变化，自然界的生物、非生物的反映，即物候。如植物的冬芽萌动、抽叶、开花、结实、落叶；动物的蛰眠、复苏、始鸣、交配、繁育、换毛、迁徙等现象；非生物的始霜、始雪、结冻、解冻等现象。该书按一年十二个月排列，其内容丰富，涉及各月的星象、气象、气候、农耕、蚕桑、渔猎、畜牧等农业生产活动的大事。这标志着这一时期已经进入了农耕和定居生活。其次，其记录翔实，有草本植物、木本植物等的萌发、开花、结实；有陆生动物、水生动物、候鸟、昆虫等的活动、繁殖；还有气象变化。所涉及的人类相应的活动，有农具的修理、采集、驯马、养蚕、捕鱼及收获（附表）。第三，农业生产活动中，畜牧业所占地比重较大。

（2）《甘石星经》

它是战国时期天文官甘德、石申夫将自己和前人的观测记录及根据记录绘制的星表汇总编纂而成，属于天文档案的汇编类。

甘德，又称甘公，战国时期的齐国（一说是楚国或鲁国）人；石申夫（原误称石申），战国时期的魏国人，他们都是当时的官方天文学家。他们各自依据亲身观测档案并结合前人原有观测记录，甘德编纂有《天文星占》八卷，石申夫汇编成《天文》八卷，后人把这两部档案汇编合为一部，称《甘石星经》。

《甘石星经》不仅在中国而且在世界上也是最早的一部天文观测档案汇编，由于形成久远又历经辗转流传，以至于它在宋代以后已不可全见，幸好我们可以从唐代的大型天文档案汇编《开元占经》中见到它的一些原始篇章摘录。这些篇章摘录表明，甘德

① 丁海斌．论先秦文明与档案［J］．档案学通讯，1993（5）．

和石申夫曾系统地观察了金、木、水、火、土五大行星的运行，发现了五大行星出没的规律；他们还记录了八百颗恒星的名字，测定了一百二十一颗恒星的方位。后人将甘德和石申夫测定的恒星记录称为《甘石星表》，这是中国、也是世界上最早的恒星表，比希腊天文学家伊巴谷测编的欧洲第一个恒星表大约早二百年，后世许多天文学家在测量日、月、行星的位置和运动时，都要用到《甘石星经》中的数据，因此，《甘石星经》保存了中国古老的恒星观测档案资料，在中国和世界天文学史上都占有重要地位。

（3）《春秋》

史家的天象记录与天文学家不同（尽管先秦时期二者常常是合一的），史家往往以当时人们的天象观测，记录异常天象，预测国家的吉凶。天文学家与史家出于不同角度的高度重视，使这些观测与记录成为一种传统，从而形成成了中国古代天文档案的一大特色。

《春秋》一书对日食的记录较为详尽。《春秋》所载日食有 33 次是可靠的，约占记载总数的 86%①。它们是鲁国天文学家世代坚持认真观测和记录的结果。现代研究表明，在《春秋》记事的 242 年间，在曲阜可见的日食还应该有 52 次，其中有 17 次食分在 1 分左右②，在当时的技术条件下未被观测到。此外，还有 35 次未见记载。其主要原因，应是阴雨等天气因素影响使日食不可见所致③。

《春秋》记载了公元前 613 年、公元前 525 年和公元前 482 年见到的三次彗星实录。在春秋战国时期，关于彗星的记事在《史记》中还有 13 次④之多。可见，对于彗星的观测与记录在这时已形成了传统。

有学者认为，前述公元前 613 年和公元前 467 年的两次彗星记事应是哈雷彗星最早的和第二次的记录。自此以后直到清代宣统二年（1910 年），哈雷彗星共有 28 次回归，他们在中国古代有关史籍中都可以找到相应的记载，可见古人进行天象观测和形成档案记录的传统之悠久与连续。

《春秋》中关于陨石的记载。鲁僖公十六年（公元前 645 年）“春王正月戊申朔，陨石于宋，五”。意即：这一天，在宋国境内，落下了 5 颗陨石。这是中国古代关于陨石的最早记载。甘德还曾描述过另一次陨石事件：“无云而雷，石陨随地，大可一丈，围形如鸡子，两头锐，名曰天鼓。”⑤ 这是关于一颗落在随国境内的大陨石的尺度、形态及其陨落时的天气状况与声响等的简明而生动的记述，反映了这时人们对于陨石观测的认真程度。

---

① 陈美东．中国科学技术史·天文学卷［M］．北京：科学出版社，2003：41.

② 张培瑜，陈美东等．中国天文学史大系·中国古代历法［M］．石家庄：河北科学技术出版社，2002：314～319.

③ 陈美东．中国科学技术史·天文学卷［M］．北京：科学出版社，2003：42.

④ 北京天文台．中国古代天象记录总集［M］．南京：江苏科学技术出版社，1988：383～384.

⑤ 瞿昙悉达．开元占经：卷三［M］.

对于流星雨现象，在春秋时期也有了记述。《春秋》鲁庄公七年（公元前687年）"夏四月辛卯，夜，恒星不见，夜中，星陨如雨"。对"星陨如雨"的记录，在后世成为一种传统。后世关于流星雨的记载不少于400次。

2. 地下出土的天文历法档案

（1）甲骨天文历法档案

有字甲骨，是使用于商代和西周初期的一种重要的档案记事材料。现所发现的甲骨档案以商代为主。甲骨档案不是一种专门的科技档案，它所涉及的内容极为广泛，几乎包括了当时殷商统治者的全部统治活动，反映了商代政治、军事、经济、科技、文化等各个方面的社会活动内容。其中反映农业生产、天文、历法、气象、医药卫生、交通、手工业等科学技术方面内容的科技档案，约占全部出土甲骨档案的四分之一，即有4万片之多。这些甲骨科技档案反映了殷商时期的科学技术水平，表明了商王朝是当时世界上最先进的文明古国之一，对研究中国和世界科技史都具有极为重要的意义。

伴随着商代发达的占星术，科学的天文学发展起来。甲骨档案中记载的《殷历》，已是一种比较成熟的阴阳合历。这种历法需要置闰月来调整年与月之间的矛盾，甲骨档案中"十三月"的记载，就是"年终置闰法"的表现。同时，甲骨档案中也有两个"八月"或"七月"的记载，这说明当时可能出现了"年中置闰法"。

殷商时期分一年为12个月，也有一年为13个月或14个月的，据初步统计①，在甲骨文中至少有147条"十三月"的记载，另有2条"十四月"的记录。常年为12月，13月或14月是为取年终置闰法的闰年。月序称一月（或正月）、二月、三月等。闰年亦有取年中置闰法的，如有连续两个二月，是为闰二月，等等。每月的长度以朔望月长度为准。一月（或正月）并不总在一祀之首，即另有历日安排的方法。

甲骨档案表明，商代已采用干支纪日法来纪日，即以十个天干与十二个地支交相组合成六十个单位，以一个干支代表一日，六十日一个循环。在殷墟出土的十数万片甲骨刻辞中，记有干支日名者俯拾即是，这充分说明干支纪日法在殷商时期已是普遍采用的、成熟的纪日法，其渊源大约还可前推数百年。该方法一直延续至今，应该未曾中断，是与中国文明史相伴随的历史悠长而有效的纪日法。

武乙时的一块牛肩胛骨上刻写着完整的六十甲子，大概就是当时的日历。甲骨档案中有很多"卜旬"之辞，表明商代纪旬法，以十日为一旬，三旬为一月。六十干支依顺序排为六行。殷人依天干为序祭祖，祭完一行即算为一旬。有一组刻辞，记载两个月共59天，也就是说这两个月分别为30天、29天，说明商代已有大月、小月之分。甲骨档案还表明，殷人把一日分为几个段落来纪时，如分为旦（早晨）、食日（上午）、中日（中午）、昃（下午）、昏（黄昏）、夕（晚上）等。

---

① 常玉芝．殷商历法研究［M］．长春：吉林文史出版社，1998：302～303.

甲骨档案中保存了一些世界上最早的天象记录。甲骨文日作“⊙”，其中的一点，便是指太阳的黑子。甲骨档案中已有日食和月食的常规记录。经科学家推算，在商代实际发生过的若干次日、月食现象，与甲骨档案的记载恰相吻合。

有一片甲骨记载：“乙卯允明■，乞■，食日大星。”这里，董作宾把卜甲上面卜辞的验辞后半段“乞■，食日大星”解释为“三焰食日，大星”①。意思是说，乙卯这天天明时分有雾，日出之后发生了日食，人们看到“三焰食日”和大星。据天文学家推算，这是发生在公元前1328年10月18日的一次日食。“三焰”就是三个火焰的意思，即日全食时的“日珥”现象，由于日全食而天空变黑，因而有大星出现于天空。这是世界上最早的日珥记录，说明商代对天象的观察记录已非常精确。

又如武丁时一片甲骨记载：“三日乙酉夕，月有食。闻。八月。”这则是世界上最早的月食记录。

世界上最早的新星记录也见于甲骨档案：武丁时另一片甲骨记载：“七日己巳夕盟，有新大星并火。”意为：第七天即己巳日晚，天空有云气，有一颗新大星出现在火星（心宿二）的旁边。

另外，甲骨档案中还有关于彗星等的观察记录等。

（2）金文天文档案

金文，是铸或刻在殷周青铜器上的古老文字，故又称钟鼎文。早期殷代的金文同甲骨文相似，晚期春秋战国时金文则与小篆相近。周代金文比较完整，文字也较多，史料价值很高，其中包含记载有大量年月日的历谱档案。金文档案中关于月相的记载也有很多，例如：初吉、生霸、死霸、既望等，这些对于研究周代天文历法都有很大的帮助。目前已经著录的西周青铜器铭文中具有年、月、月相、日等完整历日要素的共67件。其中的63件已收入《西周诸王在位年代研究》附录中，另外4件为新近公布的宰兽簋、伯大祝追鼎和曾被疑伪、但未获公认的“师㝨簋”与“小盂鼎”。

但关于月相的大量铭文引起了几千年的讨论，未得结论，这主要是对初吉、生霸、死霸、既望等名词的解释不同。一种看法认为它们代表一个月中的某一天或二三天（定点说），另一种看法认为是代表一个月中的四部分（四分月相说）。但从出土的有关历谱记载的67件青铜器上看，两种说法都不能作出完满的解释。于是有人提出另一种说法，认为生霸代表上半月，死霸是下半月，而初吉是代表第一个吉日，既望代表满月前后的几天。这些看法迄今为止，尚没有定论，主要是档案不完全，所以还应继续等待条件的成熟。②

（3）《天文气象杂占》

根据具体内容等分析，长沙马王堆三号汉墓出土的帛书《天文气象杂占》，其写作

---

① 董作宾．殷墟文字乙编（6385正、6386反）［M］．“中央”研究院历史语言研究所，1953年．

② 刘金沂，赵澄秋．中国古代天文学史略［M］．石家庄：河北科学技术出版社，1990：15.

年代应在三家分晋的公元前 369 年以后，和楚国灭亡的公元前 232 年之前。其内容应是楚人根据当时各国天文与星占家长期观测记录档案编纂而成的，是难得的天文图像档案汇编。

《天文气象杂占》，长约 150 厘米、宽 48 厘米，内载日、月、星、云气、晕、虹等的图像共约 250 幅，自上到下分 6 列示出，并附有文字说明。在其中第 6 列的中部有 29 幅彗星图最引人注目。对于彗星长期认真的观测，使人们逐渐积累了关于彗星形态的不少知识，彗星的形态被明确地绘成彗头与彗尾两大部分。彗尾有宽有窄、有长有短、有直有弯，彗尾的条数为 1 ~4 条不等；有的彗尾还画出若干树叶状波纹。彗头被画成一个圆圈或圆点，有的圆圈的中心又有一个小圆圈或圆点，这些关于彗星形态的认识是符合科学的，它们显示了当时人们对彗星观测的精细程度。

由于当时人们对彗星的观测与描绘主要是出于星占的需要，因此他们认为这些不同形态的彗星预示着各不相同的意义，并给它们以各异的命名，如："赤灌，兵兴。将军死。北宫。""白灌见，五日。邦有反者。北宫。""浦彗，天下疾"等。从这些命名看，当时人们还注意到彗星的颜色、出现方位及时间长短等要素。有关《天文气象杂占》的具体出土情况及研究现状，可参见刘乐贤撰写的《马王堆天文书考释》一书，中山大学出版社，2004 年版。

（二）秦汉时期的天文档案直接遗存

秦汉时期是中国古代天文学发展史上极其重要的时期。在先秦奠基的基础上，随着封建制的巩固，中国古代天文学体系逐渐形成和许多天文观测技术趋于成熟是这一时期天文学发展的总特征。与此相对应，古代天文档案工作的方法与制度也趋于成熟，并为后世的发展奠定了基础。在天文历算方面，汉代的历法已具备了后世历法的主要内容：气、朔、闰、五星、交食、晷漏等，天文仪器、天象记录以及宇宙理论等都形成了自己的传统。其中，太初历、乾象历等是其代表。张衡则是当时众多天文学家的杰出代表。

秦汉之时，中央政权中由太史令主管天文历算之事。其所形成的天文历法档案主要分为两大类：一是历书，二是各种瑞应、灾异等天文观测记录。

1. 《五星占》

通过考古发现，我们现今还可看到汉代的天文观测记录文件的实物。如西汉帛书《五星占》，幅宽 48 厘米，1973 年长沙东郊马王堆三号汉墓出土。这卷帛书由"五星占"和"五星行度表"两大部分组成。它较详细地记载了从秦始皇元年（公元前 246 年）到汉文帝三年（公元前 177 年）70 年间木星、土星、金星的位置和会合周期，是世界上最早的天文档案汇编之一。它专门记载五大行星运动和一些天文知识，共有九部分，八千字。书大约写于汉文帝前元年间（公元前 179 ~ 前 164 年），书中对五大行星运动有详细的描述，成为后代历法中“步五星”工作的先驱。书中对金星、土星的会合周期定得比较准确，推算出金星的会合周期为584.4日，比今测只大0.48日；土星的会合期为377日，比今测只小1.09日；木星的会合期为395.44日，比今测只小3.44日。在2000多年前，没有任何精密仪器，能得出这样的结论，实在令人惊叹！对秦始皇元年（公元前246年）到汉文帝前元三年（公元前177年）七十年间木、土、金三星的动态有逐年的记载，并且描述了这三颗行星在一个会合周期内的动态。这是研究古代行星问题的一份重要原始星表档案，受到了中外学者的广泛注意。

2.《日月风雨云气占》

与《五星占》同时出土的还有帛书《日月风雨云气占》甲、乙两篇，分别与《刑德》甲、乙篇合抄在一起。抄写《刑德》甲篇和《日月风雨云气占》甲篇的帛书形制不详。抄写《刑德》乙篇和《日月风雨云气占》乙篇的帛书，高44厘米，宽84厘米。两种帛书的《日月风雨云气占》部分的内容一致，但《刑德》部分的内容却有较大差别①。《刑德》和《日月风雨云气占》在两种帛书中的抄写位置也不一样：在甲篇中，《日月风雨云气占》抄录在前面，《刑德》抄录在后面；在乙篇中，《刑德》抄录在前面，《日月风雨云气占》抄录在后面。

《日月风雨云气占》主要包括日占、月占、风占、雷占、雨占和云气占等。乙篇上部还标有朱色的分章符号，据此可知，抄写者是将《日月风雨云气占》的占文划分为十一章。甲篇虽然没有标出分章符号，但从抄写格式看，其分章应与乙篇一致。这十一章的具体内容是（行数依甲篇）：

第一章，从第一行起，至第一五行止。前一部分全为月占，后一部分以日占为主，占文与《开元占经》的月占和日占部分相类。

第二章，从第一六行起，至第二一行止。主要根据不同干支日的刮风或下雨情况（下雨占多数），以占测用兵的吉凶。

第三章，只有第二二行一段，以正月的晕数占测用兵的吉凶。

第四章，从第二三行起，至第二六行止。主要根据风、雨等天象，以占测用兵的吉凶和发兵的日期。

第五章，从第二七行起，至第三〇行止。主要根据云气的形状、颜色及高低、厚薄等，以占测围城时敌我双方的胜负。

第六章，从第三一行起，至第三二行止。因有缺文，此章的占测对象不明。

第七章，从第三三行起，至第三七行止。主要根据日出之状、露雨、气等，占测用兵等事的吉凶。

第八章，从第三八行起，至第四二行止。主要根据日出后见到的云气形状或颜色

① 陈松长．马王堆帛书〈刑德〉甲、乙本的比较研究［L］．文物，2000（3）：75～84.

等，占测云气所在之地的吉凶。

第九章，从第四三行起，至第四六行止。主要根据雨、雷和云气等，占测用兵或守城的吉凶。

第十章，从第四七行起，至第五四行止。主要根据云气、风、雨、雷等，占测用兵的吉凶或发兵的日期。

第十一章，从第五五行起①，至第五九行止。内容是讲星宿分野规则。

以上是《日月风雨云气占》原来的分章情况。

总的来说，马王堆出土的三种帛书《五星占》、《天文气象杂占》和《日月风雨云气占》除重点记载五星占、日月旁气占、云气占和彗星占几项内容外，还涉及风占、雨占、雷占、客星占、流星占及星宿分野等，基本上反映了战国秦汉时期天文占术的主要面貌。它们都是未经后人改动过的第一手资料，正好可以弥补这一时期传世档案文献的不足。

3. 简牍天文档案

秦汉时期，简牍档案极为流行。现今出土的简牍档案多为这一时期的产物。在出土的秦汉简牍中，历谱（历法原本）的数量较大，并且，这种历谱多有比较严谨的书写格式。根据陈梦家先生的综合研究，大致有如下几种书写格式②：

（1）编册横读式。一月历谱用30枚简组成，一简为一日，每支简自上而下分为十三横栏，第一栏为日数直书，从一日到三十日；第二至第十三栏为正月到十二月干支，横书。字小于日数，自左至右，干支下记载八节等事项，字大于干支。此种编册，一般长23厘米，约汉制一尺。元康三年（公元前59年）及神爵三年（公元前63年）历谱，即为此类。下列元康三年历谱：

一日　乙未　甲子　甲午　癸亥　癸巳

　　　壬戌　壬辰　辛酉建　辛卯　庚申　□□

五日　己亥　戊辰　戊戌　丁卯　丁酉

　　　丙寅　丙申建　乙丑　乙未　□□

六日　庚子　己巳　己亥　戊辰　戊戌

丁卯　丁酉　丙寅　丙申　乙丑　乙未

　　　乙丑建

　　　☑　庚子　乙巳　乙亥　戊辰　戊戌　戊辰

十日　甲辰　癸酉　癸卯　壬申　壬寅

　　　辛未建　辛丑　庚午　庚子　己巳　己亥　戊辰

属于这类谱式的还有本始四年、建平二年、居摄二年、永兴元年等。

---

① 按，由于乙篇此段的顶端已残，无法确定此处有无分章符号。这里暂据内容并参照甲篇的抄写格式，将最后讲分野的一段当作一章。

② 汉牍辍述 · 汉简年历表叙［M］. 北京：中华书局，1980.

（2）编册直读式。一年历谱用十二简组成，每简为一月（闰月多出一简），每简上端为月名，下列二十九或三十四干支。这类谱式有居摄元年、天凤元年历谱。

（3）穿系横读式。一年历谱用十二简组成，每简为一月（闰月多出一简），此式诸简横列直书，自右端写至左端，左端留有空白而有穿孔。此类历谱有地湾出土的神爵元年历谱，博罗松治出土的本始二年历谱。

（4）单板直读式。一年历谱简略的书于一个直板之内。如敦煌出土的永光五年历谱，正面为正月至八月，反面为九月至十二月，仅计为朔日、月大小、八节、伏腊。下录永光五年历谱：

正面：永光五年　正月乙巳朔大　二月己亥朔

小，二月丙子春分，三月甲辰朔大，十九日壬辰立夏，四月甲戌朔大

五月甲辰朔小，四日丁未夏至，六月癸酉朔大，八日庚辰初伏，十八日庚寅中伏，廿一日癸巳立秋，七月癸卯朔小，八日庚戌后伏，八月壬申朔大，八日己卯秋分

背面：九月壬寅朔小，廿三日甲子立冬　口高

五尺

十月辛未朔大

十一月辛丑朔小，十日庚戌冬至

十二月庚午朔大，十七日丙戌腊，廿七日丙

申立春，己亥晦

（5）数板直读式。正面记七月，十二月建除神杀。背面记闰月建除神杀。六板组成一年历谱。这类如敦煌出土永元六年（94 年）历谱。

4. 其他形式的星象档案

秦汉时期，除正规的天文档案外，还有一些其他形式的天文档案，如汉墓画像石、画像砖与壁画，内容丰富，多姿多彩，反映了汉代生活的多方面，也有相当精彩的星象图。时代最早的一组，要算河南洛阳城西北郊西汉墓中发现的壁画天文图，它们绘在前室顶部，共 12 幅。除第一幅为太阳，第七幅为月亮带二星外，其余均为星象图。此外，江苏盱眙西汉晚期墓棺椁间顶板上的木雕天象图、山西平陆县枣村东汉初期砖室墓以及河南密县打虎亭与陕西千阳的东汉墓等处，都有日、月、星辰的图像。西安碑林存有一块罕见的四象雕刻，上有刻石日期为东汉“永元十五年三月十九日”，它是郭稚文墓上遗留下来的传世品。西汉夏侯灶墓二十八宿圆盘，是一件极重要的天文档案实物，它保留了二十八宿的古制。

（三）三国两晋南北朝时期的天文档案直接遗存

三国两晋南北朝，是中国处于南北对峙、各政权分立的混乱时期。但总的来说，战

乱是短时间的，相对稳定的时间占多数。在此期间，各政权为了生存和发展，积极采取措施，推动农业和手工业生产在和平时期向前发展。由于各民族的大融合，各地的生产技术和科学知识得到广泛交流。因而，天文学及其观测技术在前代的基础上继续前进，并取得重大突破。

天文学家根据前后相因的观测记录档案材料，发现了岁差，成为这个时期对世界天文、历法知识的发展做出的重大贡献之一。这一发现也成为天文观测记录档案在天文学研究中发挥作用的典型范例。此外，北齐时代的民间天文学家张子信关于太阳、五星视运动不均匀性的发现，也是长时期积累观测档案，并加以利用的结果。张子信是很少见于史籍的民间天文学家之一，他积累了 30 年的天文观测档案资料，完成了关于太阳和五星视运动不均匀现象的发现。

总的说来，这一时期充实和提高了在春秋战国和秦汉时期形成的天文学技术体系，为隋唐高度发达的古代文明奠定了科学技术方面的基础。记录这些成就的天文档案和文献专著几经流传保存下来的不是很多。

敦煌写本中的星占残卷。此写本系法国伯希和（Paul Pelliot）于 1908 年取自敦煌千佛洞。回国后将所摄玻璃照相底片十余种寄赠在清廷任职的罗振玉。罗振玉于 1913 年影印该卷一百部，题名《星占》。后又临摹收入《鸣沙石室佚书》，于 1928 年石印问世。原卷藏法国国家图书馆，编号为 P2512。

P2512《敦煌写本》（以下简称《写本》）中的天文星占残卷，卷首残缺，卷末亦无题跋。遗存部分共三百行，约八千五百字，内容可分为下列五部分：

第一，星占的残余部分。因卷首残缺，故第一部分仅余外官占、巫咸占、占五星色变动、占列宿变、五星顺逆、分野、十二次、九州等。

第二，二十八宿次位经。列出二十八宿各宿之宿名、星数、距度，以及每宿之距星、各距星之去极度，还有各宿所属分野。

第三，石氏、甘氏、巫咸氏三家星经。

第四，著名的《玄象诗》。

第五，一段星占杂论及关于日月旁云气之简单图说，不像完整作品。

此卷中第二、三、四部分涉及比较重要的问题，此处不便详述①。

而在《敦煌写本》2512 页中，据卷内“自天皇已（以）来至武德四年二百七十六万一千一百八岁”一语，当抄于唐初武德四年（621 年），实较《晋书·天文志》、《隋书·天文志》及《开元占经》等天文学文献较早。因而这是一份很重要的古代天文星象档案的复件。

---

① 具体内容参见网址：http：//www. sf108. com/bbs/viewthread. php？ tid = 131211 中关于斯卷 3326 和伯卷 2512 的详细叙述.

二、隋唐五代宋辽金元时期的天文档案直接遗存

这一时期封建政治相对稳定，社会经济高度发达，为天学提供了良好的发展环境与坚实的物质基础，加之印刷术的发明，更有利于天文档案的保存，因而遗存后世的天文档案相对较多。

（一）隋唐时期的天文档案直接遗存

1.《开元占经》

《开元占经》，一百二十卷，唐代瞿昙悉达撰，成书于唐玄宗开元六年到十四年（718～726年），所以又称《大唐开元占经》。唐以后失传，明神宗万历四十四年（1616年），安徽歙县人程明善在古佛像腹中偶然发现，使得再次流传至今。它是一部唐以前天文星占档案汇编，把当时能见到的古代七十多种天文星占文献按内容分别摘录编撰，内容涉及天文星象、气候、奇异现象等各方面。天文方面有名词解释，宇宙理论，日月行星运动，二十八宿距度，甘德、石申、巫咸三家对全天恒星名称、星数、位置的描述和占验，包括有石氏的恒星星表。此外还有当时使用的《麟德历》、作者翻译的印度《九执历》和其他十六种古代著名历法的基本数据。这一著作为我们提供了唐代以前天文学史的重要资料。由于《开元占经》的辑录，许多古代失传了的天文星占档案遗存的内容得以保存下来，就凭这一点，《开元占经》也是一本极有价值的天文档案遗存文献，其重大影响大致可归纳为以下五个方面：

（1）集唐以前各家星占学说之大成，成为中国古代星占学最重要、最完备的资料库。

（2）保存了中国古代最早的恒星观测资料，特别是甘、石、巫咸三家星表。

（3）记载了中国有史以来至八世纪所有历法的若干数据。

（4）引用已佚古纬书多达八十多种左右，成为古代纬书的重要来源。

（5）载入《九执历》译文，成为研究中印古代天学交流及印度古代天学的极珍贵的史料。

2. 敦煌星图

这一时期流传保存下来的天文档案要数甘肃敦煌莫高窟内发现的两卷星图星占档案了，一卷于20世纪初由英国的斯坦因从莫高窟的王道士那里廉价诓买而去，现藏于英国伦敦的英国图书馆（British Library），编号为S第3326号，即斯卷3326①。另一卷是

---

① 席泽宗．敦煌星图［J］．文物，1966（3）．

件残卷，现藏甘肃省敦煌县文化馆，编号为写经类 58 号。据夏鼐，前者可称“敦煌星图甲本”，后者可称“敦煌星图乙本”①。

《敦煌星图甲本》（以下简称《敦甲本》）是一幅长卷写本。卷首部分已阙残。卷子前半部分存云气图 25 幅，图下为占文。据图末原作者所记，本有占云气图文 48 条，现已缺失 23 幅。后半部分为星图共 13 幅。前 12 幅按十二次一次绘制，各有文字一小段，末幅为紫微垣图附一“电神”之象。

斯卷 3326，为一长卷写本，卷首部分也已残缺。卷子前半部分尚存云气图 25 幅——按图末原作者所记，应有云气图 48 幅；图下为占文。

此卷特别受到科学史研究者注意的是其后半部分，共有星图 13 幅，其中前 12 幅系依据十二次（这是中国古代对天区的传统划分法之一），画出各次天区之星图，最后一幅为“紫微垣”星图，并附一引弓矢之神像，旁题曰“电神”——看不出与诸星图有什么内在联系。

斯卷 3326 星图与古代中国主流星占学体系的关系是密切而明显的：图中十二次的起讫度数与《晋书·天文志上》所录陈卓——关于此人我们后面还会谈到——的度数完全一致；而各次星图下的说明文字则取自《开元占经》卷六十四“分野略例”。这些说明文字已由席泽宗院士在 1966 年发表的研究工作中对其抄写讹误作了校刊②。

这两卷敦煌星图属天文横图。《隋书·经籍志》载有“天文横图一卷，高文洪撰。”而这横图又著录于《旧唐书·经籍志》和《新唐书·艺文志》，可见这种天文横图是当时的重要的天文文献。但这种星图应属一种过渡性的星图形式。此外，现藏于日本的张僧繇《五星二十八宿神形图卷》的唐代摹本，也是一种重要的星占学文献③。又有唐代初年李凤的《天文要录》、萨守真的《天地祥瑞志》，皆只有日本的残钞本传世。

保存在中国国内的敦煌星占档案遗存有《紫微恒星图》和《星图·占云气书》（敦煌县博物馆藏品 58 号、76 号），但都是残卷。此外可以提到的还有斯 2404、斯 5614、伯 2964、伯 2610、伯 2630、伯 2811、伯 2941 等卷，亦为星占档案遗存，但多残缺。

3. 墓葬星图

我们亦发现这一时期的一些重要的墓葬星图。如洛阳北魏元乂墓室天象图、陕西三原初唐李寿墓石椁内刻天象图、陕西乾县唐李贤、李重润及永泰公主李仙蕙墓室天象图等。唐代星图最具特色的应是由湖南省博物馆与天津艺术博物馆各收藏的唐代二十八宿铜镜一面，两镜为同模所铸。这两面铜镜与美国波士顿博物馆中国唐代二十八宿铜镜形制相同，实为一而三、三而一的关系。这类刻绘在器物上的天文图像，在中国无论是传世的还是出土的，其数量之多，内容之丰富，在世界上堪称首屈一指。

① 夏鼐．另一件敦煌星图写本——《敦煌星图乙本》［J］．中国科技史探索，1982（国际版）．
② 席泽宗．敦煌星图［J］．文物，1966（3）．
③ 江晓原．星神画像——域外天学来华踪迹［J］．中国典藏与文化，1994（4）．

（二）宋辽金元时期的天文档案直接遗存

1. 宋辽金元时期的天文观测档案及其汇编

自北宋太平兴国年间（976～984 年）到元至元年间（1280 年前后）的约 300 年中，曾先后进行了 8 次恒星位置的实测工作，其中 4 次是对全天星官的测量，另 4 次则仅限于对 28 宿位置等的复测①。这些恒星位置观测工作的总趋势是数据日益精确，其结果多以星图或星表的形式给予反映。

在北宋时代的 1010～1106 年间所进行的 5 次大规模的恒星位置观测活动，尤其值得我们给予重视。

大中祥符三年（1010 年），韩显符新制浑仪，观测“外官星位去斗、极度数”②，得若干赤经数据记录。

皇祐年间（1034～1038 年），宋人为编撰《景祐乾象新书》，作了第二次观测，除若干实测数据记录外，还形成周天星座入宿、去极度数的星表等。在《宋史·天文志》中，保存了这次观测的二十八宿距星的位置的记录③。

皇祐年间（1049～1054 年），周琮、于渊、舒易简等人铸铜仪，对周天星官作第三次观测。这次观测所得的档案记录的主要内容被收录到王安礼等修订的《灵台秘苑》一书中，它包括有 345 个星官距星的入宿、去极度④。

关于皇祐年间的观测记录，《玉海》“景祐星官”转录《国史志》言道：“皇祐中，太史以浑仪测周天星，……视前志及晋、隋天文粲然为最详，今备存之，使后世有考焉。”可见，当时的天文观测记录档案的形成与保管都是比较好的。虽然其原始档案今已无法见到，但皇祐年间的观测记录档案数据被载于《浑仪总要》、《宋史·天文志》等著作中。《宋史·律历志》记载：“帝为制《浑仪总要》十卷，……其所测二十八宿距度著于后，其周天星入宿去极所主吉凶，则具在天文志。”

元丰年间（1078～1085 年）所作的观测⑤，是最著名、最富成果的一次观测活动。首先，黄裳在观测结束 100 多年后，根据这次观测所得的档案记录，绘成天文图，并在 1247 年左右由王致远按黄裳原图刻石，这就是闻名于世的苏州石刻天文图。它是现存不多的古代石刻天文档案之一。其次，这次观测记录档案还被苏颂据以绘成《新仪象法要》一书中的星图，共有 1464 颗星。

---

① 潘鼐. 中国恒星观测史［M］. 南京：学林出版社，1983：166～175.

② 玉海：卷三［M］.

③ 宋史：天文志，律历志［M］.

④ 同③.

⑤ 元史：天文志［M］.

崇宁年间（1102 ~ 1106 年），姚舜辅等人进行了非常精确的二十八宿距度观测①。姚舜辅根据观测记录档案，编制成纪元历。并且，这些记录数据取代了沿用 300 多年的唐代僧一行的观测数据。

到元代，由于疆域广大，天下设观星台 27 所，范围极大。郭守敬等人在 1276 年又进行了一次大规模的恒星位置观测工作。除了观测传统的恒星位置外，郭守敬还测量了前人未命名的恒星 1000 余颗，使其观测档案记录的星数从传统的 1464 颗增加到 2500 颗，并编制成了星表。十分遗憾的是，这些原始记录和星表等档案材料没有流传到今天。

在这些观测造历的活动中，还发生了一种颇为耐人寻味的现象，由于观测范围广，仪器精，所得观测档案内的数据比古人更为精密，因而造成新旧数据的不同，这反倒使观测者对自己的观测成果产生了怀疑，使其天文档案没有充分发挥作用，如宋人周琮在编制明天历时就没有全用新数据。

星表，既是天文文档的一种形式，也是利用原始天文观测记录档案进行编研所形成的作品。这一时期著名的星表有杨惟德星表、周琮星表和无名氏星表等。

北宋杨惟德星表是景祐年间对全天星官位置进行测量成果的遗存，被录载于南宋李季编纂的《乾象通鉴》中。现存有 341 颗恒星的入宿度和去极度值。另外，杨惟德还撰有《景祐乾象新书》三十卷，这基本上是一本星占书，但也有许多恒星的坐标值。该书星占部分继承了唐代星占书的一些条文，据《文献通考·经籍考》，该书引用了许多唐武密所撰的《古今通占》，但其恒星坐标值却与景祐年间（1034 ~ 1037 年）的恒星观测值稍异，它可能又是来源于北宋的另一次恒星观测。因此，对研究北宋时期的仪器制造和恒星观测又多了一个资料来源。

在北宋王安礼重修的《灵台秘苑》、南宋马端临所撰的《文献通考》等典籍中，存录有皇祐年间测定的周琮星表，现计有 360 颗恒星的入宿度和去极度值。

在北京图书馆有明抄本《天文汇钞》中载《三垣列宿舍入宿去极集》一书，书中绘有星图，总计有 267 星官、1375 颗星，其中标有入宿度和去极度数据者计有 739 颗星。有人认为这是元代至元年间测量所得的郭守敬星表的遗存②。另有人认为，它应是明代洪武年间（1380 年左右）观测的结果③。

2. 《灵台秘苑》

原是北周庾季才编纂，据《隋书·经籍志》载共有一百二十卷，后又有说一百一十五卷者，但现在见到的只有二十卷（又一说十五卷），北宋王安石等人重新纂修。卷

---

① 宋史：律历志［M］.

② 陈鹰.《天文汇钞》星表与郭守敬的恒星观测工作［J］. 自然科学史研究，1986（4）；潘鼐. 中国恒星观测史［M］. 北京：学林出版社，1989：271 ~ 309.

③ 陈美东. 中国古星图［M］. 沈阳：辽宁教育出版社，1996：79 ~ 108.

首有步天歌，配以星图，后按三垣二十八宿体系分别叙述各星位置，附各种星占条文。此汇编的价值在于有一份星表，共345星，以入宿度和去极度表示赤道坐标值，是中国继石氏星经后的第二份星表。从星表的研究分析可知，这份星表的观测年代约在北宋皇祐年间（1049～1053年），它可以同北宋的其他恒星观测对比，探讨北宋恒星观测的水平。

3. 记载天文仪器的天文档案直接遗存

《新仪象法要》是宋代苏颂（1020～1101年）为水运仪象台所作的设计说明书，写成于宋哲宗绍圣元年到三年（1094～1096年）间，是有关水力运转天文仪器的一份档案遗存。遗存中共有图六十种，详细介绍北宋水运仪象台的总体和各部结构、尺寸。卷首有《进仪象状》，说明这种仪器的建造缘起、经过和它的特点。卷上介绍浑仪，卷中介绍浑象，卷下介绍仪象台总体、台内各原动和传动机械、报时系统，最后还有一段介绍整个仪象台动作起来的过程，是中国现存最古老的机械设计图纸。根据这份天文档案遗存的描述，中国历史博物馆在王振铎（1912～1992年）的主持下复原了水运仪象台。在复原研究过程中证明，遗存中一点一线都有根据，尺寸大小准确无误，反映了公元十一世纪中国天文学和机械制造技术的成就。《新仪象法要》还记述了永运仪象台的三项重要发明：活动屋顶，自动转仪装置，钟表擒纵器。这几项都比欧洲同类发明早几百年。此外，遗存中还有星图两套五幅，是两种全天星图的表示法。一种是北极圆图加赤道带横图，共三幅；一种是以赤道为界、以两极为圆心的半天球圆图，共二幅，南极附近天区在中国看不到，图中是空白，这种星图画法在中国还是首创①。

有关中国古代的几种重要天文仪器，在《宋史·天文志》中可以看到沈括（1031～1095年）的三篇论文，是他在宋神宗熙宁七年（1074年）写的《浑仪议》、《浮漏议》和《景表议》。这三篇论文可算是有关仪器的专门天学文献。《浑仪议》讲到了浑仪和浑象的制造历史，指出浑仪和浑象是两类不同的仪器，接着讲到各代所制浑仪的结构，他对制作浑仪的心得体会。《浮漏仪》讲到了在他之前的燕肃对平水壶的最新发明，详细记录漏壶的结构和尺寸、漏壶用水的选择等。《景表议》讲述了多表测影的方法和景表安装制造问题，讨论了大气能见度的影响。这些使我们对古代天文仪器的认识提高了一步。

郭守敬对天文仪器的重要发明都记载在《元史·天文志》中，他对简仪、仰仪、正方案、景符、窥几等都有详细介绍，包括它们的结构、尺寸和用法。这些仪器都在天文仪器史上有重要地位，元代之后没有专文给以介绍，因而《元史·天文志》的有关部分实在是天文仪器的又一部重要遗存。

---

① 丁海斌，陈凡．中国科技档案史［M］．沈阳：东北大学出版社，2007：160～161.

4.《步天歌》

在中国封建社会中期，陆续出现了一些以辞赋加星图形式表现内容的天文文件。自《诗经》的《大东》篇到《古诗十九首》的“迢迢牵牛星”以迄隋唐，以星象入诗为赋的极为丰富。相传，东汉张衡曾作《天象赋》，北魏太武帝时太史令张渊作《观象赋》，初唐四杰之一的杨炯作《浑天赋》，宋吴淑作《星赋》，元汪克宽撰《紫微垣赋》等。但其中最著名、最有影响的则是《步天歌》。

《步天歌》相传是唐代王希明所作，丹元子是他的号，所以有时也称《丹元子步天歌》。宋代时，《步天歌》一直被当作描述星象的天文文献。诗文用七言歌行形式，描述了陈卓所汇总的283座星官共1464星。

《步天歌》最重要的意义在于，它是迄今所见最早确立“三垣二十八宿”天区划分法的文献。二十八宿早已有之——它的起源是一个非常令人困惑但又是非常迷人的问题，我们在此暂且不谈。三垣者，太微垣、紫微垣、天市垣也。其雏形在《史记·天官书》中已经初具，其名称在《玄象诗》中也已经出现，但到了《步天歌》中才算真正确立，此后就一直被沿用下来，长达一千二百年左右。明末耶稣会传教士输入西方天文学，清代以欧洲天文学作为官方天文学的理论基础，也只是建立中西星名对照而已。直到二十世纪中国全盘采用西方的现代天文学，三垣二十八宿的传统天区划分才被放弃。

南宋郑樵在《通志·天文略》中用动听的辞句对《步天歌》作了很高的评价。他说自己“一日得步天歌而诵之。时素秋无月，清天如水，长诵一句，凝目一星，不三数夜，一天星斗尽在胸中矣。此本只传灵台，不传人间。术家秘之，名曰鬼料窍。……句中有图，言下见象，或约或丰，无余无失……”。由“此本只传灵台，不传人间”一句，我们得知在皇家天文台中，《步天歌》是珍藏档案之一种。后世战乱，此件亦不免流落民间，故后来版本颇多。

5. 苏州《天文图》碑

南宋时在苏州镌刻的《天文图》碑，是中国现存较早较系统的一份全天星图，亦是现存最早的一块完整的天文图石刻。

江苏苏州市南门内西部原苏州府学左侧文庙的戟门处，本有南宋遗留的大石碑四座，分列左右。至近代，只剩下了三座。这三座石碑是《天文图》、《地理图》和《帝王绍运图》。

这块《天文图》碑，近年曾移置苏州市博物馆，后又迁回文庙，保存完好。

从碑上题跋看，这四块碑是南宋淳祐丁未年，即1247年所刻。经办摹图、书文和刻碑工作的是王致远。原图是“兼山黄公”即黄裳在嘉王府邸任“翊善”时进献的。《宋史·黄裳传》载：黄裳“作八图以献。曰太极，曰三才本性，曰帝皇王伯学术，曰天文，曰地理，曰帝王绍运，以百官终焉，各述大旨陈之”。

《天文图》碑高216厘米，宽108厘米，碑额题“天文图”三字，故苏州本地俗称“天文碑”。碑石上部是一幅圆形全天星图。整个图上共刻绘恒星1436颗。

黄裳本人并不是专业天文工作者，所以，黄裳《天文图》据史家分析乃其临摹仿绘而成。据史家分析，可能临自苏颂或张大檝之图。后两者所绘之图皆进呈皇帝，贮于内廷秘府。黄裳身居高位，自然可以接触秘府。所以，黄裳《天文图》实乃利用旧有天文档案绘成，它本身又作为档案为苏州天文碑提供了底本。

总之，苏州石刻《天文图》碑是南宋遗留下来的重要天文图碑，它保存了中国11世纪时恒星观测的一些材料，具有重要的科学价值。

三、明清时期的天文档案直接遗存

明清两朝距今较近，又有非常完善的档案保管机制与场所，因而这一时期遗留下来的天文档案，以官方集中保存居多，且形式较好，内容较完整，基本再现了当时天文档案与天文档案工作的原始情况。

（一）中国档案馆现存明清时期的天文档案

明朝时期天文档案，由于历史的各种原因，已全部毁失殆尽，未留下只字片语。清朝的天文档案由于清末八国联军的劫掠，也损失严重，现存于中国第一历史档案馆的清代天文档案可分两部分：一是钦天监的档案，只有九卷共35件；二是钦天监进呈皇帝的题本，约有2381件，这些向皇帝报告天文气象和进时宪书题本，当时藏在内阁大库，以后一直留存至今。

本节介绍现存于中国各档案部门的清代天文档案，以便读者了解现存清代天文档案的基本状况；同时，我们可以通过对现存清代天文档案基本状况的了解，反过来了解清代的天文档案的产生、管理与种类等。此外，需要说明的是，本节所介绍的现存清代天文档案并不是完全统计，存于国内图书馆及国外图书馆、博物馆的清代天文档案，由于一时无法一一查清，未在此处列出。本处所列档案之全宗号、档号等系各馆自行编定，读者可作为查询之线索。

1. 中国第一历史档案馆现存清代天文档案

（1）内阁全宗（全宗号—02）

内阁是清中枢机构之一。内阁档案起于1626年（天聪三年），止于1911年（宣统三年），共二百七十一万四千八百五十一件（册）。内阁档案的内容十分丰富。档案形式以折叠的文档为主，也有不少记事的簿册和卷轴式的地图等多种样式。文书种类有诏书、诰命、敕谕、硃谕、题本、奏本、表文、笺文，启本、咨文、移会、片文、手本等数十种。内阁档案有关科技者分为九大类，其中有“天文气象类”：有日食、月食、星异历法等内容的文件。检索目录有题本目录《礼科题本目录·天文气象类》。

（2）军机处全宗（全宗号—03）

军机处是清中枢机构之一。军机处档案共有825 358件（册），大致分以下三类：第一类是军机处录副存查的奏折，分汉文、满文二种，共七十二万件。军机处录副奏折，按年月包存，故又名“月折包”。内容丰富，共分十八大类，有关于天文者“天文地理类”：主要有历法的修订，日、月食、星异、地震等记录。检索目录有《军机处录副奏折目录·天文地理类》（其中又分为：军机处汉文录副奏折目录和满文月折包登记目录）。录副奏折是清代档案中最系统、历年来利用率最高的一项文件。第二类是军机处分类汇抄的关于国家庶政的档案，分汉文、满文两种。按其性质，又分为目录、上谕、奏事、专案、电报、记事六项。第三类是军机处进呈文书和日行公事文书。军机处进呈的文书，有奏折、表章、舆图。

（3）宫中档案全宗（全宗号—04）

宫中指清宫各处宫、房、所的统称。皇帝御览后的文件一般皆保存在宫中，因此宫中档案全宗中的档案相对较重要。

全宗内档案分为朱批奏折、谕旨、履历折单片、进呈诗文、奏事处档案，宫中杂件三大类。其中有关天文者存于朱批奏折“天文地理类”：观测日月食、星辰变化以及地震、气象方面的文件；有编纂、修改历法的有关文件；有关于怪异自然现象的文件。检索目录有《宫中汉文硃批奏折目录·天文地理类》。

（4）内务府档案全宗（全宗号—05）

内务府是管理皇家生活的部门。内存科技档案以舆图为主。

舆图大部分是中外臣工绘制随折进呈的，皇帝览后批贮内务府造办处舆图房收藏。现存舆图极其丰富。乾隆时曾编有《萝图荟萃》两编，将舆图分为天文、舆地、江海、河道、武功、巡幸、名胜、瑞应、效贡、盐务、寺庙、山陵、风水等十三大类。有关天文者为第一类，如《天盘星斗图》等。清宫舆图经过嘉、道、咸、同、光绪各朝不断积累，至清末共有二千五百多件。这些舆图现在都完好地保存在中国第一历史档案馆。

（5）翰林院与国史馆档案全宗（全宗号—11）

1644年（顺治元年）设翰林院，掌论撰文史，1690年（康熙二十九年）为纂修天命、天聪、顺治三朝的历史，设国史馆。史成遂撤。至1765年（乾隆三十年）为重修国史列传，又重开国史馆。此后，成为常开之馆。

翰林院与国史馆是清朝廷纂修史志的专职机构。因修史需要而存大量档案材料。现存翰林院档案共有八卷。国史馆的档案共有一千一百一十八卷，主要是1765年（乾隆三十年）常设国史馆以后形成的。其中有关天文者主要是国史馆编纂各项史书天文志、律历志的草稿、稿本，编纂过程中形成的文书及收集的天文历法等材料，如国史馆纂修

《十四志》形成的天文、时宪等志的稿本、草稿和来往文书及各种档册。

（6）晖春副都统衙门档案全宗（全宗号—33）

晖春副都统衙门档案中科技档案分两部分：农业和其他。其中在“其他”类里有关于日食、月食等自然现象的记载报告。

（7）会议政务处档案全宗（全宗号—35）

会议政务处是清中枢机构之一。会议政务处最初叫督办政务处，设于1901年（光绪二十七年三月），是统汇办理新政的机关。其档案不仅有办理各臣工条陈及议复折件，而且还有大量的各有关衙门咨送的文件副本。其中，有关于“天文科技”的档案内容：有钦天监每年进呈时宪书、纂修三元甲子万年历，以及关于日、月食的报告。检索目录有《会议政务处档案分类目录》（按内容分为15大类，“天文科技”在第十五类“综合类”里），可供参阅。

（8）礼部及陵寝礼部档案全宗（全宗号—14）

礼部设于1631年（天聪五年），掌吉、嘉、军、宾、凶五礼之秩序，及学校贡举之法。礼部设满、汉尚书，满、汉左右侍郎各一人，以领部务。下设有仪制、祠祭、主客、精膳四清吏司，以及铸印局、会同四驿馆等机构，以办理各项事宜。现存礼部档案起于1748年（乾隆十三年），止于1911年（宣统三年）。其档案按所属机构分类，有关天文者“祠祭司”，记载有关帝后丧葬礼仪及日月食救护方面的文件。

（9）钦天监档案全宗（全宗号—53）

钦天监是专门从事观测天文气象，编制历书的机关。

档案全宗起止年度：康熙五十四年（1715年）至光绪三十四年（1908年）。

档案包括：颁发、领取时宪书和康熙五十四年七政经纬宿度五星伏见目录以及道光十五年、同治三年、五年的时宪书。测月食的奏付及月食图，观测天象、风占的图册，及顺义县雨雪阴晴全年平均数量统计表、晴雨录等。选择营建地势及缓修观象台问题的文件。

钦天监档案经整理后编有案卷目录一册，档案不分类，按整理流水程序排列。

2. 其他各省、市有关部门收藏的明清天文档案

（1）内蒙古自治区王子旗档案馆

四王子旗历史档案联合全宗（全宗号—11）：该全宗主要是历书。

（2）云南省江城县档案馆

彝文档案汇集（档案号—1）：记载了该县的天文、历法、药书等文书。

（二）现存“候簿”实物举例

中国古代天文史上，关于天文观测机构的日常观测记录档案，“候簿”是一个比较

通用的名称，在《新唐书》、《梦溪笔谈》、《明史》中都有所提及。这一通用名称的出现，从一个特定角度说明中国古代天文观测机构日常观测记录档案具有一定的成熟性和一定的程式性。对它的研究具有重要的学术意义。

江晓原先生在其学术研究中，从科技史家的角度很关心古代科技档案的问题，他在《天学外史》中以十分关注的态度谈到“候簿”问题，并转录了两份十分珍贵的“候簿”实物，其文如下①：

> 古代中国人既然笃信“天垂象，现吉凶”，天象被看成是“天意”的显示，是上天对人间帝王政治优劣的表扬和批评，是对人间吉凶祸福的预言和警告。那么很自然的，对各种天象必须认真、持续地加以观测和记录，只有这样，天学家才能为帝王上窥天意，上体天心。而欲知天象奥秘，必须勤于观天并进行记录。
>
> ……从理论上说，灵台上昼夜都有专人对天象、云气等进行观测，观测的结果被记录在称为“灵台候簿”的档案中。
>
> 非常可惜的是，“灵台候簿”的实物，迄今尚未见有完整保存至今者②。幸有教会学者方豪，1946 年在当时北平的北堂图书馆读书时，偶然于书库中发现一个纸包，里面“尽为断简残编及零碎纸屑”，但是却有四张表，是清朝嘉庆年间钦天监观象台——就是今天北京建国门古观象台——上的观象值班记录。虽然时代较晚，但作为古代“灵台候簿”之吉光片羽，仍然弥足珍贵。这里移录其第二、第三表③如下：

方豪所见第二表（相当 1815 年 1 月 20 日）

嘉庆十九年十二月十一日丁卯小寒十五日

观象台风呈　值日官　五官监候纪录九次　　路　鹏　　（押）

　　　　　　　　　　博士纪录　　五次　　　常　兴　　（押）

日出辰初初刻十三分昼三十八刻四分　班首　天文生李为松　（押）

日入申正三刻二分夜五十七刻十一分　　　　天文生张彭龄　（押）

寅时　　　　　　　　　　三班

　　　　　　　　　　　　寅卯辰时　黄德泉　王光裕

卯时

辰时西北风阴云中见日

　　　　　　　　　　　　巳午时　　于中吉　黄德溥

巳时西北风阴云中见日

午时西北风阴云中见日

---

① 江晓原．天学外史［M］．上海：上海人民出版社，1999：66～70.

② 方豪．中西交通史［M］．长沙：岳麓书社，1987：725～728.

③ 方豪．中西交通史［M］．长沙：岳麓书社，1987：725～728.

未时　　鲍　铨
未时西北风阴云中见日
申时西北风阴云中见日
酉时
申酉戌时　孙起元　司兆年
戌时
昏刻西北风阴云中见星月　昏　刻　李为松
一更西北风阴云中见星月　一　更　王光裕
二更西北风阴云中见星月　二　更　于中吉
三更西北风阴云中见星月　三　更　黄德溥
四更西北风阴云中见星月　四　更　黄德泉
五更西北风阴云中见星月　五　更　鲍　铨
晓刻西北风阴云中见星月　晓　刻　孙起元
司兆年
午正用象限仪测得太阳高风云
一丈中表　北影边长
南北圆影长
嘉庆十九年十二月十一日仪器交明接管讫

方豪所见第三表（相当 1816 年 3 月 5 日）

嘉庆二十一年二月七日丁巳惊蛰一日
观象台风呈　值日官　五官灵台郎纪录八次　金　城　（押）
博士纪录　五次　那　敏　（押）
日出卯正一刻五分昼四十五刻五分　班首　天文生白嵩秀　（押）
日入酉初二刻十分夜五十刻十分　天文生徐治平　（押）
寅时　二班
卯时东北微风阴云中见日　寅卯辰时　李　钧　孙　安
辰时东北微风阴云中见日
巳时东北微风阴云中见日　日生晕影苍黄色在危宿
巳午时　李文杰　田　晨
午时东北微风阴云中见日　日生晕影苍黄色在危宿
未时　何元溥
未时东北微风阴云中见日
申时东北微风阴云中见日
酉时东北微风阴云中见日　申酉戌时　何元渡　何树本
戌时

昏刻东北微风阴云中见星月	昏　刻	白嵩秀
一更东北微风阴云中见星月	一　更	孙　安
二更东北微风阴云中见星月	二　更	李文杰
三更东北微风阴云中见星月	三　更	田　晨
四更东北微风阴云中见星	四　更	李　钧
五更东北微风阴云中见星	五　更	何元溥
晓刻东北微风阴云中见星	晓　刻	何元渡
		何树本

午正用象限仪测得太阳高风云

一丈中表　北影边长

南北圆影长

嘉庆二十一年二月　日仪器交明接管讫

由此两表不难看出，观测及记录的规章制度是颇为完备的。不同班次、不同时刻，都分别有专人负责。不过多年相因，早已成为例行公事。随着岁月推移，积弊渐深，人员素质逐年下降，敬业精神日益淡薄，“例行公事”也就会变成“虚应故事”，这种现象早在宋朝的皇家观象台上就已经发生了。故这些表是否真是对当时实际天象一丝不苟的观测实录，尚未可知。

清代因在时间上离我们较近，使我们得以看到一些类似上述两份材料的科技档案实物，其数量虽少，完整度也稍差，但也是极其珍贵的。它使我们的一些思考从猜测层面过渡到事实层面。

关于古代天文记录档案的内容，上述两份材料所反映的内容是远远不够的，江晓原先生在其《天学外史》中做出了总结①。

第三节　中国古代天文档案的间接遗存

中国是世界上天文学发展最早的国家之一，几千年来积累了大量宝贵的天文资料，受到各国天文学家的注意。就文献数量来说，天文学可与数学并列，仅次于农学和医学，是构成中国古代最发达的四门自然科学之一。

中国古代对天象的原始观测记录除了以上所述之直接遗存外，还有经过改编和加工的第二手、第三手资料，作为中国古代天文档案的间接遗存，得到了较为系统的保存。现今所见的古代天文档案间接遗存辑录出有重要研究价值的内容，按照时间顺序分期阐述。

① 江晓原. 天学外史［M］. 上海：上海人民出版社，1999：71～74.

一、先秦时期的天文档案间接遗存

1.《尚书》

也称《书经》，历来有今文与古文之争，又有真伪之说，因为有后人的东西渗入，致使书中的一些内容不太确信。但近来从出土文物中获知一些历史情况与书中所记殷周之事相合，表明它毕竟保存有古代的资料，故仍有相当的价值。

《尚书》中的天文学史料往往反映了很古老时代的情况，《尧典》中命羲仲、羲叔、和仲、和叔分头观察四方星空，掌握农时季节，敬授民时，后代“羲和”一词成为天文官的名称。那时利用黄昏时中天恒星的观察决定季节，所谓“日中星鸟，以殷仲春”，“日永星火，以正仲夏”，“宵中星虚，以殷仲秋”，“日短星昴，以正仲冬”，按鸟、火、虚、昴四星南中天正值二分、二至的时代在4000多年前。在《尧典》中还有一句名言“璇玑玉衡，以齐七政”，这是指观测天体的仪器还是指利用北斗七星的指向定季节，历代争论不休，璇玑玉衡是浑仪的前身还是北斗七星名字的来源至今没有结论，这是《尚书》带给天文学史研究的一个有趣的问题。

《尚书》带来的另一个问题是仲康日食之谜。在《夏书·胤征》篇中记录了“乃季秋月朔，辰弗集于房，瞽奏鼓，啬夫驰，庶人走”的现象，而羲和沉湎于酒，不知此天象。这是否指一次日全食的发生而天文官失职罔闻引起慌乱的现象？历代许多天文学家对此做了考证，唐代一行，明代李天经，以及国外的一些天文学家都做过计算，结论各不一样，从公元前2155~前2007年均有。在《周书·顾命》篇中还有一项记录，讲周室宫廷的摆设，“赤刀、大训、弘璧、婉琰在西序，大玉、夷玉、天球、河图在东序”，这天球是什么东西？如果那时就有了我们现在所理解的天球仪，那浑天说的起源当上溯到周初。此外，《尚书》的《商书》、《周书》中有不少年、月、日和月相的记录，这对研究那时的历法问题也是一些参考资料。

2.《小戴礼记》与《吕氏春秋》中的间接遗存

《月令》、《十二纪》这两篇文献与《夏小正》一样都是有关天象物候的，时代有早晚，语句有相同或相似的地方，它们之间或许有引录和承传的关系。《月令》载于《小戴礼记》，即礼记，为儒家经典之一。《十二纪》也称《十二月纪》，载于《吕氏春秋》，为秦吕不韦的门人所作。此外，《诗经·豳·七月》篇中也有相似的内容。

《礼记·月令》与《吕氏春秋·十二纪》完全相同，有关天象说法不同而实质一致。月令中所用二十八宿名称同后来通用者稍有差别，如用弧、建星、火等，后者则部分改用斗、心的名称。这些史料产生久远，流传散失多有文字错乱之处，因此，在利用这一批史料研究问题时必须谨慎。

3. 先秦诸子著作中的间接遗存

春秋战国时期，思想活跃，百家争鸣，涌现出许多政治家和思想家，统称为诸子百家。他们当中可算没有什么科学家，但他们博览群书，广交游，勤思考，大量接触社会和自然，他们的言论和著作中不时也出现一些有关天文学的论述，虽属比较零散，但却保留了一些较为古老的资料。

关于宇宙的含义，“上下四方曰宇，往古来今曰宙”，包含空间和时间两项，语见《尸子》卷下。在《墨经》中又有“宇，弥异所也，久（宙），弥异时也”的论述，也包括有空间和时间的意思。汉代张衡则进一步提出“宇之表无极、宙之端无穷”，扩展成宇宙无限的思想，这种无限时空的概念成为现代科学中宇宙一词的东方渊源。

在先秦诸子的许多论述中涉及宇宙的起源和演变，《庄子》中关于宇宙有其“开始”，在“开始”之前还有“开始”，宇宙中有“无”，在“无”之前还有“无”的思辨。在汉代《淮南子》一书中有进一步的解释，其中《俶真训》、《经审讯》、《天文训》、《原道训》、《冥览训》等篇都值得参阅。《庄子》中关于“道”的概念，在《荀子·天论》、《韩非子·解志》等篇中又有其继承和发挥，关于“道”的唯心主义属性和唯物主义属性长时期引起了哲学思想届的争论。《列子·天瑞》中记录了关于天地是否会坏的一段讨论，既否定了天地不会坏，也否定了天地会坏，这种讨论在后代也引起了不少人的思考。

屈原是一位伟大的思想家和诗人，他的不朽著作《离骚》、《天问》等篇也包含不少天文学的内容。关于远古的开头，谁传授下来的？那时混沌未分，根据什么去考证？天轴在哪里，八根擎天柱坐落何方？日月星辰怎样附在天上？天亮之前太阳在哪里躲藏？……一系列问题发人深思。屈原告诉我们，那时人们已在考虑天地结构的问题，并对天圆地方式的或凉亭式的盖天学说提出了怀疑。

天命论是原始崇拜的产物，奴隶主及封建统治者加以利用，成为一种思想统治工具，有不少思想家提出了反天命的思想与之斗争，这在先秦诸子的著作中有丰富内容。在孔子、孟子及其学生的作品中大量传达了“天命不可违”的观点，如“死生有命，富贵在天”，“畏天命”，“获罪于天，无所祷也”（《论语》），“顺天者存，逆天者亡”（《孟子》）等；而在《荀子》中则有大量相反的观点，“天行有常，不为尧存，不为桀亡”，“明于天人之分”，“制天命而用之”等，这给后世思想领域的斗争开了先例。“天高地卑，天动地静”的思想也有其对立面，尤其是地动的观点在先秦诸子的思辨中已经诞生。《庄子·天运篇》“天其运乎？地其处乎？”就是对地静观点提出的怀疑；《尸子》又曾提出：“天左舒而起牵牛，地右辟而起毕昴”，这意味着一种相对运动的思想；《列子》中有“运转靡已，大地密移”之句，也含有地动的观点。至于大地是转动还是平动，也有不少论述。

当然，这些内容大多属于思辨的范畴，没有科学的证明和实验手段，它是早期宇宙理论发展时期的一种形式，有各种思想意识的影响，后代的历法家们对此多不太关注，而天文星占家们甚至政治家们对此都十分热心，这一部分是研究科学思想史和古代宇宙理论的重要资料。此外，也还有些其他资料，如《鹖冠子》中曾记载按斗柄指向定季节的古老情况，《晏子》中有关于彗星出现和荧惑（火星）守虚的天象记录，也都有一定的史料价值。

二、秦汉时期的天文档案间接遗存

1.《史记·天官书》

汉代有一本重要的天文著作值得一提，这就是《天官书》。《天官书》是《史记》中的一篇，公元前一世纪司马迁（公元前145或前135～？年）著，可算是当时有关天文知识的总结。尤其是恒星部分记录了当时所认识到的全天恒星，共九十多组名称，五百多颗星，是关于全天恒星的最早一篇完整文献。后来许多恒星的命名都受它影响。《天官书》内容除恒星外，还有行星、分野、日月占候、奇异天象、云气、岁星纪年、天象记录和占验等，是研究秦汉天文学乃至先秦天文学的一篇权威性文献。《史记·天官书》开创了后代史书中撰写天文志的传统。《二十四史》中有十几篇天文志，为研究中国天文学史提供了系统全面的资料。其中李淳风（602～670年）所撰《晋书·天文志》，内容丰富全面，已被翻译成英文，在巴黎出版。

2.《汉书·天文志》、《后汉书·天文志》

《汉书·天文志》，马续撰。关于全天恒星统计有118官，783星，但其文字同于《史记·天官书》。其他关于五星运行，日有中道，月有九行，异常天象等均有同天官书相似者。但该志中详细记录了各种天象出现的时间，尤其是行星在恒星间的运行、太白昼见、彗孛出现的时间和方位。《后汉书·天文志》，司马彪撰，也继续记载这一系列天象。两书的五行志则着重记述日食、月食、日晕、日珥、彗孛流陨之事，特别对日食的食分和时刻有详细记载，对太阳黑子出现的时间、形状做出了很有价值的描述，是早期天象记录的重要来源。

3.《周髀算经》

《周髀算经》，原称《周髀》，唐初始加算经两字。它同其他九部算书共同被列入唐朝官学的算学教科书，总称十部算经。卷首借周公与商高的问答讲述勾股之义。据考证，成书于公元前1世纪的西汉末或是东汉初年，但其中也有更早的一些资料。《汉书·艺文志》中没有此书，《隋书·经籍志》天文类首列《周髀》一卷，赵婴注，又一卷甄鸾重述，《唐书·艺文志》有李淳风释《周髀》二卷，与赵婴、甄鸾之注列在天文类，但在历算类中又有李淳风注《周髀算经》二卷，其实本为一书。从这一演变可知原著只一卷，又经各家注释，遂成为二卷，内容涉及天文、历算，故在唐书中分列于天文、历算两类中。南宋时的传刻本（1213 年）是目前传世的最早刻本，收藏于上海图书馆。历代许多数学家都曾为此书作注，其中最著名的是唐李淳风等人所作的注。《周髀算经》还曾传入朝鲜和日本，在那里也有不少翻刻注释本行世。本书重点讲述当时的一种宇宙结构学说——盖天说，详细阐述盖天说计算天地结构、历法、二十八宿距度、各节气晷影、日月运动、太阳视轨道大小、周天里数、北极璇玑的方法，还有圆形盖天式星图的制作等等。对于了解 2000 多年前的天算知识，实为最可宝贵的典籍。但不少研究者也指出，书中的许多数据和立论常有矛盾之处，读者不可不详加鉴之①。

4. 《浑天仪图注》

《浑天仪图注》，又称《浑天仪注》，是东汉张衡（78 ~ 139 年）为首创造的漏水转浑天仪所写的一本仪器结构说明书，它不仅是浑天学说的重要著作，也是中国第一本天文仪器著作。原书已佚，现存清代洪颐煊辑录的《经典集林》卷二十七中辑有全文，并附漏壶部分的结构说明。它提供了浑天说的基本观点、浑象的制作、多级漏壶的结构等古代资料。

5. 《灵宪》

《灵宪》，中国东汉时期科学家张衡关于天文学和哲学的重要著作。《隋书 · 天文志上》说："张衡为太史令，铸浑天仪，总序经星，谓《灵宪》。"清代马国翰《玉函山房辑佚书》和严可均《全上古三代秦汉三国六朝文》中的《全后汉文》收录了《灵宪》1 卷。《灵宪》从浑天说出发，用"溟涬"、"庞鸿"、"元气"、"天亢"等概念，试图从哲学的高度全面地阐述天地的生成和结构，认为天地未分之前是一片混沌，分判之后，轻者为天，重者为地，天为阳气，地为阴气，二气相荡乃生万物，并认为星是溢出的地气。从中反映了作者的朴素辩证观点。《灵宪》的重要贡献在于，它指出了宇宙的无限性，并解释了日月星辰的运动，第一次科学地说明了月食的原因，提出了行星运动的快慢与距离地球的远近有关的见解。这代表了当时人类所能达到的最高思维水平和科学水平。但由于受到道家与阴阳家某些消极影响，也羼有若干糟粕，如论星"五律经次，用彰祸福，则上天之心，于是见矣"，就受当时流行的天人感应说的影响。

6. 纬书中记载的天文档案间接遗存

在这里，我们还应注意汉代的一种记有天文方面内容的特殊文献——纬书。所谓纬书，是汉代依托儒家经义宣扬符箓瑞应占验之书。它与经书相对，故称纬书。《易》、《书》、《诗》、《礼》、《乐》、《春秋》及《孝经》均有纬书，称"七纬"。纬书内容附会

---

① 刘金沂，赵澄秋 . 中国古代天文学史略［M］. 石家庄：河北科学技术出版社，1990：28.

人事吉凶，预言治乱兴废，颇多怪诞之谈，但对天文、历法、地理等均有记录和保存，有的材料还颇有价值，《续汉书·律历志》等曾屡加援引。纬书兴于西汉末年，盛行于东汉，诸帝好言谶纬，南朝宋时开始禁止，及隋禁之愈切。炀帝即位，搜天下书籍与谶纬相涉者皆焚之，其书遂散失殆尽。后经后代学者加以搜集，使其仍有一些得以传世。

7. 历法著作中的间接遗存

自汉代（公元前205～公元220年）起，就有完整系统的历法著作留传到现在，包括在各历史朝代中颁行过的和没有颁行过的历法共约一百种，绝大部分收集在《二十四史》的《律历志》中，这是研究中国历法的资料宝库。现就两汉时期的历法著作择要略作介绍。

《三统历》，西汉刘歆（公元前53年～公元23年）作，一般认为是根据汉武帝太初元年（公元前104年）邓平、落下闳等人创作的《太初历》稍加修改而成。这是现存最早的一部完整历法，后世历法的基本内容这时大体都已具备。《三统历》共有七节：统母，纪母，五步，统术，纪术，岁术，世经。统母和统术讲日月运动的基本常数和推算方法，包括回归年、朔望月长度、一年的月数、交食周期、计算朔日和节气的方法等；纪母、纪术和五步讲行星的基本常数和推算方法，包括五大行星的会合周期、运行动态、出没规律、预告行星位置等；岁术讲星岁纪年的推算方法；世经讲考古年代学。《三统历》还明确规定，以无中气的月份置闰，并选取一个“上元”作为历法的起算点。《三统历》的这些内容，对后代历法影响极大，有的沿用至今。清代学者钱大昕（1728～1804年）、李锐（1773～1817年）、董佑诚（1791～1823年）等人都曾对《三统历》做过详细研究，日本、法国学者还把它译成日文和西方文字。

《乾象历》，汉献帝建安十一年（206年）刘洪（约135～210年）作。它对月亮运动的研究有了新进展，首次提出月亮近地点的移动（过周分），从而算出近点月长度，并在一近点月里逐日编出月离表，又首次提出黄白交角是六度（兼数），首次提出交食计算中推算食限的方法，这些都对后代历法影响很大。

8. 《淮南子·时则训》与《逸周书·时训解》中的间接遗存

《时则训》、《时训解》、《夏小正》、《月令》与《十二纪》这几篇文献都是有关天象物候的，时代有早晚，语句有相同或相似的地方，它们之间或许有引录和承传的关系。《时则训》是《淮南子》中的一篇，为西汉淮南王刘安的门人所作。《时则解》则是《逸周书》中的一篇。

三、三国两晋南北朝时期的天文档案间接遗存

在这一时期重要的天文档案间接遗存要数正史《宋书》、《南齐书》、《魏书》、《晋书》中的天文、五行志。其中《晋书·天文志》，由唐李淳风撰，是天官书以来最重要

的一份天文档案遗存，虽比《宋书》、《南齐书》、《魏书》的天文、五行志晚出，但它的内容丰富，基本上是晋以前天文学史的一个总结。其中有关于天地结构的探讨，浑天盖天宣夜之说及其三家论天学说，各说之间的争论和责难；有各代所制浑象的结构、尺寸、沿革情况；有全天恒星的重新描述，计283官，1464星，为陈卓总结甘石巫三家星以后直至明末之前中国恒星名数的定型之数；有银河所经过的星宿界限；十二次与州郡与二十八宿之间的对应关系；还有各种天象的观测，首次指出“彗体无光，傅日而为光，故夕见则东指，晨见则西指”，正确认为彗星是因为太阳而发光，彗尾总背向太阳的道理；最后还记录了大量天象，使历代天象记录延续不断。

四、隋唐五代时期的天文档案间接遗存

1. 《隋书・天文志》

《隋书・天文志》，唐李淳风所撰。关于天地结构，全天星宿的内容与晋志颇有相同之处，盖因出于一人一时之笔。但隋志详论浑仪之结构和踪迹，首次描述了前赵孔挺和北魏斛兰等人所铸浑仪，留下了早期浑仪结构的资料，难能可贵。《隋书》又论述了盖图、地中、晷景、漏刻等内容，记录了一日十时，夜分五更的制度。第一次列举交州、金陵、洛阳等地测影结果，指出“寸差千里”的说法与事实不符。书中还引述姜岌的发现，“日初出时，地有游气，故色赤而大，中天无游气，故色白而小”，这与蒙气差的道理相合。又引述张子信居海岛观测多年，发现太阳运动有快有慢，行星运动也不均匀，提出感召向背的原因来给予解释。这都是中国天文学史上的重要发现。

2. 《旧唐书・天文志》、《新唐书・天文志》及新旧五代史天文志

新旧唐书出于不同作者，详略各有不同，可互为参阅。两书天文志详论了北魏铁浑仪传至唐初已锈蚀不能使用，李淳风铸浑天黄道仪，确立了浑仪的三层规环结构，又考虑白道经常变化的现象，使白道可在黄道环上移动，后来一行、梁令瓒又铸黄道游仪，使黄道在赤道环上游动象征岁差。新旧唐书天文志记载了两仪的结构和下落，并列出一行测量二十八宿去极度的结果，发现古今所测有系统性的变化。两书天文志还记载了一行、南宫说等进行大地测量的情况和结果，发现“寸差千里”之谬，并发现南北两地的影长之差跟地点和季节均有关系，改以北极出地度表示影差较为合适。两书天文志还以较大篇幅记载唐代各种天象，互有补充。特别应提出《旧唐书・天文志》记录了唐代天文机构的隶属关系和人员配置，相应的规章制度，尤其是规定司天官员不得与民间来往，使天文学逐渐成为皇室垄断的学问。这一资料对研究中国天文学史非常重要。新旧唐书天文志是晋志以后的重要天文档案间接遗存。

新旧五代史天文志也出自两人，仅记日月食、彗流陨之天象，然旧史天文志较详尽。

3.《乙巳占》

归在唐代著名星占学家李淳风名下的大、中型星占学文献有四部之多。其中最可靠的是《乙巳占》，《新唐书·艺文志》载是书十二卷，但宋以后的著作如《玉海》、《直斋书录解题》等均言十卷。观现存之《乙巳占》十卷100篇，前九卷均万言左右，而第十卷有3万字33篇，疑后人将末三卷拼成一卷，以致与唐书卷数不符。前八卷50篇基本上是天文星占内容，包括天体、太阳、月亮、行星、流星、彗星的占卜条文；后二卷是云气、风方面的占验，有不少气象学的知识，是气象史的资料。关于天文学的部分涉及面很广，李淳风年少时研读星占著作，做了大量笔录。大业年间（605～617年）隋炀帝昏暴统治，致许多古籍失传，因而他将数十种古籍分类编纂，写成《乙巳占》。星占条文多来自古代星占书，而关于天文、历法、仪器等内容多是他本人的研究，因而这对了解李淳风的科学成就很有裨益。它可与《开元占经》并列为传世最经典、最完备的两大星占学文献。

4.《观象玩占》

《观象玩占》十卷（明抄本），撰者姓名不详。卷首有全天盖天式星图1幅，后分别为天、地、日、月、恒星、行星、彗流陨及云气、风角等占验条文。观其文，受《乙巳占》影响极大，许多地方均引“乙巳占”和“李淳风曰”等文字，卷首的星图与北宋《新仪象法要》星图和南宋苏州石刻图均不一致，其各恒星的占文比《乙巳占》和《宋史·天文志》均详尽。书中占验天象记录颇多，但只引至唐末天福（复）二年（902年），当为唐以后撰成。书中没有引用《开元占经》的文字，恐系撰书时《开元占经》已不可见。《唐书》、《宋史》、《文献通考》等均未著录，只《明史·艺文志》录《观象玩占》十卷，不知撰者，或言刘基辑，然现在传世之抄本有五十卷，《四库总目提要》中提及各种抄本和刻本。据所见抄本来看，《观象玩占》之作恐在唐宋之间，后人屡有传抄并逐渐加大篇幅，但所引占验天象仅迄于唐，其占文仍保留了较古老的状态，是研究宋之前星占术的资料之一。

5.《玉历通政经》

《玉历通政经》上、中、下三卷，抄本，题“唐国师李淳风编撰”。上卷论天、云、雨、气、虹、风、雷、雾、霜、雪、雹、霰、露、霞、地震、水旱、火灾等。中卷论日月五星、流星、妖星、黄道及分野。下卷论三垣（太微垣、紫微垣、天市垣）二十八宿诸星官及杂占。所论不出常见星占之说，而道德说教色彩颇浓，如上卷有云：“天变者，父怒也。父道尊而严，垂戒者事之常……天变可塞，以其戒之常也；地变无救，以其怒之鲜也。”书末又有《后序》一篇，题“唐国师李淳风撰”，谈到星占学家之处世立身，也有些意思：“夫天道昭然，理无差忒。思测不至，占乃无验。苟能穷神知化，观象洞玄，占何所不验欤？……乃安中问危，凶中占吉之谓也。”

其说与李淳风在别处多次表达的观点十分吻合。就总体观之，此书近似于《乙巳占》的某种缩编本，谓系李淳风所撰，也不无可能。

6. 《乾坤变异录》、《改正观象玩占》

《乾坤变异录》不分卷，抄本，题“唐司天李淳风”撰。内容亦不出常见的星占话头，简单而浅陋，很难想象撰写了《乙巳占》的李淳风会写这样一本书。此书当为后人伪托之作。

又有《改正观象玩占》一书，有时亦被归于李淳风名下。抄本十卷，要目如次：卷一：天占、日占、月占 ；卷二：五星占；卷三：紫微垣、太微垣、天市垣；卷四：东方苍龙七宿；卷五：北方玄武七宿；卷六：西方白虎七宿；卷七：南方朱雀七宿；卷八：杂星变占、云气占；卷九：风角；卷十：天象杂占。

全书结构与《乙巳占》有相当大的不同。创作年代也很难确定——因为中国古代的星占学文献（以及许许多多其他文献）有着极强的继承性，往往大量因袭前代成说，故从占辞上也很难看出随时代演变的迹象。据有关学者考证，《改正观象玩占》的年代应该比《开元占经》和《乙巳占》晚很多，说出于李淳风之手，恐不可信。

以上几种星占学文献中保存了大量古代天文观测数据和星占活动中形成的原始占辞记录，对于我们研究古代的星占学有重要的史料价值。

7. 重要历法著作中保存的间接遗存

《皇极历》，隋文帝仁寿四年（604 年）刘焯（544 ~ 610 年）作，未颁行。《皇极历》考虑太阳和月亮视运动不均匀来计算日月合朔的时刻，创立了等间距二次差内插法。为了求得任意时刻的定朔改正值，又创立了任意间隔二次差内插法的公式。这在中国天文学史和数学史上都有重要地位，后代历法计算日月五星运动使用的内插法多继承《皇极历》的方法并继续发展。

《大衍历》，唐玄宗开元十五年（727 年）僧一行（683 ~ 727 年）作，后经张说（667 ~ 730 年）和陈玄景整理成文，开元十七年（729 年）颁行，使用到天宝十年（751 年）。开元二十一年（733 年）传入日本，在日本使用近百年。《大衍历》结构严谨，条理分明，共有历术七篇，讲具体计算方法。另有历议十二篇（其中略例三篇），讲历法的理论问题，是一行为《大衍历》写的论文，通称《大衍历议》。《大衍历》的制定是从制造仪器开始的，经过实际观测确定基本天文数据，这是科学的方法。经过《大衍历》的制定，对太阳月亮运动不均匀现象有了正确全面的了解。通过实际观测，破除了一千年来流传的“寸差千里”的谬说。在计算方法上，《大衍历》创不等间距二次差内插法的公式，比起《皇极历》来又是一个进步。

五、宋辽金元时期的天文档案间接遗存

1.《宋史·天文志》

《宋史·天文志》卷帙浩繁，除详细叙述全天恒星、记录宋代各种天象外，卷一介绍了北宋制造浑仪及水运浑象、仪象台的简况，有熙宁七年沈括所著浑仪议、浮漏议、景表议三篇论文的全文，是重要的天文档案间接遗存。宋、辽、金三史以金史记录最为简洁，但金史将天文仪器的内容放在历志里，似无道理。它叙述了宋灭后北宋仪器悉归于金，并运至北京，屡遭损坏的情况，对仪器的沧桑变迁提供了有价值的史料。

2.《元史·天文志》

《唐书·天文志》以后较为重要的当推《元史·天文志》，这里详细记述了郭守敬创制的多种仪器，元代四海测景的情况和结果，还有阿拉伯仪器的传入，集中描述了七件西域仪象，是明以前对传入天文仪器最集中系统的资料。

3.《授时历》

郭守敬（1231～1316年），字若思，顺德邢台（今河北邢台）人，是元代的水利专家、天文学家兼数学家。

元世祖忽必烈曾命郭守敬和王恂编制新历法。郭守敬主张历法应以实际观测所形成的档案记录为根据，因此，他发起组织庞大的天文测量网。“东至高丽（朝鲜），西极滇池（昆明），南瑜朱崖（海南岛），北尽铁勒（青海一带），四海测验，凡二十七所。”地点遍及全国，观测日月交食、昼夜长短、星辰位置等等，规模之宏大，所获记录数量之大，堪称空前。1280年历法编成，名为《授时历》。

明代《大统历》继续用它的方法，前后共使用三百六十多年，是古历法中行用最久的，也是在天文数据、计算方法各方面发展到高峰的一种历法。中国古典系统的历法到此为止，以后就有西方天文知识传入并影响到历法的编算。现存《元史·历志》里的《授时历经》上下篇是郭守敬在王恂（1225～1281年）初稿基础上重新编定的。当时《授时历》虽已颁行，但各种数据用表、推步算法没有定稿。元至元十八年（公元1281年）王恂不幸去世，由郭守敬一人主持完成。他“比类编次，整齐分秒，裁为二卷”。《授时历》共有七部分，内容相似于《大衍历》；但采用等间距三次差内插法计算日月五星位置，又用弧矢割圆术和类似球面三角的方法根据太阳黄经求它的赤经赤纬，这两种方法在天文学史和数学史上都具有重要地位。目前，有许多中外学者在对《授时历》进行研究。

4. 官修大型天文汇纂《玉海·天文律历编》

《玉海》，宋王应麟为应当时博学宏词考试之用而编，故所录资料重点在于典章制度及吉祥善事，与其他类书兼收广蓄亦有不同。故此书体例为类书，而内容实兼政书，是一部专论历代文物典章制度沿袭、变革之书。全书共二百零四卷，分 22 门。有关天文者有第一门天文共五卷，第二门律历共六卷，其所引文献多采自实录、国史、日历、会要等馆阁所藏秘籍，不少为后来史志所未详或未载，为研究宋朝天学的重要天文档案间接遗存。《若水斋古今算学书录补注》称："《玉海》内有天文图一卷、天文书二卷、圭景一卷、历法一卷、漏刻一卷、时令、迎气一卷、改元一卷。《玉海》引证之宋代史事，都录自《实录》和《国史日历》，为后来史志所未详。"

六、明清时期的天文档案间接遗存

1. 明清时期的官修大型天学著作中保存的天文档案间接遗存

历代官史中的"天学三志"备记该朝的天象、历法和天学大事，可以称为历代最重要的官修大型天学著作。除此而外，依据实际天文观测和前代天文档案遗存，历代官方还组织编撰了各种大型的天学著作。现存的这类由官方修订的专门天学著作主要属于明清两代。

需要说明的是，所谓"官修大型天学著作"，一般指以下三种情况：①由官方组织人力、物力进行撰修的天学著作（包括大型类书中的天学部分）；②由某个人奉敕编撰的天学著作（前文中已提到宋朝王应麟奉敕编著的《玉海》，后文不再提及）；③皇家天文机构人员撰写之著作。以下分别介绍此三种情况的天学著述。

《崇祯历书》，卷数随版本而异，有九十、一百、一百三十七等。明徐光启等撰。明崇祯二年（1692 年）《大统历》推日食不验，礼部奏请改历，命以徐光启领之。前后写成历书十卷，次第奏进。徐光启卒，李天经代之，续作历书及仪器上进。其书共分十一部：法原、法数、法算、法器、会通，谓之基本五目；日躔、恒星、月离、日月交会、五纬星、五星交会，谓之节次六目。书首为修历缘起，皆当时奏疏及考测辩论之事。可惜书成而明朝旋即灭亡，新法未能施行于当朝。

《西洋新法历书》，又名《西洋历法新书》、《新法算书》，卷数随版本而异。1644 年清人入关，耶稣会士汤若望删改《崇祯历书》而成，清政府采之以编《时宪历》，任汤若望为钦天监监正。

《灵台仪象志》，康熙武英殿刊本十六卷，南怀仁撰。康熙八年（1669 年）南怀仁疏请造新仪，并呈式样。敕部照其所指造成，乃绘图立说。首论推测七政之行、诸星相离远近之数，并详制器法度轻重坚固之理，逐节申明，演为解说。

《御制历象考成》，四十二卷，康熙五十二年（1713 年）御定。分上、下二编，上编十六卷称“揆天察纪”，下编十卷称“明时正度”，又表十六卷以致其用。该书系统的整理了欧洲古典天文学的全部理论，消除了《西洋新法历书》中图表不合的缺点，并根据实测修改了一些数据。

《古今图书集成·历象编》，清康熙中陈梦雷所辑类书，清世宗命蒋廷锡等重辑。雍正四年（1726 年）以铜活字排印六十四部，全书共一万卷。其中第一编“历象编”分乾象、岁功、历法、庶征四典，其历法典又分为仪象汇考十三卷，历象汇考、刻漏汇考二卷。

《历象考后编》，十卷，清乾隆二年（1737 年）奉敕撰，七年完成（1742 年），为《御制历象考成》之续编。该书抛弃旧的小轮体系，改用地心系的椭圆运动定律和面积定律计算日月运动和交食，增补了关于视差、蒙气差的比较详细的理论，对各差的数据有所改正。

《仪象考成》，三十二卷，清乾隆九年（1744 年）奉敕撰，乾隆十七年（1752 年）告成。卷首上、下两卷介绍玑衡扶辰仪的性能和用法；卷一到卷十三为总纪恒星及恒星黄道经纬度表；卷十四到卷二十五，为恒星赤道经纬度表；卷二十六到卷三十为天汉（银河）经纬度表。星表以乾隆九年甲子为历元，比旧星表增加 1614 星。

《仪象考成续编》，三十二卷，道光二十四年（1844 年）敬征等奉敕编撰。为正《仪象考成》星表之误差，重新测定了全天星表，共收星 3240 颗。

2. 《明实录》、《清实录》

实录，起于南北朝，至唐朝形成官修实录之定制，历朝共编过实录一百余部。它是以档案为根据编纂的，取材比较广，兼收帝王诏敕命旨及“起居注”、“目录”、“时政记”及臣僚奏议，凡涉大计要事即录之，按史实年月时辰为序。

但是，由于种种历史原因留存于世上能完备者，仅存《明实录》、《清实录》了。这两部实录中记录有大量天文资料，可以补正史之不足。例如：《明实录》的隆庆六年十月客星，就不载于《明史·天文志》中。而且，从《实录》的天文记录，我们又可以获悉天文在宫廷里所扮演的角色及其在政治上所起的作用。天象的观察由钦天监负责，天象所显示的吉凶亦由钦天监奏上。至于宫廷中一切大小典礼、喜庆等事，也由钦天监择定吉日良时，俾求多福。此外，钦天监又是日历的制订者，制订的历书共两部，一部是贵族所用，另一部颁发给民间使用，前者比较详细，后者则较为简明，但后者对人民生活的影响极大。

正史中的天文资料多采自《实录》，《实录》的天文资料又出自钦天监的实测记录，在编写正史的小组中，亦少有懂得天文知识的人物，所以在取舍、抄缮和制版的过程中，有时就会出问题。钦天监所藏的天文观测记录幸存下来的少之又少，而各朝各代的实录和起居注亦多散失，幸明清两朝的《实录》上完整留存，使我们能够进一步了解明清时期的天文观测情况。

3. 地方志中间接保存的古代天文档案资料

地方志是记述特定区域特定时空内一个方面或各个方面情况的资料性文献。可以同正史中的记录互为补充，特别是地方志多为明清时代所编写，所以明以后地方志中的天象记录非常丰富，补充了明史和清史稿的不足。

中国有2000多年的修志传统。正如江泽民《在上海市地方志编纂委员会成立大会上的讲话》所说："编修地方志是中国特有的历史传统，在世界上可以说是独一无二的。"历史上存留下来的旧志8000多种，比其他典籍留存的总和还要多。地方志作为"一方之全史"，不仅全面记述一地的现实状况而且全面记述一地的历史。胡乔木同志曾经讲过：地方志"涉及许多学科，从历史学、各种专门的史学、史料编纂学、自然地理学、历史地理学，到人文地理学、经济地理学（也可以作为人文地理学一部分）、社会统计学、社会学、民俗学等等"①。这就是说，地方志是综合性的社会科学资料著述。地方志书包含有各种社会科学著作，乃至自然科学著作所需的资料。也就是说，地方志资料不只对社会科学研究有重要作用，对自然科学研究同样具有重要价值。《中国古代天象记录总集》就辑录了大量古代地方志中保存的有关太阳黑子、极光、陨石、日食、月食、月掩行星、彗星、流星、流星雨、新星和超新星等天象记录。这些记录散存于地方志的自然现象或灵异现象等之中，记录语言有较强的文学性，不够严谨科学，有的仅写一小段，有的仅存一句话。例如：有关太阳黑子的记录明太祖洪武元年自正月至十二月（1368年1月20日至1369年2月6日）"日中有黑子"②，有关极光的记录清世祖顺治五年十二月三十日（1648年）"时一更，天垂白气如练，四布直披约数十余道，寒光下射，悸人心目。"③ 虽然地方志中保存的天象记录过于零散，记录内容不够详细和科学，但是由于它们数量巨大，记录范围又广，作为古代天文档案间接遗存客观上为我们全面研究古代天学提供了更多的科学史料。

4. 明清时期的重要私家天学文献

明代中叶以前，中国古代对私习天文之禁令执行得比较严格，所以私人连收藏天文图书也是违禁，更谈不上著述。偶有例外者，亦为数甚少。故现在留存之私人天学著述大都为明中叶天文开禁以后。现将明清两代重要之天学著述家及其著作列举如下。

朱载堉，《圣寿万年历》二卷，《万年历备考》三卷附《律历融通》四卷。《大统历》推日屡不验，议改历者日众，明郑王世子朱载堉撰成二书献上。《明史·历志一》称其"深得《授时历》之义，而能匡所不逮"。无奈当事惮于改作，格其不行。不过朱

---

① 胡乔木．在全国地方志第一次工作会议闭幕会上的讲话［M］．志苑珍宝，北京：方志出版社，1997.

② 清光绪．湖南通志：243卷［M］．39.

③ 清康熙．安徽萧县志：5卷［M］．9.

载堉因“留心术学，博通今古”而受到奖谕。

邢云路，《古今律历通考》七十二卷。《四库全书总目提要》称其书：“详于历而略于律，七十二卷中言律者不过六卷，亦罕所发明。其言历六十六卷，持论立法亦皆不及朱载堉密，但在历法敝坏之日，独能起而攻其误，其识加人一等矣。”

利玛窦，《乾坤体义》二卷，《经天该》一卷。利氏意大利人，明万里年间来华。其书《乾坤体义》为西法入中国之始，为上、下卷，上卷言天皆得实测，下卷言算亦取以捷法，较古术为精密。《经天该》以七言韵文概括全天星座，被称为西洋之《步天歌》。

熊三拔，《表度说》一卷，《简平仪说》一卷。

阳玛诺，《天问略》一卷。

熊三拔与阳玛诺皆是明万历年间来华之耶稣会传教士，他们的著述主要介绍西方古典天文学中的基础知识。

李之藻，《浑盖通宪图书》二卷。其法出自熊三拔《简平仪说》，即从对一种西洋仪器的结构和使用原理的介绍中，认识到中国古代浑天、盖天两种宇宙图像的相通性。李之藻另有《圆容较义》一卷，取法于利玛窦，为几何学方面的专著。

朱仲福，《折衷历法》十三卷。《四库全书总目提要》谓此书“名为折衷《授时》、《大统》二法、实较二法为尤舛矣”。

林祖述，《星历释义》三卷。《四库全书总目提要》对此书也无好评，称其“多钞撮旧文，于授时要旨，殊无当也”。

赵宧光，《九圆史图》一卷附《六匌曼》一卷。《四库全书总目提要》谓其书“皆摭拾陈编，参以浮屠之说。泛论天地之广荒诞不经”。

有明一代私家天学著述至此而止。除朱载堉、邢云路之著作外，其余可以一提的皆为西洋人传入之法。至于朱仲福、林祖述、赵宧光诸人之著述只能列入私家著述之末流。徐光启、李天经等因参与《崇祯历书》撰写，故其著述不列入私家著述中。

王寅旭，名锡阐，一号晓庵，又号天同一生，江苏吴江人。生明崇祯元年，卒清康熙二十一年（1628～1682年），年五十五。他自著《晓庵新法》六卷。前一卷述勾股割圆诸法，即天文学所需的几何学预备知识；后五卷皆推步日月五星交食、凌犯之术。该书以崇祯元年（1628年）戊辰为历元。《四库全书总目提要》称“其书虽疏密互见，而其合者不可废也”。焦循《题晓庵遗书》将王锡阐比之“唐之一行、汉之刘洪”，可见其为时人推崇之程度。《晓庵新法》也是中国最后一部传统历法。除此之外，王锡阐尚有《大统西历启蒙》，隐括中西历术，简而不遗。有《丁未历稿》，“寅旭每岁皆推历，而丁未年与潘次耕布算，特著其说”①。有《推步交朔》及《测日小记》，辛酉八月朔当日食，以中西法及自己所创新法预定时刻分秒，至其时与徐圃臣以五家法同测，而自己的方法最符合。有《三辰志略》，寅旭自创一仪器，可兼测日月星辰，并独自解说，其文仿《考工记》，有圜解，解句股割圜之法，绘图立说，详言其所以然。另有《五星行度解》一卷，《王晓庵遗书》十一卷。

薛凤祚，《天步真原》一卷。薛凤祚先从魏文魁学习旧法，后遇法国人穆尼阁，乃改从西法。此书即所译穆尼阁求交食之法。有《淄川薛氏遗书》24 册，收录其著述十余种。

《历学会通》也是薛凤祚的作品，于康熙三年（1664 年）刊刻。全书共 56 卷，分正集 12 卷，考验部 28 卷，致用部 16 卷。“会通”二字主要指会通中西，兼参诸法，体出了薛氏作此书的意旨。正集的内容包括太阳及太阴经纬法原、五星经纬法原及交食法原三卷，分别讨论太阳、月球、五星和交食的计算原理及方法，又附有太阳及太阴四余表、五星立成表及交食表，还以实际计算为例对当时流行的各家历法算日食的方法进行了比较。正集之中的天文学理论基本取自穆尼阁与薛氏合译的《天步真原》，但内容及算法更为简洁。另外，其中的度数均按中国传统方法，以百分为 1 度，而不用西法的 60 进制，回归年长度为 365 日 23 刻 3 分 57 秒 5 微，也与《天步真原》的 365 日 23 刻 3 分 45 秒 5 微有异。

正集中还有经星经纬一章，给出了全天亮星的黄、赤坐标与星等。除此之外还有比例对数表一卷，比例四线新表一卷及正弦一卷。其中的比例对数表是一至二万的常用对数表，表中所列数据可读至小数点后六位，另附用法，是传入中国的第一份对数表。比例四线表则是正弦、余弦、正切、余切四种三角函数的对数表，其中度以下也是分为 100 分的，这种数表在中国也是首次出现的。

考验部对当时流传的几种中西历法的一一综述。薛氏认为：“欲言会通，必广罗博采，事事悉其原委，然后能折衷众论，求归一是非，熟谙其理数。”这是该部分编写的指导思想。全编共收历法五种，分旧中法、新中法、西域回回历法、今西法选要及新西法选要几部分。其中，旧中法即郭守敬《授时历》（即明《大统历》），共 6 卷；新中法即魏文魁历法，仅 1 卷；西域回回历法题“监本回回历”，应为明初所译者，仅 1 卷；今西法选要取自《西洋新法历书》，分太阳、太阴、五星、交食、时宪蒙求与时宪表，共 5 卷；新西法则为薛氏与穆尼阁合译的《天步真原》，包括太阳太阴部、五星经纬部、经星性情、纬星性情、交食原理、计算表以及历法部、选择部（附回回历选择）、世界部（附回回历论吉凶）、人命部等，共 15 卷。其中选择部之后的内容均为占星术，这是继明译《天文书》之后，西方

① 梁启超．中国近三百年学术史［M］．上海：上海三联书店，2005：131.

占星术的又一次大规模译介。

致用部包括三角算法1卷、中外重学部1卷、中外水法部1卷、火法部1卷、中外师学部2卷、乐律1卷、命理1卷、选择2卷、中法占验4卷、气化迁流选要2卷及西法医药部1卷。致用部的内容与天文历法相去较远，似乎与主题有点背离。但它们的出现反映了薛氏的另一种追求，即在历法会通的基础上把各门实用科学也会通成一个整体，这是徐光启在崇祯改历中首倡而未亲自付诸实施的“度数旁通十事”（即把改历成果推广到切于民用的十个方面）的首次尝试。

《四部总录天文编·补遗》中收《淄川薛氏遗书》24册，康熙三年刊本，但从所列内容来看均与《历学会通》相合，出版年代也相同，故实际为《历学会通》。可能是藏者不知原名，遂题上述名称。《四库全书》收《天步真原》1卷，实际只是《天步真原》中步日月食术部分的内容。又收《历学会通》1卷，也只是《历学会通·正集》中“辨日食诸法同异”中以“新西法”推算的部分。《守山阁丛书》所收《天步真原》则只是《历学会通·考验部》中“新西法”的“人命部”3卷，《指梅》所收《天步真原》与《四库全书》本同。因各处著录名称颇乱，故此略加辨明①。

梅定九，名文鼎，字勿庵，安徽宣城人，卒康熙六十年（1721年），年八十九。《勿庵历算全书二十九种》，魏荔彤编。分法原二十九卷，法数一卷、历学二十三卷，算学二十二卷。后梅珏成摒弃《勿庵历算全书二十九种》中编校者窜入之部分，将其祖父之著述编成《梅氏丛书辑要二十五种》六十二卷，一至四十卷为算书，四十卷至末卷为历书。阮元论曰：“王氏精而赅，梅氏博而大，各造其极，难可轩轾也。”

游艺，《天经或问》前集四卷、后集不分卷。以问答形式探讨有关天学问题。前集言古今历学，持论明晰，识见精卓；后集颇伤庞杂，不及前集之严谨。

揭暄，《璇玑遗述》七卷，一名《写天新语》。言天地大象、七曜运行，兼采西方学说。

李光地，《历象本要》一卷。

徐发，《天元历理》十二卷。首曰原理，论天道日月五星所以运行之故；次曰考古，证班固历志之非、言汉人三正之误。

江永，《算学》八卷，《算学续》一卷，《推步法解》五卷，《历学补论》一卷，《金水发微》一卷，《岁实消长辨》一卷，《恒气注历辨》一卷，《冬至权度》一卷，《七政衍》一卷，《中西合法拟草》一卷。阮元曰：“慎修专力西学，推崇甚至。故于西人作法本原，发挥无遗蕴。然守一家言，以推崇至故，并护其所短。”

戴震，《续天文略》二卷，《原象》一卷。《续天文略》为戴震修《续通志》的副产品；《原象》凡八篇，寥寥千百言，而于观象、测验、布算、仪象诸法该举无遗，于

① 石云里. 中国古代科学技术史纲：天文卷［M］. 沈阳：辽宁教育出版社，1996：40.

西洋天文中诸多名称加以疏解证明，便以初学。

秦惠田，《观象授时》十四卷。《皇清经解提要》称该书不甚遵西洋法，大都采辑梅文鼎、江永、戴震之著述而成。

许伯政，《全史日至源流》三十二卷。《四库全书简明目录》称此书“皆溯稽经史传注所载至朔气闰，质其合否，纠其谬误，亦颇有资于考证”。

钱大昕，《三统术衍》三卷附《三统术钤》一卷，《史记历书天官书拾遗》、《汉书律历天文五行志拾遗》、《后汉书律历天文五行志拾遗》等三史拾遗共五卷，《宋辽金元四史朔闰考》二卷。

《地球图说》是法国传教士蒋友仁（P. Michael Benoist）的作品，是最早在中国介绍哥白尼日心地动说，并明确承认其正确性的著作。清乾隆二十五年（1760 年），蒋友仁向乾隆进献了一幅世界地图，名叫《坤舆全图》，分东、西两个半球绘出。又在图的四周加了一些说明文字，并配有示意图。文字是由何国宗及钱大昕两位中国学者奉命帮助润色的，它们就是《地球图说》的前身。但是，这幅世界地图连同周围的说明文字一直被收藏在皇宫里，世人难以接触。到嘉庆五年前后，钱大昕把自己保留的一份润色稿拿出来，让自己的学生李锐按文义补充了 2 幅地图及 19 幅天文图，把文字与图合为一册，定名《地球图说》公开出版。

李锐，《〈三统术〉注》三卷，《〈四分术〉注》一卷，《〈乾象术〉注》一卷，《〈奉元术〉注》一卷，《日法朔余强弱考》一卷。有《李氏遗书十一种》十七卷。

罗士琳，《补春秋长历》十卷，《春秋朔闰异同》二卷，《增广新术》二卷，《交食举隅图说》一卷，《淮南天文训存疑》一卷，《旧唐书历志天文志五行志校勘记》五卷。

顾观光，《六历通考》一卷，《推步简法》三卷，《九执历解》一卷，《回回历解》一卷，《算胜余稿》二卷，《九数外录》一卷，《周髀算经校勘记》一卷，《九数存古》九卷，《七国正朔考》一卷，《甲子元推步简法》一卷，《癸卯元推步简法》一卷，《五星推步简法》一卷，等等。

汪曰桢，《历代长术辑要》十卷附《古今推步诸术考》二卷、《太岁超辰表》三卷。

《远镜说》是耶稣会传教士汤若望与中国天主教天文学家李祖白在明天启六年（1628 年）合译的第一部介绍望远镜的中文专著。据方豪考证，它的底本是 1618 年法兰克福出版的齐罗兰姆·西尔图利（Girolamo Sirturi）的《望远镜》（Telescopio）一书。但日本学者桥本敬造则指出，它并非《望远镜》的纯粹译本。全书图文并茂，共分五大部分。第一部分介绍望远镜在天文学方面的功用，较为详细地介绍了伽利略在 1609 年前后用望远镜所作出的六大发现：①月球表面高低不平的现象；②金星像月球那样有盈亏变化，表明它是围绕太阳运动的；③太阳表面有黑子在运动；④木星周围有四颗卫星在做有规则的运动；⑤土星两旁有两“小星”（实际上是土星光环，但当时人们还不知道这一点），与土星时合时离；⑥用望远镜观测星空能看到比平时多几十倍的恒星，而且可以发现银河是由众多星星汇聚而成的。这六项发现是伽利略 1610 年在其《星际使者》（Sidereus Nuntius）一书中公开发表的，最早曾由耶稣会士阳玛诺（Emmanuel Diaz）在《天问略》（1615 年出版）中作过十分简略的报道。第二、三部分介绍了望远镜在军事、航海、绘画方面的用途以及用不同透镜纠正近视和远视眼的方法。第四部分分析了望远镜的放大原理，但所用的理论十分原始，因为当时欧洲人也未建立起正确的透镜理论。第五部分是望远镜的制造与使用方法，包括镜片与镜筒的制法，望远镜的安装与调试，如何使用、如何保养、如何用来观测恒星与日月食等。在观测日食时，书中介绍了两种避免损害眼睛的方法，一种是加滤色镜片，另一种是用望远镜在一个白屏上投影观测，后者是由意大利天文学家谢耐尔（C. Scheiner）在 1611 ~ 1617 年间发明的。在以后中国人所进行的日食观测中，这两种方法得到了很好使用，尤其是后者，因为用它可以直接在屏上量取亏起方位及食分等数据，非常简单明了。

《望远镜》的翻译出版在明末及整个清代造成了很大的影响，受到了中国学者的大量征引。它显示了望远镜在天文学上的重要作用，以至许多中国人都把望远镜视作西方观测技术高超的象征。它的出现一方面推动了中国望远镜制作工艺从无到有的发展，孕育了薄珏、黄履庄、孙云球等制作家，而且还推动了中国人对于光学问题的系统研究。1846 年，中国历史上第一部光学专著《镜镜詅痴》出版，该书的作者郑复光在自序中就承认此书是“本《远镜说》而推广其理”而作的。而在天文学上，书中对伽利略新发现的介绍也在揭暄等人批判亚里士多德宇宙学说、否定水晶球体系的过程中发挥了重要作用。

观清代之私家天学著述，大致分前后两个时期。前期以王锡阐、薛凤祚、梅文鼎为代表，此时期之天学著述或以中法为主，或以西法为要，或中西结合。既有王、薛、梅及江永等之用力至深者，也有如游艺、揭暄等天文普及类的天学著述者。清代后期之天学著述自戴震以降，主流风格为之一变。钱大昕、李锐、罗士琳、顾观光、汪曰桢等皆专心于中国古代传统天学的考证。

以上包括直接与间接的天文档案遗存从年代上来划分，各有重点，大致为：秦汉以前主要从出土文物中获得；汉至明朝主要靠官方系统保存，如官史等；晚明、清代主要以档案馆中的档案原件、方志与私家著述为主。

总而言之，由于中国古代天学的官方垄断性，给天文档案保存带来两方面的影响。首先，由于官方大量物力、人力的投入，保证了天学研究、天象记录的连续性，从而使天文档案得以以各种形式大量保存。其次，也正是因为天学在中国古代大部分时间是禁学，所以天文档案的保存渠道少而窄，缺少了在民间的广泛传播和流通，减少了被保存的机会。同时由于官方的集中保存，非常有可能由于战乱和火灾的原因而毁于一旦①。

---

① 江晓原，钮卫星．天学志［M］．上海：上海人民出版社，1998：64.

第四节　中国古代天文档案遗存的科技文化价值

作为中国古代科学技术活动体系的有机构成要素，作为中国古代辉煌的科学技术成就的重要部分，中国古代天文档案有着很好的保管传统和利用传统，也因此得到了大量的天文档案遗存。这些遗存在今天仍然具有重要的价值并因今人的利用而发挥着不可取代的作用。

一、中国古代天文档案的价值与作用概述

在这里，我们所谓的“中国古代天文档案”之价值与作用是有着明显的相对性。对今人而言，它们就是天文档案遗存；但对古人而言，尤其是当时产生它们的古人而论，它们既可能发挥着现行的作用，也可能作为事后档案保管起来备查。当然，不论它们当时是起着现行的作用还是已经保存备查，都不是我们辑录中国古代天文档案遗存进行科技文化研究的主要目的。于此，我们仅可能对中国古代天文档案在产生它们的那个时代所发挥的价值与作用进行适当的简要描述。

自从人类有了文字，有了可书于记载的文明史，天文档案就一定会产生。天文档案起源甚早，这也要得益于早期人类的活动与天文有着密不可分的关系。农业生产离不开对物候节气的观测，外出打猎或是长途远行需要明辨时间和确定方向，也都依赖天象观测。因而，一旦人们掌握了记录工具就会将其日常的天文观测经验记录下来，以供长久记忆和使用，也可为他人（一般是同族之人）交流使用，更能够遗传后世。生产生活的发展相伴着天文知识的积累，当人们掌握了物候与天象变化的规律，就会依据生活节律的需要制定历法。一种是较早形成的物候历（如《夏小正》），另一种是仰观天象编制而成的天文历。前者对时间与节气的表达较为模糊，但也能够适应农业发展的需要；后者相对于前者较为精确，可以提供精准的生活时间。后来由天文历发展而成的各代历书历注，不仅可以安排农业生产而且也可以为人们日常行事吉凶宜忌的选择提供指导。中国古代历书除了具有丰富的文化功能外，它还具有深刻的政治意义。主要表现为两方面：一方面颁历之权是皇权得以确立的象征；另一方面，奉行某朝正朔，即行用该朝颁行的历法，表示对该朝政权的臣服。

在中国古代天文档案中，除了上述内容之外，还有星占档案。它们的产生源于古代星占学的发达。那么，中国古代的星占学包括哪些内容呢？历史上的星占学主要有两大类型，一类是专以战争胜负、年成丰歉、王朝盛衰、帝王安危等军国大事为占测对象的，可以称为“军国星占学”；另一类则专据个人出生时刻的天象以占测其一人一生的穷通祸福，可称为“生辰星占学”。在中国古代，土生土长并且至少持续运作了两千年以上的星占学体系，正是军国星占学。星占学既在古代中国的政治运作中居于重要地

位，直接关系到国家军政大事的决策；而被古人赋予星占学意义的天象，又非常之多，这就自然要求天学家进行长期持续的天象观测。在掌握了较高的数理天文学知识——古人称之为“推步”（也即古代历法中的主要内容）的基础上，当一个有星占学意义的天象发生之后，星占学家据此作出预言，或者是在某些星占意义重大的天象尚未出现时就已预先推知，并给出惊人的“应验”预言。那么，在这些大大小小的星占活动中直接形成的原始占辞记录，就是星占档案。在古代中国的天文档案中，星占档案实质上占据了最主要的地位，因此天文历法档案的政治、文化功能，在很大程度上正是星占档案的政治、文化功能。

中国古代天文档案还是历朝编史修志的重要材料，连绵不绝的二十四史中的“天文志”、“律历志”、“五行志”就是采用了大量天文档案编撰而成的。同时，古代天学家利用天文档案进行了大量科学研究活动，例如：三国两晋南北朝时期，天文学家根据前后相因的原始观测记录材料，发现了岁差，成为这个时期对世界天文、历法知识的发展做出的重大贡献之一。还有，北齐时代的民间天文学家张子信关于太阳、五星视运动不均匀性的发现，也是长时期积累观测档案，并加以利用的结果。张子信是很少见于史籍的民间天文学家之一，他积累了30年的天文观测档案资料，完成了关于太阳和五星视运动不均匀现象的发现。

二、中国古代天文档案遗存的科技文化价值与作用

中国古代天文档案不仅在历史中被持续地使用，而且流传到现在的天文档案遗存仍然保存着重要的价值，并在众多社会领域发挥着不可或缺的作用。

1. 遗存的凭证价值

明朝内阁大学士邱濬奏请建立皇史宬档案库时说“经籍图书乃万年百世之事”，“今世赖之以知古，后世赖之以知今”，应“立为案卷，永远存照”①。这里邱濬所说的“立为案卷，永远存照”的意思，就是保存档案，以作历史的凭证。

中国古代天文档案遗存的科学文化价值，首先它是中国古代天学绵延几千年历史的真实凭证。因为天文档案不同于其他天学史料，它是当时当事者在实践活动中，直接形成的原始记录，而并非嗣后为某种目的而撰写的著作或编制的材料。因此，中国古代天文档案遗存比较客观地反映了中国古代天学高度发达的历史，是中国悠久文明的可靠的科学证据。另外，从中国古代天文档案本身的形体上来看，无论是殷商的甲骨文或是竹木制作的简牍文书，抑或是敦煌文书，它们从埋下到被发掘出来为止，中间无人为的因素干扰，所以出土文物中的天文档案是研究古代中国天学的可靠资料。现存于中国第一

① 明实录：第十二函，孝宗弘治实录：卷六十三［M］.

历史档案馆的清代天文档案是官方仅存的全面反映有清一代天文学活动的真实而系统的历史原件，其中不仅包括钦天监的原始观测记录“候簿”，而且还有大量钦天监进呈皇帝的题本。它们都有一定的格式，都盖有各执掌的印章和有关官员的签署。这些题奏都盖有皇帝的玉玺，有的还是皇帝亲笔书写的谕旨或亲自批阅的奏折。这些原始观测记录和题奏在处理过程中所形成的各种历史标记，它确鉴无疑地说明了天文档案遗存的凭证价值。例如：清朝《时宪书》中记载了每年中的节气，全国各地日出日落的时刻，以阴阳五行、天干地支相配，推算出吉凶趋避。还专门记载了天体中金、木、水、火、土五大行星运行对人的影响等，是专门记载天文历法的系统资料。

2. 遗存的知识价值

天文档案不仅是历史的可靠凭证，而且是人们获取知识，促进历史进步的重要手段。中国古代天文档案遗存中保存着中国古代各朝循循相因的天学机构对天象的持续、完整的记录。它是当时天学家们知识的结晶，文化的历史积淀。我们可以从中获取有益的经验和知识，以作为今天研究中国古代科技史的借鉴。例如：我们从天文档案遗存中保留的大量天学史料可知，中国古代天学具有浓厚的政治色彩，说明单单对中国古代历法或星占规则等作孤立的研究还是不够的，要正确了解天学在中国古代的地位，必须放眼于古代史籍所载的大量有科学社会学意义的天学史料（间接遗存中较多），这些史料同时也有助于研究中国古代哲学、思想体系的形成、古代知识系统的构成及其成长、运作等。

古代天文档案遗存中以下几方面具有科学社会学意义：

第一，天学机构的构成及其品级。

第二，天学与王权的关系。

第三，天学在古代中国文化各方面的特殊地位。

第四，天学家参与政治决策。

通过这些方面的天文档案遗存，可以发现古代中国天学与政治、社会、文化之间相互影响、相互作用的动态关系①。

3. 遗存的信息价值

天文档案遗存不仅存有大量的知识，而且还载有其他各种信息。例如：殷墟出土的甲骨档案，记载有中国最早的干支纪日法。中国古代史籍《春秋·文公十四年》（前613年）秋七月“有星孛于北斗”的记载，是哈雷彗星回归的首次记录。中国古代盛唐时期，著名的“天竺三家”之一瞿昙悉达，其所撰之《开元占经》集唐以前各家星占学说之大成，成为中国古代星占学最重要、最完备的资料库。它保存了中国古代最早的

① 江晓原，钮卫星．天学志［M］．上海：上海人民出版社，1998：353.

恒星观测资料，特别是甘、石、巫咸三家星表，并记载了中国有史以来至八世纪所有历法的若干数据。

《中国古代天象记录总集》① 全面地搜集考证了历代官史、明清实录、“十通”、地方志以及其他古籍中的天学观测记录，得到如下统计结果：

日食记录一千六百余项，

月食记录一千一百余项，

月掩行星记录二百余项，

新星及超新星记录一百余项，

彗星记录一千余项，

流星记录四千九百余项，

流星雨记录四百余项，

陨石记录三百余项，

太阳黑子记录二百七十余项，

极光记录三百余项，

其他天象记录二百余项。

以上这些天象记录信息之丰富和完备，在世界天文学遗产中是首屈一指、无与伦比的。对现代天文学而言，这些宝贵的历史信息是我们今天有关科研工作的重要参考资料。

4. 遗存的文物价值

中国古代天文档案遗存不仅内容丰富，而且制作材质多种多样，生动地展现了中国持续悠久，高度发达的科学技术水平。特别是天文档案遗存中的出土文物，每一件都是珍贵的天学文献。例如，长沙马王堆三号墓出土的帛书《五星占》，当初是作为墓主陪葬品被深埋于地下的，而一旦重见天日，则为研究先秦时期行星运动知识和行星星占学理论提供了宝贵的原始资料。敦煌卷子是保存中国古代文献的宝库，其中有不少与天文有关，著名的《敦煌星图》就是一例。至于殷墟甲骨文中的天文记载，则为我们提供了非常久远的天文档案。从这些出土的文物可以看出，它们不仅保存了中国各历史时期重要的天学史料，而且因其制作材质不同，形态各异，具有很高的文物收藏价值。又如明清档案中保存的大量天文档案，它们的内容系统完整，有着规范整肃的外形，精美的装潢，优质的纸墨、朱砂书写材料，反映了当时的文书制度和科技文化用品的工艺水平。明清天文档案遗存是中国丰富文化遗产中一批宝贵的财富。这些古老天文档案的存在便是我们文明古国的一种象征。

---

① 中国科学院北京天文台主编. 南京：江苏科技出版社，1988.

中国古代天文档案遗存的科学文化价值除了上述较为粗略的四个方面之外，还包含有众多实际作用：

1. 中国古代天文档案遗存是现代天文学研究的重要材料

20 世纪 60 年代，一个新的天文学史领域受到人们的重视，尤其是一些身居天文学前沿的研究家们以渴求与关注的心情回顾历史上的天文观测记录。他们从什么地方得到启示的呢？原来，1968 年射电天文学家观测到了奇突的脉冲星，理论上预言几十年的中子星在宇宙中证实了。特别是金牛座蟹状星云里中子星的发现，使人们的视线回溯到了 1054 年 7 月 4 日的早晨：一颗明亮的星在大白天里与日争辉，这颗超新星的爆发形成了蟹状星云，并留下了残核——中子星 NP0532。历史上的天文事件与现代天文学的研究建立了联系，这个桥梁就是应用历史天文学。

这一新领域的出现是天文学研究对象的性质所决定的。万物都在变化之中，大自然瞬息万变，天体也在不断演化。从整体来看，天文学的研究对象——天体和宇宙演化的时间尺度是很长的，而一个人的一生相对来说只是短暂的一瞬，因此，依靠一个人的终身观测不可能觉察天体的演变。然而，历史上的天象记录能使我们看到古代的天象，这犹如延长了我们的寿命，古代的天文观测资料对天体来说犹如昨天一般，而它对我们来说永远是不过时的，这就是古代天象记录仍能在今天的天文学研究中发挥作用的原因。

与应用历史天文学同时活跃起来的有相邻的考古天文学，或史前天文学，通过古代遗迹专门研究文字记载出现之前的天文学状况。还有实验天文学史，模拟古人的天文学方法和环境，考证古天象记录的真实性。此外，为研究古记录而相应发展起来的工具书，如《历史上的太阳、月亮、行星经度表》、《古代恒星位置表》、《历代日食月食典》等也相继编纂出版，为这一领域的研究提供了方便。

新近一段时间，我们在这一领域做了许多工作，主要从浩如烟海的古籍与海量的出土文物中整理出了中国古代天文档案遗存，为进一步的研究打下了基础。中国古代天学档案是珍贵的科学遗产，对现代天文学而言，有重要的研究价值与意义：

（1）新星与超新星爆发记录

“天关客星”或称“1054 年超新星”是中国古代众多新星和超新星记录中最著名的一条。称其“最著名”是因为“天关客星”在现代天体物理学之恒星演化理论中所扮演的重要角色。

北宋至和元年五月（1054 年 6 ~ 7 月）的一个早晨，当这颗客星突然出现在天关（金牛座 ζ）附近时，只是引起了人们的普遍惊异，以后也就被渐渐淡忘了。十八世纪后有人在天关星附近发现一块外形像蟹的星云，这就是著名的金牛座蟹状星云。1921 年又有人发现蟹状星云在不断向外膨胀。

恒星天文学有一种理论曾预言：超新星爆发后，在其原来位置上应有一残留中心星——中子星。

随着观测手段的提高，人们发现膨胀着的蟹状星云中心有稳定的射电脉冲，这些脉冲的来源应该就是预言中的中子星产生的。因此接着的问题是如何证明蟹状星云处曾有超新星爆发。根据蟹状星云的膨胀速度，回推它的膨胀起点，大概在九百年以前。然而那时的欧洲各国文献没有任何有关的记载可作证明，而在中国的历史文献中，“天关客星”正是作为一次重大天象被记录在案，记录的时间和方位都符合西方天文学家所要找到的超新星爆发时间和方位。因此，“天关客星”的记录成了中子星预言理论重要的事实根据，使这种理论从假设变为真理。

中国古代的客星记录并非“天关客星”一次，其他大量的有关新星和超新星的记录引起了世界各国研究者的极大兴趣。席泽宗整理的《古新星新表》① 受到西方天文学家的高度重视，就是一个很好的证明。

（2）日、月交食记录

日月交食的产生取决于太阳、地球和月亮三者的位置关系，三者在空间的位置几乎成一直线时，交食才会发生。由于三者的运动规律已被很好地掌握，所以能回推历史上曾经发生的日月交食的正确时间和方位。

同时，中国历史上有大量关于日食和月食的记载，根据这些记载的时间和方位，与根据现代交食理论推算出的结果作比较，加以深入的分析、研究可以获得大量信息。

其中之一是可以检验地球自转的不均匀性，得出地球自转的长期变化。地球自转不均匀性是近代才被发现的，这种不均匀性在短期内很不显著，要确实定出它的量需要长期的观测数据。利用现代推算的某次日食所经过的地点同历史上实际观测到的地点之间的差别，就可以研究地球自转不均匀性的长期变化。近代已有人在这方面做了研究尝试。

交食记录的现代利用，随着天文学研究的深入，还会有其他方面的用途。中国古代大量的交食记录作为一份宝贵的遗产，是永远值得珍惜的。

（3）彗星记录

彗星是太阳系内绕太阳运动的天体，在太阳引力作用下，它的轨道可分为三类：椭圆、双曲线和抛物线。其中以椭圆轨道运行的彗星才能去而复回，这种彗星叫周期彗星；具有另两种类型轨道的彗星只有一次接近太阳的机会，也就是只有一次被地球上人们观察到的机会，这类彗星被称为非周期彗星。

周期彗星的回归可以预言，英国天文学家哈雷首次预言了一颗周期为75～76年的大彗星的回归，这颗彗星后来如期而至，因此被命名为哈雷彗星。

中国古代史籍《春秋·文公十四年》（公元前613年）秋七月“有星孛于北斗”的记载，是哈雷彗星回归的首次记录，以后自秦始皇七年（公元前240年）至清宣统二年（1910年）的两千多年里，哈雷彗星共出现29次，每次都在中国史籍中有详细记

① 席泽宗．古新星新表［J］．天文学报，1955（3）卷，第2期：183～196.

录。这样长期、连续的观测资料对于研究哈雷彗星本身的轨道变化、太阳系结构的稳定性等具有十分重要的意义。比如已有人根据中国对哈雷彗星的记载进行了研究，得出哈雷彗星轨道倾角在逐渐变化的结论，即从汉代的170°到十九世纪中期的162°①。中国古代对彗星的记录多达一千多次，其研究价值需要大大开发。

（4）太阳黑子记录

太阳黑子的成因现在还不能彻底研究清楚，太阳黑子的出现周期也是相当复杂的，除了11年周期外，还有其他周期。对这些周期的分析当然可以等待以后的观测结果，但还不能保证历史上太阳黑子活动周期不曾发生过变化。所以中国古代关于太阳黑子的大量记录仍然有其十分重要的现代意义。另外，太阳黑子活动与自然灾害有一定的关系，借助中国历史上的其他史料记载，可以进一步分析太阳黑子与自然灾害之间的关系。

（5）掩星记录

中国古代的掩星记录主要是月掩星记录。月掩星与日食的原理相同，只是太阳的位置被更远的行星或更遥远的恒星取代而已。所以利用日食资料所作的研究地球自转不均匀性工作，同样也可以利用月掩星资料来做。另外，利用月掩恒星的资料可以研究月球运动的变化情况。

（6）流星、陨石等记录

对流星、流星雨、陨石等，在中国古代天文档案遗存中也有大量记载。其中对流星雨的记载又是一项十分珍贵的资料。

流星雨的出现有一定的周期性，而且还有固定的方位。它的成因是由于地球与沿一定轨道互相平行地运动的流星群相遇。所以利用古代天文档案遗存可以对流星群的周期、轨道的变迁作分析研究，更可进一步探明流星群与彗星的关系等问题。

2. 编史修志的第一手材料

自古以来，我们的祖先就具有优良的传统，即利用档案文献编史修志。后一朝修前一朝的历史，一代接一代，至今不辍。《尚书》是中国最早的一部史书，它所包括的"典"、"谟"、"训"、"诰"、"誓"、"命"，都是深藏官府的档案，它实际上是一部古代文献的汇编。孔子作《春秋》也是根据鲁国所保存的档案。《周礼》是我们研究中国古代科技档案史所值得高度重视的一部史书，它是根据当时官方保存的文件汇编而成的。卷帙浩繁的二十四史，其中"天学三志"即历代的"天文志"、"律历志"和"五行志"，大都是这样根据天文档案编纂而成。例如，司马迁所写的《历书》、《天官书》与班固的《律历志》、《天文志》，都利用了汉代石渠、兰台、东观以及天学机构所掌握的天文历法档案。司马迁不仅是一位史学家，而且也是一位天学家和天文档案工作者。

① J. R. Hind：On the Past History of Comet of Halley，RAS/MN 10，51（1850年）.

他在西汉武帝时担任太史令（当时皇家天学机构的负责人）期间，曾整理利用了大量的“金匮石室”的天文档案，因而得以完成《史记》这部鸿篇巨帙，它的《天官书》、《历书》开创了天文律历编志之先河，为以后各朝各代官史之编纂所效仿。宋代司马光利用官府架阁库的档案，编撰了《资治通鉴》。到明清时代，利用档案编史修志更为盛行。明朝利用中央和地方的黄册库、架阁库、案牍库等将所藏的档案，编修各种方志一千五百多种，超过历史上任何一个朝代。清朝为修国史，曾大量调阅各衙门的档案先将档案编纂成史料长编，然后再纂修成书。清朝还利用档案编纂了各朝的《实录》、《起居注》及清朝《通典》、《通志》、《通史》等。

通观中国历史上的史书方志，大都根据档案编纂而成。所以欲修信史，必先占有档案史料。俗话说“巧妇难做无米之炊”，我们现在研究中国古代天学，更需要占有丰富的史料。

3. 印证史实的可靠凭证

天文档案遗存，尤其是直接遗存中的档案原件，是考证、校正其他天学史料的主证史料。譬如，甲骨档案被发现前，人们对商代历史的认识一直是模糊的。两千多年前的孔子对此就曾发过“文献不足征”的感叹（《论语·八佾》）。在先秦古籍中，《尚书》里的“商书”，除《盘庚》外，其余多不足信。其他如《诗经》、《左传》、《三礼》、《国语》、《战国策》、《吕氏春秋》、《楚辞》以及诸子中关于商的史料，尽是只言片语，《竹书纪年》、《世本》也仅仅是王朝世系简记。而司马迁写《史记》的时候，已经理不清西周共和以前历史的具体年代了。故《三代世表》只有世系，《十二诸侯年表》于西周共和以后才有年代。而且《殷本纪》所载是否可信还有待证实，只是在甲骨档案发现之后，商代的历史年代才有了可靠的物证。甲骨档案中有关于天象的记载是研究确定商代历史年代最有用的材料，它为研究商代的历史提供了可靠的根据。“靠着殷墟的发现，我们得到一大批研究殷代的第一手资料，是我们考古者的最幸福的一件事。就靠着这一发现，中国古代的真面目才强半表露出来。”①

4. 古代天文仪器维修与复原的必要依据

中国是世界四大文明古国之一，文化遗产丰富多彩。古代天学仪器留存至今，更是难能可贵，值得我们后人瞻仰与珍藏。现存之古代天学仪器可分为两类：一类是考古发掘所得，大都是漏壶和日晷等小型仪器；另一类为一直保存于皇家天文台而留存下来的天学仪器。这类仪器都为明清两代制造，现在主要保存在南京紫金山天文台和北京古观象台。它们大都外观精致，机构巧妙，有的制作工艺极其复杂，难以仿造。

现存放于北京古观象台的清代仪器有八件，即天体仪、黄道经纬仪、地平经纬仪、

---

① 郭沫若．古代研究的自我批判［M］．十批判书，北京：科学出版社．1956：3～4.

纪限仪、赤道经纬仪、象限仪、地平经仪和玑衡抚辰仪。其中天体仪、黄道经纬仪、地平经仪、象限仪、纪限仪、赤道经纬仪等六件由比利时传教士南怀仁于康熙十二年（1673 年）造成。康熙五十四年（1715 年）又根据传教士纪理安的建议，制造地平经纬仪。乾隆九年（1744 年）又由传教士戴进贤设计制造玑衡抚辰仪。

上述康熙、乾隆年间所制八件仪器的制作经过及用法等，详见于《灵台仪象志》、《仪象考成》和《仪象考成后编》三书。这些有关于天学仪器的制作与应用的天文档案遗存，为我们研究与恢复修缮珍贵的天学仪器提供了重要的依据和参考资料。例如：根据北宋苏颂著的《新仪象法要》这部书的描述，中国历史博物馆在王振铎（1912 ~ 1992 年）的主持下复原了水运仪象台。在复原研究过程中证明，书中一点一线都有根据，尺寸大小准确无误，反映了十一世纪中国天文学和机械制造技术的成就。还有很多出土的天学仪器，进行科学研究和陈列展览，都要利用大量的天文档案遗存。

5. 宣传教育的生动材料

中国第一历史档案馆保存了明清时期遗留下来的钦天监档案及其进呈皇帝的题本，约有 2400 多件。清代的《时宪书》现存于世的比较多。中国第一历史档案馆存有自康熙元年（1662 年）至宣统三年（1911 年）各种时宪书有数百册。除《时宪书》和《七政时宪书》外，还有专门记载每次更次时的《中星更录》112 册，以及《五星凌犯时宪书》、《七政经纬躔度时宪书》等。这些《时宪书》不论是抄本，还是刻本；不论是汉文字本，还是满、蒙文字本，都字迹清晰，装潢精美，堪称是宫藏的珍品。为宣传祖国丰富的科学文化遗产，我们可以充分利用它们向社会公众展示与传播中国古代的科技文明，使观众受到生动、形象的教育。

其他档案馆、各类博物馆、天文馆等，在陈列展览中，也可以结合自身馆藏条件，利用天文档案，最好配以天文实物展览，二者相结合，社会宣传教育的效果会更好。

第三章　中国古代地理档案遗存及其科技文化价值

中国历史悠久，文明源远流长，在历史发展长河中留下了大量的古代科技档案，而地理档案在古代科技档案中无论是从数量上还是从在当时所发挥的作用上，都是最重要的。本章就是对中国古代的地理档案遗存进行系统、全面的阐述，并在此基础上对其科技文化价值进行深入的探讨。因为古代地图档案在地理档案中占的比重最大，所以我们单独抽出，并作重点论述。

第一节　中国古代地图档案概述

在中国古代的各种类型的科技档案中，地图档案产生较早，数量巨大，种类亦较繁多，形成和保管工作制度也较严密。形成这种状况的主要原因，在于地图档案具有较强的实用性。在中国古代，它使用于经济、军事、行政、农业生产等方面，统治者上至王者下至地方长官，都很重视地图的绘制和地图档案的保管工作，以备在各种管理活动中使用。

一、中国古代地图档案的形成

中国古代地图档案的发展源远流长，和任何门类的科学技术一样，起源于人类长期的生活和生产实践，并经历了一个萌芽、形成和不断完善的历史过程。在中国古代的各种类型的科技档案中，地图档案产生较早，数量较多，形成和保管工作制度也比较严密。

（一）中国古代地图档案的起源

世界上最早的科技档案可能就是图画。在文字未产生之前，中国经历了漫长的图画时代。王庸认为："地图的起源很早，可能在人类发明象形文字之前就有地图了。"① 实际上，在文字之前已有地图的说法，在学术界已成定论。它反映出人类对于世界的理解和认识。古代先民在文字产生之前，便以绘画的形式记录下他们认识的周围的事物和环境，地图就在这种绘画中产生了。

---

① 王庸．中国地图史纲［M］．北京：商务印书馆，1959：1.

地图的起源与狩猎、农业和原始绘画有关。古人类为了求得生存，在耕作、渔猎和改造自然过程中，慢慢地对周围地理环境有了认识。进入新石器时代以后，由于物质生活的改善和思维的发展，人类开始用最简单的图形记录周围环境和生活情景，于是便出现了最初的原始图画。这便是原始地图的萌芽状态，中国古代陶器上绘有各种图案，有不同形态的植物花纹，有表现起伏的波浪，有同心扩散的水波，有各种动物的形态，有山水、月亮、太阳等自然现象的描述。原始图画是地图的先声，在原始图画的基础上，出于狩猎和农业等的需要，人们发明了用简化象形符号，按一定的比例和方位关系来表示地表的面貌，就产生了地图。地图产生后，人们用它来记录周围的地理环境，方便劳动和生活。因此，我们可以把这一整体图像看做是一幅地理图画，而这类简单的地理图画，正是原始地图的直接渊源。由于生存的种种需要，地图绘制完成后，人们绝不会随意丢弃，必会精心保存。这样，它们就成为最早问世的科技档案了。而且，由于社会多方面的需要，促使人们绘制并保存更多的地图。在长期绘制地图的过程中，人们不断地改进绘图技术，提高地图的数理水平和精确度，使原始地图演变成为具有数学测量基础的比较完善的地图。

《世本》就有“史皇作图”的传说。据载史皇是黄帝的大臣，他绘制了有地形物象的地图。随着社会的前进，人们对与生活有关的自然现象的认识也不断提高，于是人们逐渐地把物象图中的一些地物图画抓住大概轮廓，加以简化，以此简化的物象作为事物的一般意象的代表，并用它代符号，即最初的文字象形文字。当象形文字出现以后，图画、地物符号和象形文字在这个时期还没有明显的差别，于是形成了地物画与象形文字融为一体的地图发展阶段，即地图萌芽阶段。这时期形成的原始地图，在中国舆图发展过程中，其作品是不少的，如夏禹时期的“九鼎图”和战国时期的“山海图”均属于这一类①。传说中国最早的原始地图就是夏禹时的“九鼎图”。传说记载于《左传》：“昔夏之方有德也，远方图物，贡金九牧，铸鼎象物，百物而为之备……”又《汉书·郊祀志》：“禹收九牧之金，铸九鼎，象九州。”这些文字记述了禹在治水成功以后，用九州贡纳的金属（铜）铸成九个铜鼎，鼎上分别铸有九州百物图像。九鼎铸成以后，人们可以由鼎上的图像了解天下四方的情况。这些记述就其内容和作用来说，“九鼎图”已具备了地图的特征和功能。

总之，中国古代地图档案产生于原始社会，并且在先秦就已经成熟。

（二）中国古代地图档案的形成

1. 先秦时期地图档案的种类及内容

随着夏、商、周奴隶制社会的兴盛，中国的地图档案在先秦出现了一次发展高潮。

---

① 孙国清．浅谈中国舆图的产生与发展［J］．地图，1997（4）：35.

这与奴隶社会经济文化的进步，夏、商、周三代奴隶主贵族之间战争的不断发生，不同规模的城市相继出现等因素有着直接关系，尤其到了周代，当时无论疆域的划定，还是分封土地，都需要地图。只是由于时间久远，未能保留下来而已。但从文献记载可知当时地图的种类很多，以及地图的内容等情况。

首先，当时已经有了全国地图档案。

《左传·宣公上三年》记载："昔夏之方有德也，远方图物，贡金九枚，铸鼎象物，百物为之备。"传说夏禹时代曾铸鼎，并在鼎上铸有山川形势、奇物怪兽。此图被后人称为"九鼎图"。先秦时期的文献中，有许多关于九鼎的记载，如《战国策》记载有"秦兴师临周而求九鼎"①。关于鼎上所绘具体内容，后人也曾有不少的猜测。因此其图的内容是"百物为之备"。明代学者杨慎认为"鼎之象则取远方之图，山之奇、水之奇、草之奇、木之奇、禽之奇、兽之奇，说其形、著其生、别其性、分其类……，九鼎既成，以观万国……"②。据清代学者毕沅考证："有国名，有山川，有神灵奇怪之所际，是鼎所图也。"③ 可见九鼎图是一种较为原始的全国性地图（九州图）。

山海图是由九鼎图演化而来的。尽管山海图现已失传，但记载其内容的说明文字《山海经》我们现在仍可以看到。从《山海经》的内容可以看出，图上不但记载了山名、河流湖泊的名称，而且还记录了各山之间的相对位置，山中的物产、矿藏、怪兽等内容。山海图比九鼎图包含的内容丰富。但由于受当时认识水平的局限，图中夹杂了不少虚构与传说的内容，仍没有跳出原始地图的范畴。

春秋战国时期各诸侯国均想称霸中原，各国说客也常以地图为依据论述天下之事。可以推测当时各国均绘有"天下之图"。《述异记》记载春秋时期的鲁国人鲁班创造了最早的石刻地图，他在洛阳附近的石宝山上雕刻了《九州之图》④。

《周礼》记载职方氏"掌天下之图，以掌天下之地，辨其邦国、都鄙、四夷、八蛮、七闽、九貉、五戎、六狄之民，与其材用九谷六畜之数，要周知其利害"⑤。这种天下图绘有诸侯国界、政区界以及周围的民族。另外，《周礼》中还记载有："司险掌九州之图，以周知其山林川泽之阻而达其道路。"⑥ "天下之图"与"九州之图"是很近似的，实际上均为全国性地图，有些附加些周边国家的情况。从《周礼》的记载可以看出，前者偏重疆界、人民、物产等人文地理因素，后者偏重山川大势、道路交通等因素。可见，全国性地图也是根据实际应用的需要而分为不同的种类。

除全国地图档案外，先秦时期已经有了各种专题性地图档案，如城市规划图、土地

---

① 战国策·东周策［M］.

② 杨慎．山海经补注［M］.

③ 毕沅．山海经新校正［M］.

④ 彭静中．中国方志简史［M］．成都：四川大学出版社，1990：39.

⑤ 周礼·夏官司马·职方［M］.

⑥ 周礼·夏官司马·司险［M］.

图、矿产图、物产图、军事图、兆域图等。

2. 汉代地图档案的种类

汉代是中国历史上的封建盛世之一。这个时期前承周秦，后启隋唐，是中国历史上一个重要的朝代。在中国古代科技档案史上，它也是一个承前启后的重要时期，很多制度和做法在这个时期确立并流传下来。

汉朝建国之后，对地图的绘制、收集和管理都非常重视，并规定地方政府必须定期向中央政府呈送地图。如班孟坚的《东都赋》中就有"天子受四海之图籍"的记载。据《史记·三王世家》记载："臣请令史择吉日，具礼仪、上御史、奏舆图……"《后汉书·光武帝纪》也有记载曰："大司空融……奏仪曰：臣请大司空上舆地图，太常择吉日，具礼仪。"东汉光武帝依靠武力牢固地建立了东汉政权后，于建武十五年（39年）开始，每年都要举行一次大典，在大典上由大司空向他进献舆地图。

除区域性地图之外，全国性的一统舆图也逐渐多了起来。如《汉书·武帝纪》载："臣瓒曰：浮沮，井名，在匈奴中，去九原二千里，见汉舆地图。"再如《后汉书·马援传》载："前披舆地图，见天下郡国百有六所。"能从图中看到两千里以远及全国106所郡国，显然是一种全国性地图。

汉代还出现城市地图。《长安图》和《三辅黄图》是早期见于著录的城市图记。《长安图》在《汉书·艺文志》中有记载，但只记图名，无卷数和著录。魏代淳如依据汉《长安图》记述了细柳仓的位置，后来《长安图》失传。《三辅黄图》于"宫殿、山水、都邑皆有图有说"①，但图已佚失，只保留了文字注记和说明。此外，实物出土的东汉画像砖《市井图》是中国现存时代较早的反映市井面貌的地图。

在汉代，中国出现了世界最早的军事地图。1973年12月，在长沙马王堆汉墓出土了三幅绘制在帛上的军事地图，绘制年代为公元前168年，分别是地形图、驻军图、城邑图。汉代的军事地图，从地图符号的设计、颜色的配置、层面的安排、地图表示等方面，都显示了中国古代绘制技术的高度发展，在世界地图学史上处于领先地位。

3. 三国两晋南北朝时期的地图档案

三国两晋南北朝时期，由于社会动荡，地图的绘制与地图档案的保存数量较少。但是这一时期出现了著名的地图学家裴秀。

裴秀在青年时代相继在曹魏、西晋的中央机关任过职。到晋武帝时，他升为司空（相当于宰相），兼任地官。司空一职与秦汉的御史大夫（其职责之一是负责保管地图档案）有渊源关系，"又职在地官"②，所以负有管理国家地图、户籍档案的职责。因

---

① 汉书·艺文志［M］.

② 晋书·裴秀传［M］.

此，裴秀能够有机会看到包括“汉氏舆图及括地杂图”在内的晋宫廷所藏的各种地图档案和其他地理资料。在此基础上，裴秀提出了“制图六体”的理论，即分率（比例尺）、准望（方位）、道里（距离）、高下（地势起伏）、方邪（倾斜角度）、迂直（河流道路的曲直），作为绘制地图的六原则。

由于裴秀接触了大量的前几代的地图，便产生了研究整理旧地图、绘制新图的愿望。经过几年的辛苦努力，在他的门客京相璠协助下，裴秀于泰始四年至七年（268～271 年），主持完成了《禹贡地域图》十八篇，这是中国和世界上见于文字记载的最早的一部历史地图集（地图档案汇编）。该地图不仅开创了中国制图理论的先河，而且首次采用了古今地名同绘一图的表示方法，对于用图者了解历史、了解古地名的变迁具有重要意义，具有历史沿革地图的性质①。《晋书·裴秀传》所载《禹贡地域图·序》云：“今上考《禹贡》山海川流，原隰陂泽，古之九州，及今之十六州，郡国县邑，疆界乡陬，及中国盟会旧名，水陆径路，为地图十八篇”。图集完成后，裴秀将它献给晋武帝，并作为地图档案保存于宫内“秘府”，《晋书·裴秀传》载：“秀……作《禹贡地域图》十八篇，奏之，藏于秘府。”这部以“制图六体”绘制的地图集，开创了区域沿革为主体和古今地名对照的传统，对后世有较大的影响，图集完成之后，既“藏于秘府”，又“传行于世”。但流传时间不长即散佚，《隋书·经籍志》已不见著录，今仅存《序》②。

此外，裴秀还将当时所藏一幅因篇幅过大（用绢八十匹）不便省视的旧《天下大图》，缩制成以寸为百里的方丈图，图上载有名山都邑，使皇帝不下堂就能看清全国的疆域政区及四邻。

4. 隋唐五代时期的地图档案

隋唐五代出现的地图种类很多，主要有以下 15 种：

（1）全国性的行政区划图

中央政府根据地方造送的地图编制全国地图，著名的《十道图》就是这样编制的。见诸史籍记载的《十道图》，有长安四年（704 年）《十道图》、开元三年（715 年）《十道图》、元和八年（813 年）李吉甫的《元和十道图》等。《十道图》是一种综合地图，是适应政治上的需要而绘制的，作为中央政府实施各种政令的依据。五代和北宋初年（宋改称《九域图》），它还作为行政上的官绘地图而使用。据《新唐书·艺文志》著录的《十道图》均有卷数推测，这些《十道图》大概不是大幅的地图，而是卷子本格式的地图。其保管方法和当时的图书相类似。

---

① 杜霞．中国古代地图及其演变［J］．枣庄师范专科学院学报，2003（2）：67.

② 曹婉如．中国历代地理学家评传（1）·裴秀［M］．济南：山东教育出版社，1990：145～148.

（2）地方行政区划图

隋唐五代大量的地方行政区划图在各种《图经》、《图志》、《图记》中。此外，贾耽绘有《关中陇右及山南九州图》。

（3）地势图

唐朝贾言忠到辽东后，绘制了《辽东山川地势图》。

（4）军事地图

唐太宗曾令吕才造《数飞骑战阵图》①。王彦威曾上《占额图》和《供军图》②。李吉甫绘有《河北险要图》，备载黄河以北所有军事要地和设防地点，宪宗把它挂在浴室内以备查阅③。

（5）藩属和邻国地图

唐太宗曾令吕才收集藩属和邻国地图④。许敬宗将出使康国和吐火罗的使者所写的文字和地图编纂成《西域图记》60 卷，进献朝廷。长兴三年（932 年）二月，怀化军节度使李赞华进《契丹地图》⑤。

（6）交通图

元稹有通往回纥汗国的道路图⑥。贾耽还绘有从中国到朝鲜、东京（河内）、中亚、印度，甚至到巴格达的交通图⑦。

（7）风俗图

阎立本有《西域诸国风俗图》⑧。隋裴矩《西域图记》中有西域各国的风俗、服饰仪形图。许敬宗的《西域图志》中有西域各国的风俗图。

（8）河堤图

长兴四年（933 年）二月濮州进重修《河堤图》，沿河地名，历历可数⑨。

（9）漕运图

由于漕运的需要，唐代产生了漕运图。元和八年（813 年）王播进《供陈许琵琶沟年三运图》⑩。长庆二年（822 年），王播又进《新开颍口图》⑪。长兴三年（932 年）赵德钧献《新开东南河图》⑫。

---

① 旧唐书 · 吕才传［M］.
② 新唐书 · 王彦威传［M］.
③ 旧唐书 · 李吉甫传［M］.
④ 旧唐书 · 吕才传［M］.
⑤ 旧五代史 · 明宗纪［M］.
⑥ 卢良志. 中国地图学史［M］. 北京：测绘出版社，1984：59.
⑦ 新唐书［M］. 卷四三.
⑧ 卢良志. 中国地图学史［M］. 北京：测绘出版社，1984：59.
⑨ 旧五代史 · 明宗纪［M］.
⑩ 王钦若、杨亿. 册府元龟［M］. 卷 497.
⑪ 册府元龟［M］. 卷 497“河渠”.
⑫ 旧五代史 · 唐明宗纪［M］.

（10）水利工程图

长庆二年（822年），王播进《新开颍口图》①。长兴三年（932年）赵德钧献《新开东南河图》②。

（11）城市规划图

隋朝宇文恺的《东都图记》20卷，记载了营建东都的规划图和说明，是隋以前城市规划图记的集大成者。

（12）物产图

隋朝为了撰《区宇图志》，特令天下各郡撰“风俗、物产地图，上于尚书。”③许敬宗的《西域图志》中有西域各国的物产图。

（13）多色地图

元和年间，广陵人李该画有五色《地志图》，是别具一格的地图。图中绘有山川地形，物产，城邑，古迹，疆域险要，交通道路等，并以彩色分别，又把与地物相联系的天象绘上，每平方寸的疆域相当于天上的某一地方，图中绘有山川地形、物产、城邑、古迹、疆域险要、交通道路等，并以彩色分别。

（14）一种“与道教及历法家有关”的地图

隋唐时期，有一种特殊地图，它与天文、道教、历法相互渗透。如隋朝道士李播有《方志图》，李播的孙子李该有《地志图》，吕才有《方域图》，尚献甫有《方域图》等。这些带有地方性质的地图，虽画有山脉河流，但不同于一般地图，而是一种“与道教及历法家有关”的地图④。

（15）《图经》中的地图

隋唐时期，《图经》中有不少地图。如隋朝郎蔚之的《诸州郡图经》，虞世基的《区宇图志》，裴矩的《西域图记》，宇文恺的《东都图记》，唐朝李吉甫的《元和郡县图志》，许敬宗的《西域图志》以及全国各地的图经著作都有地图。可惜这些地图都亡佚了。在这些图经中，有行政区划图、城市规划图、山川险要图等。如《区宇图志》“卷头有图，别造新样，纸卷长二尺，叙山川则卷首有山川图，叙郡国则卷首有郭邑图，其图上有山川城邑”⑤。

5. 宋辽金元时期的地图档案

在宋辽金元时期（主要是宋代），朝廷收藏地图的种类和数量，不断增多。从数量、种类和绘图水平看，宋代的地图制作，较之唐代，又前进了一大步。主要分成全国

① 王钦若、杨亿. 册府元龟［M］. 卷497.

② 旧五代史·明宗纪［M］.

③ 隋书·经籍志［M］.

④ 王庸. 中国地理学史［M］. 北京：商务印书馆，1960：71.

⑤ 大业拾遗［M］.

地图、地区图、城市地图、边境地图、专业地图五大类，我们以全国总图为例：

在充分收集了地方地图之后，宋中央政府着手编绘全国总舆图。首先完成的是淳化四年（993 年）绘制的《淳化天下图》。《宋会要辑稿 · 职方》载："令画工集诸州图，用绢百匹，合而画之，为天下之图，藏秘府。"此后见诸记载的还有多幅全国地图，它们是藏诸"秘府"的重要地图档案。

祥符初，"上命学士王曾修《九域图》三卷"①。

熙宁九年（1076 年），命沈括编制《天下州县图》（即《守令图》），经过 12 年的努力才完成。此图以二寸折百里，比例尺为 1∶900 000，方位为二十四至②。大图 1 轴，高 1 丈 2 尺，广 1 丈。小图 1 轴，诸路图 18 轴，共 20 轴。画好后，"用黄绫装缥"。副本 20 轴用紫绫装缥③。

宋仁宗初年（1023 年），晏殊制成《十八路州军图》，上奏朝廷④。

熙宁四年（1071 年），令赵彦若监制《天下州府军监县镇地图》。六年十月进《十八路图》1 卷，及《副图》20 卷。除《十八路图》外，还有《十七路图》、《十七路转运图》⑤。

见诸著录还有：景德年间（1004 ~ 1007 年）绘制的"景德山川形势图"，乐史的"掌上华夷图"，乾道年间（1165 ~ 1173 年）选德殿屏风上的"华夷图"，王象之的"舆地图"，陆九韶的"州郡图"，释志磐的"东震旦地理图"⑥，以及"建安混一六合郡邑图"，等等。

元代朱思本编绘有《舆地图》2 卷。先绘各地小图，然后合成一幅全图。其精度超过前人，惜图已佚。

元代另有两幅全国总图。一幅是李泽民于 1330 年左右绘制的，名为《声教广被图》。另一幅是天台僧清浚绘的《混一疆理图》。两图均已佚。

6. 明清时期的地图档案

（1）明代鱼鳞图册的由来与内容

在明代，有一种专门用于农业税收管理的田亩图档案——鱼鳞图册，它与黄册（户口册）一起，在当时的国家管理工作中曾起到了巨大的作用。

鱼鳞图册的绘制并不是明代才开始的。宋代时已有个别地区的官府绘制鱼鳞图册，

---

① 宋史 · 艺文志［M］.

② 沈括. 补笔谈［M］. 卷三.

③ 沈括. 长兴集［M］. 卷十六.

④ 王应麟. 玉海［M］. 卷十四，"熙宁十八路图"："仁宗初，晏殊以十八路州军三百六十余所为图上之。"

⑤ 郑樵. 通志［M］. 卷七十二.

⑥ 释志磐. 佛祖统纪［M］.

作为农业管理的工具。如《宋史》卷一百七十三《食货志上》记载：“嘉定十年（1217年）魏豹文为婺州守，凡结甲册、户产簿、鱼鳞图、类姓簿二十三万九千有奇。创库柜以藏之，历三年而后，上其事于朝。”明代将这种制度在全国范围内推广开来。据《明实录·洪武实录》卷一百八十记载：洪武二十年（1387年）“上命户部核实天下土田，而两浙富民畏避徭役，往往以田产诡托亲邻佃仆，谓之铁脚诡寄。久之相习成风，乡、里欺州、县，州、县欺府，奸弊百出，谓之通天诡寄。于是富者愈富，而贫者愈贫。上闻之，遣国子（监）生武淳等往各处，随其税粮多寡，定为几区。每区设粮长四人（一正三副），便集里甲、耆民，躬履田亩以量度之。图其田之方圆，次其字号，悉书主名及田之丈尺四至，编类成册，其法甚备。以图所绘状若鱼鳞然，故号鱼鳞图册”。这种说法和我们现在所看到的鱼鳞图册实物是基本相符的。当时，一个州、县或一个乡、都、里往往有自己的鱼鳞总图册，把辖内的耕地绘制在一起，栉比排列，很像由许多鱼鳞片构成的图案。除总图册外，还按每一小块土地为单位画成分图，每分图内都绘有简单的地形图状、大小、四至，并写明土质、税则等级（上、中、下地），还要注明这一小块土地的地名（土名），然后再由官府逐一排列顺序档号（如某字几千几百几十几号之类）。在各分图上还注明业主姓名及所在都、图（里）、甲，有些鱼鳞图上还有“分庄”一栏（一般在分图上没有此栏），准备土地买卖过割或父子兄弟分家之类使用。

作为一种较特殊的地图档案，鱼鳞图册在当时的国家管理活动中发挥了巨大的作用，并具有一整套的管理制度和方法，使之流传下来。

（2）清代舆图档案的分类整理

关于中国古代科技档案的分类，由于距今时间久远，文献匮乏，前人记录罕见，在多数情况下已无从查考了。清代距今时代较近，文献较多，给我们的研究提供了方便。尤其舆图档案目录《天下舆图总折》、《萝图荟萃》等的发现，为我们的研究提供了极为可靠的依据。

清初，舆图房在收贮舆图档案时，以时间—地域顺序登记，并按此顺序排列于库房架阁之上。如现藏于中国第一历史档案馆的《天下舆图总折》，即为按照这种分类方法编制的目录，它是舆图房的第一份舆图档案目录。但随着舆图房舆图档案数目的增多，这种以时间为主的分类排序方式越来越不便于查阅利用。于是，在乾隆二十五年十二月四日，皇帝传旨曰：“着裘曰修、王际华赴造办处会同阿里衮、吉庆，将所有舆图，照依斋宫册页办法一样归类，编定次序，缮写清折二份呈览后，一份交懋勤殿；一份交造办处收贮，以备随时览阅。钦此。”①

当时舆图房所藏舆图档案的情况，我们可以通过乾隆二十五年十二月初五日造办处上皇帝奏折中了解梗概：“查得舆图房档内所载各项舆图，共计九百五十八件，业已经

① 中国第一历史档案馆．宫中档《朱批奏折·文教类》［G］．

陆续呈览讫。今又查出档内未载舆图共二百九十一件。内齐全者八十四件，潮湿霉烂者一百零七件，一并恭呈御览。俟呈览后，应如何粘补修理，以及分类、编定次序之处，容臣等详细办理，会同裘曰修、王际华另行具奏。”乾隆帝阅后，批示：“知道了。其余舆图齐全者归为一式呈览。霉烂者归为一式呈览。钦此。”①

由以上可知皇帝对舆图档案的情况非常关心，亲自览阅，并指示认真分类整理。但当时舆图房所藏舆图档案的管理状况并不理想，除分类排架方法不便保管和利用外，有 291 件尚未能登记编目，而且有 107 件已潮湿霉烂。在这种情况下，造办处和阿里衮等得到皇帝具体指示后，即开始进行舆图档案的分类整理工作。经过近一年整理编目，舆图房所存 684 种舆图，全部整理完毕，按照“君临天下，统驭万方”的思想和便于保管和查阅的原则，将其中关系重要、绘画完备者计 418 件，分为 13 类，编制目录《萝图荟萃》一册。“至杂项图样，无关轻重及重复者计一百九件，绘画装潢尚属整齐，应请别为收贮，其余重复破损霉泡缺略不全者，计一百五十三件，似无庸存贮。”②

根据《萝图荟萃》所载，舆图分类为：

① 天文。共 2 件。

包括：“天盘星斗图一张”、“西洋天球地球图一份十六张”。

② 舆地。共 258 件。

其中，天下总 13 件，盛京 24 件，直隶 15 件，江南 12 件，江西 14 件，浙江 25 件，福建 3 件，湖广 25 件，河南 10 件，山东 7 件，山西 10 件，陕西 11 件，广东 15 件，广西 12 年，四川 8 件，云南 7 件，贵州 6 件，藏卫蒙古回部朝鲜等处 31 件。

例如：“坤舆全图一张”、“直隶全省图一张”等。

③ 江海。共 39 件。

例如：“山海关洋图一张”、“海洋清晏图一卷”、“武昌江岸图一张”等。

④ 河道。共 45 件。

例如：“星宿海河源图一张”、“运河图一卷”、“高堰石工全图一卷”等。

⑤ 武功。共 10 件。

例如：“大兵平吴应麒图一张”、“两金川地形全图一张”等。

⑥ 巡幸。共 31 件。

例如：“避暑山庄图一张”、“高旻寺行宫图一张”等。

⑦ 名胜。共 31 件。

例如：“寿狱全图一册”、“四明山图一张”、“五台山图一轴”、“嵩山图二张”等。

⑧ 瑞应。共 2 件。

包括：“嘉谷图一张”、“瑞谷图一张”。

---

① 中国第一历史档案馆.《内务府活计档》[G].

② 中国第一历史档案馆. 宫中档《朱批奏折 · 文教类》[G].

⑨ 效贡。共4件。

例如："琉球封贡全图二册"、"荷兰车图一张"等。

⑩ 盐务。共4件。

例如："运城盐图一张"、"两淮产盐行盐分合十图一卷"等。

⑪ 寺庙。共18件。

例如："南岳庙图一张"、"泰山庙图二轴"、"曲阜圣庙图一轴"等。

⑫ 山陵。共4件。

例如："泰陵图一张"、"孝陵图样一卷"等。

⑬ 风水。共8件。

例如："胜水峪吉地图一轴"等。

整理小组将库藏舆图档案分为上等、次等两大部分。上等即以上所列，拟长期保存；下等（次等）共有109件，拟销毁处理，但须经皇帝审阅后方可处理。整理小组将次等各库列条目呈皇帝阅览，乾隆皇帝看后认为有些图可列入上等。如：《贵州苗子图》二张目下，黄条签注："二十六年十月十七日呈览，着归入上等。"《海翁渔图》1卷、《山兜图》1张、《船样图》3张、《江船纸图》1张，上述各条目下，均贴黄条签注："二十六年十月十七日呈览。留中。"①

舆图房的舆图档案分类整理工作历时一年终告完竣。这是有清以来第一次对舆图进行系统分类、整理与编目。最后，整理小组将乾隆二十六年造办处舆图房的舆图档案汇总编目，档案目录名为《萝图荟萃》。

《萝图荟萃》目录记载了清代中前期舆图档案的精华。它的分类整理原则及方法，奠定了整个清代舆图档案管理的基础。乾隆二十六年舆图档案分类编目后，阿里衮、王际华具折奏称："臣等办理造办处上等舆图四百一十八件，分为一十三类，缮写图目，装成巨册，恭识跋语于后，进呈御览。并请嗣后如有续发之图，随时交该处另行登记。俟件数稍多，再分类办理。"此奏折所提图目巨册即为《萝图荟萃》，乾隆二十六年十二月二十七日奏事太监高升将其转呈乾隆皇帝。乾隆皇帝览后大悦，当即批示："知道了。大本图目前后用御览宝，交乾清宫陈设。着再办见方一尺图目二册：一交懋勤殿；一交造办处存贮。钦此。"

这本皇帝御览的舆图档案目录现存于中国第一历史档案馆。该图目编制极为精美。图目后有阿里衮、福隆安、裘曰修等所写跋语。

（3）清代的铜版图（画）档案

金属的铸造和镌刻技术早在中国殷周时期已开始发端。传说中的九鼎图、战国铜版兆域图等就是先例。

清代出现了一批特殊类型的铜版地图档案。说它特殊，一是因为它们大多不是完全

① 中国第一历史档案馆，宫中档：《朱批奏折·文教类》[G].

意义的地图档案，从文献记载及存留实物看，清代宫廷铜版图画，在内容上，宣扬乾隆十全武功的战争场面的作品较多，计八种，以宫廷园林为题材的风景作品有二种，舆图二种，总计十二种。除二种铜版舆图外，其他的都不以地图为主，只是其中包含不同程度的地理内容；二是它们的刊刻多与西洋人有关。

清代宫廷铜版图画的刊刻始于康熙五十二年（1713 年），由意大利传教士马国贤主持雕版印刷的《御制避暑山庄三十六景诗图》为第一部作品。铜版刊本《御制避暑山庄三十六景诗图》经折装一册，一图一诗，前有康熙五十年避暑山庄记，卷末有康熙五十一年揆叙等跋。图为铜版印刷，诗文为清代名臣王曾期墨书，黄绫封面厚约 3 厘米，纵 30 厘米，横 26. 5 厘米。图版共计三十六幅，分别描绘共计三十六景，每一景点名称亦为诗文题名，诗后注景点小记。

乾隆朝是清代宫廷铜版图画刊刻的繁荣时期，并达到了鼎盛。最为著名的是《平定准噶尔回部得胜图》，是图册页装一函，计三十四幅，图版十六幅为铜版刷印，文字十八幅为木版印刷，纵 52 厘米，横 90 厘米，由当时供奉清宫廷的西洋传教士绘图，送往欧洲雕刻铜版。《平定准噶尔回部得胜图》全面反映了乾隆时期平定额鲁特蒙古准噶尔部达瓦齐叛乱及平定天山南路回部维吾尔大小和卓的战争场面。实为纪念西域作战的庆功图。是图画面采用全景式构图，场面宽广辽阔，结构复杂，人物情节繁多，但又能刻画入微，无论是构图方法，人物造型，景色描写以及明暗凹凸，投影透视等技法，都反映出了当时欧洲铜版画制作的最高水平。

清廷在《平定准噶尔回部得胜图》完成之后又相继刊刻了七种战图，计有《平定两金川得胜图》十六幅，《平定台湾得胜图》十二幅，《平定安南得胜图》六幅，《平定廓尔喀得胜图》八幅，《平定苗疆得胜图》十六幅，《平定仲苗得胜图》四幅，《平定回疆得胜图》十幅。这批铜版战图与法国刊刻的《平定准噶尔回部得胜图》不同，图版上无刊刻年代，亦无绘者及刻工姓名，是否为清内府造办处所刊刻留有疑问。

清内府于乾隆五十一年（1786 年）还刊刻完成了《圆明园长春园图》铜版画二十幅，纵 49. 4 厘米，横 86. 7 厘米，册页装，一函。画面描绘了长春园“西洋楼”诸景，依次为：谐奇趣二幅，蓄水楼、花园门二幅，养雀笼二幅，方外观、竹亭、海晏堂四幅，远瀛观、观水法、线法山门三幅，湖东线法画二幅。这套铜版画，其绘刻技法已达到“极其确切精细”的程度，一年后当西洋人德拉图尔接受这套铜版画时，对于华人镂刻西洋画技能和精确的成功表现欣悦满意①。

清内府在康熙、乾隆两朝还完成了二种铜版舆图的刊刻。康熙年间清廷聘用了多名擅长测量、绘图的西方传教士与中国学者赴各地实地测量与绘制。据《清史稿》载，“康熙五十八年（1719 年）图成”，康熙帝对《皇舆全览图》非常满意，五十八年三月

① 欧阳采薇译，阿斯瓦尔特·西勒著．北京的帝国宫殿［J］．国立北平图书馆刊，1933：第七卷 34 号．

他欣慰地说道："朕费三十余年心力始得告成，山脉水道，俱与禹贡相合。"① 该图由意大利传教士马国贤主持镌刻铜版。

在康熙朝《皇舆全览图》的基础上乾隆朝又绘刻了《皇舆全图》。据档案记载："乾隆二十五年五月二十七日，库掌五德将新造得斜格铜版图一百（零）四块并刷印纸图一百（零）四张呈览，并奉旨著刷印一百份其现收贮。"② 乾隆二十五年刊刻完成的铜版《皇舆全图》亦名《乾隆十三排图》，镌铜版一百零四块，每块长 71 厘米，宽 46 厘米，厚 0.85 厘米。全图从北至南分为十三排，按纬度每五度为一排，将一百零四块铜版拼制成全图，刷印后装订成二十四册，附高宗御制诗二首，墨笔楷书一幅，墨绘结合表一张。据档案记载：这套铜版由清内府造办处刊刻，约用"铜五千余斤，工料银四千六百六十九两五钱"③。过去对于这套铜版由谁所制说法不一，沈福伟称由蒋友仁负责制成铜版④，方豪认为蒋友仁不善制铜版。铜版如何制成现有二说：一谓制于巴黎，一谓北京制成⑤。据上清代档案记载应为清内府刊刻，全套舆图铜版现珍藏故宫博物院，为院藏一级文物。

二、中国古代地图档案的管理

在中国古代，古代地图档案使用于经济、军事、行政、农业生产等方面，统治者上至王者下至地方长官，都很重视地图的绘制和地图档案的保管工作，以备在各种管理活动中使用。从秦至明清，中国历朝对地图档案进行过不同程度上的科学管理，对其绘制、收集、管理、利用等等技术极为详尽，而尤以明清最为科学、规范。这里以明清为例来说明中国古代地图档案的管理情况。

1. 明代的地图档案的管理

（1）明代地图档案的收集与管理

明统治者很重视地图档案。明朝建国之初，朱元璋称帝后不久，在宫中特建大本堂，用来收贮从元代官府收集来的图籍档案。元至正二十八年（1368 年）八月，朱元璋的军队攻陷大都，朱元璋特下诏命徐达、常遇春等，把元朝的"地理户口版籍"等收集起来，"其或失散在军民之间者，许赴官送纳"⑥。明洪武三年（1370 年），朱元璋

① 《清圣祖实录》[M]．五十八年二月己卯，二八三卷，北京：中华书局，1985：765.

② 中国第一历史档案馆藏《活计档》[G]．2550 册．

③ 中国第一历史档案馆藏《活计档》[G]．2550 册．

④ 沈福伟．中西文化交流史 [M]．上海：上海人民出版社，1985：420.

⑤ 方豪．中西交通史 [M]．台北：台湾文化大学出版部，1983：876.

⑥ 明太祖洪武实录 [M]．卷三十一．

命将“天下城池山川地理形胜，亦皆图以成书，藏之内府，以垂永远”①。

明定制后，地图档案仍旧归兵部职方司管理。《明史·职官》载：“职方掌舆图、军制城堡、镇戍、简练、征讨之事。凡天下地理险易远近，边腹疆界，俱有图本，三岁一报，与官军车骑之数偕。”职方由郎中一人，员外郎一人，主事四人组成。正统十年（1445 年），为了加强对地图档案的管理，增设郎中一人。嘉靖十二年（1533 年）增设职方员外郎一人。

明代，除了兵部职方司之外，朝廷保管地图的还有掌管天下户口、税赋的户部、管理内廷事务的詹事府等。

明代边患较重，故边防地图档案较受重视，数量较多。已知的有《九边图论》、《九边图说》、《九边图志》、《九边图》、《北方边口图》等，且这些边防图多是由掌管地图档案的职方官员编绘的。如许论（绘有《九边图论》）为职方主事，霍冀（绘有《九边图说》）为兵部尚书，申用懋（绘有《九边图说》）为职方郎中等，他们利用职务之便，参考职方掌管的地图档案，编绘出边防地图。

从明太祖洪武二十六年（1393 年）开始，明朝实行了三年造送地图一次的制度。《大明会典》卷一百三十三载：“洪武二十六年，定凡天下要冲及险阻去处，各画图本，并军人制籍，须令所司成造送部，务知险易”。明代的这种地理档案收集制度是比较严格的，三年一造，不得有误。《明史·职官一》载：“凡天下地理险易，边腹疆界，三岁一报，与官军车骑之数偕上。”成化三年（1467 年），兵部职方司为了了解各地户籍及人口情况，特令各地绘制时加制户口文册，“俱限三年一次造报”②。如果地方上的疆域制度没有多少变动，为了循例呈送，一般将旧图照抄一份，报送朝廷。

由于明代很重视地图档案的收集和管理，使许多珍贵的舆图档案也得以流传下来，如《九州山镇川泽图》、《九边图》、《边防图》、《天球图》、《大明混一图》等，它们是中国现存较早的古代地图档案，有很高的科学价值和历史价值。

（2）田亩图档案——鱼鳞图册的管理

后湖即现今之南京玄武湖。后湖黄册库是明洪武年间在玄武湖中心的几个小岛上开始修建的规模巨大的封建社会专门性档案馆，自明洪武十四年（1592 年）起，至清兵攻陷南京（1645 年），前后二百六十多年从未间断。不论从它保管整理的档案的数量和文件利用的频繁程度，还是从它本身各种规定严密的工作制度和其长期活动的影响以及它与当时全国的民政、财政、兵役等工作的关系来说，后湖黄册库都是当时世界上最伟大的档案馆之一。

为保证黄册的安全与完整，不使其失密和受损，明统治者做了许多规定，并制定了一些制度。

---

① 明太祖洪武实录［M］. 卷四十九.

② 大明会典［M］. 卷一百三十三.

首先，明统治者是有意识地选择确定把库房建筑在玄武湖中心的小岛之上的，这在古今中外的档案馆当中是罕见的。《洪武京城图志》说“貴册库在玄武湖上”，一方面是由于四面环水，可以避免火灾；另一方面是由于它虽然位于时代政治经济中心之一的南京，但实际上是与世隔绝，便于保管重要的黄册档案，不易受到人为的破坏，有利于保护档案的安全（包括避免失密）。其中也有害怕人民群众的恐惧心理的影响。因位于南京，在保证安全的同时，也便于利用。

在有意识地选择这样的库址的同时，明统治者也清楚地知道自然条件是既可恃也是不对恃的。因此，对后湖黄册库采取了极为森严的戒备。在湖内外都派有专门的官吏和军队等负责巡守防卫。湖内由“南京户部十三司轮流拨吏四名，在湖巡风”①；湖外则是“沿墻或五十步或七十步盖立铺舍，责令各地方、军伍、大甲人等编成班次，昼夜巡逻，严于防守”②；再外层，还指定由南京东、北二城兵马指挥司在附近地段“各差官一员，带同弓兵、军士、地方总小甲人等昼夜往来，沿湖巡察”③。为了同一目的，明统治者还非常明确地把后湖黄册库作为禁地，加以特别戒备和防卫。在他们看来，最保险的办法是把后湖黄册库尽可能地与外界隔绝开来。明统治者规定不允许后湖黄册库人员与岸上自由往来，每旬只准在逢一、逢六得开湖，运送往来人员以及湖上需要的给养。而且，对过湖船只在平日还要加以重锁，指定南京皇宫内的太监负专责保存锁钥。在这方面还有许多清规戒律，想用各种限制和禁令来确保后湖黄册库档案的安全。

当时明统治者不仅对湖上的交通采取严格控制的办法，对黄册库的内部的管理在规章上也作了严格的规定。当修建库房工程竣工时，必须把全部应役工匠的名字都刻写在库柱之上，定限十年。只有在十年后库房未损坏，原来应役经修的工匠才算彻底交差；假如在十年之内，库房有任何损坏，都要聚集原来的工匠无偿重修；有严重损坏的，还要送官究办。

为保证黄册免受火灾，规定黄册库内不许点火，晚上不许点灯；在建有册库的岛上，不得生火做饭。洪、永时期，由于黄册库的数目还少，岛上空旷的地方较多，还允许厨房和册库同建在中洲岛上，但已规定两者必须相距一里以外。到正德年间，中洲岛上的册库逐渐增加，厨房与册库的距离愈来愈近，明武宗朱厚照根据后湖黄册库的奏请命令把厨房迁出中洲岛，另在未建册库的荒洲岛上盖造厨房。荒洲与中洲、旧洲、新洲等建有册库的岛是不许随便往来的。在岛与岛之间专门架有便桥，以便厨役和送饭人往来。在桥边有写着有关禁约的木牌。禁约的主要内容是防火：“敢有将火过桥者，治以重罪。”防范可谓森严。

在档案保护工作上，后湖黄册库也有一些做法和制度是值得探讨的。把库房设在湖心小岛之上，有它的许多好处，但也有一个最大的缺点，这就是由于湖内水分蒸发较

---

① 后湖志［M］．卷三，巡湖职役［J］．

② 易朗：嘉靖元年 为保全版图事题本，后湖志［M］．卷九．

③ 万文彩：嘉靖二十八年 为除积弊重图事题本，后湖志［M］．卷十．

多，空气湿度大，而南京地区的天气又比较热，特别在夏季，高温高湿，极适宜于有害档案生物的发育生长，文件的耐久性、耐折性等也大大降低。因此，虽然后湖黄册库采取了一些相应的措施，黄册因霉烂生虫而损失的现象仍是不少见的。为了解决潮湿问题，明统治者想了一些办法。首先，后湖黄册库的全部库房采取东西向建筑，每间库房前后都有窗户，以便早晚都能受阳光照射。有人说采取东西向建筑的原因是为了防潮降温，避免日晒。为了防潮降温显然是正确。除了采光防潮的想法外，古人也许还有更好的通风降湿的想法，因为就当地的情况看，除空气潮湿外，库内地下潮湿箱案也有较大的影响，因而通风就显得十分重要了。而避免日晒一说，理由是采取东西向建筑，在午时前后可避免阳光直射，但这似乎并非出自古人的本意。据说，朱元璋曾亲自参与修建黄册库的设计工作。李默在其所著《孤树衰谈》一书中曾说到："洪武初，天下官员三年一朝觐，而凡州、县之老人亦与焉。某年朝觐，太祖问一老人曰：'朕将命工部筑室于后湖之中，以为藏天下黄册之所，然当作何向宜乎?'一老人对曰：'此堂当东西相向，庶朝夕皆为日色所晒，而黄册无浥烂之虞也。'"① 这个意见被朱元璋采纳了。

除保证档案的安全之外，明统治者还注意维护其完整，不使档案遭受损失。为解决档案受潮问题，也做了一些规定。但黄册的管理者还规定要定期晾晒黄册，以防册籍的霉烂和虫蛀。这一工作由湖中的办事吏和监生率同库匠负责。对于晾晒黄册，也有一些具体的制度。当时规定，每年只有在四、五、六、七、八、九、十等七个月才可晾晒黄册。这是因为一、二、十一、十二等四个月风大天寒易于损坏黄册，故不准晾晒。而三月正是南京地区的梅雨季节（注：当时是农历纪年），空气潮湿，易于打湿文件和生虫，因此也不准晾晒。

后湖黄册库对于所保管的浩如烟海的黄册，有着简单易行的分类。因为黄册都是在规定的年份内每十年一造，文件形成的时间是一致的。因此，后湖的黄册首先是按年代划分的，即把同一年份造成的册籍都集中在一起保管，不同年份造成的黄册分别放在不同的库房内。在按年代时间分类以后，再按照造册的地区分类，先是南北两直隶（北京和南京）和十三布政使司，然后按当时的行政区划分为府、州、县，一直到坊、厢、都、里为止。其他的宣慰司、宣抚司、安抚司、招讨司、长官司、军民府等土官土司衙门，则分别附辖于所属的司、府、州、县之下。这样层层划分，各有所属，很容易查找。

后湖黄册库是使用架阁来放置文件的，由于架阁中间有数格，便于排比年月，分门别类，可以一目了然。而且架阁是立体的，占空间，但少占平地面积，与中国古代一直沿用的用筐、柜来放置文件的办法相比是具有明显的优越性，保管、查找和利用档案都比较方便。这种方法起源于宋代，元明各代继续沿用和发展，至今，我们所使用的放置档案的方法多数是与之相类似的，是从它发展而来的。后湖黄册库对库房内放置黄册的

① 阮葵生．茶余客话［M］．卷十六．

册架有统一的规定，每一库房内放置大木架四座，每座中间又分为三层，用以贮放黄册，各库内的册架也有统一的编号，以便于登记和调卷。为延长档案的寿命，明统治者规定制作架子时一律不许使用竹片作为材料。因为竹片有时容易爆裂和变脆，并且易生虫，竹片造成的册架每层的横架都不很平坦，因为竹料较为窄小，每一横架必须用几竿竹片制片，竹片呈椭圆形，在竹片与竹片之间又有缝隙，不宜于用以放置黄册。黄册的体积较大，长宽各有一尺二寸，比较重，一册有四五斤，一迭数册，怕用竹料制成的册架支持不了这个重量，而且最底层的黄册因紧贴竹片之间的缝隙，加之竹片不平，会因受重压而损坏变形。

为了便于管理，明王朝对于黄册的大小和行款的高低做了一定的规定。规定黄册册本必须按照中央颁发的样本的格式来制造，长阔各为一尺二寸。并规定册上的文字要按照抄写题本的工整的楷书体来抄写，大小和行距也要和抄写题本的楷书体一致，不许潦草。

2. 清代地图档案的收集与管理

由于政治管理的需要，清代绘制了大量的地图，其中许多地图档案留存至今，成为珍贵的地图档案史料。在现存的清代地图中，包括军机处档案中的中俄、中越、中缅、中印等边界图，各省、府、州、县舆图等；清户部档案中的内外蒙古和各省、府、厅、州、县全图；内务府档案中的全国和各省、州、府及外国地图等；外交部档案中的清和外国划分边界的地图、租界图，等等。

清代初期沿袭明制，地图档案归兵部职方司管理。《清史稿·职官一》载："职方掌各省舆图"。《四库备要·吏部·历代官吏表》记载：职方"掌天下舆图，以周知险要"。清初职方司的编制为，郎中 6 人（其中满洲 4 人，汉人 2 人），员外郎 5 人（其中满洲 3 人，蒙汉各 1 人），主事 4 人（满蒙各 1 人，汉 2 人）。

清中央政府的地图档案，集中保存在专门保存图样档案的库房——舆图房内。舆图房是内务府造办处的下属机构，皇帝御览后的舆图皆批贮此处收藏。它是目前所知中国古代档案史上唯一的一座专门性的图样档案（包括地图档案、工程图档案等）库房。

第二节　中国古代地图档案直接遗存

所谓中国古代地图档案直接遗存是指以古代地图档案原件或原件汇编形式遗留下来的古代地图档案材料，这些珍贵的科技档案或者因出土而收藏于各级各类博物馆，或因档案部门保存而传世，尤其是明清时期形成的古代地图档案基本上都保存在中国第一历史档案馆（专门设有《舆图汇集》全宗，代码为 47，保存了清代自康熙至光绪年间的舆图档案 771 件），还有散存于各级各类的图书馆、博物馆以及个人手中。特别值得一提的是，由于近代众所周知的历史原因，我们很多珍贵的历史地图档案受外国侵略者以各种非法的手段占有，现存于国外尤其是欧美的博物馆、图书馆中（这一部分可详参李孝聪《欧洲所藏中文古地图叙录》，国际文化出版公司，1996 年；李孝聪《美国国会图书馆藏中文古地图叙录》，文物出版社，2004 年）。在这一部分中，我们不但对现存于世的著名地图档案进行详细介绍，而且还对现在编写的古代地图档案汇编进行全面的描述，尽可能展现古代地图的全貌。与同时期世界各地的地图档案遗存相比，中国古代地图档案遗存数量极其丰富，连续性、实用性、多元性强，种类较齐全，价值巨大。

一、古代地图档案

现今所存上古、中古时代的地图档案原件遗存绝大多数来源于考古出土。具体地说，上古时代的地图档案原件遗存全部来源于考古出土；中古时期（约唐、宋、元三个朝代）的地图档案原件遗存只有零星的来源于档案部门，绝大多数来源于考古出土；近古时期（明清）则以档案部门为主，但来源于考古出土的地图档案原件遗存仍有一定数量。总的说来，考古出土的地图档案原件时间较早，且各个历史时期、各个朝代都有所分布。总体数量虽不多，但价值很大。档案部门保存下来的地图档案原件是指各级档案馆接收的古代地图档案，如中国第一历史档案馆接收的舆图汇集等。这些地图档案一般形成时间较晚，主要是明清地图档案；从载体形式上，以纸质形态为主，其他形态则数量较少。

（一）先秦时期地图档案的直接遗存

(1)《中山王陵兆域图》系战国时中山王的陵园规划图，48 厘米 ×96 厘米铜版（线条为金银丝镶嵌）。图中详细整齐地排列了五个享堂的方位，图面规整，线条匀称，注记清晰，注有相应文字说明。该图充分反映了战国时代制图技术已达相当高的水平，堪称中国古地图中的珍品，现藏于河北考古研究所。该图的发现意义重大：其一，这是迄今为止中国所见到的最早的一幅实物平面建筑图；其二，证明了《周礼》记载的“冢人”掌管的《兆域图》是存在的，进一步推出“天官”管全国“版图”，“地官”管“天下之图”也是可信的；其三，此图是按比例绘制（主要部分比例约为 1∶500），从而把比例尺绘制地图的历史从西晋裴秀时期提前了 500 多年。

(2) 天水放马滩秦墓出土地图共七幅，均绘画在松木板上，根据同时出土的竹简上纪年和随葬品考证，这些舆图绘画年代的下限为秦昭襄王八年（公元前 299 年），均用墨线绘画，线条和文字保持得较清晰。其上绘出了山河、沟溪、关隘、居民地和道路，并注有名称。居民地分县、乡两级，部分道路注有里程。此外，还绘有五种林木及分布位置。从图上内容和地名分析，它是战国晚期秦国所属邦县的地理图。就目前发现而言，它是世界上最早的地图档案。图上重点表示了境内的河流、居民地及其名称，部分地区还表示了树木的分布情况及里程注记和其他地名。地图对地形地物的表示内容丰富、形象。现藏于甘肃省文物考古研究所。

（二）现存秦汉魏晋南北朝时期的地图档案

（1）《长沙国深平防区图》。96 厘米×96 厘米，又名《地形图》，长沙国深平防区地形图亦称长沙国南部地形图（西汉文帝），1973 年 12 月发掘湖南长沙市东郊马王堆三号汉墓（轪侯之子墓）时出土。绢底彩绘，所绘为长沙国与南越王国交界地区，成图于公元前 168 年以前①。比例尺约为 1∶180 000。原图上本无名，由于地图内容包含了山川、道路、城镇等要素，故取名《地形图》。现藏于湖南省博物馆。本图上方为南，下方为北，采用田青、淡棕、黑三色绘画，较详细地表示了山脉、河流、道路、城镇、乡里等内容。河流表示得十分突出，从河源到下游，以逐渐变粗的线条表示。较大的河在河口处均注有河名。著名的深水、冷水在其源头标注“深水源”“冷水源”文字。地貌表示颇具特色，山脉、山峰、山头、山谷诸元素皆清晰可见。采用闭合曲线表示山脉坐落、山体轮廓和走向，这是中国和世界上最早的表示地貌的科学方法。该图翔实的内容、科学的表示方法，都超越了以往人们对古代地图传统的概念。国际制图学界普遍认为：马王堆汉墓地图是世界地图学史上罕见的珍宝，具有划时代的意义。

（2）《长沙国南部驻军图》。98 厘米×78 厘米，西汉文帝时期，1973 年 12 月发掘湖南长沙市东郊马王堆三号汉墓（轪侯之子墓）时出土。绢底彩绘，成图于公元前 168 年以前。比例尺为 1∶80 000～1∶100 000，现藏于湖南省博物馆。本图上方为南，下方为北。采用红、黑、青三色绘画，出土时色彩艳丽。驻军图表示的是“地形图”内局部地区—大深水流域的驻军情况，用醒目的颜色和符号表示了九支驻军的番号、驻地、防区界线、军事关塞等内容。图上表示的三支军队：周都尉军、徐都尉军、司马得军呈梯形布置。图幅中部的三角形城堡，是各支驻军的指挥中心。指挥城堡后面注有“甲钩”、“甲英”的地方是军队武器、粮草的集积地。驻军图反映了汉初长沙国驻防备战的军事情况，对研究西汉时代的作战思想有重要的参考价值。此图是中国、也是世界上目前发现的最早的军事地图。

（3）《城邑图》。48 厘米×48 厘米，1973 年 12 月发掘湖南长沙市东郊马王堆三号汉墓时出土，本图上部为一不规则的封闭图形，中间用席纹斜线表示，图形中间有一空白。城邑图属于城市平面图，从军事角度看，它是军事工程图的一种。图上绘有城垣、城门、城堡、街道、宫殿、庭院等，并且用不同的色彩标绘，使人对城市规划、布局、结构、布防情况一目了然。此图现藏于湖南省博物馆。

（4）《市井图》。40 厘米×48 厘米，是东汉时期城市地图，画像砖。1965 年出土于

① 曹婉如，郑锡煌．中国古代地图集（战国—元）［M］．北京：文物出版社，1990∶1.

四川省新繁县东汉墓。图中标有北市门、东市门及方位物，标画了几条东西、南北向街道，还表示了沿街商店、市井的四隅有囤积货物的店房，城市建筑对称。另外，图砖上的人物也刻画得十分形象生动，人物或坐、或立、或行，并可见一独轮车。现藏于四川省博物馆。

(5)《宁城图》。120 厘米 ×318 厘米，本图是位于内蒙古自治区和林格尔县的东汉护乌桓校尉墓葬壁画上所绘的最大的一幅城市图，图上描示了墓主人的身份、仕途经历及庄园财产等。将宁城分为南门外、宁城、护乌桓校尉幕府三部分。南门外空场上画有武士守卫，在宁城还表示了城垣、城门、街巷、衙署和市场等。该图采用了平面与鸟瞰相结合的表现技巧，具有立体形象的效果。现藏于内蒙古自治区博物馆。

(6)《繁阳县城图》。94 厘米 ×80 厘米，本图是位于内蒙古自治区和林格尔县的东汉护乌桓校尉墓葬壁画上所绘的城市地图之一，图中标榜为“繁阳县令官寺”，繁阳县城为长方形，绘有城垣、城门、门楼、门亭等。大城内有小城，小城内绘有庭院、楼、亭等许多屋舍建筑。现藏于内蒙古自治区博物馆。

(7)《庄园图》。230 厘米 ×135 厘米，为河北省安平县东汉熹平五年（176 年）墓中壁画，是一幅反映东汉时期地主庄园庭院重叠错落的鸟瞰图。

（三）现存隋唐五代时期的地图档案

(1)《五台山图》。460 厘米 ×1300 厘米，绘于石壁上的彩色壁画地图。表现了五台山佛教圣境全貌，图面主要描绘了五台山的地形和寺庙，图的下部绘出了由太原、镇州通往五台山两条道路。图上还表示了河流、山峰、寺庙、村镇、树木以及名称注记。本图是一幅较早的佛教圣境专题地图，是中国唐代建筑、社会历史和地图绘制的珍贵史料。现藏于甘肃敦煌莫高窟第 61 窟。

(2)《洱海图》(899 年）系根据神话传说绘制，用颜色形象逼真的绘出了双蛇，其内又绘有一鱼一螺，在洱海周围还注出了东、西、南、北四个方向以及江河的名称。现藏于大理市博物馆。

(3)《敦煌星图》是用红、黑两色绘出，并用符号以圆圈和实点两种形式共绘出 1350 多颗恒星。前者表示石申和巫咸星表中的星，后者为甘往星表中的星。地图还将北极附近的星画在圆圈上，把赤道附近的星画在横图上，开创了中国星图的科学绘制法。也是世界上现存古老的全天星图。现藏于伦敦大英博物馆。

（四）现存宋辽金元时期的地图档案

(1)《长安城图》。200 厘米 ×136 厘米，长安城图是宋元丰三年（1080 年）知永兴军吕大防为校正长安故图，命刘景阳、吕大临、张佑对隋长安城进行实测，并参照有关

文献，按“二寸折一里”（约 1∶9000）的比例绘制的，现已不全，残石仅存绘有太极宫的一块，现存于陕西省博物馆

（2）《兴庆宫图》拓片。64 厘米 ×38 厘米，石碑。是唐玄宗的离宫——兴庆宫前后两院建筑平面图（比例尺 1∶2800）。前院正中表示了一大水池，称“龙池”，池的东边有沉香亭，南边有长庆殿、龙堂、勤政务本楼、花萼相辉楼，后院是兴庆宫的主殿兴庆殿，大同殿为唐玄宗处理政务和接见外国使节的地方。《兴庆宫图》是一幅宫殿园林地图，各种建筑表示的立体形象，绘画精致，它是宋代城市、园林地图上唯一注明比例的地图。现藏于陕西省碑林博物馆。

（3）《鲁国之图》。217 厘米 ×112 厘米，石刻。该图以平面图的形式表示了古鲁国都城全貌及其附近地理形势，突出表示了“古鲁城”城垣遗址与城门，城内外的孔庙、香坛、孔府、阙里、孔林以及泗河、沂水等要素，并兼绘了附近的山川、城邑、古迹。本图幅是一幅古今兼顾的历史地图。现藏于湖北省阳新县一中（南宋兴国州学原址）。

（4）《禹迹图》。南宗绍兴六年（1136 年），114 厘米 ×114 厘米，石刻。比例尺：1∶5 000 000 突出表示海岸线、黄河、长江及其支流、太湖、洞庭湖、鄱阳湖等水系要素及其名称注记，保留了唐代的地名，地图以网络的形式绘出，是中国现存最早带有方格网的地图。《禹迹图》在制图学发展史上具有划时代的意义。现藏于陕西省碑林博物馆。

（5）《华夷图》。南宗绍兴六年（1136 年），79 厘米 ×78 厘米，石刻。较详细表示了中国东部的主要山川、州、府。突出地绘制了黄河、长江、珠江、辽河、红河以及太湖、洞庭湖、鄱阳湖、巢湖、青海湖、居延海等水系要素，表示了四百多个州府居民地及注记，长城以城墙象形符号绘出。本图内容表示全面、详细，是中国唐宋地图的精品。现藏于陕西省碑林博物馆。

（6）《九域守令图》（1121 年）。128 厘米 ×101 厘米，石刻。本图（比例尺 1∶1 800 000）绘制了中国东部地区，其包括地域广宽，北到保定、顺安、广信，东边绘到大海，南至海南岛，西达成都，重点表示了山脉、湖泊、江河、州县等内容，海岸线表示详细，长江、黄河的轮廓及走向基本正确，河流主支分明，居民地全用名称注出，该图是中国现存最早的全国行政区划图。现藏于四川省博物馆。

（7）《后土皇地祇庙像图》。墨线图，135 厘米 ×106 厘米，后土皇地祇庙像图墨线图刻于碑的正面，额书“蒲州荣河县创立承天效法原德光大后土皇地祇庙像图石”；碑阴刻宋大中祥符四年（1011 年）以前“历朝立庙致祠实迹”全文。图以上方为北。祠庙北临汾水，西靠黄河。庙在中部，坛在后部，是一座完整的宋代大型祠庙建筑群。现存于山西省万荣县庙前村后土庙献殿。

（8）《灵岩寺田园界至图》。金明昌六年（1195 年），91.5 厘米 ×95 厘米碑刻。该图主要表示了金山东济南市长清县东西方山灵岩寺地图，明昌五年经管府允准划定的灵岩寺属地界范围以及附近地区的山峰、河流、村庄、道路、林木及地理要素，地图采用

传统形象绘制，刻工精巧，线条粗细均匀，清晰可辨。现藏于山东省长青县灵岩寺文物管理处。

(9)《大金承安重修中岳庙图》。金承安五年（1200年），124.5厘米×65.3厘米，碑刻。本图表示了河南省嵩山中岳庙，地图对所有的寺、院、殿、楼进行了详细描绘，还相应的表示了牌楼、古树、碑石，在庙的四隅各绘有角楼一座，在绘制中注重图形平面位置的准确和建筑物形象的逼真，该图为寺庙地图之佳作。现藏于河南省登封县中岳庙。

(10)《平江图》。197厘米×136厘米，是反映今苏州市概貌的地图，绘成于1229年，图成当年或稍晚一些时候上石。学术界多数人认为，《平江图》是平江府郡守李寿明所绘。比例尺约为1:2000①。图中绘有水道17条（不包括内护城河），山丘21座。水道互相垂直，纵横交错，表现了江南水乡城镇“前街后河”，“水陆相邻，河路平行”，交通十分方便的特色。从图中看出，南北方向有一条明显的中轴线，官府、厅场、寺庙、坊院宅居、军营等建筑物分布在中轴线及其两侧。水陆交汇处有桥梁相接，各类桥梁共计308座，其中标名的305座，寺观庙院81个，标注了名称的政府机构建筑物80个，军营5个，街道12条（纵2条，横10条），与水道或互为平行，或互为垂直。布局规整，自然地理和人文地理要素位置准确，内容详细，不仅真实地反映了南宋时期平江府城的概貌，而且还充分地展现了宋代城市地图的绘制，达到了较高的水平。现藏苏州市碑刻博物馆。

(11)《舆地图墨线图》。207厘米×196厘米，此图为左、右二图拼而为一，估计为宋度宗初年所刻，图的中心以宋代政区为主体；次为契丹、女真、西夏。东则包括日本，西到葱岭，南括印度及海上印度尼西亚诸岛屿，北达蒙古高原。图中除了政区、山岳、河流之外，还绘有海、陆交通线、原始森林以及若干少数民族分布。拓本久藏日本京都栗棘庵。

(12)《静江府城图》。340厘米×300厘米，刻于鹦鹉山南麓石崖上，是中国现存最大的城市平面地图。它是在胡颖主持下，于咸淳八年（1272年）绘制的，图成刻石。图中有自然、人文景观112处，军事机构及设施69处。标注名称的山峰、河流不多，绘有大街11条。比例尺约为1:1000②。城墙、城壕、军营、官署、桥梁、津渡，绘的比较详细，是一幅带军事性质的城市地图。城内军事机构及设施与其他主要建筑物之间有街道相通，联系方便。山峰、城门、城墙、城楼、官署、桥梁，用立体写景法描绘。军营用方框加注名称表示。图上方的题记，详细记载静江府城的修筑经过情况、城池大小及用工费料等数字。

(13)《禹贡所载随山浚川之图》。南宋嘉定二年（1209年），30厘米×23.7厘米，

---

① 汪前进．南宋碑刻平江图研究［J］．见中国古代地图集·战国至元代［M］．北京：文物出版社，1990：50.

② 张益桂等．静江府城图图版说明［J］．见中国古代地图集·战国至元代［M］．北京：文物出版社，1990：7.

雕版墨印。地图主要表示了禹贡九州（冀、兖、青、徐、豫、扬、荆、雍、梁）和宋代州郡的山脉、河流、湖泊、四夷等要素，对一些重要地名及九州界线都注有文字说明，该图是古今对照的历史地图。现藏于国家图书馆。

（14）《古今华夷区域总要图》。南宋淳熙十二年（1185 年），30 厘米 ×23.7 厘米。本图突出表示了宋代全国 27 路及古今州郡分布势，图中还表示了海岸线、河流、长城及地形要素。现藏于国家图书馆。

（15）《九州山川实证总图》。南宋淳熙四年（1177 年），本图选自《禹贡山川地理图》一书中，图中主要表示了《尚书·禹贡》中山、河、湖、海及冀、兖、青、徐、豫、荆、雍、梁九州界域及内容，并采用古代地图传统形象绘画法，以文字注记区别古今内容，将九州用阴文，宋代建置用阳文，地名套以黑圈，山河名加方框，河道变迁处辅以文字说明。地图刻工精细印制清晰，是中国现存最早的雕版墨印地图实物。现藏于国家图书馆。

（16）《定海县境图》。南宋绍定元年（1226 ~ 1228 年），雕版墨印，地图主要反映今浙江台州地区的定海县县治及辖乡四邻、山川、湖海、岛屿、桥闸、港口、津渡、船坞、寺院、军营、学校、税场、商市、村寨、古迹等要素。各要素采用传统形象画法，线条匀称，注记清晰，皆套黑框，该图反映了金代县级区域普通地理图与专题图并兴的状况以及中国地方志中地图绘画的较高技术水平。现藏于国家图书馆。

（17）《汉西域诸国图》。南宋景定年间（1260 ~ 1264 年），雕版墨印。本图主要反映了汉代西域诸国分布以及交通路线。图中形象地表示了天山、葱岭、北山、南山、石山和积石山及其名称，并清晰地绘出了中国通往西域的两条路线，全图还标注了地名七十多处，该图对研究西域地理沿革有一定的参考价值。现藏于国家图书馆。

（18）《西湖图》。南宋咸淳四军（1268 年），雕版墨印。地图突出表示了杭州西湖及四周的著名风景点，用写实方法将六和塔、断桥、岳庄、雷峰塔、苏堤、白堤北高峰、南高峰表现得恰到好处。本图采用鸟瞰图的方式，配以中国画的手法表现风景及人文结构，既直观易读，又具有艺术感染力，是中国现存最早的杭州西湖地图，也是中国现存最早的园林地图之一。现藏于国家图书馆。

（19）《禹贡九州山川之图》。禹公南宋淳熙十二年（1185 年），雕版墨印。本图主要表现《尚书·禹贡》中所述的禹贡九州的分布及山川大势，图中各要素采用中国古代地图传统形象画法，并用虚线绘出“南北西域”和“三条四列”反映了中国山川地脉分布形势，是研究中国古代自然地理区域分布及汉唐地理学思想史的重要参考文献。现藏于国家图书馆。

（20）《唐一行山河分野图》。图中主要表示有京城、州郡、山河以及与之相对应的星次和星宿等，这是一种天文和地理相结合的特殊地图，其表现方法以注记和文学说明为主。该图对于研究中国古代天文分野，即是所谓将地面某一地区与天空中的某一星辰相对应之山脉地络等地理学思想有参考价值。现藏于国家图书馆。

(21)《奉元州县之图》(元中期)。该图主要表示了元奉元路所辖诸州县,并将各路、州、县城用双线方框绘出并注有名称,另外还绘有山河、泉谷、陵墓、庙宇、宫苑、古城以及重要地名等,该图对研究关中地区沿革地理有一定的参考价值。现藏于国家图书馆。

(22)《契丹地理之图》。元至正四年(1344 年),雕版墨印。本图表示了中国古代辽河流域的契丹游牧民族所建契丹国地图。地图中主要表现了辽国(即契丹)疆域、山川大势、京府州镇、长城关塞以及邻国部族等内容,本图采用了中国古代地图传统的形象绘法。现藏于国家图书馆。

(23)《西夏地形图》。20.1 厘米 ×27.8 厘米,本图为北宋徽宗大观二年稍后绘制,内容为西夏地理,包括政治、军事、交通、经济、文化等人文地理以及水类、山类、原类等自然地理,是最早的也是唯一流传下来的西夏地图。现收于明万历三十七年《重校范文正公集》附录之中。

(24)《汉唐都城要水图》。主要表示汉唐都城的水系关系,既有天然河道,也有人工河道。河道用单线表示,线划虽然不多,但主要河道及其主支流关系清楚。收录于南宋程大昌著《雍录》一书。

(25)《地理图》。197 厘米 ×101 厘米,中国石刻古地图,又称《坠理图》。南宋黄裳作于 1189 ~1190 年间,王致远于南宋淳七年(1247 年)刻石。它是黄裳于绍熙元年(1190 年)进献嘉王赵扩八图之一。此图山脉用写景法表示,森林和长城都用形象的符号表示,颇有立体感。长城以北的山岭,森林茂密,有文字注记"平地松林广数千里"。河流用单曲线表示,河名外括圆框注记在河源处。图上黄河源注记在积石,长江源注记在岷山,显然是受《尚书·禹贡》的影响。实际所绘长江主流自泸州上溯,显然是向南再向西的水,而非上溯向西再向北的岷江。黄河下游在沧州以北今天津附近入海,并记注有"河口"二字。山名和地名都外括方框。海岸线和山东半岛的轮廓以及黄河中游的折曲等都大体正确。现存苏州市碑刻博物馆。

(五)现存明代的地图档案

(1)《大明混一图》。386 厘米 ×456 厘米,属行政区域图,成图年代为洪武二十二年(1389 年),彩绘绢本,图幅尺寸大,是一幅大挂图,图内主要表示明朝及其邻近地区的各级居民地、山形、河流及其相对位置。居民地均以地名加框的方法定位,其框用不同颜色区别内外所属。此图绘制精美,内容丰富,是一件十分珍贵的历史文物。现藏于中国第一历史档案馆。

(2)《扬子器跋舆地图》(摹绘本)。165.5 厘米 ×180 厘米,绢地彩绘。该图方向为上北下南,所绘范围东到大海,西抵黄河源头,北达长城以北的苏温、兀秃一带,南至海南岛。图上详细绘出了当时全国两京十三省、府、州、县分布位置、名称和数目。地图内容采用了中国古代地图的传统制图方法表示,地物、地貌用形象的写景法,居民地采用了规格化的图形符号。其中标绘府、州、县、卫、所行政建制多达1600余处，名山、大山500余座。河道表示尤详，特别是黄河源是现存古地图中表示得最为详细准确的一幅图。虽然该图没有画方，但海岸线轮廓、江河位置、形态以及府、州、县等地理分布均较准确，证明此图是按一定比例和方位绘制的。该图画工精细，并用不同的符号表示不同等级的居民地，名称标注在符号内。用不同的颜色分别表示各种地理要素：省界用红色标示，特别醒目；黄河为黄色，非常直观；山丘、岛屿底部为棕色，顶部为绿色，立体感较强；湖泊、海洋为蓝色并绘有波纹线，具有很强的动感；名胜古迹多以真形表示，并趋向规格化。东起鸭绿江、西至嘉峪关以西的长城，如同一条巨龙蜿蜒于山岭之间。为弥补地图绘画之不足，图下又用跋文及其他文字说明，详细记载了全国行政建置的名称、绘图目的和参考资料。尤其是图下部注有“凡例”，用文字叙述的方式，将图中所用的居民地符号一一列出，可谓地图“图例”之雏形。现藏于旅顺博物馆。

(3)《陕西舆图》。256厘米×320.5厘米，绢地彩绘，明代大幅省区地图，从图中主要反映的明万历年间的建制和事迹，知此图绘于泰昌—天启年间。本图上南下北、左东右西。绘图范围东起黄河、西抵嘉峪关以西，南至汉江、北到长城以北。包括今陕西全省和甘肃、青海、宁夏大部分地区。现存于国家图书馆。

(4)《河防一览图》(摹本)。45厘米×2008厘米，绢本，《河防一览图》(取沁黄交会处、镇江府部分)属江防图。成图于万历十六年(1590年)。全图以黄河为主，并将南北大运河与黄河并列绘出。详细表示了自然地理要素及河防工程，居民地按不同的行政等级配以相应的符号表示，名胜古迹以象形符号表示。河流以双线内辅水波纹法表示。此图是中国现存最大的一幅古代治黄工程图。现藏于中国历史博物馆。

(5)《乾坤一统海防全图》。170厘米×605厘米，彩绘绢本，表示自今广西钦州湾至鸭绿江口的全国沿海图。详细表示了沿海地区的自然地理特征、政区建置、军事设防状况。陆地部分用计里画方的方法，绘制州府、山脉、河流的相应位置。本图对于研究明代沿海历史地理海防军事制度都有重要参考价值。现藏于中国第一历史档案馆。

(6)《坤舆万国全图》。192厘米×346厘米，彩色摹绘本，本图采用椭圆形等作积投影，绘有当时已知的五大洲：亚洲、非洲、欧洲、美洲、南极洲，以黄、红、白三色突出表示了五大洲的疆域及名称。还表示了山形、河流、海洋等地理要素及有关天文地理方面的小插图作为大图的补充。此外，海洋及南极大陆绘有船和鲸、鲨、大象、鸵鸟等陆、海生动物。原图系意大利传教士利玛窦于明万历三十年(1602年)在中国绘制的，此图为彩色摹绘本。当时由于西方绘图法的传入，促使中国测绘科学进入了新的阶段。现藏于南京博物馆。

(7)《九边图》。208厘米×600厘米，全图用青绿重彩描金，按明代“九边”序列，分别绘出九处边镇地区的建置、山川、卫所、关塞、边墙等内容。反映出九边重镇的布局及山川形势。图上注释原为汉文，后清人又加注了满文。本图为研究边防地图的绘制历史和方法提供了重要资料。现藏于辽宁省博物馆。

（8）《两仪玄览图》。200 厘米 ×442 厘米，纸地版刻，黑墨印本，本图系由八条屏幅组成，系根据万历三十年（1602 年）利玛窦的《坤舆万国全图》为蓝本绘制，但两者内容表现形式不同，本图主要表示了五大洲、山峰、山脉、河流等，并将山形涂以绿色。其汉字注释旁后被清人加注满文注音。本图可能是世传孤本，十分珍贵。现藏于辽宁省博物馆。

（9）《广舆图》之《舆地总图》。《广舆图》是中国 400 多年前的第一本刻本地图集。其绘制年代可能是明嘉靖 20 年前后，计有地图 45 幅，附图 68 幅，总共 113 幅。其总图、两直隶和十三布政司图，主要根据朱思本《舆地图》并参考了一些其他地图，用计里画方法缩编而成。其他的九边图、漕河图、四级图等都是罗洪先自己补充编绘的。《广舆图》绘画工整，刻镌精细，第一次采用了 24 种地图符号。很多符号已抽象化、近代化。它对增强地图的科学性，丰富地图内容起了重要作用。

（10）《郑和航海图》。在明朝的众多地图中，《郑和航海图》就是其中一幅具有重大影响的航海图。郑和七次航海，是中国航海史上的伟大创举，在世界上也是一次罕见的大举，从 1405 年到 1433 年，前后近 30 年访问了亚洲、非洲等 30 余国，对促进中国与世界的交往，对政治、经济和文化均有极大的作用。这其中据郑和航海经历编成的航海图，是中国地图学史上的一大创作，更是一部专为指导航海用的地图。其表示内容、表示方法与编制方法上有其独特之处：从方便使用出发，从起点开始至终点，图幅呈一字排列展开的连续拼接。采用“对景图”的画法，绘制山形形象与有方位意义的地物，可把图与实地一一对景，尽快判断出自己所处的位置。绘出平潮时的浅沙、礁石和港口、海岛等航海用的地物要素与居民地、山地等。现收于明茅元仪编辑的《武备志》一书之中。

（11）《北京城宫殿图》。99.5 厘米 ×49.5 厘米，本图范围为明代北京城全貌。采用缩绘法，将街区、庙宇宫殿概括地标绘出来，突出表示了北京城宫殿建筑及名称，还明确绘出了一条自海子湖（今积水潭）向西南流入北沟沿的河道。反映出明代北京城的布局。它是现存最早的北京城古代图珍品，对研究明代北京的宫殿、城市布局等都有一定的参考价值。现藏于日本宫城县东北大图书馆。

（12）《饶州府城图》。28 厘米 ×26.5 厘米，绢地彩图本，成图于明万历年间（1573 ~1619 年）。本图以形象化手法主要表示山岭、河流、湖泊等自然地理要素及寺庙、居民地等建筑，还表示了名称注释。该图是反映江西省壮丽山河的艺术珍品之一，对研究中国古代地图及明代江西历史地理等有一定价值。现藏于国家图书馆。

（13）《大明九边万国人迹路程全图》。119 厘米 ×119 厘米，墨印着色，此图由姑苏（今苏州）人王君甫于康熙二年（1663 年）发行，图中注有“本朝帝畿书坊梅村弥白重梓”。此图原绘于明代（1368 ~1644 年），后由王君甫等人重刻。此图所绘以两京十三省为主，详细地标绘各府、州、县、卫、宣尉司、宣抚司、军民府、按抚司、长官司，在图的四周标绘邻近国家。图右上角的美洲、左边的非洲和欧洲严重失真。图的上部有“万国大全图说”，下部是府州县路程数据，右边是九边距京里程，左边是外国的介绍。

(14)《登封县图》。112厘米×85厘米，是明代万历二十一年（1593年）刻石的一幅地图，上北下南、左西右东。该图采用中国古代地图地形地物形象画法，将登封县境内地理景观刻满于一块长方形石碑上。图以县城为中心，周围山河环绕，村镇密布。四周标出所至州县：北至偃师县，南至汝州，西至洛阳县，东至密县，东南至禹州。尽管图上没有采用画方之法，但所绘画的寺庙、坛台的地理位置，及主要河流的流向大体正确。河流大部分以双线表示，著名的山峰标有名称。登封县城楼、城墙形象绘出，位于地图中央，立体感极强。颍阳镇以方形符号表示，其他村舍名胜均以形象符号刻绘，十分精细。登封县图精细地刻画了境内主要文物古迹和风景名胜，并描绘出登封县的山河地界和主要村镇分布，具有文物分布图、风景游览图和地理景观图的性质。而且该图历史之久远，内容之详细，保存之完整，是极为罕见的，是中国明代县级地图的珍品，对研究中国古代佛教、道教源流，寺庙沿革等有重要价值。图碑由当时登封县知县陈国章立石，现存河南省登封市嵩阳书院，国家测绘档案资料馆存有该图拓本。

(15)《黄河图说》。明嘉靖十四年（1535年），主管治理黄河的官吏刘大和在疏浚黄河完工后，立《黄河图说》碑一块，绘制了自古以来黄河泛滥最严重的河南、山东一带的地形图。左上角记述明嘉靖十四年以前160多年中5次疏浚治理黄河的经过，右下角为刘大和对治河的意见，这些记载为研究黄河变迁史及治理工作提供了珍贵的资料。此碑现置于西安市碑林第四展室。

(16)《古今形胜之图》。115厘米×100厘米，明都御史喻时编制，木刻墨印设色，黄河涂黄色、长江涂蓝色。内容和范围主要包括两京十三府和相邻地区，东至朝鲜、日本，西至铁门关，北到蒙古高原，南到南海。此图的特点是在图中以简明的文字把各地区的历史沿革和地理形势作了扼要的说明。现藏于西班牙赛维利亚市的印度总档案馆。

(17)《河东盐池之图》。103厘米×170厘米，刻石，细线阴刻，明万历年间吴楷刻。图中所绘盐池是用禁墙圈围着，墙有垛子和门楼，途中还绘有巡检司、盐检司、池神庙、关王庙等，图采用鸟瞰式，散点透视，是平面与立体的结合，此图是现存最大的盐池图。现存于运城县博物馆。

(18)《汤泉全图》。136厘米×108厘米，它是刻于一座莲花宝顶上的石刻地图，明黄沛刻石，马兰峪副兵官署指挥佥事白福万历五年（1577年）立石。1987年拓印。图中形象地绘出了蓟门汤泉区域内的山河、寺庙僧院、楼堂轩馆、桥亭碑表、大边城等。大边城上的敌台、望亭垛口、旌旗等表示十分醒目。既是反映明代汤泉风景名胜之图，又具有明代边防图的性质。图碑现存河北省遵化市汤泉疗养院内。

(六) 现存清代的地图档案

现存古代地图档案，以清代为最，仅中国第一历史档案馆就专设《舆图汇集》全宗（全宗代码为47），收录明清代康熙到光绪年间的771件地图。目前国内出版了很多古地图档案汇编，本部分的完成，主要参考了《中国古代地图集》（清代）（曹婉如、郑锡煌、黄盛璋、钮仲勋、任金城、秦国经、汪前进编，文物出版社，1997年出版）、《中国古地图精选》（刘镇伟，中国世界语出版社，1995年出版）、《中华古地图集珍》（阎 平、孙果清等编著，西安地图出版社，1995年出版）、《水道寻往——天津图书馆藏清代舆图选》（天津图书馆编，中国人民大学出版社，2007年1月第1版）、《清代地图集汇编》（古道编委会编，西安地图出版社，2005年出版）、《中华古地图珍品选集》（俞沧主编，哈尔滨地图出版社，1998年出版）等书。

（1）《皇舆全览图》。52.5厘米×77厘米，共41幅，由清康熙帝主持，中西方测绘人员合作，历经十年测制的《皇舆全览图》，是中国第一部实测全国地图，采用经纬差各一度的梯形经纬网格，详细地表示了地形、水系、居民地间相对集团及其汉字名称，并在边疆地区加注满文。康熙五十六年（1717年）成图，康熙五十八年（1719年）制成铜版，比例尺1∶1 400 000，现藏于国家图书馆。

（2）《皇朝一统舆地全图》。20.3厘米×27.7厘米，比例尺1∶2 700 000，雕版双色套印。本图以红、黑两色套印。该图系在《皇舆全图》与《十三排皇舆全图》底图上进行综合取舍，补充现世资料后编绘而成。主要表示地形、水系、居民地仅选取县以上者及其名称。图上还采用画方格和经纬网于同一图上，这种从实际出发的双重网格并存的地图曾在国内广为流行，在中国地图史上有进步意义。现藏于国家图书馆。

（3）《姑苏城图》。108厘米×81厘米，木版印刷。本图表示街巷、桥梁、寺庙、衙署、城门、码头及其名称等。尤其对街道的标绘更为详尽，在绘制上全部采用平面轮廓线。该图绘制精确，标注详明，是中国古代城市地图中的杰作。复印件现存苏州博物馆（日本学者赠）。

（4）《福建沿海图》。36厘米×661.5厘米，绢绘长卷彩图。地图的方向为上东下西，采用形象画法，将福建沿海地带的府城、海岛、村落房舍、山梁、港湾等都绘得详尽、逼真，因而具有古代海防图的性质，图中许多地名至今还在沿用。现藏于国家图书馆。

（5）《黄河图》。80厘米×1260厘米，绢底彩绘。该图采用俯瞰画法，以工笔手法，浓艳彩，精确细致地描绘了西自黄渭交汇口东至大海的黄河及其两岸形势，图内反映出两岸城池地物等相对位置及其名称注记，城镇之间偶有距离标注，因此具有地图的效用，是一幅清康熙皇帝南巡时，河道官员进呈的一幅艺术品。现藏于台湾中央图书馆。

（6）《历代舆地图》。29 厘米×19.5 厘米，清道光绪三十二年至宣统三年（1906～1911 年）陆续刊行。本图系一多卷本的中国历史参考地图集，其分 34 图组，分订为 34 册，由扬守敬主持编纂刊刻。刻图系以清初实测地图为地理底图，历代正史地理志为考订。详细表示了中国历代疆域、政区、都邑等，是中国古代最完整的一部历史地图集。现藏于国家图书馆。

（7）《京杭运河全图》。78.5 厘米×1783.6 厘米，绢地彩绘。本图从北京至杭州，将大运河沿途地形用绘画形式表现出来，既有相应的地理方位，又生动地反映出山水风光、城市桥梁、江河船楫，并点缀人物或拉纤、行走、栩栩如生。城市、山形、河流均用金粉安注记。它是一幅地图与绘画相结合的杰作。

（8）《避暑山庄全图》。29 厘米×19.5 厘米，清乾隆年间（1736～1795 年），141.5 厘米×224 厘米，纸地彩绘。本图是一幅清皇离宫专题地图。全图采用形象绘法，生动地表现了承德离宫与外八庙及附近山水胜景之全貌。堪称中国古代同类地图中的精品。现藏于国家图书馆。

（9）《河东被灾各州县情况图》。52 厘米×48 厘米，纸本彩绘。清嘉庆二十年（1815 年）。该图反映清嘉庆二十年山西平陆地震后，受灾地区各州县灾情。图上采用标签加注受灾村庄数、死伤人口与房屋、城垣、城楼破损状况记录。另以传统的形象画法彩绘出中条山和解州盐池、绘出河流、道路及里程。系一幅专以表示地震专题的地图，为中国地图珍品。现藏于中国第一历史档案馆。

（10）《大清邮政公署备用舆图》。101.7 厘米×96.5 厘米，清光绪二十九年（1903 年）刊印，流传甚广。本图是一幅以中英以照、以黑、红两色套印，表示清光绪年间全国邮政状况的专题地图。除表示省会、府、州、万、县等行政单位外，还划分了邮政地区，分别表示了送递快信邮路，以及电报局的分布等，各类要素的表示均已符号化。全国从设计思想到表示手法，都已向现代化专题地图迈近了一大步。

（11）《山西省城全图》。90 厘米×63 厘米，彩绘。此图由沐思人杜联瑞绘于光绪三十一年（1905 年），比例尺为 1∶5000。图下还绘有方位图、图例。此图是今山西省太原市城区地图，图中绘有该城的街道、衙署、学堂、会馆、寺庙、戏楼、牌坊和军营等。从图上可以看出全城南北长、东西窄，城墙分内外两层，各有城门八座，城中建筑群和街道多集中于西南部。图以北为上。现藏于大连市图书馆。

（12）《神州城图》。95 厘米×60 厘米，彩绘。此图未标作者和成图时间，图中出现“领事府”，据文献载，神州是在 1842 年《中英南京条约》后开放商埠，次年英国在此设立领事，由此可知此图当绘于该年之后。又光绪三十年（1904 年）各省实行新军制，图中仍用旧制，可知此图绘于该年以前。此图以北为上，图中以立体的形式绘制官署、街道、寺庙、工厂、书院、山丘、水道和桥梁等。现藏于大连市图书馆。

（13）《武昌汉口鸟瞰图》。159 厘米×90 厘米，彩绘。此图未标作者和成图时间，图中所绘黄鹤楼于光绪十年（1884 年）毁于火灾，由此可知图当绘于此年以前。此图以东为上。上部绘有武昌城，中部绘有长江和汉阳城，下部绘有汉水和汉口城。此图系用立体的形式绘制，图中标注重要地物的名称。现藏于大连市图书馆。

(14)《营口图式》。92 厘米×180 厘米，彩绘。此图未标绘者和成图时间，从“海务关”、“洋海关”、“洋务局”等地名分析，此图当绘于光绪年间。此图所绘地域是今辽宁营口市。图以上方为南，下方为北。图中主要以城区内容为主，绘有官署、民居、寺庙、营房、城墙等。城北绘有辽河，河中有兵舰“天津”号和“大沽”号，另有未标名的兵船、民船数只。此图无比例尺，地物大多以立面形式绘制，写实性较强。现藏于大连市图书馆。

(15)《夔州图绘》。82 厘米×150 厘米，彩绘。此图作者及成图时间不详，从图中官署可知为清人所绘。所绘地域为四川省夔州府治（今奉节县永安镇）。所绘内容以官署建筑为主，如川东首郡、庆安堂、奉节县署、监捕府、府儒学、都督府、右营、火药局等。另外绘有较多的宗教建筑，如关帝庙文昌祠、清真寺、城隍庙等。在城的三面绘有长江三峡的起始地段。此图以北为上。现藏于大连市图书馆。

(16)《潮州图绘》。67 厘米×138 厘米，彩绘。此图未标绘者和绘图时间，据图上地物名称可知为清人所绘。此图所绘地域为广东省潮州府城及附近地区（今潮安县）。潮州府城位于图的下半部，图的上半部（北部）为韩江。城中主要绘有官署，如潮州府、总镇府、道台、盐分司、两广司、府学。所绘城墙中标有主要的城门，如北门、上水门、水仙门、朝阳门、紫竹门。图中还标绘有潮州九景：湘桥春涨、龙舟宝塔、北祠佛灯、青天白日、金山古松、鳄渡秋风、薰风自南、西湖渔筏。现藏于大连市图书馆。

(17)《香港图》。62 厘米×106 厘米，彩绘。此图无作者和成图时间，图上无地名。据图上的两座西洋建筑和水中的洋轮可以判定它为清代晚期的作品。图中的建筑依山傍水，错落有致，不少屋顶挂有英、美等国国旗。海中的机动船也挂有法、美等国的国旗。现藏于大连市图书馆。

(18)《自喀什噶尔至甘州城地图》。48 厘米×265 厘米，彩绘。此图未标作者和成图时间，因注记中有“道光八年（1828 年）”，可知此图绘于此年以后。又图中绘有库车城、和阗城、沙鸦儿城等光绪年间升州或县的城，此图当绘于光绪年间。此图所绘范围东起甘肃的甘州（今张掖市），经哈密、吐鲁番、库车、和阗等南疆地区，止于喀什噶尔。沿途城池、驿站、山脉、水道、关隘、沙漠、湖泊、寺庙尽绘其中。此图以南为上，以西为右。现藏于大连市图书馆。

(19)《甘肃图绘》。50 厘米×394 厘米，彩绘。此图未标作者和成图时间，因注记中有“康熙三十二年（1693 年）”，可知此图绘于此年以后；又因雍正二年（1724 年）所裁山丹卫，图上依旧，故知此图绘于此年之前。此图以北为上。所绘地域东起陕西河曲县，西至甘肃的肃州（今酒泉县），主要绘有长城上的哨位、关隘，长城两边的城池、卫所、堡寨、驿站、交通路线、山脉和河流等，是一幅具有军事性质的地图。现藏于大连市图书馆。

（20）《浙江省全海图说》。42 厘米 ×646 厘米，彩绘。此图未标作者与成图时间，据图说可知为浙江水师所绘，图上标有“海宁州”，由此可知此图不早于乾隆三十八年（1773 年）；又图上标有“石浦所”，故此图不晚于道光三年（1823 年）。全图“分别营县山屿岛屿”，图说详备“水程更数”，是一幅重要的浙江海域军事地图。现藏于大连市图书馆。

（21）《福建沿海图》。63 厘米 ×440 厘米，彩绘。此图未标作者和成图时间，据图上“福宁府”一名可知，此图不早于雍正十二年（1734 年）；又据“诸罗县”一名可知，此图不晚于乾隆五十二年（1787 年），即绘于乾隆年间。由此图所标内容来看，它是一幅福建海防地图。该图所载军事组织之详细，非一般人所能知，由此可以推断此图为福建水师所绘。此图以台湾部分（即东向）为上方，福建沿海（即西向）为下方，海峡两岸岛屿、山岭、城池、炮台、村落尽绘于其中。现藏于大连市图书馆。

（22）《海口要隘水陆远近形胜全图》。48 厘米 ×898 厘米，彩绘。此图为余仁所绘，图中有“海丰县”，无“陆丰县”，由此可知此图不晚于雍正九年（1731 年）；又图中有“新安县”，知此图不早于康熙八年（1669 年）。此图所绘地域为广东沿海地区，大凡沿海的炮台、岛屿、港口、所、汛、寨、协、镇、城池等均绘于其中，是一幅清代广东沿海军事地图。现藏于大连市图书馆。

（23）《山西省兵备图》。94 厘米 ×172 厘米，彩绘。此图绘者不详，图上无“平顺县”，可知此图绘于乾隆二十五年（1760 年）以后，又图中有“乐平县”，知此图绘于嘉庆元年（1796 年）以前，此图上南下北，其地域为山西的长城以南地区。图中绘有河道、山岭、道路和城池。另还用贴签的形式标有城池的大小、城池间的距离、各营所属的汛数及兵员，而且在图上另用大红字标出各县应属何渡和各县所属隘口处数。现藏于大连市图书馆。

（24）《南岳群峰图》。27 厘米 ×186 厘米，套色石印。此图未标作者和成图时间，依据“长沙城”和“水陆洲”无西洋式建筑的状况分析，此图可能绘于光绪二十九年（1903 年）以前。此图所绘为湘江长沙至衡州（今衡阳）沿岸的山岳群峰，尤以南岳附近诸峰最为详细，并绘有湘江两岸较大的城池，如衡州府城、衡山县城、湘潭县城和长沙省城等。此图以湘江西岸为上，所绘地物均为立体形状。现藏于大连市图书馆。

（25）《恒山图绘》。59 厘米 ×53 厘米，彩绘。此图未标作者和成图时间，由于顺治十七年（1660 年）祭祀北岳自河北曲阳移至山西恒山，图中标有“北岳行宫”一名，可知此图必绘于此年以后。图中上北下南，不注比例尺。图上绘有恒山和山中的寺庙建筑，如山门、天门、玉皇庙、太尉庙、纯阳宫和悬空寺。另绘有恒山胜景：朔方第一、恒风壮丽、夕阳返照、■极于天等。图的西北部绘有浑源城和北岳行宫。它是一幅详细的恒山名胜图。现藏于大连市图书馆。

（26）《焦山全景》。120 厘米 ×240 厘米，彩绘。此图未标作者和成图时间，根据图中人物的服饰，可知图为清代所绘，具体年代不详。此图上南下北。绘制的地区是属江苏丹徒，位于长江中的焦山及附近地区。此山与象山、连城州隔江相对，其东为圌山、五峰山，它们隔江与高桥相对，这些山上皆设有炮台。图上绘有山岭、长江、浮桥、炮台、寺、庙、宫、楼、庵、阁、亭和行宫，还绘有清兵和其他人物的活动场面。现藏于大连市图书馆。

(27)《大明十三陵图绘》。98 厘米 ×179 厘米，彩绘。此图未标作者和成图时间，虽然图中有“大明”字样，但非明代所绘。因为十三陵中的“思陵”为明代最后一个皇帝朱由检（即崇祯皇帝）（1628 ~ 1644 年在位）的陵墓，它建成于顺治十六年(1659 年)，因而此图最早不会超过此年。明十三陵分别为长陵、献陵、景陵、裕陵、茂陵、泰陵、康陵、永陵、昭陵、定陵、庆陵、德陵和思陵。图中标绘出十三个陵的位置、形状及陵区的其他建筑物。

(28)《东陵路程图》。30 厘米 ×163 厘米，彩绘。此图由营造司裕朗于同治三年(1864 年）十月受命绘制。此图是将从京城到东陵二百五十六里路途中所经行宫、中伙站、聚落、汛、营、河、桥、寺、庙、坊等依次截取绘制成图。图分成上下四排，每排二十一幅，共八十四幅。每一幅中绘一地物或几个地物不等。所绘地物均为立体形状，但都标有名称，不少地方标有离京城里程和与最近一个行宫的相对方位。现藏于大连市图书馆。

(29)《地球全图》。66 厘米 ×121 厘米，彩色套印。此图于咸丰甲寅年（1854 年）七月由香山林谦（字若谷）考订，其子林业修摹绘。此图为东、西两半球图，“直线经度自顺天起东西分中”、“横线纬度自赤道起南北分中”，每十度绘一条经（纬）线，十度的经（纬）线长为二千五百里。此图所绘仅标出大陆轮廓线，大的山脉、河流和沙漠，无国界，文字注记较多。此图与以前的图的进步之处是绘制了较为准确的澳大利亚形状，最大的不足是未绘南极洲，仅标“南冰海”名。现藏于大连市图书馆。

(30)《北京城地图》。76 厘米 ×56 厘米，彩绘。此图未标作者及成图时间，图上所标“民政部”是 1906 年 11 月 6 日由“巡警部”改设，由此可知此图绘于此年以后。图中详细标明满族八旗（正黄、正白、正红、正蓝、镶黄、镶白、镶红、镶蓝）所驻位置，无民国时官署名称，可知此图不晚于宣统三年（1911 年）。此图所绘范围为左安门、永定门、右安门、广安门、西便门、阜成门、西直门、德胜门、安定门、东直门、朝阳门、东便门、广渠门之内的皇城主体建筑、街道、社坛、庙宇等。现藏于大连市图书馆。

(31)《京师全图》。107 厘米 ×59 厘米，墨印着色。此图未标作者及成图时间，图上所标“詹事府”于光绪二十八年（1902 年）裁归翰林院，由此可知此图绘于此年之前；“西什库”原在府右街蚕池口，后于光绪十六年（1890 年）迁至北海西北，图中“西什库”已迁，可知此图必绘于此年以后。此图地域范围在十三座城门之内的城区，图由红、黄、蓝、灰、绿五种颜色绘制，清晰精致。现藏于大连市图书馆。

(32)《京城内外首善全图》。62 厘米 ×53 厘米，墨印。此图为谈梅庆绘制，绘制年代不详。由于图上的“西什库”已不在蚕池口，可知此图不早于光绪十六年（1890年）；又由于图上仍标有“詹事府”，可知此图不晚于光绪二十八年（1902年）。图中所绘范围仍为十三座城门之内的城区，所标地名极为详尽，图四周还注各城墙的长度。现藏于大连市图书馆。

（33）《京城详细地图》。79厘米×59厘米，墨印。此图为上海商务印书馆于宣统三年（1911年）五月初一日发行，本图为第五版。原图始测绘于光绪二十七年（1901年），光绪三十一年（1905年）修订出版。此图地域范围为十三座城门之内的城区，只是在城周围绘有少量名胜等。城内宫宇、街道、古迹绘制极为规整细致，所标地名比较齐全。现藏于大连市图书馆。

（34）《山西省城街道及附近坛庙村庄图》。56厘米×60厘米，墨印着色。此图未标作者和成图时间，因图上未标光绪二十四年（1898年）创设的“山西机器局”、“山西武备学堂”和“省会学堂”，可知此图绘于1898年之前；又城内原有著名的“崇善寺”，同治三年（1864年）失火被焚，图中未绘，说明此图绘于此年以后。此图所绘地域主要为太原城，附带绘有城外村庄。图以北为上。现藏于大连市图书馆。

（35）《姑苏城图》。81厘米×48厘米，彩色套印。此图未标作者和成图时间，图上标有创建于光绪九年（1883年）的“美国医院”（即博习医院），可知此图不早于此年；又图中所标的“美国义学堂”（即博习书院）已于光绪二十七年（1901年）二月改名东吴大学堂，说明此图不晚于此年。图中所绘为今苏州市地区。图中用墨色绘出城墙、街道和河道等，用红色标示各都图的范围和名称，用多种颜色绘出官署、寺庙和山丘等。图以北为上。现藏于大连市图书馆。

（36）《浙江省垣坊巷全图》。58厘米×100厘米，墨印。此图原由坦坦居主人绘刻于咸丰九年（1859年），后由华亭人许若德重刻于光绪四年（1878年）六月。此图所绘区域为十座城门之内的街道、官署、寺庙、学宫、河道、桥梁等，内容十分详尽。此图在每座城门边标有用罗盘测出的方位，这为传世历代地图所仅见。图左有一长跋记述绘制此图的起因和年代。现藏于大连市图书馆。

（37）《浙江省城图》。116厘米×66厘米，墨印。此图由浙江舆图局测绘于光绪十八年（1892年）。图中绘有方格，每方为六十丈，这是传世大幅城市地图中所少见的。图右方的“图说”详尽地介绍所测得的杭州城区幅员大小、河流走向及名称变化、水旱情况及其河流塞开的经过、此图依据的资料等。此图所绘为杭州城内的街巷、官署、寺庙、民居和水道等。

（38）《江西省城内外全图》。50厘米×55厘米，墨印。此图未标作者和成图时间，但标注有比例尺和图例。由图中所标“南昌高等小学堂”、“高等学堂”、“陆军小学堂”、“地方自治研究所”等名称，可知此图绘于清末。此图以北为上。所绘内容为南昌城、赣江及江上沙洲、江西岸的建筑物等。现藏于大连市图书馆。

（39）《武昌城外街道图》。66厘米×54厘米，墨印着色。此图由湖北藩署刊于光绪三年（1877 年）八月。此图以北为上。所绘内容主要为武昌城外的街道、长江及其支流、湖荡等，而于城内仅绘少量重要官署机构，这在传世古地图中是少见的。城外的地域东至今洪山，西至长江北岸，南至南湖，北至沙湖。城墙用灰色、街道用褐色、水体用草绿色表示。现藏于大连市图书馆。

(40)《湖北省城街坊图》。73 厘米 ×65 厘米，墨印着色。此图由湖北藩署刊于光绪三年（1877 年）。所绘范围为武昌城内区域。此图图上标有四个方位，以北为上。图中标绘了城的主要街道、官署所在、城门形态、城的轮廓、山和湖的分布、以及寺庙建筑的位置。城墙用灰色、街道用褐色，水体用淡蓝色、山用绿色表示。此图与“武昌城外街道图”可能为姊妹关系，二者可配合使用。现藏于大连市图书馆。

(41)《重庆府治全图》。76 厘米 ×149 厘米 ，墨印。此图由江国璋绘刻于光绪十二年（1886 年）。此图所绘地域为今重庆市，图上详尽地绘制了街道、官署、码头、寺庙等，并绘有长江和嘉陵江，所注地名极为详细。图以北为上。在图的左下角有作者的题跋，文中论述了绘图的起因、过程和时间。现藏于大连市图书馆。

(42)《回疆八城地舆全图》。76 厘米 ×137 厘米，彩绘。此图未标作者和成图时间，图中“英吉沙尔”一名于乾隆二十四年（1759 年）由旧名改称，可知此图不会早于此年；又图中未绘乾隆三十一年（1766 年）所筑永宁城以及以后的新城，故此图不晚于此年。图中所绘回疆城池有库车、阿克苏、乌什、和阗、叶尔羌、伊犁、喀什噶尔、英吉沙尔和喀喇萨尔等。图中还详细标绘有交通路线和驿站。图以南为上。现藏于大连市图书馆。

(43)《太和县疆舆全图》。123 厘米 ×73 厘米，彩绘。此图为徐鸿恩绘于光绪三十年（1904 年）。此图所绘区域为今安徽太和县境。图以北为上，画有方格，每方折五里。图的左下角有作者的题记，文中论述了绘图的经过，所用的资料、本图的比例尺和图式等。图的上方有长篇说明文字，文中介绍了该县的分野、四至、城池大小、古迹名胜和田地亩数等。现藏于大连市图书馆。

(44)《伊犁地图》。66 厘米 ×75 厘米，墨绘。此图未标作者和成图时间，图中绘有乾隆三十四年（1769 年）改用新名的九个城：惠远、惠宁、绥定、广仁、瞻德、拱宸、熙春、宁远和塔勒奇，由此可知此图不早于该年；又据文献，同治五年（1866 年）伊犁“陷回”，后又为俄占，光绪八年（1882 年）才收回，这期间的变化图上无反映，表明此图不晚于 1866 年。图中详细地绘出了伊犁地区的卡伦、路线、山脉、河流、湖泊等。图以南为上。现藏于大连市图书馆。

(45)《荆州八旗牧马图》。34 厘米 ×312 厘米，彩绘。此图为班宝柱所绘，作者为荆州府同知，可知此图为官绘官用。其内容为镶白旗、镶红旗、正黄旗、正白旗、正红旗、镶黄旗、正蓝旗、镶蓝旗八旗的马厂在荆州府和安陆府的分布，图上详细注明马厂的四至和面积数量。此图以草绿色绘河流，用褐色绘马厂地，用黑、褐二色绘垸堤，用红色绘建筑物。现藏于大连市图书馆。

（46）《热河图绘》。122 厘米 ×239 厘米，彩绘。此图未标作者和成图时间，图中地名极少，故难以推定其具体绘制时间。由于热河行宫竣工于乾隆五十五年（1790年），因而此图必绘于此年以后。图上所绘的内容主要为围墙之内的人工和自然景物。各种景物均采用不同的色彩立体绘制，具有较强的真实感。图以北为上。现藏于大连市图书馆。

（47）《太华全图》。133 厘米 ×68 厘米，碑刻墨拓。此图由河东贾铉绘于光绪六年（1880 年），李士龙、卜世刻石。此图左上角的题跋为贾氏所撰，文中记述了绘图的经过及成图的时间。此图在山间绘有云雾，比较独特。从拓片可知此图碑已断成两截，今不知存于何处。现藏于大连市图书馆。

（48）《龙门山全图》。53 厘米 ×129 厘米，碑刻墨拓。此图于咸丰五年（1855 年）春由李玉堂绘赵英俊刻石。此图所绘龙门山即今洛阳南龙门，亦称伊阙。图以西为上。图上方绘洛水从远山急驰而来，过龙门口则为万马平川。图中绘有龙门两岸的城池和山岭。图的左侧为武骊珠所撰长跋，记述了此图绘制的由来和刻石的经过。

（49）《奉天北镇县闾山全图》。60 厘米 ×137 厘米，彩绘。此图为江庆久绘。由于“北镇县”是由“广宁县”于 1914 年 1 月改名，所以图中所标绘制时间“乙丑年”应为民国乙丑年（1925 年），而不是前人注录的同治乙丑年（1865 年）。此图将北镇县绘于图右部，是以北为上。左部绘有附近闾山（今称医巫闾山）及其中的建筑物。现藏于大连市图书馆。

（50）《明十三陵图》。67 厘米 ×136 厘米，彩绘。此图由中和氏绘制，时间在“乙巳年夏月”。清代有五个乙巳年，但前两个在思陵修建前，因此不可能是，后三个（1785、1845、1905 年）均有可能。此图以中国画的形式描绘出十三陵的全景，并注明各陵和其他地物的名称。图的中部有作者的题记。现藏于大连市图书馆。

（51）《东陵地图》。61 厘米 ×66 厘米，彩绘。此图未标作者和成图时间。图中绘有“定陵”而无“惠陵”，可知此图绘于同治四年（1865 年）九月以后、光绪五年（1879 年）以前。此图将清东陵置于图的中央，四周的山岭绘成辐散状。图中除标绘陵寝的各类建筑外，还标有守陵的机构。现藏于大连市图书馆。

（52）《永陵全图》。55 厘米 ×54 厘米，彩绘。此图未标作者和成图时间。图中所绘内容为清太祖努尔哈赤的远祖孟特穆、曾祖福满、祖父觉昌安、父塔克世及其伯父礼敦、叔父塔察篇古等人的陵墓，它位于今辽宁新宾县启运山南麓。陵建于明万历二十六年（1598 年），初称兴京陵，顺治十六年（1659 年）改名“永陵”，可知此图绘于此年以后，由于绘法与“福陵全图”相同，表明两图可能绘于同时。现藏于大连市图书馆。

（53）《广东六门缉私地舆图》。67 厘米 ×86 厘米，彩绘。此图由盐巡检姚翰所绘呈。注记中提到会典馆颁发“测绘章程”一事，可知此图绘于光绪二十年（1894 年）以后。此图所绘区域为广东珠江口及附近地区。图中标有经纬网格，经度从北京起算，纬度由赤道起算，每二分绘一条经（纬）线。图中用不同的颜色表示缉私管辖范围，图右下角用红色标绘出香港地区。现藏于大连市图书馆。

(54)《鄂省厘金局卡全图》。68 厘米 ×133 厘米，彩绘。此图绘于光绪八年（1882 年），湖北牙厘总局刊印。“厘金”即“厘捐”，一种额外商业税，咸丰五年（1855 年）全国推行，因税设局。此图所绘即为湖北省牙金局的收税区域。图中详细地标绘了省内各府、县、镇、驿的位置及其之间的距离、河流及山脉走向，以作收税之用。现藏于大连市图书馆。

(55)《福建舆图》。640 厘米 ×640 厘米，清康熙二十三年至二十四年（1684 ~ 1685 年）间所作，绢地彩绘本。图呈正方形，四周各有宽 55 厘米的黄缎镶边，镶边上用金色丝线绣有 9 条五彩金龙，其间点缀彩色祥云，把全图衬托得极为豪华壮观。整幅地图由长 640 厘米的 12 块白色丝绸拼接而成，加边总面积达 56 平方米，是至今已知面积最大的现存地图，也是一件极为罕见的艺术珍品。《福建舆图》采用形象画法，将福建全省（含台湾）府、州、县的疆界、城镇、山川、道路以及重要关隘、山寨和岛屿、口岸等要素形象逼真地绘制于图上。各要素采用立体透视画法，具有较强的立体感。全省四周界线之外注明接壤的广东、江西和浙江诸省名称。此图在中国古代地图史上具有十分重要的意义。现藏于国家图书馆。

(56)《盛京城阙图》。130 厘米 ×130 厘米，成图于康熙年间，是现存最早的沈城形象资料，这幅城阙图展现的是 17 世纪下半叶的沈城建筑景观，图内的重要建筑还注有满汉文字，标明名称，现藏于中国第一历史档案馆。

(57)《广州府舆图》。66. 5 厘米 ×49. 5 厘米，彩色绢本，成图于康熙年间。采用立体写景法，山峰着蓝绿色，山上树木绘画细腻，水道绘有波纹，就像一幅山水画。从地图可见，清代的广州城，北靠越秀山，南临珠江，面积不过 10 平方公里，而且整个珠江上没有一座桥。广州的南面及西面几乎没有山，但广州府舆图却在这些方位画满了山，连西樵山都在内。现藏于中国第一历史档案馆。

(58)《姑苏繁华图》。36. 5 厘米 ×1241 厘米，又名《盛世滋生图》，清徐扬绘制于清乾隆二十四年（1759 年）九月。《姑苏繁华图》是一幅集山水、人物、建筑于一体的长卷风俗图，此图是为了献给乾隆皇帝而绘制的。图中景物相对地理方位准确，人物传神，景物鲜明。该图绘制市井生活，民俗风情，精细胜过《清明上河图》。如图面绘有山丘、湖泊、水湾、植被、园林、桥梁、田畴、城池、城门、角楼、衙署、楼阁、庭院、亭子、寺庙、祠堂、营寨、车船、码头、仓库、店铺、会馆、私塾、旌旗、塔、坊、坛、牲畜及各阶层人物共 5200 余个，如实表现了乾隆盛世姑苏繁华之风貌，也呈现出姑苏地理概貌。该图不论从艺术成就上，史料价值上，还是从人文风物上，都给后来人美感和享受，同时对研究苏州城市建设史有一定参考价值。现藏于辽宁省博物馆。

二、中国古地图档案汇编

当地图档案的积累到达一定数量，规模和连续性都发展到一定程度时，地图档案汇编就应运而生了。它可以是独立成集，也常常作为其他作品的一部分。这些地图档案汇编有利于系统利用和留存与流传。我们的先人以汇编形式保存下来了大量古代地图档案，因为这些汇编是原件的直接汇集，虽然不是以单件形式出现的档案原件，但仍不失档案原件的原始性，所以，我们仍把它们作为直接的档案遗存。地图档案汇编古已有之，且代出不穷，本部分对中国古代地图档案汇编进行全面的总结、整理，主要分为两大部分：第一部分为古人编辑的古地图档案汇编；第二部分为今人编辑的古地图档案汇编。

（一）古人编辑的古地图档案汇编

（1）《筹海图编》。明代筹划沿海防务的专著。明郑若曾编著，13 卷。该书中有地图 114 幅，约 26 万字。“图以志形胜，编以纪经略”（胡宗宪《筹海图编序》），图文结合。凡沿海地理形势，明代海防部署，海防方略，海战器具，中日历来的交往，倭寇劫掠沿海的历史，倭寇入侵的时间和路径、武器装备，战略战术以及平倭之功绩等，均有叙述。书中注重记叙地理形势，认为“不审形势，不可以施经略”（《筹海图编》嘉靖本，下同），详细描述了自广西至辽东的沿海要塞形胜，或当巡哨之海域，或为设防之要地，一目了然。其《沿海山沙图》是迄今所见中国最早而又详备的沿海地图和海防图。

（2）《明代舆图综录》。本书虽为近年出版，但是却是对明代地图汇编的总编，因此也可以看作是一种专门的古代地图汇编。该书的出版将有助于学者查考存世数量众多的明代地图，从而促进明代历史、地理、以及测绘制图等诸多方面的研究工作。全书由五部分组成。第一部分为明代重要地图作品总合目录，著录明代的地图、地图集，及包含地图插图的文献典籍，在著录地图集和典籍时，列示了地图细目，共收录明代地图 2000 余幅。第二部分为章潢万历四十一年（1613 年）《图书编》所附地图图录的影印本。第三至第五部分收录了三部明代地图集精品的影印本，分别是《广舆图》《皇明职方地图》及《地图综要》。

（3）《三才图会》。明人编撰的百科式图录。又名《三才图说》。王圻、王思义撰。书成于明万历年间，共一百零六卷。内容上自天文，下至地理，中及人物，分天文、地理、人物、时令、宫室、器用、身体、衣服、人事、仪制、珍宝、文史、鸟兽、草木等十四门。前三门为王圻所撰，时令以下十一门，为思义所撰，全书又经思义以十年之力加以详核，始成就绪。每门之下分卷，条记事物，取材广泛，所记事物，先有绘图，后有论说，图文并茂，相为印证。为形象地了解和研究明代的宫室、器用、服制和仪仗制度等提供了大量资料。当中一些地图是改编自传教士带来的国外地图，三才图会被誉为明朝缯图类书的佼佼者。

（4）《历代地理指掌图》。中国现存最早的一部历史地图集，又称《地理指掌图》。

北宋税安礼撰，南宋赵亮夫增补。宋代曾多次刊印，其中注明“西川成都府市西俞家印”的刻本在日本东洋文库尚有收藏，一般所见多为明代刻本。共有图44幅，每幅图都有图名，图后均附说明。上自帝喾，下至宋朝，各代地图至少一幅，多则五幅。第一幅是“古今华夷区域总要图”。图中海岸线、河流、长城等的轮廓，与刘豫阜昌七年（1136年）上石的《华夷图》很相似，特别是第一幅图后附的图说与《华夷图》上注记的文字说明基本一致。第27幅“唐十道图”的西部有“星宿海”名，此名称在地图上出现可能以此图为最早，反映了唐代侯君集等亲临河源实地观察的结果。44幅图中，有两幅在绘法上完全不同的天象分野图（第36、37幅）和一幅表示唐代僧一行提出的天下山河之象存乎两戒的“唐一行山河两戒图”（第38幅），最后一幅（第44幅）“圣朝升改废置州郡图”（明刻本改“圣”为“宋”），有南宋建置。

(5)《皇明职方地图》。共有三卷，是一本内容丰富的图集，包括有天下大一统图（明总图）、两直隶十三布政司、新旧九边、七镇、山川、河漕海运、江防、海防、岛夷入寇、太仆牧马及朔漠、西域、朝鲜、安南、朝贡岛夷等图，各图大都有附表及说明。在图集绘制过程中，陈组绶和手下工作人员，查阅了大量的史籍和地图。《皇明职方地图·或问篇》记载，曾参考了《寰宇通志》、《大明一统志》、《大明官志》、《广舆考》、《边镇图》、《川海图》、《河运》、《海运》、《江防》、《海防》诸书。还“参以桂少保萼、李太宰默二公之《图叙》，广以许论之《边图》、郑若曾之《海图》”①，及其他大量自存当代地图档案等。在这众多的基本资料中，陈组绶对朱思本与罗洪先的图，作了更为深入的比较研究，以《广舆图》为蓝本进行增删改制，形成了具有自己的特点的地图档案编研作品。

(6)《历代舆地沿革险要图》。杨守敬，饶敦秩撰。此图系在清同治年间杨守敬、邓承修合编的《历代舆地沿革险要图》基础上增补、重绘而成。应有图67幅，因“宋四裔图”未刻，实为66幅，并略著说于图隙，光绪五年（1879年）首次刊行。

(7)《乾隆皇舆全图》。清乾隆时绘制的全国地图。又名《钦定舆地全图》、《天下舆地全图》、《乾隆十三排图》等。乾隆二十一年（1756年）始编，约在三十七年左右完成。它是康熙《皇舆全图》的续编与修订版。由于在西域新疆地区进行了实地测绘，在西藏等地进行了复查和订正，就中国范围而言，本图在内容和精确程度上都比康熙图进步，但还不够完整。书内全用汉字注记，绘图完成之后，复令法国传教士蒋友仁制版。该图仅印一次，藏于内府，秘不示人，虽大臣、学士亦少能见。直到1925年5月，北京故宫博物院文献馆点收故宫造办处存物，始发现该图铜版105方。至1930年，确定为《乾隆十三排图》。1932年由该馆重印。因原版未标图名，故重新定名为《清乾隆内府舆图》。

(8)《广东舆地全图》。为光绪二十三年（1897年）由张人骏主持编制的省级地图

---

① 陈组绶．皇明职方地图·大序［M］．

集。图集分装为两册，广东石经堂墨印，开本纵36厘米，横31厘米。这部图集基本按照会典馆规定编制。地图方位为上北下南，左西右东，有统一的图式符号，如：山脉用笔架式符号表示，河流采用双曲线画出，道路用实点线标注等等。为满足会典馆规定的“在可能情况下省图使用圆锥投影”的要求，图集特绘制了两幅总图，一幅为绘有经纬网的广东全省经纬度图，另一幅为绘有计里画方网格的广东全省舆地总图。广州府十七幅图，韶州府及县七幅图，惠州府及县十一幅图，潮州府十一幅图，肇庆府十四幅图，高州府及县七幅图，廉州府及县五幅图，雷州府及县四幅图，琼州府及县十四幅图，罗定直隶州及县四幅图，连州直隶州四幅图，南雄直隶州及县三幅图，嘉应直隶州及县六幅图，钦州直隶州及县五幅图。各府图均附有图说一篇，各州县地图均附图表，内含沿革、疆域、天度、山镇、水道、乡镇、官职七项。全图采用省图每方百里，府、直隶州图每方五十里，厅县地图每方十里的计里画方绘图法作为控制。《广东舆地全图》各幅图，图面清晰，地名注记极多，内容丰富，地形地貌和水系刻绘精细，尤其对海角、沙咀的表示十分形象准确，是本图集的特点之一，此图国家测绘档案资料馆、广东省测绘局、国家图书馆有收藏。

(9)《大清一统舆图》。又名《皇朝中外一统舆图》。同治二年（1863年）由胡林翼、严树森在《皇舆全览图》和《乾隆内府舆图》基础上改编而成。该图将经纬度制图法和计里画方制图法混用，每纬度2°一列，每列一卷，共30卷地图。

(10)《广舆图》。中国明代出现的一部传统刻本地图集，其流传甚广，影响极大。该图编绘者罗洪先（1504～1564年）字达夫，号念庵，江西吉水人。明嘉靖八年（1529年）举进士第一，授修撰职。因上疏得罪皇帝被贬，自此不入仕。罗氏自幼凡“跳马挽强、考图观史，自天文地志、礼乐典章、河渠边塞、战阵攻守，下逮阴阳算数，靡不精研”。被贬后，专心于元人朱思本《舆地图》阙略讹误处的订正增广工作，“积十余寒暑”，终于嘉靖二十年（1541年）前后完成《广舆图》2卷。罗氏病《舆地图》“长广七尺，不便卷舒”，乃参照其他地图，以计里画方立法将《舆地图》总图、两直隶及十三布政司图缩编，另增绘九边、漕河、四极等图幅，汇总成《广舆图》。该图计有地图45幅、附图68幅，共计地图113幅。

(11)《皇舆全图》。清康熙时绘制的全国地图。又名《皇舆全览图》、《清内府一统舆地秘图》。康熙四十七年（1708年）至五十八年编制。自西方测绘地图科学在明末由利玛窦传入以后，受到清廷的重视。清初，西洋传教士汤若望、南怀仁相继在钦天监任职，其教友则游历中国各地，并且测绘地图。清圣祖玄烨受其影响，决定测绘全国新图。由于缺乏科学测绘地图的人才，此项工作主要由西洋教士担任。他们采用当时世界最先进的经纬度测绘法，先后在全国大部分地区进行了实地测绘。测绘完成后，均交法国传教士白晋等人统一审校、缀合，五十八年完成。计全图一，离合凡三十二帧；别为分省图，省各一帧。呈上，定名《皇舆全览图》（一说为《皇舆全图》）。全图比例尺约为一百四十万分之一，纵横各数丈，山川、府州县城及镇、堡等，无不毕载。《皇舆全览图》开辟了中国近代地图的先河，是当时最详细的地图，也是研究中国清代康熙以来历史地理变化的重要资料。

(12)《皇明舆图》。又名《大明一统舆图》，明吏部尚书武英殿大学士桂萼绘制，曾于嘉靖八年（1529 年）进呈，受到嘉靖皇帝的赞许，认为“所奏舆地图叙记明白切要，具见体国经济至要”。是一部图集，共有 17 幅地图，包括《一统舆图一》、《两靖十三省图十五》，最后是《四夷方位图》。

(13)《地图综要》。三卷，明末吴学俨、朱绍本等任编辑。全书由总卷、内卷和外卷三部分组成。其中总卷 16 篇，论述明代行政区划、沿革、边区形势、山川险要等；内卷 16 篇，详细记录了两京十三省的府、州、县等建置，以及山川、关隘、风俗、土产、人物、名胜、古迹等情况；外卷分长江、运河、黄河、河防、九边、四夷等部分，详注明代的海防、边要险地、边陲民族以及邻国概况。《地图综要》中附有地图 66 幅，总图有《华夷古今行胜图》、《天下舆地分里总图》等 4 幅；两京十三省各有分里图和分界图合计 30 幅；此外还有江防图、漕河图、黄河图、海防图、边镇图和外域图等多幅。

(14)《文登威海等地古迹图说》。同治二年（1863 年）刘庆长绘制，彩绘本。册页一册。每开纵 37. 3 厘米，横 36. 2 厘米。比例尺不详。未标明标识方向，从所绘图形看，为上北下南左西右东。每开一图一文，共收图八幅，即同时有图说 8 幅。其图说举凡名胜古迹、村名道里，一一详明，尤其是各村保甲情况，诸如某村某甲某牌某户某口等。其图其说，不仅具有舆地学意义，而且对于研究当时的基层社会组织及人口史具有重要的价值。现藏于天津市图书馆。

(15)《冀赵深定易五直隶州属河图》。清后期绘制，作者佚名。彩绘本，册页一册，图 22 幅，每开纵 22 厘米，横 21. 6 厘米。比例尺不详。注明标识方向；上南下北左东右西，与现代绘图标识方向相反。书衣以朱紫宋锦包装，黄绫书签，签题“冀赵深定易五直隶州属河图”，有关河工水利工程等说明文字题写于标签之上。现藏于天津市图书馆。

(16)《大清会典舆图》。是清末官方组织编制的一部全国地图集，其特点主要体现在为编制这一图集所进行的省级地图测绘上。其中《广西舆地全图》为清光绪二十一年（1895 年）北洋机器总局算学堂根据《会典馆》原颁格式重新绘制而成。图幅采用画方计里方法编绘，图中详细标示境内山地、道路、河流及各级居民地分布，用符号形象地绘出了山脉与水系，显示了地势高低，在区域分界处特别重视山隘的表示，并注有名称。《黑龙江舆地图》始绘于清光绪二十三年（1897 年），历时 3 年，耗银三万二千余两，可见测绘之艰难。上述二省图集当时印刷量很少，十分罕见，为研究中国地图发展史，以及广西、黑龙江两省历史、地理等保留了珍贵史料，极具收藏价值。

(17)《中外舆地全图》。是清末问世的一部世界地图集，由邹代钧自光绪二十二年（1896 年）到二十八年（1902 年）主持译编。后在清政府资助下，于光绪二十九年

（1903年）作为“大学堂审定中等课本”刊印了68幅地图，计有总图3幅，全国图1幅，分省图24幅，各州各国图38幅，群岛图2幅。在表现方法上，采取经纬度、圆锥投影法，用晕滃法绘山脉，居民点还按人口多少分级表示。它有很高的科学性，是当时一部最好的世界地图集。其后，《中外舆地全图》中的其他图幅在光绪二十九年（1903年）以后，也陆续进行刊印。

（二）今人编辑的古地图档案汇编

目前国内已经出版了很多今人有关古代地图的汇编，主要有如下：

（1）《中国古代地图集》（战国至元），曹婉如等编，文物出版社，1990年出版。

（2）《中国古代地图集》（明代），曹婉如等编，文物出版社，1994年出版。

（3）《中国古代地图集》（清代），曹婉如、郑锡煌、黄盛璋、钮仲勋、任金城、秦国经、汪前进编，文物出版社，1997年出版。

本书收入地图84种212幅，其中以彩绘本地图为主，计58种137幅，约占本卷选收地图的70%。所选彩绘地图以康熙、雍正、乾隆时期的居多，约占彩绘地图的50%。选收石刻地图2种。刻本地图以单幅大图为主，占刻本地图的三分之二，其余三分之一为刻本书中的地图。附212种地图目录：盛京城阙图、地球仪、地球仪局部（中国东部）、坤舆全图（南怀仁）、云南府图、楚雄府图、曲靖府图、大理府图。

（4）《水道寻往——天津图书馆藏清代舆图选》，天津图书馆编，中国人民大学出版社，2007年出版。本书收录水道图和古迹图等两大类图籍，其中包括《治河全书》、《山东省黄河图说》、《山东黄河全图》、《山东黄河简明全图》、《水道提纲》、《保定府属河图》、《冀赵深定易五直隶州属河图》、《正定府属河图》等水道图8种，《大沽炮台图》、《圣驾回銮行宫图》、《文登威海等地古迹图说》等古迹图3种。

（5）《欧洲收藏部分中文古地图叙录》，李孝聪著，国际文化出版公司1996年出版。作者从1991年以来，在欧洲先后走访了荷兰、瑞典、丹麦、德国、奥地利、法国、比利时、英国、意大利、梵蒂冈的主要图书馆和博物馆，查阅了上千幅中文地图，搜集整理了一批中文地图资料。《叙录》是一部对所收录欧洲收藏部分中文古地图给予说明的中、英文联合文献目录。本书所收录的古地图凡300幅，所收地图的编制时代，截止于1900年以前。在书后附有常见明、清地方行政建制名称英译，收藏单位名称与缩写，主要参考文献、索引及古地图复制照片32幅。《叙录》将所收录古地图分为世界图、外国图、山脉图、河流湖泊图、海岸图、交通图、城市图、历史地图、天文星象图、中国全图/连省合图/地图集、地区图等11类，分类编排，同类地图按绘制时代先后排列。

（6）《美国国会图书馆藏中文古地图叙录》，李孝聪编著，文物出版社出版，2004年10月第1版。

美国首都华盛顿国会图书馆地图部收藏了大约300幅中国绘本和木刻本地图，其中包括从 12 世纪以来的长卷地图、扇子地图、石刻地图拓片等。此外，如果加上亚洲部所藏的刊刻本、拓本和绘本地图，那么国会图书馆的藏图可以说是一个研究中国古代制图学的未经开发的宝藏。这批丰富的地图收藏是在国会图书馆 200 年的历史中逐渐积累起来的，主要有以下几个不同的来源：中国政府的赠品和那些长期对中国文化感兴趣的研究者或地图收藏家的捐赠。该馆历代中国传统制图方法绘制的地图收藏，一直被国际地图史学界视为中国境外最集中的几处收藏地之一，有些地图在国内也很少见到。本书作者李孝聪先生是中国著名的古代地图学专家，2002 年，他利用与美国国会图书馆合作的机会，系统研究整理了这批从未面世的古地图资料，对其进行了全部编目和鉴定。

卷一，世界总图、域外图、全国总图；卷二，区域地图：省、府、州、厅、县；卷三，专题图：城市、宫殿、园林、陵墓；卷四，专题图：河流、山脉、海岸图。

（7）《清代地图集汇编》，古道编委会，西安地图出版社，2005 年出版。

据初步统计，有清一代编制出版了上百种地图集，包括全国性地图集、区域性地图集、世界地图集和专题地图集等，其中区域性地图集所占比重最大。以省级地图集为例，自清初以来，先后编绘了《江南通省府州县舆地图说》、《江西省舆图》、《云南舆地图说》、《山西省舆地图说》、《西域图志》以及咸丰年间编制的《安徽省舆图》、《直隶通省舆图》等。从同治年起，特别是光绪十二年（1886 年）成立“会典馆”以后，为编制《大清会典图》之需，又有大量省级地图集面市。清代编制的地图集大多具有编制者权威、内容丰富、图文并茂的特点，是研究清代历史地理的重要原始文献。可惜的是，这些珍贵的文献存世数量非常有限，即使有幸保存下来，也由于已有上百年历史，甚至数百年历史，不少地图集破损已很严重，非常不利长久保存或不便阅读利用。该汇编拟选择清代有影响的地图集 30 余种影印出版，共分五编出版，全书预计约 25 册。

（8）《中国古代地图集》（城市地图），郑锡煌编，西安地图出版社，2005 年出版。

图集中具一定代表性的城图共 100 种（一个城市为一种），计 220 幅。其中，绘制时间最早的是云南省沧源县境内属新石器时代的岩画《村圩图》。这是一幅描绘某个部落聚居地生产，生活场景的画图。我们视作早期城市雏形之图，收录图集中。下限截止于清末 1911 年。时间跨度上下长达七千余年。录用之图，逐幅研究，搞清楚每图的绘图人，绘制时间，内容特点，版本源流，绘制方法及其地图学价值，用中英研究论文，除深入探讨地图内容及其地图学价值外，尤为着重研究该城镇自建城始，历各个朝代的不断发展，其城廓范围拓展，街道坊巷扩延，重心位置变迁，人口增减，手工业，商业兴衰等与经济发展的关系。

（9）《清代京杭运河全图》，李培编，中国地图出版社，2004 年出版。

《清代京杭运河全图》现珍藏在国家基础地理信息中心。原图长 798 厘米，宽 19. 8 厘米，图上未注明绘制年代和作者。有关学业者根据图上的内容、绘制风格及所用纸张考证鉴定，该图系清朝河道官员于光绪初年实地绘制，是清河道官员进呈的运河形势图，属原绘真品。此图采用西晋地理学家裴秀所提出的“制图六体”法则绘制的，详细地绘出了北起北京通州南至杭州绍兴府的京杭大运河的全貌。运河两岸之州府县、水闸、堤坝、山川、河流湖泊和名胜古迹都有详尽的绘画；更可贵的是，图中还有大量的文字说明，尤对各地驿站之名称、水闸间之里程、运河水之来源、湖泊水域之大小、各河厅县之交界，运河水涨秀节及航运情况等内容，均有详尽记载，真可谓图文并茂。此图传世，为研究中国地图学的发展提供了珍贵的资料，对研究中国的历史、地理、河湖变迁和运河水利工程等都具有非常宝贵的参考价值。

(10)《中国古地图辑录：康雍乾盛世图》，王自强主编，西安地图出版社，2002 年出版。

本书以康雍乾三朝一百余年作为一个时间截面，收录在此期间编绘的地图约 1700 幅，有总图、境域图、城池图、水系图、山脉图、沿海图及少部分景观图等。所有收集的地图，编者未加任何修改，可使读者了解那个时代的真实面貌。这些地图分别录自《乾隆大清一统志》、三朝期间纂修的各省通志、各个府州县志，以及其他地理类典籍，如《皇舆西域图志》、《广东舆图》等。本书共分 3 册，8 开精装，每面又分上下两栏，每栏一幅图，书前有目录，书后有索引。第一册中辑录了《乾隆大清一统志》中所附的全部 98 幅地图，其排序是首为总图，再为分省图（边疆图)，各省图（边疆图）后是分府（直隶州）图或分区图等；第二册和第三册以雍正末年到乾隆初年纂修的各省通志，以及乾隆年间纂修的《盛京通志》、《皇舆西域图志》中辑录出的地图作为主干，并从近百种府、州、县志及其他一些地理类典籍中辑录出一些县（散州）图、州（县）城图等作为补充。第二册和第三册中十八省图的排序是，首为省总图、然后是分府（直隶州）图，再后是山川湖海及人文景观图、最后是分县（散州）图，如有城池图则置于其所属行政区域图之后。

(11)《中华古地图集珍》，阎平、孙果清等编著，西安地图出版社，1995 年出版。

全书纲举目张，有条不紊，大体贯穿三条主轴线：一是反映人类科学思维的普遍规律，即由假设推测，逐渐出现历史记载和实物考证，然后形成生产规范，上升到科学原理；二是反映地图作品的演进阶段，即由原始意境地图开始，经过利用规矩、勾股弦原理测绘的平面地图，发展到以经纬度控制的三维地图；三是反映地图应用领域的扩展，早期主要应用于宫廷、墓葬、地籍、城池、矿山、水利等小区域的规划和管理；中期适应封疆、领土、天文、地理、山川、土壤、农事、物产等较广泛的行政管辖范围；后期出现专用于边防、海防、河防、航海的地图，作为战略决策者的工具。书中精选了 100 多幅宝贵的古地图，其中碑刻地图还附有墨线图作对照。

(12)《中国古地图精选》，刘镇伟主编，中国世界语出版社，1995 年出版。

大连市图书馆是在日本南满铁道株式会社大连图书馆的基础上建立起来的，所藏地图有 1200 多种（5000 余幅)。如 1925 年满铁大连图书馆从北京留任的意大利公使罗斯（ROS）那里购得地图六百多幅。这些地图战后未及运走，一直保存至今。本图集中的地图，大部分是首次发表。遴选的原则是：以绘本、碑刻为主，以时代较早的优先，以绘制精致的为首选，以表达内容独特和完整为上乘，尽量多选用中国传统方法绘制的。从时代上讲，该图集所选最早的图是《太华山图》。所选清代康熙年间绘制的地图有《甘肃图绘》和《海口要隘水陆远近形胜全图》等，雍正年间的《太湖图》等；乾隆年间的有《福建沿海图》、山西省兵备图和晋省地舆全图等。从绘制形式上讲，较珍贵的彩色手绘地图，如军事类有《直隶各海口大小炮台图》、《山东各海口炮台图说》、《九江附近长江大观》、《津邑濠墙全图》、《军衙配置图》、《长门海口炮台图》和《荆州八旗牧马图》等。

(13)《中华古地图珍品选集》，俞沧主编，哈尔滨地图出版社，1998 年出版。

编者历时 4 年，经走访、普查、挖掘，共整理古地图资料 3700 幅；精心研究、考证，筛选收录 166 个图目、113 种 142 幅古地图、含 235 帧稀世珍藏，并配以权威说明，汇图、文、史料相互印证编纂成集。是一部跨时 2000 多年的中华灿烂地图文化的历史画卷。

(14)《舆图要录》，北图善本特藏部舆图组编，国家图书馆出版社，1997 年出版。

国家图书馆对地图的搜集，以 1909 年京师图书馆筹建之初，就已开始。目前，国家图书馆善本部不仅藏有清廷阁的明清绘本地图百余种，还有历次出土的古代地图，清末以来公私团体 、个人所测绘的各种舆图，以及部分外文地图。

(15)《二十世纪中外大地图》，由周世棠、孙海环于光绪三十二年（1906 年）编译完成的一册 8 开本彩绘世界地图集。全图集有地文图 4 页、世界全图 6 幅、洲全图及各国分图 41 幅、中国全图及分省区图 25 幅。另在相关图幅中附重要都会等小图 58 幅。此集内容很丰富，其中地文图中就包括有：天体图，地球测绘图，潮流、雨期及排水图，海面同温度图，夏至后气压及风位图，冬至后气压及风位风，磁石偏差图，植物分布图等。在地图表示上，使用经纬度、投影法。以“格临惠契”（即格林尼治）天文台为零度子午线，北京位于东经 116°20′。各幅图列有相应的比例尺数据及示意标尺图形。在地图符号运用上，中国部分多使用清末《大清会典舆图》的类似符号，外国部分则注意采用了西方近代科学地图符号。

第三节　中国古代地图档案的间接遗存

所谓间接遗存，是指由于历史原因，古代地图档案的原件并没有完整地保存下来，已经佚失无存，但是因为这些地图档案在当时产生了巨大的作用，所以也被官府或者学者进行各种利用，在各类著作包括正史、方志、政书、个人著述等都或多或少的留下了地图档案的副本，在原件遗失的情况下，散存于各类文献中的中国古代地图档案依然发挥着重要的科技文化作用，因为不是地图档案的原件，而是经过改编和加工的第二手、第三手资料资料，故称之为间接遗存。由于中国古籍浩如烟海，作为中国古代特有的地图档案间接遗存，得到了较为系统的保存。我们今天所见的古代地图档案间接遗存大致来源于以下几个方面：

一、《图经》中的地图档案

所谓图经，包括“图”和“经”两部分。图经之名，始见于东汉，至清犹存。汉王逸纂《广陵郡图经》，其后有《巴郡图经》，可惜早已失传。但是东晋人常璩在其所撰的《华阳国志》中记载了东汉桓帝时巴郡太守但望根据《巴郡图经》了解巴郡的境界、道里、户口和官吏的情况。它说：“汉桓帝永兴二年（154 年）三月，巴郡太守但望上疏曰：谨按《巴郡图经》，境界南北四干，东西五千，周万余里。属县十四，盐铁五，官各有丞史。户四十六万四千七百八十，口一百八十七万五千五百三十五。远县去郡千二百至千五百里，乡亭去城或三四百，或及千里。”由此可以窥见图经内容的一斑。

隋唐时期，《图经》中有不少地图。如隋朝郎蔚之的《诸州郡图经》，虞世基的《区宇图志》，裴矩的《西域图记》，宇文恺的《东都图记》，唐朝李吉甫的《元和郡县图志》，许敬宗的《西域图志》以及全国各地的图经著作都有地图。可惜这些地图都亡佚了。在这些图经中，有行政区划图、城市规划图、山川险要图等。如《区宇图志》“卷头有图，别造新样，纸卷长二尺，叙山川则卷首有山川图，叙郡国则卷首有郭邑图，其图上有山川城邑”①。

《西域图记》中有西域各国的风俗物产、服饰仪形图。《西域图记·序》曰：“依其本国服饰仪形，王及庶人，各显容止，即丹青模写。”② 可能有通往西域的道路图。又有西域各国的山川险要图。图中涉及的面积，包括今地中海东岸、咸海以南的广大地区。

《西域图志》60 卷，是一部有关西域各国情况的图文并茂的书籍。据《新唐书·艺文志二》的记载：“高宗遣使分往康国、吐火罗，访其风俗物产，画图以闻。”然后让许敬宗编撰。因此，《西域图志》中应该有西域各国的版图风俗图、物产图。

《区宇图志》1200 卷，作者较多，主要人物有崔赜、虞世基、许善心、虞绰、陆敬、袁郎、杜宝等。此书的编撰成功有一个较长的过程：大业四年（608 年），隋炀帝出游，崔赜随从。在出游途中，崔赜对炀帝关于沿途名胜古迹、历史地理的提问对答如流，备受炀帝赞赏。于是炀帝命崔赜“与诸儒撰《区宇图志》二百五十卷”③，上奏隋炀帝。炀帝看后不满意，要虞世基重新撰写。虞对崔的 250 卷进行整理增补，达到 600 卷。炀帝看后仍不满意，于是让虞世基为总检，约请了 18 位学者修改，编写《区宇图志》800 卷。炀帝看后嫌“部秩太少，更遣重修”④。几经修改、最后成书 1200 卷。卷首有图，图上有山川城邑。文字内容有州郡沿革及所属县镇，有风俗物产，山川险易，是全国山川图记、郭邑图记、地志等图经图记的总集。此外，有佚名的《州郡县簿》

---

① 大业拾遗［M］.

② 隋书·裴矩传［M］.

③ 隋书·崔廓传［M］.

④ 太平御览·大业拾遗［M］.

七卷①。

《严州图经》是中国现存图经中年代最早的地图。《严州图经》8卷，南宋绍兴九年（1139年）董撰，已佚。淳熙十三年（1186年）陈公亮和刘文富重修，今存卷一至卷三。卷首有图9幅：子城图、建德府内外城图、府境总图（《严州图经》卷首的府境总图）、建德县境图、淳安县境图、桐庐县境图、遂安县境图、寿昌县境图和分水县境图。严州于咸淳元年（1265年）升为建德府，辖六县。现存《严州图经》，在地图中有“建德府”和“府境”之称，在经文中有晚于淳熙，而早于咸淳年间之事，所以现存《严州图经》是增订过的，非陈公亮、刘文富纂修的原本。图中山脉用写景法表示，河流用双曲线表示，河流名称注于双曲线内，河名首字示上游方向，地名等文字注记外括方框，少数道路用短横线表示。府境和县境图的东、南、西、北等方向都注明所至的府或县名。府境总图标县，县境图标乡，皆用阴文。

再如，《十五国风地理之图》是中国南宋绍兴年间（1131～1162年）杨甲编撰《六经图》中的一幅地图。《六经图》初刻于乾道元年（1165年），此刻本早已失传。现存的宋刻本为南宋福建刻袖珍本残本，其中有《十五国风地理之图》。该图绘于1155年，是为《诗经》周南至豳风之十五国风（国为诸侯所封之域，风为民俗歌谣之诗）绘制的地理图，图的范围主要是长江以北、长城以南的地区。图中山脉用黑三角形表示，河流用单曲线表示，古今地名一般不加框，只“周南”、“召南”外括方框，“秦”、“晋”等用圆形黑底白字表示，长城的符号十分醒目。它是世界现存时代较早的印刷地图，比欧洲的第一张印刷地图早约200年，而且制图水平远在欧洲第一张印刷地图之上。

《江西全省图说》，明万历年间（1573～1620年）绢地彩绘本，一册，该图为明代江西省所属府、县地图集，共存图37幅。其中有总图1幅，纵26厘米，横56厘米；府县图36幅，每幅纵28厘米，横26厘米。每图均附图说。每幅图的图说数百余言，包括沿革、地理、交通、农业、风俗、民情和名胜等。每县图说又各有侧重。《江西全省图说》是中国古代省级地图之一。作者采用中国古代传统的地形、地物形象化手法精细的绘制了江西省、府、县境内的地理概况，不仅将图幅内的山岭、湖泊、树木、城池、房屋等绘画得形象逼真，而且色彩艳丽，绘画精美，代表了明代中国传统制图的水平，是较为珍贵的古地图作品，更是研究明代江西历史地理的难得资料。

《新疆图志》是中国清末新疆建省后第一部全省通志。因此书自称有测绘地图（尚未全附），故名图志。清光绪三十二年（1906年），王树出任新疆省布政使不久，知新疆自建省（1884年）后尚未修通志，即呈请当时新疆巡抚联魁，奏奉清朝批准，开始筹办新疆通志的编纂事宜。宣统元年（1909年）正式成立通志局，由王树、曾少鲁任总纂，至宣统三年冬成书。共116卷，200余万字，分建置、国界、天章、藩部 、职官、实业、赋税、食货、祀典、学校、民政、礼俗、军制、交涉、山脉、土壤、水道、沟渠、道路、古

① 张国淦．中国古方志考［M］．北京：中华书局，1962：732.

迹、金石、艺文、奏议、名宦、武功、忠节、人物、兵事等志。卷首“凡例”中称本书“图志并重”，实则全书仅有志而附图甚少（仅道路、食货二志中附有一二幅图）。

二、古代历史地理著作中保存的地图档案

历代地理著作，其中著名的有《淮南子·地形训》、《水经注》、《元封九域志》、《舆地广记》、《舆地纪胜》、《方舆胜览》、《蒙古纪行》、《九边图论》、《皇明九边考》、《历代疆域表》、《天下郡国利病书》、《方舆纪要》、《舆图指掌》等。这些历史地理著作中保存了大量的地图档案。

比如《天下郡国利病书》稿本中附有29种非常重要的地图，举几例如下：

(1)《边境总图》19.2厘米×54厘米

(2)《海防总图》19.2厘米×54厘米

(3)《金山江总图》19.2厘米×67.5厘米

(4)《淮南水利总图》19.2厘米×27厘米

主要包含军事地理和水利两大方面，军事地理图对于全国各地的形势、险要、卫所、城堡、关寨、岛礁、巡司、马政、草场、兵力配备、粮草供应等无不详备摘录；水利地图对于黄河、淮河、长江等河的水利工程、运河的航运等，辑录了大量的资料，图中还绘示了河道、决口、堤坝、水闸和流经地名等情况。

三、古代地方志中保存的地图档案

方志是将一特定地区地理和历史等情况包罗于一书中，卷帙浩瀚，内容庞杂，而且其中历史材料超过地理材料。但是，方志中仍记载了大量与地理有关的项目，如疆域沿革、山川形势、气候、人口、田赋、水利、物产、交通、金石、灾异等，方志中包含有大量的人文地理和自然地理的档案资料，所以方志是古代流传下来的以地理（包含不少地图）为主的重要档案编纂作品。编修方志也是以档案为基本依据，所以，它保存了大量的包括地图档案在内的古代档案遗存。古代编史修志之风极盛，据《中国地方志联合目录》统计，传世方志达8264种。各类地方志，尤其是清代所有的各类地方志，现在大部分仍存于世，如《湖广通志》、《山西通志》等，里面都保存了各省以及省辖各县市的舆地图，数量极为丰富；此外还有古代的《越绝书》、《华阳国志》等等。

清朝廷为编修《一统志》，广泛搜求历代旧志，同时多次诏编新志。雍正年间还规定州县志书每六十年一修。各省府大都设立志局或志馆，由省府长官领衔主修，聘当地学士名流主纂。康熙二十九年（1690年），河南巡抚阎邦兴为统一所属府州县志体例，特颁发了“修志牌照”，具列凡例23条。对志书的断限、取材、类目、叙次，一一作出规定。由于各级官府的督促要求，各省府州县志书的编纂持续不断，极其繁盛。据

《中国地方志联合目录》统计，在8264种方志中，清代方志有5685种，约占70%。以现行区划考其分布，四川最多，有477种，江西次之，有404种，山东再次之，有385种，以下依次是河北（374种）、河南（370种）、浙江（367种）、江苏（337种）、广东（332种）、山西（332种）、湖南（327种）、陕西（288种）、湖北（270种）、安徽（258种）、云南（203种）、福建（168种）、广西（133种）、甘肃（130种）、新疆（96种）、上海（89种）、贵州（76种）、辽宁（69种）、台湾（42种）、北京（33种）、吉林（32种）、天津（19种）、宁夏（19种）、西藏（17种）、内蒙古（16种）、黑龙江（12种）、青海（7种）。每种方志之中均首列地区总图，然后列府县图。

试举几例如下：

（1）《泉郡总图》。21.8厘米×64厘米，该图主要表现泉州府辖属七县的方向位置、山峰河流的分布、泉州城的轮廓及城内建筑布局等，图中，泉州城的轮廓和内容都非常翔实，城内道、府、司、卫、局、所、驿、宫、院、学、馆、寺、坛、庙、观等的分布错落有致，一目了然。收录于《泉州府志》之中，今藏国家图书馆。

（2）《永安县图》。18.5厘米×25.8厘米，政区图，地图绘有画方，每方20里，且图内框外均有四至八道，并标有里程，以上方为北，左下角绘有图例，计有十一种地图符号。主要表示其境内的城、都、村、屯、铺、社、关隘、河流、山、道路和境界等。收录于《永安县志》，现存于国家图书馆。

（3）《金门图》。22.2厘米×30厘米，明代沈应文、谭希思等绘，所绘范围为北京地图。图上无方位标记，图的线画简略，采用形象绘法。收录于《顺天府志》一书（该书还有《畿辅图》、《京兆图》）。

（4）《应天府境图》。20.1厘米×30.6厘米，该图是明代闻人诠等人绘制，主要绘制该府所辖各县之位置及四至、江河、湖泊、山峰的分布。收录于《南畿志》一书。

（5）《皇城图》。20.5厘米×27厘米，明洪武初年王俊华绘，该图以北为上，记注的名称较少，附有文字说明。收录于《洪武京城图志》一书，现藏于南京图书馆。

第四节　中国古代地图档案遗存的科技文化价值

1. 地图档案在历史上发挥重要的科技文化价值

（1）对政府管理起到了重要的借鉴作用

周王把土地分给诸侯，各诸侯又分给士大夫。在分封时，没有地图作为凭据是不可能的。如果发生地界争执，就可依据地图档案解决争执。如《周礼·地官司徒》载："地讼，以图正之。"

"献图则地削，……地削则国削。"① 地图已经成为国家领土主权的象征。在一国向

① 韩非子·五蠹［M］.

另一国表示降服时，常以奉献地图为标志。据《战国策·燕策》记载，在燕国为官的荆轲为刺杀秦王，以奉上燕国督亢（今河北固定、易县一带）之地图为诱饵而得以面见秦王。各国统治者都很重视地图，秦灭六国之后就将六国图籍收藏起来，储存于京都咸阳。

其次，萧何利用在秦丞相府、御史府所获秦地图为军队供应军粮等体现得淋漓尽致。汉军每战胜一国，总要以地图、户籍为接管对象，地图和户籍一同被用来作为行政管理的工具。御史大夫职责的变化也反映出地图在这方面的作用。御史，在汉代之前原为史官，秦时具有保管地图档案地职责，地位越来越高，汉时成为国家最高监察官。御史大夫之所以成为监察官，就是因为掌管图籍档案，了解各地方的情况，知道各地土地多少、户口多少，这样才能有发言权，才能考察各地方官的政绩。

地图档案还用于分封诸侯王，封诸侯王时往往按地图划分辖地，并将诸侯国的地图一块封给各王。据《史记·三王世家》记载，武帝在册封皇子为王并赐予封地的时候，一位臣子奏道，“奏与地图，请所立国名”，由武帝在地图上指明封给皇子的封地的国名，再将这张地图交给被封王的皇子。《后汉书·明德马皇后纪》记载，“帝按舆地图，将封皇子，悉半诸国”。这些舆地图大概是全国行政区域图，它们数量很多，史书多有记载，如《后汉书·邓禹传》中记载，光武帝在广阿城楼上披阅《舆地图》，指示邓禹说：“天下郡国如是，今始乃得其一子。”

（2）对当时的农业生产也起到了重要作用

农业生产等也需要地图档案。如“土训掌道地图，以诏地事，道地慝，以辨地物，而原其生，以诏地求，王巡守，则夹王车”①。即土训掌记载各道（省）地理形势和物产的地图。帝王出巡时，土训必须随王左右，以便随时向帝王汇报这个地方的地理物产。

（3）对于当时的疆域、版图划分起到了重要作用

如熙宁七年（1074年），北宋与契丹发生了边界争执。北宋政府派沈括前去谈判，沈括查阅了大量的官府所存的地图档案，并据此与契丹据理力争，解决了争执，赢得了谈判的胜利。《宋史·列传第九十》：“辽萧禧来理河东黄嵬地，留馆不旨辞，曰：‘必得请而后反。’帝遣括（沈括）往聘。括诣枢密院阅故牍，得顷岁所设疆地书，指长城为境，今所争盖三十里远，表论之。帝以休日开天章阁召对，喜曰：‘大臣殊不究本末，几误国事。’命以画图示禧，禧议始屈。赐括白金千两使行。至契丹庭，契丹相杨益戒来就议，括得地讼之籍数十，予使吏诵之，益戒有所问，则顾吏举以答，他日复问，亦如之。益戒无以应……凡六会，契丹知不可夺，遂舍黄嵬而以天池请。括乃还。在道图其山川险易迂直，风俗之纯庞，人情之向背，为《使契丹图钞》上之。拜翰林学士权三司使。”沈括不仅使用地图地籍赢得了谈判的胜利，而且，还兼绘契丹地图上奏。

---

①　周礼·地官司徒［M］.

（4）军事作用

地图档案对军事活动有着重要的作用。《管子·地图篇》记载：“凡主兵者，必先审知地图，……然后可以行军袭邑，举措知先后，不失地利，此地图之常也。”

汉代这方面的例子很多，如西汉建元六年（135年），汉武帝准备攻打闽越，兵马粮草一切已备齐。但在大军即将出发之际，淮南王刘安匆匆上书劝阻，劝阻的一个重要理由就是汉武帝所掌握的闽越地图粗糙不准确，“以地图察其山川要塞长不过数寸”，而其间实际误差却是“数百千里”①。将军们经常披阅地图档案，如《后汉书·马援传》中记载马援对其将杨广说：“前披《舆地图》，见天下郡国百有六所。”在地方上，军事地图档案也比较普遍。汉武帝时，淮南王安和江都王非先后谋反时，都是按《舆地图》了解形势，进行军事部署。《汉书·淮南王传》记载，淮南王“日夜与左吴等按舆地图，部署兵所从入”。《汉书·江都易王传》记载，江都王“具天下之舆地及军阵图”。

这种用于军事活动的地图档案，我们还可以从考古发现中略见一斑，如长沙马王堆三号汉墓中出土的《驻军图》就是一例。而东汉光武帝于26年在刚攻下的城楼上展示一幅大地图的情景，则更能说明战争与地图的关系。

唐太宗曾令吕才造《数飞骑战阵图》②。王彦威曾上《占额图》和《供军图》③。李吉甫绘有《河北险要图》，备载黄河以北所有军事要地和设防地点，宪宗把它挂在浴室内以备查阅④。李吉甫的儿子李德裕受父亲影响，也很重视军事设险图的绘制。在他建造的“筹边楼”里，左壁绘有通往南蛮道路上的山川险要图；右壁绘有通往吐蕃道路上的山川险要图。每当军事演习时，召集众将在图前“指画商讨，凡虏之情伪尽知之”⑤。唐中宗时期，全军统帅魏元忠（637～707年）绘有《九州设险图》，备载古今用兵成败之事⑥。

元稹绘有《西北边图》，给皇帝了解边塞情况使用⑦。《西北边图》包括两种图：其一为《圣唐西极图》三幅，图的“疆界阔远，郡国繁多”。其二为《京西京北州镇烽戍道路等图》，图中“纤毫必载，尺寸无遗”，非常详细。这些图都是为直接存档随时供皇帝观览而绘制的，“若边上奏报烟尘，陛下便可坐观处所”。“衽席之上，欹枕而郡邑可观，游幸之时，倚马而山川尽在。”

《宋史·太祖本纪》记载：乾德二年（964年）十一月乙亥，宋太祖“宴西川行营

① 汉书·淮南王传［M］.
② 旧唐书·吕才传［M］.
③ 新唐书·王彦威传［M］.
④ 旧唐书·李吉甫传［M］.
⑤ 新唐书·李德裕传［M］.
⑥ 旧唐书·魏元忠传［M］.
⑦ 元稹. 元氏长庆集［M］. 卷24.

将校于崇德殿，示川陕地图，授攻取方略”。

《玉海》卷十四载：“至道三年（997 年）七月四日，真宗语宰臣曰：朕欲观边防郡县山川形势，可择使以往。乃选左藏副使杨允恭，崇仪副使窦神宝，阁门抵侯允则乘传视山川形胜。九月允恭以山川郡县形胜（一作地形）绘图以献。丙寅，御滋福殿，召辅臣观西鄙地图，指山川堡壁曰：朕已令屯兵于地内，州郡简冗省费，以息关辅之民。咸平四年十月庚戌，上以陕西二十三州地图示辅臣，历指山川险易，蕃部居处。又指秦州曰：此州在庞山之外，号富庶，且与羌戎接畛，已命张雍出守，冀其抚绥有方。次指殿北壁灵州图曰：此冯业所画，颇为周悉，山川形胜如此，安得智勇之士为朕守之乎？又指南壁甘、沙、伊、凉等州图曰：此图载黄河所出之山乃在积石外，与禹贡所述异。又指北壁幽州北契丹国界图，载契丹所据地南北千五百里，东西九百里。上曰：封域非广，惜燕蓟之沦异俗也。”

（5）应用于法律活动

关于这个方面的地图档案的利用情况，早在周代就有记载。如《周礼·天官冢宰》载：“闾里之中有争讼，则以户籍之版、土地之图听决之”。汉代亦是如此，如西汉成帝时丞相匡衡以“专地窃土”的罪名，被免为庶人①。在给匡衡定罪过程中，地图（籍）档案起到了重要作用。

（6）应用于水利建设

汉武帝太始二年，“齐人延年上书言：‘河出昆仑，经中国，注渤海，是其地势西北高而东南下也。可按图书（地图档案），观地形，令水工准高下，开大河上领，出之胡中，东注之海。如此，关东长无水灾……’书奏，上壮之”②。又如东汉明帝“永平十二年，议修汴渠，帝赐王景以《禹贡图》”③。

《汉书·西域传》记载“各举图地形，通利沟渠”，这是东汉在渠黎（今新疆库尔勒境内西南）发展农田水利时桑弘羊的建议。

（7）应用于地学研究

如公元前 126 年，汉武帝查阅古图籍，决定把黄河发源地称为昆仑山。“天子按古地图，名河所出山曰：昆仑山。”④

2. 地图档案的现代科技文化价值

集文物、观赏品和艺术品于一身的古地图档案，其应用价值越来越突出，不但为解决边疆纠纷提供了可靠的凭证，对于治理江河提供必要的依据，对于研究古代建筑史提供了丰富的史料，还有很多是我们所没有料到的，它是了解国家古代地理、政治历史沿

① 汉书·匡衡传［M］.
② 汉书·匡衡传［M］.
③ 后汉书［M］.
④ 汉书·张骞传［M］.

革不可缺少的教育素材，还具有重要的艺术价值，如出版图册用于历史教学与研究，对比古今环境变化用于自然科学研究，以及向公众展览进行地图知识普及等，最后他对我们的中国档案史研究也具有重要的作用。

（1）地图档案对于解决边疆纠纷提供了重要的凭证

在现存的清代地图中，包括军机处档案中的中俄、中越、中缅、中印等边界图，各省、府、州、县舆图等，清户部档案中的内外蒙古和各省、府、厅、州、县全图；内务府档案中的全国和各省、州、府及外国地图等；外务部档案中的清与外国划分边界的地图、租界图等等，这些都成为珍贵的地图档案史料。

（2）地图档案为治理江河提供了宝贵的依据

如金沙江是清代西南重要水路，两岸矿产丰富，其战略位置和经济地位重要。清朝以前未对金沙江进行开浚，至清乾隆六年（1741 年），乾隆下诏疏通治理此江，为此，清巡抚大员与封疆大吏多次踏勘，并呈进《金沙江全图》。《金沙江全图》五卷本全长 74 米，是迄今为止发现的最长的中国古代地图，更被专家誉为“地图中的清明上河图”。《金沙江全图》是清中期大规模对金沙江疏通治理的工程图，实为研究金沙江水利史的珍贵画卷。给专家学者提供了认识清代西南地区的自然风貌的第一手史料。此图的绘制为促成金沙江大规模疏治工程创造了重要的条件。此外《河防一览图》（拓片）全国以黄河为主，并将南北大运河与黄河并列绘出。详细表示了自然地理要素及河防工程，居民地按不同的行政等级配以相应的符号表示，名胜古迹以象形符号表示。河流以双线内辅水波纹法表示。此图是中国现存最大的一幅古代治黄工程图，对于我们治理黄河提供了宝贵的依据。

（3）古代地图对于建筑史、城市史的研究提供了重要的资料

秦汉时都邑簿，是专记各地都邑城郭、宫室、官署、街坊、间巷、寺院、冢墓诸事的地方文献，如《三辅黄图》、《三辅宫殿名》等。这对于我们研究汉代都城史、建筑史提供了非常重要的学术资料。比如《宁城图》是中国已发现的东汉城市地图的代表，画面中的宁城可分为南门外、宁城、护乌桓校尉幕府三部分。南门外空场上有武士守卫。宁城图中绘有城垣、城门、街巷、衙署等内容。护乌桓校尉幕府以及周围的营房、库房等占去宁城图的大半，为此图的主要部分。宁城图采用平面与鸟瞰相结合的表现技法，具有立体形象的特点。官府区、市区和居民区各自独立的建筑布局一目了然。不仅反映了东汉晚期中国地图绘制特点和发展状况，而且对于研究中国古代城市建设、民族关系及汉代历史，均是十分珍贵的资料。再如《北京城宫殿图》，本图范围为明代北京城全貌。采用缩绘法，将街区、庙宇宫殿概括地标绘出来，突出表示了北京城宫殿建筑及名称，还明确绘出了一条自海子湖（今积水潭）向西南流入北沟沿的河道。反映出明代北京城的布局。它是现存最早的北京城古代图珍品，对研究明代北京的宫殿、城市布局等都有一定的参考价值。

（4）地图档案具有重要的文化价值，尤其在举办展览过程中体现得最为明显，此

外在电视纪录片拍摄中得到应用。最近央视播出的大型历史文化纪录片《故宫》，就先后使用了国家测绘档案资料馆提供的明代的《扬子器跋图》，清代的《新疆山脉总图》、《京杭运河图》、《万年一统天下全图》等。在《指点江山》一集中，由于画面上用了《万年一统天下全图》，通过古地图与现代动画加工，明确地展示了在明成祖掌控之下，内阁与六部各司其职，国家的行政命令从紫禁城发出，通向全国1936处驿站，以及全长143 700公里的驿道，层层下发到帝国的每一个角落。有关人士认为，没有这些古地图配合，《故宫》纪录片观赏效果会逊色得多。

（5）对于中国档案史等的研究具有重要作用

古地图档案及其研究成果对于中国档案史的研究具有重要的学术意义，有时甚至是决定性的！比如王金玉利用古地图档案研究宋代架阁库问题就取得了惊人的成就。王金玉曾赴江苏下浙江，几经波折，在杭州访问了古地图专家，终于在《中国古地图集》上找到了宋善本《京都图》（注：应为《京城图》）的影印件，并在地图专家的指点下按图索骥实地考察了南宋都城临安（今杭州）的旧地。经过多方考证与查验，王金玉最终得出结论：《京都图》上的架阁库为六部架阁库，是目前发现最早的在地图上明确标示的国家档案馆，其原址就在今杭州武林广场附近。王金玉多年研究未获结果的“架阁库”地理位置问题，经古地图的“阐述”。很快就得到印证解决，并由此获得了良好的社会效果①。特别值得一提的是丁海斌的两部档案史专著，即《中国科技档案史纲》（甘肃文化出版社，1999年版）、《中国科技档案史》（东北大学出版社，2007年版）都大量地利用了古代的地图档案，并且将古代地图档案及其形成和管理当作古代科技档案的主体来阐述。

（6）艺术价值

手绘地图因其艺术形式和综合内涵的独特性，近年来逐渐受到了收藏家和博物馆的青睐。经过专家研究此图为官绘古地图、山水画地图之代表作。《金沙江全图》为彩色绢质的手绘地图，该图运用工笔手法、设色艳丽，描绘了金沙江水流及两岸山川、建筑、人物、牲畜、各滩口的地貌特征，而且还附有疏理整治的意见，采用馆阁体文字书写，图上运用虚绘的手法绘制出疏治效果，将自然山水和疏浚工程图两者巧妙结合。《金沙江全图》体现了中国古代地图的绘画艺术和制图水平。

（7）用于历史教学与研究

现在已经进入了一个“读图时代”，在各类教材中，图画成为学习的一种必要的辅助工具，古地图档案在历史教学和研究中占有重要的地位，比如在教材中古地图能够增强学生对历史地理知识的感性认识，利用多媒体教学放映一些古地图档案图片更有利于学生接受知识。

---

① 阙维民．论古地图文献在中国档案史研究中的重要作用［J］．浙江档案，2001（4）：35.

（8）珍贵的文物价值

古代地图档案还是珍贵的历史文物，据现存地图档案载体而言，有铜版地图档案、缣帛地图档案、石刻地图档案、木刻地图档案，但主要还是以纸质为主，生动地体现了古代地图档案的发展历程。而且现存较早的古代地图档案都是通过考古发掘发现的，并且大都保存在文博部门。比如《中山王陵兆域图》（公元前475～前221年）系战国时中山王的陵园规划图，该图充分反映了中国战国时代制图技术已达相当高的水平，堪称中国古地图中的珍品，这是迄今为止中国所见到的最早的一幅实物平面建筑图，现藏于河北考古研究所。

第五节　其他地理档案遗存

我们伟大的祖国作为人类文明的一个重要策源地。在古代，中国人民就曾充分发挥其勤劳、聪智，创造出领先世界的许多具有独创性的地理知识。除古地图档案之外的其他地理档案则主要以三种形式流传于世：《二十五史》中的古代地理档案；古代历史地理著作中保存的地理档案；各类政书中保存的地理档案。

一、《二十五史》中的古代地理档案

1.《汉书·地理志》

是《汉书》中的一篇。分上下两卷，即卷二十八上、卷二十八下，为十志之一，是全国最早的一部以疆域、政区为纲领的地理志书。

中国古代虽早有《礼记·月令篇》记“毋绝地之理”和《易经·系辞》“仰以观于天文，俯以察于地理”之记载，但中国最早以地理命名的专著，却应以《汉书·地理志》为始。因而清汪远孙评价此书说：“后世之言地理者，悉祖是书矣”。顾祖禹也说：“地理志始于班固，最为雅驯”。

全志的内容大体包括三部分：第一从“昔在黄帝”始至“下及战国，秦汉焉”，详写了汉前历代疆域的沿革；第二，从“京兆尹”到“汉极盛矣”为止，详述了西汉一朝的地理概况，尤其详写了汉平帝元始二年（2年）的全国疆域、行政区划及103个郡、1578个县的沿革，户口、山川泽薮、水利设施、古迹名胜、要邑关隘、物产、工矿等，为后世地理志的写作奠定了基础；第三从“凡民函五常之性”至结束，叙述了全国一些主要区域的兴衰史。

《汉书·地理志》记录的内容十分丰富，它不仅记有世界上最早的系统的全国各行政区的户口数字，而且还记载了各行政区划内的山川河流，水利设施的分布，沿革及具有历史意义的城，邑乡、聚、关、塞、亭、障等；且其内容也并不局限于西汉一朝。同时它又因“先王之迹既远，以缀《禹贡》、《周官》、《春秋》，下及战国、秦、汉焉”。

因此，它是一部西汉及以前的中国历史地理最系统的一部总结性著作。

同时该志由于是对中国历史上最强盛的王朝——西汉全部疆域、政区的记述，因而该书也是研究中国边疆地理必读之书。

《后汉书·郡国志》、《晋书·地理志》、《宋书·州郡志》、《南齐书·州郡志》、《魏书·地形志》也有相关的记载。

2.《隋书·地理志》

是史志之一，由令狐德棻，韦安仁，李延寿等编纂而成，全书分上、中、下三卷，包含梁、陈、北齐、北周、隋五个朝代的地理内容。全书以隋大业五年（609年）的版图为准，记载了全国各郡县的户口，河渠水流，山谷及五个朝代中的建置沿革和各大区的风土情况。史料价值高，保存了不少交通史和经济史等方面的资料。

3.《新唐书·地理志》

是北宋仁宗庆历四年，由欧阳修、宋祁、范镇、吕夏卿等人，历时17年在嘉祐五年完成的一部正史，全书地理志共7卷（一说8卷）。着重叙述的唐代地理沿革、军府设置、物产分布及各州县沟渠池堰，运河等水利设施的分布概况。并以开元十五道为准，记载了边疆地区行政管理状况，是一部较好的史志。

4.《旧五代史》

薛居正等人编撰，原书已佚，今传本为清朝辑佚本。其中《五行志》记五代的自然现象及自然灾害。《食货志》记五代盐法较详。《郡县志》的内容以开元十道图为本，惟载五代之改制，其仍唐旧制者则缺焉。讲的全是建置沿革，无自然地理内容。州县设置沿革一般只讲五代的，不追溯五代以前的。

5.《新五代史·职方考》

欧阳修著，一卷，把五代出现过的288州列成表，州之下注明梁、唐、晋、汉、周五代的状况。如某代有此州则注有，某代于此州建都者，注“都”字；某代有此州，但名称不同者，注“有××州”；某代新建此州者，则注“有××置”，某代无此州，则空缺。此表为欧阳修独创，对于考订五代州名很有用。表后又详细记述各州建置沿革。

此外还有《宋史·地理志》、《辽史·地理志》、《金史·地理志》、《元史·地理志》、《新元史·地理志》、《明史·地理志》、《清史稿·地理志》等，但是这几种地理志除依式填写郡县沿革外，并无任何特点。而且元、明《地理志》对各州郡的户口记载并不完整，所记载的资料也很凌乱。

二、古代历史地理著作中保存的地理档案

历代地理著作，其中有包括官方和私人两种：其中官方编修的地方志最为著名的有《大元一统志》、《大明一统志》、《大清一统志》等；私人著述著名的有《淮南子·地形训》、《水经注》、《元封九域志》、《舆地广记》、《舆地纪胜》、《方舆胜览》、《蒙古纪行》、《九边图论》、《皇明九边考》、《历代疆域表》、《天下郡国利病书》、《方舆纪要》、《舆图指掌》等。

（1）《山海经》是中国古代较早的一部系统性的地理著作。它的作者和成书的年代，自西汉刘歆校订以来，均认为是大禹和伯益所作，因此称之为“出于唐、虞之际”。以至晋郭璞也称“盖此书跨世七代，历载三千”，清毕沅渭也说：“作于禹、益其述于周、秦，其学行于汉，明于晋而知之者魏郦道元也。”不过也有人认为其成书当应在战国。此书共十八卷，39篇。其中《山经》五卷；《海经》八卷；《大荒经》五卷，全书共计30 825字。《山经》有21 265字，分量最大，占全书近百分七十；《海经》4228字；《大荒经》5332字。《山经》以洛阳为中心，分东西南北中五个地区，以山为纲，以川为目，互为经纬，记述山川方向道里，博物分布、地望、地势等地理知识，层次分明，行文古朴刚健。《海经》，是相对《山经》而言的部分，其包括《海内经》、《海外经》、《大荒经》等诸篇，内容海阔天空，极富神话色彩。因而后人多把其称之为“奇书”、“怪书”。郭璞云：“非天下之至通，难与言山海之义”。

（2）《穆天子传》又名《周王游记》，是中国第一部游记体地理著作。约成书于战国时代，作者不详。该书早在汉代已失传。到西晋武帝太康二年（281年）时，汲县人不准盗发战国魏襄王墓，遂出土几十车先秦竹简古籍，世称“汲冢书”。后有荀勖、和峤等整理成书。全书今存六卷，共6000多字。其精华在前5卷中。该书记载了周穆王驾八骏之车，率七萃之士，由国都出发，西登昆仑，北至旷野，西巡西域，会见西王母之故事，并描绘了20多个域外部落邦国的风光民俗、物产、人物传说。由于此书保存了大量有价值的先秦史料，是研究先秦史中可贵的上古历史地理要籍。

（3）《水经注》，是中国6世纪的一部以水系为纲领和坐标来记述全国地理情况的著作。全书共40卷，北魏郦道元（约465～527年，字善长，范阳今河北涿县人）撰。此书记述了全国1 225条大小河流，和对这些河川的流域地区从地理现状一直到历史事迹都选择典型事例加以记录。本书写作之目的是“因水以证地，即地以存古”。它是一部中国古代全面的综合性的地理著作。此外，此书记述的内容还涉及部族的迁徙，城市的兴亡，河道的变迁，地名的更替，城市的兴衰乃至历史人物、事件和神话传说的考证等。该书之作者在注文中繁征博引。其所引用的书籍达437种，口碑谚语也达上千条，既反映了当时中国社会地理的概况，又考证了古时之变迁。《水经注》共有四十卷，到宋《崇文总目》时，载有35卷。今日所见40卷，系后人重刊时离析篇帙，以就原数，

其中大多是清代学者参稽唐宋古籍作了相应补订后，恢复旧观的。总之，它体例严谨，内容丰富，文笔绚烂，不但是中国古代杰出的地理、文学著作，而在世界文化史上也具有相当突出的地位。

（4）《括地志》，是由李泰（字惠褒，唐太宗李世民第四子，封魏王）组织人力于贞观十五年（641 年）撰成。全书共 550 卷，及序略 5 卷。是唐初规模最短的一部总地方志。全志以唐贞观十三年（639 年）时，全国行政区的 10 道、360 州、1556 县为纲，叙述了各政区沿革、山川形式、关津故城、亭台殿堂、河流沟渠、风俗物产、名胜古迹、人物故事等。唐太宗李世民赞此书是“博采方志，得于旧闻、旁求故老……简而能周、博而尤要”的一部总志，并受到太宗赏赐。清朝学者孙星衍也评价此书说“此长于《元和郡县图志》，而在其先”，可见此书影响之大。

（5）《元和郡县图志》，唐代另一部地理总志，也是中国现存最早的全国性的地理总志。此书由李吉甫（字弘宪，唐宪宗时宰相）撰。全书 40 卷，今存 34 卷，原有图 47 幅，宋时图失，因而该书又名《元和郡县图志》。该书以唐宪宗元和八年（813 年）为准，依次记述了当时全国 10 道及道属各府、县户数、沿革、道里、山川、古迹，贡献、物产等内容。是后世研究唐时疆域、水利、经济、人口等方面的重要史料。该书取材广泛，引用书籍，碑记达 100 多种，体例完备，对后世方志的编纂有很大影响，《四库全书总目》曾评价此书说：“舆记图经，隋、唐志所著录者，率散佚无存；其传于今者，惟此书为最古，其体例亦为最善，后来虽递相损益，无能出其范围。”

（6）《太平寰宇记》，是北宋三部地理总志之一（其余两部为欧阳忞撰《舆地广记》、王存撰《元丰九域志》）。全书 200 卷，今佚 8 卷。由乐史（字子正，北宋地理学家）在宋太宗时撰成，是中国现存的最早的史传派地方志的代表作。该书以雍熙四年（987 年）疆域政区为准，分 13 道叙述全国的府、州，始于东京，终于四夷，全书以道为纲，以府县为纬，详细叙述了宋初行政区划的变化。该书除继续沿用唐《元和郡县图志》的门类外，还编入姓氏、人物、风俗以及官爵、诗词、题咏、名胜、杂事等。它的出现，使地方志的体例在此后大变，后世之地理总志多以此书为依据。所以《四库全书》评价该书时称：“盖地志之书记载至是书而始详，体例也自是而大变。”

（7）《方舆胜览》，南宋地理总志之一［另一部是王象之的《方舆胜览》。祝穆编撰。成书于宋理宗嘉熙三年（1239 年）］。全书共 70 卷，本书主要记载了南宋临安府及其 17 路所属府、州、郡县等地区的名胜古迹，城置沿革及建置变迁，尤其是对于名胜古迹的题咏，序记，诗歌记载较详，故历来备受文学家的喜爱。因作者广泛收集各种资料，保存了南宋珍贵的史料，是当前研究南宋一朝疆域、道里、田赋、户口、建置沿革的重要史料，是研究南宋历史地理变迁的主要典籍。

（8）《大元大一统志》，是元世祖至元二十三年（1286 年）由元孛兰月兮等奉敕编撰，到元惠宗至正六年（1346 年）完成的官修正史，刊刻于杭州。全书共 1300 卷，至明代散失。近人金毓黻首先整理，刊行《大元大一统志》。到今人赵万里在先前残本基础上，以《元史 · 地理志》为纲，重新定校，汇为《元一统志》十卷，成为今日之流行版本。该书记载了各州、县史迹，以行省为纲，以路、县府州为目，记载了建置沿革、乡镇城郭、里至、山川、土产、人物等门，内容丰富，网罗详备，是研究元历史地理的主要经典之书。

(9)《大明一统志》，是明朝李贤（字原德，邓人）奉敕撰写。以求“受天明命，混一天下”，“炫示一统之盛，同时希冀”，“凡天下之士，亦因得以考求古今故实，增其闻见，广其知识，有所感发”，以维系一统之盛。全书共 90 卷，以布政司为纲，以府州为目，以两京两北直隶、十三布政司、外夷为序，系以建置沿革、郡名、形胜、风俗、山川、土产、寺观、人物等 20 多门，条目井然有序，载述一代典章制度及政区沿革，是明代一部全国性地理总志。

(10)《大清一统志》，清代一部全国地理总志。该书自康熙年间，由蒋廷锡等奉敕编撰，历乾隆装修，到 1811 年嘉庆年间再次由李佐贤、穆彰阿编写而成。于道光二十二年（1842 年）刊行。全书共分 342 卷，500 卷和 560 卷本，内容侧重于记载疆域政区和建置沿革。本书引征档案方志，资料丰富，考核精审，体制完备，是一部历代官修《一统志》中最好的一部，同时也是中国封建王朝最后汇总的一部地理总志。

(11)《岛夷志略》，是元代汪大渊编撰完成的一部反映海外民族历史、地理风俗的地理著作。导夷古来均指居住于海外的少数民族，该书记载了作者十年航海所至二百二十余个地方，择重要地方立以条目（全书 1 卷，以重点地名分一百多个条目），分条记述山川、习俗、景观、物产、趣闻诸项，是中国元代中西交通海道诸国之重要地理撰述，其总结了唐宋以来诸国地理学界对于南海印度洋的地理知识。该书行文简洁，记录翔实，是元代难得一见之地理佳作。

(12)《读史方舆纪要》，清顾祖禹（1631～1692 年，字瑞五，号景范，人称宛溪先生），历其一生著成的一部地理著作。全书共 130 卷约 280 万字，是作者在参加《大清一统志》修撰中，毕其一生，遗 20 余载完成的。此书前九卷为历代州域形势，后七卷为山川原委，异同分野，当中 114 卷，以省、府、州、县来记述。每省冠以总序一篇。论其地位，后叙述疆域、沿革、山川、险要及全省形势概况，全书体例严谨明晰，是一部博大精深的世界地理名著。

该书目的是以“不考古今，无以见因革之变，不综原委，无以识形势之全。……古不参之以今，则古实难用；今不考之于古，则今且安恃”为原则。全书着力于有关经世致用之精神，用作者话说即是：“禹之为是书也，以史为主，以志证之；形势为主，以理通之；河渠沟洫，足备式遏；关隘尤重，则增入之；朝贡四夷诸蛮，严别内外；风土嗜好，则详载之；山川设险，所以守国；浏览赋诗，何与人事！则汰去之”。

同时该书还精辟而辩证地论述了人地关系，如他说：“函关、剑阁，天下之险也。秦人用函关却六国而有余；迨其未也，拒群盗而不足。”因而他总结说：“阴阳无常位，寒暑无常时，险易无常处”。体现了其思想中的辩证关系，而且该书以军事内容为重点，因而被梁启超称之为："实为极有别载之军事地理学"。

（13）《天下郡国利病书》，记载中国明代各地区社会政治经济状况的历史地理著作。120卷（《四库全书总目》著录100卷）。明末清初顾炎武撰。顾炎武自崇祯十二年（1639年）后，即开始搜集史籍、实录 、方志及奏疏、文集中有关国计民生的资料，并对其中所载山川要塞、风土民情作实地考察，以正得失。约于康熙初年编定成书，后又不断增改。该书先叙舆地山川总论，次叙南北直隶、十三布政使司。除记载舆地沿革外，所载赋役、屯垦、水利、漕运等资料相当丰富，是研究明代社会政治经济的重要史籍。《天下郡国利病书》以讲究郡国利病贯穿全书，重点辑录了兵防、赋税、水利三方面内容。作者十分重视研究各地兵要地理，深感兵防之重要，所以书中对全国各地的形势、险要、卫所、城堡、关寨、岛礁、烽堠、民兵、巡司、马政、草场、兵力配备、粮草供应、屯田以及有关农民起义和其他社会动乱等方面资料，无不详细摘录。

（14）《雍录》，宋程大昌撰。十卷。是编考订关中古迹，以《三辅黄图》、《唐六典》、宋敏求《长安志》、吕大防《长安图记》及绍兴《秘书省图》等书，互相考证。于宫殿山水都邑，皆有图有说。其特点是注重与政治制度、军事活动有关的地理位置，设有许多军政机构、交通路线的专题。但不少专题只是转引资料，并无考辨。所绘地图亦粗疏简略。

（15）《舆地纪胜》，南宋地理总志。编纂者王象之，该书以南宋统治区为限，共计府、州、军、监一百六十六，有些府、州分为上下两卷，合计二百卷。每一府、州，一般分为府州沿革（为监司等机构驻地，另叙有关沿革于后）、县沿革、风俗形胜、景物上、景物下、古迹、官吏、人物、仙释、碑记、诗、四六等十二门，间亦变通而有所分合。《舆地纪胜》主要是节录当时数以百计的各地的方志、图经编纂而成，对各种方志、图经中的山川、景物、碑刻、诗咏，一概收录，而略于沿革，以符合"纪胜"的要求，受到南宋史学家、目录学家陈振孙的赞赏。王象之对各书记载的异同，加按语进行考订，"收拾之富，考究之精"，为当时所称。

（16）《元丰九域志》，北宋王存、曾肇、李德刍共同编修，本书为以疆域政区为主体的北宋神宗元丰时综合性地理总志。全书分十卷，始于四京，次列二十三路，终于省废州军、化外州、羁縻州，分路记载所属府、州、军、监及其距京里程、四至八到、主客户数、土贡、领县数和名称；每县下又详列距府州方位里程、所领乡数镇堡、寨名目以及名山大川。府州县皆标出其等第。文直事赅，条理井然。书中记述州县沿革，以元丰以前为主，涉及唐、五代只一笔带过。该书虽文字记载简要，但内容丰实，独具一格。书中除记载当时疆域政区外，又备载各地户数、元丰三年（1080年）土贡数额及城、镇、堡、寨、山岳、河泽的分布，据统计仅镇即达一千八百八十余个，山岳、河泽亦各在一千以上。这是研究历史经济地理和历史自然地理的宝贵资料。其中所列土贡数额远较以往任何史书、地理总志为详，而所载镇名更为宋时其他地理总志所无。

（17）《郡县释名》，明郭子章著，26卷。《郡县释名》是一部关于万历时期两京十三布政使司及其所辖各府、州、县名称来历的著作。书前有浙江宁波府人王佐撰《大司马青螺郭公郡县释名序》、郭子章自撰《郡县释名序》，别序收录王伯厚（应麟）《地理通释序》、罗长源（泌）《路史国名记序》。该书体例以布政使司（省）为纲，各篇冠以省名，如《北直隶郡县释名》、《江西郡县释名》等，其余以次类推；北直隶、山东、江西、广东、广西五省还有小序。《郡县释名》以两京十三布政使司（省）为纲，以府、州、县为目，除少数地名“义未详”外，对当时的1411个政区地名作了渊源解释，涉及自然地理、人文地理二十多个方面的内容。

（18）《景定建康志》，南宋地方志。景定时周应合（1213～1280年）撰。建康，府名，治今江苏南京市，南宋初曾建行宫于此，故称留都。作者采取《乾道建康志》、《庆元建康续志》两书资料，并增入庆元至景定六十余年事，纂成五十卷，其中有留都录四卷，地理图及地理沿革一卷，表、志、传四十四卷，拾遗一卷。该书所绘府治及各县治地图颇为详明，所记史事亦考核精审，是传世的南宋地方志佳作，为研究建康地方史和宋史的重要史料。该书在明代流传几绝，清康熙四十六年（1707年），朱彝尊从曹寅处借得全帙抄录，始复传世现有《四库全书》本、嘉庆六年（1801年）岱南阁刻本及嘉庆七年金陵孙忠愍祠本。

（19）《咸淳临安志》，南宋地方志。宋度宗咸淳时，潜说友撰。说友字君高，处州缙云（今属浙江）人。作者以《乾道临安志》、《淳临安志》为基础，旁搜博采，增补成书，共一百卷。前十五卷为行在所隶，记载皇城及中央官署等。十六卷以下，分列疆域、山川、诏令、御制、秩官、宫寺、文事、武备、风土、贡赋人物祠祀、寺观、园亭、古迹、恤民、祥异、纪遗等门。体例完备，征材宏富，考辨精审，条理秩然。所绘皇城、京城、府署、浙江（钱塘江）、西湖及府治、各县境、九县山川等地图颇为详明。今通行的以清道光十年（1830年）钱塘汪氏振绮堂仿宋重刊本较为完备。该志是南宋地方志中的佳作，为研究临安地方史和宋史的重要史料。《咸淳临安志》中绘有著名的临安皇城图。

（20）《肇域志》，清顾炎武撰，全书六卷，每府为一卷，府下列州，州下列县，约7万余言，记载了作者遍游华北实地考察十余年，加之志局“郡邑之书颇备”的有利条件，所形成的山东一省山川、古迹及郡县沿革建置之考证，材料翔实、考证精当。

（21）《古今图书集成·方舆汇编》，《古今图书集成》全书共1万卷，目录40卷，原名《古今图书汇编》，与《四库全书》相似，是清朝康熙时期由福建侯官人陈梦雷（1650～1741年）所编辑的大型类书。本书编辑历时28年，共分6编32典。是现存规模最大、资料最丰富的类书。其中《方舆汇编》记录了大量的州府县志，选编了许多重要文献，收录的地名非常丰富。《方舆汇编》还绘制了不少地图，吸收了当时最新的测绘成果，最值得一提的是《坤舆典》、《职方典》各省府州地图已采用实地测绘资料。

三、各类政书中保存的地理档案

比如《史通·地理书》、《通典·州郡典》、《通典·边防典》《通志·地理略》、《文献通考·舆地考》、《大清会典》等。

1.《史通·地理书》

刘知几撰，《史通》共20卷，包括内篇和外篇两部分，各为10卷。内篇有39篇，外篇有13篇，合计52篇。其中，属内篇的《体统》、《纰缪》、《弛张》等3篇，大约在北宋时已亡佚，今存仅有49篇。他认为“史氏流别，殊途并骛，榷而为论，其流有十焉：一曰偏记，二曰小录，三曰逸事，四曰琐言，五曰郡书，六曰家史，七曰别传，八曰杂记，九曰地理书，十曰都邑簿”。换句话说，地理书是“杂史”的一个项目，但是以今天的眼光看来，上述“地理书”、“都邑簿”都可以纳入地理档案的范畴，刘知几对“地理书”的解释是这样的：“九州土宇，万国山川，物产殊宜，风化异俗，如各志其本国，足以明此一方。若盛弘之荆州记……等，此谓之地理书。”在刘知几眼中，地理书即传统的地志类著述。

2.《通典》中的历史地理

杜佑的《通典》，虽然是一部通史性的政书，但其中的《州郡典》、《边防典》却是中国古代沿革地理专篇①，是中国最古老的沿革地理专著。他编写此书的目的，正如他自己说的，主要是为了“将施有政”和“致治”，是适应国家管理的需要而编写的。杜佑本人长期从政居官，位至宰相，是国家政治集团中的上层人物，对国家管理的需要他十分清楚。他打破了历代正史地理志只记本朝或稍往上追溯的局限性，将一个行政单位的历史沿革由近及远地向上追溯，一般追溯到春秋战国时期。《州郡典》所记疆域政区沿革，上溯远古黄帝，下止唐天宝末，计14卷。第一卷叙述上古、唐虞、三代直至隋朝的疆域政区沿革。第二至十三卷，叙述唐天宝以前的疆域政区沿革，以《禹贡》九州为大区，析历代州县于其中。第十四卷叙述非《禹贡》九州之域，又非《周礼·职方》之限的《古越州》境内的唐朝71州府，294个县的沿革。

3.《通志·地理略》

《通志》，南宋郑樵撰，全书200卷，有帝纪18卷、皇后列传2卷、年谱4卷、略51卷、列传125卷。《通志》为纪传体，但把年表改称年谱，把志改称略，保存了《晋书》的载记部分。总序和二十略是全书的精华。除礼、器服、选举、刑等略外，其余

---

① 王成组．中国地理学史［J］．上海：商务印书馆，1982：53.

各略都有新意。《地理略》为其精华之作，他认为“地理之家，在于封圻；而封圻之要，在于山川”。又说：“今之地理，以水为主。水者，地之脉络也。郡县棊布，州县瓜分，皆由水以别焉。”换言之，郑樵心目中的地理就是行政区域和划分行政区域的山河分布。

4. 《文献通考·舆地考》

《文献通考》，是宋元时代著名学者马端临的重要著作。《文献通考》全书分为24门，348卷。自《经籍》至《物异》等5门为《通典》所未有者，此外19门均为《通典》的原目或子目。书的内容起自上古，终于南宋宁宗嘉定年间。

其中《舆地考》9卷，专论历代地理沿革，首先总叙历朝疆域沿革，次按《禹贡》九州分野，历数自春秋到南宋嘉定时在各州内的郡县兴、废、增、建数目。最后，又仿《地理志》格式叙述宋代地理，分载各州辖区及贡赋、山川、古迹。多本于欧阳忞《舆地广纪》一书，无甚订补。

5. 通鉴地理通释

宋王应麟撰，作者自序云：历来“言地理者，难于言天，何为其难也？日月星辰之度，终古而不易；郡国山川之名，屡变而无穷”。由是汉唐学者对于夏商时期的地理之了解，很不完全，《职方》、《春秋》上的地理知识，则不乏可疑之灿历史时期形成的一地多名抑或多地一名现象，则屡见不纳一些具有历史意义的地方，诸如荀卿为兰陵令之兰陵被误作常州，诸葛亮液泸被误作泸州，古战场赤壁被误作黄州。至若前后改易丁的地名或迁徙了的地址，形成的若异而问，抑或似是而非者，更不可枚举。作者因此对《资治通鉴》出线的众多地名进行考释，方法是先以州域、都邑、山川、形势、名臣议论等项分类，定为总纲，再按各朝各代政区、都邑等子目进行详细考证。

四、其　　他

1. 《徐霞客游记》

是明朝徐宏祖［（1587～1641年），字振之，号霞客，明南直隶江阴人］撰写而成，但由于其晚年抱病早逝，其所记旅行日记未及整理，已有缺失；后又遭明清兵祸，现仅存残篇大约有60余万字，编成十卷、十二卷、二十卷诸种版本，今流行多为十卷本。

该书以日记体详尽记录了作者旅行大部分行履所至之地域及观察所得并述记载。第一卷十七篇游名山记，记作者前期活动所至（如卷一上，游天台山、雁荡山、白岳山、黄山、武夷山、庐山、黄山后、九鲤湖日记），时间大体从明万历四十一年（1613年）至崇祯六年（1633年），第二卷至十卷记叙作者后期活动之区域概况，如卷六上下滇游日记四五，记载其观察岩溶地貌、山川源流、洞壑火山及当地民族风俗等等，时间应从1636年起到1639年为止。

该书不受行世地志影响。所记南北方之地况，皆属其亲身观察所得，而又以游记形势记录，开创了学术界，尤其是地理学术界考察自然之新方向，尤其是他在世界上首次提出了分水岭，流域面积学和作为世界上最早广泛而又系统的岩溶地疆考察，从而开创了中国近代地理学，所以后世学者把其与欧洲近代地理学的创建人洪堡和李载尔并列。

2.《西域行程记》

明人记述出行西域的历程和所经各地情况的著作。原名《使西域记》，陈诚、李暹著，明永乐十二年（1414年），中亚哈烈（Herat，今属阿富汗 ）等处遣使来贡，明成祖朱棣命中官李达、吏部员外郎陈诚、户部主事李暹等护送使臣回国，同时报聘。明朝使团于次年正月出发，历经十七地，同年十月还。十七地除部分在中国新疆境内外，其余均在今阿富汗与苏联中亚地区，当时大都属帖木儿帝国。回国后，陈诚、李暹将此行经过，及所历地区的山川、物产、风俗等，编成《使西域记》进献。此书对了解明初西域地区自然和社会状况，有一定的参考价值。但长期只有抄本流传。《学海类编》有《使西域记》一卷，内容简略，并非原文。1934年，原北平图书馆得到陈诚、李暹所作《西域行程记》和《西域番国志》两书抄本，刊于该馆善本丛书第一集。前者记使团行程及道里，后者记所历山川风土人情，均与原名《使西域记》不符，疑或后人据《使西域记》分为两书。《明太宗实录》记述的内容，与《西域番国志》同，但文字有出入。此外，陈诚的《竹山文集》（清嘉庆己卯刻本）内篇卷一有《进呈御览西域山川风物纪录》，内容与《西域番国志》同，文字略有出入。该书卷二有《进呈御览奉使西域往回纪行诗》，可与《西域行程记》相印证。

3.《佛祖统纪》

南宋僧人志磐以天台宗立场仿正史体编写的佛教史书。54卷。分本纪、世家、列传、表、志等5篇19科。本书以收录大量佛教史实，受到古今学者的重视。其卷三十一和卷三十二，世界名体志，叙述佛教宇宙观、震旦地理、西域、五印度诸国，有说有图。卷三十三，法门光显志，著录像塔及佛事。

4.《宁古塔纪略》

吴振臣著，他父亲于顺治十四年（1657年）遣戍宁古塔，康熙三年（1664年）在当地生他。他在宁古塔生活了17年，40年后，他根据自身的经历，写成此书。描述了当地的气候、物产、风俗、植被等，对当时的边防措施、官庄制度、满族的语言文字及边防上各站的名称和里程也作了介绍。最后，根据朋友的言谈记载了康熙五十九年（1720年）六七月间圃魁（今黑龙江齐齐哈尔市）东北50里发生火山爆发的事实。他写道："忽烟火冲天，其声如雷，昼夜不绝，声闻五六十里。其飞出者，皆黑石硫黄之类，经年不断，竟成一山。"

5.《东三省舆地图说》

曹廷杰著，该书主要是关于东北地理、考古及民族等方面的学术札记。内中《古迹考》1卷，是作者在东北实地考察的成果。咸平府、率宾府、显州、信州、五国等处，作者考证出确切地点，解决了史家悬而未决的问题。其他如金上京、三姓、白城、得胜陀碑、完颜娄室碑等问题，该书均提出独到看法。

6.《卫藏图识》

清盛绳祖著，这部著作成书于乾隆末年两次反击廓尔喀战争期间，作者又亲身经历了这次战役，所以绘图突出了程站，以及风土人情，有着明显的实用价值。其中，卫藏全图二幅（前后藏图各一种），拉萨图（题为"拉萨佛境图"）一幅，由成都到拉萨再至日喀则，直至临近尼泊尔的边境城寨聂拉木，共道里驿站图十六幅，并作了详细说明。由于都是作者亲身经历，所以比较翔实。此外，还附有川边藏区和前后藏各地藏族的男女风俗画，并用文字详述了其风俗。

五、地震档案遗存

1. 地震档案汇编

（1）《明清宫藏地震档案》（上卷），中国地震局、中国第一历史档案馆编，地震出版社，2005年出版。本书上卷（两册）汇编的明清两代宫廷地震档案共收集宫藏硃批奏折、军机处上谕档、录副奏折、内阁题本、起居注等主件共515件，另有清单、附图等，系中国首次作为防震减灾专题史料影印出版。书中对每件档案的当事人姓名、职衔、事由、档案出处、行文时间、地震事件的时间、地点、硃批内容一一做了考证，其中满文档案附汉译文，每件档案标题、注释、硃批等均配有英译文。

（2）《明清宫藏地震档案》（下卷），北京市地震局和"中央"研究院历史语言研究所编，地震出版社，2007年版。

（3）《清代地震档案史料》，国家档案局明清档案馆编，中华书局，1959年版，全一册，平装，15万余字。收入汉文或满文奏折160件。依省区分别编列，每个省区下之文件以具文时间先后为序。所辑文件除个别内容与地震问题无直接关系者酌予删节外，均全文公布，由编者加拟标题，并于标题下注明文件的朝年月日。涉及的地区范围包括直隶（今河北省）、奉天（今辽宁省）、安徽、山东、山西、河南、陕西、甘肃、四川、台湾、广东、广西、云南、新疆、青海、西藏等16个省区，时间从雍正十三年（1735年）到宣统三年（1911年），记录了各地区在这一时期内发生地震的次数、时间、波及区域、受灾程度以及善后措施等具体情况。

(4)《中国地震历史资料汇编》，中国地震学家谢毓寿和历史学家蔡美彪主编，是一部既有学术意义又有实用价值的著作，全书共五卷七册，约70万字。所收集的地震史料，起自公元前约23世纪，止于1980年，时间跨度运四千余年。这部《汇编》由中国社会科学院、国家地震局、中国科学院发起，报经国务院批准，组织全国地震、历史、地理、考古、文物、天文、档案、图书、出版等界近千人，历经五年的辛勤劳动，于1987年由科学出版社出版。它是中国社会科学工作者与自然科学工作者密切合作的成果。中国是历史悠久的文明古国，是有文字记载地震现象最早的国家。中国历史上有关的文字记载。强烈地震的重复率很低，只有在长期积累资料后，才能了解其活动规律。地震仪器观测至今不足百年，只有依靠历史资料才能掌握更长时期的地震活动情况。中国殷代（公元前13～前11世纪）设史官以后，不仅记载政治事件，对天文、气象、地震等自然现象也有记述。宋、元以来盛行地方志书，地震资料的数量大为增加，内容更为详细、具体。

《汇编》对中国边远地区的资料做了进一步的搜集、整理，例如：对西藏自治区的地方档案、藏文经书、史籍和传记，日喀则扎什伦布寺部分档案，门孜康年历以及部分报刊、仪器记录做了大量编辑工作，结合调查访问的资料，选录、翻译、校核、整理出各类地震史料800余件，约60万字，反映了西藏从641年至1980年1300余年间的437次地震。对台湾省增补了许多地震资料。原属空白的南海诸岛地区也辑录了70余次震级4.7以上的地震。对资料原较丰富的东部地区，又增补了一些地震资料，并搜集到了不少实物。如在江苏省，再次发现了9次破坏性地震的记载，其中几次就发生在近年连续发生两次6级左右地震的溧阳县附近。在山西中南部对1303年赵城地震和1695年临汾地震的调查中，从2386块碑刻中找到记载历史地震的碑刻题记47项。在川西和海南岛的历史地震调查工作中，找到了一些记有地震灾害的族谱。海南岛北部沿海地区退潮时可以看到村庄和坟场的遗迹，证实了历史文献中1605年地震时地面下沉的记载。

(5)《中国地震历史资料拾遗》，刘昌森、火恩杰、王锋编，地震出版社，2003年出版，282千字，167页。本书是编者对中国主要史书、通考、实录以及几乎全部徐家汇天文台的著述和可能收录到的各类野史、杂著等，查找陆续收集到一些地震资料，未被《中国地震历史资料汇编》录用，编集成册，分为：春秋至元时期、明时期、清时期、民国时期等部分。

(6)《中国地震资料年表》，中国科学院地震工作委员会历史组编，科学出版社，1956年出版，1536千字，1652页。主要是根据方志的地震灾害记载整理出来的，对以后的防震抗震具有重要的参考价值。

2. 历代关于地震档案的记载①

中国是一个地震比较多的国家。几千年来，我们的祖先顽强地和地震灾害进行斗争，留下了历史悠久的地震记录。早在公元前 19 世纪，中国古人就开始了对地震的记载。《竹书纪年》写道："夏帝发七年（公元前 1831 年）泰山震。"这是世界上最早的地震记载，距今已有 3800 多年了。周幽王二年（公元前 780 年），中国已开始详细描述地震。当年陕西发生一次大地震，《诗经》上作了详尽的描述，其大意是：闪闪的电光，轰轰的雷鸣，这种不祥的描象，多么叫人不能安宁。千百条河流在沸腾，巍峨的山顶在塌崩，高岸变成了低谷，深谷变成了丘陵。《春秋》、《国语》和《左传》等先秦古籍中都有关于地震的记述，保存了不少古老地震记录。从汉代开始，地震就作为灾异记入各断代史的"五行志"中了。宋元以后地方志发达起来，地震也被作为灾异记入志中，地震史料大大增加。除了这些官修的正史、方志外，许多私人写的笔记、杂录、小说和诗文集中也有地震的记载，而且往往附有生动的描述。历代的一些"类书"，如宋代编的《太平御览》、清代编的《古今图书集成》等，还按分类收集了不少地震资料。此外，碑文中也有历史地震的记载。

在中国 3000 多年的历史资料中，记载的地震至少有近万次，其中破坏性地震近 3000 次，8 级以上特大地震约 18 次。这些记载的时间之久远，内容之详尽，都是举世无双的，是世界上最悠久、最完整的地震历史资料。两汉时期（公元前 206 ~ 公元 220 年）在中国历史上是一个自然灾害的群发期，有的学者将其称之为"两汉宇宙期"。其重要表征就是地震频率明显增多。邓云特在《中国救荒史》中说："秦汉四百四十年中，灾害发生了 375 次之多。计旱灾 81 次，水灾 76 次，地震 68 次。"据《史记·秦始皇本纪》，秦始皇时期共发生两次地震，分别在秦王嬴政十五年（公元前 232 年）和十七年（公元前 230 年），都在秦统一中国之前。因此，邓云特所统计的 68 次地震皆在两汉时期。另据王会安、闻黎明主编的《中国地震历史资料汇编》第一卷中的统计数字，两汉时期共发生地震 118 次，平均不到四年就发生一次，足见两汉时期地震之频繁。

除零散的记载外，中国历史上还曾有地震资料汇编，如北宋（977 年）李所编《太平御览》的咎征部自周至隋（公元前 11 世纪至公元 618 年）共录地震 45 条。13 世纪马端临选《文献通考》里的《物异考》搜集了公元前 11 世纪至公元 13 世纪的地震资料 268 条。1725 年出版的蒋建钧等所编的《古今图书集成》的《地异部》记载了公元前 11 世纪至公元 1722 年的地震、滑坡和地裂 654 条。

对地震记载较为详细要数清朝。

(1) 1652 年 7 月 13 日（清顺治九年六月初八）云南弥渡南"蒙化地大震，地中若

① http://www.qinghistory.cn/cns/WSZL/XLXH/LSDL/05/22/2008/23013.html

万马奔驰，尘雾障天。夜复大雨，雷电交作，民舍尽塌，压死三千余人。地裂涌出黑水，鳅鳝结聚，不知何来。震时河水俱乾，年余乃止”（清康熙《云南通志》卷28）。

（2）1654年7月21日（清顺治十一年六月丙寅）甘肃天水南“丙寅，陕西西安、延安、平凉、庆阳、巩昌、汉中府属地震，倾倒城垣、楼垛、堤坝、庐舍，压死兵民三万一千余人及牛马牲畜无算”（《清世祖实录》卷84）。

（3）1668年7月25日（清康熙七年六月甲申）山东郯城“六月十七日戌时地震。督抚入告者，北直、山东、浙江、江苏、河南五省而已。闻之入都者，山西、陕西、江西、福建、湖广诸省同时并震。大都天下皆然，远者或未及知，史册所未有”（宣统二年《客舍偶闻》页四）。“康熙七年六月十七日戌时地震……城楼垛口，官舍民房并村落寺观，一时俱倒塌如平地。打死男妇子女八千七百有奇。查上册人丁打死一千五百有奇。其时地裂泉涌，上喷二三丈高，遍地水流，沟浍皆盈，移时即消化为乌有。……合邑震塌房屋约数十万间，……其时死尸遍于四野，不能殓葬者甚多，凡值村落之处，腥臭之气达于四远，难以俱载。”（康熙《郯城县志》卷9）

（4）1679年9月2日（清康熙十八年七月庚申）河北三河平谷“七月二十八日巳时初刻，京师地震……是夜连震三次，平地拆开数丈，得胜门下裂一大沟，水如泉涌。官民震伤不可胜计，至有全家覆没者。二十九日午刻又大震，八月初一日子时复震如前，自后时时簸荡，十三日震二次。……二十五日晚又大震二次。……积尸如山，莫可辨认。通州城房坍塌更甚。空中有火光，四面焚烧，哭声震天。有李总兵者携眷八十七口进都，宿馆驿，俱陷没，止存三口。涿州、良乡等处街道震裂，黑水涌出，高三四尺。山海关，三河地方平沉为河。环绕帝都连震一月，举朝震惊”（清《三冈识略》卷8）。

（5）1683年11月22日（清康熙二十二年十月壬寅）山西原平附近“十月初五日，山西巡抚穆尔赛疏报，太原府属地震，凡十五州县，而岱（代）州，崞县，繁峙为甚。崞县城陷地中。毁庐舍凡六万余间，与丁未山东，已未京师之灾相似”（清乾隆《池北偶谈·谈异》卷22）。

（6）1695年5月18日（清康熙三十四年四月丁酉）山西临汾“检查平阳府地震原卷，当时被灾共二十八州县，内被灾较重十四州县，统计压毙人民五万二千六百余名”（钦差刑部侍郎那彦宝奏折，嘉庆二十年十一月二十四日）。

（7）1709年10月14日（清康熙四十八年九月十二日）宁夏中卫“九月十二日辰时固原，宁夏等处地震伤人，中卫尤甚。河南各堡平地水溢鱼游，推出大石有合抱者，井水激射高出数尺，压死男妇二千余口。是日震动无常，人率露栖，年余始定”（宣统《甘肃新通志》卷2）。

（8）1718年6月19日（清康熙五十七年五月二十一日）甘肃通渭南“夏五月廿一日地大震，山崩。城北笔架山（县北里许）一峰崩覆没。城内东北隅平地裂陷，黄沙、黑水涌出，南乡尤甚，土山多崩。城乡压杀老幼男女共四万有奇”（乾隆《通渭县志》

卷 1）。

（9）1725 年 8 月 1 日（清雍正三年六月二十三日）四川康定“六月二十三日申时，打箭炉地忽然大震，将喇嘛官员住居衙门、买卖人等并蛮人住居房屋、楼房俱行摇塌，一间无存。被房楼压死买卖民人并蛮人，十分压死七八分。再，宣慰司桑结、驿丞俞殿宣、料理钱粮事务效力之南部县典史徐中宵，俱被所塌房楼压死”（署川陕总督岳锺琪奏折，雍正三年七月十三日）。

（10）1733 年 8 月 2 日（清雍正十一年六月二十三日）云南东川紫牛坡“小江一区，居治之西隅，南通碧谷坝，西南通汤丹厂，尤称甚焉。山谷纷扬，土石翻飞，崖岸堕，陵阜分错，而沿山道途，多阻绝不通。最可悯者，禾苗沃若，畦塍纵横破裂，渐就枯槁耳。……阿旺小营土阜居人数家，地震推其房址于前一里许，房舍瓜蔬果木竹篱，无纤毫参差。宛如未动。……木树郎两岸山颓断流，沙石汇阻三日，水溢溃决田亩，冲蚀禾稼，而沟洫寸裂，无复旧形。……而碧谷、阿旺、小江皆倚山为居，山崩石裂，故致毙者四十余人，视他处独惨。……自紫牛坡地裂，有罅由南而北，宽者四五尺，田苗陷于内，狭者尺许，测之以长竿，竟莫知深浅，相延几二百里，至寻甸之柳树河止，田中裂纹，直横不一，断续不绝，…汤丹厂…入山采矿之曹（）硐，深入数里。一有动摇，碛叠沙挤难保其不死亡也。厂数百硐，硐千百砂丁，一硐有七十三尖。尖者各商取矿之路经由，每尖至少不下十四、五人，即一硐中，而幸出者盖少矣”（清雍正《东川府志》卷 2）。

（11）1739 年 1 月 3 日（清乾隆三年十一月二十三日）宁夏平罗银川间“宁夏府城于十一月二十三日戌时陡然地震，竟如簸箕上下两簸。瞬息之间，阖城庙宇，衙署、兵民房屋倒塌无存。男妇人口奔跑不及，被压大半。……城垣四面塌摞，仅存基址。其满城房屋，亦同时一齐俱倒，官兵被压死者一千数百名。且平地裂成大缝，长数十丈不等，宽或数寸或一二尺不等。地中黑水带沙上涌，亦有陷入而死者。城垣亦俱塌摞，且城根低陷尺许。……每昼夜震动三五次。其宁城北面一百六十余里至宝丰县，西南四十余里至平羌堡，南面、东面俱二、三十里之村庄，其被震程度与宁城相类。此外受伤稍轻。查平罗、新渠、宝丰三县，洪广一营，平羌一堡，阖城房屋亦倒塌无存。而平罗、新渠、宝丰等处，平地裂缝，涌出黑水更甚，或深三五尺，七八尺不等。民人被压而死者已多，尤被溺、被冻而死者，亦复不少，城垣亦大半倒塌”（川陕总督查郎阿奏折，乾隆三年十二月二十日）。

（12）1786 年 6 月 1 日（清乾隆五十一年五月戊申）四川康定南“川省地震，人家房屋墙垣倒塌者不一其处。……山崩和，壅塞泸河，断流十日。至五月十六日，泸水忽决，高数十丈，一涌而下，沿河居民悉漂以去。嘉定府城西南临水，冲塌数百丈，……沿河沟港，水皆倒射数十里，至湖北宜昌势始渐平，舟船遇之，无不立覆。……其时地震，川南尤甚，打箭炉及建昌等处数月不止，官舍民庐俱倒塌，被火延烧无一存者，至八月之后，始获宁居”（张邦伸《锦里新编》卷 14）。

（13）1786年6月10日（清乾隆五十一年五月十五日）四川泸定得妥。1789年6月7日（清乾隆五十四年五月十四日）云南华宁“五月与通海同时地震，坏屋舍，伤人畜，矣渎村倾入湖中”（嘉庆四年《临安府志》卷17）。

（14）1792年8月2日（清乾隆五十七年六月二十二日）台湾嘉义“嘉城地大震，店屋、民房倒坏，而继之火，一城惶恐无措，民房烧毁过半，死者百余人”（陈国英《台湾采访册》卷39）。

（15）1799年8月27日（清嘉庆四年七月二十七日）云南石屏宝秀“七月二十七日子时初刻地震起，至子正止，又自丑刻至寅刻，连震数次，申刻又大震一次。所有城垣、庙宇、官署、民房、监狱、仓廒，多有塌倒，人口亦多伤毙”（云南总督富纲奏折嘉庆四年八月初五日）。

（16）1806年6月11日（清嘉庆十一年四月二十五日，藏历第十三绕回火虎年四月二十五日）西藏错那西北“……为宗属各地空前未有之巨灾，因摇动甚烈，柱折梁倾者甚多，今后宗府难以居住。德珠日顶寺之大殿、佛堂、库房、僧舍等坍塌损坏者尤多”（隆子宗宗堆呈噶厦禀帖）。

（17）1812年3月8日（清嘉庆十七年正月二十五日）新疆尼勒克东“伊犁地震，厄鲁特游牧衮佐特哈、胡吉尔泰（台）、齐木库尔图等处山裂四处，长二十里至六十里不等，宽五、六里不等，深高十余丈至二十丈不等，压毙蒙古人四十七名，遣犯十一名……”（松筠《新疆识略》卷10道光元年刊本）。

（18）1816年12月8日（清嘉庆二十一年十月二十日）四川炉霍“十月二十日丑时，章谷一带地震，喇嘛寺及各房屋猝遭倒塌，压毙汉、番男、妇大小人口甚多。……共压毙汉、番大男妇并大喇嘛一千八百一十六名口，小男女、小喇嘛一千三十八名口”（云南总督常明奏折嘉庆二十二年二月二十五日）。

（19）1830年6月12日（清道光十年闰四月二十二日）河北磁县“京畿三辅北方广轮千余里，同日地震。其尤甚者，则直隶之磁州、河南之临漳县等处，……房屋倒塌殆尽，人物压毙无算。又平地圻裂，有水从内涌出，其色黑白不等。水尽继之以沙，沙尽继之以寒气。男号女泣，惨若万状”（给事中刘光三奏折，道光十一年三月十七日）。

（20）1833年8月26日（清道光十三年七月十二日，藏历第十四绕回阴水蛇年七月十二日）西藏聂拉木“七月十二日傍晚，至次日凌晨，此间聂拉木地区以及地区以及尼泊尔境内，连续发生地震，致使税卡官邸，差民百姓住房等遭到极大破坏，坍塌倾圮无遗”［西藏聂拉木税官禀噶厦文（藏文）七月廿六日］。

（21）1833年9月6日（清道光十三年七月二十三日）云南嵩明杨林一带“已刻，昆明等十余县同时地大震，坍塌瓦草房八万三四千间，压毙男妇六千七百余口。午未二时又震，至夜又震数次。八月、九月或三四日或五六日又震十余次。富民等数十州县提举同时亦震，间有损伤房屋人口，……嵩明房屋倾圮，人民压毙，地面裂而复合，黑泉涌出，杨林尤甚。宜良损伤房屋人口”（《云南通志》卷22民国三十八年刊本）。

（22）1842 年 6 月 11 日（清道光二十二年五月初三日）新疆巴里坤附近“五月初三日卯时，猛然地震，一刻之间，满汉两城、文武大小衙署及兵房、仓库等处，同时被震。其中有全行压塌者，城垣城楼，并商民百姓房屋，率皆塌损歪斜……”（伊犁参赞大臣庆昌录副奏折道光二十二年五月初八）。

（23）1846 年 8 月 4 日（清道光二十六年六月十三日）黄海“道光丙午六月十三日。时加寅，江、浙等处地震，屋瓦横飞，居民狂奔，呐喊之声，山鸣谷应”（《续当湖外志》卷 6 光绪元年刊本）。

（24）1850 年 9 月 12 日（清道光三十年八月初七）四川西昌、普格间“八月初七日夜，西昌县城内地震。屋宇倒塌，压毙官民，……城内城外及各乡场，除外来客民被压身死者不计外，共计灾户二万七千八百八十家，灾民十三万五千三百八十二名口，倒塌居民瓦屋、草房二万六千一百六间，压毙男妇二万六百五十二名口”（四川总督徐泽醇奏折道光三十年九月二十六日）。

（25）1867 年 12 月 18 日（清同治六年十一月二十三日）台湾基隆北海中“在基隆，第一次感到震动是在上午九时四十分，延续了三十秒钟。海关前的地面上有一些裂缝。市镇内大部分房屋震塌。有许多人被压在废墟下面”［《字林西报（英文）》］。

（26）1868 年 1 月 4 日至 1870 年 4 月 11 日（清同治九年三月十一日）四川巴塘“三月十一日突然地震，后被火灾，……汉番军民喇嘛等约毙一千有奇。惟东面只震四十余里，南西北三面皆震一、二百里，二、三百里不等。震后复火，番民均被压烧过半，纷纷搬移如蚁”（清·恒保《公余随笔》卷 3 同治刻本）。

（27）1871 年 6 月（清同治十年五月，藏历第十五绕回阴铁羊年五月）西藏错那、洛扎一带“今年地震灾情严重，房屋全倒，人畜物品亦全埋于地下。宗、寺院、百姓处境悲惨，因此无法支应差务”［西藏错那宗呈噶厦文（藏文）铁羊年］。

（28）1879 年 7 月 1 日（清光绪五年五月乙酉）甘肃武都南“十二日寅时地大震，南山崩塌，冲压西南城垣数十丈，居民二百余家。城中突起土阜，周二里许。各处山飞石走，地裂水出，杀九千八百八十一人，弥月不息”（光绪《阶州直隶州续志》卷 19）。

（29）1883 年 10 月（清光绪九年九月，藏历第十五绕回阴水羊年九月）西藏普兰“九月普兰和噶尔通等地遭到空前大地震，宗府、溪卡房屋倒塌，……从噶尔通废墟土石中挖出之粮、物、死牲畜皮等……”［西藏噶厦批复（藏文）木猴年八月十二日］。

（30）1887 年 12 月 16 日（清光绪十三年十一月初二日）云南石屏“冬十一月初二日，石屏地大震，声如雷鸣，自远而近。城垣崩颓，房屋倾圮过半，压死老幼男妇二千余人”（光绪《云南通志》卷 4）。

（31）1888 年 6 月 13 日（清光绪十四年五月初四日）渤海湾“直隶永平府迁安县城东北隅，有塔……五月初四日地大震动，塔遂倾塌，压坏塔旁寺屋及附近各住房，且有人口受伤者”（《申报》光绪十四年戊子六月十五日）。

（32）1893年8月29日（清光绪十九年七月十八日）四川道孚乾宁“七月十八日黎明时，噶达惠远寺一带发生地震。该寺楼上、下共一千四百余间房屋倒塌，六十五名喇嘛死亡，九十八名喇嘛受伤。受震区域东至中谷，西到恰坝石，共约三百余方里范围，汉、藏民人房屋共倒塌约四百幢，死亡二百二十八人，受伤一百三十三人”［驻藏帮办大臣奎焕致摄政第穆咨文（藏文）光绪十九年］。

（33）1895年7月5日（光绪二十一年闰五月十三日）新疆塔什库尔干“旧堡基址、垛口均经损毁，四面倒缺两处，长三四丈不等。并坏炮台三座。其余营房、局屋、粮仓，坍塌无存。军装、粮料多被压坏。堡内及附近各庄民房，倾倒不少”（新疆巡抚陶模录副奏片，光绪二十一年七月二十三日）。

（34）1896年3月（清光绪二十二年二月，藏历第十五绕回阳火猴年二月）四川石渠洛须“火猴年二月，一场可怖之地震，使寺庙、经堂、佛像以及僧俗人等尽陷地下”［昌都基巧、寺庙拉让等呈西藏诸噶伦文（藏文）］。

（35）1902年8月22日（清光绪二十八年七月十九日）新疆阿图什北“八月二十二号，即华历七月十九日，新疆喀什噶尔地震甚厉，民屋塌倒，城镇毁伤，灾区甚广，人民之被压死者约千余名，附近亚士颠村压毙四百人，吕宜林死二十人”（《汇报》光绪二十八年壬寅十月三十日）。

（36）1902年11月21日（清光绪二十八年十月二十二日）台湾台东东北海中“十五时三分在台东发生地震，全岛有感。稍显著地震”［西村传三《昭和十年台湾震灾志·台湾地震史》（日文）1936年刊本］。

（37）1904年8月30日（清光绪三十年七月二十日）四川道孚“七月二十日、三十日、八月初二日三次地震成灾，坍塌居民房屋多间。该处灵雀寺殿宇，并衙寨道坞均多震塌，计压毙汉、番居民、寺内喇嘛共四百多人”（四川总督锡良奏片光绪三十年九月二十八日）。

（38）1906年12月23日（清光绪三十二年十一月初八）新疆沙湾西“计县属博罗通古地方，震倒民房五百二十间，压毙男女一百零五名，灾民二百五十四名，震塌渠岸十余里。又石厂子地方，震倒民房六百八十间，压毙男女六十七名，灾民三百四十四名。又庄浪庙地方，震倒民房三百四十二间，压毙男女四十六名，灾民二百四二十九名，震塌渠岸三十余里。又牛圈子地方，震倒民房三百七十八间，压毙男女二十六名，灾民二百一十九名。又附近数里之大塘地方，震倒民房一百零八间，压毙男女四十一名，灾民四十六名。被灾各户，或全家覆毙，或仅存老幼，即残喘幸延，亦压覆数时，受伤甚重”（甘肃新疆巡抚联魁奏片，光绪三十三年二月二十二日）。

（39）1909年4月15日（清宣统元年闰二月十五日）台湾台北附近“全岛有感，台北州及新竹州北部，死九人，伤五十一人。住房全坏一百二十二户，半坏二百五十二户，破损七百九十八户，烧毁一户”［西村传三《昭和十年台湾震灾志·台湾地震史》（日文）1936年刊本］。

第四章　中国古代农业档案遗存及其科技价值

中国传统农业历史悠久，几千年来劳动人民在辛勤的农业劳动中创造了丰富的物质基础，积累了丰富的农业生产技术经验，记录这些农业生产经验的档案丰富多彩，现今已成为中华民族珍贵的农业文化遗产。古代农业档案种类众多，有综合性的农业档案，有专业性、地区性、月令体裁的农业档案等，它们都反映了当时的时代特点、生产力发展水平、农业生产技术经验等等，为中国悠久的农业文化奠定了坚实的基础。了解这些珍贵文化遗产及其价值，不仅能更好地了解中国的农业历史，更能进一步创造具有中国特色的现代化农业。

第一节　中国古代农业档案的形成与管理

中国有着悠久的农业文明，因而农业档案起源也较早，在原始社会时期就有了最初的萌芽，并随着农业的发展而进一步得到发展。各个朝代或多或少都有一定的农业档案管理制度和政策，对农业档案进行具有一定科学性的管理。

一、中国古代农业档案的起源

中国古代农业档案起源于原始社会后期，确切地说是产生于图画、记号时代。原始社会后期，随着人类的发展完善以及人的观念形态的进化，人类产生了将从农业劳动实践中得来的认识、情感、情绪和思想表现并记载下来的强烈要求，于是使用壁画、雕刻等方法把外界反映到大脑中的印象照样描绘出来，用图画方式来反映集体劳动的实践活动，记录和表达自己的生活、情感乃至信仰。如在中国连云港市东郊将军崖发现的摩岩石刻画，其中有许多农作物及各种符号，直接反映了4000多年前中国东部沿海地区的农业经济发展面貌。近年出土的原始社会晚期的彩陶符号，如仰韶文化、大汶口文化、北方红山文化、长江中下游的红溪文化、马家浜文化及龙山文化的有些符号，一些学者认为，就是简化了的农牧图画，是农业文字画的残迹，成为萌芽时期的农业档案。后来由于农业的进一步发展，到了殷商时期，甲骨档案中已经有明确的农业生产活动的记载了。

二、古代农业科技档案的形成主体

中国古代农业科技档案的形成主体主要包括它的形成机构和形成者。不同时期的官府皆设有掌管农业的机构，它们在管理农业生产活动中形成并保存了农业档案。

先秦时期，根据《周礼》中的记载，地官司徒是主管农业生产的官员，因此，有关农业生产的技术档案，多产生在这个部门中。如《周礼·地官司徒·草人》："掌土化之法以物地，相其宜而为之种。"据以上材料可知，地官部门的草人在本职范围内形成有关因地制宜、改良土壤、因地因年交纳赋税等的文件、档案。而且，这些文件法令是直接用来指导农业生产实践的，并且，根据《周礼》其他部分的记载，分别以"和"（宣布）、"悬"、"授"等方式施行于民，而本官保存其正本，作为档案，以资依据。这种完善的颁行方法显示出指导实践的显著的实用功能。在《周礼》中，秋官是主管法律的部门。在这一部门的诉讼工作中，也常有一些关于田地的纷争，这种争执常根据地传、地约档案来解决。《周礼·秋官司寇·朝士》："以其地传而听其辞。"王昭禹曰："地传，谓其人有地著而书之，以附事也，有地传则追证焉。"约谓经界所至。郑玄注："地莱之比也。"以上所列的两种档案，一是针对私人，一是针对邦国。特别是后者，是当时封邦建国的重要依据，它要用丹朱写在帛书上，其保管和开启十分郑重，有专门的礼仪。如果发生重大的事件，还要六官（六官：天官、地官、春官、夏官、秋官、冬官）会同开启，足显其重要。

秦汉时期，各级政府十分重视农业文献的编写，总结农业生产的经验和创造新的耕作技术。这些农业文献大多是官吏所作，大概因为各级官吏有督课农桑之责，其中有心人往往利用其积累的经验和知识，写出各种农学著作或创造出新的耕作技术用以指导农业生产。如秦国丞相吕不韦主持编写的《吕氏春秋》中的《上农》、《任地》、《辨土》、《审时》诸篇，是中国最早的农书论文，它取材于官方农学《后稷之书》。

隋唐时设立三省六部，由尚书省下设民部管理农业。唐朝为避太宗李世民之讳改隋时的民部为户部，户部下设仓部司专管农业，"掌天下田户、均输、钱谷之政令"①。同时工部下也设屯田司、水部司管理屯田和水利。唐代还设立九寺五监作为事务执行机构。在九寺中，司农寺和都水寺从农业生产技术上负责管理。

宋朝的统治者对农业非常重视，从中央到地方一系列机构均负有农业管理的职能②：中央农业机构在元丰官制改革之前主要为三司，在此之后主要为户部、工部、都水监、司农业寺。宋朝地方实行州、县二级行政机构。在州、县二级地方机构中，负责农业管理的主要官员为知州和通判、知县、与县丞。路级监司如转运司、提点刑狱司、提举常平司、与安抚司亦负有农业的职责，此为宋代农业管理机构不同于前代的显著特点之一。

隋唐时期中国建立了"三省六部"制的政府行政管理体系，工部为六部之一，水政为工部所属的水部执掌。与国家六部并行的是负责外派的监督体系，其中的都水监负责水利和桥梁的建设与管理，下设舟楫、河渠二署，长官使者、都尉，属官有主簿、录事、府、

① 旧唐书·志第二十三·职官二［M］.

② 周方高，宋惠聪. 宋朝的农业管理机构［J］. 百色学院学报，2007：（2）.

史等。隋唐农田水利工程由地方行政长官主持修建和管理，中央遣使加以控制。

元朝政府重视农桑，元朝窝阔台汗时期设置了劝农官，司农司开始于中统元年。司农司、劝农官和提点劝农事的地方官的主要工作是编写《农桑辑要》、推广农业生产知识技术、检查劝课农桑成绩、编造农桑文册等。元朝初期就建立了都水监、河渠司等水利机构，中统初设有都水监的下属提举河渠，后由于政治、社会原因，时有并和且废置不常。

三、中国古代农业档案的基本内容

中国古代农业档案范围较广，来源众多（如各地方官的奏呈），比较分散。其中以奏折类档案保存最为繁多，多存于历史档案馆中；另外一部分是出土档案。同时正史、方志、政书、个人著述等都或多或少地间接保存了农业档案的内容。

（一）奏折类农业档案

古代地方官皆具有管理农业生产的职责，所以他们的许多奏折中都反映了农业方面的内容。如现存于中国第一历史档案馆的档案中就包括各地官吏涉及农业屯田、垦荒、耕作、农作物品种、种植、禾苗生长、自然灾害灾情和防治，以及植树造林、桑蚕经营等情况的奏报，共3142件。它们均源于中国第一历史档案馆收藏的朱批奏折和军机处录副奏章内的雨雪两家、屯垦耕作、黄河水文灾情、全国水利、自然灾害、自然现象、天文地理等类档案及上谕档、户科题本农业类等各档。清代宫中及军机处的上谕档、朱批奏折、录副奏折等文件及簿册之类，在十多万件有关清代气象以及与气象紧密关联的农业生产方面的奏报文件中，包括各地农业方面的政策、制度，各地屯田、垦荒、耕作及农作物品种、种植、禾苗生长情况，农业自然灾害灾情和防治情况等。

（二）图册类农业档案

除这些地方官等的奏折之外，还有物产图、田亩图等农业档案值得我们关注。它们因涉及供赋、税收等而显得非常重要，有时数量巨大，如明代的田亩图档案——鱼鳞图册。另外，一些地图档案中的关于农田水利方面的如河堤图、漕运图、水利工程图等，还有关于以生动形象的形式反映各代农业生产、男耕女织情况的重要的耕织图谱，农器图谱等图册类农业档案，这些图册类农业档案多以直接遗存的形式保存下来。

（三）出土类农业档案

1. 石刻岩画中的农业内容

在没有真正文字记录之前，古代农业劳动者会将农业劳动情景或一些劳动技术刻在石崖壁上，虽然很简单有些甚至已经经过岁月的侵蚀变得不完整，但它们依然为我们提供了较为生动的最早期的农业档案资料。现今可考的有摩崖石刻，如四川长江沿线分布的一些古代为了标记水位情况而刻写的涪陵白鹤梁石鱼题记，题记共计 3 万多字，记载了 72 个年份的枯水资料。另外较为著名的是汉代的画像石和画像砖，里面不少记录农时的石刻画，如汉代的农耕图、狩猎图及捕鱼图等。

2. 甲骨科技档案

甲骨文记载的农作物有粟（小米）、黍（黄米）、稷、麦、稻、粱、菽、麻等。施肥是商代农业技术发展史上的一大进步，卜辞中有不少关于施用粪肥的记载。关于畜牧业，甲骨文中记载的家畜有马、牛、羊、猪、鸡等，有了关于颜色、牝牡、牙齿数目和年龄的关系等知识的记载。特别是甲骨档案中有家畜阉割技术的记载，这是中国古代的一项重大发明，在世界上处于领先地位，对畜牧业的发展产生了很大的影响。

3. 关于农田水利方面的一些政策性法规原件

如《水部式》，它是迄今所知由中央政府作为法律正式颁布的中国第一部水利法典。其内容包括农田水利管理、碾硙设置及其水量的规定、运河船闸管理及维修、桥梁管理维修、内河航运船只及水手管理、海运管理、渔业管理和城市水道管理等。此卷对唐代水利制度、水利工程技术、水利建设成就的研究都有重要价值。同时，它也是现存较为珍贵稀见的水利法典档案。还有《唐代敦煌地方农田灌水细则》，此卷首尾亦残缺，现存 101 行，撰于唐代前期。它是敦煌地方政府以《水部式》为指导原则，根据本地情况和传统习惯制订的灌溉用水细则，详载干、支、斗各级各条渠道的行水次序、配水时间、斗门管制，以及浇伤苗、重浇水、更报重浇水、浇麻菜水、浇正秋水等的具体规定。

（四）正史、方志、著述中包含的农业档案

除官方科技档案外，其他农业类档案比较分散，个人及官修著述等都或多或少的留下了农业档案的内容，在原件遗失的情况下散存于各类文献中的中国古代农业档案依然发挥着重要的科技文化作用。如《吕氏春秋》中的四篇，《四月民令》中的农业生产技术知识，明清时期农业科学技术巨著《农政全书》等。它们影响力较大，作为间接遗

存为人们提供较为重要的资料。另外还有一部分关于农业的史志类的文献中也包含了大量农业档案方面的内容。较为代表性的如汉代的《汉书·食货志》、《汉书·沟洫志》、《史记·河渠书》等。

四、中国古代农业档案的管理

中国古代农业档案比较分散，主要存在于地方农业官及呈报中央的一些奏折中，管理上也分散于相关的各个机构中，颇具规模的农业档案管理主要在明清时期。

古代田赋档案历史悠久、籍册浩繁。田赋档案籍册是各级政府征税派役的依据，也是土地拥有者、使用者的有效凭证。明代的田赋籍册是历朝中最完备、最具有操作性的，其籍册规模之大、数量之多、保管之严、编修时间之长为其他各代所不及，尤以“赋役黄册”、“鱼鳞图册”两种形式著称于世。

明清保存农业赋役黄册和鱼鳞图册档案的专门机构为后湖黄册库。黄册库修建于洪武十四年（1381 年），在南京后湖（今玄武湖）的中心小岛上，专门保存全国的户籍总册——黄册。永乐时明王朝迁都北京，但黄册库仍留在了原地。库房有几百间，布满湖中的五个小岛。到万历二十年（1592 年），在库黄册已多达 150 万册。随着时间推移，地方上档案多有散佚，而黄册库中的档案却仍然保存完好。

后湖黄册库在当时处于一种极为重要的地位，明统治者经常把明王朝的统治与后湖黄册库的工作联系起来。嘉靖时期，南京户科给事中陈庆曾经赋诗说：“四海封疆归一统，万年图籍壮重楼。”① 南京户部员外郎朱璠说的更明确：“后湖藏册高千古，永保皇图亿万年。”② “凡有军匠来历不明，田产争竞不定，皆不远千里赍文告查。”③ 黄册库不许一般人进入，过湖船只和库房钥匙，均由南京大内太监掌管。开船开库均有定期，入湖过桥严禁烟火，有偷册者不论首从，均判斩刑。鉴于岛上空气湿度较大，库房特意建为东西向，前后都有窗户，便于通风和日照。后湖黄册库还选择恰当季节晾晒黄册，每本黄册一般要晾晒四五天才能入库。为了便于管理，明王朝对于黄册的大小和行款的高低做了一定的规定。规定黄册册本必须按照中央颁发的样本的格式来制造，长阔各为一尺二寸。并规定册上的文字要按照抄写题本的工整的楷书体来抄写，大小和行距也要各抄写题本的楷书体一致，不允许潦草。

从这些事实里可以看出明后湖黄册库关于黄册、鱼鳞图册管理的各种规定是相当详细具体的，可以作为中国古代档案管理的一个典型案例，有许多值得我们借鉴之处。

---

① 后湖志：卷十一（诗文）［M］.

② 后湖志：卷十一（诗文）［M］.

③ 明会典．户部［M］．四库全书本．

第二节　中国古代农业档案的直接遗存

中国古代农业档案直接遗存是指以古代农业档案原件或原件汇编形式遗留下来的古代农业档案材料，这些珍贵的科技档案或者因出土而收藏于各级各类博物馆，或因传世尤其是明清时期形成的古代农业档案基本上都保存在中国第一历史档案馆，还有些散存于各级各类的图书馆以及个人手中，也有一部分农业档案由于战争等原因流失于外国。它们都是第一手的资料，是未经过人为更改和伪造的，因此其价值弥足珍贵。

一、先秦时期的农业档案直接遗存

在中国远古时代，农业生产较为简单，同时还没有较为发达的记录工具，更别提将其记录成册，于是很多农牧民将一些生产技术、劳动工具或者将一些典型的农业劳动场面用文字或其他符号锲刻于岩石上。春秋战国时期，中国石刻文字开始初步形成，如大约产生于春秋战国时期的贺兰山和天山岩画，数量十分庞大，有千余幅，包括许多放牧、狩猎、农业劳动的情景，后来甲骨的发明将农业生产工的直接记录推向了一个新阶段，以下重点叙述农业甲骨档案。

在甲骨档案中，对农业生产有多方面的记载。井田制是农业生产发展史上的亶要阶段。甲骨文中的一些文字，如“田、田、畾（田字）”，形象地表现了四方块的井田，在复杂的地势上，也遵循这种方式开垦农田。甲骨文“疆”字作“弓”旁，像是月弓尺丈量分划土地。甲骨文字形象地表现了“耦耕”的耕种方法，并有了犁地的文字，如：甲骨文“执”字，像以牛曳犁；甲骨文“力”（耒），就是当时经常使用的一种足踏双齿农具。武丁时的卜辞说：“王大令众人曰：劦田，受其年！十一月。“劦田”是当时众人（奴隶）耕作的基本方式，甲骨文“劦”（劦），表示三人协力，蹠耒而耕。卜辞中有“尞，受禾”的记载，即放火将荒草烧成灰作肥料，即“火耕法”。

甲骨文记载的农作物有粟（小米）、黍（黄米）、稷、麦、稻、粱、菽、麻等。施肥是商代农业技术发展史上的一大进步，卜辞中有不少关于施用粪肥的记载。“屎（屎）田”，是说施用粪肥于农田；“屎有足，乃坚田”，是说施用粪肥充足以后，乃耕耨农田。武丁时期的一片卜辞说：“庚辰卜，贞翌癸未屎西单田，受有年。”意思是说，打算于庚辰这天起到第四天癸未日，在西单的田地上施用粪肥，将来能否得到丰收？甲骨档案中还有寻找地下水的记录，并记载了修整土地、抗旱、防虫等的方法。此外，商代也发展了栽培林木果树的专业技术，甲骨文中已有栗、杏、果、圃等字。如：甲骨文“圃”写作田，像四面有圈围的苗圃、园林。甲骨文中常见桑、蚕、丝、帛等字，则反映了栽桑植麻的情况。

关于畜牧业，甲骨文中记载的家畜有马、牛、羊、猪、鸡等，有了关于颜色、牝牡、牙齿数目和年龄的关系等知识的记载。特别是甲骨档案中有家畜阉割技术的记载，这是中国古代的一项重大发明，在世界上处于领先地位，对畜牧业的发展产生了很大的影响。

二、秦汉至隋唐时期的农业档案直接遗存

1. 地图档案中的水利工程图和物产图

地图档案范围较广，其中也包含了许多水利方面的内容，如河湜、水利工程图等，有必要将其做一些介绍。

（1）河堤图

后唐长兴四年（933 年）二月濮州进重修《河堤图》，沿河地名，历历可数①。

（2）水利工程图

唐长庆二年（822 年）王播进《新开颍口图》②。长兴三年（932 年）赵德钧献《新开东南河图》③。

（3）物产图

隋朝为了撰《区宇图志》，特令天下各郡撰“风俗、物产地图，上于尚书”④。许敬宗的《西域图志》中有西域各国的物产图。

2. 敦煌遗卷中的水利档案资料

1900 年，敦煌莫高窟中珍藏的 4 万余卷六朝至宋初的写本卷子得以面世，其规模之宏、方面之广、内容之实震惊了世界。敦煌遗卷的发现为学术研究提供了多方面极为珍贵的文献资料。就中国农业档案史的研究来说，它们的发现使我们看到了当时的农业档案的实物，其意义无疑是巨大的。下面介绍部分敦煌遗卷中的水利档案资料：

《水部式》⑤，此卷首尾俱已残缺，现存 144 行，撰于唐开元年间。它是迄今所知由中央政府作为法律正式颁布的中国第一部水利法典。其内容包括农田水利管理、碾硙设置及其水量的规定、运河船闸管理及维修、桥梁管理维修、内河航运船只及水手管理、海运管理、渔业管理和城市水道管理等。此卷对唐代水利制度、水利工程技术、水利建设成就的研究都有重要价值。同时，它也是现存较为珍贵稀见的水利法典档案。

《唐代敦煌地方农田灌水细则》⑥，此卷首尾亦残缺，现存 101 行，撰于唐代前期。它是敦煌地方政府以《水部式》为指导原则，根据本地情况和传统习惯制订的灌溉用

---

① 薛居正等. 旧五代史［M］. 明宗纪.

② 王钦若、杨亿.《册府元龟》［M］. 卷 497.

③ 薛居正等. 旧五代史［M］. 明宗纪.

④ 魏征等. 隋书［M］. 经籍志.

⑤ 巴黎国家图书馆，第 2507 号卷.

⑥ 巴黎国家图书馆，第 3560 号卷.

水细则。详载干、支、斗各级各条渠道的行水次序、配水时间、斗门管制，以及浇伤苗、重浇水、更报重浇水、浇麻菜水、浇正秋水等的具体规定。这份文件的发现，其意义在于它弥补了地方性水利法规文件的空缺。在我们看到、注意到的水利文件中，中央文件居多，很少看到和注意到地方水利文件，此卷的发现，弥补了这方面的不足。

3. 石刻岩画中反映的古代农业

中国出土农业的石刻岩画为数不少，虽然较为零散，但也为后人呈现了当时农业生产的大致情景。其中比较著名的汉代画像石，汉代画像石内容十分广泛，涉及方方面面，其中就有反映农耕技术、粮食加工以及渔猎、放牧等几个方面，反映了当时农业生产的状况①：汉画像石上反映农业耕技术最多的是牛耕图，山东、苏北、南阳、陕北等地均有发现，其中以山东最多。汉画像石上的牛耕图大多是二牛抬杠。山东腾州黄家岭一块画像石上刻有反映农业的图像，上层是锻铁图，下层是农耕图。农耕图中有一人驾一犁耕技术和畜力使用以及套驾方面都积累了丰富的知识。陕北画像石上的狩猎图有自己的特点，多是弯弓策马追猎野兽。如米脂一块墓室门楣画像石上刻着 2.9 米长的狩猎场面。画面上有十八位骑士组成围猎队伍。骑士们跨骏马，手执箭、戟猎射动物，反映了边郡地区以射猎为先修习战备的活动。

嘉峪关魏晋壁画墓群是 3～4 世纪形成的大型家族合葬墓群，据普查有墓葬 1700 余座，目前已发掘 13 座，其中有不少墓的造型结构为三室叠造砖墓，且装饰有三到五层，或多达十层的彩绘砖画和砖雕塑。这些画多为一砖一画，也有半砖一画的，少数是由几砖组成画面的小幅壁画。壁画所反映的社会生活面很广泛而在其中以农业题材为主的画就占了 39 幅②。画面形象地描绘了犁地、撒种、打土块、耱地、耙地、打连枷、扬场、护场等一系列农事操作的全过程。

三、宋辽金元时期的农业档案直接遗存

1. 宋元时期的耕织图

中国古代除文字记载的农业古籍文献外，还有大量的图像资料。中国古代的壁画、画像、绘画及插图等，不仅是艺术品，也是各时代重要的社会经史资料。图像资料是文献资料的补充，又能为某些论据提供佐证。耕织图就是以生动形象的形式反映各代农业生产、男耕女织情况的重要的直接农业遗存。

耕织图至少在北宋时期就已经产生。最早是画于宫廷的壁上，王应麟：《困学纪闻》卷十五就记载在北宋宝元年间，在宫廷延春阁壁上就画有耕织图。最早见于著录

① 蒋英炬，杨爱国．汉代画像石与画像砖［M］．北京：文物出版社，2001.

② 段小强，赵学东．嘉峪关魏晋壁画墓中的《农作图》［J］．敦煌学辑刊，2005：(2).

的《耕织图》大约要算南宋楼璹（1090～1162 年）的《耕织图》。此后的耕织图，多以楼璹的《耕织图》为基础或改编、或仿绘、或临摹，陆续出现不少内容广泛、形式多样的耕织图。

《耕织图》共为二卷，上卷为“耕”，下卷为“织”。其中“耕”的部分有 21 图，分别为：浸种、耕、耙耨、耖、碌碡、布秧、淤荫、拔秧、插秧、一耘、二耘、三耘、灌溉、收割、登场、持穗、簸扬、砻、舂碓、入仓等。“织”的部分有 24 图①，分别为浴蚕、下蚕、一眠、二眠、分箔、采桑、大起、捉绩、上蔟、炙箔、下蔟、择茧、窖茧、缫丝、蚕蛾、祝谢、络丝、经、纬、织、攀花、剪帛等。每图均配以五言诗八句。系统而又具体地描绘了当时农耕和蚕桑生产的各个环节，不但当时产生了相当大的影响，直到今天也成为我们研究 900 年前中国传统农业生产技术最珍贵的形象资料。

2. 鱼鳞图册

在明代，有一种专门用于农业税收管理的田亩图档案——鱼鳞图册，它与黄册（户口册）一起，在当时的国家管理工作中曾起到了巨大的作用。

鱼鳞图册的绘制并不是明代才开始的。宋代时已有个别地区的官府绘制鱼鳞图册，作为农业管理的工具。如《宋史》卷一百七十三《食货志上》记载：“嘉定十年（1217 年）魏豹文为婺州守，凡结甲册、户产簿、鱼鳞图、类姓簿二十三万九千有奇。创库柜以藏之，历三年而后，上其事于朝。”明代将这种制度在全国范围内推广开来。据《明实录·洪武实录》卷一百八十记载：洪武二十年（1387 年）“上命户部核实天下土田，而两浙富民畏避徭役，往往以田产诡托亲邻佃仆，谓之铁脚诡寄。久之相习成风，乡、里欺州、县，州县欺府，奸弊百出，谓之通天诡寄。于是富者愈富，而贫者愈贫。上闻之，遣国子（监）生武淳等往各处，随其税粮多寡，定为几区。每区设粮长四人（一正三副），便集里甲、耆民，躬履田亩以量度之。图其田之方圆，次其字号，悉书主名及田之丈尺四至，编类成册，其法甚备。以图所绘状若鱼鳞然，故号鱼鳞图册”。这种说法和我们现在所看到的鱼鳞图册实物是基本相符的。当时，一个州、县或一个乡、都、里往往有自己的鱼鳞总图册，把辖内的耕地绘制在一起，栉比排列，很像由许多鱼鳞片构成的图案。除总图册外，还按每一小块土地为单位画成分图，每分图内都绘有简单的地形图状、大小、四至，并写明土质、税则等级（上、中、下地），还要注明这一小块土地的地名（土名），然后再由官府逐一排列顺序档号（如某字几千几百几十几号之类）。在各分图上还注明业主姓名及所在都、图（里）、甲，有些鱼鳞图上还有“分庄”一栏（一般在分图上没有此栏），准备土地买卖过割或父子兄弟分家之类使用。作为一种较特殊的地图档案，鱼鳞图册在当时的国家管理活动中发挥了巨大的作用，并具有一整套的管理制度和方法，使之流传下来。

---

① 陈文华．中国古代农业文明史［M］．南昌：江西科学技术出版社，2005：372～373.

四、明清时期农业档案直接遗存

1. 中国第一历史档案馆保存的明清农业科技档案①

明清作为中国古代最后两个封建王朝，由于距今时间短，破坏少，并且当时的保管制度比较严密，所以档案遗存十分丰富。本节介绍现存于中国各档案部门的明清农业档案，主要是清代，以便读者了解现存清代农业档案的基本状况。同时，我们可以通过对现存清代农业档案基本状况的了解，反过来了解清代的农业档案的产生、管理与种类等。此外，需要说明的是，本节所介绍的现存清代科技档案并不是完全统计，存于国内及国外图书馆、博物馆的清代农业档案（如国家图书馆等存有大量的清代科技档案），由于一时无法一一查清，未在此处列出。本处所列档案之全宗号、档号等系各馆自行编定，读者可作为查询之线索。

（1）内阁全宗（全宗号—02）

内阁是辅助皇帝办理政务的中枢机构，产生并保存下来数量丰富、极具价值的科技档案。

农业类：有题报雨水粮价、禾麦收成分的文件，有关于农业耕作，开垦地亩、报请升科、核定完粮或避免土地纠纷等文件，有关于森林畜牧业方面的文件。

水利工程类：有关于修筑和疏浚各省河道、湖港、渠堰、城市沟渠工程及工料银两核准报销的文件，有关于题报海塘沙水于河湖汛情的文件。

（2）军机处全宗（全宗号—03）

全宗内档案按文种分为录副奏折、档簿、清册、来文、照会、电报、函札、奏表、舆图 9 大类。录副奏折中包含有：

农业：雨雪粮价、屯垦耕作、畜牧、渔猎、桑蚕等方面的文件。

水利：河、湖、海、塘、堰、渠工程的岁修、抢修、蓄洪、防涝、水文等方面的文件。

（3）宫中档案全宗（全宗号—04）

朱批奏折中有：

屯垦耕作：屯田、开荒、种植及禾苗情形、收成分数、农业情况等方面的文件。

水利：河、湖、海、塘、堤等水利设施岁修、临时抢修或大工等一切工程的文件，有河湖水位、海塘、沙水及河水泛滥、决口、汛情、等水文灾情的折件。

（4）农工商部档案全宗（全宗号—20）

农务司：分为垦务、树艺、农会、农业赛会、土货管理、河工水利、农桑学堂、试验厂 8 项。主要有官民开垦荒地、吉林边界垦务的文件，有浙江等地蚕桑栽种图志及记

---

① 丁海斌，陈凡．中国科技档案史［M］．沈阳：东北大学出版社，2007：216～237.

录椿树、柳树、橡树、柘树养蚕法的文件，有川茶运藏销售和茶叶运销俄国的文件，有调查各国棉花种及种植法、试种美棉、各省区棉花种植、收数、纱厂用棉情况的文件，有各地请办纺纱织布公司、局厂的文件，有向英国购买机器运输问题的文件，有中日合办采木公司的文件，有各省呈送谷、棉、烟草、果品蔬菜调查表，有各地成立官办农会、农务公会、农品评定等级、治理病虫害、参加国际农业赛会的文件，有上海等地设立机器、面粉、食品、卷烟等公司的文件，以及有关奸商屯粮、人民反抗情况的文件，还有各地兴修河道、水渠、湖泊、码头、桥梁、官渡船只的文件，有关淮河、汉水、长江、黄河、永定河、子牙河泛滥情形的文件，有关省设立农业、茶务、蚕桑学堂、讲习所、农事试验场的文件，有购运各国农作物籽种、新式农具、农业书籍的文件。

（5）顺天府档案全宗（全宗号—28）

农林商物：农林方面有继丈荒滩、兴修河工、捕蝗及报告雨雪阴晴、秋夏水灾等问题的文件。

（6）山东巡抚衙门档案全宗（全宗号—29）

农田水利：有挑浚河淤、增培堤埝经费的详细清册，有奏报漕运、旱灾虫灾、银粮完欠、雨雪情况的折稿。

（7）珲春副都统衙门档案全宗（全宗代号—33）

农业：有珲春地区雨雪气候情况，受灾和赈济的报告等。

（8）会议政务处档案全宗（全宗代号—35）

农业：有各省的雨雪粮价、收成分数的逐年报告，各省成立农务总会，农业公司、垦务公司、蚕业讲习所的文件，还有关于兴修水利、屯田、实边、整顿棉业、蚕业等方面的文件。

（9）舆图汇集档案全宗（全宗号—47）

江河湖渠图：有黄河、运河图，还有河工工程及水情图。

2. 其他各省、市有关部门收藏的明清农业科技档案

（1）永定河道档（档号—J55）

修整永定河道等工程的验文，河滩栽种树株成活情况的呈文。

（2）天津市档案馆

河海工程局档［档号—旧（外）3］：光绪二十七年至宣统三年历年章程会议的稿件、年报、工程进度报告等，光绪二十六年以来各种河道工程的资料、合同、契约、备忘录、航海日志等文件。

先农工程公司档［档号—旧（外）28］：公司买卖土地的契约、照片、信件等。

（3）内蒙古自治区档案馆

喀喇沁中旗札萨克衙门（档号—504）：有关户籍、灾情统计的文件，土地分放账簿、地契、农业调查及开垦抗垦文件、牲畜统计资料。

清朝杭锦旗衙门档（档号—57）：土地调查、农牧业生产、各旗自然灾害情形上报的调查报告，召庙、边界、土地划分的调查报告。

清朝突泉县档（档号—80）：关于土地、农林牧、灾情的文件，交通、邮电、工业、商业方面的文件。

清代阿拉善旗扎萨克档案（档号—101）：地界纠纷、盐业生产、运输及管理的文件，农牧业生产统计及税收的文件。

（4）辽阳市档案馆

辽阳州衙档（档号—01）：有货币管理、工矿商业管理的文件，有农林业调查清册等。

辽阳州警务长工所档（档号—02）：调查农田、林业、矿产、礼俗一览表。

（5）吉林省档案馆

吉林省劝业道档（档号—旧10）：各府、厅、州、县呈报的各项实业统计表，农业、蚕业、林业、渔业、荒务、垦务等方面的文件，关于劝业道管理各工厂的文件；劝业道关于三姓金矿局、磐石铜矿局的文件，关于铁路建设、内河航运、邮政、驿站等方面的文件。吉林将军衙门档（档号—1）：

实业：勘报矿产资源、开矿、兴办工厂、实业统计、垦荒种植、植树造林及灾情的文件，有开办商埠、邮电、交通等方面的文件。

吉林全省林业总局档（档号—15）：调查各地林木等文件。

吉林清赋放荒总局档（档号—17）：各地呈领荒地等文件。

吉林全省农务总局档（档号—18）：试种秋小麦，调查、统计、呈报农业生产情况，丈量土地、颁发执照等文件。

吉林天蚕局档（档号—19）：推广山蚕、发放放蚕执照等文件。

吉林农事试验场档（档号—20）：农业生产、试验，如征集种子、开展各项农业试验、农产品评会等文件。

吉林桑蚕局档（档号—21）：种桑养蚕情况的文件，推广蚕业方面的文件。

吉林蚕业总局档（档号—22）：吉林行省、吉林省劝业道设立蚕业传习所、官员交接等文件，及各项统计表。

吉林西南路道公署档（档号—历101）：关于吉厂铁路、农业、工业、医药及邮政等方面的文件。

（6）黑龙江省档案馆

黑龙江行省公署（档号—旧21）：农林、工矿、交通方面的文件。

省调查局矿政调查局全宗汇集（档号—旧42）：垦务局资报农田旧荒、新垦地亩实业统计表，黑龙江调查矿务表等，还有关于交通、邮电方面的文件。

宁古塔副都统衙门全宗（档号—102）：图们江中韩界方、种植靛青、垦荒、试办桑庄等文件；地理调查等训令、章程、办法；创修铁路、地理调查等报表、奏折。

瑷珲直隶厅档（档号—旧 1）：

农林牧副：有县属山林木材调查表、地亩荒地数目、呈送牲畜检疫等文件。

大通县公署档（档号—82）：农业收成及荒地调查统计的文件，森林、矿物调查表等。

延寿县档案馆

延寿县公署档（档号—101）：有关粮食收成、清赋放荒等文件。

（7）上海市档案馆

上海市茶叶同业公会档（档号— S198）：其前身茶叶公所的地基草图。

（8）浙江省绍兴县档案馆

旧政权档案（档号—旧 4）：同治年间的鳞册联照、田地契凭证，光绪年间的田地契凭证、鳞册联照。

（9）安徽省档案馆

清代及清代以前档案全宗汇集（档号—L46）：鱼鳞册、地段图等。

明清档案汇集（档号—L306）：歙县地图、鱼鳞图册等。

清代档案汇集（档号—1）：1649 年清顺治丈量土地的鱼鳞清册。

休宁县档案馆清代档案汇集（档号-31）：全宗档案起止年度为顺治四年（1647 年）至宣统三年（1911 年）实有卷（件）数：1146 件。该全宗档案均为鱼鳞册。

（10）四川省档案馆

重庆府巴县档（档号—清 6）：农业、手工艺、近代工业企业、商业、财政等文件，有关文教卫生方面的文件。

（11）西藏自治区档案馆

噶厦档（档号—003）：噶厦是总管西藏地方政治、经济、文化、军事、宗教等事务的最高政府机构，有反映藏区农牧、手工业生产、矿藏资源、科学文化等文件。

（12）陕西省档案馆

清紫阳县正堂档（档号—2）：陕安道关于黄河灾害给皇帝的请赈及有关捐饷、救济等文件。

（13）青海省档案馆

清循化厅全宗汇集（档号—9、10、11）：军器机械制造管理等方面的文件，农牧林业、垦荒开渠的文件，有关交通运输、修缮城垣、桥梁河道、庙宇衙署等文件。

（14）宁夏回族自治区档案馆

清代奏折（照片）档案（未编）：全宗档案起止年度为乾隆四年（1739 年）至宣统三年（1911 年）实有卷（件）数 986 卷。该全宗档案是川陕总督、甘肃巡抚、陕甘总督等地方各级官员关于宁夏、甘肃等地收成、粮价、自然灾害及粮税缓征、灾民赈抚等情况的奏折。

五、现代人所著古代农业档案汇编

晚近以来，人们对古代农业档案的收集、整理日渐重视，并把一些相关档案汇编成册，以扩大人们的利用。如《清代奏折汇编——农业·环境》，著于20世纪60年代，当时的中科院历史研究所，在中央档案馆明清档案部的合作下，从清代乾隆年间的刑科题本着手，从3万多件档案中，摘录了将近200万字的有关当时农业租佃、雇佣关系及土地占有方面的史料，汇而成书，陆续出版，同时相应的出版了一批论著，为清代乾隆年间农业生产力及生产关系的研究，开辟了蹊径，作出了贡献。此后到20世纪70年代，中科院地理研究所的一批专家学者，在中国第一历史档案馆的合作下，从清代气象档案史料入手，历时10多年，查阅了馆中所藏清代宫中及军机处的上谕档、朱批奏折、录副奏折等文件及簿册之类，从10多万件有关清代气象以及与气象紧密关联的农业生产方面的奏报文件中，筛选摘录出与各地农业生产概况有关的记载70多万字，汇编成本书。其内容包括清代政府在农业方面的政策、制度，各地屯田、垦荒、耕作及农作物品种、种植、禾苗生长情况，农业自然灾害灾情和防治情况等，尤其注意收集各级官员对其辖境农业生产概况的奏报，按年按月逐件摘录编排成册，较为系统而全面。相信对研究清代农业、土地利用与土地覆盖及气候与环境变化史的学者来说，这将是一本不能缺少的参考资料。

第三节　中国古代农业科技档案的间接遗存

中国古代农业档案间接遗存是指由于历史原因，古代农业档案的原件并没有完整地保存下来，原件已经佚失无存，但是因为这些农业档案在当时产生了巨大的作用，所以也被官府或学者进行过各种利用，反映到各类著作包括正史、方志、政书、官修及个人著述中都或多或少的留下了农业档案的内容。在原件遗失的情况下，这些散存于各类文献中的中国古代农业档案内容依然发挥着重要的科技文化作用。总的说来，我们今天所见的古代农业档案间接遗存资料，一方面记录在史书、地志政典、类书等中，另一方面常常有意或无意地为其他所谓诸子百家以至笔记诗文集所反映出来。

一、先秦时期的农业档案间接遗存

1.《尚书》中的《禹贡》

对于《禹贡》的作者和时代，学术界一直无一致意见，但近代多数学者认为它是战国时代的作品。《禹贡》只一千一二百字，记述九州岛、山川、土壤、草木、贡赋等等。它把当时的中国分为九州，记述了各州的地理位置、山川走向、交通道路、土壤植被、物产贡赋以及土地的等级等。它不是专门的农学著作，但它在当时的条件下对全国土壤做出了相当科学的分类，并论述了各地不同的土壤及其相应的物产，因此它包含了关于土壤学和农业地理的丰富内容。英国学者李约瑟称它“可能是世界上最古老的土壤学著作”①。

2. 《夏小正》

《夏小正》是《大戴礼记》中的一篇，产生于西周至春秋时期的杞国。它是中国现存最早的一部记述天象和物候的著作，该书按一年十二个月排列，内容十分丰富，涉及各月的星象、气候、农耕、蚕桑、渔猎、畜牧等农业生产活动的大事，这标志着这一时期已经进入了农耕和定居生活。另外农业生产活动中畜牧业所占的比重较大。书中记载的每个月都标明一定的农事，是极为珍贵的农业记录。

3. 《商君书》中的《垦令》、《农战》篇

《商君书》中的垦令、农战两篇记录了当时的一些农业活动。《商君书·徕民篇》也规定“田宅私有，以遂其欲，再则免税十年，三世不服战役”，用以招诱邻国人民，使专力于平原地、丘陵地以致山地的垦殖。招诱的目标是“作夫百万”。并且使兵农分开，各专一职。此外《商君书》记录了政府采取了针对如何更有效地提高农业生产力的农业政策：第一，尽量使农民有充裕的时间专利生产；第二，非农业生产者不准“不作而食”（商君书农策篇）；第三，挖掘劳动潜力；第四，管理山泽资源与赋税政策。

4. 《吕氏春秋》四篇

《吕氏春秋》是战国末秦相吕不韦组织他的门客们集体编写的，编成于秦王政八年(239年)。其中《士容论》有《上农》、《任地》、《辨土》、《审时》四篇。《上农》论述重农抑商政策的必要性及措施，是中国保持至今的最早的农业政策论文之一②。《任地》、《辨土》、《审时》则为中国保持至今的最早的农业技术论文。

《任地》篇主要论述土壤耕作的原则和方法，文中以“后稷曰”为发端，提出有关农业生产技术的十大问题。前六个问题是围绕着为农作物创造良好的生长发育条件而提出的技术要求。后四个问题是从产量构成的主要因子的角度，提出农业生产的基本目标。

《辨土》篇承接《任地》篇论述了土壤耕作和作物栽培的具体技术方法。首先提出对不同土壤的耕作顺序，接着论述了不合理的土壤耕作和作物栽培引起的三种弊害及解

① 李约瑟，鲁桂珍著，董恺忱，郑瑞戈译. 中国古代的地植物学［J］. 农业考古，1984：(1).
② 《上农》即“尚书”，其目的在于把农民束缚在土地上，使之老实听话，便于统治.

决方法。

《审时》篇则主要论述适时播种同作物产量与质量的关系。并具体列举了禾、黍、稻、麻、菽、麦等六种作物，对其耕种“得时”与“失时”的结果作了对比，强调了适时耕种的重要性。

《吕氏春秋·十二纪》是系统记录阴历每年十二个月中的星象、物候、节气、及有关政事等。在各个月的政事中，绝大多数与农业有关，包括种植业、畜牧业、蚕桑业、虞衡业等农事活动以及农事祭祀等①。

战国时期的许多关于农业的文献都已失存，唯有《吕氏春秋》为我们提供了不少的农学数据。作为农学论文来说，其中《任地》、《辨土》、《审时》三篇是中国现存最早的农学论文，它们还写下了当时用综合性的方法研究精耕细作技术，可以说是中国作物学研究上的发展。

5. 《管子》中的农业记载

《管子·地员篇》是专门谈土壤与植物关系的，它是春秋战国时期记述土壤分类最详细的著作②。大体内容可分为两部分，第一部分是记述“渎田”（平原）区、“坟衍”（丘陵）区和山区的不同土壤以及这些土壤上所宜谷物、草木和水泉深浅的关系，对“渎田”区尤其详细；第二部分是把“九州之土”详细划分为三等18种90品，叙述了18种土壤的质地、所宜谷物、草木、果品以致鱼产、畜产等，并对其自然生产力作了比较，是中国最古的有关生态地植物学的著作。《管子·地员》对于土壤的分类，已发展成为一套雏形的分类体系，即一类一种，这样的土壤分类体系，在世界上是最早的。

《管子·度地篇》中记录了水利工程技术科学的发展。前汉的农业技术，除了一般耕作方法已达到封建农业的水平以外，其最出色的就是水利工程技术科学的成长以及对土壤与植被关系的有系统的总结。这两方面的卓越成就，标志着中国前汉封建农业基础的奠定。《度地篇》是古代著名的水利科学的历史文献，重点总结了有关治水的经验，该篇所包括的内容：浇灌工程技术、堤防工程技术、筑城工程技术等。

6. 《月令》

《月令》是《礼记》第六篇，该篇记载一年十二月，每月天文、气候如何，根据天文、气候的变化，王者应该发布适合的时令，安排农业生产，以达到治国安民的目的，故名“月令”。

《月令》计4339字③。该篇以阴阳五行学说为指导，具体阐述了孟春、仲春、季

① 梁家勉．中国农业科学技术史稿［M］．北京：中国农业出版社，1989：159.

② 杨文衡，杜石然，陈美东，金秋鹏，廖育群．中国科技史话（上册）［M］．北京：中国科学技术出版社，1988.

③ 《十三经注疏》附《校勘记》下册第1388页．

春、孟夏、仲夏、季夏、孟秋、仲秋、季秋、孟冬、仲冬、季冬十二个月的天文、历象、物候等自然现象，从而说明天子每月在衣食住行方面应遵守的有关规定，为顺应气候，天子应率领三公九卿在宗庙举行祭祀，并发布礼乐征伐和农业生产的相关政令。如果违背时令，将会遭到自然界的惩罚。

依据五行学说，春季属木，阳气渐盛，是万物生养的季节。因此，天子的政令应当以宽厚仁恩为宗旨，禁止杀伐伤生。天子当劝勉农桑，率三公九卿，躬耕籍田，抚恤幼孤，赈灾济贫，演习乐舞，修订祭典，顺应季节的变化。夏季属火，是万物继续繁荣生长的时期，因此，天子发布政令应以宽厚为主，可以举荐贤良，封授爵禄，劝勉农民，不要失时，不许大兴土木、起兵动众。秋季属金，是万物成熟凋落的季节，秋德肃杀，天子发布政令，应以惩治罪恶、征伐不义为主，即严刑峻法，杀戮有罪。此时，农事已毕，可以兴建城郭宫室。秋季天气逐渐寒冷，应保存民力。冬季属水，是万物收敛闭藏的季节，天子发布政令必须顺应冬阴闭藏之气，即积聚粮食，修葺要塞关卡，制作各种器物。

它是一篇带有官方农事历性质的农业文献，是先秦官方农学的一部分，它比《夏小正》前进了一步，不但保存了先秦农业技术和农业制度的不少珍贵资料，而且汇集了先秦关于物候学的知识，奠定了二十四节气和七十二候的基础，是中国古代重要的农业文献之一。

二、秦汉时期的农业档案间接遗存

1. 黄河防洪及治黄规划——贾让三策

西汉哀帝时期（公元前6～前1年），攫取朝政的王莽以哀帝的名义下诏征集“能治河者”上书治黄方略。当时有上百名官员或学者应诏。“贾让三策”是最著名的方略①：上策的核心是“不与水争地”，中策提出在黄河北岸修筑堤防，引黄河行漳河河道，下策是修筑堤防、一味与洪水抗衡的做法。

2. 《氾胜之书》

《汉书·艺文志》记载农书九种，其中的《神农》和《野老》两种指明是六国时书，四种不知什么时期的，后来失传了。还有三种，刘向和班固都肯定是西汉人著作，这三种是《董安国十二篇》、《蔡癸一篇》、《氾胜之十八篇》。董安国和蔡癸两书早已失传，只有《氾胜之书》可能流传到北宋初年。

西汉氾胜之是中国古代杰出的农学家之一，《氾胜之书》在汉代就享有盛名，唐代

---

① 谭徐明，中国国家灌溉排水委员会．中国灌溉与防洪史［M］．北京：中国水利水电出版社，2005：49.

贾公彦《周礼疏》说“汉时农书数家，氾胜之为上。”不但著之于言，而且见之于事。据记载：他曾一度任轻车使者“督三辅种麦，而关中遂穰”①。这是中国现存最早的一部农书，它是氾胜之根据两千年前黄河流域—关中地区农业生产的成就写成的一部农书。这本书所总结的是旱地农作的经验和知识，最大的特色是以提高单位面积产量的方法来发展农业生产。《氾胜之书》在作物栽培上指出了六个基本环节——“趣时、和土、务粪、泽、早锄、早获”，如果合理地掌握这几个环节，予以适当技术措施，那么丰产是可以获得的。

《氾胜之书》在记载前汉作物生产技术主要包括几方面②：

（1）作物生产是多种因素的综合，生产上必须应用综合栽培技术，使各种因素都能满足作物需要，这是耕作之本。

（2）每一种作物栽培措施，必须按着它的特征来保证适合其需要和要求，不同作物有不同的栽培方法，不能千篇一律，中国最早的作物栽培理论自此形成。

（3）精耕细作特殊高产栽培法——区种法的发明。区种法是一种高产栽培方法，主要依靠肥料的力量，不一定非要好田。《氾胜之书》依据不同地形，采用了两种布置方式：一是带状区种法，二是小方形区种法。

（4）旱作地区春、夏、秋耕，以及防旱保墒，利用绿肥结合土壤改良的整地技术基础的奠定。

（5）选穗留种，单收单打单存，并应用药物防湿防虫。

（6）基肥、种肥、追肥和溲种的施肥方法。

（7）“锄旱锄头小锄了”的中耕除草，浇灌防旱保收等田间管理以及其他特殊措施。

3.《四民月令》

（1）《四民月令》的背景

从后汉到魏晋，出现了一些专业性质的农书，但大多都散失了。只留下来一部有关农作物生产等方面的书籍——《四民月令》，而且是简略的，散失不全的，但它还是能够提供一些农业技术方面的线索。其作者是崔寔，他出生于一个世代读书做官的地主家庭③。崔寔为了将自己的亲身体验，传授给和他相似的经营地主，利用自己在庄田上长期积累的经验记录整理安排，仿效《礼记·月令》的体裁，细致地将逐月安排应做的事写成《四月民令》。四民是指“士、农、工、商”，但这部书主要是从士（士指读书人或士大夫，亦是指地主阶级知识分子）的立场角度来写的。

---

① 《晋书·食货志》.

② 中国农业遗产研究室编著.《中国农学史》（初稿）上册. 北京：科学出版社，1982：157.

③ 梁家勉. 中国农业科学技术史稿［M］. 北京：中国农业出版社，1989：239.

(2)《四月民令》中的农业记录

从《四月民令》的记述中，可以看出当时农业生产的概况：东汉时在洛阳粮食生产已占优势，蚕桑也很重要，畜牧退到从属地位，蔬菜以荤辛调味料较多。就农业生产技术来说，书中所谓的“别稻”（水稻的栽培）和树木的压条繁殖，还是农书中最早的记载。至于农业经营，除了反映自给自足的封建经济的基本方面，也有利用价格的涨落进行粮食、丝棉和丝织品的买进卖出的商业活动。

① 农作物比重表

粮食作物在农业生产上占绝对主导地位，另外豇豆、豌豆、胡麻、蓝不在收购之列，大概因为产量不多，需要和交易有限。

②《四月民令》中的蚕桑

根据书中数据记载，当时人们对于蚕桑业十分重视，丝棉和丝织品是市场上的商品，对养蚕之前蚕室的布置和养蚕的规模也有较为详细的叙述。书中还表明，中国当时不但养桑蚕，而且还注意到野蚕的利用。

③《四月民令》中的畜牧业

书中所记叙的内容表明，马、牛、猪、犬都是饲养的，此外，鸡与羊也有专门饲养。饲养家畜的饲料主要是苜蓿，畜粪或厩肥是很重要的农家肥料。

④《四月民令》中的蔬菜果树竹木

书中叙述了许多蔬菜播种的收获时期，其中占绝大多数的是葱蒜类的蔬菜还有生姜等荤辛调味料，可见荤辛调味类在古代蔬菜中占很重要的地位。果树竹木在书中也有记载，树的种类、繁殖、修剪、采伐以及榆荚的利用。另外这也是中国第一部专门谈论竹子的书，说明竹子在当时的南方很受重视。《四民月令》中的资料反映了当时的农家已经很重视果树竹木，而且积累了一些栽培利用的经验，但不是一般农家经济上的重点。

4.《史记·河渠书》

《史记·河渠书》一卷，汉司马迁撰。《河渠书》是《史记》中的第二十九卷，为八书之一。

本书内容，从《尚书》所记夏禹治水的著名传说开始，首先记录了古人在实践中认识到，河水上游高，下游低，形成水势湍悍，故为患下流乎川。因此必须开渠以分洪，遂有古代规模巨大的源川（古黄河重要文流，自河南武涉县分支，北行折东入海）、鸿沟（汴河）诸渠之修。继以历陈战国秦蜀郡守李冰在四川的著名水利工程；魏国西门豹引漳溉；秦国筑郑国渠；汉孝文帝时东郡（原魏地，当今河北大名和山东聊城一带）修复金限（今河南滑县、按县境）；汉武帝元光年间筑塞堵瓢；关中穿凿沼渠成功了，漕溉两便；河东穿渠引汾失败了，渠废田航；其后汉中开褒渠（褒水源出陕西宝鸡县，经褒坝，南流注汉水），近便了通川汉道路，惟因水势急湍，不可舟楫；临晋（旧同州府境）修龙首冤开创了中国隧道工程，惟“渠颇庇犹未得其饶”；钒再决再场武帝亲临其事，一时免除了中原水患，最后是由于黄河中下游的水利工程收到了免除水患、便于沼运、利于稽溉的效益。其作法和经验，黄河上游乃至江、淮流域亦多效法。

《史记·河渠书》篇幅很短，仅用了1653字，但从内容上面它几乎明确了所记每项水利工程的时间、地点、方法、经济效益、得失等各个方面，因此具有很高的价值，我们从中可以看出从战国到西汉这段不长的时间里，中国水利学从理论到实践取得的显著进步。

5.《汉书·食货志》

《汉书·食货志》是中国第一部完整的经济史，是东汉史学家、文学家班固（32～92年）所著纪传体史书《汉书》中专述经济史的一篇。其上篇从传说的“神农”开始耕作和“旧中为市”说起，追述了殷周时代的土地、赋税制度和农业生产内容、生产组织，然后重点记录了战国以来至西汉的农业经济，包括春秋战国井田制破坏，西汉初年经济凋敝与恢复，武帝晚年重新重视农业生产的发展和昭宣之世经济的复兴，以及王莽改制等；下篇则记录了从周代到王莽货币的变化和西汉财政的发展，保留了许多珍贵的经济史与经济思想史资料。作者认为“理民之道，地著为本”，这就是说，要重视发展农业生产，必须把农业劳动者与农业生产资料土地结合起来。

6.《汉书·沟洫志》

《汉书》为东汉班固所著的第二部中国古代水利通史。《沟洫志》是其中一个专篇，撰著年代约在建初八年（83年）前。其叙述结构可划分为29段。1～12段除个别内容（如引漳溉邺等）外，基本照引《史记·河渠书》，记述从禹治水至汉太初元年（公元前104年）两千来年的水利史实；13～28段则系统记述汉元鼎六年至元始四年（公元前111～公元4年）的水利史实。所述内容有具体河名、水系和年代可考的，约为56事（其中凡一事涉及两条以上河流的，均分别计数）。按所述河流有：黄河（包括支流，下同）46事，长江6事，淮河4事，济水、淄水各2事，漳水1事。按工程技术分类，56事中属于防洪的34事（其中黄河占33事），航运4事，灌溉13事，航运兼灌溉5事。特别是治河防洪方面，《汉书·沟洫志》历叙《史记·河渠书》以后众多工程和规划方略及治水意见，如：冯逡等人主张黄河两道分流，郭昌在黄河下游裁弯取直，王延世堵口，贾让治河三策，张戎论黄河泥沙，关并论水猥滞洪等，几乎涉及其后两千年来不断发展前进的防洪工程技术的所有门类，实为承先启后总括历史经验的权威性记录。《汉书·沟洫志》从未单行，历来是《汉书》中的一篇。《汉书》版本以1960年中华书局校点本较通行，曾多次重印发行。

三、魏晋南北朝时期的农业档案间接遗存

1. 《齐民要术》

《齐民要术》是北魏贾思勰编撰的中国现存最早、最完整的一部古农业文献，是一千四百多年黄河流域劳动人民的生产经验总结，是继《氾胜之书》之后的一部内容丰富多彩的农业专书，包括了作物生产、园艺、畜牧、加工等业务。在一千多年的时间中没有受到散失，是现存最早的一部面貌完整的伟大著述。

《齐民要术》全书近十一二万字，正文部共分十卷，九十二篇，此外还有序文和卷端的杂说。汇集了历史文献中有关农业技术的记载，共引用前人著作一百五十多种①。这九十二篇里，包括了种植业、畜牧业、加工业务……等部门涉及谷类作物、丝织作物、油料作物、香料作物、绿肥作物、饲料作物等生产，水生植物以及蔬菜类、瓜类、果树、用材树木等等的栽培；动物饲养方面兼及家畜、家禽，还有蚕、鱼的生产，此书所讨论的主要业务范围有②：

（1）作物栽培

① 谷类作物：谷、黍穄、粱秫、大豆、麻子、大麦、小麦、瞿麦、水稻、旱稻、胡麻等；

② 丝织作物：麻；

③ 饲料作物：大豆、苜蓿等；

④ 绿肥作物：绿豆、小豆、胡麻等；

⑤ 染料作物：红蓝花、栀子、蓝、紫草、地黄等；

⑥ 油料作物：麻子、荏等；

⑦ 香料作物：椒、茱萸等。

（2）蔬菜栽培：茄子、瓠、芋、葵、荏、芥子等

（3）瓜果类

① 瓜类：诸色瓜；

② 果树：枣、桃、李、梅、杏、梨、栗、柿、安石榴、木瓜等。

（4）用材树木：桑、柘、榆、白杨、棠、漆、槐、柳、梓、柞、竹等

（5）动物饲养：牛、马、骡、猪、鸡、鹅、鸭、鱼、蚕等

---

① 胡立初．《〈齐民要术〉引用书目考证》［M］．

② 中国农业遗产研究室编著．《中国农学史》（初稿）上册［M］．北京：科学出版社，1982：235～236.

2.《荆楚岁时记》

南朝梁代宗懔撰写的一部记载荆楚岁时习俗的著作，也是保存到现在的中国最早的一部专门记载古代岁时节令的专著。“荆楚”一词，最早见于《诗经·商颂·殷武》：“挞彼殷武，奋伐荆楚。”本指楚族或楚国，后以楚国的境域约相当于古荆州，故沿用泛称长江中游一带。宗懔祖籍南阳涅阳（今河南邓县东北），西晋末年永嘉之乱时，八世祖宗承迁居江陵，到宗懔这一代已经200多年了。

《荆楚岁时记》既是对荆楚地区岁时活动的记录，也是作者对自身及其家族亲历社会生活的记录。《荆楚岁时记》端午节条载：“采艾以为人，悬门户上以禳毒气。”端午节采艾悬门上以避邪气习俗在晋周处《风土记》中已见于记载，但所谓“采艾以为人”则最早见于《荆楚岁时记》，而其来源据其自注谓：“按宗测字文度，尝以五月五日鸡未鸣时采艾，见似人处，揽而取之，用灸有验。”宗测是宗承之后第五代孙，为宗懔曾祖父辈。无疑此是宗氏家中口耳相传的轶事，并被历代沿袭承用。由宗氏发明的端午悬挂人形艾的习俗，到后世演变成悬挂艾人，又将艾人附会为道教的张天师，风行全国。

3.《南方草木状》

《南方草木状》传为晋永兴元年（304年）嵇含著，关于它的作者和成书年代，众说纷纭，到现在还没有定论，较多人认为是晋代。它的渊源比较古老，内容丰富、详实。它主要记载中国广东番禺、南海、合浦、林邑等地的植物。它是中国第一部记述南方植物的著作，也是世界上现存最早的地方植物志。

这部书共分三卷：卷上叙述草类，有甘蕉、耶悉茗、茉莉花、豆蔻花、鹤草、水莲、菖蒲、留求子等二十九种；卷中叙述木类，有榕、枫香、益智子、桂、桄榔、水松等二十八种；卷下叙述果类和竹类，果类有荔枝、椰、橘、柑等十七种，竹类有云丘竹、石林竹、思摩竹等六种。全书共记述植物八十种。其中大多数是亚热带植物。虽然所记述的植物种类和种类繁多的南方植物相比还差得很远，但所记载的植物如茉莉花、诸蔗、龙眼、椰树等，都反映出了南方植物的特色。所记录的各种植物，除少数名称无法考订外，大多数都和现在所知的植物相符，这说明当时人们对植物的观察和认识已经达到相当的水平。

4.《竹谱》

竹谱中具有代表性的著作。全书分画竹、墨竹、竹态、竹品四谱，七卷，尤详于竹品谱。记录了中国三百余种竹类，包括各种罕见竹类，对于其形态、品性、画法均有详细论述。作者李衎征引繁复，其中很多古籍现已亡佚，对于古典文献的研究亦有一定的参考价值。

四、隋唐时期的农业档案间接遗存

1.《耒耜经》

中国唐代末期记述江南地区农具的专著。作者陆龟蒙（？～公元881年），字鲁望，别号天随子、江湖散人、甫里先生。今江苏吴江人。曾任湖州、苏州刺史幕僚，后隐居松江甫里，著有《甫里先生文集》等。

陆龟蒙在甫里时曾亲自经营农业，留心农事，对当地农具种类、结构和耕作技术有较多了解。《耒耜经》就是在访问老农和实际观察的基础上写成的，收录在《甫里先生文集》第十九卷中。全篇600多字，所记农具有犁、爬（即耙）、砺和碌碡等，尤以犁制最详。唐代耕犁以曲辕取代长辕，由犁、犁壁、犁底、压、策额、犁箭、犁辕、犁梢、犁评、犁建、犁盘等11个部件构成，其中犁、犁壁为铁质，余皆为木质。这种曲辕犁总结和吸收了汉、魏以来中国耕犁的优点，再加以新的发展，如犁辕的改进、犁盘和耕索的产生等，都超过以往的耕犁。它由一牛挽拉，轻便灵活，能调节耕地深浅，适应性较强，宋、元以后一直沿用。唐代曲辕犁使中国耕犁定型化，是中国农具史上一个里程碑。此外，爬、砺和碌碡等都是用于碎土、整地和清理杂草的农具，它们的出现和推广，也是唐代农具发展的重要标志。

2.《茶经》

《茶经》是中国第一部关于茶的专著，唐朝陆羽撰，10篇共7000余字①：一之源，论述茶的起源、茶树品种、种植方法、产茶地区及茶的性质；二之具，介绍采、制、贮藏茶业的工具；三之造，记述采茶的季节、时间、天气及制造方法；四之器，介绍煮茶、饮茶器具；五之煮，记载煮茶的方法；七之事，记载茶的历史和人物；八之出，记载茶的产地；九之略，记述制茶、煮茶器具之始略；十之图，即茶经挂图，将《茶经》所述的起源、性状、品质、产地、种植、采制加工、烹饮方法及用具等书于白绢，挂于墙壁，一目了然。

《四库全书总目提要》中写道："其曰图者，乃谓统上九类，写以绢素张之，非别图。其类十，其文九也。"记载详备，有始有末，不仅是中国，也是世界上最早的一部论述茶叶的科学技术专著，对中国及世界茶叶的发展都有深远的影响。

3.《司牧安骥集》

这是中国现存最古老的一部中兽医学专著，根据《宋史·艺文志》和《陕西经籍志》的描述，这部书应该是隋唐时代太仆寺的一些兽医博士写的教材，由李石主编的。

---

① 操时杰，刘慧华．中国古今书籍纵横［M］．北京：中国物资出版社，1994.

其内容虽然以兽医方剂为主，但其第一卷辑录的丰富的相马经验，也部分反映了中国这一时期家畜外形学的进步。

4. 《全芳备祖》

陈景沂是浙江天台人，年少云游四方。好读书，常常是晨窗夜灯，孜孜不倦。而且在读书时特别注意做笔记，将要点摘出以备查阅。陈景沂的读书笔记中，最详细的是有关植物的文摘记载，用他自己的话说是“独于花果树木，尤全且备”。凡是能够搜集到的古人诗句等等可以说是“毕录无遗”。于南宋宝祐四年（1256 年）编成了《全芳备祖》一书。

此书分前后两集。前集 27 卷，分记各种花卉。如卷一为“梅花”，卷二为“牡丹”，卷三为“芍药”等。各花之下又分两大部分，“事实祖”记载古今图书中所见的各种文献资料，而“赋咏祖”下收集的则全是文人墨客的诗、词、歌、赋。后集 31 卷，内容较杂，有果树、禾部及药材。最后 3 卷记载了人参、茯苓、白术、丁香等 30 多种药，其中包括有辰砂、钟乳这样的矿物药。由于《全芳备祖》内容丰富，因此有人夸张地将它称之为“世界最早的植物学辞典”。

5. 《种艺必用》

《种艺必用》全文 170 条，不分卷、篇章，约 7300 字。体裁为笔记式，内容主要是从前人著作中摘抄一些农业技术条文，再加上民间的经验和方法，大致按照粮食作物、麻、桑、蔬菜、瓜类、果木、花卉和瓶花技术的顺序约略集中编排。资料来源绝大部分未注明出处。经查对主要源自《四时纂要》、《齐民要术》，陈甫《农书》、《分门琐碎录》、《李赞皇花木记》等农业文献。它着重记载了花卉栽培、盆栽和瓶花插养技艺，内容达 58 条。书中关于果树的条文有 53 条，果树种类计有梅、杏、桃、李、柑、桔、橙、梨、葡萄、荔枝、银杏、栗、枇杷、木瓜等。从中可以看出当时果树的栽培繁殖技术、病虫防治、采收的特殊处理的嫁接组合的选择等都有新的发展。如“果实凡经数次接者，核小。但其核不可种”，不仅能熟练地在果树上进行重叠嫁接，而且已认识到此举能改善果实品质并导致种子不育。本书所载栽培技艺和嫁接方法很受称道。

6. 《保生月录》

《保生月录》一卷，是唐韦行规撰，本书内容据晁公武《郡斋读书志》记述，是分月、杂纂、种艺、祈禳之术的书，章如愚《山堂考索》《前集》中也说：“凡饮馔、服饵、种艺、盖藏之法，皆本月书之。”① 由此可知，大约它是和《四月民令》体裁相近的一部农书。这一书在五代后期时，窦俨曾建议把它和《齐民要术》、《四时纂要》中

① 王敏瑚．中国农学书录［M］．北京：中华书局．1964：47.

有关田、蚕、园圃部分，摘集为一卷，颁会诸州，它在农业生产实践中，是有一定参考价值。

7. 《兆人本业》

《兆人本业》三卷，唐朝则天皇后删定。《唐会要》卷三十六载：“垂拱二年四月七日，太后撰《百寮新诫》及《兆人本业记》，颁朝集使。”《旧唐书·文宗纪》：太和二年二月，“庚戌敕李绛所进则天太后删定《兆人本业》三卷，宜令所在州县写本散配乡村。”由此可知这一书是唐政府的官书，大和年间曾一度广泛流传过。此书内容仅在《困学纪闻》卷里提起过，但其具体内容因原书已失传，现无可考。

8. 《四时纂要》

《四时纂要》共五卷，唐韩鄂撰。此书在北宋天禧四年，曾由政府与《齐民要术》并刻，以赐农使者但以后不见有人提起它，大约在北宋之后失传。1960 年，其明万历十八年朝鲜重刻本在日本被发现，随即由日本山本书店于 1967 年影印出版，这部书的作者韩鄂，大约是唐末到五代初年人，本书的编辑体例，主要是按春、夏、秋、冬四个季节，收集了前人著作大量资料，分月列举农家应做的事项，因此名为《四时纂要》，实际上是一部月令式的农家杂录。

五、宋辽金元时期的农业档案间接遗存

1. 《桐谱》

陈翥，字子翔，号铜陵逸人，为北宋时期著名的林业家。陈翥有感于“茶有经，竹有谱”，乃记述自己植桐之事十篇，合为一卷，名为《桐谱》。书中首先对各种桐树进行分辨，指出古人将梧桐与“椅桐”混为一谈是不对的。进而又对各种桐树的形态进行了详细描述，其形态、习性、用途与现代记载基本相同。从中可以看出，陈翥种植的桐树主要是泡桐。对于桐树的习性，他提到“性喜虚肥之土”，所以要勤锄地多施肥；“桐之性不耐低湿”，所以应该选择高平向阳之处种植。另外书中还介绍了以桐木制造各种器物的优点，以及树叶、树皮的药性等等。

2. 《荔枝谱》

北宋四大书法家之一的蔡襄，出生在盛产荔枝、桂圆的福建兴化。多年往返于闽南各地，凡遇到特别出色的荔枝树，就请画工写生记下，日久渐多，于是将自己平常积累的有关荔枝的各种知识写成了一本《荔枝谱》。

在这本小册子中，蔡襄对于荔枝在福建的分布、果品优劣、生长习性、加工技术、流通情况等均有叙述。还特别举出 32 种最优秀的荔枝品种详加描写，读起来犹如身临

其地。

关于荔枝树的种植，蔡襄谈到，其树畏寒，福州之西100里的水口，气候稍寒，已不可植。尤以初种时更需小心，头五六年的树苗在冬天要加以遮盖，免遭寒霜之害等等。

3.《陈旉农书》

中国宋代论述南方农事的综合性农书。作者是陈旉（1076年～?），自号西山隐居全真子，又号如是庵全真子。他生当南北宋交替、南宋偏安江南的战乱时期，在真州（今江苏仪征县）西山隐居务农，于南宋绍兴十九年（1149年）74岁时写成此书，经地方官吏先后刊印传播。明代收入《永乐大典》，清代收入多种丛书，18世纪时传入日本。

全书3卷，22篇，1.2万余字。上卷论述农田经营管理和水稻栽培，是全书重点所在。中卷叙说养牛和牛医。下卷阐述栽桑和养蚕。陈旉以前的农书，内容多为北方黄河流域一带的农业经验总结，本书则为第一部反映南方水田农事的专著，同时亲自务农而具有理论和实践上的特色。他特别强调掌握天时地利对于农业生产的重要性，指出耕稼是“盗天地之时利”，具有与自然作斗争的精神；提出“法可以为常，而幸不可以为常”的观点，认为法就是自然规律，幸是侥幸、偶然，不认识和掌握自然规律，“未有能得者”。因此，在一系列农耕措施中，都有超越前人的新观点。如著名的“地力常新壮”论，就是对中国古代农学史上土壤改良经验的高度概括。他在“粪田之宜篇”中说，尽管土壤种类不一，肥力高低，但都可改良；认为前人所说的“田土种三、五年，其力已乏”之说并不正确，主张“若能时加新沃之土壤，以粪治之，则益精熟肥美，其力当常新壮矣”。书中对开辟肥源、合理施肥和注重追肥等措施，都有精辟见解。在“耕耨之宜篇”中论述当时南方的稻田有早稻田、晚稻田、山区冷水田和平原稻田4种类型，分别阐述了整地和耕作的要领；在“薅耘之宜篇”中讲到稻作中耘田和晒田的技术要求、强调水稻培育壮秧的重要性等，都是中国精耕细作传统的继承和发展。此外，本书在养牛和蚕桑部分也有详细的论述，反映了中国古代农业科学技术到宋代达到了新的水平。

4.《农家必用事类全集》

本书是记载历代名贤格言训条，以及有关农业生产各居家日用百科全书式的通书。原书未著撰人姓名和时代。有人认为是元人所著。本书除记载历代名贤关于立身处世治家方面的格训外，还详细地记有畜牧、养殖、种艺、医药、茶酒、果木、花草、种菜等有关农业生产的内容，这方面的内容集中在丁集里，还有关于居家日用、长寿养身之道及劝善警心、因果报应等方面内容。本书最有价值的就是我们在前面介绍关于农牧养殖方面的内容，有些农牧养殖技术至今仍在使用。

5.《菊谱》

刘蒙是北宋彭城（今江苏省徐州市）人。崇宁甲申（1104 年）9 月，他到龙门游玩，看到隐居在伊水之滨的刘元孙种了很多菊花，朝夕吟诗作赋于菊花丛中，便和他一起切磋菊花的品种与栽培技术。因看到牡丹、荔枝、香笋、茶、竹、砚、墨等等都曾有人分别撰写“谱”，而刘元孙种的菊花多达三十几种，便萌发了仿效别人编谱的念头。刘蒙根据菊花的颜色分类，着重记录了各自的花形叶貌，编成了这本《菊谱》。刘蒙的《菊谱》字数不多，共记载了菊花 35 种，分为黄花、白花、杂色三大类。

6.《橘录》

宋代著名抗金将领韩世忠的儿子韩彦直特别喜爱橘树，他看到文人墨客纷纷修谱写志，却无人为橘树编撰专书，认为自己责无旁贷，因此在淳熙五年（1178 年）撰写成《橘录》一书。书分为上、中、下三卷。上卷记载“柑”8 种，中卷有“橘”14 种，下卷专讲橘树栽培技术，其中谈到柑橘树最喜温润肥沃的土地。在这样的土地上种植的橘树结实大而多，味道也好。书中还谈到浇灌、采摘、收藏、制治、入药等问题。在“入药”中，韩彦直谈到“橘皮最有益于药”而对于橘子本身，韩彦直却赞成医家的观点，不宜吃得过多，这是很有道理的。

7.《洛阳牡丹记》

洛阳牡丹天下闻名，洛阳人亦以牡丹花为荣。当地人称其他花均有名称，唯独对牡丹只需称“花”即可，意思是说天下真正称得上花的唯有牡丹。享誉“唐宋八大家”之一的欧阳修，曾在洛阳居住过四年。欧阳修的这篇文章分为三部分：“花品叙第一”、“花释名第二”、“风俗记第三”。首先记述了“姚黄”、“魏花”等 24 种牡丹精品的名称、特征。接着讲了这些花名的来历，有的是根据产地、花色，有的是根据栽培者的姓氏而来。除了对这些名花的描述，欧阳修在“风俗记第三”中着重记述了洛阳人爱花的嗜好，又介绍了嫁接优良品种的方法以及种牡丹的要点。

8.《扬州芍药谱》

宋代王观在扬州任职时，曾撰写《扬州芍药谱》，记述了 39 种芍药花。据他讲，当地人爱花的风俗也像欧阳修所描述的洛阳人一样，不分老少贵贱都爱戴花，所以当地种花、卖花的人也就特别多。

芍药也像其他观赏名花一样，因品种不同而有贵贱之分。王观转述的旧芍药谱载 31 种，分为七等，除此之外，他又补充了 8 个新品种。

在栽培技术方面，王观着重介绍的是分根技术。每年九十月间将花根刨出，用清水洗净后剥削掉老硬病腐之处，揉调砂粪重新种植。凡花大约二三年要分根一次，若不分或分得太过都得花病。只要分根、剥削技术掌握得好，次年就能枝叶花朵繁盛。

9.《农桑辑要》

元大司农司编撰，约成书于至元十年（1273 年）。一般认为，具体编撰者有孟祺、畅师文、苗好谦等，初稿主要编撰者可能是孟祺，主要修订人可能是畅师文、苗好谦。

《辑要》共 6 万字左右，分作七卷十篇：典训、耕垦、播种、栽桑、养蚕、瓜菜、果实、竹木、药草和孳畜。典训篇是用历史资料来说明农本思想，为全书总论。耕垦篇是土地整理利用综述。播种篇是谷物、油料、纤维三类基本农作物的耕作栽培各论。栽桑篇、养蚕篇是指导蚕桑生产的专篇。药草篇包括染料、药材、特种作物。孳畜篇包括家畜、家禽、鱼和蜜蜂。《农桑辑要》全书的主体材料，“博采经史诸子”，承袭了前代几部重要的农书的丰富遗产。全书技术资料近一半出自《齐民要术》，其余的来自《氾胜之书》、《四民月令》等多种农书。特别是将《齐民要术》中真正有关农业生产的各种技术知识全部包括在内。最末所列的“岁用杂事”一段，把《四时纂要》中各个月生活及生产的重要事项，都列了进去，可说是规模宏大，体系完备的一种全国性综合农书。对有些资料，如苎麻、木棉（即棉花）、西瓜、胡萝卜、同蒿、人苋、莙荙、甘蔗、养蜂等引入中原不久的作物或比较特异的农业技术，则注明是“新添”。

一是极为重视蚕桑，栽桑、养蚕虽各只一卷，但两卷篇幅占全书的三分之一，同时也大力提倡种植苎麻、棉花，书中除详述其栽培技术外，还对过分强调风土不宜，妨碍新引进作物传播的唯风土说作了批判。二是所引资料一律标明来历，而且各项文献都严格地依照时代次序排列，使人易于了解到各种技术知识的演进过程。选择文献也很谨严，迷信内容几乎全部删除。

《农桑辑要》取材严谨，实用价值较高。《四库全书总目提要》说它“详而不芜，简而有要，于农家这中最为善本”。石声汉先生认为，《农桑辑要》是中国现存最早的官修农书，确实可以作为农业生产的技术指导书应用。此书在至元年间刊行后，仁宗延祐年间又刊于江浙行省，英宗、明宗、文宗朝也都申令颁布，至顺三年（1332 年）刊行达万册，可见此书对中国农业生产有过较大影响。此外，《农桑辑要》还流入朝鲜，其中的栽桑养蚕颇受当地人重视。

本书流传很广，共有 20 多种版本。目前海内外仅存的元刻本是上海图书馆搜集到的元刻大字本。后世有《田无经济》、《格致丛书》、《浙西村舍》等刊本，最通行的是从《永乐大典》中辑要的清乾隆年间《武英殿丛书》聚珍版（即活字版）本，以及据这个聚珍本复刻或排印的各种版本。1983 年农业出版社出版石声汉的《农桑辑要》校注本，1988 年该社又出版了缪启愉的《元刻农桑辑要校释》。

10.《农桑衣食撮要》

本书是现存元代著名的三大农书之一，作者鲁明善是中国历史上有名的农学家。他是以“月令”体裁写这本书的，即以月份为纲，一年十二个月，按月列举每个月农家应该从事的农事活动。并对这些农事活动的具体工作操作步骤、技术措施、注意要点作以简明扼要的说明了。

本书共分上下卷，内容包括农耕、水利、气象、果树、蔬菜、竹木、畜牧、兽医、蚕桑、药材、养蜂、酿造、农副产品收藏等农家日常生活许多方面。写的都是当时农民在生产实践中总结工作出来的实际经验技术，切实可行，行之有效，其中有些技术落后措施直至今日尚有生命力。

六、明清时期的农业档案间接遗存

1.《农政全书》

《农政全书》是明末一部农业科学巨著，由徐光启编撰，全书共 60 卷，50 余万字。作者徐光启，字子先，是明朝著名的科学家、农学家。《农政全书》初稿于 1625 ~ 1628 年撰成，直到他逝世后六年才由陈子龙等整理后刊行。现存最早的刊本为“平露堂刊本”全书内容为农本、田制、农事、水利、农器、树艺、蚕桑、广类、种植、牧养、制造、荒政等 12 目，其中水利和荒政占篇幅较多，是以前的农书所未曾涉及的。书中大量辑录古代和当时的文献资料，总结记述了农业生产技术和经验，吸收了当时欧洲的先进科学技术，并随时提出作者的心得体会和经验，是明末的一部重要的科学巨著。300 年来不仅在国内一再刊行，而且传到国外，受到一致的好评。

《农政全书》内容丰富，科学成就很大，它从农本观念出发，系统地论述了屯垦、水利、备荒三项，体现了徐光启以屯垦立军，水利兴农，积极备荒救荒的指导思想。这本书中他分析整理了自己调查和科学试验所得的材料，书中第一手材料约占十分之一，辑录前人著述部分，作者也以自己的思想体系作了适当的编排和取舍，并通过评、注来表述自己的认识和见解，使汇集的材料和自己的见识融为一体。

2.《授时通考》

《授时通考》是由“内廷词臣”编撰的一部农书，全书分为天时、土宜、谷种、功作、劝课、蓄聚、农余、蚕桑等八门。

这本书的主要内容为农业资料汇编，其次是对统治者歌功颂德。这和当时的政治背景有密切关系，这本书保存和汇集了不少宝贵的历史资料，征引文献达到 427 种之多①。内容丰富，图文并茂。

---

① 石声汉．中国古农书评价［M］．北京：农业出版社，1980.

3.《补农书》

《补农书》包括《沈氏农书》和《补农书》两部分，前者为明末湖州归安沈氏所撰，后者为明末清初嘉兴桐乡张履祥的著作，两者合在一起作为上下卷，统名曰《补农书》。它是明末清初嘉湖地区农业科学技术的实录，《补农书》上卷记叙当地农事月令，再以作业类别论述农事作业有技术要求和措施，切实详尽。卷末"家常日用"十一条为果树加工事宜，亦为农家生活所必需，中国传统农业技术的特点之一是劳动密集，实行精耕细作。工具的改进和推广在小农经济条件下受到一定的限制，大都强调土壤、肥料、耕作方法与作物品种等，这种特点在中国历法农书中都有反映，《补农书》的反映尤为突出。

4.《马首农言》

祁寯藻，字春圃，号观斋，山西寿阳人，嘉庆进士，官至左都御史，军机大臣。道光十六年（1836 年）回家居丧时写了此书。因寿阳古名马首，所以取名为《马首农言》。

全书包括地热气候、种植、农器、农谚、占验、方言、五谷病、粮价物价、水利、畜牧、备荒、祠礼、织事、杂说等十四篇。其中种植一篇是全书精华，忠实地记载了当时寿阳县的作物种类、耕作方式和轮作栽培技术。该篇前半部分是作者在得到邑人张耀垣"种植诸法"后，与友人冀君乾调查核实后才写成的。此外，本书特辟"农谚"专篇，收录当地农谚二百余条，其他各篇也多引用农谚说明事理，这在传统农书中是罕见的。"粮价物价"一篇，记载了不少当时当地的物价状况，是研究农业经济史的宝贵资料。《方言》、《祠礼》、《杂说》等篇虽与农业技术没有直接关系，但对方言、民俗和地方史研究，具有一定的参考价值。

5.《农言著实》

杨秀元字一臣，自号半半山庄主人，陕西三原人，经营地主，半耕半读，对农业生产非常熟悉。此书有"家训"性质，写成于道光年间，咸丰六年（1856 年）由其子杨士果刻版印行。

本书以清中叶关中渭北原区农业生产为中心内容。正文分"示训"、"杂记"两部分。"示训"按农历月份顺序排列；"杂记"按条目列出应注意的事项，语言通俗，所讲完全是当地农业生产经验，非常切实，反映出关中农业的精耕细作特点。如小麦种植就记述了正月整地，二月锄麦，三月备农具，四月收割，五月打场，六月套种，七月备种等一整套操作过程。干旱历来是黄土高原农业生产亟待解决的问题。《农言著实》中许多地方谈到抗旱的措施，如小麦修田、打堰，保持水土的方法；谷子干种等雨的办法；荞麦调节稀稠的办法等。本书记述的有些农业经验相当具体细致。如"耪麦"（即堆科垛）一节中，就用了不少笔墨：“穧麦秸收顶时，只是一人在上，凡往来脚窝，必须用杈挑起，然后收之。总以小心为主，不然，蒯后铡草，定有水浸，日久一日，伤秸不知多少矣。”

6.《国脉民天》

为明末耿荫楼所著的一本反映山东地区农业生产情况的小型农书。书中继承了传统的重农思想，将农业视为“国脉民天”，作者在临淄和寿光两县任知县时留心农业生产，总结了当地群众的生产经验写下了这本农书，并以《国脉民天》为书名。

全书一卷，共分区田、亲田、养种、晒种、蓄粪、旱治、备荒等七目，还记载了寿光、临淄一带烧土造肥的方法。《国脉民天》的特色是强调精耕细作集约经营，这些也是中国传统农学思想中值得今天发扬光大的宝贵遗产。

7.《知本提纲》

作者杨屾。《知本提纲》是他讲学的讲义，他自己写出提纲，他的学生郑世铎作了详细的注解，全书共分为十四章，其中《修叶章农则》专门叙述农业科技及其原理，开头有“总论”，末尾有“总结”。中间分述耕稼，园圃、桑蚕、树艺、和畜牧，“确可视为出色的农学专著”①。重视总结和研究地区性农业生产经验的农书不断出现。如《浦泖农咨》、《泽农要录》、《农言著实》、《马首农言》等。

8.《元亨疗马牛经全集》

它是明代两位杰出兽医家喻仁、喻杰所编撰，大约著于万历三十六年。这部著作内容十分广泛，大致马的有三十六起卧、七十二大症；牛有五十六病；驼有四十八病，各有“证论”、“图”示、医“方”，很实用，也有一定的理论意义。

鸦片战争后，资本主义国家的侵略下的清朝的农业文献表现为被西洋书的中译本所充斥。比较大部的首推江南农学会编译的《农学丛书》，还有一些专门性的期刊，例如：1876 年创刊的《格致汇编》是最早的自然科学期刊，1897 年创刊的《农学报》是最早的农学期刊。

9.《新制诸器图说》

从明末（16 世纪末）起，中国的物理学机械学有了初步发展，对农业机械化方向，渐有一些开端。如王徵的《新制诸器图说》，特别是其中所述的引水器、转硙器、自行车、代耕器等，就是初步以崭新姿态出现的农业机械。

---

① 王毓瑚．中国农学书录［M］．北京：中华书局，1964：187.

10.《农说》

明代马一龙著，是一部以阴阳理论为纲，以水稻生产为对象，论述农业生产原理的古农书。篇幅虽然不大，但论及了水稻生产的方方面面，讨论生产技术的地方不多，但是很精辟。由于受时代的限制，马一龙只能用传统的五行学说去探索农业生产上碰到的各种理论问题。《农说》是中国农书中偏重于农学理论研究类型的一种。它以阴阳学说为指导工作思想，采用辩证的方法，来探讨中国农学中有关理论问题和实际技术问题，在中国农书中独具特色，是研究农学思想史上的一本重要农书，至今仍有重要的参考价值。

11.《野菜谱》

明代王磐撰于1521年。作者亲自采访农民，收集能度荒年饥馑的60种野菜的有关资料，整理编成三言歌诀。并说明其采集及食用方法，写成本书。明末时，姚可成又续补60种，共120种。全书虽缺乏治疗的内容，但其所记多为一些地方本草名称，对于研究药物学的发展，有一定的积极意义。现存抄本、日刻本和清刻本。

12.《野菜博录》

明鲍山编著，本书有明天启刻本、《四库全书》本、《四部丛刊三编》影印明天启刻本三种。明本凡三卷，其中上卷、中卷为草部，下卷为木部，其著录草木435种，“四库”本多出3种，为438种。

13.《便民图纂》

这是一部描写明代苏南一带农村日常生活和农事活动情况的日用小百科全书。其中农事活动占绝大部分篇幅，所以被视为一本农书，作者不详。本书共分十六卷，内容涵盖了农业生产和农村日常生活各方面，在中国农业科技工作发展史上是有一定价值的。它所记载的科学技术，不仅对当时有一定的实际意义，而且对后来一些科技的发展也起了积极的作用。

14.《天工开物》

明朝宋应星所著，是一部著名的综合性科学技术书籍，共三篇，18卷，书中全面系统地总结了中国16世纪以前农业和手工业生产技术与经验，《天工开物》一方面继承和发扬了前人的优秀成就，另一方面也有许多新的研究成果，它在农业技术方面进行较为详细的描述。

第一，在作物分类学上提出了一些新的方法和标准，且与今人之分类法十分接近。如它把古代农业归纳成了乃粒、乃服、彰施、粹精、甘嗜、膏液、曲蘖7个大类，这在先世或者同时代的其他农书以及本草类书中是不曾见过的。该书还把水稻排到了五谷之首，稻下又分出了水稻、旱稻，麦下又分出了大麦、小麦，并指出了荞麦非麦。这些分类方法，给人一种眉目清秀之感。

第二，在水稻栽培技术上，较早地阐明了秧龄和早穗的关系。它首次记述了再生秧技术，以及冷浆田中以骨灰、石灰包秧根的技术，这对于提高粮食作物的产量具有十分重要的意义。它还最先记述了旱稻在干旱条件下变异为旱稻的问题，从而在世界生物变异理论上写下了光辉的一页。

第三，在麦类栽培管理技术方面，最先指出了以砒霜拌豆麦种子以作防虫杀虫之法，最先指出了荞麦的吸肥性。

第四，在养蚕技术上，最先记述了利用“早雄配晚雌”的杂交优势来培育新品种的方法，并指出了家蚕“软化病”的传染性，指出“需急择而去之，勿使败群”的处理方法。

另外这一时期还有几部著名的水利文献，如《河防通议》、《治水筌蹄》、《河防一览》等，它们在治水方面提供了较为详尽的措施，告别是后两部提出了加强堤防修守的一整套措施和制度，是“束水攻沙”的代表作，也是16世纪中国河工科学技术水平发展到一定高度的重要标志。至此，本书得到的结论是：积累几千年祖国劳动人民所辛勤创获的遗产——古代农业档案，其数量确相当丰富，其范围确相当广，其作用确相当大。

第四节　中国古代农业档案遗存的科技文化价值

中国古代农业文献种类繁多，内容丰富，几乎涵盖了传统农业生产的各个领域，是中国传统农业精耕细作科学技术体系及其辉煌成就的真实记录，为研究古代农业的发展及古代经济史、科技史提供了不可或缺的重要史料，在史学、农学、生物学上占有重要地位，受到中外学者的普遍关注。农书中所蕴含的丰富农业思想和精耕细作优良传统，今天仍需要继承发扬，不少精湛的技术经验至今仍值得参考借鉴。

一、中国古代农业档案在传统农业中的地位和作用

从古代人类发展过程看，无论哪个历史时期，要获得最基本的物质生活条件，必须有稳定的农业生产。任何一个国家或民族，其农业生产中断了，文化和传统也一定中断，历史上的文明古国巴比伦、古埃及、古罗马的衰亡，与此有直接关系。中国传统农业之所以能够长期、稳步、持续发展，主要得益于在农业生产上有一个先进、丰富、完备的技术知识体系，而这个体系的载体就是中国农业档案及其延伸作品——农书等。农业档案为官府提供了农政思想参考，为百姓提供了生产技术参考，对中国传统农业起到

了指航引路和加快发展的作用。如：《吕氏春秋》中“上农”等四篇为传统农业的精耕细作技术打下了基础；《氾胜之书》对北方旱地农业栽培技术有很好的指导意义；《齐民要术》总结前人经验并从理论上加以提高，有力推动了黄河流域农业的发展；《农桑辑要》“详而不芜，简而有要，堪称农家之善本”；《农政全书》“杂采众家，兼出独见，深切民事”，涉及屯垦立军、水利兴农、田制粮政、保农保民、防灾救灾、趋利避害、国计民生等基本农政，是各级官府施政于民的重要参考。中国古代农业技术之所以闻名世界，与农业档案的形成和发展息息相关。两千多年来，古代农业档案直接指导各地农业生产，为中国传统农业作出了突出而重大的贡献。

二、中国古代农业档案遗存的现代科技文化价值与作用

古代农业档案中记载的农业经验和技术，是古代劳动人民长期劳动实践的结晶，它具有很强的科学性，有些技术直到现在尚有一定先进性。无数实例可以证明，农业档案遗存中的许多知识、技术和原理，对现代农业科技开发和学术研究，具有很好的考证、借鉴、改造或直接利用的价值。

1. 在推动现代农业科技发展中的作用

许多古农学家研究证明，如古代农业档案遗存中利用物候、天象及二十四节气掌握农时的技术，是现代气象科学无法代替的；两千多年前的都江堰工程，构思精巧，设计合理，至今不废，灌区覆盖面积超过千万亩，使成都平原水旱从人，成为天府之国；王桢《农书》在记述温室囤韭黄技术时写道：“至冬移根藏于屋阴中，培以马粪，暖而即生，高可尺许，不见风日，其叶嫩黄，谓之韭黄”，此技术至今仍有许多菜农用以培植韭黄、葱黄、芹黄等，实用价值有增无减；《齐民要术》中有关树木嫁接的时间、步骤、方法和嫁接苗的管理等技术，多少年来一直被认为是宝贵经验，在山东、山西、陕西等地普遍流传使用；所谓“秋雨春用”就是农书中记载的“雨季收墒蓄墒，春季保墒调墒”的技术，其中的伏耕晒土和秋翻地，既可去除杂草、减少虫害，又能促使土壤风化、分解养分，是旱区蓄水保墒的有效措施；现在农业生产中普遍使用“种子包衣法”、“沟垄种植法”，实际上类似于过去的“溲种法”和“垄作法”；《元亨疗马集》收录了《司牧安骥集》、《安骥药方》、《四时纂要》等多种书中医方，具有很高的学术研究价值；农书中种植绿肥、带肥下种、浸种催芽、水稻移栽、果树嫁接、以虫治虫、熏烟防霜、饲料发酵等技术，至今仍在广泛应用，有些经过改造后还被作为先进技术加以推广。

2. 在现代农业政策及现代农业文化研究中的作用

中国农业档案除系统记述了古代农业思想、农业理论和农业技术外，还可以从中看

到古代农业生产及农业发展的细节和过程，这些细节和过程，包含着深厚的民族特色，也包含着中国先民对社会、人生、人与自然关系的认识和思考，从中可窥视到中国古代劳动人民在生活方式、社会习俗、思想观念、意识形态等方面优秀的传统和文化，它是中华民族凝聚力之所在，是中国人民世代生存和发展的内在源泉，对研究现代农业政策及农业文化具有独特的作用和价值。事实上，农业档案遗存在中国现代农业发展中，已经发挥、而且还在继续发挥着重大的作用，特别是在农业政策及农业文化方面，农业档案遗存作为一种技术资源和文化思想库呈现在我们面前，只要结合实际对它进行认真研究与挖掘，总会得到意想不到的收获和效果。近年来，中国借鉴传统农业中"多元交汇、精耕细作"的优良传统，制定现代农业发展方略，把农业区域、农业结构、农业类型和不同民族农业联系起来，突破了原始农业区和民族农业的局限性，在建立多民族农业体系方面发挥了极为重要的作用；一些研究农政、农史和农业文化的专家，对农史学、考古学和民族学进行综合研究，使农业语言学、历史地理学、经济学、文化学、民俗学、生态学等许多学科，出现了别开生面和绚丽多彩的可喜局面；一些学者，通过对古农学中稻作文化、饮食文化、茶文化、烟文化的研究，促进了现代农业地理学、社会人文学、民族风情学、民族文化学的研究和发展。

3. 在改造现代农业环境和推动农业持续发展中的作用

20 世纪后半叶，环境污染、温室效应、水土流失、能源过分消耗、病虫害及自然灾害增加、投入产出比下降等弊端已日益显现，引起了人们的深刻反思。在农业方面，对不同于中原地区的绿洲农业的研究、对各地生态环境变迁及其与农牧发展关系的研究、对西部沙漠化及其农业环境的研究、对过去两千年气候变化规律的研究、对陆地生态系统历史演变规律的研究以及对生物农业、生态农业、有机农业、持续农业的研究等，已成为发展现代农业不可回避的"问题群"，它要求我们必须加强对环境保护型农业的研究。然而，传统农业始终遵循生物有机体与环境条件相统一的原则，在处理要素与要素之间、要素与系统之间、系统与环境之间的关系时，方法是非常科学的，所采用的农业技术措施，对不同的土壤条件和千变万化的气候条件均有一定适应性，特别是在农业环保方面，可供借鉴的东西实可谓取之不尽。如农书中记述的豆谷轮作和种植绿肥，能提高土壤氮素；通过多样化种植、选用抗性品种、保护和繁育自然天敌等，可以防治病虫杂草，减少化肥、农药和除草剂的使用；通过土壤动物（如蚯蚓）和微生物的消化、吸收、排泄作用，能提高土壤营养元素、改善土壤结构；提倡使用粪肥，将农业废弃物作为一种资源来认识，把生产、生活中的有机废物作为肥料返回土壤，既可节约资源、能源，又能减少污染，增加地力。《陈旉农书》在记述筑塘技术时写道：塘堤要筑得高大些，堤上种桑树，树下可栓牛，堤得牛践而坚实，牛得树阴而遂生，桑得肥水而沃美，良性循环，生态平衡；《南方草木状》记载，利用黄掠蚁可防治柑蠹，此法不用农药，无药物残留，不污染环境，生产成本低，对柑橘产区害虫防治具有重要意义；

明清时在太湖地区推行的“农牧桑蚕鱼系统”，“种田养猪，猪粪肥田；种桑养羊，羊粪壅桑；水草养鱼，鱼粪肥桑”，具有多级物能循环互补作用，无污染，高产出，综合效益显著；凡此种种。这些进一步说明了中国农书在改造现代农业环境和促进农业可持续发展中的重要价值。

4. 在研究和调节现代农业生产关系中的作用

生产力和生产关系的矛盾运动，是推动社会发展的动力。不断调节生产力和生产关系之间的矛盾，是社会进步的必然选择。同样，农业要发展，也必须注意协调农业生产力与生产关系之间的矛盾①。半个世纪以来，中国农村主要经历了两种形式的生产关系：一是计划经济背景下的公有制集体经济（如初级社、高级社、人民公社等），二是市场经济条件下的家庭联产承包责任制。计划经济体制下的公有制集体经济，违背了经济发展规律，自然是没有前途的。家庭联产承包责任制是解决温饱问题的一种制度，在一定历史时期发挥了重大作用，但农户分散经营，自给自足，没有规模，没有专业化的营销渠道和市场，经不起风险，谈不上竞争，在农业现代化历程中，有一定局限性。进入21世纪后，受市场经济和国际一体化影响，中国农业在变革中出现了一些新的期盼和需求，如农业生产的集约经营和机械化、农业产品的品质要标准化、环保技术的应用和国际化、农村劳动力的转移和市场化等。这些期盼和需求，预示了中国农业生产关系的深刻变化，提醒我们必须适时协调这个关系，适应这个变化。

中国农业档案局在协调农业生产力与生产关系方面不乏高见：“三才理论”、“三宜原则”、“风土论”等，揭示了劳动力、生产环境、生产方式以及生产资料之间的关系；“用养结合、地力常新壮”的土壤学理论揭示了可持续发展的思想；“量力而行，精种多收”体现了“集约”经营、反对“粗放”的思想；“多种经营，综合利用”、“成本核算，讲求效益”、“休农息役，农杂间作”等理论，反映了合理利用生产资料及劳动力的思想。《吕氏春秋》曰：“丈夫不织而衣，妇人不耕而食，男女贸功以长生”；《齐民要术》曰：“地势有良薄，山泽有异宜，顺天时，量地利，则用力少，而成功多，任惰反道，劳而无获”；《农说》曰：“合天时、地脉、物性之宜，而无所差失，则事半而功倍”，知天时、地利、物性，“用其不可弃，避其不可为，力足以胜天矣”。这些思想和理论，把农业生产与天、地、人辩证地统一起来，发人深省，令人深思，对研究和调节现代农业生产关系具有非常重要的参考价值。

5. 在宣传教育方面的作用

中国古代农业档案是一种重要的教育资源，它以第一手原始材料见长，翔实地记录了人们创造农业历史的历程和奋斗足迹，形象生动地反映了社会生活的方方面面，其教

① 杨福云．浅淡古代农业文献对大学生的教育作用［J］．农业图书情报学刊，2001：(6)．

育作用大多是能过展览的形式发挥出来①。已经实现工农业现代化的日本很重视由中国北魏末期杰出农业科学家贾思勰所著的《齐民要术》，出版了《齐民要术》日文版，从中深入探讨东方农业技术类型特点；美、英、德、法学者也热衷于中国农史资料研究工作，英国科学史家李约瑟博士对我唐末《耒耜经》和元代的《王祯农书》在农具与农业机械研究方面的发展很感兴趣。颂扬中国人民与农业有关的机具发明，如龙骨车、水碾等的使用比欧洲早一千年左右，从公元1世纪开始到18世纪传到欧洲和其他地区具有国际意义。1984年英国剑桥大学出版了李约瑟博士主编的《中国科学史》的《中国农业史》分册。让更多的人了解中国的农业历史。

① 冯惠玲，张辑哲．档案学概论［M］．北京：中国人民大学出版社，2001：48.

第五章 中国古代手工业档案遗存及其科技文化价值

第一节 中国古代手工业档案的形成与管理

中国有悠久的历史和灿烂的文化，而中国的手工业技术则是缀满枝头的奇花异果，它不仅仅为中国古代文明增添斑斓的色彩和浓郁的芳香，更为世界科学技术园地增添了昂然生机。

中国古代有着丰富而连续的手工业档案记录。这些珍贵的手工业档案得以被记录、被保存，首先是因为官方大量物力、财力、人力的投入，保证了中国古代手工业生产及其手工业记录的连续性，而中国古代官方正规的管理也使手工业档案得到了大量保存；其次，还有经过完善和转载加工的第二、第三手资料，作为中国古代特有的手工业文献，得到了较为系统的传承。

一、中国古代手工业档案的起源

手工业是指依靠手工劳动、使用简单工具的小规模工业生产。人类控制和改造自然是从制造工具开始的。根据考古发掘和考古学家的研究，约四五十万年前，生活在现在北京附近周口店山洞的中国猿人，已经知道制造粗糙的石器和骨器。石器的原料主要以脉石英和砂岩为主，也有少量的燧石和水晶。他们在制作石器的时候，已经有了多种不同的方法。例如拿一块石头在另外一块较大的石头上碰击，打下大量可用的带刃石片。在已经发现的二十余件石片中，有刮削器、砍砸器、尖状器、刃器等适用于不同的目的。这种石器，被考古学家称为“初期旧石器”，这也就是最早的手工业制品。

随着人类文明的不断发展，所谓的“太古之时，衣皮韦，能覆前而不能覆后”①。纺织业兴起之前，古代人就知道制作衣服了，其所用原料为兽皮树叶之类。在骨针、骨锥发明使用之前，在渔猎生活的环境中，原始先民将一些树叶或整张兽皮用葛藤一类的植物紧束在腰间即可。《墨子·辞过》云：“古之民未知衣服时，衣皮带茭②，冬则不轻而温，夏则不轻而清。”

骨针、骨锥的发明，使中国古代人民开始有意识地加工植物和兽皮来缝制衣服。在

---

① 陈立．白虎通疏证·卷九［M］．

② “茭”是一种用植物所制的衣饰，民族志的材料可证明此点。

18 000年前的山顶洞人的遗址里我们发现了骨针，在资阳黄鳝溪出土了骨锥。这些都可以说明原始先民的缝纫技艺已有了相当的水平。原始手工业的发展，对人类赖以生存的衣、食、住、行产生了极大的影响，也逐渐改变了原始落后的生活方式，使人类一步步向文明迈进。如果没有原始社会的手工业发展为基础，现代文明恐怕也无从产生和发展。在文明发展的过程中，原始手工业扮演了一个很重要的角色，它标志着人类掌握了第一种最基本的材料加工技术和工具制造技术，表明人类已经开始脱离了普通动物界而成为高级动物，并开始了走向现代文明的探索之程。

有了原始的手工业劳动，人类学会了使用和制造工具，人类开始了最早的科学技术发明，而随着手工业有了一定的复杂程度之后，为了满足手工业活动中保存记忆、留存依据与凭证，传播知识和经验等多方面的需要，便产生了手工业档案。而这些原始的手工业文明的记录，在当时没有文字记录的情况下，是以特殊符号、图案等通过石刻的方式流传下来。如中国最古老的一部“天书”——将军崖岩画。随着人类社会文明的发展需要，一种优于口口相传和石刻记录的交流工具随着产生了。也就是说，人们需要把一些手工业技术知识和使用过程使用某种书面语言符号记录在一定载体上，使之被记忆、被流传、被使用。《史记·封禅书》中记载，黄帝时期就有了表现建筑物形状的工程图纸了。按照这段记载，图上标有大殿、楼台、围墙、道路，而这些记录虽然归为建筑方面的档案，但是毋庸置疑的是这里也有手工业的记录。

如果说远古时期遗存的石刻档案，尚显粗糙。那么殷墟出土的甲骨卜辞档案中，关于工具制造、冶铸、酿造、土木工程、纺织等手工业方面的记载，内容则日渐清晰和丰富了。这些甲骨档案是记录中国古代手工业生产过程的真实凭证，也是中国古代手工业水平高超绝伦的象征，更为后世研究商代社会经济生活、手工业结构等历史提供了大量的珍贵资料。而其后编纂于春秋战国时期的《考工记》，作为中国目前所见年代最早的手工业技术文献，则从手工业生产技术、工艺美术等方面大量地记载了一系列的生产管理和营建制度。这更标志着中国古代手工业档案进入了记录详细、管理完善、制度规范的时代。

二、中国古代手工业档案的形成主体

手工业档案是人类手工业活动的产物，并反过来服务于人类的活动，其能满足人类生产活动中保存记忆、留存依据与凭证、传播知识和经验等多方面的需要。两者在逻辑上，应是先有手工业的产生，后有手工业档案；手工业活动形成手工业档案，手工业档案记录人类手工业活动与手工业技术知识。

中国古代的手工业档案的形成者大致有两大类：

第一类是一般工匠，他们包括民间个体工匠和非官僚的官家工匠。因长期的生产实践而积累起丰富的经验，有重要的技术创新。如北宋建筑专家喻皓本是一个都料匠

（掌管设计、施工的木工），由于他长期从事建筑实践，又勤于思索，因而在木结构建筑技术方面积累了丰富经验，在建筑多层的宝塔和楼阁上取得杰出成就。再如纺织技术革新家黄道婆原是一个普通的农家妇女，她凭着多年的纺织经验以及在海南学到的技术对家乡的棉纺工具做出改革，传播开来形成巨大影响。民间手工业者多数采用口头传播方式，直接书面材料记载较少。即便是有直接记录，也因为其形成者地位的卑微，没有得到官方的重视，以至于形成的直接文字记录没有得以妥善保存而失传或流失。我们现在能看到的这类文献多数为后人汇总，或加工整理而成。

第二类是官员，他们位居官方手工业管理岗位。一方面出于职务管理需要而记录档案；另一方面，出于个人兴趣而进行研究。他们勤于学习和钻研，又善用文字总结，他们留有下来的文献也较多。例如宋代李诫，从哲宗元祐七年（1092 年）开始在将作监供职，前后共达 13 年，绍圣四年（1097 年），李诫受命编修《营造法式》，他一方面广泛参阅前代有关建筑方面的史书和专著，认真吸取前人的成果；另一方面他非常重视工匠的实际经验，在工地与工匠一起探讨，分析比较各种营造方法的优缺点，找出构件尺寸间的相互比例关系，以求制定合理、科学的规范。经过辛勤的努力，终于完成了《营造法式》的编修工作。而且也正因为李诫的官方地位，《营造法式》作为官方形成的手工业档案材料得以很好的保存。

三、中国古代手工业档案的基本内容

我们现在可以看到的被保管和流传下来的中国古代手工业档案，大部分为官方的手工业档案。这些档案主要来源于两方面：一方面是古代当时社会手工业情况的直接记录；另一方面是后人对于前人的手工业的形成、发展过程、技术要领以及所取得的成就的完善整理、编撰或者转载加工。这些档案的内容涉及范围很广、行业较多。主要涉及棉纺织、瓷器制造、盐铁业管理、工程建筑、水利等方面的内容。正因为其记录内容的多样性，中国古代手工业档案的记载“实体”异彩纷呈。

（一）棉纺织手工业档案

中国古代棉纺织手工业的内容主要涉及三个方面，纺织与印染技术、纺织器具和纺织品。其中纺织与印染技术发端于原始社会时期，古人为了适应气候的变化，已懂得就地取材，利用自然资源作为纺织和印染的原料，制造出简单的纺织工具。而中国古代用于纺织的器具则起源于 5000 年前新石器时期，其代表是纺坠和腰机。至西周时期，便有了传统性能的简单机械缫车、纺车和织机，到汉代时期中国古代便开始广泛使用提花机、斜织机。中国古代纺织产品总的来说可归纳为刺绣、丝绸、服饰和地毯四大种类，其样式、图案、绣法等则花式繁多，方式各异。

起源于原始社会的棉纺织手工业的内容虽没有文字记录，但通过原始石刻中的图画、符号记录以及原始部落遗址中的出土文物，我们都可以清晰地印证中国古代棉纺织手工业起源于原始社会这个结论。

记录棉纺织的中国古代手工业档案，也主要是按以上纺织与印染技术、纺织器具和纺织品这三部分来记录。就具体的遗存而言，我们现在看到的中国古代手工业档案大部分都是官方手工业档案，所以在其内容的记录上，多是官营棉纺织手工业的内容。其记录职责主要由历代工部中的少府、后苑造作所等负责。其产生的棉纺织手工业档案也主要是专门为皇室和官方服务的。

（二）瓷器手工业档案

原始社会的半坡彩陶、大汶口的黑陶和白陶等都是世界堪称一流的精美工艺品；魏晋南北朝时期，北方创制出白瓷；至隋唐，瓷窑已分布于中原和江南许多地区，著名的唐三彩和青瓷中的秘色瓷都是在这个时期出现的；北宋时期出现定窑、汝窑、钧窑、官窑、哥窑五大名窑；明清时期更是中国制瓷史上的集大成时期，其制瓷水平达到了前所未有的高峰。

中国古代陶瓷业的产生、虽然源于古代劳动人民的劳作，但是受等级森严的封建统治制度影响，中国历代的官窑瓷器和民窑瓷器的青料选制、款识题写都是有一定的惯例的。所以在中国古代瓷器手工业档案中，大部分的内容是涉及这两方面，而就其烧制的过程因受制瓷历史传统的影响，则很少记录。这也使得部分制瓷技术失传。

（三）盐铁业管理手工业档案

中国古代西周时期开始使用铁器，至春秋战国时期，古代劳动人民发明了铸铁柔化处理技术，这也是世界冶铁史的一大成就；西汉时期冶铁业被分为官营冶铁业和私营冶铁业两种方式。因为煤是当时冶铁的主要燃料，同期古代劳动人民发明了淬火技术；东汉时，杜诗发明水排，使中国冶铁水平长期领先世界；隋唐时期，中国古代已经普遍开始采用了切削、抛光、焊接等工艺。

冶铁业的发展是中国古代手工业进步的明显标志，历代工部官职设置中都有专门的部门负责盐铁业的管理。所以其产生的手工业档案的内容大部分记录官营盐铁业的管理。而私营和民间的盐铁业记录很少，如世界闻名的水排，因其为非官方发明，所以其直接记录基本没有。

（四）建筑工程及水利工程手工业档案

中国历代王朝都重视工程和水利的建设，这是因为工程建设往往与国民生计密切相关并象征当权统治者的威严和权力。在历朝中的工程建筑中，建筑工程图样是工程手工业档案的重要组成部分，其中以平面图居多。除此之外，还包括一些机械图和各种器物图。但这些图纸保存的较分散，保管条件也较差。所以以档案原件形式遗存下来的较少。在水利工程手工业档案中历朝都设有专门掌管水利的部门，如水部曹、都水司等，其职责之一就是防治水患。所以关于水利工程的手工业档案内容多为奏折、题本、河道图、工程图等大量珍贵的图纸。

在中国古代的手工业中，除以上四大行业外，还有金属器皿及兵器、制漆业、青铜业等。尽管中国古代的手工业很发达，在世界上也是居于领先的地位，但由于历朝统治者都推行重农抑商的政策，所以手工业一直都处于从属地位。虽然在中国封建社会的后期，明清时期手工业有了一定的社会地位，但中国古代社会始终没有进入手工工场时代，所以在手工业档案方面，也大都是简而记之。

四、中国古代手工业档案的管理

原始社会萌芽时期的手工业从属于农业。原始社会晚期，随着第二次社会大分工，手工业脱离了农业，形成独立的生产部门。夏商周时期，手工业有了较大的发展，手工业由官府垄断。春秋战国时期，官营手工业继续发展，逐步形成官营手工业、私营手工业、家庭手工业三种经营形态。到明代中后期，江南一些手工业部门又进一步发展为资本主义简单协作的手工业和工场手工业。在中国漫长的历史发展中，历朝历代都建有手工业职官系统。从历代当政者的主观愿望来说，手工业职官系统的建立，更多是为了王权的集中和稳固、国家的长治久安和王室生活的需要，而并非明确地因为手工业对经济、社会发展的促进作用。然而从管理的实际效果来看，与手工业相关的官职设立，恰恰是对中国古代手工业的发展、手工业档案的管理和中国古代文明的进步起到了巨大的推动和完善的作用。所以我们这里谈及的中国古代手工业档案的管理主要从官方的管理角度来说明。

（一）中国历代手工业机构设置

表 5-1 略述中国历代手工业管制的设置和管理内容。

表 5-1　中国历代手工业机构演变一览表①

朝代	管理机构或官职		管理内容
夏	共工		营建
西周	司空		营建
春秋战国	司空		百工
秦汉	少府		掌山海池泽之税和官府手工业制造，以供应皇室
	将作少府		掌宫室、宗庙、陵寝等土木营建
三国两晋	曹魏	水部曹隶尚书台	掌水利工程，兼领航运之政
	晋	屯田曹起部曹	掌农垦（军垦由屯田中郎将领之）和水利事业
南北朝	平准令丞、署染令丞等		专门负责纺织业
	金中郎将 司金都尉 监冶谒等		专门负责冶铁业
	司竹都尉、材官校尉等		控制铜、铁、金的开采和冶铸
	将作大匠		修建宫苑、官府、城池、桥梁等工程
	冬官府		营造和各种手工业事务
隋唐	工部	工部司	工部司为工部头司，掌营建之政令与工部庶务
		屯田司	掌天下田垦
		虞部司	掌山川水泽之利
		水部司	掌水利
	四监	都水监	屯田，河道修建
		少府监	负责管理皇家器用服饰、 百官冠冕仗义等专用品；以及掌铸农器等
		将作监	大型建筑土木工程
		军器监	兵器制造及其修理
宋	都水监		屯田，河道修建
	少府监		文思院、绫棉院、西染院、 裁造院、文绣院、铸印司
	将作监		修内司、东西八作司、事材场、 东西退材场、东西窑务、麦麸场、丹粉所
	军器监		东西作坊、作坊物料库、皮角库场、 斩马刀局、广备攻城作、弓弩院、造箭院等
	后苑造作所		掌造禁中及皇属婚娶名物

① 本表主要资料来源：晋书·卷24 职官志；宋书·卷 39 百官志；新唐书·卷 46 百官志；宋史·卷163 职官志；宋会要辑稿·职官·16 卷；元典章·吏部·官制；通典·职官五·工部尚书；及其他史书的相关部分。

续表

<table>
<tr><th>朝代</th><th colspan="2">管理机构或官职</th><th>管理内容</th></tr>
<tr><td rowspan="4">元</td><td colspan="2">都总管府</td><td>掌为中宫从事织染、杂造等</td></tr>
<tr><td colspan="2">武备寺</td><td>兵器制造及其修理</td></tr>
<tr><td colspan="2">大都留守司</td><td>主管少府监事</td></tr>
<tr><td colspan="2">将作院</td><td>掌工艺</td></tr>
<tr><td rowspan="8">明</td><td rowspan="4">明初</td><td>总部</td><td rowspan="4">职掌、设官同元</td></tr>
<tr><td>屯部</td></tr>
<tr><td>虞部</td></tr>
<tr><td>水部</td></tr>
<tr><td rowspan="4">洪武二十六年</td><td>营缮清吏司</td><td>掌宫室官衙营造修缮</td></tr>
<tr><td>虞衡清吏司</td><td>掌制造、收发各种官用器物</td></tr>
<tr><td>都水清吏司</td><td>主管度量衡及铸钱</td></tr>
<tr><td>屯田清吏司</td><td>天下田垦</td></tr>
<tr><td rowspan="3">清</td><td rowspan="3">工部</td><td>营缮清吏司
虞衡清吏司
都水清吏司
屯田清吏司</td><td>职掌、设官同明</td></tr>
<tr><td>制造库</td><td>掌制造皇帝车驾、册箱、宝箱、仪仗、祭器等</td></tr>
<tr><td>料估所</td><td>掌估工料之数及稽核、供销京城各坛庙、宫殿、城垣、各部院衙署等工程</td></tr>
</table>

（二）中国古代官方手工业档案管理

据各种史籍记载，工官的职责主要为掌管各种工程、工匠、屯田、水利、交通、器物制造等的政令。这种所谓的政令，实际上主要是指工官管理文件，包括工程管理文件、制造业管理文件等。因为手工业档案的形成一般比较分散，就其形成的档案的管理，也较其他类型的档案管理稍复杂。在中国历代封建王朝中，清代手工业档案最为完备，种类最为齐全，内容也是最为丰富。所以我们以清时期的手工业档案管理为例，简要介绍一下中国古代官方手工业档案的管理。

清朝时期有若干中央机构与工程档案的形成和保管有关，如清代有工部、值年河道沟渠处、陵寝工部衙门、内务府、兵部等。工部是这一时期工程档案的主要形成部门。清代工部是主管全国的土木、水利工程、机器制造、矿冶、纺织等的国家机关。《光绪会典》卷58载：“掌天下造作之政令，与其经费，以赞上奠万民。凡土木兴建之制，器物利用之式，渠堰疏障之法，陵寝供亿之典，百司以达于部，尚书、侍郎率其部属以定议，大事上之，小事则行，以饬邦事。”

工部工程档案包括土木工程档案、水利工程档案、器物制作工程档案等。当时，较大的工程（工价过50两，料价过200两），要奏报皇帝。各省修建工程，工料银在一千两以上者，如有例案可循的，随时咨报工程，年终汇奏一次。无例案可循的，要先行专折奏准。在京工程，由工部派员承修者，由承修之员造册送部。另派大臣承修者，由承修大臣造册送部。各省则由督抚造册（并有保固印结）送部。各地报送估销之册，统由工部查核备案。在这一系列工程管理档案的形成过程中，也同时形成了各种工程技术档案。

在工部内部机构中，营缮清吏司，掌都城、宫苑、坛庙、衙署等建筑工程，设案房、算房负责设计与计算，形成有关技术文件（包括图纸）；虞衡清吏司，掌制造各项器物，下设军器案房，窑冶案房、窑冶算房，负责设计和计算，形成有关技术文件；都水清吏司，掌江海渠修防工程及造船事务，其中河防科、桥道科、织造科、柜（档案柜）科、算房等是工程技术档案的形成者；屯田清吏司，掌陵园事务，案房、算房是其建筑工程档案的主要形成者。

除工部外，清中央机构中还有许多部门也形成一定数量的工程档案，如内务府。内务府下设的营造司、造办处等部门的职掌都与工程有关，自然也形成了一定数量的工程档案。

第二节　中国古代手工业档案的直接遗存

手工业档案的遗存按照内容的原始性（原件与非原件），可以分为直接遗存和间接遗存两种遗存方式。所谓中国古代手工业档案直接遗存是指中国古人对手工业生产活动的过程、产品、技术原理、操作标准、管理规范等进行的原始记录或对原始记录汇编成的各种历史文献，即手工业档案原件（甲骨与明清档案）或原件汇编（会典中的汇编）形式遗留下来的古代手工业档案材料，它们都是第一手的原始资料，是未经过人为更改和加工的，其价值弥足珍贵。

一、远古至先秦时期手工业档案的直接遗存

如果说远古时期是人类文明的诞生期，那么先秦时期则是人类文明的成长期。它们活泼且成长迅速，是中华文明的源头。这一时期，中国古代人民历经了一个漫长的酝酿、萌芽直至产生、发展的过程；与之相对应也产生了由刻符类手工业档案到文字记录式手工业档案的过渡。如果说远古时期的石刻手工业档案是手工业档案的起源，那么先秦的手工业档案工作则处于诞生后的迅速成长期。

（一）远古时期手工业档案的直接遗存

在石头上刻字是世界上许多民族都使用的记录方法，它是人类最原始的记录方式。

这些在石头上的符号记录，和人类后期产生的文字一样，有着记录、保存人类记忆的作用。但是石刻符号，最多是某种事件的简单记录，尚不具备正规文献的含义与概念，所以我们把这其中关于手工业的记录称为中国古代手工业档案的初期形式。从这些石刻“符号”，我们可以了解到古代早时期的手工业情况，早期石刻记录流传下来的很少，同时他们的不完整性和符号的模糊性，对我们较完整地认识远古时期的手工业情况尚有不足。

中国最古老的一部“天书”——将军崖岩画，是中国东部沿海地区旧石器晚期的遗址。它是在南北长 22.1 米、东西宽 15 米的一块混合花岗岩构成的覆钵状山坡上，分布着三组线条宽而浅，粗率劲直，作风原始，断面呈“V”字形，面壁光滑，以石器敲凿磨制而成的岩画。这是中国迄今发现的最古老时代岩画，是唯一反映农业部落原始生活的岩画，距今约 4000 年，被著名考古学家苏秉琦先生称为中国最早的一部“天书”。

岩画中，以人物和农作物图案为主。在人面与农作物之间，还有鸟头、鸟面、圆点、刻划符号等。除图案外，石刻符号共有 18 种，作为原始社会的石刻文字，我们还不能达到完全理解，但是根据岩画、大石以及将军崖所在的地形、地势看，此处是一处原始宗教的祭祀场所。作为迄今发现唯一能反映中国原始农业部落社会生活的石刻岩画，将军崖岩画对中国原始社会的手工业研究有十分重要的价值。除对将军崖岩画的研究，考古专家 2005 年从将军崖取得属于灶坑的人类遗址发现。说明约 2 万年以前，这里的古人类确实已经有了依靠火与灶的生活方式。虽然这些石刻记录的神秘面纱还没有完全揭开，但是这些原始的石刻符号，就是人类最早期的手工业生产活动的真实记录。

（二）先秦时期手工业档案的直接遗存

先秦时期的夏、商、西周三代，是中国古代科学技术发展中的一个重要历史阶段。中国古代科学技术体系中的若干重要特点，均初始于这个时期。这个时期，包括青铜冶铸以及制陶、建筑、兵器制造等手工业生产得到了很大的发展。商代前期，铸铜、制陶、制骨等手工业不仅从农业中分化出来，成为独立的生产部门，而且在各种手工业部门内部也有了一定的分工。到了后期，手工业更大规模地从农业中分化出来，尤其是王室贵族所掌握的手工业，生产规模大，种类多，分工越来越细。

从考古发掘资料来看，夏、商时期官营手工业涉及青铜冶铸业、制陶业、兵器制造业、骨器业、玉石工艺业以及皮革、竹木、舟车、建筑业等。各种工匠见诸于文献记载的有陶工、酒器工、椎工、旗工、绳工、马缨工等。每个专业生产部门中还有更细的分工，如青铜冶铸工艺就有采料、配料、冶炼、制模、制范、浇铸、修整等一系列程序和分工。而西周以后，几乎所有的手工业品，都是由官府设立作坊制造，周王、诸王侯贵族都拥有各种各样的手工业作坊，分工更加细致。《礼记·曲礼》记载：“天子之六工，曰土工、金工、石工、木工、兽工、草工，典制六材。”官府还按行业设立司工、陶工、车正、工正等官职加以管理，号称“百工”。

论中华文化，必溯源于先秦。而这里述中国手工业档案，亦须从下面先秦的甲骨手工业档案谈起。

1. 甲骨档案

甲骨档案所涉及的内容几乎包括了当时殷商统治者的全部统治活动，反映了商代政治、军事、经济、手工业、文化等各个方面的社会活动内容。其中反映手工业方面内容的甲骨档案，约占全部出土甲骨档案的 1/7，即有 7000 多片①，现在收藏于台湾博物馆。这些甲骨手工业档案反映了殷商时期的手工业科学技术水平，表明了商王朝是当时世界上最先进的文明古国之一，对研究中国先秦时期乃至世界手工业史都具有极为重要的意义。

在甲骨档案中，有许多关于交通运输、工具制造、冶铸、酿造、土木工程、纺织等手工业方面的记载。这些记载不仅证明了当时手工业确实已从农业中分化出来，而且表明先秦时期手工业部门内部也已有了一定程度的分工，这些都使得商代的手工业生产技术有了很大提高。卜辞中有关于商代“百工”的记录，“王其令山司我工——工载王事”，是说商王命令一个叫山的奴隶主负责总管手工业，这是手工业的重要王事之一。

甲骨档案中有多处的车（）、舟（）的记载，这些舟、车虽然还较简单，但显然已非“刳木为舟”的时代了；青铜冶铸业是商代手工业中最重要、最先进的行业，历代出土的商代青铜礼器、兵器、车马器和工具数以万计，甲骨档案中记载了当时所用的铜块料和鼓风设备；商代的酿造业比较发达，甲骨档案记载了当时人们使用两种不同的方法造出不同的酒，这种方法被专家们认为就是今人所称的“复式发酵法”，是一项伟大的发明；在土木工程方面，甲骨档案记载了普通房屋、宫殿、高层建筑、城墙、城楼等的情况；在纺织业方面，甲骨档案较详细地记载了缫丝的过程及染丝的过程。

2. 官营手工业技术文件《考工记》

自古以来，中国的官方手工业都比较发达。发达的官方手工业为制定官方手工业规范提供了客观需要和必要的实践条件。因此，自先秦时期起，中国历朝历代都制定有官方手工业标准规范一类的文件。《考工记》是我们目前所看到的中国最早的官方手工业技术规范文件汇集。

《考工记》被后世工匠奉为经典。它是对当时齐国的官营手工业内部的细密分工、生产技术和考核标准进行了系统的归纳整理，相当详尽地记述了各种产品的制作规格及城市、宫舍的建筑布局和设计规范。其中，对生产方法和产品规格进行统一规定的标准

① 中国社会科学院历史研究所编．甲骨文合集［M］；中国社会科学院考古研究所编．小屯南地甲骨［M］．

文件较多，同时存有现今世界上最早的冶金配方等。根据现在的研究成果来看，我们可以认为该书应是春秋末年及战国时期以齐国官府手工业工艺技术规范文件为主的汇集，其中可能也有一些周代遗文。总之，它主要反映了春秋战国时期官方手工业工艺技术的总体水平。

今本《考工记》7000余字，内容包括序论和分工叙述两部分。西汉刘歆在校理典籍时发现《周礼》中“冬官司空”篇已亡佚，便以《考工记》补足之，也因此它得以见载于儒家经典《周礼》并因此而广泛流传。

据《考工记》序论记载，当时“国有六职”，依次为：王公、士大夫、百工、商旅、农夫和妇功，这表明手工业者在社会上占有相当重要的地位。他们以“审曲面埶，以饬五材，以辨民器”为己任，负担各种手工业生产任务，成为社会生产、生活的不可或缺的重要支柱。

《考工记》中第二部分分述各工种制作对象的形制、结构、制作规范，有些还说明了制作质量的检验方法。

在《考工记》中，载有30项专门的生产部门：“攻木之工七”、“攻金之工六”、“攻皮之工五”、“设色之工五”、“刮摩之工五”、“抟埴之工二”。它涉及车辆、冶金、兵器、乐器、酒器、玉器、量器、陶器、皮革、染色、建筑、水利、农具等广泛的门类。其中，关于车辆的制作，有“车人”负责车辆的整体设计和检验，有“轮人”专门负责车轮的制造，有“舆人”专门负责制造车厢，还有未列入上述30项的“輈人”专门负责车辕的制造。其他生产门类也大约有所分工。这些情况表明，当时手工业生产的专业化已经有了长足的发展，而且，同一生产门类内部的分工也出现了细密化的态势，这自然是手工业生产发展的结果。

更为重要的是，《考工记》记述了这30项生产部门的技术规范、工艺程序、检验方法、材料选择等，反映了手工业生产已经走上了规范化和合理化的道路，这是人们在经过长期的试验、比较、筛选的基础上总结归纳而得的，对于保证产品的质量是至关重要的。这和我们今天的工业标准特别是质量保证标准规范文件体系的基本精神和做法是一致的。

二、秦汉时期手工业档案的直接遗存

秦汉时期是中国统一的多民族的专制主义中央集权的封建帝国建立和巩固时期，也是封建经济文化发展的重要时期。就手工业来说，其生产技术也已经发展到较成熟的程度。与此相适应的是，这个时期的手工业档案与手工业档案工作的管理与制度也趋于成熟，并为后世的手工业发展奠定了基础。

（一）秦标准化手工业档案的直接遗存

中国古代的标准，一般被称为“程式”。它由有关的工官制定、颁发。由此可知，标准化档案文件为工官档案重要组成部分之一。我们从秦始皇开始的著名的全国标准化运动可知，官营手工业当时在全国范围内实行了标准化生产。所以秦代的标准化文件，在当时一定是很多的。现在遗留下来的，有出土的秦简《工律》、《司空律》、《效律》等，它们是秦代有关手工业生产的律令。

1. 技术标准化档案

我们以秦代军工生产为例：秦代军工产品的器形、质量和性能等都有着统一的标准，不能混淆。秦简《工律》规定："为计，不同程者毋同出。""程"就是规格、标准，把它记录下来，就是标准文件、档案，并须严格执行。如《效律》规定："殳、戟、弩、漆、相易殹（也），毋以为赢，不备，以职（识）耳不当之律论之。"这种规定，抉潫反映到我们今天所看到的秦俑所执军械上。秦俑之戟柄涂黑漆，上面有两段红色，或涂绘朱红图案；弩臂表面颜色深赭，前后一致；箭杆有黑、红、赭三色，长短一定，尽管百支同插在一箙内，也是完全一致的。

秦简《秦律十八种·司空律》："有罪以赀赎及有责（债）于公，以其令日问之，其弗能入及赏（偿），以令日居之，日居八钱。"其内容分别包括工程建设①及刑徒管理两方面②的法律规定。前者针对筑墙的模板、横木等建筑材料的损耗，借用官府牛车损害的赔偿，车辆修缮、书写材料的搜集与储存都有详细规定。后者针对刑徒以劳役抵偿债务、口粮发放、服装、刑具佩带、赎免等方面都有规定。

《效律》竹简，共 61 简，简长 27 厘米、宽 0.6 厘米。标题写在第一支简的背面。效律详细规定了核验县和都官物资账目的一系列制度。对于在军事上有重要意义的物品如兵器、铠甲及皮革等，规定尤为详尽。特别是对于度量衡器，律文明确规定了误差的限度，这是贯彻统一度量衡政策的法律保证，对巩固国家经济有很重要的作用。

2. 图样标准化档案

中国古代工官所形成的图样技术档案，主要有建筑图和机械图两种，建筑图最多。此外，还包括少量的河工图、海防图等。中国古代帝王是比较注意收集、积累建筑图样的。以秦始皇为例，在统一中国的战争中，每占领一国，便绘其宫城图，以便在秦都仿建。但总的说来，秦汉时期的建筑图样数量还较少，水平也较低；而手工业图样档案，还未形成规模（已遗存图样，归为建筑章节，这里不予赘述）。

（二）汉代手工业档案的直接遗存

骨签档案的出土是 20 世纪 80 年代考古发掘中的一项重大发现。它的发掘，始于

---

① 秦简整理小组注，第 125 ~ 132 简。

② 秦简整理小组注，第 133 ~ 152 简。

1986 年，中国社会科学院考古研究所汉长安城考古队负责发掘工作。发掘工作共历时两年多，获得西汉骨签档案 3 万余片，取得了中国汉代考古和文书、档案及整个文化史考古中的一次重要突破。

1. 骨签档案的载体与制作

从载体材料和制作方法而言，骨签档案与殷代甲骨档案既相近似又有所不同。甲骨档案使用的材料是龟甲和兽骨，其中以龟甲居多；而骨签档案则是单纯选用高级骨料制成。甲骨档案的大小不规则，表面因烧灼而出现不同形态、不同走向的裂纹（这是占卜所需要的），表面不光洁；而骨签档案选用高级骨料制成，同样是经过加工整治，但工艺却要比殷代的水平高，表面很光洁，大小较一致。甲骨档案上的文字一般用刀刻写而成；而骨签档案所使用的书刀要比殷代先进得多，且在书刀镌刻完成后，填以矿物颜料，色彩要比甲骨档案鲜明得多。另外，汉代的文字要比殷代成熟得多，书法艺术有了一定的水平。因此，骨签档案上的文字刀笔有力，是当时不可多得的书法杰作①。

由以上可见，骨签档案的制作水平相当高，选用的材料也很高级，是一种非常珍贵的档案材料。正如《光明日报》的报道中所说："骨签的制作选用高级骨料，体积小，便于集中穿放，工艺高，表面整齐、光洁。……与当时文书比较，不难发现骨签文书规格之高贵，为'竹简'、'帛书'所不及。"

2. 骨签档案的年代、内容与形成部门

骨签档案有一个极为突出的特点，这就是它具有很强的时间上的连续性。在所出土的 3 万余片骨签档案上绝大部分记有准确的时间，即标有汉代皇帝的年号等。这些标有年号的骨签档案为汉武帝以前的西汉诸皇帝的工官（管理手工业生产的官员）档案。骨签档案的年代与整个西汉王朝相始终，其间连续不断。这种时间上极为完整的连续是十分罕见的，也是极为可贵的。

从内容上看，骨签档案属于西汉国家工官部门（官方手工业管理部门）形成的手工制造业系统的管理档案，"涉及兵器、皇帝乘舆之物等，范围很大"②。从整体上看，它们是手工业管理档案，但这种档案必然涉及一些技术标准及其他一些技术问题。

关于骨签档案的形成机构，我们所知道的有两方面的线索：一是从内容上看，它是工官部门所形成的档案材料；二是它出土于未央宫三号建筑遗址，即未央宫附属的某高级职能机构官署建筑所在地。它告诉我们，这些骨签档案的形成者应为属于工官系统的某一机构，而不是所有工官部门共同形成的。那么，这个形成机构是什么呢？我们可以从西汉中央的几个工官部门的职责与骨签档案相对照来考证之。

① 丁海斌，陈凡编著．中国科技档案史［M］．沈阳：东北大学出版社，2007：84.

② 西汉未央宫遗址出土三万余片骨签文书［N］．《光明日报》，1989：（1）.

中国古代官营手工业涉及的范围很广，出于集中管理的需要，每个手工业部门都设有专职官员，具体负责本部门的手工业管理工作，形成一整套的管理体系。西汉时期，属于工官系统的中央部门有大司农、少府卿、太仆卿、将作大匠等。这些工官部门各负其责，相互之间不存在隶属关系，因此其形成的档案材料不可能统一管理，骨签档案只能是其中一个部门形成的。综合分析西汉工官部门的职掌，与骨签档案内容最相接近的为位列九卿的少府卿。少府卿总的职掌为“掌禁钱以给私养”①，即掌管皇家财政及供养。其属官考工室令“主作兵器刀铠之属”②，左右司室令“当为制作陶瓦之官”③，东织令与西织令“织作文绣郊庙之服”④，东园匠令“主作陵内器物”⑤，尚方令“掌上手工作御刀剑诸好器物”⑥，御府令“主天子衣服”⑦ 等。可见当时的与皇室有关的手工制造业主要归属于少府卿管辖，因此，骨签档案极有可能是少府卿产生并保存起来的。另外，由于其职掌与皇室生活密切相关，使它有可能使用这种珍贵的骨签作为档案载体，并如此严肃地保存档案记录。再者，骨签档案所涉及的内容范围很广，而将作大匠、太仆卿等的职掌范围都不及少府卿广，称得上“范围很广”的只有少府卿。因此，这种骨签档案很有可能是西汉少府卿所属部门产生的。

三、魏晋南北朝至隋唐五代时期手工业档案的直接遗存

三国两晋南北朝时期战乱动荡，战乱频繁、政权不断的更迭，南北分裂时间长，使得手工业在各个领域均表现出既不同于其前的秦汉时期，也不同于其后的隋唐时期。“名都空而不居，百里绝而无民者，不可胜数。”⑧ 在这样动荡的社会中，手工业是首当其冲的收到了严重的破坏。但是在这样战乱不止、政权林立的社会环境下，也出现了诸如军事手工业畸形发展的状况。因此这一时期的手工业档案的种类和数量并不是很多，手工业档案工作也似乎没有太大的进展。

经过魏晋南北朝的长期分裂，中国又重新统一后，安定的社会环境带来了农业和手工业的恢复。由于这个时期的统一与安定，国家因此而有能力集中大量的人力、物力和财力，进行社会各方面建设。科学技术迅速推广，使得农具、纺织等新兴手工业迅速被推广开来。而新的手工业生产技术更是在这一时期也得到了迅速发展，如造船、纺织、造纸、陶瓷等的生产规模和技术，都有了较大发展。对人类文明作出重大贡献的一些科

---

① 范晔. 后汉书·百官志［M］.
② 范晔. 后汉书·百官志［M］.
③ 安作璋，熊铁基. 秦汉官制史稿［M］. 济南：齐鲁书社，1984.
④ 三辅黄图.
⑤ 安作璋，熊铁基. 秦汉官制史稿［M］. 济南：齐鲁书社，1984.
⑥ 范晔. 后汉书·百官志［M］.
⑦ 安作璋，熊铁基. 秦汉官制史稿［M］. 济南：齐鲁书社，1984.
⑧ 后汉书·卷四十九仲长统传［M］. 引离乱篇.

学发明，如雕版印刷术、火药等，都在此间相继问世。除了手工业的类型比较齐全外，其管理体制也比较完善，呈现出不同层次的管理内容。在隋唐手工业管理中，中央、地方和军队多管齐下，既有作为六部之一的工部，也有各司其职的少府、将作、军器、都水等诸监，另外还有地方政府经营的手工业的管理机构，甚至各级地方政府也有管理当地工匠的职能。

唐高宗时期，唐朝的政治、经济、文化已发展到鼎盛阶段。永徽二年，唐高宗命长孙无忌等人以《贞观律》为蓝本，稍加修改，制定出了《永徽律》12 篇，500 条。这部法典当时称为《永徽律疏》，元代以后称之为《唐律疏议》。《永徽律疏》是中国迄今为止完整保存下来的一部最早、最完备、影响最大的封建成文法典。它总结了中国历代统治者立法和注律的经验，是中国封建法律至此发展到最成熟、最完备的阶段，标志着中国封建立法技术达到最高水平。《永徽律疏》内容丰富、技术高超、特色鲜明。其中关于手工业的规范和要求，在整个中国历代手工业法律制度上占有最重要的地位，可以说是中国古代手工业标准规范中最完整的法典。

我们以唐代军事手工业生产制订的样式标准为例：按《唐律疏议》卷 16 规定，上至最高行政长官军器监，下至一般官吏及工匠，都必须按一定的生产程式生产兵器，“不如法”或者“辄违样式”，武器不“任用”时，要追究管理者及生产者的法律责任。其验收也是相当的严格，只有军器监“辨其名物，审其制度”后，方“以时纳于武库”①。在武器生产中，规定：“造横刀及剑鏃用柔铁者，亦为滥……各杖六十。”② 除军事手工业外，《唐律疏议》也对当时纺织、漆物等各行各业有完备的法律规定。在各手工业生产中的违章违法处理中，对于官府手工业的处罚是最为严厉的，甚至有极刑的法律条文，以御船的制造最为典型。从律文中我们都可以真是再现，在当时对于官府手工业生产中的皇室用品质量要求的高标准，工匠的一点微小差池，都要受到严厉的惩罚。

四、宋辽金元时期手工业档案的直接遗存

唐代的经济繁荣，文化昌盛，有着悠久传统和雄厚基础的纺织业首当其冲地发展起来。纺织生产主要仍以家庭为单位，如《唐要会》所载：“一妇之织赡一家，赋调所资，半出其中。”③ 城市也有一些手工作坊，还有行会组织。为宋辽金元时期科学技术的高度发展打下了坚实的基础。宋代手工业比较发达，手工业产品在经济发展中的作用和地位，日益突出。这个时期的手工业成就林林总总，令世人叹为观止。但是，由于手工业活动往往与国家管理较为密切，所以这一时期的手工业档案所反映的内容以基本官方手工业规范和技术文件为主。

---

① 唐六典·卷二十三北都军器监.

② 唐律疏议·卷二十六杂律.

③ 王溥. 唐会要·卷八十三租税上［M］.

（一）官方建筑业规范文件《营造法式》

中国古代手工业生产及工程技术的标准化由来已久，其重要条件在于官方手工业生产和工程建设的规模化和官方手工业管理机构的设立。因为只有手工业生产具有较大规模才会有强烈的标准化要求，而官方手工业生产及工程管理机构的设立，使标准有了合适的制订者和推行者。到了中国古代的中后期，工程技术标准化的条件逐渐成熟。技术经验的积累、工程规模的扩大、管理机构的设立等条件皆已具备，官方特别是皇帝本人，出于管理的需要（特别是经费管理的需要），也积极倡导标准的制定。

宋王朝中央政府设有将作监、军器监等机构管理手工业生产和工程建设。为了实现国家手工业生产的技术标准化，在长期建筑实践的基础上，对建筑中的工艺规范进行了新的总结。熙宁五年（1072 年），朝廷命将作监编修一部法典性著作，以便加强对建筑工程的管理，历时 20 年，于元祐六年（1091 年）编成，后称《元祐法式》。但该书“只有料状，别无变造用材制度。其间工料太宽，官防无术”①，在经过一段时间的实践检验后，因为不切实际，“难以行用”，到绍圣四年（1097 年），哲宗皇帝令李诫重修。

李诫字明仲，管城县（今河南郑州）人，生年不详，卒于 1110 年。他于元祐七年调入将作监，前后在将作监中任职 13 年，最后担任监正之职。奉令之后，他花了大量的心血，利用科技档案等文献，“参阅旧章，稽参众智”②。总结当代技术经验，到元符三年（1100 年）编成新的《营造法式》，发京城各部门。崇宁二年（1102 年）又由政府刊印颁行全国。《营造法式》包括名词、数据、各作制度、工料定额、各种图样，全书计 36 卷，357 篇，3555 条。其中有 283 条“系于经史群书中检寻考究所得”，308 篇、3272 条则采纳“工作相传，并是经久可以行用之法”③。因此，它不但是宋代建筑工程规范和建筑制度标准，而且是宋以前手工业技术标准的总结。

《营造法式》的问世，是宋代建筑中手工业技术向标准化和定型化方向发展的标志。同时它也表明，宋代关于手工业技术的管理已更加严密和完善。《营造法式》作为官方建筑手工业工程规范文件集，其技术标准方面比《元祐法式》有很大的进步。《元祐法式》遇到“营造位置尽皆不同”时，无可依据。针对这一缺陷，李诫将“有定式而无定法”④作为编撰的方针，特别注意“变造用材制度”，从而纠正了《元祐法式》“只有料状”的不足，使之适应建筑构件尺寸大小因不同情况变化多端的实际需要。书中记录的这些都是在广泛地吸收工匠们经验的基础上总结出来的，具有较好的合理性和较强的科学性。

① 李诫．营造法式·大木作制度［M］．

② 李诫．营造法式·进新修营造法式序［M］．

③ 李诫．营造法式·总诸作看样［M］．

④ 李诫．营造法式·劄子［M］．

《营造法式》采用图文并茂的方法说明问题。书中用6卷的篇幅绘出详图。共有房屋仰视平面图、横剖面图、局部构件组合图、部件图、构件构造图、彩图、雕饰图、施工仪器图等多种。图形形象具体、实用，便于施工。《营造法式》中将用材分为8等，指出“材有八等，度屋之大小，因而用之”①，并标明了中国传统木结构的各种比例数据，揭示了中国传统木作的特点。书中所总结的大木作制度，充分体现了中国传统木结构体系的特点，对于构架的侧向稳定性、纵向稳定性，以及结构整体性的增强，都提出必要的处理措施。如采取怎样的屋定作法，可增强抗震性能。其中的小木作制度，则表明了木装修工艺也已发展到新的水平。

（二）官方规范图样档案

在中国古代的图样档案中，除了地理图和天文图外，还包括各种工程图样。这些工程图样档案有建筑图、机械图和各种器物图等，它们在宋代发展到了很高的水平。可以这样认为，宋代的工程图绘制技术已达到了相当高的水平，即工程图绘制档案的水平已居于世界领先水平。这不但在中国工程技术发展史上具有重要意义，在中国科技档案发展史上，也具有重要意义②。这主要体现在以下四个方面：

1. 图样表现方式的多样化

宋代的工程图样已具有多样化的表现方式，如正投影、斜投影和透视投影等。根据对象的不同，分别采用轴测图或透视图，单面视图或组合视图，并有零件图、装配图、部件装配图、装配示意图、展开图等形式。有时为了清晰地显示物体的结构和表面的装饰，还注意了器物放置的方位。这种多种多样的表现方法已与现代工程制图的表现方法相接近。

2. 图样上的文字说明已初具现代工程制图的基本要素

宋代工程制图的文字说明部分，不但包括每一物体的名称、高度、宽度、长度、厚度，以及容量与重量等，有些还包括了物体的材料、工艺加工技术及装配方法，已初具现代工程制图应有的基本技术要素。如《新仪象法要》卷下“天轮”图注文：“右天轮，直径三尺八寸，上安六百牙距，其毂贯于铁轴，于天束上与浑象天运轮相接，于轮之南上，冲天轴之所以运天轮。”

3. 制图技术趋向于标准化和规范化

中国古代文明社会经过了几千年的发展，到宋代时，古代文明已达到成熟期、高峰

① 李诫．营造法式·劄子［M］．

② 丁海斌，陈凡编著．中国科技档案史［M］．沈阳：东北大学出版社，2007：152.

期。在这时，就工程技术而言，它已进入了手工业时代的标准化、规范化高度发展的时期。《营造法式》是这一时期工程技术标准化的代表作。这一科技著作在两个方面涉及制图标准化问题：一是其种种建筑规范将反映到制图中去；二是《营造法式》中所列图样即具有标准图之作用。宋代工程图绘制的规范化、标准化倾向表明，宋代的工程图档案已完全与图画相区别、相脱离，为其进一步的专门化奠定了基础。

4. 数学方法对宋代工程图设计绘制具有指导作用

数学方法作为工程图绘制的一种重要工具，最早使用于汉代。到了宋代，则开始受到较普遍的重视与使用。如李诫在《营造法式》中所说的“举折”，即是一种取得屋盖斜坡曲线的数学方法。《营造法式》中还用了直角坐标定点连线法，并在卷 32 叙述“华栱”和“泥道栱”时，说明了在坯料上绘制具体轮廓曲线图样的数学方面的要求。

从定性的描绘到定量的计算，是宋代工程图真正科学化的先决条件，它使宋代的工程制图的精度不断提高，真正脱离了绘画粗略示意图的阶段。

五、明清时期的手工业档案直接遗存

（一）中国档案馆现存明清时期的手工业档案

现存于中国各档案部门的明清代手工业档案，便于读者了解现存明清代手工业档案。现存明清代手工业档案并不是完全统计，存于图书馆及国外图书馆、博物馆的清代手工业档案，由于一时无法一一查清，未在此处列出。本处所列档案之全宗号、档号等系各馆自行编定，读者可作为查询之线索。

1. 中国第一历史档案馆现存清代手工业档案

（1）内阁全宗（全宗号—02）

内阁是清中枢机构之一。内阁档案起于 1626 年（天聪三年），止于 1911 年（宣统三年），共 2 714 851 件（册）。内阁档案的内容十分丰富。档案形式以折叠的文档为主，也有不少记事的簿册和卷轴式的地图等多种样式。文书种类有诏书、诰命、敕谕、硃谕、题本、奏本、表文、笺文，啟本、咨文、移会、片文、手本等数十种。内阁档案有关科技者分为九大类，其中“手工业类”有陶瓷、造船等内容的文件。

工业类：有关于开办金、银、铜、铝、锡、水银、煤等矿厂及抽收课银，收买、解运铜铅价脚银两等项费用的动支报销，铜铝变价，报解款项等内容的文件；有关于江宁、苏州、杭州各织造支给工料银两、匠役银两及运解费用报销的文件；有关于陶瓷等工业的文件。

造船工程类：有关于修造一般船只、军用船只及其工料银两的核准报销、工食费用动支等方面的文件。

(2) 军机处全宗（全宗号—03）

军机处是清中枢机构之一。军机处档案共有825 358件（册），第一类是军机处录副存查的奏折，分汉文、满文2种，共72万件。军机处录副奏折，按年月包存，故又名“月折包”。内容丰富，共分18大类。有关于手工业类：工业：矿物、纺织、陶瓷、饮食加工、机械制造等方面的文件；工程：宫苑、陵寝、坛庙、官署、仓厂、城垣、都市沟渠等工程方面的文件。

(3) 宫中档案全宗（全宗号—04）

宫中指清宫各处宫、房、所的统称。皇帝御览后的文件一般皆保存在宫中，因此宫中档案全宗中的档案相对较重要。

全宗内档案分为朱批奏折、谕旨、履历折单片、进呈诗文、奏事处档案，宫中杂件三大类。其中工业中关于陶瓷、纺织、造船方面的文件；还有关于矿务、钢铁厂、机器局等方面的文件，如有关光绪时期上海、汉阳等地钢铁厂以及江南制造局、天津机器局等事宜的文件。

工程中关于城垣的修理、河道的疏治等谕旨。

检索目录有《宫中汉文朱批奏折目录·工业类》。

(4) 内务府档案全宗（全宗号—05）

内务府是管理皇家生活的部门。内存科技档案以舆图为主，仅有少数工程、宫殿、陵墓、碑亭图等。均完好地保存在中国第一历史档案馆。

(5) 责任内阁档案全宗（全宗号—07）

责任内阁是在实行宪政后裁并内阁、军机处、会议政务处基础上成立的办理国家政务的中枢机构。

全宗内档案按文种分为奏稿、来文、簿册三大类。来文是各衙门向内阁备案的文件，按内容分设十七大类，其中包括工业记载。

(6) 工部档案全宗（全宗号—17）

南京史料整理处移交部分中有虞衡司关于陵寝、坛庄、城垣、衙署等修缮工程，修办铁路，矿务及河工，边防军务，核销军费，修造战船等方面的文件。

中国第一历史档案馆整理部分有：

营缮司：有关于修缮宫殿、坛庙、跸路、城垣、衙署等工程及工程做法、用料方面的文件。

都水司：

河工：有工部关于各地河工事宜的奏底和江南、江西等地河工事务清册、船只清册，以及治理黄河图纸。

船政：主要是江南、江西、福建等地关于购修船只、修理桥船的奏稿、清册及来往文件。

其他：有关于修理沟渠等事宜的文件。

料估所：主要是查估各坛庙工程的文件。

（7）农工商部档案全宗（全宗号—20）

农工商部设于光绪三十二年（1906 年）九月，管理国家工商事务。

公务司：分为矿务、机器局、轻工、事业学堂、工艺局、劝工陈列所、首善工艺厂七项。主要有各矿矿务章程、条例，煤、金、铅、硝、磺、石油等矿开办情形的文件，江南、金陵、四川等地机器局造报购买物料清册，各商请设玻璃、织呢、皮毛、自来水公司的文件，各实业、矿务学堂章程，工艺局、权衡度量局、劝工陈列所、首善工艺厂等经费核算、预决算、陈列物品及销售产品方面的文件。

（8）黑龙江将军衙门档案全宗（全宗代号—30）

矿务：有发现煤矿、煤苗的报告，查禁私挖矿藏的命令和报告，黑龙江金矿各把头花名册，上工停工填给印票、缴金发价日期数目清册等文件。

（9）会议政务处全宗档案全宗（全宗代号—35）

工矿：有北洋、江南、上海、四川、山东、山西、河南等省设立机器局，山西、甘肃、安徽等各省设立工艺场、工艺局或农工传习所，京师设立劝工所、陈列所、南洋劝业会、博览会，上海、湖北设立毛呢厂等的文件；还有度支部《印刷局章程》、《造币厂章程》等文件；有山西、广西、山东、安徽等省开办煤矿、乌里雅苏台开采金山金矿、湖南开办铅矿以及农工商部变更续定《矿务章程》等文件。

（10）晖春副都统衙门档案全宗（全宗号—33）

晖春副都统衙门档案中科技档案分两部分：农业和其他。其中在其他类里有关于手工业的记载报告。

2. 其他各省、市有关部门收藏的明清手工业档案

（1）内蒙古自治区档案馆

赤峰市档案馆，赤峰州正堂档〔档号—1（2）〕：直隶工艺局札饬筹办工艺的文件。

（2）吉林省档案馆

吉林省劝业道档（档号—1 目 10）：各府、厅、州、县呈报的各项实业统计表，农业、蚕业、林业、渔业、荒务、垦务等方面的文件，关于劝业道管理各工厂的文件，劝业道关于三姓金矿局、磐石铜矿局的文件，关于铁路建设、内河航运、邮政、驿站等方面的文件。

工司档（档号—8）：修建房屋、修理桥梁、船只及需用工料修理枪械等文件。

吉林饷捐局档（档号—41）：商民呈请开采煤矿、领执照、派人勘查煤矿开采情形的文件。

（3）黑龙江档案馆

黑龙江将军衙门档（档号—旧20）：军械修造的文件，抚恤、赈灾方面的文件。

（4）浙江省绍兴县档案馆

清朝档案（零散档案，未编）：光绪三十四年绍兴土产茶叶、麦冬、工艺品铁花灯挂屏送商业部专利。

（5）湖北省档案馆

汉冶萍煤铁厂矿股份有限公司档（档号—LS56）：汉冶萍商办调查史稿、厂矿发展的照片，开采矿石、煤炭、营运煤焦、冶炼钢铁的文件。

（6）湖南省长沙市档案馆

明清档案汇集（档号—1）：治蝗、水口山铅锌矿等文件。

（7）甘肃省档案馆

甘肃制造局、甘肃机器厂（未编）：甘肃制造局、甘肃机器厂是中国最早的近代企业之一，由左宗棠奏请创办的官办枪炮修造厂。全宗档案起止年度：同治十一年（1872年）至宣统三年（1911年）。实有卷（件）数39卷。档案内容概述：筹建工厂及资金来源的报告，厂长人选任免状，建厂及厂址变迁日期、征用民地勘定厂址、土地登记、工厂平面图、奠基典礼图片，工厂设备概况、组织规程、创业、产量计划、工资报表等。

（8）青海省档案馆

清循化厅全宗汇集（档号—9、10、11）：军器机械制造管理等方面的文件，农牧林业、垦荒开渠的文件，有关交通运输、修缮城垣、桥梁河道、庙宇衙署等文件。

（二）明清时期官样、标准类和图样手工业档案

1. 陶瓷官样档案

官窑起自唐，有两种含义，一是指贡器，一是指官厂。官窑多有贡器，少有官厂，采取的形式是“官监民烧”，烧出的瓷器“千中选十，百中选一”，进贡给统治阶级。这种瓷器就叫做贡瓷和官窑。尽管明清之前已经有了官窑制度，但是至今为止，发掘出明清之前的官窑遗址少之甚微。对于其官窑遗址缺乏考古发掘地资料和充足的文献资料的支撑，因此我们这里要谈的陶瓷官样档案，主要以清陶瓷官样档案为主。

清代是中国制瓷史上的集大成时期，其制瓷水平达到了前所未有的高峰。受等级森严的封建统治制度和制瓷历史传统影响，清代的官窑瓷器和民窑瓷器的款识在题写上也有一定的惯例，同时又新开创了金彩、墨彩、珐琅彩等题写工艺，而且各种堂名款、花押款、吉语款也更为多样。以康熙朝为例，其官窑款多为“大清康熙年制”六字两行或三行青花楷书款，晚期有少量篆书款。前期常见干支纪年款，如“康熙辛亥中和堂制”等。如现在陈列于中国历史博物馆中的有一对康熙青花杯，落款为“大清丁未年制”，是康熙六年的瓷器。珐琅彩器上书“康熙御制”四字楷书料款。其字体前期宽

大，笔划粗重挺拔，顿捺明显。

雍正官窑款主要是“大清雍正年制”六字两行楷书青花双圈款，也有双方框款，还有是多用于单色釉瓷上的三行六字篆书款。从字体上分析，雍正款识由专人题写，所以各类瓷器上的字体大致相同。楷书款早期为三行双圈，晚期为双行双圈或双框。“雍正年制”四字篆书刻款主要用在仿钧、炉钧和茶叶末等器物上。“雍正年制”或“雍正御制”四字楷书堆料款仅用于珐琅彩瓷。雍正细路民窑器大多数落各种堂名款，如“正谊书屋”、“百一山房”、“澹宁堂”、“望吟阁”等。一般民窑器款则复杂多样，如用灵芝、香炉、团花款、方块款、豆腐干款、四朵花款等。

乾隆朝瓷产量极大，官窑款用得最多的是“大清乾隆年制”三行六字篆书款。款字一般以青花书写为主，但亦有抹红写款，在白瓷、茶叶末、珊瑚红等特殊器物上往往用“大清乾隆年制”六字三行刻款。

嘉庆官窑器一般都用“大清嘉庆年制”三行六字篆书款，主要为青花、无栏框。亦有少量楷书款。粉彩器上常见抹红款。个别器物用刻划款。

道光官窑器一般以“大清道光年制”六字三行篆书青花款为主，也有抹红款及描金款。茶叶末、炉钧釉等器物上则为六字刻款。个别粉彩器上偶见“道光年制”四字红地描金篆书款。道光时期落有堂名款的如“退思堂制”、“山解竹主人造”等，大多是精品。慎德堂是道光皇帝读书的地方，后期也成为道光皇帝处理政务的地方，故题有“慎德堂制”红款的道光朝瓷器应是道光皇帝的御用瓷。

咸丰及其后的同治、光绪、宣统各朝再次兴起楷书题款风气，大多为六字双行或六字三行“大清××年制”款。款外均无圈框，字体工整，清秀修长，有青花、红彩、金彩、墨彩及刻款等形式。这一时期篆书款不多。其中光绪时署有“大雅斋”、“天地一家春”及“长春同庆”、“永庆长春”等款的官窑器最为精致。

2. 工程标准方面的档案

工程标准方面的档案包括水利档案、土木工程档案、器物制作工程档案等（见表5-2）。

清政府有关部门编制的标准文件较前朝多而且很规范。当时较复杂的工程，都要报工部审核。

表 5-2　清代手工业标准档案一览表①

文件名称	卷数	著述者	年代
《乘舆仪仗做法》	二卷	不著撰人氏名	乾隆十三年
《工程做法》	七十四卷	果亲王允礼等撰	雍正十二年
《物料价值则例》	二百二十卷	陈宏谋等奉敕撰	乾隆三十三年
《武英殿聚珍板程式》	一卷	金简等奉敕撰	乾隆三十八年

① 清史稿［M］.

续表

文件名称	卷数	著述者	年代
《内廷工程做法》	八卷	工部会同内务府撰	雍正十二年
《简明做法》	无数卷		
《圆明园工部则例》	不分卷	不著撰人氏名	雍正十二年
《城垣做法册式》	一卷	官本	乾隆三十八年
《工部军器则例》	六十卷	刘权之等奉敕撰	嘉庆十六年
《战船则例内河》	五十八卷	官本	
《重订铁路简明章程》	一卷	商部撰	光绪二十九年
《河工器具图式》	四卷	麟庆撰	嘉庆年间
《浮梁陶政志》	一卷	吴允嘉撰	乾隆四十年
《筑圩图式》	一卷	孙峻撰	清嘉庆年

注：这些资料分别珍藏于北京图书馆、故宫博物院、历史博物馆、北京大学、清华大学等单位。

3. 工程图样档案

工程档案的形成一般比较分散。明代的六部中，工部是形成工程档案的主要部门，其形成的《工部志》中记载了如迁都北京、重建宫殿等工程资料。另外，《明太祖实录》、《明成祖实录》等史料中也都记载了有关工程建筑方面的情况。

建筑工程图样是工程档案的重要组成部分，以平面图居多。明代工部侍郎蒯祥是古代著名的建筑设计师，壮观的天安门的设计就是出自他之手。他所设计的全套天安门工程图样，至今仍完整地保存在北京图书馆。除建筑图外，工官档案中还包括机械图和各种器物图。但这些图纸保存在中央政府的较少，多保存在下层工官部门中，较分散，保管条件也较差。因此，以原件形式遗存下来的较少。清代工部设有都水司，其职责之一是防治水患。所以，现今所存的清工部档案中就包括治理黄河的奏折、题本及黄河河源图、河道图、工程图等大量珍贵的图纸，共计 23 000 件 1800 万余字。

第三节　中国古代手工业档案的间接遗存

在中国古代劳动人民的不断探索和不断进步中，劳动生产是人们改造世界和认识世界的必要途径。而在这个过程中，工具的制造、生活用品的更新和使用等，都为中国古代社会的进步和科学技术的发展提供着必要的条件。正因为手工业与人们的生产生活休戚相关，所以中国古代手工业材料常常以非原件形式被大量的记录在各行各业的文献中。如中国古代有编史修志的优良传统，在官修史书中，手工业作为官方的一项活动常被记载于其中。再如中国留存下来的方志，其档案间接遗存内容丰富、种类复杂，就其总体特点来说，主要是记叙各地生产、生活、地理等情况，所以手工业档案的内容也成为其记载的对象。

就目前的研究成果来讲，单纯论述手工业方面的著作十分少见，但是各种综合性著作中关于手工业的内容，也是不能忽视的。如曾公亮的《武经总要》、北宋沈括的《梦溪笔谈》、明末宋应星的《天工开物》等。我们这里论及的间接遗存的手工业档案，主要以官著、官方名义私人著述和地方志为主，其中地方志遗存较多。

一、先秦至魏晋南北朝时期的手工业档案间接遗存

（一）《礼记·月令》

《礼记》是一部儒家经典，它在经学中的地位早有定论。《礼记》是西汉武宣时代礼学家戴圣编定的49篇本，是先秦儒家学术论文汇集，非一人一时所著。它包含了从孔子直到孟、荀各家各派的论著，其中皆为孔子七十子后学所记，内容相当庞杂。大多写就于春秋战国时代。文中反映的基本内容多系先秦古制，其中录有一些孔子言论或其弟子对孔子思想真谛的发挥，即使有个别篇章是秦汉儒生所撰，但其基本内容也都是对先秦古制的追记。书中包含了古代礼制和当时社会生活情景的内容；另外也有治国方略、手工业技术等，在《礼记》中都有专门篇章论述。

《礼记·月令》记载仲冬酿酒的要领："乃命大酋，秫稻必齐，麹蘖必时，湛炽必诘，水泉必香，陶器必良，火齐必得，兼用六物，大酋监之，无有差贷。"即准备好高粱和稻谷，及时培养麹和蘖（酵母），浸谷和蒸饭要清洁，水要干净无味，陶器要精良，温度要控制得当。当时人们已能辨五齐（泛齐、醴齐、盎齐、醍齐、沉齐，即酿酒时发酵进展的五个阶段）① 和三酒（引用酒、陈酒和净酒）。酒的种类也随着谷物种类的增加而增加了很多。从酿酒档案记载中可以说明，西周时人们对霉菌、酵母菌生长的规律已有所认识，酿酒技术有了显著的进步。

（二）《史记·货殖列传》、《后汉书·杜诗传》

春秋战国时期，是中国古代科学技术的奠基时期。随着奴隶制向封建制的转化，科学技术出现了前一时期所不能比拟的发展。构成后世中国古代科学技术体系的许多科学技术知识以及各种学说，都在这时形成了初始的状态与特征。

《史记》为西汉司马迁所著，是中国历史上第一部纪传体通史，全书共130篇，分为本纪、书、表、世家、列传五种形式。传记的一种，主要记诸侯之事。约成书于公元前104～前91年。《史记》贯穿古今的通史，此书记事始于传说中的黄帝时期，一直写

---

① 杜石然等．中国科技技术史稿［M］．科学出版社，1984.

到汉武帝元狩元年，叙述了中国古代3000年左右的历史。因为它客观真实的记录了当时社会的情况，给后人见证当时的社会情况提供了真实的凭证，所以说《史记》大量的反映了档案的内容。

关于冶铁术的发明，特别是生铁冶铸和柔化技术以及块炼铁渗碳钢技术的出现。在《史记·货殖列传》中均有记载，原文记："宛孔氏之先，梁人也，用铁冶为业。秦伐魏，迁孔氏南阳，大鼓铸……"这与考古汉宛城内的冶铁遗址——著名的汉铁官所在地的发现，形成了记录与实物相应证的情况①。

《后汉书》90卷，南朝宋范晔撰。《后汉书》记述起于刘秀起兵推翻王莽，终于汉献帝禅位于曹丕，详载了东汉195年的历史。写成了十纪，八十列传，原计划作的十志，未及完成。今本《后汉书》中的八志30卷，是南朝梁刘昭从司马彪的《续汉书》中抽出来补进去的。《后汉书》记录了东汉社会政治、经济、文化状况，朝代兴衰历变，历史大事件等，诸如党宦之争、党锢之祸、社会科学技术等史实，皆赖其保存记录。《后汉书》还学习了班固的《汉书》，保存了东汉学者大量有价值的论著，例如据《后汉书·杜诗传》记载："迁南阳太守……造作水排，铸为农器，用力少，见功多，百姓便之。"这里的"水排"，就是水力鼓风机，其方法是用水力鼓动排橐来冶铸铁器。联想到湖北大冶铜绿山出土炼铜炉上的风门，说不定战国时期楚人已使用人力排橐鼓风了。但以水取代人作动力，则始于杜诗。这些论著，都是研究东汉社会的珍贵史料，且对后代社会有一定的参考和实用价值，若不是范晔附录书中，恐怕早已淹没于历史长河中了。

(三)《水经·江水注》

《水经注》是公元6世纪北魏时郦道元所著。所记述的时间幅度上起先秦，下至南北朝当代，上下约2000多年。它所包容的地理内容十分广泛，包括自然地理、人文地理、山川胜景、历史沿革、风俗习惯、人物掌故、神话故事等。除了丰富的地理内容外，还有许多手工业方面的材料。诸如书中所记中外古塔30多处、宫殿120余处、各种陵墓260余处、寺院26处等。可见该书对手工业方面的研究有一定参考价值。《水经注》原有40卷，宋初已缺5卷，后人将其所余35卷，重新编定成40卷。由于迭经传抄翻刻，错简夺伪十分严重，有些章节甚至难以辨读。

魏晋南北朝时期，荆楚地区的丝织业得到普遍发展，这同该地区十分重视栽桑养蚕有关。据《水经·江水注》记载，枝江百里洲中"桑田甘果，映江依州"，夷道县湖里渊上"桑麻暗日"。《荆楚岁时记》也有载荆楚风俗云：正月十五夕，"迎紫姑，以卜将来蚕桑"，这些都客观、真实地反映了荆楚地区人民对蚕桑业的重视和当地蚕桑业之发达。

---

① 中国社会科学院考古研究所．新中国的考古发现与研究［M］．文物出版社 1984：392～467.

（四）百科全书《齐民要术》

《齐民要术》大约成书于北魏末年（533～534年），它系统总结了在此以前中国北方的科学技术。著者贾思勰，益都（今属山东）人，他将自己积累的许多古书上的农业技术资料、询问老农获得的丰富经验以及他自己的亲身实践，加以分析、整理、总结，写成科学技术巨著《齐民要术》。《齐民要术》由序、杂说和正文三大部分组成。正文共92篇，分10卷，11万字，其中正文约7万字，注释约4万字。另外，书前还有“自序”、“杂说”各一篇，一般认为，杂说部分是后人加进去的。

书中内容相当丰富，涉及面极广，不仅仅包括各种农作物的栽培，各种经济林木的生产，以及各种野生植物的利用等；同时，书中还详细把农副产品的加工（如酿造）以及食品加工、文具和日用品生产等形形色色的手工业内容都囊括在内。因此说《齐民要术》不仅仅对农业研究具有重大意义，对手工业研究也是意义重大的。

《齐民要术》记载：“黄檗浸汁，三捣三煮，以汁染纸，亦可染写好的书。”今存南北朝写本卷子，大多染潢，不生蛀虫。晋代全国各地都已用曲酿酒。《齐民要术》第7卷专门记述制曲酿酒的方法，所列举的12种造曲法，2种是碎块的散曲，10种是饼状曲。饼曲至今仍是酿高粱酒最常用的曲。《齐民要术》还记载了20种制醋法。从《齐民要术》记载：“甘蔗远近皆有……连取汁如饴糖，名之曰糖，益复珍也。又煎而曝之，既凝而冰。”可知北魏时已能制作结晶蔗糖。

达尔文曾说，他的人工选择思想形成是受到中国古代的一部百科全书的影响，指的就是《齐民要术》，可见其科学价值的重要性（主要参见本书第四章农业档案部分）。

二、隋唐五代宋辽金元时期的手工业档案间接遗存

（一）《隋书·食货志》

唐武德四年（621年），令狐德棻提出修梁、陈、北齐、北周、隋等五朝史的建议。次年，唐朝廷命史臣编修，但数年过后，仍未成书。贞观三年（629年），重修五朝史，由魏征“总知其务”，并主编《隋书》。《隋书》是现存最早的隋史专著，也是《二十五史》中修史水平较高的史籍之一。《隋书》共85卷，其中帝纪5卷，列传50卷，志30卷。本书由多人共同编撰，分为两阶段成书，从草创到全部修完共历时35年。《隋书》的史志部分，多达30卷，包括礼仪、音乐、律历、天文、五行、食货、刑法、百官、地理、经籍十志。这十志不仅叙述了隋朝的典章制度，而且概括了梁、陈、北齐、北周的政治、经济情况，有的甚至追溯到汉魏。例如《食货志》记载了自东晋以来的

工匠等级制度和货币制度。

在隋唐时期，荆楚地区冶金铸造的工艺水平主要是通过铸钱业体现出来。及至五代，则以“九炼钢”的出现为其主要标识。《隋书·食货志》记载：“十年（590 年）诏于晋王广听于扬州立五炉铸钱。”“十八年（598 年）诏汉王谅听于并州立五炉铸钱。是时江南人间钱少，晋王广又听于鄂州白纻山有铜矿处，锢铜铸钱。于是诏听置十炉铸钱。”鄂州新建铸钱炉数竟是当时国家财赋重地扬州、并州两地新建炉数之和，说明当时鄂州铸钱业规模很可能居全国之首。从鄂州增置铸钱炉的直接原因是“江南人间钱少”而东南又有铸钱基地，鄂州所铸之钱当大部分在荆楚地区流通。对此，考古发现也提供了佐证：在今湖北武汉市武汉测绘科技大学校园内，发现了十余枚隋代的五铢钱①；在今湖南长沙发掘的隋墓中，也有隋代五铢钱出土，它们很可能是鄂州的产品②。据《隋书·食货志》记载：“是时见用之钱，皆须和以锡镴。”“锡镴”，即铅与锡的合金，据现代科学技术检验和有关专家研究，隋代五铢钱中铅、锡含量总和高达 30%，高于此前历代③。高铅、锡含量的五铢钱外观呈白色，是其不足之处；但“锡镴”比例的提高又是解决铜原料不足的有效途径之一。唐朝鉴于隋朝所铸五铢钱的利弊，采取了更加科学的措施：一方面适当降低铅、锡含量以防外观泛白；另一方面又明确规定了铸钱必须加入“锡镴”以节约铜源，从而开创了对铜钱的成色予以规定的制度。这是中国铸钱制度上一个明显的进步④。

（二）《新唐书·地理志》

《新唐书》是记载中国唐代历史的纪传体史书。全书 225 卷，包括本纪 10 卷，志 50 卷，表 15 卷，列传 150 卷。北宋宋祁、欧阳修等撰。《新唐书》所增列传多取材于本人的章奏或后人的追述，碑志石刻和各种杂史、笔记等也被采辑编入。

唐代，荆楚地区已成为全国矿产采、冶、铸的中心之一，各种金属的冶炼基地与铸造工场一应俱全。据《新唐书·地理志》记载：鄂州之江夏、岳州之巴陵、蕲州之广济和蕲水为铁之采冶基地，鄂州永兴为铜之采冶基地，武昌为银、铁和铜之采冶基地。矿冶规模以武昌一带为大。武德年间，李孝恭出任荆州大总管，也曾“创立铜冶，百姓利焉”⑤。

因为北宋时期政治稳定、社会安宁，在史料收集整理上，有许多在战乱时期不易收集到的史料，到北宋初年都得到了征集和整理。在《新唐书》的《食货志》里增加了

---

① 武汉市文物管理处，武汉测绘学院隋墓发掘简报［J］. 江汉考古，1984（1）.

② 湖南省博物馆，长沙两晋南朝隋墓发掘报告［J］. 考古学报，1959（3）.

③ 杨国梁等. 隋代五铢白钱化学成分学成分的研究［J］. 化学通报，1983（2）.

④ 萧清. 中国古代货币史［M］. 人民出版社，1984：176～180.

⑤ 旧唐书·河间王孝恭传［M］.

唐朝屯田、和籴、矿冶等资料；《地理志》也记载各地河渠陂堰的灌溉情况和各州的土特产，也都是他书少见的珍贵史料。也正是因为这些史料的汇集，使《新唐书》在某些史实考证方面作为间接遗存的手工业档案略胜其他资料一筹。

（三）《梦溪笔谈》

北宋沈括（1033～1097年）所著《梦溪笔谈》一书，是中国11世纪举世闻名的一部科学巨著。沈括，字存中，钱塘（今浙江杭州）人，北宋著名科学家、政治家。晚年居润州（今江苏镇江），筑梦溪园闲居。这期间，据其科学实践与平生见闻，著成本书。

《梦溪笔谈》包括《笔谈》、《补笔谈》、《续笔谈》三部分。《笔谈》26卷，分为17门，依次为“故事、辩证、乐律、象数、人事、官政、机智、艺文、书画、技艺、器用、神奇、异事、谬误、讥谑、杂志、药议”。《补笔谈》3卷，包括上述内容中11门。《续笔谈》一卷，不分门。全书共609条，内容涉及天文、历法、气象、地质、地理、物理、化学、生物、农业、水利、建筑、医药、历史、文学、艺术、人事、军事、法律等诸多领域。就性质而言，《梦溪笔谈》属于笔记类。因为沈括本人具有很高的科学素养，他所记述的科技知识，也就具有极高价值，基本上反映了北宋的科学发展水平和他自己的研究心得，因而被现代人誉为“中国科学史上的坐标”。

例如，《梦溪笔谈·卷十八·技艺》正确而详细记载了“布衣毕昇”发明的泥活字印刷术，这是世界上最早的关于活字印刷的可靠史料，深受国际文化史界重视。此外，北宋其他一些重大科技发明和科技人物，也因为此书之记载而得以传世。如记载喻皓《木经》及其建筑成就，水工高超的三节合龙巧封龙门的堵缺方法，淮南布衣卫朴的精通历法，登州人孙思恭释虹及陆龙卷，河北“团钢”、“灌钢”技术，羌人冷作冶炼中对“瘊子”的应用，“浸铜”的生产等，均属手工业史上珍贵史料。《梦溪笔谈》对北宋的手工业技术成就的记述，已足以使其名垂青史。非但如此，该书还记录了沈括自己的许多闻见，这进一步推进了北宋的科学发展。

例如《梦溪笔谈》记载：“信州铅山县（今江西铅山）有苦泉，流以为涧。挹其水熬之，则成胆矾。熬胆矾则成铜；熬胆矾铁釜，久之亦化为铜。水能为铜，物之变化，固不可测。”在沈括生活的时代荆楚东南的铅山一带已能用胆水炼铜①。据《梦溪笔谈·补笔谈》记载，张忠定令鄂州崇阳县时，“诱之使种桑麻。自此，桑麻特盛于鄂、岳之间”。

根据北宋沈括在《梦溪笔谈》中的记载，《木经》是一部关于房屋建筑方法的著作，也是中国历史上第一部木结构建筑手册。令人遗憾的是，这部书后来失传了。但尽

① 梦溪笔谈·卷二五［M］.

管如此《梦溪笔谈》中关于《木经》的记载，还是记录了当时建筑技术的高超水平，而且这些记载也对后来建筑技术的发展有很大影响。大约一百年以后，由李诫编著的，被誉为“中国古代建筑宝典”的《营造法式》一书，在很多部分上都是从《木经》上参照的。

这些记录均可说明《梦溪笔谈》不愧为一本中国古代科技典籍。遗憾的是《梦溪笔谈》宋本今已不存。据南宋乾道本重刊的版本，我们尚可窥宋本旧貌，亦为现存最早版本。书为蝴蝶装，开本宏朗，版心极小，刻印精致，书品佳妙，在元代刻本中独具特色。元明时期秘藏宫廷，书中钤有“东宫书府”、“文渊阁”等印。以后流入民间，为藏书家陈澄中所得。1965 年，在周恩来总理关怀下，这部稀世珍本由香港购回。

（四）《宋史·食货志》

“食货志”是中国纪传体史书中专述经济史的篇名。语出《尚书·洪范》：“八政：一曰食、二曰货。”《史记·平准书》开食货志先河，《汉书》始称食货志。以后各史食货志篇章渐多，《宋史·食货志》有 20 余种子目。分别记述了田制、户口、赋役、漕运、仓库、钱法、盐法、杂税、市籴、会计（国家预算）等制度，是了解宋代的经济政策和当时社会手工业经济状况的重要史料。

宋代，荆楚地区的冶铸业以铁、金、银等行业最为发达。据《宋史·食货志》所记天历元年岁课表明，湖广的铁在全国居第 1 位，且遥遥领先；金和银均占全国第 2 位，同第一位的距离并不太大。“铁产徐、兖、相三州，有四监；河南、凤翔、同、虢、仪、蕲、黄、袁、英九州，兴国军，有十二冶；晋、磁、凤、澧、道、渠、合、梅、陕、耀、坊、虔、汀、吉十四州，有二十务；信、鄂、连、建、南剑五洲，邵武军，有二十五场。”

（五）官修兵书《武经总要》

曾公亮著《武经总要》，是中国现存的最早一部官修兵书。它是宋仁宗时依照以往官修正史的组织形式，专门设局，由翰林学士丁度和曾公亮总领一班通晓军事的文人于 1040 年编写而成的。这部书可谓中国历史上第一部军事百科全书，它在许多方面具有始创性，言前人所未言，发前人所未发，对于研究中国军事学术史和兵器史有着重要的参考价值。

《武经总要》分前、后两集，每集 20 卷。其中前集的 20 卷详细反映了宋代军事制度，包括选将用兵、教育训练、部队编成、行军宿营、古今阵法、通信侦察、城池攻防、火攻水战、武器装备等，特别是在营阵、兵器、器械部分，每件都配有详细的插图。这些精致的图像使得当时各种兵器装备具体形象地层现在我们面前，反应了当时手工兵器的高超水平，是研究中国古代兵器史的极宝贵资料。后集 20 卷辑录有历代用兵故事，保存了不少古代战例资料，分析品评了历代战役战例和用兵得失。

《武经总要》一书所开创的兵书编纂体例，对后世影响很大。从该书的兵器制造、使用角度来看，当时的军械生产水平已经达到了很高的水平。特别是第 10 ~ 13 卷，如《攻城法》、《水攻》、《水战》、《守城》等攻战篇，不但记录了与这几种战法有关的兵器装备，还有防御工事和战舰的情况。第 13 卷《器图》，集中了当时军队的各种武器装备，每一件都有清晰的插图。仅第十至第十三卷的四卷中，就附有各式插图 250 幅以上，图上还以楷书注有详尽的器物名称、使用方法等文字说明，是研究中国古代兵器手工制造史极为重要的资料。

（六）工程制度汇编《河防通议》

宋金元三代治理黄河的工程规章制度汇编。这些规章制度在施工实践中应用了 300 多年。原著者沈立，在宋庆历八年（1048 年），搜集治河史迹、古今利弊，撰著《河防通议》。原书已失传。现存残本为元代色目人赡思（清代改译为沙克什）于至治元年（1321 年）根据当时流传的所谓“汴本”，其中包括沈立原著和宋建炎二年（1128 年）周俊所编《河事集》，以及金代都水监所编另一《河防通议》即所谓“监本”，加以整理删节改编而成，《元史 · 赡思传》称作“重订河防通议”。共上、下两卷，除赡思自序外，分为河议、制度、料例、功程、输运、算法六门，分别记述河道形势、河防水汛、泥沙土脉、河工结构、材料和计算方法以及施工、管理等方面的规章制度。此书流传版本有《四库全书》本等，较通行的有 1936 年商务印书馆《丛书集成》本、中国水利工程学会《中国水利珍本丛书》本。

三、明清时期的手工业档案间接遗存

（一）明清时期的官修手工业著作

1. 火器专著《火龙神器阵法》

明永乐十年（1412 年），平苗大将军爵东宁伯焦玉著成《火龙神器阵法》。明代继承宋元时代形成的燃烧性、爆炸性和抛射性火器，火器产量很大，焦玉在此基础上著成这部明代关于火药、火器技术的专著。《火龙神器阵法》作为中国较早的一部火器专著，反映了明代早期火器发展状况和技术水平，保留了许多重要资料，在中国古代军事技术史和军事思想史上均有重要地位。所以说这部专著也是手工业档案中的瑰宝。

《火龙神器阵法》书中详细记述了火药的配置、火种的种类、性能与使用方法。如火药的配制与以前相比，火炮的火药成分减少，由 14 种减为 4 种，由复杂到简单，配制更趋合理，提高了速燃性，增大了威力。书中还指出了配制火药时应注意药性的特点和作战的需要，以备熟悉药性的作用，得火攻之妙。该书记载了 40 多种新式火器的文图，这些大多是当时世所罕见的先进火器，对这些火器使用的一般原则、阵法，书中做出了系统的总结，反映出火器大量装备军队后的军事思想发展特点。该书详细地记录了明代军队装备火器的制法、图谱和战法，该书所录大都是“武经”不载，为当时世所罕传的先进火器，所以不能公开刊印，仅靠民间抄本流传下来。多手绘图，此书世无刻本，只有抄本流传，较为少见。《火龙神器阵法》一书为线装，全一册，53 页 106 双面，开本 16.5 厘米 ×25 厘米，部分书角有缺损伤字，已经专业人员修补。

2. 漆工专著《髹饰录》

中国现存唯一的古代漆工专著。作者黄成，号大成，安徽新安人，是明隆庆（1567～1572 年）前后的名漆工。书中总结了前人和他自己的经验，较全面地记述了有关髹饰工艺的各个方面。此书在天启五年（1625 年）又经嘉兴西塘漆工杨明（字清仲）逐条加注，并撰写了序言，内容更加翔实。1927 年经朱启钤根据流传在日本的抄本刊刻行世。《髹饰录》分乾、坤两集，共 18 章，186 条。乾集主要讲漆工原料、工具及设备，兼及漆器容易发生的弊病和病因；坤集主要讲漆器分类和各类的不同品种，并涉及制作方法。

《髹饰录》久已被公认为漆工艺的经典著作。其重要性及特点在于列举品种甚为繁多，且所讲漆器不限于明代，往往上溯古法，描述唐宋或更早的制作，因而也是研究漆工史的重要文献。古代漆器有不少制法失传，有的甚至只知其名甚或连名称也前所未闻，端赖此书使后人得以挖掘。书中为漆工艺提出了比较合理的分类，为漆器定名提供了依据。此外还设专条论述漆器的修复（如第 185 条补缀）。黄氏主张，修复要恰到好处，防止古漆器因修复不当而遭破坏。这和现在修整文物的原则是完全符合的。

但就是这样一部重要的科技著作和它的作者、注者，在封建统治者的心目中却如同脚下的小草一样不屑一顾，不但《四库全书》中未收此书，在明史里也未列传，甚至连地方志都未予以记载，当然也就更无人关心此书的刊刻付梓了。此书现被保存于日本。

3. 工艺百科《天工开物》

《天工开物》初刊于 1637 年（崇祯十年）。是中国古代一部综合性的科学技术著作，作者是明朝科学家宋应星。其在书中强调人类要和自然相协调、人力要与自然力相配合。此书是宋应星在任江西省分宜县教谕期间，将他平时所调查研究的农业和手工业方面的技术整理成书，在崇祯十年由其朋友涂绍煃资助出版。

《天工开物》记载了明朝中叶以前中国古代的各项技术。全书分为上中下三篇 18

卷。并附有121幅插图，描绘了130多项生产技术和工具的名称、形状、工序（见表5-3）。

表5-3　《开工天物》中手工业技术简介表

上　篇	中　篇	下　篇
乃粒：关于粮食作物的栽培技术	陶埏：砖、瓦、陶瓷的制作	五金：金属的开采和冶炼
乃服：衣服原料的来源和加工方法	冶铸：金属物件的铸造	佳兵：兵器的制造方法
彰施：植物染料的染色方法	舟车：船舶、车辆的结构、制作和用途	丹青：墨和颜料的制作
粹精：谷物的加工过程	锤锻：用锤锻方法制作铁器和铜器	麴蘖：做酒的方法
作咸：介绍盐的生产方法	燔石：石灰、煤炭等非金属矿的生产技术	珠玉：珠宝玉石的来源
甘嗜：种植甘蔗及制糖、养蜂的方法	膏液：植物油脂的提取方法	
	杀青：造纸的方法	

《天工开物》是世界上第一部关于农业和手工业生产的综合性著作，被欧洲学者称为“技术的百科全书”。它对中国古代的各项技术进行了系统地总结，构成了一个完整的科学技术体系。对农业方面的丰富经验进行了总结，全面反映了工艺技术的成就。书中记述的许多生产技术，一直沿用到近代。

《天工开物》先后被翻译成多种文字，但是在国内却由于清朝的文字狱长期失传。英国科学家李约瑟将《天工开物》的作者誉为“中国的狄德罗”，法国汉学家儒莲将《天工开物》称为“技术百科全书”。此书在1920年代才从日本传回来，后来在浙江宁波发现了初刻本。

（二）明清时期的重要私家手工业著作

1. 画裱专著《装裱志》

明代嘉庆、万历年间（1522～1620年），装裱工艺家周嘉胄在研究了江南地区的装裱工艺后，著成《装裱志》一书，该书是一部有关画裱的专著。在书中，作者首先认为装裱对于书画具有“名迹存亡”的意义，以此为基础，提出装裱艺人应具备的四项标准，即：补天之手、贯虱之睛、灵慧虚和、心细如发。至于装潢技法，作者认为在装潢之前首先要审视古书画迹的“气色”，然后使用有具体标准的纸、绫、绢、糨糊、轴头等装裱材料，采用一定的工艺形式和规格，运用洗、揭、衬边、小托、补、上帖、上杆、安轴、下壁、覆、攒、镶、贴签、囊、染古绢等装裱技术，对古书原画进行艺术的装潢加工，并对各种装裱材料、工艺规格以及装裱技法，进行了具体的描述。

《装裱志》一书是作者对前人装裱技术的总结，也是作者对本人装潢实践的经验积累。书中对于装裱的知识、思想和原则，对今天的书画装裱仍然有很重要的借鉴意义。

2. 匠师专著《鲁班经》

《鲁班经》成书于明代，具体年代不详，流行至清代。全名为《新镌京版工师雕斫正式鲁班经匠家镜》。系将中国南方民间流传的有关房屋、家具及生活用具木工口诀传抄合订成书，内容多摘抄各类有关书籍和收集中国民间建筑经验而成。编撰者不详，因鲁班被后世尊为建筑木匠和木匠师祖，故托以鲁班之名。是中国古代民间房屋营建和家具制造之木工工艺大成。《鲁班经》有文 3 卷，着重编入营建业务所必备的知识、材料，包括择吉、符咒等风水迷信内容。其卷 1 起自鲁班仙师漂流，止于凉亭水阁式，内容为民间房屋营建的大木工技术口诀；卷 2 起自仓敖式，止于围棋盘式，内容包括建筑、畜栏 13 条，家具 34 条，日用器物 16 条；卷 3 含起造房屋吉凶图式 72 例，内容多为阴阳五行迷信之说，附录内容比较庞杂，但大多与房屋营建的迷信活动有关。

《鲁班经》是古代民间匠师的职业用书，所记载内容对研究宋代以后中国民间匠师业务职责范围、施工仪式程序以及某些行帮规矩、明代建筑用具等，都具有较高史料价值。书中有关家具的内容主要是叙述家具的下料和家具制作的构件尺寸，因此是研究明式家具不可多得的重要文献。《鲁班经》的传世版本主要有明万历年间刻本和崇祯年间刻本。前本插图线条流畅，姿态生动，画面完美，但为残本，现藏于国家文物局。后本是现存各版本中最完整的一部，插图亦甚精美，但人物衣纹缺乏变化，艺术性稍逊于前本。

第四节　中国古代手工业档案的科技文化价值

中国古代手工业档案是的珍贵的科学技术资源，是国家宝贵的历史文化财富。其对促进社会的科学技术、生产的发展和社会生产力的提高，有着重要的现实作用和长远的历史考查价值。手工业技术是逐步发展的，就当时社会来说，手工业档案就是人们认识自然、改造自然和利用自然的能力由低级向高级逐步发展的重要工具。而对于后人来说，手工业档案是唯一直接记录和储备手工业技术原生信息的形式。手工业档案具有知识储备和依据凭证功能，也是科技研究工作和设计工作的必要条件，是进行科技交流的工具，同时也能促进生产力的发展和提高经济效益。现从几个方面来举例具体说明：

一、中国古代手工业档案遗存的史料价值

中国古代手工业档案可以反映中国古代各个时期的手工业历史。利用其进行中国古代手工业研究，有助于深刻认识中国古代封建社会的社会实态和本质，以及中国历史经济发展进程中的一些重要问题。如秦代的标准化文件《工律》、《司空律》、《效律》等，它们是秦代有关手工业生产的律令。其系统性和具体性在同类档案中是罕见的。汉

代手工业档案中的骨签档案，使我们对汉代手工业的生产、制作、管理情况了如指掌。而编纂于春秋战国时期的《考工记》作为中国目前所见年代最早的手工业技术文献，则从大量的手工业生产技术、工艺美术资料等方面记载了一系列的生产技术、生产管理和营建制度。它标志着中国古代手工业档案进入了记录详细、管理完善、制度规范的时代。这些档案的学术价值在于，使我们可以从技术和管理两方面入手，深入、具体地解剖中国古代手工业的发展实态，探讨中国古代手工业管理的一些规律性问题。

先秦甲骨档案又被喻为“中国古代手工业的历史标本”。它对于我们微观的、动态的去研究当时社会的经济结构、手工业水平和发展进程等重要的历史问题，都起到了凭证的作用。再如，中国第一历史档案馆收藏的明清的奏折、朱批等，其中涉及手工业的档案原件都是在当时社会中解决各种类型的手工业情况中真实、客观、全面的概述，真实地反映了中国明清时代手工业的历史。

中国古代手工业档案遗存更是研究技术史不可缺少的史料。如《圆明园工部则例》对于我们后人还原当时的圆明园盛况，有很高的借鉴价值。再如在一些重大学术理论知识和技术结合的问题上取得了重大成果，根据北宋苏颂著的《新仪象法要》，中国历史博物馆在王振铎的主持下复原了水运仪象台。在复原研究的过程中证明，书中一点一线都有根据，尺寸大小精确无误。

二、中国古代手工业档案遗存的文化价值

手工业档案属于历史档案的范畴，它翔实的记录了古代人们在社会实践活动中大量的手工业技术和知识等事实，包括成功的经验和失败的教训。可以说手工业档案是中国古代人民智慧的结晶、文化的凝聚物和集合体，因此其具有颇高的文化价值。手工业档案的内容涉及整个中国古代社会的各行各业及其文化领域，而对于中国古代手工业档案的研究，又包括对当时社会的经济、文化、科技甚至道德等方方面面的研究。手工业档案的文化价值主要表现在具有两方面的作用：

一方面这种作用表现为文化的“内化”。即使人们通过中国古代手工业档案遗存，了解、掌握手工业的本质——手工业技术的行为准则、操作标准等。手工业档案记载了手工业从形成、发展到技术规范的过程，体现了手工业档案的“内化”作用——文化教育作用，它不断完善，规范手工业操作者的技术标准和行为道德规范。如清政府有关部门编制的标准文件较前朝多而且很规范，包括《乘舆仪仗做法》、《工程做法》、《物料价值则例》、《武英殿聚珍板程式》、《内廷工程做法》、《圆明园工部则例》、《城垣做法册式》、《工部军器则例》、《河工器具图式》等，它们作为中国古代手工业标准和规范的标准文件，也是今天我们现代化手工业规范技术的利弊之鉴。

另一方面档案是知识的结晶、文化的历史积淀，通过手工业档案信息的传播可以获取有益的经验和知识。中国古代手工业档案内容丰富、技术精湛、历史久远。开发、整

理、传播这些手工业技术，吸取其中有益的手工业知识，可以使其中的手工业史料和手工业技术为今天的人们服务。如古代漆工专著《髹饰录》，作者黄成总结了前人和他自己的经验，较全面地叙述了有关髹饰工艺的各个方面。此书在天启五年（1625年）又经嘉兴西塘漆工杨明逐条加注，并撰写了序言，内容更加翔实。书中为漆工艺提出了比较合理的分类，为漆器定名提供了依据。近年来，利用古代手工业档案编辑出版的近现代手工业书籍不胜枚举。

除了技术方面的传播，在文化理念上，创新精神也是我们今人应学习继承的。对于提升了现在社会的手工业文化的理性思维有很大的帮助。

三、中国古代手工业档案遗存的经济技术价值

从经济技术的角度看，中国古代手工业档案遗存具有潜在的经济技术信息价值，对其充分挖掘全面利用，可以在市场经济条件下，使手工业档案的经济技术价值得到更加充分的体现，所以很多专家都用“铁皮柜中解放出来的生产力”来生动、形象的比喻档案的经济价值①。

如我们从手工业档案蕴涵的丰富经济信息，可以看出一个地方的历史沿革、行业发展、产业兴衰、企业存亡以及当地的风貌变化，为投资提供更加理性的参考和借鉴。而对于各种传统工艺的复原、发展，使之古为今用，生产出许多具有较高经济技术价值的产品来。例如：从明朝文献的《格古要论》的下卷古窑器、古漆器中，我们可以对闻名遐迩的中国传统手工业品——景泰蓝进行考证、鉴赏和研究；而从清宫造办处档案中《各作成做活计清档》，我们可以“再现”当年景泰蓝的制作工艺流程。再如：清代专著《陶说》、《陶雅》、《古陶瓷考》、《说瓷》等，为我们鉴评、研究和发展陶瓷业都提供了大量珍贵的经济技术资料。

总的说来，中国古代手工业档案遗存都是具有多重价值的。其不仅仅同其他各中国古代档案一样是中国历史的真实凭证，其更是“先人”留给我们为现今社会和人们服务、创惠的“传家宝”。中国古代手工业档案是中国历史档案的重要组成部分，更是伟大中国在现代化进程中不可缺少的重要组成部分。

① 谢真珍．市场经济条件下档案价值的思考［J］．商场现代化，2006.

第六章　中国古代建筑档案遗存及其科技文化价值

在世界三大建筑体系（中国建筑、欧洲建筑、伊斯兰建筑）中，中国建筑是其中延续长、流域广、成就辉煌的一系。从中国最早的建筑产生到中国古代社会结束几千年的时间里，中国建筑始终完整地保留和发展了体系的基本性格。但是由于建筑材料自身的生命期和其他的社会原因，目前尚存于世的古建筑无论是从数量上还是质量上都不能满足人们深入研究中国古建筑的需求。而遗存下来的古代建筑档案无疑弥补了现存古建筑的不足，为我们研究中国古代的建筑文化打开了另一扇窗。随着对古建筑和古文献研究的深入，现存古建筑档案的科技文化价值也越来越受到各界的重视。

中国最早的史前建筑，诞生于距今约 1 万年的旧、新石器时代之交，即原始农业开始出现，人们的定居要求开始增强的时候。最早显现出初步的关于美的也即广义艺术要求的建筑，则出现于公元前 4000 年新石器时代中期，而建筑档案的产生和管理出现的时间要更晚。可以说建筑档案在中国古代经历了一个从无到有、从简单到复杂的过程，各个朝代对建筑档案的管理情况也是不尽相同。

第一节　中国古代建筑档案的形成与管理

建筑档案是科技档案的一种，是人类建筑活动的产物，产生于人类的建筑活动之中，并服务于各种建筑活动。两者在逻辑上，应是先有建筑活动和技术，后有建筑档案。随着建筑活动的出现和不断发展，建筑档案逐渐形成，其主体和内容也从简单到复杂。本节将主要论述中国古代建筑档案的起源、发展和各个时期建筑档案的形成情况。

一、中国古代建筑档案的起源

“中国建筑之原始，究起自何时，殆将永远笼罩于史前之玄秘中。”① “上古穴居而野处，后世圣人易之以宫室，上栋下宇，以蔽风雨。”② 由于文献记载粗略，且一些文献记载纯属神话传说性质，因此，我们对原始社会建筑方面知识的获得主要依据考古材料。

《史记 · 封禅书》中有这样一段记载：“初，天子封泰山，泰山东北阯古时有明堂处，处险不敞。上欲治明堂奉高旁，未晓其制度。济南人公玉带上黄帝时明堂图。明堂

---

① 梁思成. 中国建筑史［M］. 天津：百花文艺出版社，2005：23.

② 易 · 系辞［M］.

图中一殿，四面无壁，以茅盖，通水，圜宫垣为复道，上有楼，从西南入，命曰昆仑，天子从之入，以拜祠上帝焉。于是上令奉高作明堂汶上，如带图。及五年修封……"①这段记载中讲了一个叫公玉带的济南人献给汉武帝一幅黄帝时的明堂图，使其能够按图造堂。按照司马迁这段记载，黄帝时就有了记载建筑物形状的工程图纸了，这不能不令人感到惊讶。

按照这段记载，图上标有大殿、楼台、围墙、道路，实在是相当完善的工程图了。按图施工修筑明堂，档案的作用亦充分显示出来。据目前的资料来看，这份黄帝时的明堂图可看作是中国建筑档案的起源了。遗憾的是这份图纸并没有保存下来，而《史记》的记载虽大多可信，但此处记载因无实物为证，也只能作为一种"说法"而已。

中国现存最早的建筑档案是1974年在河北省平山县战国中山王墓中出土的一幅铜板建筑设计平面图《兆域图》。这份图已有2400年的历史，也是世界上发现的最早的铜质建筑平面图，比国外最早的罗马帝国时代的地图早600年。《兆域图》在考古学、历史学、语言学、社会学、建筑学等方面都有研究价值，关于这幅图的具体情况，在以后的部分将做详细的介绍。

二、中国古代建筑档案的形成主体

中国古代建筑档案出现之后，随着时代和建筑技术的不断发展，其形成主体和建筑档案自身的内容也不断地发生着变化，总体来说，古代建筑档案的形成是一个从单一到复杂的过程。

在中国古代，建筑档案的形成者主要分为官方和民间两大类。如"兆域图"，在《周礼》的记载中，是一种特殊的建筑区域平面图，即墓地的平面图。"兆"是中国古代对墓域的称谓，兆域图则是标示墓地方位、墓葬区域及建筑面积形状的平面规划图。

《周礼·春官宗伯·冢人》载："掌公墓之地，辨其兆域而为之图。"（译：冢人掌管王家墓地，辨明坟兆界域，把坟墓和地形的位置画下来加以收藏）

《周礼·春官宗伯·墓大夫》载："掌凡邦墓之地域，为之图。"（译：墓大夫掌管王邦中人民的墓地，并将墓地的位置画成图加以收藏）

由上可见，当时上至王者下至百姓，其墓地都有专人管理，并画出墓地的平面图。

一些民宅等民间建筑的档案多由平民形成，而一些重大的工程如宫殿等皇家建筑，其档案由朝廷中负责此工程的部门或专门的负责人形成。如宋代的《营造法式》，由李诫奉皇帝之令，花了大量的心血，利用科技档案"参阅旧章，稽参众智"② 总结当时技术经验，于元符三年（1100年）编成书，再发往京城各部门。崇宁二年（1102年）又由政府

① 司马迁．史记：卷二八［M］．北京：中华书局，1983：401.

② 李诫．营造法式·进新修营造法式序［M］.

刊印颁行全国。此书的形成者虽为个人，但其身份却是朝廷官员，因此，属官方形成。

三、中国古代建筑档案的内容

中国古代建筑档案的内容大体上可分为以下几种：

图纸类，如1977年，在距石家庄市约75公里的平山县三汲乡村西的战国时中山国王的陵墓中，出土的一块“兆域图”铜版，便是古代墓葬的平面图。另外清代样式雷家族也形成了大量的设计图纸，保留了大量的珍贵史料。

法典性文件汇编，如唐代、明代颁布的《营缮令》和宋代的《营造法式》等，均为朝廷颁布的关于各种营造的标准，用以规范工程的各个程序。这类档案多形成在建筑工程技术已达到相当高的水平，制度也很完善的时期。

文件类，一般一项的工程从预算到设计施工，都要经过一定的请奏和审批程序，会形成大量的关于此项工程的文件，这些文件和建筑图纸一样，均是珍贵的档案。如中国第一历史档案馆内的清代内阁全宗（全宗号—02）中，就有大量的数量丰富、极具价值的建筑档案，包括关于宫殿、园囿、陵寝、坛庙、衙署、城垣、营房、驿站、仓库工程的文件，有关于道路、桥梁工程的文件，及其工料银两核准报销的文件等。

模型类，如清代样式雷家族形成的“烫样”。

四、中国古代建筑档案的管理

古代科技档案的形成者，大体可分为官方和私人两类。由于私人档案管理和流传方式多样、分散无序，因此本节所探讨的建筑档案的管理，主要指的是古代官方形成的建筑档案的管理。官方建筑档案的管理方式主要有两种，一为建筑档案的形成部门管理，一为各朝档案保管机构管理。本部分将从这两个方面来探讨中国古代建筑档案的管理情况。

1. 中国古代的工官机构对建筑档案的管理

中国古代历朝政府都设有掌管建筑的机构和官吏。《周礼》是最早的也是最系统地较直接地记载先秦档案工作的一部古籍，书中有很多内容涉及先秦时期建筑档案的管理。

在中国古代的历朝历代中，最重要的建筑皆为当时的宫室建筑。同时，最早的一些建筑图样多是这种宫室建筑图样。并且，作为一种科技档案，它们也是保存条件较好，保管制度较严格的。据《周礼》记载，周代的宫室图形档案为内宰掌管。

《周礼·天官冢宰·内宰》：“掌书版图之法。”（译：内宰执掌依法登录记载服务于内宫的人员的名籍和宫室官舍的图形）

内宰掌管的“图”是宫室建筑图，这种图样档案是内宰管理宫室的依据。内宰既是掌管者，也是使用者。

古时的宫室及城池的建筑多有某种规范或法式，这种规范文件是当时一种重要的档案。它由司空掌管正本，大史收藏其副本。

《周礼·春官宗伯·大史》载："大迁国，抱法以前。"（译：大迁徙时，抱持规划建立国城的法则，先行前往）

孙诒让疏："……法者，司空营国之官法也者，司空之官法也。今司空职亡，惟匠人营国，左祖、右社、前朝、后市之属是其遗法，大史盖亦藏其贰，故大迁得抱之也。……云报之以前，当先王至，知诸位处者，王未至则大史先至，按法以定宫庙之位处也。"①

实际上，这种文件、档案类似于现代的规划文件、档案。这种规划文件在当时是"司空之官法"，形成一种固定的模式。这种模式与当时的神权与迷信思想及建筑思想有关。因为它是一种规范，所以，当时的人们在迁都建城时，首先要按照这种文件来进行规划布局。它是一种很重要的科技档案。

《周礼》的记载中还有一种更广泛的规划工作，这种工作是由"量人"来进行的，由量人形成与保管这种建筑规划科技档案。

《周礼·夏官司马·量人》载："掌建国之法，以分国为九州，营国城郭，营后宫，量市朝道巷门渠。造都邑，亦如之。营军之垒舍，量其市朝州涂，军社之所里，……皆书而藏之。"（译：量人掌管营建国家的政法，分诸侯邦国为九州，量度国城的大小，国君宫室的方向位置与范围，以及市朝道巷门渠等。建造都邑也是一样。建造军队的垒舍，量度军中市朝州涂与军社所在的地方。各诸侯邦国的土地与天下道路的里数，制作图形加以收藏）

由上可见，这是一种范围广、内容多且具体的规划工作。通过测量，应画出平面图，然后"藏之"。这种科技档案的保管者是量人的属吏之一的"府"。根据《周礼》记载，量人的属吏中有"府"一人。

"工官制度是中国古代中央集权与官本位体制的产物。工官是城市建设和建筑营造的具体掌管者和实施者，对古代建筑的发展有着重要影响。"② 自周至汉，国家的最高工官为"司空"，汉代以后，司空成了一个不做实际工作的高官空衔，代之而起的是"将作"，由他"掌修宗庙、路寝、宫室、陵园土木之工"③，秦至西汉，称为"将作少府"，东汉以后改称"将作大臣"，魏晋为"民曹尚书"，隋以后至清朝称"工部尚书"，唐、宋则称"将作监"，太监和监的副手称为"少将"、"少监"。

隋代开始在中央政府设立"工部"，用以掌管全国的土木建筑工程和屯田、水利、山泽、舟车、仪仗、军械等各种工务，其职务范围比将作广泛得多。但遇有皇室工程和京城官府衙署的建造，仍下达于将作监或少府承担。明清两朝均不设将作监，而在工部

---

① 周礼正义：卷五十一［M］．四部备要本．

② 潘古西．中国建筑史［M］．北京：中国建筑工业出版社，2005：13.

③ 后汉书·百官志· 卷三十七［M］.

设营缮司，负责朝廷各项工程的营建。清康熙以后，则在内务府另设“内工部”（后改称营造司），承担清代特有的大规模行宫和苑囿的建造，并设“样房”、“算房”，其中供职的主持人是世袭的，如著名的“样式雷”、“算房刘”等。

工官集制订法令法规、规划设计、征集工匠、彩板材料、组织施工于一身，实行一揽子领导与管理。在这些部门中，形成了大量的建筑档案，并对其进行规范的管理。

2. 中国古代的档案保管机构对建筑档案的管理

中国古代的档案保管机构在历史上从无到有、从弱到强、从非专门化到专门化，官方的建筑档案也在这些机构保管的档案范围中，这些机构的发展、管理情况在一定程度上反映出中国古代社会的建筑档案的管理情况。

现存甲骨中有一部分是建筑档案。从目前的资料来看，中国较早的集中保藏档案的处所为殷墟甲骨窖穴，由此可见，中国从商代就已经对官方形成的建筑档案进行统一管理。周朝的档案工作比商朝有了进一步的发展，据《周礼》记载，周代的宫室图形档案为内宰掌管。汉朝是中国封建社会的上升发展时期，民族统一、中央集权、政治、经济、文化都有大发展，作为保藏统治阶级文治武功原始记录的机构，也有了大的进步，较有代表性的是石渠阁、兰台和东观。但这些部门兼有档案馆、图书馆、博物馆、史馆及学术园地等多种职能，直到唐代才出现了具有专门性质的档案库——甲库，但甲库是中央保存官员甲历档案的专门机构，发展到宋代则出现各级政权机关普遍保存文书档案的专职机构——架阁库。清代皇史宬、内阁大库也保藏有大量皇家的建筑档案。

第二节　中国古代建筑档案的直接遗存

就目前的研究成果来看，要探讨中国古代建筑类科技档案的遗存问题，起点应在先秦时期。本节将先对这些遗存做一个概述，然后再以时间为线索进行具体阐述。

一、中国古代建筑档案直接遗存概述

中国古代建筑档案的直接遗存是指以原件形式遗存下来的中国古代建筑档案。从来源上来说，有四种基本情况：档案、图书部门保存下来的建筑档案原件、考古出土和文博部门保存的建筑档案原件、地面遗存的石刻建筑档案、古人今人的科技档案汇编。

档案部门保存下来的档案原件一般时间较晚，主要是明清档案。从载体形式上，以纸质形态为主，其他形态则数量较少。现存于中国第一历史档案馆的清代工部档案数量和种类是比较多的，包括谕旨、奏折、行文、绘图说帖、做法清册、销算黄册清单、图样、烫样、丈尺说明、随工日记、工程备要等形式的档案。另外涉及建筑的全宗有很多，如内阁全宗（全宗号—02）建筑工程类：有关于宫殿、园囿、陵寝、坛庙、衙署、

城垣、营房、驿站、仓库工程的文件，有关于道路、桥梁工程的文件，及其工料银两核准报销的文件；钦天监档案全宗（全宗号—53）包括选择营建地势及缓修观象台问题的文件等。一些地方档案馆也存有一定数量的清代建筑档案，如辽宁省档案馆保存的黑图档（档号—JB7）、盛京内务府档（档号—JB8）；吉林省档案馆保存的工司档（档号—8）等。

样式房图档是现存清代建筑档案的重要组成部分，总体而言，清代样式房遗图、遗文数量超过 17 000 张（件）。其中中国国家图书馆藏有样式房图文档案 12 000 余件，其中大多数被馆方冠以“样式雷”排架，与舆图分开收藏。除清华大学校图书馆零散建筑图档收藏外，建筑学院藏样房图样约 82 张，保持了入藏时的原状，它们由零星购入的样房图样 40 张和算房高家档案中附带图 42 张两部分构成。故宫博物院的样房图文档案收藏大部分继承自中法大学，计 2148 号；又有故宫自行购入和收入者，达 287 号。二者合并建档。按照收藏编号，此收藏数量总计 2435 号。此外，台北故宫博物院也藏有部分样房图档。遗憾的是由于一些历史原因，目前有一部分样房档案流失海外，“国外也有流散的样式雷图样，前年知道日本东京大学有 200 余张图纸”①。

1. 考古出土和文博部门保存下来的建筑档案原件

考古出土的档案原件一般来说年代久远，并且载体多是甲骨金石等。迄今为止，共出土甲骨档案 17 万余片，其中有 4 万片之多是反映农业生产、天文、历法、气象、医药卫生、交通、手工业等科学技术方面内容的，约占全部出土甲骨档案的四分之一。在这部分甲骨中，有很多涉及土木工程方面的内容，记载了普通房屋、宫殿、高层建筑、城墙、城楼等的情况，反映了殷商时期的建筑活动和技术水平，对当代人研究殷商时期的建筑文化有很大的价值。而上文提到的中山王墓兆域图便是刻于铜板之上，这些建筑档案同时又是十分珍贵的文物，是中国科技史研究的非常有价值的资料！

2. 以石刻为主的地面遗存的建筑档案

除了出土的骨质和金属建筑档案，现存的建筑档案还有砖刻和石刻等，如现存于四川省博物馆的《市井图》，便是见于东汉（25～220 年）墓出土的画像砖上，表现的是东汉郡、县商业区市容面貌，它对研究中国汉代郡县级城市街区特点有重要参考价值。《兴庆宫图》刻于石碑上，是唐玄宗（李隆基）的离宫——兴庆宫的宫院图，现存陕西省碑林博物馆。《静江府城图》又称《桂州城（今桂林市）图》，是静江府城的竣工图，刻在鹁鸠山（今广西桂林市北鹦鹉山）南麓石崖上。

---

① 国家图书馆善本特藏部，《中国典籍与文化》编辑部. 中国典籍与文化（第一辑）[M]. 北京：北京图书馆出版社，2007：138.

3. 以编研成果形式保存下来的建筑档案

档案汇编虽不是档案原件，但由于是根据档案编研而成，因此可以与档案原件具有同等原始性意义，它们也可被列为直接遗存。中国古代遗存下来的科技档案编研成果种类丰富，大致包括数据汇编、图集、文件选编或汇编、案例汇集、科技手册、科技大事记等，而其中建筑档案汇编主要是文件选编或汇编，如《考工记》等。

另外在中国古代流传下来的有关设计、施工的法令和规范中，尤以官刊的《营造法式》和清代的《工程做法则例》最为正统，“不论在构成体系上还是在记载内容上均以绝对的优势占有重要的地位”①。《营造法式》包括名词、数据、各作制度、工料定额、各种图样，全书计 36 卷，357 篇，3555 条。其中，有 283 条“系于经史群书中检寻考究所得”，308 篇、3272 条则采纳“工作相传，并是经久可以行用之法”②。因此，它不但是宋代建筑工程规范和建筑制度标准，而且是宋以前建筑技术标准的总结。《工程做法》则是明清两代工程官式做法的汇集，重在官工，为清工部会同内务府主编。

二、宋代以前建筑档案的直接遗存

由于历史的原因，宋以前的建筑档案形成时数量就不多，加之年代久远，佚失的较多，遗存下来的数量十分有限。现将宋代之前的建筑档案直接遗存阐述如下：

1. 甲骨建筑档案

有字甲骨，是使用于商代和西周初期的一种重要的档案记事材料。现所发现的甲骨档案以商代为主。迄今为止，共出土甲骨档案 17 万余片，其中在国内收藏（含台湾省藏）的约 12.7 万余片。甲骨刻辞最长的一篇 90 余字，最短的只有 1 ~2 字。它所涉及的内容极为广泛，几乎包括了当时殷商统治者的全部统治活动，反映了商代政治、军事、经济、科技、文化等各个方面的社会活动内容。

甲骨档案不是一种专门的科技档案，更不是专门的建筑类档案，但是出土的甲骨中有 4 万片之多是反映农业生产、天文、历法、气象、医药卫生、交通、手工业等科学技术方面内容的，约占全部出土甲骨档案的四分之一，在这部分甲骨中，有很多涉及土木工程方面的内容，记载了普通房屋、宫殿、高层建筑、城墙、城楼等的情况，反映了殷商时期的建筑活动和技术水平，对当代人研究殷商时期的建筑文化有很大的价值。

2. 《考工记》

《考工记》是我们目前所看到的中国最早的官方手工业技术规范文件汇集。

---

① 蔡军，张健．《工程做法则例》成立体系的研究［J］．华中建筑，2003（2）．

② 李诫．营造法式·总诸作看样［M］．

根据学者们研究的结果，我们可以认为该书应是春秋末年及战国时期以齐国官府手工业工艺技术规范文件为主的汇集，其中可能也有一些周代遗文。总之，它是经过后人整理加工的科技档案汇编。它主要反映了春秋战国时期官方手工业工艺技术的总体水平。西汉刘歆在校理典籍时发现《周礼》中“冬官司空”篇已亡佚，便以《考工记》补足之，故它得以见载于儒家经典《周礼》并因此而广泛流传。

春秋末期齐国的工艺官书《考工记·匠人》就是一份总结和反映周代城市建设活动的重要史料。我们现在见到的《考工记》是西汉年间献王刘德将其补入《周礼》中已佚失的《冬宫》一篇，因此又可称为《周礼·冬宫》。至于《考工记》是用什么文字写在何种载体上，后人已无法考证。但有一点可以肯定的是，即从它记载的内容和后人对周代城市的考古发掘对照，《考工记·匠人》确系春秋末期遗存的一份重要城市建设规章，它应该是中国现存最古老的，比较完整和系统的一份城建档案。

《考工记》共记载了六门工艺，三十个工种的技术规则，其中“攻木之工”部分有“匠人”一节。《考工记·匠人》的内容主要有两个部分：第一部分，规定匠人的职责，一是“建国”，即给都城选择位置，测量方位，确定高程；二是“营国”，即规划都城，设计王室、明堂、宗庙、道路；三是“为沟洫”，即规划井田，设计水利工程、仓库及有关附属建筑。第二部分，制订规划与建筑规制，即规定都城、王宫及道路规划中的具体技术要求，如都城规划“方九里，旁三门。国中九经九纬，经纬九轨。左祖右社，面朝后市。市朝一夫”。对明堂、墙、屋舍、仓库等施工工艺，也都作了具体的记述。《考工记·匠人》既是一部官制城市规划与建设的规章，又是汇先秦建筑之大成的重要典籍，对后世的城市规划与营造业的发展产生过巨大的影响，后被收入《四库全书》经部-礼类，目前国家图书馆有藏。

此外，“在《逸周书》、《左传》、《老子》、《越绝书》、《齐乘》和《史记》等文献中，均记载有先秦时期城市建设内容的片段。尤其是《逸周书·作雒》，可谓是一本记述营建洛邑的专著，它对王城的宫室、社稷与朝门等建筑，都作了详细的叙述”①。

3. 战国中山王墓兆域图

《周礼·地官司徒》载：“墓大夫掌凡邦墓之地域为之图，令国民族葬而掌其禁令。”说明当时有专门设置负责墓穴建筑规划的官员，由他们勘察地形，画出墓穴区域平面图——兆域图，收藏这种地图档案，作为管理墓之地域的根据。

先秦时期用于墓葬陵堂规划的地图很多，并设有专门负责绘制、管理这类地图的官职——“冢人”和“墓大夫”。他们的职责是“冢人掌公墓之地，辨其兆域而为之

---

① 忠谋，王淑珍，姜中桥．中国城市建设档案事业简史［M］．北京：中国建筑工业出版社，2006：7～8.

图”①。“墓大夫掌凡邦墓之地域为之图，令国民族葬而掌其禁令。”② 在这里“兆域”即墓穴陵堂的区域，因而墓穴平面规划图常被称为“兆域图”。

1977 年，在距石家庄市约 75 公里的平山县三汲乡村西的战国时中山国王的陵墓中，出土了一块兆域图铜版。据推测，“这幅战国时期的铜版地图距今至少有 2200 多年”③。铜版长 94、宽 48、厚约 1 厘米。图上由图形线划符号、数字注记和文字说明三部分组成。它的正面是一幅完整的葬域平面图。在铜版背面所刻的国王诏书上规定，此图一份从葬，一份保存在王府里。

这份铜版兆域图的出土，具有极为重要的意义。首先，它是中国已发现的最早的建筑平面图，也是世界上最早有比例的铜版建筑图。其次，它为我们证明了《周礼》记载的“冢人”掌管兆域图的说法是可信的。以此推之，《周礼》上记载“天官”掌全国“版图”、“地官”掌“邦之土地之图”、“夏官”掌“天下之图”等也应是可信的。从诏书上的文字可知，保存在王府中的另一幅图版，是作为珍贵档案被保存起来的，具有明确的档案意义。此图现存于河北省文物考古研究所。

4. 汉代壁画中的建筑图

在汉代的壁画作品中，有一部分是反映当时建筑内容的。1971 年秋在内蒙古和林格尔发现汉代壁画墓一座，墓中内容丰富的壁画，构图完整，画幅巨大。壁画所表现的汉代建筑，诸如城市、庄园等建筑组群，生产作坊，几乎应有尽有，有的建筑物上还标示了名称。对于研究汉代的建筑制度、建筑制图以及建筑制图的水平而言，这是十分重要的形象材料。在壁画墓中室西壁，进入后室的角道卷门顶上有大幅壁画，木桩朱栏之下明显地标示了“渭水桥”三字，是借渭水桥这一古代有名的长桥来表现壁画的主题。在桥下正中车骑之间还有“长安令”三字，更进一步明确地肯定了这座桥是汉代长安的渭水桥。

和林格尔壁画的“渭水桥”的桥梁结构，用正投影的画法，俨如一幅建筑立面图。从表现的结构看，桥在水中主柱，每排木柱为四根，上施斗拱，用两跳斗拱承托木梁、桥板，最上部为桥栏。由于壁画位于卷洞顶上，桥身也随卷顶呈八字形，但未写实地画出渭水桥的间数。由壁画可知，渭水桥由木桩、木梁结构组成是很明显的。而渭水桥的结构，文献所载，其说不一，有称木构的，有称石柱的。如《三辅黄图》所载渭水桥长三百八十步，六十八间，一百五十柱，百二十二梁，未言木石；而《三辅旧事》则称“石柱桥”。《三辅旧事》后人增改较多，其说研究桥梁史者，亦难肯定。和林格尔壁画花墓中所画渭水桥，为确定该桥是木造还是石造提供了根据。

① 周礼 · 春官 · 冢人［M］.

② 周礼 · 春官 · 墓大夫［M］.

③ 曹婉如，郑锡煌等. 中国古代地图集［M］. 北京：文物出版社，1990.

下面选取汉代壁画中比较有代表性的作以简要说明：

《市井图》：因其表现了市井（市肆）图景，故称市井图。《市井图》见于东汉（25～220年）墓出土的画像砖上，1965年在四川新繁县出土，图幅纵39厘米、横47厘米。此图表现了东汉郡、县商业区市容面貌。图中的市井围墙围成方形，其上标出的方位物有北市门、东市门。反映了几条东西、南北向的街道，将市井分成了几个交易区，每个交易区内有长廊式建筑，称为“列肆”，即排列成行的商店。还有纵横交错的建筑组成的市宅区。市井中央有市楼，市井官署当设其中，市楼上署一鼓，击鼓以令市。此外，图砖上的人物也刻画得十分形象生动。秦砖汉瓦不乏有之，但表现市井图像的画像砖却不多见，它对研究中国汉代郡县级城市街区特点有重要参考价值。此砖现存于四川省博物馆。

《宁城图》和《繁阳城图》：1971年内蒙古自治区和林格尔县新店子发现东汉晚期大型墓葬。墓主人姓名未定。墓室各壁均有壁画，画面总面积约百余平方米，共有彩画46组，57幅，其中有地图5幅。主要内容表现墓主人的身份、仕途经历及庄园财产等。此外还有祥瑞图、历史人物和仙人神兽图像等。《宁城图》和《繁阳城图》是壁画中的两幅汉代城市地图。汉宁城在今河北省万全县境。宁城是墓主人任护乌桓校尉时的治所。画面中的宁城可分为南门外、宁城、护乌桓校尉幕府三部分。南门外空场上有武士守卫。《宁城图》中绘有城垣、城门、街巷、衙署等内容。护乌桓校尉幕府以及周围的营房、库房等占去宁城图的大半，为此图的主要部分。《宁城图》采用平面与鸟瞰相结合的表现技法，具有立体形象的特点。官府区、市区和居民区各自独立的建筑布局一目了然。

汉代繁阳县是冀州刺史部魏郡的一个县。故城在今河南省内黄县楚旺镇。因墓主人曾做过繁阳县令，故壁画中出现的《繁阳县城图》。图中绘出了县城城垣、门楼、子城、官署、街道等。图内另有三处主要建筑，当是仓库、庙宇之类，人物十余位，当是官吏和卫士。和宁城图相比，繁阳城绘得比较粗糙抽象，无立体透视感。

宁城、繁阳城两幅壁画地图，不仅反映了东汉晚期地图绘制特点和发展状况，而且对于研究中国古代城市建设、民族关系及汉代历史，均是十分珍贵的资料。原图为墓中壁画，仍藏于墓中，其摹本存内蒙古自治区博物馆，北京图书馆存有照片。

5. 敦煌壁画中的建筑图

以莫高窟为主体的敦煌石窟，包括榆林窟，东、西千佛洞，自公元4世纪开窟以来，历经1600余年。虽然历史的变迁，人为的破坏和风沙的侵蚀，莫高窟至今仍存洞窟492个，壁画4 5000余平方米，彩塑2000余件。它不仅是当今世界上保存最好、石窟数量最多的古代技术宝库，也是中国古代科学技术史料储藏最为丰富的文献宝库。敦煌诸壁，至今尚可考证古代建筑制图的科学成就。

建筑是敦煌壁画表现的重要对象，也是壁画中建筑图的主要内容。以院落布局的群体组合方式是中国古代建筑的特色之一，但唐以前的组群实物是一个也不存在了，宋辽以后的实例也多被后代改动，较为完整的组群实例只有明清才有保存。而敦煌壁画中建筑图所反映的唐宋以前的建筑群体组合，无疑具有一定的研究价值。

敦煌壁画中建筑图所表现的建筑，恰恰都是呈组群地出现的：或几座建筑以对称的方式被组合到一起，或表现了一些较为简单的院落；在大型经变画中，有更多的雄伟壮丽的大型建筑群，有由画廊围成的很大的庭院。

敦煌壁画所反映古代建筑群落的建筑图以及反映图样绘制技术的壁画作品，当以盛唐第 172 窟诸壁为代表①。

位于敦煌莫高窟南段中下层第 172 窟内的壁画，是盛唐天宝时期的作品，作于天宝七年（748 年）。此时正值净土宗盛期，对《观无量寿经变》崇尚成风。第 172 窟内南北对峙的《观无量寿经变》是两位画师在相去不远的时间所作，意境不同，风格各异，艺术效果各有千秋。北壁重楼复殿、气象万千、水阁参差、迴廊萦绕、人物典雅，其建筑群落的绘制，更属上乘。

初唐斗栱最多只出两跳，至晚唐佛光寺大殿才有出四跳的斗栱，也用了重栱。第 172 窟壁画中的斗栱的复杂程度已经超过了佛光寺大殿。由初唐仍颇为简单的形制突然发展至此，堪称奇迹，敦煌壁画中的建筑图所反映的建筑在总体规模和设计水平上的飞跃发展，表明唐代是中国建筑史上的重要时期，也是建筑制图蓬勃发展的重要时期。工程图学是科学技术发展的一个重要方面，建筑图的技术水平归根到底是由建筑工程之发展决定的，同时也为建筑水平的高度发展提供了技术的支撑②。

建筑画是建筑制图的重要组成部分，也是建筑技术发展的重要标志。敦煌壁画中最具有建筑图特色的是第 361 窟《阿弥陀经变》等壁画中的佛寺图。该窟壁画为唐建中二年（781 年）吐蕃管辖敦煌后的作品，当时吐蕃扩充佛寺，广度僧尼，敦煌寺院经济空间发展。第 361 窟中的壁画为吐蕃的时代的名作。

第 361 窟北壁西方净土变中的单院佛寺以一座六角二层塔为中心。此塔造型奇特，广泛使用曲线。左右配殿各为一座两座两层三间歇山顶楼阁。廊庑进深也是两间，但中柱无强，全部敞开，角楼是圆形小亭。

第 361 窟南壁图中寺院建筑的配置大体与北壁经变中的佛寺相似。其配殿为两层的三开间方楼。西楼上层置钟，东楼上层贮经。寺院总平面呈长方形，院内没有水面，而在寺外沿寺一周没有规整的护壕。应该着重指出的是此图的画法，它的平面没有透视，就是一个规规矩矩的长方形；单座建筑则多用立面真投影，在表示单座建筑的侧面时，采用一点透视方法来表现。这种画法在全部敦煌艺术中尚属罕见，但与中国许多表现建筑群总体面貌的图形画法却是一致的。例如宋绍兴间刻的道宣《戒坛图经》插图，宋刻唐长安城图、兴庆宫图，今登封中岳庙碑，清代样式雷的许多设计图和明清各地方志

---

① 萧默．敦煌建筑研究［M］．北京：文物出版社，1989：72.

② 萧默．敦煌建筑研究［M］．北京：文物出版社，1989：229.

的插图等，这些图形的平面都没有。同时，在平面上竖立起各单座建筑的正立面，使平面和立面同时出现，这样既能表达总平面的布局，又能大致显出每座建筑的形象，效果鲜明，画法简易。这种画法长久地通行在工匠们中间，是中国建筑制图的一个创造。在以上所举壁画之前，这种画法多简略草率，示意而已。晚于这幅壁画的各图，多仅为单线描绘，不施彩色，且画幅也小，单体建筑表现得不如此图充分。因此，第 361 窟《阿弥陀经变》图诚为中国建筑制图学史上的一幅重要作品。

6. 唐代壁画墓中的建筑图及其价值

隋唐之际，梵宇琳宫，备极雕饰，壁画需要既广，制作大兴。据《旧唐书·狄仁杰传》所载："今之伽蓝，制过宫阙，穷奢极壮。宝珠殚于缀饰，瑰材竭于轮奂。"盖非夸词。这些壁画中描绘的建筑图，表现了极其典型的建筑图的细部绘制手法和技巧，对于研究中国古代建筑的设计、结构提供了非常重要的素材，也为缺乏具体资料的唐代木结构建筑学的研究提供了新资料①。

唐代的壁画除寺庙外，多在陵墓中。这些有壁画的陵墓，不论它是一个墓室还是两个墓室，其结构都是：墓道从地面沿一斜坡路直通向地下的墓室，在这通道间设几个天井，建造一个平坦的中心部；在相当于中心部的地面上，筑起坟丘；墓道到墓室的中心线取南北向位置，坐北朝南。墓室的顶部呈圆锥形，角道顶部呈栱形。懿德太子墓就是一个典型的例子②。

懿德太子李重润的陵墓是乾陵陪葬墓之一，地下墓室发掘于 1971 年，系由墓道、甬道、前后两个墓室组成，全长 100.8 米。自墓道至墓室全部壁面俱绘壁画，其中一段绘有城阙图。阙楼建于砖台上，砖台四角及阶沿以雕花石条。台上起平座，上建三间庑殿阙楼。子阙两级，亦如正阙形制。这幅画所表现的细部结构和大雁塔门楣石刻线建筑图极近似。柱、梁、斗栱表示实际建筑中所需的结构材料③。

唐代壁画中留下的建筑图继承了汉魏六朝的传统，大部分都很简单地描绘了建筑物的外观图。特别是壁画墓中的建筑图也是为了描写墓主人生前活动的这一主题而被纳入壁画中，成为壁画的重要内容。而这些建筑图中的建筑细部，如斗栱、阑额等，充分地反映了建筑样式及各部分的结构技巧，因此，成为了解当时的建筑样式及各部技巧的生动写照。

据柳宗元《梓人传》所载，当时建筑设计与施工水平已经规范化、制度化。当时掌握设计与施工的技术人员专门从事房屋的设计与现场施工的指挥，技术熟练，令行禁

---

① 萧默主编，中国艺术研究院《中国建筑艺术史》编写组．中国建筑艺术史［M］．北京：文物出版社，1999：251～269.

② 傅熹年．傅熹年建筑史论集——唐代隧道型墓的形制构造和反映出的地上宫室［M］．北京：文物出版社，1998：245～263.

③ 陕西博物馆、文管会．唐李寿墓发掘简报［J］．文物 1974（9）：71～88.

止。一般房屋设计图样都要在墙上画出，按图施工，即柳文所言“画宫于墙”，这种“画宫于墙”的传统，也成为壁画创作的重要蓝本。

唐代壁画墓中有为数可观的建筑图，是建于贞观四年（630 年）的李寿墓，且以画在第一过洞南壁的阁楼图最为详细，此建筑图的中心建筑是一座三层楼阁，画在中央的主轴上。下层是开放式楼阁，两侧配有对称的小二层方阁，方阁与楼阁都呈瓦垅庑殿顶，之间用空中走廊连接。方阁画在壁隅，折向墓道的东西壁画。楼阁各层为五开间。中、上层的明间是板门，两侧的次间是直棂窗。中、上层围着勾栏，下面有平座。楼阁的构架用柱和双层阑额加固。斗栱有一斗三升和人字栱，勾栏和棂窗的结构绘制简略。

李寿墓中的壁画还有一副破损显著的佛寺图，在图上的围墙中，有二栋建在台基上的歇山式楼阁和一栋中心建筑物。其中歇山式建筑物上有双层阑额、一斗三升人字栱，在墓中对称的位置上也有同样的图样。

下面简要介绍《兴庆宫图》，这也是唐代壁画中比较有代表性的一幅：

《兴庆宫图》是唐玄宗（李隆基）的离宫——兴庆宫的宫院图，刻于石碑上。图碑高 70 厘米，宽 62 厘米。据考证此图系北宋元丰三年（1080 年）吕大防命刘景阳、吕大临、张佑绘制。

在一些文献中，屡屡提及吕大防之《长安图》，而吕大防《兴庆宫图》就鲜为人知了，其实这两幅图有着密切关系。首先，吕大防主持刻绘《长安图》的情况，见于南宋赵彦卫《云麓漫钞》的记载：“元丰三年正月五日，龙图阁待制知永兴军府事汲郡吕大防命户曹刘景阳按视，州观察推官吕大临检定。其法以隋都城、大明宫并以二寸折一里，城外取容，不用折法。大率以旧图及韦述《西京记》当本，参以读书及遗迹考定。”吕大防字微仲，京兆蓝田人，与其兄大忠及弟大钧、大临都是著名的学者，《宋史》有传。吕大临撰《考古图》，对中国古代礼器制度有精湛的研究，亦为中国金石学创始人之一。吕大防主持刻绘《长安图》时，实际工作者主要是刘景阳、吕大临和张佑。刘景阳当时任京兆府户曹参军。负责进行“按视”即测量工作，吕大临任州观察推官，负责“检定”即从事考证和核定工作。张佑是《长安图》的具体绘制者（图碑有“工张佑画”字样）。同时《云麓漫钞》中记述吕大防《长安图》时有这样的话：“太极、大明、兴庆三宫用折地法不能尽容诸殿，又当别图。”从中得知另绘刻有《兴庆宫图》。更重要的是，兴庆宫图碑出土地点，正是原树立长安图碑的宋、金两代衙署所在地。据此推断，兴庆宫图碑和长安图碑，立碑时间及绘制人均相同，并且《兴庆宫图》是《长安图》的细部放大图。

兴庆宫位于长安城皇城东南，建成于唐开元二年（714 年）。又于开元十四年合并四周宅院寺庙，称之南内。兴庆宫为前后两院，前院正中为一大水池，称“龙池”，池东有沉香亭，南有长庆殿、龙堂、勤政务本楼、花萼相辉楼。后院是兴庆宫的主殿兴庆殿、大同殿之所在。唐玄宗处理政务和接见外国使者多在于此。另有南薰殿、新射殿、金花落等配殿。兴庆宫四周宫墙有宫门六座，除北门跃龙门外，均不居中。在前后两院间有宫墙一道，有宫门三座（瀛洲门居中，大同门在右，仙云门位左）。这一切图上均有反映。采用立体形象法表示各式建筑物，宫殿绘画精致，历历在目。图上刻有“每六寸折地一里”的注释，说明此图是按比例绘画的，按唐代度量制推算，该图比例尺约1∶2800。它是古代城市、园林地图上唯一注明比例尺的地图。《兴庆宫图》对研究唐宋时期宫殿建筑格局、艺术、地图绘画技艺具有较高的史料价值。此碑现存陕西省碑林博物馆，北京图书馆存有该图早期拓片。

7.《营缮令》

《营缮令》是唐代颁布，规定官吏和庶民房屋的形制等级制度的文件（宋、明、清也颁布过）。天一阁藏《天圣令》28卷。《营缮令》分宋令和唐令两部分，其中宋令归入“右并因旧文，以新制参定”部分，为根据唐令修改后形成的令文。唐令归入“右令不行”部分，为因制度变化不再行用的令文，保存了唐令的原貌。该卷中，共有令文32条，其中宋令28条，唐令4条，是研究唐代都城及地方土木建筑、津桥道路、军仗器物营造和修理的珍贵史料。

天一阁藏明抄本《天圣令》卷二十八《营缮令》共32条，包括根据唐令修改后形成的宋令28条和因制度变化不再行用的唐令4条，是研究唐代都城、地方土木工程及军仗器物等营造修缮的珍贵资料。

在《唐六典》卷六刑部郎中员外郎条所记述的《开元前令》篇目中，《营缮令》为第25篇。在《狱官令》之后，《丧葬令》、《杂令》之前。这是有关《营缮令》最早、最确凿的资料。唐代《营缮令》的产生，对于宋、金、元各代撰令者都产生了非常重要的影响作用，不仅表现在篇目的建立，而且表现在篇次的顺序和位置，在中国法律制度史上都有开创之功。唐代第一次在律令制度中建立起国家对公共工程建设的实施规范，将一向不为重视的营缮机构、职责、运营方式、责任分配纳入法令体系。作为中华法系之代表的唐代律令，所凝结着的中华民族法制发展与成熟的智慧菁华，以及所建立的法典框架与结构，对中国后世乃至东亚邻近国家古代法律体系都产生了深远的影响。目前国家图书馆有藏。

三、宋辽金元时期建筑档案的直接遗存

宋代之前，唐代经济繁荣、文化昌盛，为宋辽金元时期科学技术的高度发展打下了坚实的基础。在中国封建社会时期，宋辽金元建筑技术达到了高度发展的阶段。这时期人才辈出，出现了著有《木经》（佚失）的喻皓，著有《营造法式》的李诫等，他们将宋辽金元时期的建筑技术推进到封建时代的高峰。

宋代手工业比较发达，城市在经济发展中的作用和地位，日益突出。人们对城市的布局与发展，较之过去更为关注。反映城市面貌的城市地图，受到官府和坊间人士的重视，

城市地图的绘制，逐渐增多，官府和民间编纂府州县志时，必附治所所在地的城镇地图。但方志中的城镇地图要大大逊于单张大幅的城市地图。传世下来最早、最好的城市地图，首推今存于苏州碑刻博物馆的《平江图》和摩刻在桂林市鹦鹉山麓的《静江府城图》。

1. 宋代城区图

宋代的城区图保存下来的比较有代表性的要数《平江图》和《静江城府图》，两者在建筑史上的地位都十分重要。

（1）《平江图》

平江，是南宋（1127～1279 年）苏州城的名称。《平江图》纵 197 厘米、横 136 厘米，据前人考证，刻图时间晚于南宋嘉定十六年（1223 年）对大城的重修时间，但刻图并不是成图，应该说成图在先，刻图在后。学术界多数人认为，《平江图》是平江府郡守李寿明所绘。南北方向比例尺约为 1∶2500，东西方向比例尺约为 1∶3000①。图中绘有水道 17 条（不包括内护城河），山丘 21 座。水道互相垂直，纵横交错，表现了江南水乡城镇“前街后河、水陆相邻、河路平行”的特色，交通十分方便。从图中看出，南北方向有一条明显的中轴线，官府、厅场、寺庙、坊院宅居、军营等建筑物分布在中轴线及其两侧。水陆交汇处有桥梁相接，各类桥梁共计 308 座，其中标名的 305 座，寺观庙院 81 个，坊 65 个，标注了名称的政府机构建筑物 80 个，军营 5 个，街道 12 条（纵 2 条，横 10 条），与水道或互为平行，或互为垂直。“图上还刻有报恩塔（今北寺塔）、定慧寺塔（今双塔）、天庆观（今玄妙观）等著名的塔、寺庙、道观。”② 布局规整，自然地理和人文地理要素位置准确，内容详细，不仅真实地反映了南宋时期平江府城的概貌，还反映了隋唐苏州城的概貌。使人感兴趣的是今天苏州旧城的范围以及河道、城墙、街道的布局和《平江图》所示仍基本相符。充分地展现了宋代城市地图的绘制水平，是研究古代城市建设的宝贵资料。该图现藏于苏州市碑刻博物馆。

（2）《静江府城图》

《静江府城图》又称桂州城（今桂林市）图，是静江府城的竣工图，该城的旧城很小，先后有四次扩展，等于在旧城外重筑了四座城池，有李制使城池、朱经略城池、赵经略城池、胡经略城池之别。刻在鹁鸠山（今广西桂林市北鹦鹉山）南麓石崖上，纵 340 厘米、横 300 厘米，是中国现存最大的城市平面图。

城图包括旧城和四次扩展的城在内，使静江府城成为不规则的南北向长方形。由此可见，静江府城的最后一次修建，是与规划图同步进行的，是在规划图的指导下完工的，像图中就有“城壕广袤，缗钱砖石，灰木工役之数”的记载，显然先有预算，后有决算，最后记入城图。它是在胡颖主持下，于咸淳八年（1272 年）绘制的，图成刻

---

① 汪前进．南宋碑刻平江图研究［A］．中国古代地图集·战国至元代［C］．北京：文物出版社，1990.

② 喻维国．建筑史话［M］．上海：上海科学技术出版社，1987：44.

石。“图中有自然、人文景观112处，军事机构及设施69处。标注名称的山峰、河流不多，绘有大街11条。比例尺约为1∶1000。”① 城墙、城壕、军营、官署、桥梁、津渡，绘的比较详细，是一幅带军事性质的城市地图。城内军事机构及设施与其他主要建筑物之间有街道相通，联系方便。山峰、城门、城墙、城楼、官署、桥梁，用立体写景法描绘。军营用方框加注名称表示。图上方的题记，详细记载静江府城的修筑经过情况、城池大小及用工费料等数字。因此，《静江府城图》既是竣工图，也是规划图，与《平江图》齐名。

另外，宋代宋敏求《河南志》中有十四幅城市地图，大都是历史地图，只有一幅是宋代地图。元代李好文的《长安志图》中有两幅城市地图，即《奉元城图》和《汉故长安城图》。

2. 宋代的工程图档案

工程图样是中国古代的图样档案的一种，这些工程图样档案有建筑图、机械图和各种器物图等。它们在宋代发展到了很高的水平。

宋代距今已很遥远了，加上当时的档案制成材料质量有限，档案原件很难保存至今。因此，宋代的工程图档案原件我们已无缘见到，但以其他形式流传下来的工程图档案的内容我们还可以看到。

宋代工程图档案的内容，主要是通过各种著作流传下来的，如《武经总要》、《考古图》等。它们都载入了大量的工程图样。我们现今所能看到的最早的机械图见于苏颂的《新仪象法要》中的天文仪器图，我们也可把这些图样看作当时的档案，因为苏颂制作天文仪器是奉皇帝之命而为的，而《新仪象法要》最初要上奏存档，只是后来才作为书籍刻印出来罢了。现今以书籍形式流传下来的各种工程图的情况详见下表（表6-1）②：

表6-1 宋代工程图档案流传情况表

书　名	作　者	完成年代	图样数量（幅）
武经总要	曾公亮	1040年	160
新仪象法要	苏　颂	1068年	42（星图除外）
考古图	吕大临	1092年	228
营造法式	李　诫	1100年	223（6卷）
宣和博古图录	王　黼	1107年	926
续考古图	佚　名	1162年	96

① 张益桂等．静江府城图图版说明［A］．中国古代地图集·战国至元代［C］．北京：文物出版社，1990.

② 刘克明．宋代工程图学的成就［J］．档案，1991（4）．

3. 宋代工程标准规范文件——《营造法式》

《营造法式》是以官方文件的形式下发的工程技术规范，其当时的档案正本我们今天已无从考知，但我们今天所看到的颁行本，能使我们充分了解这种工程技术标准文件的风采。目前国家图书馆等一些大的图书馆均藏有此书，版本不一。

中国古代手工业生产及工程技术的标准化由来已久，其重要条件在于官方手工业生产和工程建设的规模化和官方手工业管理机构的设立。因为只有手工业生产和工程建设具有较大规模才会有强烈的标准化要求，而官方手工业生产及工程管理机构的设立，使标准有了合适的制订者和推行者。到了中国古代的中后期，工程技术标准化的条件逐渐成熟，技术经验的积累、工程规模的扩大、管理机构的设立等条件皆已具备，官方特别是皇帝本人，出于管理的需要（特别是经费管理的需要），也积极倡导标准的制定。

宋王朝中央政府设有将作监、军器监等机构管理手工业生产和工程建设。为了实现国家手工业生产和工程建设的技术标准化，在长期建筑实践的基础上，对建筑工艺规范进行了新的总结。熙宁五年（1072 年），朝廷命将作监编修一部法典性著作，以便加强对建筑工程的管理，计历时 20 年，于元祐六年（1091 年）编成，后称《元祐法式》。但该书“只有料状，别无变造用材制度。其间工料太宽，官防无术”①，在经过一段时间的实践检验后，因为不切实际，“难以行用”。到绍圣四年（1097 年），哲宗皇帝令李诫重修。

李诫字明仲，管城县（今河南郑州）人，生年不详，卒于 1110 年。《营造法式》包括名词、数据、各作制度、工料定额、各种图样，全书计 36 卷，357 篇，3555 条。其中，有 283 条“系于经史群书中检寻考究所得”，308 篇、3272 条则采纳“工作相传，并是经久可以行用之法”②。因此，它不但是宋代建筑工程规范和建筑制度标准，而且是宋以前建筑技术标准的总结。

《营造法式》是为了适应北宋后期皇家大兴土木的需要，是宋代建筑技术向标准化和定型化方向发展的标志。同时，它也表明，宋代关于建筑工程的管理已更加严密和完善。

在官方工程造作规范中，建筑工程的作法、用材定额等内容非常重要，因为它涉及工程经费支出的规范化。《营造法式》作为官方建筑工程规范文件集，在这方面比《元祐法式》有很大的进步。《元祐法式》遇到“营造位置尽皆不同”时，无可依据。针对这一缺陷，李诫将“有定式而无定法”③ 作为编撰的方针，特别注意“变造用材制度”，从而纠正了《元祐法式》“只有料状”的不足，使之适应建筑构件尺寸大小因不同情况变化多端的实际需要。书中一方面依据一般的情况指出一定的用材范围，一方面

① 李诫. 营造法式·劄子［M］.
② 李诫. 营造法式·总诸作看样［M］.
③ 李诫. 营造法式·大木作制度［M］.

又依据特殊的情况留有活动的余地。如门窗只规定总尺寸的范围，细部尺寸则“以门每尺之高积而为法”，求出每个构件的大小；对于柱高、开间、进深，仅提出“柱高不越间广”等原则，而不作具体规定。又如柱础规定“方倍柱之径”，而厚度则分三种范围分别规定，使柱础有一定的强度。这些都是在广泛地吸收工匠们经验的基础上总结出来的，具有较好的合理性和较强的科学性。

《营造法式》采用图文并茂的方法说明问题。书中用6卷的篇幅绘出详图，共有房屋仰视平面图、横剖面图、局部构件组合图、部件图、构件构造图、彩图、雕饰图、施工仪器图等多种。图形形象具体、实用，便于施工。《营造法式》中将用材分为八等，指出“材有八等，度屋之大小，因而用之”①，并标明了中国传统木结构的各种比例数据，揭示了中国传统木作的特点。书中所总结的大木作制度，充分体现了中国传统木结构体系的特点，对于构架的侧向稳定性、纵向稳定性以及结构整体性的增强，都提出必要的处理措施。如采取怎样的屋定作法，可增强抗震性能。其中的小木作制度，则表明了木装修工艺也已发展到新的水平。

四、明清时期建筑档案的直接遗存

明清时期是中国古代建筑体系的最后一个发展阶段，也可以说是最后一个高峰。这一时期，城市数量迅速增加，都市结构也趋复杂，各种建筑活动，无论是官方还是民间，都十分频繁。而且，由于特定的政治目的和宗教目的，西方建筑在这一时期传入中国的速度和数量也在不断的增加。建筑活动的施行过程中，形成了大量的文件、图纸和规范，而且由于距今时间较短，现存的明清建筑档案在数量和种类上均很丰富。明代建筑等第制度多纳入《明会典》，另外还有一些具体规章，如藏于北京图书馆的《工部厂库须知》对工程的用料和程序作了详细的规定，《营缮令》则界定了官方和民宅的等级。而清代则颁有《工程做法则例》，内务府系统还有若干详细的匠作则例规定等。

现存的清代建筑档案数量是巨大的，种类是完备的，可是说已经构成一个庞大的资料体系，这个体系主要由样式房图文档案、算房档案、内务府建筑工程档案组成，而三者之间内容相互补足，所以又存在校雠研究的条件。目前已知的样房图文档案总数达17 000件，国家图书馆藏算房档案183套千余册，清华大学藏算房档案404件，内务府档案及副件数量更难以计数。

（一）现存清代宫廷建筑档案的主要形式

清代由于实行了严格的工官制度，使得工程在营建过程中形成了内容繁多的工程档

① 李诫．营造法式·大木作制度［M］．

案，包括谕旨、奏折、行文、绘图说帖、做法清册、销算黄册清单、图样、烫样、丈尺说明、随工日记、工程备要等形式的档案。下面按建设程序分别进行论述：

1. 工程项目申请报告和批复，或项目指令性任务书

宫廷建筑属官工，一切工程都应该“奉旨”修造。工程项目一般由内务府起稿奏请皇帝批准后兴建；重大工程由皇帝直接下旨兴建，相当现在的项目任务书（计划书）。

如乾隆十二年（1747 年）《傅恒等奏添盖圆明园八旗护军营房折》，同治十二年（1873 年）《贵祥为拟建圆明园工程处衙门事禀内务府呈》，同治十二年（1873 年）《谕修葺圆明园以备两宫太后颐养事》。

2. 堪估文件，主要包括请勘报告、勘估报告和批复

工程项目决定后，即派员至工程现场踏勘，约估工程工料钱粮数目，奏报皇上批准后办理。清代工官制度规定，一切工程都须在工前勘估工程费用（即钱粮数目）。凡工程钱粮较轻者，由内务府大臣勘估；凡工程钱粮较重者，由内务府奏请“简勘估大臣”勘估。

如同治十三年（1874 年）《总管内务府奏请饮派大臣勘估圆工钱粮折》，乾隆三十九年（1774 年）《英廉等奏修理造办处作房约估钱粮折》（附约估工料银两细数清单）。

3. 设计文件，主要有图样、烫样、丈尺做法说明等

清代工程的设计程序与现今的方法相类似，首先样式房根据皇帝或有关官员提出的使用享用和观瞻及销算房丈量的地面尺寸（包括进深、面宽、地势尺寸）绘制地盘样（即总平面图），确定建筑布局，在此基础上绘制粗图（即初步设计图或方案图）、细图（即施工图）、大样图（即局部详图），并按需要制作烫样（模型），最后编制丈尺说明（或丈尺做法）。如重大工程或“钦工”设计图样、烫样都需要由内务府大臣或皇帝研究审定，几经修改定稿。

现存的设计类档案主要有以下三种：

（1）图样，种类有白样、粗样、细样。内容有地盘样、地盘尺寸样、立样、大样、装修样及平面图、透视图等，其尺寸规格大体分为三类：一分样（比例 1∶100）、二分样（比例 1∶200）、三分样（比例 1∶300）。如存于北图的同治《九州清晏平面图》、《慎德堂三春殿里面图》。

（2）烫样，即建筑模型。用纸张、木料、高粱秸加工制作而成，外加色彩，以区别材料质地，墙身分片安装，屋顶用沥粉烫出瓦垄，可以灵活摘取，观看房屋内部结构、布置和彩画等，并且按比例制作，上用标签注有尺寸，很精确。按图样需要，烫样分五分样（1∶200）、寸样（1∶100）、二寸样（1∶50）、五寸样（1∶20）等几种比例；

按工程需要，烫样分单体建筑烫样和建筑群体组合烫样两类。现存实物如：一史馆藏之“九州清晏烫样”、“勤政殿附近烫样”。

（3）丈尺说明，或称丈尺做法说明，是图样、烫样各种尺寸（包括面宽、进深、柱间、梁高、出檐等）的文字说明，是估算工料和施工的依据，如存于北图的雷氏“同治重修正大光明殿、勤政殿等作丈尺做法”、“光绪朝圆明园慎修思永及文源阁丈尺册”。

4. 施工预算、工料分析和工程做法清册

在样式房将工程设计完成后，就有专门的机构——销算房对工程各个环节所需的工料进行估算并存档，然后发交给营建部门施工之用，如一史馆藏内务府《圆明园工程料估清册》、《圆明园福海等处工程约估及做法清册》（五册）和北图存雷氏《万春园、安佑宫工程做法清册》（二册）。

5. 施工准备文件材料

在施工前，还要进行物料采购、领取，准备资金，工匠调配，场地平整，指派工程监督监修等准备工作。物料、资金一般由内务府各库供给。施工工匠一般在内务府营造司、造办处、工程处属内调配，不足者行文由工部营缮司调入。清后期，重大工程发包给各营造厂（局）承包施工。

所有工程都有内务府或皇帝派员监修。钱粮较少者，由内务府大臣自行派员任监督监修；钱粮较重者，由内务府奏请“承修大臣”监修。现存清代建筑档案中涉及施工准备方面的主要有以下四种：

（1）采办、领用物料档。如雍正三年（1725 年）《允禄等传谕奉宸院等衙门著于长生备办圆明园石料等事》、雍正七年（1729 年）《总管内务府奏报自工部领用折》。

（2）准备资金档。如乾隆二十四年（1759 年）“三和等奏友领舍卫城工程银两折”。

（3）选择监修官档。如雍正二年（1724 年）“允禄等传谕都虞司为监修圆明园工程简选司员”。

（4）调配工匠档。如嘉庆二十四年（1819 年）“总管内务府奏报本年三月份圆明园进匠次数单”。

6. 施工文件

清代宫廷建筑，属于传统形式的木结构工程，施工方法基本采用古代传统作法。以平面图结合传统丈尺做法说明为依据，具体操作按《工程做法则例》中的具体做法要求进行施工。在施工中先按图放实样线，再进行构件的预制加工，各工种以统一的木结构模数（斗口）为标准，在统一的指挥下按工程先后进行施工，相互配合，协同组装完成各个单体建筑。

由于清宫廷建筑工程严格按《工程做法则例》等标准施工，及标准构件安装等，形成施工记录较少。主要有工程备要、查工册等。如现存于北京图书馆的《惠陵工程备要》、《圆明园查工册》。

7. 竣工文件材料

清制规定，一切工程竣工后必须进行查验核销，办理物料、费用结算。工程竣工后，首先由监修官自验后灶具清册（内容包括工程概况和决算）并具稿件呈报内务府大臣派员查验；内务府规定，所有工程分应修常例工程和管工大臣专管工程。应修常例工程竣工查验，由管工大臣负责，专管工程由内务府不管工程之大臣负责，各司其事。查验时，各内务府大臣率司员等前往工地按呈报清册逐一详细查丈、照例勘算，内有不符之处当场核减，并将实销工料银两细数另缮黄册清单。然后由查验大臣起奏折，并附黄册清单呈皇帝办理奏销。准奏后，交下由总管内务府大臣再行查核后销算。

查核或称查复，由总管内务府大臣率司员（或指派司员），调取原销册籍，率领书算人等，复行查对所做活计及用过钱粮。若俱属相符，交内务府照例办理销算；若查复所做活计有误，交工程监督即速照旧妥协收拾。查核后由承办司员起稿呈内务府堂。

工程经查复后，监修官在规定期限内至销算房办理销算。督催所、汇稽处、查复房等部门协办。工程多余钱粮、物料交回各库，各种费用准予报销，并缮具细目清单存档。至此，工程全部结束。现存的有关竣工方面的档案主要有以下几个内容：

（1）请验报告，如嘉庆二十年（1815 年）“内务府为移咨钦派大臣查验圆明园营房呈稿（附原折）”。

（2）查验及奏销报告，如乾隆四十五年（1780 年）“英廉等奏销算韶景轩等处工程银两折（附清单）”。

（3）复查报告，如乾隆四十六年（1781 年）“董椿为查核韶景轩等处工程钱粮呈稿”。

（4）工料银两核算册，即竣工决算。这由监修官造册与请验报告一起呈内务府堂。如乾隆十四年添建圆明园八旗军营房之销算册 233 本。

（5）石销工料银两黄册、清单，即竣工决算审核。由查验大臣查验后缮写，附在奏销折后一并呈御准销。如乾隆十四年（1749 年），海望等查验八旗军营房所缮具之清单二件，黄册九本。

（6）结算清单，即办理销算物料、费用时缮具之细目清单。如一史馆存《圆明园大宫门等处修理工程结算底本》（十二册）、同治十二年《重修圆明园销算物料工价数目清册》。

8. 工程赔修文件

清代对工程质量有严格规定：宫殿内岁修工程，均限保固三年；其余新、改扩建工程，按建筑规模、性质，保固期分别为三、五、六、十年四种期限，工程如在限内坍塌，监修官赔修并交内务府议决，如限内渗漏，著监修官赔修。

如乾隆五十六年（1791 年）“总管内务府奏遵旨分赔蓬岛瑶台等处工程银两折（附清单）”、乾隆三十二年（1767 年）“三和等奏紫碧山房油饰迸裂将监督育麟议决折”。

（二）现存于中国各档案馆清代建筑档案概述

清代作为中国古代最后一个封建王朝，由于距今时间短、破坏少，并且当时的保管制度比较严密，所以，档案遗存十分丰富，很多档案馆都有收藏。本部分将主要介绍现收藏清代建筑档案较多的各档案馆以及他们的馆藏清代建筑档案的情况，以便读者了解现存清代建筑档案的基本状况。同时，我们可以通过对现存清代建筑档案基本状况的了解，反过来了解清代的建筑档案的产生、管理与种类等。

此外，需要说明的是，本处所介绍的现存清代科技档案并不是完全统计，存于图书馆及国外图书馆、博物馆的清代科技档案（如国家图书馆等存有大量的清代科技档案），由于一时无法一一查清，未在此处列出。本处所列档案之全宗号、档号等系各馆自行编定，读者可作为查询之线索。

1. 中国第一历史档案馆现存清代建筑档案

现存中国第一历史档案馆的清代工部档案数量是比较多的，其中包括：营缮司的关于修缮宫殿、坛庙、城垣、衙署等的工程做法、用料档案；虞衡司的关于陵寝、坛庙等修缮工程、修办铁路、矿务及河工、修造战船等方面的文件档案；都水司的关于各地河工事宜的奏底和江南、江西等地河工事务清册以及治理黄河的图纸等；屯田司的关于各陵修缮工程做法的档案等。

（1）内阁全宗（全宗号—02）

内阁是辅助皇帝办理政务的中枢机构，产生并保存下来数量丰富、极具价值的科技档案。

建筑工程类：有关于宫殿、园囿、陵寝、坛庙、衙署、城垣、营房、驿站、仓库工程的文件，有关于道路、桥梁工程的文件，及其工料银两核准报销的文件。

（2）军机处全宗（全宗号—03）

工程：宫苑、陵寝、坛庙、官署、仓厂、城垣、都市沟渠等工程方面的文件。

（3）宫中档案全宗（全宗号—04）

工程：有关于道路工程、都市沟渠工程、建筑工程方面的文件，其中大部分为宫苑、陵寝、坛庙、官署、仓厂、城垣等工程的文件。

（4）户部—度支部档案全宗（全宗号—13）

工程：颐和园、热河的修建工程，各地建盖营房、衙署寺庙、陵寝、学堂，及勘修黄河、永定河、南北运河等动用工料银两的文件。

（5）工部档案全宗（全宗号—17）

（6）民政部档案全宗（全宗代号—20）

稽核工程实业：有修建陵寝、坛庙、衙署、城垣、桥梁、道路、码头、监狱、仓库及核销工料银两的文件，商民开矿设厂等事务的文件。

（7）会议政务处档案全宗（全宗代号—35）

有各地河湖堤坝工程的文件，如永定河岁修工程、武烈河石堤工程、黄河岁修工程、伊犁宁远新修哈什河石龙渠工程、北运河工程、温榆河工程、海塘工程，山西、黑龙江、山东等省河流堤坝工程等文件。此外，还有关于兴建北京自来水工程、昭西陵工程等方面的文件。

2. 辽宁省档案馆现存清代建筑档案

（1）黑图档（档号—JB7）：档案汇集，是盛京总管内务府与有关衙门的平行文书。有盛京宫殿的日常维修及较大的改建、续建，并宫殿内藏品的接收、管理等文件。

（2）盛京内务府档（档号—JB8）：盛京内务府是清政府在盛京的特设机构，专司该地区皇室包衣及宫廷事务。有盛京宫殿的日常维修及较大的改建、续建，并宫殿内藏品的接收、管理等文件。

（3）兴京县公署档（档号—JC45）：永陵建筑图；有报送境内金、银、煤、铁等矿，及小作坊的经营，宣统元年成立电报局等文件。

3. 大连市档案馆现存清代建筑档案

清代档案（未编）：反映圆明园、畅春园的建筑、修缮、管理及费用开支的文件。

4. 吉林省档案馆现存清代建筑档案

（1）吉林分巡道档（档号—1 目 9）：衙署、狱所、城垣街基、道路桥梁的修筑等文件。

（2）工司档（档号—8）：修建房屋、修理桥梁、船只及需用工料修理枪械等文件。

（3）林巡警总局档（档号—25）：吉林省城关图。

（4）吉林驿站档（档号—30）：关于驿站的建制规模、驿路的分布、驿路工程的文件。

5. 哈尔滨铁路局档案馆现存清代建筑档案

中东铁路档案汇集（未编）：是沙皇俄国和苏联在中国东北修筑、管理滨州、滨绥、哈大三线铁路形成的档案汇集而成。全宗档案起止年度为光绪十七年（1891 年）

至宣统三年（1911 年）。实有卷（件）数：247 卷。

该全宗主要是清代形成的科技档案，内容有：滨州、滨绥、哈大三线的铁路纵断面图；地亩方面的图纸、契约书、不动产登记书及有关交涉文件；大小车站线路、站舍平面图；各类桥梁、隧道、涵洞的图纸及修建文件；专用线森林支线设计图及有关文件；各站给水工程竣工图、决算书及给水设备一览表；关于修建、购置各类建筑物的图纸、文件；订购机车车辆的收据、交货记录、车辆目录及走行研究的文件；国际联运会议记录；铁路管理局、理事会与地方政府往来信函。

川滇边务大臣档（档号—清 7）改土归流筹备及实施文件；工农商业：有社农牧研究所、农试场、桑蚕局、修桥筑路等文件、章程、图纸；对西藏的规划、采矿等文件。

（三）《工程做法》

在中国古代流传下来的有关设计、施工的专门书籍中，尤以官刊的《营造法式》和清代的《工程做法则例》最为正统，“不论在构成体系上还是在记载内容上均以绝对的优势占有重要的地位”①。

《工程做法》是明清两代工程官式做法的汇集，重在官工，为清工部会同内务府主编。自雍正九年（1731 年）“详拟做法工料，访察物价”，历时 3 年，于雍正十二年（1734 年）刊行，原编 74 卷，《清会典》著录列入史部政书类。原书封面书名为《工程做法则例》，而中缝书名为《工程做法》。《工程做法则例》的刊行，对于清代官工经营管理起着关键主导作用。

清王朝建都北京初年，一切设施多沿明代旧制，康熙朝两修故宫太和殿，即就明皇极殿旧基翻修。雍正继位，政治局面渐次稳定，经济逐步恢复，官工营造随之而多，工部《工程做法则例》当时是作为宫廷（宫殿“内工”）和地方“外工”一切房屋营造工程定式“条例”而颁布的，目的在于统一房屋营造标准，加强工程管理制度，同时又是主管部门审查工程做法、验收核销工料经费的文书依据。应用范围主要针对官工“营建坛庙、宫殿、仓库、城垣、寺庙、王府一切房屋油画裱糊”等工程而设，修理工程则“仍照旧制尺寸式样办理”，不在此编新订条例范围。对于民间房舍修盖，主要起到建筑法规的监督作用，严格限制民用房屋的规模、形制。

原编体例大体仿于宋代《营造法式》，内容以工程事例为主，条例多从简约，应用工料重在额限数量，与《营造法式》略有不同。全编大体分为各种房屋建筑工程做法条例（1 ~47 卷）与应用料例工限（48 ~74 卷）两部分。其中建筑施工总计 11 个专业，20 余个工种，分工明确，各有所司。主要有木、瓦、石、扎、土、油漆、彩画、裱糊等八大专业。各专业相互配合，共保工程质量。主要写了各种官式做法，采用条例

① 蔡军，张健．《工程做法则》例成立体系的研究［J］．华中建筑，2003（2）．

规范与范例相结合的方法逐条对照说明，基本是按照建筑先后的顺序由下至上，其中条例的部分和具体尺寸都能相互对照，避免疑误。

本书主要是一个官式的规范，以文字说明为主，很少附图，对一些操作中的事宜就没有过多的去说明了。比如对大木的划线方法、油饰的工艺等都没有详熟的说明。这也是官管与私传在封建社会的体现，真正的操作人员是工匠，因此如果想更多的了解工艺的部分就要看一些匠作则例了。

《工程做法》对官式建筑列举了 27 种范例，对应用上的等级差别、做工用料都作出具体规定。这种定型化的建筑方法对汇集工匠经验、加快施工进度、节省建筑成本固然有显著作用，但也为“遵制法祖”，而妨碍了建筑的创新。

《工程做法》规格事例多关封建体制，与当今建设要求有很大差距，然而其中有关建筑设计基本原则与工程技术具体处理方法，从建筑科学的发展角度看，仍颇具参考价值。例如中轴对称、主次对比的总体布局；关乎日照风向、趋高避湿的设计原则；采用预制构件、组合安装的施工方式以及统一建材规格、充分利用地方材料等等，都是长期实践经验的积累和提炼的结果。某些行之已久、卓有成效的做法，今日仍可加以改进利用，以发挥其应有的作用。

目前《工程做法则例》有许多版本，国内一些大的图书馆，如中国科学院图书情报中心、北京图书馆、北京大学图书馆等均有传抄本、通行本等不同版本的收藏，其存轶情况不尽相同，但盖源于武英殿刊本。由此可见，武英殿刊本被认为是《工程做法则例》的祖本。有学者曾在日本东京大学东洋文化研究所见到雍正十二年（1734 年）刊本。此刊本为木版本，袋缀，大小为26.4 厘米×17.5 厘米，文章内容与字体与武英殿刊本基本一致。

（四）现存清代样式房建筑图档

中国第一历史档案馆的样式房图文收藏中可以判断出处确为样房者约近千件，该馆未形成专门的样房图档之设，而将其分为两部分：一部分编入舆图目录，涵盖行宫、寺庙、建筑、陵墓、名胜等，是 1925 年建馆后分类汇总，因循传统舆图类收藏体例；另一部分夹带于奏折副本、清册等档案中。

中国国家图书馆（以下简称“国图”）的样式房图文档案收藏 12 000 余件，其中大多数被馆方冠以“样式雷”排架，与舆图分开收藏。同时，国图收藏中有 20 余幅图纸，如“圆明园北路课农轩殿地盘画样”，仅就其名称来看便可判断是典型的样式房绘制的建筑图样，曾为《舆图要录》编入，原件收录于舆图目录中。这种收藏现状所反映的很可能是入藏来源的差异。据国图样式雷排架目录记载，该部分收藏主要从五洲书局、大树斋、德友堂、蔚珍堂、段记号、澄观阁、会文书店、德古堂、亚洲书局、群英书店等处购入，至于《舆图要录》中所收数十幅图样来源尚须进一步稽考。

台北故宫博物院的样房图样收藏依据冯明珠《图绘语历史》一文反映，夹带于进呈奏折和档案之中，保存了图样的历史原状，所憾收藏件数不详。台北故宫博物院的样房遗图也未形成独立的收藏。

除清华大学校图书馆零散建筑图档收藏外，建筑学院藏样房图样约 82 张，保持了入藏时的原状，它们由零星购入的样房图样（40 张）和算房高家档案中附带图(42 张)两部分构成。由于历史上样房和算房的密切工作关系和入藏来源情况所致，清华藏图未来的保存和利用只能延续现状。清华大学所藏的特点就在于其保存的分类方式反映了晚清样房、算房遗档的互相交叉混杂的原貌和流传的过程。

故宫博物院的样房图文档案收藏大部分继承自中法大学，计 2148 号；又有故宫自行购入和收入者，达 287 号。二者合并建档。按照收藏编号，此收藏数量总计 2435 号。编号中有一号多张者，有由中法大学整理散图而成者，故若以图纸、折单、簿册件数计算则逾 4000 件。故宫收藏较为独立，数量仅次于国图收藏，具有相当的规模。经过学者们初步统计得出：故宫博物院藏样式房建筑图样 2087 张，整理成册的建筑草图、各类折单 14 册，还包括部分器具陈设样（9 张）、船样（6 张）、舆图（42 张）、簿册(86 册)。收藏的时间跨度近 180 年，早如雍正十二年某王府购置的房舍与修建工程图样，晚至崇陵修建工程图样。图样中并无标注乾隆、嘉庆年号者，而多为道、咸、同、光四朝。在 121 张标注有绘制年月的图样中，雍正 1 张，道光 13 张，咸丰 23 张，同治 13 张，光绪 7 张，宣统 4 张，其余 60 张仅写日月或未书年号。而无年代标注的图样是本收藏的主要组成，其内容和类型是广泛和多样的。总体而言，清代样式房遗图、遗文数量超过 17 000 张。

在样式房图档的构成中，“样式雷”图档是十分重要的一部分。“样式雷”是对清代主持皇家建筑设计的雷姓家族的誉称。从康熙时雷金玉担任钦工处样式房掌案起，到民国三年雷献彩完成光绪崇陵的设计止，雷氏家族几乎不间断地担任样式房掌案，负责皇家建筑、内檐装修及家具器物的设计。样式雷家族是中国两成世界文化遗产的设计者，颐和园、承德避暑山庄、清东陵和西陵、圆明园、香山静明园、玉泉山静宜园、三海（北海、中海、南海）、南苑、恭王府等都是“样式雷”家族的杰作。此外，“样式雷”还部分参与了故宫、天坛的改扩建和修缮。他们为清代的皇家建筑倾注了半生的心血，不仅留下了大批堪称经典的建筑，更留下了数千份的图档，为后人研究古代建筑文化提供了宝贵的资源。

现存样式雷图档，是中国唯一幸存的系统的中国古代建筑工程图档，其时间涵盖 18 世纪中叶到 20 世纪初。在内容上，包括城市、宫殿、园林、坛庙、陵寝、府邸、工厂、学堂等建筑在内的各种建筑勘测、设计、施工、装修、修缮、改建图。除平面图外，“样式雷”还设计制作了许多建筑模型——当时称为“烫样”，它是用硬纸板按 1/100、1/50、1/20 等比例制作而成的，分别称为一分样、二分样、五分样，是一种较珍贵的建筑工程档案。另外还有大量工程做法、随工日记、旨意档及堂司谕档等文字资料，涵盖了清代皇家建筑规划、测绘、设计和施工各个阶段的详细情况，其系统性、完整性以及规模的宏大，在现存的古代建筑档案中都是少有的。

终清一代，这个家族形成了数千份建筑图纸。但可惜的是，一些珍贵的图纸被卖掉了，如极其珍贵的圆明园平面图就因此而流落到欧洲。辛亥革命以后，样式雷未能适应新的社会需求，仍采取传统方式设计，加之后嗣子孙不孝，抽大烟，家道很快败落。雷景修惨淡经营，装了满满三房间的图档以及雷廷昌等积累的更大量的图档，被这些不孝子孙瓜分，拿去售卖，被各书店、古玩店等收购。当时北京的学术界，尤其是以朱桂莘先生为首成立的营造学社，发动很多文人和相关单位，包括北京图书馆，赶紧做预算，把大量的烫样、图档陆续收购回来。但这里面泥沙俱下、鱼龙混杂，因为古代的图纸都是描绘的，难免掺假，有的甚至是一摞破纸片，夹在一起打包。每包里头什么样的图都有，类似一个设计院200多年的各种图纸被打乱以后的情形，因此整理非常困难。正因为这个原因，尽管这些样式雷图档收藏进国家图书馆等单位已经70多年了，但一直没有彻底整理。

目前的收藏情况，以国家图书馆收藏最多，主要是样式雷家藏的画样。在清代，大量的画样按例要进呈皇帝、皇后、皇太后御览，往往是奉旨留中，就是留在宫中存档。这部分图档原来归为内务府，作为内务府的舆图，后来归故宫博物院，现在归中国第一历史档案馆。另外数量比较大的，还有民国期间中法大学收购的约3000件图样，50年代由已故单士元先生接收后进故宫博物院图书馆。现存的大量烫样，原来属北京图书馆，后来转存故宫。此外，首都图书馆、北大图书馆、社科图书馆、清华大学建筑学院资料室等单位，也有少量的样式雷图档。“国外也有流散的样式雷图样，前年知道日本东京大学有200余张图纸。”①

传世的清代样式房图档，包括画样、烫样及工程做法等文稿，是中国古代建筑文化的一项极为丰硕和珍贵的遗产，除文物价值外，尤其是具有很大的研究利用价值。通过对馆藏遗存的数千份清代样式房建筑图档、烫样的初步整理，使我们对这批遗物的史料价值有了一些直观的认识，当然更深入的研究，更深层的价值，有待专业人员去挖掘。

通过现存的样式雷图档，就可以看出清代皇室建筑有一套完整的设计程序，无论是宫殿、陵寝还是园囿，都是先由算房丈量地面，再由样房里以掌案为首的“样式雷”进行设计，然后是设计绘制地盘尺寸样，即立样图并估算工料，呈奏钦准，而后实施。建筑活动是在社会大环境中进行的。所以，建筑档案也必然涉及社会的其他问题。特别是与其关系密切的问题，如经济史、社会史、政治史、文化史等，因此中国古代建筑档案的价值体现在很多领域，如建筑图中涉及的绘制技法，便是研究中国古代图学成就的重要材料。样式雷图样中便采用了科学而巧妙的表现方法，根据实际需要在正投影图中

---

① 国家图书馆善本特藏部，《中国典籍与文化》编辑部．中国典籍与文化（第一辑）［M］．北京：北京图书馆出版社，2007：138.

采用了立样图、侧样图和旁样图，如《圆明园殿内尺寸平面图》（故样948），而在剖示方法上则综合使用了平剖、纵剖、横剖、局部剖等各种形式。

清代遗存的样房建筑图档是清代皇室建筑设计及营建活动的真实记录，不仅对研究清代建筑历史有举足轻重的意义，而且对于揭示营建活动的整个背景，诸如清代王室家族史、宗法礼制，宫廷生活以及清代政治、经济、科学艺术、文化艺术等等方面，均有着清代档册文献所不能替代的作用，故清代样房图稿对于研究清史，具有多方面价值。例如，故宫图书馆收藏清代样房有关陵寝图稿多达800余张，涉及清代关内各帝、后、妃陵以及关外三陵。这些图档不仅让我们了解了清代陵寝建筑的设计思想方法及施工技术，通过比较，使我们对清代陵寝制度有了清代陵寝制度有了更全面的认识，即清代陵寝制度有着帝陵、后陵、妃园寝的尊卑之分。各陵寝的建筑式样，规模和序列配置均不同；因为风水地势和各个时期政治、经济情况的不同，各陵寝呈现不少差异。但在整体上，仍以尊卑分明，不可僭越的等级和统绪隶属关系，形成完备的体系，体现出王朝皇权和宗法礼制的森严制度。

晚清慈禧太后专权于同光两朝，其在陵寝建筑方面，屡有擅越制度的问题。现遗存的有关清惠陵寝图稿，如《惠陵地盘全图》（故样2397）、《惠陵地盘地势全图》（故样1155）、《惠陵地盘尺寸图》（故样601）等诸图，为我们提供了最丰富、最具体真实的史料。

传世的清代样房图档，在文物价值外，尤有很大的研究利用价值。但由于目前其收藏的分散与不公开，故当今历史学和建筑学领域则亟待清代样房专题数据库的问世及建立更为公开的资料体系，为其研究利用创造更便利的条件，开辟更为广阔的领地。

第三节 中国古代建筑档案的间接遗存

中国古代建筑档案的间接遗存内容丰富、种类复杂，但是与直接遗存相比，形成时间较晚。本节将先对这些间接遗存做一个概述，然后再以时间为线索进行具体阐述。

一、中国古代建筑档案间接遗存概述

中国古代建筑档案的间接遗存是指以非原件形式遗存下来的中国古代建筑档案内容，其主要形式是通过相关著作保存下来。这些著作，将建筑档案的原始记录与作者的创作融为一体，所以被称之为间接遗存。这种间接遗存以官方史志和私人科技著述为主。

1. 史书中的中国古代建筑档案的间接遗存

中国古代有编史修志的优良传统，而编史修志又主要是以档案为依据，所以，我们

把官修史书列为是建筑档案的间接体现。在古代社会，史书有官修与私修之分，这是两种长期并存的编史修史形式。就它们与档案遗存关系而言，官修史志中一般包含档案遗存较多。

《四库全书总目》史部分为：正史、编年、纪事本末、别史、杂史、诏令奏议、传记、史抄、载记、时令、地理、职官、政书、目录、史评 15 类。体类虽多，但就史书编纂的总体特点而言，主要是记叙和是博采史料的“编著”，这些史书中有很多部分涉及当时的科学技术，由于建筑在中国古代并没有像天文、医药、农业、手工业那样成为一个专门的学科，因此这些史书中对当时建筑技术和活动的记载多零散见于对其他事物的记述中。如《汉书》的《郊祀志》，就对汉长安城南郊的礼制建筑——“明正教”的明堂、“宣教化”的辟雍等有记载，通过这些记载可以看出当时的礼制建筑已经具有相当的规模。《史记》作为一部总结中华三千多年古代文明的百科全书，除了囊括孔子所致力于的诗、书、礼、乐之外，还包括政治、经济、军事、教育、民族以及天文、地理、医学、科技等。其中就记述了古代园林发生发展的历史及其所取得的辉煌成就。《史记・殷本纪》中记载的中国古代最早的园林——沙丘苑：帝纣王“益广沙丘苑台，多取野兽飞鸟置其中，慢于鬼神。大就乐戏于沙丘，以酒为池，悬肉为林，使男女裸逐其间，为长夜之饮”。

2. 方志中的中国古代建筑档案的间接遗存

中国有两千多年的修志传统，留存下来方志种类和内容都十分丰富。按记载的内容范围不同，可分为：通志（一般的省、州、县志和全国性的总志都属此种）、专志（专门记述某一方面内容）、杂志（记述一地的舆地、政治、经济、文化等现象，没有通志那样完备、系统）。通志如《大元一统志》、《浙江通志》，《陕西通志》、《河南通志》、《盛京通志》、《山东通志》等中也均具有关于城垣、宫室方面的记载。唐代李吉甫编著《元和郡县图志》所述地理事实以唐元和八年为限，把当时全国十道所属各府州县的等级、户乡数目、沿革、四至八道的方里、山川、开元与元和时的贡赋、盐铁垦田、军事设施、兵马配备、古迹等，依次叙述，各卷卷首都附有图。另外如《江南通志》中“江宁府”部分，就对江宁府城池进行了详细的记载“城垣长一千八十四丈五尺，知县曹一麟覆以甓”。专志类如《三辅黄图》和《洛阳伽蓝记》等，均有古迹、宫殿、寺院、陵墓、园林、书院的内容记述，为古建筑和古文献研究者耳熟能详。

3. 政书中的中国古代建筑档案的间接遗存

政书，是政府各部门规章制度和各项政治、经济、文化政策及它们实行情况的记录，比较集中地提供了社会政治、经济、文化的重要资料。政书涉及的内容很广，各种建筑制度就包括在内。如明代官修的《明会典》，体例以六部职官制度为纲，以事物名数、仪文等级为目，分述各行政机构的职掌、事例、冠服、仪礼等，其中就有“城垣”

部专门讲述明代所修城墙的施工标准及工程建造过程中的一些规章制度。其他的一些涉及建筑档案重要的政书主要有唐杜佑撰的《通典》，唐玄宗时官修的《唐六典》，南宋郑樵编著的《通志》，元马端临编著的《文献通考》，宋王溥撰的《唐会要》，宋代官修的《宋会要辑稿》，元代官修的《元典章》，被称为“清三通”的《清朝文献通考》、《清朝通典》、《清朝通志》等。

4. 类书中的中国古代建筑档案的间接遗存

类书是中国古代采辑或杂抄各种古籍的有关资料，分门别类地加以整理，编次排列于从属类目之下，以供人们查阅的工具书。为后人保存了大量很有价值的文化遗产，其中自然也包括中国古代科技档案信息、建筑档案的间接遗存，是研究中国古代建筑的重要文献资料来源。

现在流传下来的类书主要有唐代的《北堂书钞》、《初学记》、《艺文类聚》、《白氏六帖事类集》，宋代官修的《太平广记》、《太平御览》与《册府元龟》，清代类书较以前更多，其中较有名的有《古今图书集成》、《渊鉴类函》、《佩文韵府》、《骈字类编》、《子史精华》、《格致镜原》等。这些类书中有大量的建筑档案的间接遗存，如唐欧阳询等奉敕编撰的《艺文类聚》中的“储宫”部、“居处”部，宋王应麟编《玉海》中的“宫室”门，明解绪、姚广孝等奉敕编纂《永乐大典》中的“工技”类，清陈梦雷原编《古今图书集成》中的“宫闱”典，清陈元龙编《格致镜原》中“宫室”类等都有关于中国古代建筑技术和活动的记载。

5. 笔记、游记等私家著述中的中国古代建筑档案的间接遗存

“文学作品，以它特有的方式记载了中国古代科技知识而成为古代科技资料的组成部分”①。保存有中国古代建筑档案的私人著述主要分为两类，一类是专门论述建筑知识，这些著述的作者多为当时的建筑家，内容也十分专业和系统。如隋代建筑家宇文恺所做《明堂图仪》，其中利用比例关系绘制建筑图和制作立体建筑模型的方法，在中国建筑史上是一大创举。其他比较著名的专著如北宋初年李格非的《洛阳名园记》、明中叶《鲁班营造正式》、明末著名造园家计成撰《园冶》等。

另一类是非专业的论述，也就古建筑提供宝贵的资料。如中国最早的诗歌总集《诗经》，便通过《公刘》、《文王有声》、《鸿雁》和《斯干》等篇向人们展示了周人从父系氏族社会末期向奴隶社会过渡时有组织、有领导地大规模集体建造屋舍、有计划地营建都丰、镐，以及建筑队伍的来源、组成和宫室屋面的形制、装饰等。这类著述现存数量较多，如北宋欧阳忞的《舆地广记》，宋孟元老撰的《东京梦华录》，明代刘侗、于奕正著《帝京景物略》，明代的《宛署杂记》、《历代山陵考》、《关中陵墓志》、《故

① 张秀宏．中国古代科技文献概况［J］．图书情报，2005（5）．

宫遗录》，清康熙时的《日下旧闻》，乾隆时期的《钦定日下旧闻考》，嘉庆时的《唐两京城坊考》等著述，都涵盖了丰富的古代建筑知识。

二、宋代以前建筑档案的间接遗存

宋以前的建筑档案以间接遗存的形式流传下来的主要是一些地方志和私人修书，这里我们将主要介绍两种有代表性的间接遗存：

1.《元和郡县志》

唐代李吉甫编著，原名《元和郡县图志》，共42卷，今存34卷。李吉甫字弘宪，唐赵州赞皇县（今河北赞皇）人。他好学能文，知识渊博。历任太常博士、刺史、宰相、节度使等职。著作有《六代略》30卷，《十道图》10卷，《古今地名》3卷，《元和国计簿》10卷等，这些著作都散失了，独《元和郡县图志》残存，流传至今。

李吉甫编写《元和郡县图志》的目的是供皇帝阅览，以制订削平藩镇的策略，所以主导思想是强调实用，反对重古略今，积极为收复失地努力。唐宪宗时，黄河南北50余州为藩镇所割据，川西沦于吐蕃。但此志仍有十道，其用意在于恢复国家领土完整。

由于李吉甫在唐宪宗时官位较高，所以他在书前冠以“元和”二字，“元和”乃唐宪宗年号（806～821年）。《元和郡县图志》所述地理事实也以元和八年为限，把当时全国十道所属各府州县的等级、户乡数目、沿革、四至八道的方里、山川、开元与元和时的贡赋、盐铁垦田、军事设施、兵马配备、古迹等，依次叙述，各卷卷首都附有图。北宋时图亡，因此书名也被人改为《元和郡县志》。南宋淳熙三年（1176年）张几仲首刻此书时就有缺佚，但仍保持42卷的结构。宋以后，目录亡佚，又缺19、20、23～36卷。今天流传下来的只有34卷。

此书在总志中历来被认为是编写最好的。《四库全书总目提要》说它最古，“其体例亦为最善。后来虽递相损益，无能出其范围”。对后世方志的编纂有很大影响。

2.《明堂图仪》

作者宇文恺（555～612年），隋代建筑家，字安乐。祖先是鲜卑族，西魏以来汉化。父亲宇文贵，西魏十二大将军之一，仕周，位至大司徒。次兄宇文忻，周、隋时名将，隋时官至右领军大将军，为隋文帝杨坚所忌，被诛。宇文恺为武将世家，父兄皆以弓马显名，他独好学，擅长工艺，尤善建筑。

宇文恺的一生，主持过许多大型的建筑工程，在建筑方面取得了许多重大的成就。在他设计和督造的工程中，以两都的营建及广通渠的开凿最有影响。长安（大兴城）及洛阳的建筑规模使后代学者为之倾倒，并为后代王朝所仿效，为邻近国家所学习。他著有《东都图记》、《明堂图议》、《释疑》。除《明堂议表》见于本传外，其他均已失传。宇文恺的《明堂图议》一文，是一篇很有学术价值的建筑学、考古学档案，其中利用比例关系绘制建筑图和制作立体建筑模型的方法，在中国建筑史上是一大创举，具有重大科学意义。

3. 宫苑图

隋唐时期“宫苑图”是中国古代绘画发展史上的重要标志，它对推动中国工程图学的进步起到了积极的作用，并对古代建筑设计建筑图的完备产生了巨大的影响。

（1）宫苑画的出现是中国古代绘画发展的重要结果。以山水树石、台阁宫观为主要内容的山水画，兴起在魏晋时期。它的迅速发展是受玄学的影响。刘宋之时，玄风大振，一切意识形态无不受玄学的滋薰。孙绰《庾亮碑》称：“方寸湛然，故以玄对山水。”山水和玄理在人们的主观意识中是相通的。因此，魏晋以降的士大夫们迷恋山水以领略玄趣，追求与道冥合的精神境界。这对诗歌和绘画产生了重大的影响。由于山水形象是表达玄理的最合适的媒介，所以山水景物大量进入诗歌和绘画之中，使得山水诗、山水画成为言玄悟道的工具。宗柄说山水画的作用是为了“澄怀观道”和“澄怀味象”。他在《画山水序》中明确提出“山水以形媚道”，山水画可以达到“观道”、“味道”的目的。六朝大画家顾恺之、宗柄、王微、陆探微等，差不多都画过山水画，而于山水画论，多有阐述。

中国山水画的兴起，在技法方面有一个探索的过程，它需要众多画家的参与。晋宋以后，画家多从事佛画的创作，少数文人学士游山玩水，吟诗论道之余，以作山水画为乐，但真正解决山水画创作上的困难，力尚不足。文人作画的优点在于善于发现民间匠师的优点，吸收新的技巧。任何绘画的进步都建立在写实的基础上。山水画的进步与发展，也需要大量的专业画家和民间画师的共同努力，在解决山水画的构图、空间关系、造型设色、线条勾勒等问题之后，再由文人画家加以提高，进而变革。无疑，专业画家与民间画师的大量参与，需要社会为他们提供生活保障，而六朝的社会环境没有形成这个条件，因此宫苑画的创作与实践便落在隋唐画师们的身上。

（2）把宫苑画纳入建筑设计是中国古代建筑制图形成与发展的关键。隋朝的统一结束了西晋以来近四百年的分裂局面，随之兴起的大建宫苑之风，对于宫苑画这种建筑画的形式以及建筑图的发展产生了关键的作用。隋唐大规模的宫苑工程，不仅需要大量的建筑匠师进行规划、设计，而且还需要大批画工雕梁画栋。特别是建筑匠师既要用图纸表达公园设计的各个部位，绘制正式的施工图，而且还要在工程设计之前绘制具有艺术表现力的建筑图，以便形象地说明设计内容。因此，他们必须画宫苑山水，这样“宫观”、“所附”、“山水树石”的建筑画就有了广阔的创作天地。同时，也就解决了画家们的生活问题，可谓“天下熙熙，皆为利来；天下壤壤，皆为利往”①。

隋唐之际，大批从事土木建筑的官员，无论是“匠作监”、“匠作大将”，乃至“工部尚书”都“能书善化”，“为一时之妙”，在宫苑图方面，他们是内行。大批画师、建筑师都要创作山水图，当然是挑选最佳的图样与设计，送呈主管部门，甚至皇帝审查评选。这样就把宫苑画的绘制与宫苑设计工程紧密地联系起来了，这种确定方案的竞争，无疑迫使设计者提高建筑图样的绘制技巧。所以，隋唐宫苑图的激发和制作得以发展，有魏晋时那种“细饰犀栉”的稚拙状态，迅速地提高到具有很强的空间感，相当成熟的线条图、彩色图，即线条并用的建筑图。

（3）宫苑画家社会地位的提高，促进了建筑图绘制技术的完善。以“二阎”为代表的隋唐宫苑画家，以自己在工程技术方面的成就，“咸称旨，尝赐甚厚”，宫苑图需要以一定的技法为基础，而完善这些技法需要画家有充实的物质生活为保障，从事宫苑画的穿做。或“累迁匠作大将”，“为工部尚书”，或“为右相”，如阎立德“以营山陵功，擢为匠作大将”，“营护太宗山陵、事毕，进封为公”。这使他们在唐代的社会地位大大提高，也为他们的创作提供了物质条件。

宫苑图的出现使中国古代绘画主流来了一个大转折，特别是它在中国工程图学史上的价值，使它成为反映古代匠师建筑思想与建筑规划的工具，称为具有工程意义的“建筑图”。没有隋唐之际宫苑画家的大量实践，没有画师和匠师们的努力，就不会有灿烂的唐代图学成就和图学思想。

三、宋辽金元时期建筑档案的间接遗存

较前一个时期相比，宋辽元金时期的建筑档案遗存种类就要丰富许多。

1.《洛阳名园记》

北宋初年，李格非所作。洛阳在唐代是陪都，因此贵族官僚在洛阳兴建了许多园林。本书介绍了洛阳名园十九个，多数是在唐朝庄园别墅园林的基础上发展过来的，但在布局上已有了变化。它与以前园林的不同特点是：园景与住宅分开，园林单独存在，专供官僚富豪休息、游赏或宴会娱乐之用。这种小康式的私家园林，只是私家游尝。在十九个名园中，既有花园也有游憩和宅园，每个园都各具特色。

《洛阳名园记》是李格非尚存著作中最为完整的一篇，不幸中的万幸，也是他最有代表性的一篇，这也是在当时就引起了轰动效应的一篇文字，李格非的名字能够挤进当时人才济济、大腕频出的文学界，这篇文章是功不可没的。

另一方面，在行文之中，他并非全是将兴致放到观花赏草上，其间所渗透的自己的

---

① 司马迁撰，裴骃集解．史记·货殖列传［M］．北京：中华书局，1959：3256.

思想精华以及层层递进的议论更能体现其不同流合污的过人之处。《宋史·李格非传》云："尝著《洛阳名园记》，谓洛阳之盛衰，天下治乱之候也。其后洛阳陷于金，人以为知言。"也就是说，以至于后来洛阳沦陷，后人认为是李格非眼光独到，有"先见之明"！

2.《东京梦华录》

宋孟元老撰，是追述北宋都城东京开封府城市风貌的著作。孟元老号幽兰居士，原名孟钺，曾任开封府仪曹，生于北宋末年，在东京共生活了23年。晚年追忆昔日旧京的繁盛，写成《东京梦华录》10卷，书中分别记载东京城池、河道、宫阙、衙署、寺观、桥巷、瓦市、勾栏，以及朝廷典礼、岁时节令、风土习俗、物产时好、诸街夜市，反映出当时都城官、私手工业作坊、商业、文化、交通的发达情况和东京的风貌。作者还用大量的笔墨，记录了当时东京民间和宫廷的"百艺"，在中国"百艺"史上留下了可贵的记录。书中关于诸宫调的渊源，诸艺的名称，讲史、小说的分类等记述，也受到研究中国戏曲、小说和杂技史的学者的重视。该书所创立的体裁，为以后《都城纪胜》、《梦粱录》、《武林旧事》等书所沿用。1956年，上海古典文学出版社出版了《东京梦华录》的标点本。

3.《太平寰宇记》

宋代早期全国总志，以乐史（930～1008年）编修的《太平寰宇记》较为著名，影响较大。书中以雍熙四年（987年）的疆域政区为准，立道为纲，府县为目，分道叙述府州县建置沿革、山川古迹、物产土地、户口贡赋、城镇乡里等情况。取材广泛，阐述详细、条理清晰、内容丰富，是中国方志学发展史上占有重要地位的地理著述。

《太平寰宇记》介绍了辖境境内行政区名、山川古迹、人口、风俗、姓氏、人物、官职、土产（主要记载农业、林业、畜牧、渔猎、药材等内容）、艺文、名胜、杂事、四夷等。从内容上看，乐史在编修《太平寰宇记》时利用了大量的档案材料，材料详备准确。《四库全书总目提要》评价说："盖地理之书记载至是书而始详，体例亦自是书而大变。然史书虽卷帙浩博，而考据特为精核，要不得以末流冗杂，追咎滥觞之源。"《太平寰宇记》记载了唐和宋初二个朝代的户口数及本朝贡赋数，并按州开列主户、客户数量。这些数字（特别是本朝数字）的原始依据必来自档案，而其他内容也或多或少与档案有关。在直接使用本朝档案材料的同时，《太平寰宇记》大量引用了前人的地志、杂记、碑刻等与地理档案有关的著作，而这些史籍多已佚亡。这些业已失传的珍贵档籍，皆赖《太平寰宇记》等的转录，得以保存下来，这是《太平寰宇记》的又一大功劳。

4.《舆地广记》

作者欧阳忞，38 卷，撰成于北宋政和年间（1111 ~ 1118 年）。该书比较注重历代政区沿革变迁和以往的史事人物，以元丰年间的建置为纲，叙州县建置沿革。《四库全书总目提要》称此书“体例清晰，端委详明”。共 200 卷，宝庆三年（1227 年）成书。以南宋宝庆以前的疆域建置为准，叙述境内一百六十六府、州、军、监的沿革、风俗、形胜、古迹、官吏、人物、仙释、碑记、诗等。征引的文书档案多为佚本，起转存之功效。

5.《方舆胜览》

作者祝穆，70 卷，成书于理宗时代（1225 ~ 1264 年）。主要记述南宋疆域内的州郡沿革、风俗、形胜、土产、山川、学馆、堂院、亭台、楼阁、寺观、桥梁、古迹、名宦、人物、题咏。

6.《经世大典》

元代颁有《经世大典》，本书全名《皇朝经世大典》，880 卷，目录 12 卷，公牍 1 卷，纂修通议 1 卷。此书是元文宗时官修的一部政书。天历二年（1329 年）冬，元文宗下令“参酌唐宋会要之体，会粹国朝故实之文”，命赵世延、虞集等主其事。次年（1330 年）四月十六日开局，至顺二年（1331 年）五月一日成书。全书分 10 篇：帝号、帝训、帝制、帝系 4 篇为“君事”，由蒙古局担任纂修；治典、赋典、礼典、政典、宪典、工典 6 篇为“臣事”，由虞集等编纂。其中“工典”门分 22 个工种，与建筑有关者占半数以上。该书明初修《元史》时多有引用，《永乐大典》亦予辑录。正统六年（1441 年），尚见于杨士奇所撰《文渊阁书目》，但已残缺。今人所见该书遗文，除《元文类》所收《经世大典序录》及中华书局影印《永乐大典》残本中存留的一部分外，尚有《广仓学窘丛书》所收之《大元马政记》、《元代画塑记》、《大元毡罽工物记》、《大元官制杂记》、《元高丽纪事》，均为前人从《永乐大典》辑出，总约十余卷，不及全书百分之二三。尚存的这部分文字，已成为研究元代社会经济、政治、军事、工艺技术、中外关系的重要资料。

7.《大元大一统志》

元代纂修的全国总志以《大元大一统志》为最佳。它始修于至元二十三年（1286 年），前后两次成书，至元二十八年首次书成，共 755 卷，此时可能是完成了进呈本，没有刊行。其后，各行省仍不断的修纂各省的图经，陆续进呈，大一统志也不断的修改补充。直到大德七年（1303 年）才告竣工，书中以行省和路直辖的府州为框架，分类叙述其建置沿革、坊郭、乡镇、里至、山川、土产、风俗、形胜、古迹、人物、宦迹、仙释等门，共1300卷，卷帙之浩繁，在全国性区域志中居首位。

8. 其他

北宋欧阳修的《欧阳文忠公文集》、王安石的《邻川先生文集》、沈括的《梦溪笔谈》、宋敏求的《长安志》，宋末元初周密的《吴兴园林记》，宋代秦九韶的《数学九章》、赖文俊的《七十二葬法》、周密的《南宋故都宫殿》，元朱震亨的《风水问答》、杨奂的《汴故宫记》、王士点的《禁扁》等作品也都涉及建筑方面的内容。

四、明清时期建筑档案的间接遗存

由于年代较近，明清时期建筑档案的间接遗存无论是数量还是种类上都是最为丰富的，而且这些间接遗存的版本众多，在一些较大的图书馆都有收藏，例如国家图书馆的基藏库、书刊保存本库等。下面选取几例典型做以介绍：

1. 《园冶》

明末著名造园家计成撰，崇祯四年（1631年）成稿，崇祯七年刊行。中国现在最早、最系统的造园著作，曾被日本学者尊为“世界造园学最古名著”。《园冶》全面论述了宅园、别墅营建的原理和具体手法，“内容以造园为主，兼及木构房屋厅堂，反映出长江中下游建筑特点”①，是研究中国古代园林的重要著作。其内容由《兴造论》和《园说》两篇组成。《园说》下分相地、立基、屋宇、装折、门窗、墙垣、铺地、掇山、选石、借景十部分。全书共三卷，附图235幅，其中卷二是装折中的栏杆图式。

清近三百年的时间里，《园冶》一书湮灭于中原。直到民国，中国营造学会成立，才重新想到这书，可惜寻遍大江南北，也没找到一册全集。然而在日本，这本专业的造园著作却得到了足够的重视，执教东京帝国大学的美术家大村西崖在他的《东洋美术史》一书中论述了这本明末的中国造园奇书，并且给予了很高的评价，日本东京高等造园学校的校长上原敬二博士，专门写了《解说园冶》的长篇论文，以此来介绍和推广此书，称之为世界造园学最古之名著。至于此书的原本被深藏在日本内阁文库，非一般人能够轻易得见，散见在日本书市的是一本改名为《夺天工》的新本子。《园冶》一书文体特别，不似一般考工样的文体，而是骈四俪六样的晚明风格，并且杂陈了不少吴地的方言，辞藻之法囿于文言。这两点与计成的一些资料倒也符合，文人的内在特性，使得他文风古拙，苏州工匠的行话，又迫使他不得不采用一些吴地的俚语。如此的文章虽说不上天书，却实在是一本不易读通的书籍。

《园冶》不仅是中国古代关于造园理论的专著，也是明代工程图学遗产中很有价值

① 罗哲文．中国古代建筑［M］．上海：上海古籍出版社，1990：185.

的著作之一。计成一扫明代学人文笔肤浅、语焉不详、剿袭成风、转相标榜的陋习，自出心得，对造园指导思想，园址选择，建筑布局、山、石、铺地、借景等，都做了系统的阐述，虽以骈四俪六的文体行文，但其式样图释，立克时弊，故为《园冶》引人注目之处。图样、图示作为全书之骨，有条不紊，式样虽殊，原理则一，绘制精雅，极不易得。《园冶》识语称其："诧为国能，诩为开辟，诚非虚誉。"

计成本是一位画家，他在绘画作图方面的才能，为《园冶》一书中图样的绘制打下了基础。计成由绘画而事园林，水石之外，旁及土木，更能发挥理趣，著为草式、图样等。有图样之作的园林著作，当时皆不可见，《园冶》内容丰富的图样内容，使其颇具有参考价值和借鉴作用，而后又受到人们的重视。

《园冶》中的图样见于"屋宇"、"装折"、"栏杆"、"门窗"、"墙垣"、"铺地"之中，各篇图式数量如表 6-2 所示。

表 6-2 《园冶》中建筑图的分布

图样名称	图样内容及其数量
屋宇图式	各种柱式、卷式、架式图，共 8 幅；地图（即平面图），共 3 幅
装折图式	各种长福式、短福式、槅棂式、束腰式、风窗式、冰裂式、两截式、三截式，梅花式等，共 73 幅
栏杆图式	笔管式、锦葵式、波纹式、梅花式、联瓣葵花式，尺栏式、短尺栏杆式，共 100 幅
门窗图式	方门合角式、圈门式、上下圈式、莲瓣式、如意式、贝叶式等，共 31 幅
墙垣图式	漏名墙式，共 16 幅
铺地图式	人字式、席纹式、间方式，斗纹式、六方式、八方间式、攒六方式、套六方式、长八方式、海棠式、八方式、四方间十字式、香草边式，毬门式、波纹式等，共 15 篇

计成在"屋宇"篇中论述了建筑施工用图的作用。他说："凡瓦作，止能式屋列图，式地图者鲜矣。夫地图者，主匠之合见也。假如一宅基，欲造几进，先以地图式之。其进几间，用几株著地，然后式之，列图如屋。欲造巧妙，先以斯法，以为便也。"计成在此所言"地图"，是指房屋建筑在营造以前绘制的平面图，如同今日所称建筑设计图中的平面图。他认为画设计图十分重要，不仅能"以为便也"，更能"欲造巧妙"。要做好这个设计图，必须能反映屋主和建筑师统一的思想和意见。

2. 《闲情偶寄》

《闲情偶寄》可以说是继《园冶》之后又一部享誉世界的造园学名著。本辑较为系统地反映了明末清初中国的造园思想，是了解与研究中国古典园林的必备参考书。

《闲情偶寄》又叫《一家言》、《笠翁偶集》，是清初戏剧家和戏剧理论家李渔的一部所谓寓"庄论"于"闲情"的"闲书"，刊行于康熙十年（1671 年）。全书包括《词曲部》、《演习部》、《声容部》、《居室部》、《器玩部》、《饮馔部》、《种植部》、《颐养部》等八个方面，内容驳杂，涉及面很广。其中相当大的篇幅论述了戏曲、歌舞、园林、建筑、花卉、器玩等艺术和生活中的各种审美现象和审美规律。李渔对于园林建筑，也颇具卓见。其《居室部》中对房舍、窗栏、墙壁、联匾、山石的构造、布局论述甚详，并且都注意结合个人生活体验，使人信服，对于窗户、板壁，还亲自制作，并加以图画，他人只需依样画葫芦即可仿制。《器玩部》中的许多器具，也是一样。由此可见李渔绝非一空头理论家，他的发明是有其实践意义的。值得注意的是，李渔在《闲情偶寄》中虽大谈特谈闲情，但其与一般教人玩物丧志、崇尚奢华之书是有明显区别的。通览全书，作者紧紧地扣住了一个“俭”字为中心，在《凡例》中即提出“崇尚俭朴”的方针。虽然其主观目的在于“扶持名教”、“无伤大道”，但就实际效果而观，李渔确实做到了“因人而异”、“因地制宜”，他所倡导的生活技法并不专为富人而设。

3.《长物志》

明代文震亨（1585～1645年）著，成书于1621年，共12卷。收入《四库全书》。作者文震亨，字启美，江苏苏州人。他是明代大书画家文征明的曾孙，天启间选为贡生，任中书舍人，书画咸有家风。平时游园、咏园、画园，也在居家自造园林。

《长物志》一书完成于崇祯七年，全书12卷，直接有关园艺的有室庐、花木、水石、禽鱼、蔬果五志，另外七志书画、几榻、器具、衣饰、舟车、位置、香茗亦与园林有间接的关系。相比于《园冶》，《长物志》更多地注重于对园林的玩赏，与《园冶》更多地注重于园林的技术性问题正可互为补充。如果说《园冶》是造园的理论专著，《长物志》则以晚明园林构建为核心，涉及士大夫生活各个方面，直接反映了明末士大夫的造园思想。此外，《园冶》因为是立足于江南的造园实践，而江南花卉繁茂，水源充沛，所以计成对此措意不多；《长物志》则主要是针对北方的造园实践，而北方草木珍稀，水源尤缺，所以，文震亨对此的重视尤见匠心。

众所周知，中国古代建筑达到了很高的成就，但除了实物和法式之外，流传下来的设计理论档案较少，这给我们研究中国古代建筑设计思想带来了困难。正因为此，明朝人文震亨所著的《长物志》才显得弥足珍贵。在《长物志》卷一《天之骄子庐》篇中，文氏较多地论述了中国古代建筑设计的一些理论原则和审美意趣。他的这些得要论断，对我们了解中国传统建筑的精髓到底是什么，对我们继承和发扬中国传统建筑的优良传统，是十分有益的。

4.《鲁班营造法式》和《鲁班经》

《鲁班经》成书于明中叶。万历年间（1573～1620年）又有《新镌京版工师雕斫正式鲁班经匠家镜》，并有崇祯本及多种清代翻刻本。崇祯本3卷，题午荣汇编、章严全集、周言校正。中国古代的建筑技术，正史很少记载，多是历代匠师以口授和钞本形式薪火相传，由匠师自己编著的专书甚少。唯独明代的《鲁班经》（又名《营造正式》）是流传至今的一部民间木工行业的专用书，现有几种版本，具有重要的史料价值。这部书的前身，是宁波天一阁所藏的明中叶（约当成化、弘治间（1465～1505年）的《鲁班营造法式》，现已残缺不全。它的特点是在内容上只限于建筑，如一般房舍、楼阁、钟楼、宝塔、畜厩等，不包括家具、农具等。编排顺序比较合乎逻辑，先论述定水平垂直的工具，一般房合的地盘样及剖面梁架，然后是特种类型建筑和建筑细部，如驼峰、垂鱼等。另外，插图较多，与文字部分互为补充，且保存了许多宋元时期手法。

天一阁本之后一百多年的万历本，更名《鲁班经匠家》。内容和编排有较大的改动，但缺前面二十一页篇幅。稍晚，根据万历本翻刻的明末（崇祯）本，首尾完整，可以看到本书全貌。之后的翻刻本，都是从万历本或崇祯本衍出。《鲁班经》的主要流布范围，大致在安徽、江苏、浙江、福建、广东一带。现存的《鲁班营造法式》和各种《鲁班经》的版本，多为这一地区刊印。这一地区的明清民间木构建筑以及木装修、家具，保存了许多与《鲁班经》的记载吻合或相近的实物，证明它流传范围之广，以及在工程实践中的规范作用。

5.《帝京景物略》

明代刘侗、于奕正著。刘侗，湖北麻城人，崇祯六年顺天乡试举人，七年成进士。后来，外放吴县知县，还没到任，路过扬州，死在船上，年四十四岁。他来北京时，认识了于奕正。于奕正，宛平（今北京）人，崇祯初年秀才，家中有些钱，喜欢结交朋友，好游名山。崇祯九年，病死在旅舍，年四十岁。

该书主要记述北京地区的山川园林、庵庙寺观、桥台泉潭、岁时风俗。写作态度认真，“景一未详，裹粮宿舂；事一未详，发篋细括”，故记述的北京风物有较高的资料价值。此书在艺术上也有特色。《帝京景物略》为了使表现对象具有鲜明性和准确性，在描写的次序、详略、位置上颇费斟酌，可见出作者惨淡经营的独到匠心。如《三圣庵》先渲染三圣庵的环境，次述庵的本身，最后以庵内观稻台可饱览畦陇、林木、梵宇、雉喋作法，给读者留下深刻的印象。此书在语言上体现了竟陵派散文的特点，遣词造句，往往打破常规，改变通常句式以增强语言的表现力。如《水尽头》等篇，生动形象，给人一种质实的立体感。

书中详细介绍了北京的名胜园林，现在有一半已经不复存在。值得特别一提的是，书中较详细介绍了宣武门的天主堂，这在其他书中是没有的。而且书中介绍的内容，在近四百年后的今天看来，除了地理名称和年代以及翻译方面略有出入外，其他与现在别无二致。

6.《宛署杂记》

《宛署杂记》20卷，作者明人沈榜，湖南省长沙市人，万历十八年（1590年）任顺天府宛平县知县期间编著了这本书。它记载了明代社会政治、经济、历史地理、风俗民情、人物遗文等资料。

该书涉及了明代北京的分土、署廨、山水、古迹、坛庙陵园，特别是其中的土俗、方言、寺、庵、宫、观、庙、祠为我们后人留下了许多宝贵的东西。不幸的是，这部书的遭遇和中国许多古籍一样，至今流落他乡。《宛署杂记》这本书出版以后，就得到了当时以及后来文人的重视，以沈榜稍稍晚一些的沈应文等人在编辑《顺天府志》的时候，就在其“艺文志”里面抄录了该书顺天府尹谢杰的序文。明代崇祯时候刘侗写的《帝京景物略》中还提到了这部书。明末孙承泽的《春明梦余录》及《日下旧闻》中都转引了沈榜的文字：“可是这本书在中国已找不到了。日本尊经阁文库还藏有这本书。”北京古籍出版社1983年出版的《宛署杂记》是根据北京出版社1961年重新排印的，1961年的本子则是根据中国科学院图书馆收藏的日本尊经阁文库的摄影胶片排印的。

7.《历代山陵考》

成书于明，作者王在晋（？～1643年），字明初，太仓人，万历二十年（1592年）进士，授中书舍人，自部曹历监司，由江西布政使，擢巡抚山东右副都御史，进督河道。泰昌时（1620年）迁兵部左侍郎。天启二年（1622年）署部事。三月，迁兵部尚书兼右副都御史，经略辽东、蓟镇、天津、登莱。八月，改南京兵部尚书，寻告归。天启五年起南京吏部尚书，寻改兵部。崇祯元年（1628年）三月召为刑部尚书加太子太保。四月改兵部尚书，十月二十一日因张庆臻私改敕书事受牵连而削籍归。本书收于《四库全书》。

8.《关中陵墓志》

明祁光宗撰。光宗后更名伯裕，滑县人。万历戊戌进士，官至兵部尚书。是编乃光宗督学陕西时，于历代陵墓详加考证，各为之图，而系之以说。其距诸州县城，方隅道里，皆备志之，亦《皇览·圣贤冢墓记》之流也。收于《四库全书》。

9.《故宫遗录》

该书是著名文人萧洵在洪武初年任职工部时奉命拆毁元故宫，趁工作之便记录下来的元朝宫殿情况。萧洵是明洪武朝的工部郎中，亲自到过元故宫。因此《故宫遗录》是关于元故宫最完整的著述。从他所述可看出元故宫的布置大体是以琼华岛为中心，东面是大内（大明宫），西部偏南是隆福宫（太子居住之地）；西部偏北是兴圣宫。这三处建筑群坐落在离琼华岛的同一半径的三面，形成三足鼎立之势。

10.《朱氏舜水谈绮》

明代涉及建筑图较多的书籍，除了《鲁班营造正式》之外，尚还有一部在日本刊刻的《朱氏舜水谈绮》，此书中的建筑图代表了明代建筑图学的成就。

《朱氏舜水谈绮》记载了朱舜水飘零异域，在日本与其门人懋斋野传向老师“所问简牍素笺之式，质深衣幅巾之制，旁及丧祭之略”，和今井弘济以“所闻事物名称”分头所作的笔记。朱舜水“览而善之”对安积觉言：“二者益合为一，补其遗漏，以行于世。”现在所见印本，为 1708 年，即日本宝永五年，康熙四十七年（书林茨城多左卫门寿梓、神京书铺柳枝轩茨城方道藏版）所刊刻。全书计上、中、下三卷，分装元、亨、利、贞四册。

朱舜水（1600 ~ 1682 年）名之瑜，汉族，字鲁屿，日本尊称为舜水先生，浙江余姚人。初从李契玄学，后寄籍松江，受业于朱永祐、张肯堂、吴钟峦等，精研六经，特通毛诗。顺治十六年，受郑成功、张煌言邀，返国抗清，败后复流亡日本。

朱舜水不仅为学术大师，同时也娴习工程技术。他应日本门人之请，将中国的工程设计、农学知识，衣冠制裁以及书本柬式，分别绘制图样，制作模型，度量分寸，缜密无间地向他们传授。

书中有各种建筑立面图、平面图共一百多幅，各图绘制精细，为明代建筑制图之最。各种建筑的图样图式在《朱氏舜水谈绮》卷中的编撰方法是：先文字说明，后列各种图样，目录载各种建筑名称，如大成堂（亦称本堂）、尊经阁、两庑、大门等，共 26 种建筑，另有礼器图七幅及旗杆图一幅。文字部分包括每个建筑各部件名称，建筑高度、材质、尺寸、施工方法。文字说明中多有“样本”、“取样”等概念，说明这些建筑的施工时严格按照技术要求进行的。

《朱氏舜水谈绮》共有二十六种建筑队图样，每类建筑图包括建筑总图、立面图、侧面图以及平面图。建筑的总图采用了正投影，特别是主立面与建筑侧面绘制在一起，使建筑图更加清晰、简洁，以达到节约幅面的效果。这些图中的线全部都是细实线，细部绘制精致，如斗拱的绘制，非常认真。除建筑的主立面、侧立面图外，还包括内部立面图以及建筑平面图，部分建筑细部注有尺寸等技术说明。朱舜水所绘制建筑图样工程技术语言完整、统一，各类图样大都按一定比例绘成，虽有小疵，但整体上起到了建筑图所具有的图解和图示的作用。

朱舜水生于明清之际，深抱种族大痛，怆怀故国。先生流离颠沛，而安南，而日本，投荒万里，泣血天涯，未尝一日忘恢复大业。其余东瀛有足纪者，如《舜水文绮》，日本得其学之一体，以足巩其邦家，蔚成维新之治。其深醇大雅，卓卓可传。其图学成就，当载中国工程图学史焉。

11. 《钦定日下旧闻考》

由清和珅，英廉等奉敕编，清乾隆五十三年（1788 年）武英殿刻本。此书是在清朱彝尊《日下旧闻》的基础上删繁补缺、援古证今、逐一考据而成，是迄今所见清代官修的规模最大、编辑时间最长、内容最丰富、考据最翔实的北京史志档案资料集。始修于乾隆三十八年（1773 年），成书于乾隆四十七年（1782 年）。全书分为 18 门，依次为：星土、世纪、形胜、国朝宫室、宫室、京城总记、皇城、城市、官署、国朝苑囿、郊垧、京畿（京畿附编）、户版、风俗、物产、边障、存疑及杂缀。

12. 《日下旧闻》

《日下旧闻》是朱彝尊于康熙二十六年（1687 年）编成的。他从 1600 多种古籍中选录历代有关北京的记载和资料，以类相从，加以排比，共分 13 门（即星土、世纪、形胜、宫室、城市、郊垌、京畿、侨治、边障、户版、风俗、物产、杂缀），42 卷。

朱彝尊，浙江秀水人。在清初，他是个很有名的文人，康熙将其与姜宸英、严绳孙并称为“海内三布衣”。朱彝尊是在谪贬时编这本书的。康熙二十三年，他因带了一个小抄书的人入皇宫抄书，被人弹劾，降一级。

《日下旧闻》刊刻以后，清廷在北京开始大兴土木，尤其大规模地兴建园林。乾隆三十多年上距《日下旧闻》的成书已及百年，北京城池、宫殿、尤其是皇家匪苑已有很大变化。朱彝尊所选录的，已远远不够了。而且朱彝尊以“布衣”著述，除唐、辽、金、元、明的旧迹外，很少著录宫殿御苑的建置设施，这些在乾隆看来是很不够的。这百年中改置添建的，着实不少，尤其乾隆对宫殿坛宇、名胜古迹……题过不少诗，作过一些考证，需要著录下来，于是命臣子收录清代新建的、改建的，加上康熙、雍正和乾隆自己的诗文，成为《日下旧闻考》。

该书收集保存了许多史料，由于辑录古碑残碣，许多档案可资考证。如周秦的石鼓文，唐代悯忠寺的苏灵芝行书宝塔颂碑、辽御史大夫李内贞的墓志、宣和七年燕山府清胜寺慈慧大师碑、金大定中礼部令史题名记略碑等等，都是少见的珍贵资料。另外，不少古籍残失，也赖此书保留了史实。其次，可以看到乾隆初、中期北京建筑的情况和康熙中叶以来北京城市的变化。它记述了这些园苑的建筑名称，建造年代，悬什么匾额，挂什么对联，什么人居住，诗文中题咏这些建筑表现了什么思想，为历史研究者、旅游者、文物工作者提供了很多有用的知识。

13. 《日下旧闻考》

《日下旧闻考》仍沿用《日下旧闻》的体例和编次目录，但内容和篇幅大为增加。新增“国朝宫室”20 卷、“京城总记”2 卷、“皇城”4 卷、“国朝苑囿”14 卷、“官署”12 卷从原“城市”门中单列出来，“郊垧”由 6 卷增为 20 卷，“京畿”由原 10 卷增为 30 卷。删去原书“侨治”门。书中有［原］、［补］、［增］字样，［原］是朱彝尊原引，［补］是朱彝尊之子朱昆田之补遗，［增］是新添入者。朱彝尊原有按语用“朱彝尊原按”五字标明。新增之考证按语则用“臣等谨按”四字标明。此书参阅古籍近 2000 种，收集保存了大量有关北京史志、尤其是清代顺、康、雍、乾四朝中央机关及顺天府、宫室、苑囿、寺庙、园林、山水、古迹诸方面的建置、沿革及现状的原始资料，具有很高的历史和学术价值。《四库全书总目》著录，并给予很高评价：“……古来志都京者……当以此本为准绳矣。”除此本外，尚有清乾隆年间内府抄本，1988 年北京古籍出版社出版的校点本及《文渊阁四库全书》影印本等。

14.《唐两京城坊考》

唐代史料专著，成书于嘉庆庚午（1810 年），有《连筠丛书》、《畿辅丛书》刊本及商务印书馆《丛书集成初编》排印本。清代张穆又有《唐两京城坊考校补》、《藕香零拾丛书》，又刊有清程鸿诏《唐两京城坊考校补记》1 卷。

编撰者清代徐松（1781 ~ 1848 年），字星伯，大兴（今属北京）人。嘉庆十年（1805 年）进士。嘉庆十四年任《全唐文》馆提调兼总纂，授翰林院编修。后任湖南学政，因事获罪戍边，归授礼部主事。唐代的西京长安和东京洛阳，是当时政治和文化中心，被并称为“两京”。《唐两京城坊考》详细地记载了这两个都城的街道、市场、官署、宅第、寺庙、宫殿的形状、位置，以及某些街巷住居人民的生活面貌。为唐代文学的研究提供了重要的史料。

《唐两京城坊考》分五卷；卷一至卷四为西京，附有外郭城、三苑、宫城、皇城、大明宫、兴庆宫六图；卷五为东都，附有外郭城、苑、宫城皇城、上阳宫四图据作者自序说，己巳之岁（1809 年），奉诏纂辑唐文，从《永乐大典》中得到宋敏求（次道）的《河南志图》，于是以宋氏《长安志》为主，采集金石传记，合以程大昌、李好问的《长安图》，分门别里，条举宫殿苑亭，公私廨宅，博征史书典籍，笺释考证于下，作为“吟咏唐贤篇什之助”。李慈铭称此书“考证精密，古色盎然”（《越缦堂读书记》），绝非溢美之词。日人平冈武夫《长安与洛阳》一书中说它是“关于长安与洛阳的资料具有绝对权威而集大成的书籍”。但此书仍有史料上的遗漏和错误，如徐氏从《永乐大典》中所摹抄的《河南志图》，据缪荃孙的考证，乃是元代人修撰的《元河南志》，而被徐氏错认为“次道旧帙”。

第四节　中国古代建筑档案遗存的科技文化价值

中华文明源远流长，现存的种种建筑档案不仅是对传统文化的传承，其价值也越来越受到各界的重视。本节将对现存中国古代建筑文献的基本情况行进简要介绍，并从多个角度探讨其科技文化价值。

历经几千年的沧桑，大量的中国古代建筑档案得以流传下来，这些现存的珍贵史料，不仅是对当时建筑经验和知识的总结，时代发展到今天，这种传承赋予了建筑档案更为深刻的历史使命！

1. 现存建筑档案对继承和发扬中国传统建筑文化的价值

“中国建筑是世界建筑史上的一个重要组成部分，他是世界上延续时间最长，分布地域最广，风格鲜明的独特艺术体系之一，人类文明共同的财富。”① 20世纪初，西方文明的传入，结束了中国建筑作为一个体系的发展，中国几千年的建筑文化渐渐失去他的张力。新时期建筑文化出现危机，建筑市场竞争激烈，“中国建筑师应熟悉本土文化才能赢，应对中国建筑文化充满自信”②。如果缺乏内在的活力，没有明确的发展方向和自强意识，不自觉地保护与发展，就会显得被动，中国的建筑文化有可能丧失自我的创造力与竞争力，淹没在世界“文化趋同”的大潮中。幸而在这个时代中，中国也产生了民族文化的自觉，搜索实物，考证过程，已是现代的治学精神，在传统的血流中另求新的发展，也成为今日应有的努力。在未来的世界上将不会出现一个单一的普化文化，而是将有许多不同的文化和文明相互并存。“在全球化进程中，学习吸取先进的科学技术，创造全球优秀文化的同时，对本土文化更要有一种文化自觉的意识，文化自尊的态度，文化自强的精神。”③ “一个东方古国的城市，在建筑上，如果完全失掉自己的艺术特性，在文化表现及观瞻方面都是大可痛心的。因这事实明显的代表着我们文化的衰落，以至于消灭的现象。”

因此只有通过对古代建筑档案进行研究，从中总结规律，从而在继承传统的同时，将其发展和创新才能更好地继承和发扬中国传统建筑文化。

2. 现存建筑档案在古建筑维护中的价值体现

“古建筑的构造复杂，由于构件本身材质性能所限，再加以人为的破坏和自然营力的侵蚀等多方面的原因，古建筑必须经常保养维修，以致更换个别构件才能保护其年代久远。在历史上有时由于残毁过甚或出于其他原因，推倒重建的情况也是屡见不鲜的，年代愈古的建筑物，被后代修理的机会就更多一些，局部式样被改变的机会也多一些，现存五百年以上的古建筑物，没有被后代修理改变的实例，可以说基本上是没有的。”④ “中国古代建筑遗物有一定数量，但不平衡，每每是年代近的多，年代远的少；砖石结构遗物多，木构遗物少；被重新修改动过的多，未改动的少，在研究中国古代建筑构造工作中，需要在遗物研究的同时，配合文献资料的研究，遗物具体但只是个别的，文献抽象但却有共同性，两者互相作证，互相结合可以使得研究结果更为可靠，更具有说服力。”⑤

为了更好地对古建筑进行保护管理，充分发挥它的作用，必须重视档案资料，还要

---

① 紫图大师图典丛书编辑部．中国不朽建筑大图典［M］．西安：陕西师范大学出版社，2004：12.

② 李德喜，郭德维．中国墓葬建筑文化［M］．武汉：湖北教育出版社，2004：2.

③ 吴良镛．基本理念·地域文化·时代模式——对中国建筑发展道路的探索［J］．建筑学报，2002（2）.

④ 罗哲文．中国古代建筑［M］．上海：上海古籍出版社，1990：445.

⑤ 罗哲文．中国古代建筑［M］．上海：上海古籍出版社，1990：168.

"有计划地建立起完整的科学纪录档案资料，应当要求达到万一这一建筑物全部毁掉时，能根据档案资料加以复原的程度。历史资料包括创建的历史，各种有关的文献记载，绘画、图片、诗文等等，凡与本建筑有关者都要加以收集"①。

3. 现存建筑档案在建筑史研究上的价值体现

中国古代劳动人民创造了灿烂的文明，有着领先世界的建筑技术，而作为这些技术的直接记载的古代建筑档案也是浩如烟海、富有特色的。研究了解中国古代建筑档案的特点，不仅对中国现代科技档案的管理工作具有一定的借鉴意义，在一定的程度上，也将为中国建筑史研究的重要资料。比如通过现存的样式雷图档，就可以看出清代皇室建筑有一套完整的设计程序，无论是宫殿、陵寝还是园囿，都是先由算房丈量地面，再由样房里以掌案为首的"样式雷"进行设计，然后是设计绘制地盘尺寸样，即立样图并估算工料，呈奏钦准，而后实施。

4. 现存建筑档案在其他问题的研究上的价值体现

建筑活动是在社会大环境中进行的。所以，建筑档案也必然涉及社会的其他问题。特别是与其关系密切的问题，如经济史、社会史、政治史、文化史等，因此中国古代建筑档案的价值体现在很多领域，如建筑图中涉及的绘制技法，便是研究中国古代图学成就的重要材料。如样式雷图样中便采用了科学而巧妙的表现方法，根据实际需要在正投影图中采用了立样图、侧样图和旁样图，如《圆明园殿内尺寸平面图》（故样 948），而在剖示方法上则综合使用了平剖、纵剖、横剖、局部剖等各种形式。

5. 中国古代建筑图及其工程图学价值

在中国，建筑古称为"营造"，亦云"匠作"；作为历史文化的载体，大于鼎彝，早于文献，寿比金石，作为建筑设计和施工的根据，建筑图将建筑物的艺术造型、外表形状、内部结构、施工设备、地理环境以及其他要求准确而详尽地表达出来。因而，建筑图是建筑工程不可缺少的重要技术资料，从古至今，都是如此。中国古代建筑图的工程图学价值体现最为突出的就要数中山国兆域图了。

兆域图作为施工的技术依据，是按图示法的理论和绘图规则绘制的。图上除坟丘尺寸外，更多的是表现力陵园建筑的情况。它实际上是迄今所看到的中国最早的一副建筑图。尽管图中建筑并未全部建成，但它是中国制图技术的重要实物、图上所注尺寸又是了解中山国尺度标准和图学成就水平的重要根据。因此该幅图样的工程图学价值也十分重要：

---

① 罗哲文．中国古代建筑［M］．上海：上海古籍出版社，1990：36.

（1）兆域图成功地应用了犹如现代正投影的方法，采取水平剖视的方法绘制，并按M = 1∶500的比例画出，是用来指导施工的建筑平面图，是名副其实的工程图样。这在世界范围内也是罕见的古代图样遗存。

（2）兆域图上中山王的诏书称：“有事者宫图之，进退违法者死无赦。”它表明当时的重要建筑在施工之前要有初步的规划设计，并且还学要经过批准。陵墓设计一经批准，就须严格按原设计施工，如有变动需经主管官员研究，违反规定者，按无赦死罪处置。

（3）尽管兆域图上指标出了建筑物的位置及尺寸，但以图中大小建筑的位置安排与二墓范围的尺寸，标高相对照，还是可以看出这时的建筑群组布置已有明确的中轴线设计思想，并已掌握建筑物的体量、标高和对称的布置来突出主体的方法。图上的“堂”、“宫”、“丘足”的基准线以及图形线条之间，几乎是对称的，除中山王的诏书外，所有的标注的排列也是对称的，这也反映出此时的单体建筑和建筑群组的设计都已有一套较为成熟的手法，达到较高的水平。

（4）兆域图尺寸标注以当时中山国的尺度为单位，表明建筑物和各建筑间的距离时，兼用尺和步。标注尺寸的规律是，凡人工构筑物，如建筑和坟丘的长度都用尺计；堂与堂间距离，因为诸堂都建在人工筑成的坟丘上也是尺计；而坟丘与内宫垣间的距离和内宫垣至中宫垣的距离，因为是在原野上度量，即以步计。据《周礼·考工记·匠人》所载：“室中度以几，堂上度以筵，宫中度以寻，野度以步，涂度以轨。”司马迁在《史记》中描述秦之阿房宫亦如是，即有“东西五百步，南北五十丈”之说。可知，当时按不同位置和地段使用不同的长度单位。兆域图铜板上的情况也是这样，只是相应部分所用单位不同而已。铜板上用尺和步的度量单位表明，在施工中对建筑物的尺寸可能要求的精度较高。

（5）兆域图成功地应用了图形符号和文字符号，反映论先秦工程制图的倾向和社会化程度。《周礼·天宫·内宰》曰：“内宰，掌书版图之法。”郑玄注：“图，王及后、世子之宫中、吏官府之形象也。”由此可知，除兆域图有图外，王宫、后宫、世子宫和官府也都有图。铜板兆域图的时代与《周礼》成书时间大体同时，所以它也可以大体上推测当时宫殿、官府诸图的情况。再进一步推想，在《周礼·考工记·匠人》中载有王都、世室、明堂的制度，都记有简单的尺寸，估计当时的王府和宫室、官署在规划、建筑时也有设计图的。这幅兆域图的出土为我们了解战国时代建筑群及城市图的情况和制图技术水平提供了重要的实物资料，且图面绘制的线型分为粗实线和细实线，实为工程制图使用不同线型的先导。

中山国在战国时期本来就是有相当地位的诸侯国之一。汉代刘向（公元前77～前6年）编纂的《战国策》专撰有《中山策》。其“叙录”依国别序列，除秦、齐、楚、赵、魏、燕、韩七雄外，还有东、西周、宋、卫、和中山。所谓“万乘之国七，千乘之国五……盖为战国”。公元前323年，中山同燕、韩、赵、魏“五国相王”时，雄踞一方；而赵也在中山之后，文献罕存，史缺有间，后人关于中山的历史文化所知甚少。中山王陵墓是一系列重大考古发现，不仅重新认识历史上久已湮没的中山国的文化提供了实物资料，也为我们重新评价战国工程制图的水平提供了证据。中山虽小，图学如是，就可以想见齐、楚、秦等大国的制图水平。兆域图的发现丰富了人们对先秦工程图学的认识，充分体现了古代建筑图的工程图学价值。

第七章　中国古代医药档案遗存及其科技文化价值

中国劳动人民几千年来在与疾病作斗争的过程中，通过实践，不断认识，逐渐积累了丰富的医药知识。由于太古时期文字未兴，这些知识只能依靠师承口授，后来有了文字，便逐渐出现了医药记录。这些中医药记录起到了总结前人经验并便于流传和推广的作用对积累和丰富发展中医药学起到了重要作用，是宝贵的文献遗产。

第一节　中国古代医药档案的形成与管理

中医药学作为一种经验学科，它的发展，是代代相传、后人继承前人成果并不断创新的过程。在它的发展过程中，档案是中医药学继承的主要纽带。我们的前人，早已学会利用档案来积累经验，发展中国的中医药学。

一、中国古代医药档案的起源

"神农尝百草始有医药"和"药食同源"的传说，是关于医药知识起源的概括。早在远古时期，我们的祖先在采集食物的过程中，经过无数次的口尝身受，逐步认识到哪些植物可以食用，哪些植物可以治疗疾病，初步积累了一些关于植物药的知识，形成了原始的食物疗法和药物疗法。进入氏族公社以后，狩猎和捕鱼已成为人们重要的劳动内容和生活来源，又发现了一些既可食用又可治疗疾病的动物药。氏族公社后期，人类定居下来，开始了原始的农业生产，人类有条件对农作物和植物进行长期、细致地观察和尝试，又认识了更多的药物。《淮南子·修务训》关于"神农尝百草之滋味、水泉之甘苦，令民之所避就。当时，'一日而遇七十毒'"的记载，即是我们的祖先在与自然和疾病的斗争中，发现药物、认识药物的真实而生动的写照。

随着人类社会的进步，由采集、渔猎向农业进化，特别是火的发现、文字的出现及陶器的应用，为中药资源的发掘和利用创造了条件。周代是中国奴隶社会的全盛时期，药物知识以及人们对药物的需求量与日俱增，如：《书经》有"若药弗瞑眩，厥疾弗瘳"；《易经》有"无忘之疾，勿药有喜"；《礼记》有"医不三世，不服其药"；《周礼》有"医师掌医之政，聚毒药以供医事"以及"五毒"（石胆、丹砂、雄黄、矾石和磁石 5 种矿物药烧炼的升华物）等记载。药物的来源已由植物、动物发展到矿物及人工制品。春秋时期，药物扩大到 100 多种，如甘草、贝母、枸杞子、苍耳子、芹菜和益母草等已为当时的常用药物。战国时期，中国进入封建社会。据《山海经》记载，药物已多达124种，其中植物药51种，动物药66种，矿物药3种，其他4种。记载的内容涉及药物的产地、形状、特点及用法等。人们采集、使用的药物逐渐增多，同时对药物的作用进行了总结和分类，据记载，当时已把药物分成补益、生育、美容、预防、毒类、杀虫、兴奋、兽用等10类。公元前3世纪末，《五十二病方》记载的药物发展到242种，其中植物药108种，动物药51种，矿物药20种，其他63种。先秦时期的医药专著《黄帝内经》、《五十二病方》及其他典籍，如《书经》、《管子》等，常把医和药融为一体，在阐述医理的同时，对药物性质也有初步的归纳，如有毒、无毒及五味，依稀可见君臣佐使配伍原则，为中药理论的形成奠定了基础。

中国古代的医药史，是从神农尝百草的传说开始的。此外，原始社会还有“庖牺制九针”① 以治病的传说。考古发现证明，远古时代的人们已使用了砭石、骨针等医药器具。按照正常逻辑推断，当文字产生后，人们就应开始记录病状和药性等，并因此产生了初期的医药文件、档案等。关于这方面的文献记载较多，如晋代皇甫谧《帝王世纪》载：“黄帝使岐伯嘗味本草，定《本草经》，造医方以疗众疾。”又《重广补注黄帝内经素问序》载：“于是雷公之化，授业传之，而内经作矣；历代宝之，未有失坠。”这些记载不但说明了远古时期已有医药文件，而且“历代宝之”，作为档案代代相传。

二、中国古代医药档案的形成主体

中国古代的医药档案出现之后，随着时代和医疗技术的不断发展，其形成主体和医药档案自身的内容也不断地发生着变化。总体来说，古代医药档案的形成是一个从单一到复杂的过程。

中国古代医药档案的形成者大致有两种情况。首先是民间的私人医学家，因长期的生产实践而积累起丰富的经验，有精湛的医术创新，民间医学家会根据自己的经验体会或民间采集来的有效方剂，或据古籍撷要，编撰大量小型方书，如王衮的《博济方》、沈括和苏轼的《苏沈良方》、董汲的《旅舍备要方》、史载之的《史载之方》、张锐的《鸡峰普济方》、许叔微的《普济本事方》、洪遵的《洪氏集验方》等，均是现存的比较著名的私家所撰方书，对后世医家影响甚大。再如明代著名的医学家李时珍，家世业医，通过对以前的本草学进行全面整理和收集，并补充大量新知识和积累实践经验，编成《本草纲目》，将各种材料加以分类，总结归纳，采用“物以类从，目随纲举”的编写体例，故以“纲目”为名。这是中国明代以前本草学的集大成者，也是中国古代影响最大的一部综合性本草。

---

① 淮南子·修务训［M］．中国古代气象史稿［M］．重庆：重庆出版社，1998：10.

第二类形成者是官员。他们居医药治疗及管理岗位，一方面出于业务需要而记录档案，另一方面，出于职务和兴趣而研究。他们勤于学习和钻研，又善用文字总结。根据《二十六史》和有关文献的记载，中国历代的医政机构体系大体如下表7-1①：

表7-1 中国历代医政机构体系表

朝代	医疗机构	行政长官		医生（药工）	备注
		令			
商		小疾臣		疾医	见甲骨文
西周		医师		疾医、疡医、食医	见《周礼》
秦		太医令		太医、侍医	见《史记》
西汉		太医令	太医令丞、太医监	太医、侍医、女侍医、女医、乳医、医待诏、医工长、典领方药、本草待诏	见《汉书》
东汉		太医令	太医丞、药丞、方丞、尚药监、中宫药长	太医、医工长、侍医、尝药太官	见《后汉书》
魏		太医令		太医	见《三国志》
晋	医署	太医令	太医令史 太医令丞	太医、御医、高手医、金疮医、医寺	见《晋书》
南北朝：南（宋、齐、梁陈）	太医署	太医正、太医令（宋、梁）太医令丞（南齐）	太医司马（宋）、太医丞（宋）、典药吏（南齐）	太医、御医、医工、保学医、司马药师、上省医	见《南史》、《宋书》、《南齐书》、《梁书》、《陈书》
南北朝：北（北魏、东魏、北齐、西魏、北周）	医署、尚药局、药藏局	太医令、太医正、尚藏典御	尚药丞、中尝药典御、尝药监、尝药典御	太医、医正、司药、太医博士、太医助教、医师	见《北史》、《魏书》、《北齐》、《周书》

① 何敏，曹瑛．从〈周礼〉看中国古代医事制度［J］．辽宁中医药大学学报，2006（05）．

续表

朝代	医疗机构	行政长官		医生（药工）	备注
		令			
隋	太医署	太医令	太医丞、医监、典药丞	太医、主药、医师、药园师、医博士、助教、按摩博士、医正、侍医、司药	见《隋书》。尚药典御，正五品；中尚药典御；从五品；尚药丞，从七品；太医署与药藏局额有正七品至正九品不等。太医署编制为430人，尚药局编制为68人
	尚药局	尚药典御、中尚药典御	尚药丞、中尚药丞、尚药直长	食医、典御、侍御医、直长、医师、食医员、司医、医佐员	
	药藏局	药藏监	药藏丞		
唐	太医署	太医令（从七品下）	太医丞（从八品下）；医监（从八品下）；医正（从九品下）	医博士、针博士、按摩博士、咒禁博士、府、史、主药、药童、药园师、药园生、掌固、医师、医工、医生、典药、针工、按摩工、按摩生、咒禁师、咒禁生、按摩师、医助教	见《旧唐书》、《新唐书》。太医署令、侍医、侍御医、医博士、医助教等各有不同等级的俸禄，有一万三千，一万二千，一万，八千，三千之不等。当时太医署在编人员为367人
	尚药局	尚药局奉御（正五品下）	直长（正七品上）、书史	侍御医、主药、药童、司医、医佐、按摩师、咒禁师、合口脂匠、掌固	见《旧唐书》、《新唐书》。尚药局的人员编制为76人
	药藏局	药藏郎（正六品上、从六品下）	药藏丞（正八品上）	侍医、典药、药童、掌固、书令史	见《旧唐书》、《新唐书》
	其他	掌医（从三品）	掌医（从三品）	食医、司药、掌药、主药、司医、医佐	见《旧唐书》、《新唐书》
宋	太医局（医学）	太医局令（从七品）	太医局丞（正九品）	医、针博士、助教、按摩、咒禁博士、侍医等。间设翰林医官与医效、医痊、医愈、医诊、医候等医官	见《宋史》。宋代还设有保寿粹和院、安济坊等与医药有关的机构
	御药院	御药院官	御药院使、勾当	御药院典、药童、匠	
	尚药局	直长	局丞	食医、侍御医、司医	
	惠民局	医官无考			

续表

朝代	医疗机构	行政长官		医生（药工）	备注
		令			
辽	太医局	都林牙使	无考	无考	见《辽史》
	汤药局	都提点勾当	无考	无考	
	翰林医学	翰林医官	无考	无考	
金	太医院	提点	太医院使、副使	判官、总判院事管勾、太医	见《金史》
	御药院	提点	直长	司药	
	尚药局	提点	使、副使	典药、掌药	
元	太医院	提点、院使	副使、同知、院判	经历、都事、令史、译使、太医	见《元史》、《新元史》
	官医提掌司	提举	同提举、副提举		
	广济提举司	达鲁花赤、提举	同提举、副提举		
	广惠司	提举	司卿、少卿、司丞	经历、知事、照磨	
	回回药物院御药局	达鲁花赤、大使 达鲁花赤、局使	副使		
	行御药局	达鲁花赤、大使	副使		
	御香局	提点	司令		
	惠民药局（各路各行省）	提领			
	御药院	达鲁花赤、大使	副使	直长、都监	
	尚药局	提点			
	典药局	达鲁花赤、大使	副使	直长	
	修合司、药正司	达鲁花赤	副使	直长、掌药	
	典医监	达鲁花赤	卿、丞	太监、少监、经历、知事	

续表

朝代	医疗机构	行政长官		医生（药工）	备注
		令			
明	太医院	院使、正五品	院判，正六品	御医，正八品	明太医院分设大方脉、小方脉、妇人、疮疡、针灸、眼、口齿、接骨、伤寒、咽喉、金镞、按摩、祝由13科
	生药库	大使	副使		
	惠民药局	大使	副使		
	医学提举司	提举	同提举、副提举	医学教授、学正、官医提举	医学提举司后改太医监，设少监、监丞。天启元年改监为院，设院使、同知、院判、典簿
	御药局	尚药奉御	直长	御医、药童	
	司药	司药		曾药、掌药、女史	
	御药房	正提督太监	副提督太监		
清	太医院	院使	左右院判	御医、吏目、医士	清太医院分设大方脉、小方脉、伤寒科、妇人科、疮疡科、针灸科、眼科、咽喉科、正骨科等9科，下隶寿药层、生药库等机构
	御药房	主事	内管领	副内管领、库掌	
	民政部卫生司	司长	科长	医师	
	陆军部军医司	司长	科长	医师	
	海军部军医司	司长	科长	医师	
	法部	监医正	监医副	医监	

三、中国古代医药档案的基本内容

1. 医案档案

医案，是医生治病的原始记录档案，是医学档案中极重要的一种档案材料。医案的内容一般包括病人的姓名、性别、年龄、职业、地址、发病时间、疾病症状、医生辨证施治、处方用药的情况，以及病人服药后的一系列变化、医生的学术思想等。《周礼》中所载的“死终则各书其所以而入于医师”的记录材料，已具备医案的性质，是中医治病的原始记录档案，但周代的这些档案材料未能流传下来。

早在周代，就有关于医案的记载。但现在所能确切知晓的最早的医案，则应为公元前二世纪著名医生淳于意的医案①。据司马迁的《史记·扁鹊仓公列传》记载，淳于意的医案内容包括病人的姓名、职业、地址、疾病的表现、切脉、辨证、治疗的情况、疾病的变化等。淳于意的医案，在当时被称为“诊籍”，是世界现存最早的具有一定内容的医案。在世界范围内，具有较大影响。

在宋代发明活版印刷之前，古代的医生产生的大量医案很少能流传下来。当活版印刷发明之后，医案开始随着医学著作的大量出版而流传下来。那时的大多数医著都附有医案，如宋代名医许叔微的《本事方》等。到了明代，医案有了进一步的发展，出现了许多专门记载医案的医学档案汇编，如薛已的《薛氏医案》、江瓘《名医类案》等。而这种发展的另一种表现则是对医案的格式、内容提出了进一步的确切要求，如明代医家韩懋就在他的《韩氏医通》中明确指出，写医案要有一定的式样，即“某处有某人、某年、月、日填写医案一宗，按次填望形色、闻声音、问情状、切脉理、论病原、治方术”。他把这种格式称之为“六法兼施”。从当时把医案作为一门专门的学问来加以研究推断，当时，医案已相当普及，数量很大并且格式趋于统一。到了清代，对医案的要求更高了。清初，当时的名医喻嘉言在他写的《寓意草》一书中对医案的写法提出了更加具体、完整的要求，并称它为“议病式”。他的“议病式”中包括：“某年某月，某地某人，年纪若干。形之肥瘦长短若何，色之黑白枯润若何，声之清浊长短若何，人之形态苦乐若何，病始何日，初服何药，次后再服何药，某药不效。时下昼夜孰重，寒热孰多，饮食喜恶多寡，二便滑涩无有。脉之三部九候，何候独异，二十四脉何脉独见，何脉兼见。其症或内伤，或外伤，或兼内外，依经断为何病，其标本先后何在。汗吐下和寒温补泻何施，其药宜用七方中何方，十剂中何剂，五气中何气，五味中何味。以何汤名为加减和合，其效验定于何时。一一详明，务令丝毫不爽。”可见喻嘉言的“议病式”的内容是相当完备的。

清宫廷医药档案对继承古老的中医学具有重大作用。第一历史档案馆与有关部门合作，汇编了《清宫医案研究》、《慈禧光绪医方选议》等。历史工作者还根据光绪的医案解决了光绪之死这一历史遗案。总之，现存的原清宫医药档案在今天发挥了很大的作用，人们在努力发掘、利用这些宝贵的档案遗产。

除了较完善的内涵外，清代的医案档案在数量上、形式上的多样化上也超过了前代，各种医案汇编举不胜举，如《临证指南医案》、《柳选四家医案》、《张聿青医案》、《王孟英医案》等。在这些医案汇编中，影响最大的当首推江南名医叶天士的《临证指南医案》。在这部医案汇集里，汇编有叶天士积累的治疗各种疾病的近2000多医案。这些医案对积累中医经验、提高医疗水平有很大作用。当时甚至有人说：“若要金针暗度，全仗叶案搜寻。”可见，这种医疗档案的汇集传播具有非常大的科学意义。

---

① 丁海斌．档案学理论与历史研究［M］．香港：香港同泽出版社，1997：242.

2. 本草档案

本草，是介绍药物名称及用途的文字记载，作为一种档案记录，多似汇编形式留存下来。如著名的《本草纲目》，内容博大精深，丰富多彩，既是一部文献性药物学工具书，也可认为是一部创造性的药物学专著。以下是较为典型的本草档案汇编。

陶弘景在《神农本草经》的基础上撰著《神农本草经集注》（494～500年），为本草学进一步发展奠定了基础。

世界第一部国家官修药典唐《新修本草》的编修工作，集中了320多个有关人员，查阅了大量的国家藏书和档案，汇集了全国各地提供的药物图样，仅用2年多时间即编成颁行。

唐代另一部重要的本草著作是陈藏器的《本草拾遗》（739年）。该书旨在搜采《新修本草》之缺遗，订正其错误。全书共10卷，包括序例1卷、拾遗6卷、解纷3卷。序列提出的"十剂"之说，成为后世归纳药性的理论之一。拾遗部分辑录了116种经史百家著作中药物资料，计有《唐本草》未见著录的药物692种。以上3种重要的本草学著作，可以说均出自通医的儒士之手①，故均注重博采诸家之说，加以考证注释。另外，隋唐时期以《本草音义》为名的著作亦有多种，分别出自隋人姚最，唐人甄立言、孔志约、杨玄操、李含光、殷子严等。此类书侧重于药名的发音、释义，而不谈药物的功能与效用，同样可以看做是儒士出入于儒、医两种学问之间的表现形式。

《本草纲目》，著者李时珍，生活于明代嘉靖至万历年间。《本草纲目》作为明代最具科学价值的本草著作，是16世纪以前本草成就的集大成者，堪称中国药学发展史上的里程碑。《本草纲目》"书考八百余家"。据统计，仅其中书目所列医药典籍有276种，另在"历代诸家本草"中收元明时本草14种，共290种，其中属本草类者31部；非医药类典籍有经史及诸子百家诗歌小说方志游记等440种。前后合计，引用书籍达730余种。虽然李时珍在引用文献时常有割裂原文截取缩写，或将数家之言杂糅为一，以及列举书目书名时有漏略重出等混乱现象，但鉴于这些文献大部分今已亡佚，通过本书，尚可使今人得以了解其中部分资料。成书以来不仅对中国的药物研究发挥着重要作用，而且在国际上也具有深远影响。该书是中国医药宝库中的一份珍贵遗产，其内容博大精深，丰富多彩，既是一部文献性药物学工具书，也可认为是一部创造性的药物学专著。

3. 方剂档案

方剂，简称方，即医方。是指在治法的指导下，根据组成原则，选择若干合适的药

① 陈梦雷等．古今图书集成医部全录［M］．第12册，北京：人民卫生出版社，1991：146.

物，酌定剂量，确立剂型，配合组成的药方。它们也有大量的以汇编形式保存下来的遗存：

《五十二病方》既是现已发现的中国最早方书，又是已知出土医书中内容最丰富的一种。它成书年代大约在春秋时期，而抄写年代却不晚于秦汉之际，并于1973年底在长沙马王堆三号汉墓出土。该书出土时原无书名，因其目录列有52种病名和在这些病名之后有“凡五十二”字样，故整理者将其命名为《五十二病方》。全书约15 000多字，记载病名100多个，涉及内科、外科、妇产科、儿科、五官科等。收载方剂280余首，涉及药物240余种，动物、植物、矿物应有尽有。所记载药物的功效和适应病症，很多都与后世医药文献和临床实践相吻合。

此外，著名的官修方书有《太平圣惠方》、《圣济总录》、《太平惠民和剂局方》等；私修的有《苏沈良方》、《史载之方》等一百余种。疾病诊断方面，有崔嘉彦的《脉诀》、朱震亨的《脉诀指掌病式图》等。妇科方面，有陈自明的《妇人大全良方》等。儿科方面，有钱乙的《小儿药证直诀》，陈文中的《小儿病源方论》、《小儿痘诊方论》等。法医学方面，有宋慈的《洗冤集录》。针灸方面，有王惟一的《铜人腧穴针灸图经》、许希的《神应针经要诀》。

4. 其他非专业性记录

在中国古代，除了专门记载医药记录的档案之外，还有一些其他的非专业性记录，是出自其他非专业医家之手的并出于其他目的所形成的与医药有关的档案记录，极为典型的当属甲骨档案。

我们还没有发现商以前的医药文件实物，现今所见到的最早的医药档案是甲骨医药档案。在甲骨档案中关于疾病的记载有近500条。这些档案材料虽是占卜疾病能否治好的迷信活动的产物，但从中可看出当时人们对疾病的认识，从侧面反映了当时医药卫生的水平。

在疾病方面，甲骨档案中记载的有头、心、眼、耳、口、舌、牙、喉、鼻、腹、臀、肱、膝、足、趾、尿、妇、产等30多种，称作“疾首”、“疾心（脑）”、“疾目”、“疾耳”、“疾口”、“疾舌”、“疾齿”、“疾瘖（喉）”、“疾自（鼻）”、“疾腹”、“疾臀”、“疾肱”、“疾膝”、“疾足”、“疾趾”等，具备了今天的内、外、脑系、眼、耳鼻喉、牙、泌尿、妇产、小儿、传染等科。通过甲骨档案，可知商王武丁曾患“瘖疾”、“首疾”，还知道当时有传染性的疟疾。对某些疾病，已有比较细致的分类，如口腔科疾病就有“疾口”、“疾舌”、“疾齿”、“龋齿”、“疾言”等不同疾病的区别。牙病是甲骨档案中记载较多的一种疾病，其中关于龋齿的记载是现今世界上最早的，比印度和埃及、希腊等国的记录早700～1000年。关于疾病的治疗，除了进行祭祀祝祷等迷信活动以祈痊愈外，甲骨档案中还记载了一些疾病的治疗方法，如拔牙、按摩、砭石疗法及使用药物治疗等。

较正规的医药档案产生于周代①。如《周礼·天官》载："医师上士二人，下士四人，府二人，史二人，徒二十人，掌医之政令，聚毒药以供医事；凡邦之有疾病者，有疮疡者，造焉，则使医分而治之。岁终，则稽其医事，以制其食：十全为上，十失一次之，十失二次之，十失三次之，十失四为下。"王安石注曰："医师聚毒以供医事，故有府以藏；使医分治疾疡，稽其事，制其食；且有政令，故有史以书，有徒以役；诸医受政令于医师，听所使令，则无用府史胥徒。"《周礼·天官》又载："凡民之有疾病者，分而治之，死终则各书其所以而入于医师。"可见，这时已有记载病况和治疗结果，并用以衡量诸医工作成绩、发给食俸的档案记录。而且，这种档案材料有专人保管，保管者就是医师所属之史官。

四、中国古代医药档案的管理

中国古代医药档案的形成主体决定了其管理方式及管理制度。相对来讲，民间形成的医药档案不具备严格的管理制度，其形成与管理很少受社会因素的约束与限制，尽管私人医学家形成的医药活动记录也会部分保留下来，但不会像官方形成的医药档案那样拥有专门的收藏、保存机构，并设有专人进行保管和管理。所以，从某种意义上说，中国古代医药档案的管理主要是指官方对其进行制度化的管理，制定并遵循特定的医政制度。

医政制度不仅是政治制度的重要组成部分，而且也是医药文化必不可少的重要内容。因此，研究古代的医政制度和医事管理方法，总结历代医政管理制度的成败经验，对探讨中国的医学文明历史和医学的发生发展规律，具有极其重要的现实意义和历史意义，早在3000多年前的殷商时期就建立了医事管理制度，历代封建王朝为了适应防治疾病、养生保健和司掌医药的需要，对该制度不断予以改进。

中国古代的医学活动，在很大程度上以官方为主。特别是所形成的医药档案，不论在数量上、还是在时间的连续上，都是以官方为优。现在我们所能看到的古代遗留下来的医药档案，绝大多数为官方档案。这主要是由于官方具有较严格的医药档案形成制度和较好的保管条件，并且在机构上也有一定的稳定性和连续性。而私人所形成的医药档案如果不能汇编出版，就会随人亡而亡。所以，我们现在很难看到古代私人医药档案的原件了。

中国古代很早就出现了官方医疗管理档案。如：《周礼·天宫》载："医师上士二人，下士二人，府二人，史二人，徒二十人，掌医之政令，聚毒药以供医事。凡邦之疾病者，有疮疡者，造焉，则使医分而治之。岁终，则稽其医事以制其食。十全为上，十失一次之，十失二次之，十失三次之，十失四为下。"

这里所说的"医之政令"，应是有关医疗管理的文书、档案，而"稽其医事"，则须以平时的医疗记录档案为根据。可见，当时已有记载病况和治疗结果，并用以衡量诸

① 丁海斌，陈凡．中国科技档案史［M］．沈阳：东北大学出版社，2007：26.

医工作成绩、发给食俸的档案记录。而且，这种档案材料有专人保管，这就是“史”。这种用来考课医师成绩的治疗记录档案历代皆有，如《旧唐书·职官志》载：“凡医师、医正、医工，医人疾病，以其痊多少而书之，以为考课。”

古代官方医药档案中还包括方剂档案。方剂档案的产生可以推溯到医学产生的初始时期。关于这方面的记载很多，如晋代皇甫谧《帝王世纪》载：“黄帝使岐伯尝味本草，定《本草经》，造医方以疗众疾。”又《重广补注黄帝内经素问序》载：“于是雷公之伦，授业传之，而内经作矣；历代宝之，未有失附。”以后历代，官方医疗机构都很注意收集和保存方剂材料。如《后汉书·百官志》载：“太医令一人六百石，掌诸医，药丞方丞二人，药丞主药，方丞主方，右属少府。”李焘《续资治通鉴长编》载：“御药院掌验秘方。”地方政府也有专门人员掌管这些医药档案，如《元丰备对》载：“诸州县医药方书，州职医县医生掌之。”在中国历史上，曾有多次大规模的收集药方运动，形成了官方编制的药典、医方汇集等。如《汉书·艺文志》载：“至汉成帝时，使谒者农求贵书于天下……侍医李柱国校方技，每一书成，辄条其篇目，丽奏之。”北魏孝文帝曾令李修“集诸学士及工书者百余人，在东宫撰诸药方百余卷”。宣武帝时又下诏置医馆，组织医工对浩瀚的医方“寻篇推简，务存精要。取三十余卷”。而唐王朝则“普颁天下，营求药物”，征集全国各地出产的药物品种，并要求详细记录生长环境，描绘图样，并且利用这些收集来的药物学档案，编成了官方药典《新修本草》。以后历朝历代，形成了广泛收集民间验方和本草图谱的传统。如宋代设立了惠民局，作为专门收藏医方和民间开诊的地方。

中国历代官方医疗机构，都有较严格的医药档案归档制度。我们以唐和清为例：

隋唐时期官方医疗机构建设已相当完善，而相应较完善的文秘、档案制度的建立也势在必行。除日常行政管理类档案外，与医药有关的档案记录有：医事考核记录、医案档案、方剂档案、药物档案、食谱档案等。

《唐律》规定：“诸医为人合药及题疏针刺误不如本方杀人者，徒二年半”……“其故不如本方杀人者，以故杀伤论。虽不伤人，杖六十。即卖药不如本方杀人者如之。”① 可见，当时国家对医事管理是非常严格的，这也是国家机器迫使医疗行为规范化的一种表现。

当时对方剂档案的记录与管理最为严格。特别是在给帝王看病时，尤为如此。合和帝王用药时，尚药奉御和殿中监负责共同监督直至药成，然后由医佐以上人员尝试后封印，写上该药名及组成、制成时间等，监督者亦并签名于上，然后方可上奏。上奏后药剂文件将慎重保管而形成药剂档案。在以上机构中，除部门首长外，与文件形成、档案管理有关的人员有：丞、史、书令史等。五代由于战乱，没有完整的医政体制，间或设医官、太医、医工等。

---

① 长孙无忌等．唐律疏议［M］．卷二十六．

清设太医院，医官为帝后们看病时，由御药房取药，包封签名（与太监连名），另具奏本开载本方药性治症之法，在日期之下，医官与太监署名，然后连同药剂进呈，随即登记档案（也要署名）交太监收存，以备查考。如煎调药剂，由医官与太监监视，同时煎二服，煎好分开，一服由御医、院判、与太监分尝，一服进呈。如奏明将方交御药房按方煎调者，则由御药房办理。如煎药剂与本方不符或封题错误的，就要以“大不敬”论罪。这都是统治者对医务人员不信任而定的一些措施。

太医院除承应宫廷看病外，如各王公府第、文武大臣、或“外藩”王公，或军营、试院、监狱等处有患病者，也要派医官前往治疗。给王公大臣看病时，须将治疗情况随时具奏，如去“外藩”各地，则携带药材前往（由御药房库支领），返回时，再为核销。如军营需医，由兵部官送至军前，或派医官随征。至文武会试及顺天乡试，照例派医生二人入场承差。刑部监狱，则派医生二名常住在刑部。

由上可见，清代宫廷医药档案的形成是以为皇帝及皇亲国戚们治病为直接目的，在此目的之下产生的医疗记录即为档案。保存医药档案的目的之一，是为了防止医官或太监们在药中做手脚危害皇族的健康与生命。历代之官方医药档案，由于年代久远和其他种种原因，大多散失了，但现存之清代宫廷医药档案是比较完整的。这些医药档案材料包括皇帝、皇后、妃、嫔、王子、太监、宫女以及部分王公大臣的原始诊病记录，内务府抄件，帝后用药底簿、配方密本，御药房和御膳房、御茶房和各项记录，皇帝以及个别皇后的起居注、皇帝有关医药的朱批、宫中敬事房档案等，总数达三四万件，现珍藏于中国第一历史档案馆。

第二节　中国古代医药档案直接遗存

中医药学是中华民族灿烂文化的重要组成部分。几千年来，中医中药为中华民族的繁荣昌盛做出了卓越的贡献，并以显著的疗效、浓郁的民族特色、独特的诊疗方法、系统的理论体系、浩瀚的文献史料而屹立于世界医学之林，成为人类医学宝库的共同财富。在颇为丰富的古代医药文献史料中，有些医药记录随着时间的推移而逐渐亡佚，但也有些记载了医药活动的医药档案幸运地被原样保存下来遗留至今，我们可以称之为古代医药档案遗存。而当时产生的医药档案有直接和间接两种遗存方式，古代医药档案直接遗存，是指古人在进行医疗活动中直接形成的原始记录或依据原始记录汇编而成的各种一次历史文献，它们大都被原样保存下来遗留至今。其中，原件包括出土档案与馆藏档案；汇编包括本草、方剂、医案等档案类型。汇编类的医药档案数量较大，是古代医药档案直接遗存的主体部分。它们都是第一手的原始资料，是未经过人为更改和伪造的，因此其价值弥足珍贵。

下面我将从历史的角度出发，以时间为序对中国古代医药档案直接遗存的存在与发展情况进行系统的陈述、研究与分析。

一、先秦时期

大约从公元前21世纪开始，至公元前770年，在中国历史上相继出现了夏、商、西周三个王朝，这是中国奴隶制社会由兴起到繁荣，最后逐渐衰落的时期。

夏、商、西周三代王朝的国家形式是以王为首的奴隶主贵族政体，国家统治机器如军队、刑法等也一代比一代强化，且对宗教职能给予特别重视。在属于夏纪年范围的考古发掘中已有卜骨存在，那时就已有巫教流行。殷墟甲骨文中有关疾病寿夭的卜辞很多，医药卫生活动也在巫卜统治之下。虽然几乎完全在巫卜的统计下，但医药卫生特别在对人体的认识，疾病诊疗水平提高，以及专业医师的出现等等方面，都发生了重要的启蒙与变革，医学科学开始萌芽，它从春秋中期还处于较原始的理论形态，到战国末期则已形成了较完整的理论体系，此时的医药档案也随之得到了相应的发展和进步。

1. 甲骨档案

甲骨档案中关于疾病与医药的记载有近500条之多，是中国最早的医药档案，反映了当时医药卫生的水平①。

在疾病方面，甲骨档案中记载的有头、心、眼、耳、口、舌、牙、喉、鼻、腹、臀、肱、膝、足、趾、尿、妇、产等30多种，称作“疾首”、“疾心（脑）”、“疾目”、“疾耳”、“疾口”、“疾舌”、“疾齿”、“疾瘖（喉）”、“疾自（鼻）”、“疾腹”、“疾臀”、“疾肱”、“疾膝”、“疾足”、“疾趾”等，具备了今天的内、外、脑系、眼、耳鼻喉、牙、泌尿、妇产、小儿、传染等科。通过甲骨档案，可知商王武丁曾患“瘖疾”、“首疾”，还知道当时有传染性的疟疾。对某些疾病，已有比较细致的分类，如口腔科疾病就有“疾口”、“疾舌”、“疾齿”、“龋齿”、“疾言”等不同疾病的区别。牙病是甲骨档案中记载较多的一种疾病，其中关于龋齿的记载是现今世界上最早的，比印度和埃及、希腊等国的记录早700～1000年。关于疾病的治疗，除了进行祭祀祝祷等迷信活动以祈痊愈外，甲骨档案中还记载了一些疾病的治疗方法，如拔牙、按摩、砭石疗法及使用药物治疗等。

2. 《五十二病方》

帛书《五十二病方》1973年湖南长沙马王堆三号汉墓出土，既是现已发现的中国最早方书，又是已知出土医书中内容最丰富的一种。该书出土时原无书名，因其目录列有52种病名和在这些病名之后有“凡五十二”字样，故整理者将其命名为《五十二病方》。此书所载绝大多数为外科病，其次为内科疾病，还有少量妇儿科疾病。书中除外

---

①　丁海斌，陈凡．中国科技档案史［M］．沈阳：东北大学出版社，2007：26.

用内服法外，尚有灸、砭、熨、薰等多种外治法。它成书年代大约在春秋时期，抄写年代不晚于秦汉之际，全书15 000多字，抄录于一高约24厘米、长450厘米长卷之后5/6部分，记载病名100多个，涉及内科、外科、妇产科、儿科、五官科等。收载方剂280余首，涉及药物240余种，动物、植物、矿物应有尽有。所记载药物的功效和适应病症，很多都与后世医药文献和临床实践相吻合。

二、秦汉时期

秦汉是中国医学史上承前启后、继往开来的发展时期。其表现有以下主要特点：一是出现了医案。西汉淳于意在继承前人学术经验的基础上，记录所诊治病人必详列姓名、身份、籍里、性别、病名、病因、脉证、诊断、治疗（方药、针灸、含漱药、窜药等）、预防等，反映了早期医案淳朴可鉴的学术风格，为后世医家书写医案树立了榜样。二是产生了以丝帛、竹木等为载体材料的医简，是迄今所发现的汉代比较丰富而完整的医药原始记录。

1. 最早的医案档案

据司马迁《史记·扁鹊仓公列传》记载：西汉著名医学家淳于意，“所诊者，皆有诊籍”。这些诊籍详细记载了患者的姓名、籍贯、职业、病名，分析了病因、病理、脉象，并载明了治疗方法和治疗结果等。淳于意不但师从名医，博览各种秘方、脉书，而且深知收集资料、积累经验的重要性。对于所诊治的每一个患者，他都要“表籍所诊，期决生死，观所失所得者合脉法”。也就是说，建立起病人的医案，随时查阅，以与脉法相比照，总结自己诊治中的经验与教训。汉文帝对淳于意的精湛医术颇为欣赏，曾很感兴趣地询问淳于意：“皆安受学？受学几何岁?”并问淳于意所为治病“尝有所验，何县里人也？何病？医药已，其病之状皆何如?”淳于意即从自己的“诊籍”中选择了25例医案，回答了汉文帝所提出的问题。这25个医案是我们现今所看到的最早的医案。

淳于意编制“诊籍”档案，是中国古代中医学史上，也是中国古代医药档案史上的一件大事。它的意义不仅在于它是现今所见最早的医案，而且，还在于它的记录格式成为后世中医医案记录的一种基本模式。我们知道，在《周礼》的记载中，也有类似医案的医学档案的记载，但却没有说明其内容，其记录的本意并不在积累经验，而在于汇报成绩。因此，淳于意的医案则更具有科学性，在中国医药档案史上的地位更为重要。

2. 出土的医药档案原件

通过考古发掘，我们还能看到一些汉代的医药文件、档案的实物。武威汉代医简，成书年代约东汉以前，本医简是1972年11月在甘肃武威出土的东汉医学简牍，也是迄今所发现的汉代比较丰富而完整的医药原始记录。共有92枚，其中木简78枚，木牍14枚。内容除有内、外科疗法、药物及其炮制、剂型、用药方法以外，还记述了针灸穴位、刺疗禁忌等。针灸内容较少，大约占9枚汉简，自简19至简21，是记录针灸治疗腹胀病方法。简文中载有“三里”、“肺俞”的穴名。自简22至简25则记录针灸禁忌。简文中写着人从一岁至一百岁的各个不同年龄阶段，在针灸治疗时，应注意禁忌的器官部位。据考古研究发现，简26、27也似属针灸方面的记录。

1973年在湖南长沙马王堆三号汉墓中出土了帛书《足臂十一脉灸经》、《阴阳十一脉灸经》甲本、《阴阳十一脉灸经》乙本、《脉法》、《阴阳脉死候》、《五十二病方》、《却谷食气》、《导引图》、《养生图》、《杂疗方》、《胎方书》等，竹简有《十问》、《合阴阳方》、《天下至道谈》，木简有《杂禁方》。其中，《足臂十一脉灸经》和《阴阳十一脉灸经》最为古老，是现今已知最早记载经脉学说的中医学文件。《导引图》则是最早的体育医疗图。

3.《神农本草经》

《神农本草经》，简称《本经》或《本草经》，是中国现存最早的药物学专著。书名冠之以“神农”，除了古代曾有“神农尝百草”发现药物的传说外，也与汉代盛行尊古托古之风有关。至于称之为“本草”，是因其所载药物虽源于植物、动物、矿物、等各类，但以草木类植物为主。正如东汉许慎《说文解字》所说：“药，治病草也。”五代韩保升所说：“药有玉石草木虫兽，而直云本草者，为诸药中草类药最多也。”由此可知，古代所谓的“本草”就是药物的代名词，并一直流传至今。《神农本草经》与《内经》一样，并非一时一人之手笔。它约是秦汉以来许多医药学家，通过对药物学资料的不断收集整理，直至东汉才最后编撰成书。该书问世后，除见载于梁代的《七录》、《隋书·经籍志》外，《旧唐书·经籍志》也载有该书。南朝梁代，陶弘景编纂《本草经集注》时，将其进行系统整理并全部收入。至唐初，该书单行本已失传。唐、宋本草著作，如《新修本草》、《证类本草》、及明代《本草纲目》等，都是在转引前代本草著作所载的《本经》内容，而非原著。现今世面上流传的单行本，是明清以后的学者根据唐、宋、明等历代本草文献进行整复辑佚、重新出版刊行的，因而称之为《神农本草经》辑复本。它是中国现存最早的药物学典籍，系统地总结了秦汉以来本草学发展成就和民间用药经验，为中药学的发展奠定了坚实的基础。

三、三国两晋南北朝时期

魏晋南北朝时期，中国传统的医药学进入一个广泛总结整理的阶段。这一时期，人民群众和许多医家面对战争连绵，社会动荡局面，以及民族融合文化交流的情况，有更多的机会进行大量医治伤病疾苦的实践，从而使诊断水平明显提高，治法丰富多采，诊治均有新的创造和发现。据记载，本时期问世的医方书籍近200种。诊断学和针灸学的基础理论和实践规范化，在总结整理前代成就的基础上有重大发展，王叔和的《脉经》、魏晋间皇甫谧的《针灸甲乙经》等著作为其卓越代表，并对后世产生了深远影响。

1.《脉经》

《脉经》全书共十卷，九十七篇，为西晋王叔和编撰。这是中国医学史上现存第一部有关脉学的汇编，是3世纪以前中国有关脉学知识的一次总结。《脉经》开宗明义指出“脉理精微，其体难辨”，“在心易了，指下唯明”，《脉经》正是针对这些难点来进行编撰总结的。

《脉经》虽然是一部综合前代脉学成就的汇编，但由于它篇幅简练、集中，便于学习，在中国医学发展史上，有着十分重要的位置，在国内外影响极大。如唐代太医署就把它作为必修课程，日本古代医学教育仿唐制，当然也不例外。该书著成后，就陆续传到中国西藏地区，对藏医学的相关学科起着重大的影响。通过这里，中国脉学又传入印度，并辗转传入阿拉伯国家，对西欧脉学的发展也有所影响。如：古波斯（伊朗）由拉·阿·阿尔哈姆丹（1247～1318年）编写的一部波斯文的医学百科全书《伊儿汗的中国科学宝藏》（13～14世纪初）一书中，就有王叔和的名字，其中脉学方面的内容也与《脉经》相似。中世纪阿拉伯医圣阿维森纳（980～1037年）的《医典》中有关脉学的内容，也多大同小异，可见《脉经》在国内外医学发展史上影响之深远。

《旧唐书》载《脉经》二卷，但到宋初本书已濒于湮没。至宋林亿等校正医书时，发现此书，予以删繁补缺。今存版本较早的有天历三年广勤书堂刻本。其后历明清诸代，直至现代，各种刻本、排印本等等，计有数十种之多。其中如清守山阁丛书本较有影响，新中国成立后，有商务印书馆铅印本，人民卫生出版社、上海卫生出版社、上海科技出版社等影印本。

2.《针灸甲乙经》

《针灸甲乙经》是中国现存最早的一部针灸学专著。也是最早将针灸学理论与腧穴学相结合的一部著作。原名《黄帝三部针灸甲乙经》，简称《甲乙经》，晋皇甫谧（215～282）编撰于魏甘露四年（259年），共10卷，南北朝时期改为12卷本。

全名有时也称《黄帝甲乙经》（《隋书·经籍志》）、《黄帝三部针灸经》（《新唐书，艺文志》等），现一般通称《针灸甲乙经》。各书所载卷数不一，今本多取其自序所述的十二卷。

今本《针灸甲乙经》全书十二卷，一百二十八篇，卷一脏腑、气血津液，卷二经络，卷三腧穴，卷四脉诊，卷五刺灸法，卷六病因病机，卷七至卷十二临床各科疾病的针灸治疗。这种按基础理论、经络腧穴、诊断、刺灸操作、临床治疗的编排次序，系统而有条理，对后世的影响甚大。其内容系撷取《素问》、《铖经》（即《灵枢》和《明堂孔穴灸治要》这三部书的有关部分的精华，予以整理重编）。

《针灸甲乙经》的著成，对于我国针灸学的发展起到极大的促进作用。从隋朝开始，约公元6～8世纪及宋代，中、朝、日之教学均规定为教授学生的必修课；宋、金、元、明、清，重要针灸学著作基本上都是在该书的基础上的发挥。国外早已有本书英译本，对国外针灸学的发展也有重要的影响。

3.《肘后救卒方》

《肘后救卒方》，简称《肘后方》，作者葛洪。《肘后救卒方》对《内经》的“毒”、“疠”病因学说作了发挥和创新。采用了简单的实验手段，详尽地描述了急症的临床症状，记录了简单有效的治疗措施，运用了一系列的诊疗技术，为祖国医学急症专科的形成创造了条件。治疗急症，葛氏注重临床实践，倡导便、廉、验，对后世医家有深刻的影响。《肘后救卒方》的许多内容，在后世不断得到发展和科学验证。该书中记载的适合急救的一些简便疗法，至今仍被临床应用。记载的许多单验方，为后世本草学发展提供了资料。

4.《龙门药方》

中国古代有许多石刻药方。据已发现的文献资料分析，龙门药方为中国现存最早，也是世界上最早的石刻药方。龙门药方是南北朝时期北齐时期的刻制品，它刻于河南洛阳市龙门石窟药方洞中，共4000余字。据医史学家李永谦氏的统计，龙门药方有药方129首，其中药物治疗110方，针灸治疗19方；使用药物122种，其中植物药67种，矿物药18种，动物药12种，粪尿药14种及其他类药10种。药方还记载了多种药物剂型，医疗工具与用药方法。所载方剂数量多，且多为单方，验方，药味简单，使用方法简便，容易掌握。本药方不仅开创了刻石记载、传播医药知识的先河，而且也是中国最早的针灸刻石记录。

5.《本草经集注》

《本草经集注》，简称《本经集注》。作者陶弘景，他在系统整理研究前代本草著作基础上，以《神农本草经》为蓝本，补充365种《名医副品》所载药物，撰成《本草经集注》，这是继《神农本草经》以后，对药物学的又一次整理提高，对药物的发展做出了重大贡献。《神农本草经集注》充实发展了《本经》的药学理论，开展了系统的对药物基原的考察。其中有新增陶氏个人的资料甚多，既有对《本经》理论的注解，又结合进处方用药的实际，使本草更贴近临床实用。当然，由于陶弘景本人生活区域、主导思想、历史条件等的限制，该书也存在着药品以南方所产为主，北方产药物收载不多；夹杂神仙、服食、辟谷等唯心主义观点等诸多不足。

《本草经集注》创造性地采用按自然属性分类药物的方法，将药物分为玉石、草木、虫兽、果、菜、米食六类，又将一些来源不明或当时已弃用的药物归入“有名未用”类下，因而全书药物共分七类。但同时也看到，陶弘景虽然创立了新的分类方法，但每一类（除“有名未用”外）仍保留着《本经》三品分类的痕迹：即每一类又分为上、中、下三品。尽管从今天看来这一分类尚相当粗略，但从历史的角度来看，仍是药物分类法的一大进步。此分类法根据药物作为自然物本身的形态和属性归类，而不仅仅依靠功用方面的区别，显然更具有科学性，较之《本经》三品分类，是一项具有革命意义的创新，在客观上由此开创了延续数百年的以药物基原为重点的药物发展格局，因而现代医药史学界有人将其视为中国第一部药典。

四、隋唐时期

隋唐时期特别是唐代，是中国封建社会的鼎盛时期，医药文化也绚丽纷呈，医药学思维活跃，内外交流频繁，出现空前昌盛的局面。以前只以局部地区或医学个人经验从事医疗实践和著述活动的局面已被打破。全面综合整理以前的医学成就，吸取当代医家、人民群众和来自外国和兄弟民族的有效方药经验，在总结新经验和吸收新成就的基础上，继往开来，为医学的理论和实践在更高的层次上继续发展奠定了新的基础。兴办医学教育，形成较完整的医学教育体系，同时注意医药学术和防治知识的规范和普及，培养医学后继人才，促进医药卫生事业的发展。唐代，从中央到地方已形成了较为完整的医学教育体系。还吸收外国留学生入学，从而极大地促进了医学整体水平的提高，对后世学校式医学教育的发展有奠基作用。唐政府主持修订并颁布了《新修本草》，使药物学在新的时代有了新的规范，并且是学校教材。隋代曾编撰《四海类聚方》2600卷，掇其要300卷，颁行天下，到唐代先后编有《广济方》、《广利方》等颁行，对普及医药知识促进卫生事业发展起了良好的作用。

1. 《外台秘要》

《外台秘要》成书于752年，是一部大型综合性方书。作者王焘，祖籍在今陕西省郡县。一门世代为官。王焘本人“幼多疾病，长好医术”，曾任职于尚书省兰台（图书档案机构）20余年，有机会博览弘文馆图籍方书，采集诸家医方。在此基础上，开始着手编撰《外台秘要》，“凡古方纂得五六十家，所撰者向数千百卷，皆研其总领，核其指归……伏念旬岁，上自炎昊，迄于盛唐，括囊遗阙，稽考隐秘，不愧尽心焉”①。王焘在编纂体例上亦有所发展。所整理的医方，凡经采用者，均一一

① 王焘．外台秘要·自序．

注明原书的书名、卷等，若一方一论同见于多种医书者，亦详列其异同，有的还注明自己的校勘意见。

《外台秘要》收集了唐代以及唐以前数十种医学著作，全书40卷，分1104门，收载医方6000余首。卷1、2为伤寒；卷3~6论述天行、温病、疟疾、霍乱等；卷7~20系内科疾病；卷21、22为眼、耳、鼻、齿诸科疾病；卷23、24论瘿瘤、痈疽；卷25~27为痢疾诸疾；卷28~30系中恶、金疮、恶疮等，卷31、32论述采药、丸散及面部诸疾；卷33、34论述妇人病；卷35、36为小儿病；卷37、38论乳石；卷39、40载明堂灸法。全书皆先论后方，其论多引自《诸病源候论》，医方辑自《千金方》颇多，所选各书，每条之下必详原书书名和卷数。这种引书注明卷第的治学方法，在医学文献整理上为王氏首创，书中博采各家方论，于保存古代医学文献方面功效卓著。如《近效方》、《古今录验方》、《删繁方》、《深师方》、《小品方》、《骨蒸病灸方》等，今多散佚无传，赖此书得以保存。虽为一部纂辑之作，但其保存古代医方的功绩于祖国医学有很大贡献。

2.《开元广济方》

唐政府为使医药知识得到普及，玄宗曾制《开元广济方》颁示天下，又于天宝五年（746年）敕郡县长官就中选切要者，于村坊要路处榜示宣布；后又有德宗制《贞元集要广利方》，颁行州府，散题于大街通道上①。9世纪的西方人对此有所报道，同时，还有西方学者指出："在同时代的著作中，我们还没有发现与这个美妙的传说类似的记载。"②

3.《新修本草》

《新修本草》，简称《唐本草》，又名《英公本草》，唐显庆二年（657年）苏敬奏请编修本草，唐政府乃诏苏敬等23人撰修，显庆四年（659年）正月十七完成了全部编撰任务。全书共54卷，分为三部分。正文即通称《新修本草》，20卷，目录1卷；《药图》25卷，目录1卷；《图经》7卷。该书修成之后，由唐政府颁行全国，以为药用之根据，流传400余年。

书中《药图》7卷北宋时就已亡佚无存。《图经》部分也已久佚，但部分内容收载于《蜀本草》佚文及《千金翼方》二书中，《本草》部分原书虽佚，但文字通过历代本草引录收载基本得到保留，近年来国内及日本学者作了许多辑佚、考证工作。较完整辑本有日本冈西为人《重辑新修本草》。尚志钧《唐·新修本草》辑本于1981年由安徽科学技术出版社出版。

---

① 王应麟．玉海，卷六十三．

② 谢弗（Schafer，E. H）著，吴玉贵译．唐代的外来文明，北京：中国社会科学出版社，1995：387.

《新修本草》正文部分包括序例和850种药，比陶弘景《本草经集注》新增药物114种，分玉石、草、木、禽兽、虫鱼、果、菜、米、有名无用等九类。介绍药物味、性、良毒、主治、用法、别名、产地等，下以小字略述形态。对古书未载之内容加以补充，内容有误者，重加修订，具有较高的学术价值。《药图》是根据各地绘制的生药彩图编集的，这是中国唐代以前卷帙最多，药物来源最丰富的彩色药物图谱。《图经》是《药图》的文字说明，介绍了药物形态、产地、采药等，以辨异同。《新修本草》以较多的药物考证和丰富的药学知识赢得了中外医药者的尊崇，并对后世药物学发展有深刻影响。

4. 《蜀本草》

《蜀本草》，原名《重广英公本草》，后世称《蜀本草》。是在《本草拾遗》问世200多年后，在后蜀统治者孟昶的倡导下，由韩保升等编撰而成。编著时，以唐代《新修本草》为蓝本，并参考有关文献进行增补注释，新增药物14种。全书共20卷，本书对药品的性味、形态和产地也增加了很多新内容，尤其是图形绘制精细，后人编纂本草时常加引用，对后世药物学的发展有一定影响。

5. 《千金方》

《千金方》是《千金要方》与《千金翼方》的略称，作者为唐代杰出的医学家孙思邈（581～682年）。孙思邈立意编著一部检索方便、切于实用的方书，以“人命至重，有贵千金”①，故取名为《备急千金要方》。晚年又续编《千金翼方》，补充了本草、禁经（咒术）和张仲景《伤寒杂病论》的内容。

《备急千金要方》自唐代到现代，中外翻刻版本有四十余种，大致可分为两类。原文本有未经北宋校正医书局林亿等校刊的版本，或经校刊者，均为30卷本。另有93卷本，系明代中期道教徒据早期《道藏》本及北宋校刊本等析编而成。现存较早版本为明嘉靖二十二年（1543年）小丘山房乔世宁刻本，日本嘉永二年（1849年）江户医学影宋本亦为佳本。1955年和1982年人民卫生出版社据江户医学本曾两次出版影印本。第二类为详注本和节选本。

此书30卷，卷1为医学总括，包括医学伦理、本草、制药等；卷2～4系妇科病；卷5为儿科病；卷6为七窍病；卷7、8论诸风脚气；卷9、10为伤寒；卷11～20为脏腑病论；卷21论消渴淋闭诸症；卷22为疮肿痛疽；卷23系痔漏；卷24论解毒并杂治；卷25为备急诸术；卷26、27系食治并养性；卷28平脉；卷29、30针灸孔穴主治。总计233门，含方论5300余首，创分证列方的编写体例。书中系统总结了唐代以前的医学成就，取材广泛，内容丰富，遍涉临床各科及针灸、食疗、药物、预防、卫生

① 旧唐书·孙思邈传.

保健等。该书有述有作，验方经方兼备，是中国第一部理法方药俱全的医学巨著，是继张仲景《伤寒杂病论》后，中国医学的又一次总结，被誉为中国历史上最早的临床医学百科全书。

6. 出土医药档案

出土卷子是出土医药档案的重要内容，其中以敦煌出土卷子数量居多，敦煌医学卷子的很大一部分保存收藏于海外。敦煌卷子现代已形成专门研究领域，医学卷子的发掘整理研究取得丰硕成果，数十种医药文献已校勘并正式出版，融入博大的中医药体系，成为新的文献资源。此外，青海、新疆、四川、内蒙等省出土文物中也有关于医药的残卷与纸叶碎片。

1900年，敦煌莫高窟藏经洞内，发现了封存900余年的近五万卷六朝和隋唐五代时期写录的卷子书籍，现称为“敦煌遗书”，其内容涉及中国古代文化的各个方面，是人类文化史上的重要发现。这批珍贵文物在发现后不久即大量外流，其中以英人斯坦因和法人伯希和盗劫的卷子（今编号为S和P）最多，现藏英国伦敦博物院和法国巴黎国立图书馆。对于敦煌遗书医学卷的整理研究，建国前有罗振玉影印的《开元写本本草经集注序录残卷》，排印的《食疗本草残卷》，罗福颐影写的《西陲古方技书残卷汇编》，均为原卷的复制品，后有王国维、王重民、刘铭恕等对部分残卷的编目及写题跋，一些中外学者发表了个别残卷的研究论文。近有根据缩微胶片系统地整理研究敦煌遗书医学卷的专著，《教授古医籍考释》和《敦煌医粹》的出版。迄今所见，敦煌遗书医学残卷至少在六十卷以上，具有很高的学术价值。

医经残尝有十余卷，内容包括《内经》、《伤寒论》、《脉经》的片断及《玄感脉经》、《明堂五脏论》、《五脏论》、和《平脉略》等。

P. 3481卷，首尾残缺，考为唐太宗之前写本。内容为《灵枢·邪气脏腑病形》残卷。

P. 3287卷，首尾残缺，考为唐高宗时写本、内容主要是论述三部九候脉法，表里两感脉病治则，相类脉及四季主王各脏脉象，诊脉法及寸口脉分部主病，论脉证治等。

S. 202卷，首尾残缺，考为初唐时写本，内容与宋本《伤寒论·辨脉法》篇大致相同。

P. 4733卷，首全尾缺，卷首题书名“《玄感脉经》一卷”。考为唐代苏游所撰，抄于唐睿宗至五代时期。其内容第一篇缺目，主论诊脉部位相时间。第二篇有书目“捻脉指下轻重脉名脉类形态”，主论诊脉法、脉象变化及与预后的关系，24种病脉和6种死脉的应指形象。第三篇列书目“阴阳逆乘伏”，惜文仅存一行。

P. 3655卷，基本完整，依次抄录《明堂五脏论》、《七表八里三部脉》、《青乌子脉诀》三书。考为初唐写本。《明堂五脏论》首述总论，次按五脏分篇论脏象。卷中引有三国吴人吕广《玉匮针经》佚文，推其撰年应在六朝。《七表八里三部脉》主论七种表病、八种里病和寸、关、尺三部所见的脉象，《青乌子脉诀》主论诊脉法，两篇均为七言歌诀形式，与传世的《王叔和脉诀》基本相同。

S. 5614 卷，首全尾缺，依次抄录《五脏论》一卷、《平脉略例》一卷，《五班脉候阴阳相乘法》和《占五脏声色源候》为五代写本。《五脏论》当为隋或初唐时的著作。其内容以脏象为中心，论及整体观念、致病原因、脏腑辩证、地道药材、药物炮灸鉴定、常见病症的药疗，文字与《医方类聚》卷四“五脏论”大致相同，但较其完整。《平脉略例》主要内容为诊脉方法及定位，24 种气脉及 19 种脉象的主病。《五脏脉候阴阳相乘法》主论五脏的五行属性、脉候、生理病理。各脏生克影响的病情及预后。《占五脏声色源候》主要内容是以五官、五志、五声等方面的变化，来察知五脏病变之所在。

针灸残卷有六卷，包括《新集备急灸经》和灸疗图等。

P. 2675 卷。首全尾缺，抄录于《阴阳书》卷的背面，据书末题“咸通二年……二人写记”。说明此卷抄写于公元 861 年。正文部分画有正面人形穴位图的上半身，用引线标注穴名、部位、主治及灸法，共存 17 个穴位，下半身图形已缺损，后部分记载针灸人神禁忌。S. 6168 和 S. 6262 两卷，为一书断裂数段，首尾残缺，不知书名及撰年，似为唐人抄本。考此两卷推知，原书为一部绘有人体穴位的灸疗图谱，各图均系人形全身正面或背面墨线图，每图前记有主治病证、所用穴名及灸法壮数，人形图内点记穴位，图旁用引线标记穴名和部位。图文多有缺损，尚能辨认者计 18 图。

本草残卷有七卷，包括《本草经集注》、《新修本草》、《食疗本草》等。共 530 卷，现藏日本龙谷大学图书馆。首残尾全，基本完整。《本草经集注》卷一，内容包括弘景序，序例本文及陶注。抄写时间，一说据卷末所记为唐开元六年（718 年）；一说据不避唐讳及实物考证，为六朝写本。

医方残卷有三十余卷，共录方近千首。其中，有的题有书名，有的为唐人选录署名医家的医方，大多则不知书名及撰者。

藏医卷，是 1983 年罗秉芬和黄布凡编译出版的《敦煌本吐蕃医学文献选编》，经藏医学家强巴赤列审订，内收敦煌石窟出土的用藏文抄写的四卷吐蕃时期的藏医文献。

五、宋辽金元时期

从北宋开始，历朝皇帝都很崇信道教。如宋太祖赵匡胤纂修《开宝本草》就吸收道士马志参加。宋太宗纂修《太平圣惠方》，主撰者王怀隐也曾当过道士。宋太宗还曾诏见华山道士陈博，并赐封号。至真宗时，他续修《道藏》，在各地大建道观。至徽宗赵佶时，对道教更加崇信，他曾封道士林灵素为“通真达灵先生”，而自封“教主道君皇帝”。在这样的历史背景下，赵佶主持编纂的医学书籍《圣济经》和《圣济总录》，其中的相当篇幅反映了他崇信道教思想的内容。在他们的影响下，一些文臣武将也多关注，如刘禹锡、欧阳修、王安石、曾公亮、富弼、韩琦、夏竦、宇文虚中也都参加古医书之整理，苏轼、沈括、陈尧叟、孙用和均有个人收集的医方著述，计北宋现存的医方与临床各科医书约近百种。北宋校正医书局刊印医书后，对于各科临床及伤寒学研究的专著增多，都反映了一定历史时代的背景和各自特点。宋代医学的发展还表现在医学教育的发展，疾病诊断水平的提高，以及临床各科的进步。辽、夏、金、元各朝，不但在政治制度上逐渐接受了汉族统治经验，有汉化的趋向，在文化上也深受汉族的广泛影响。医学作为文化的一个组成部分，或直接引用汉族医学，或在自己民族固有医学的基础上，借鉴、融汇汉族医学有所创新，成为这一时期医学发展的特点。

1.《太平圣惠方》

《太平圣惠方》简称《圣惠方》，100 卷，北宋王怀隐等奉敕编纂。太平兴国三年（978 年），宋太宗诏命翰林医官院诸太医各献家传经验方，共得方万余首，加上太宗即位前亲自搜集的经验效方千余首。命翰林医官使王怀隐，副使王佑、郑奇（一作郑彦）、医官陈昭遇等“参对编类”。王怀隐等对众多医方进行了认真细致的整理归类，根据疾病症候划分为 1670 门，每门之前都冠以巢元方《诸病源候论》有关理论，次列方药，以证统方，以论系证。全书之首还详述诊脉及辨阴阳虚实诸法，次列处方，用药基本法则，理、法、方、药俱全，全面系统地反映了北宋初期以前医学发展的水平。由于各门按类分叙各科病症的病因、病理、症候以及方剂的宜忌、药物的用量，方随症设，药随方施，临床应用颇为便利实用，全书收方 16 834 首，内容涉及五脏病症、内、外、骨伤、金创、胎产、妇、儿、丹药、食治、补益、针灸等。这部大型方书，编纂经历了十四年时间，至淳化三年（992 年）才告完成。

2.《开宝本草》

《开宝本草》，宋开宝六年宋廷召令刘翰、马志和其他翰林医官等 9 人重修本草。刘翰等在《新修本草》和《蜀本草》的基础上，参考陈藏器的《本草拾遗》，增加新药，勘正名称而著成《开宝新详定本草》。开宝七年，宋廷又一次召令刘翰、马志等详定而著成《开宝重定本草》。全书共 20 卷，外有目录 1 卷，载药 983 种，新增药物 133 种，分为玉石、草木、禽兽、虫鱼、果、菜、米、有名无用等。每味药分正文和注文两类。正文出于《本经》者印成白字，出于《别录》者为黑字，出于《新修本草》者文尾加注“唐附”，《开宝本草》新增者，文尾加注“新附”。注文出于《本草经集注》者前冠以“陶隐居”，出于《新修本草》者冠以“唐本注”，《开宝本草》所注者冠以“今按”或“今注”。层次分明，古今有别。

3.《本草图经》

《本草图经》，又名《图经本草》。1058 年宋政府在组织专家编纂《嘉祐本草》的同时，又下令向全国征集各州郡所产药物标本及实图，并注明开花结实、收集季节及功用；凡进口药材则询问收税机关和商人，辨清来源，选出样品，送交京都。这是一次由政府组织的全国规模的药物大普查，苏颂等在此基础上，将集中起来的药物标本和药图加以研究整理，于嘉祐六年（1061 年）编撰成本书。

全书共 20 卷，另有目录 1 卷，载药 780 种，其中增加民间草药 103 种。每味药有药图和注文两部分。在 635 种药名下共绘制 933 幅药图（有的一味药有几幅不同的图）。这是中国现存的第一部刻板药物图谱。注文内容丰富，对药物的历史、别名、性状、鉴别、采收、炮制、产地、功用等都有论述。把辨药和用药结合起来，还收载了大量单方验方。特别是在药用植物的描述方面，起着承前启后的作用。参考文献 190 多种，受到后世博物学家、本草学家及植物学家的重视。如被李时珍《本草纲目》转引的药物有 98 种，引用的内容达 1000 多处。此外，明代朱橚的《救荒本草》、清代吴其浚的《植物名实图考》等也受到本书的影响。原书已佚，主要内容尚保存在《证类本草》中。

4.《太平惠民和剂局方》

《太平惠民和剂局方》，简称《和剂局方》或《局方》。是宋政府太医局所属药局配制成药的处方本，始初曾名《太医局方》。《和剂局方》是对《太医局方》加以校订编成的，是中国医学史上第一部由国家颁行的成药药典和制剂规范。但该书有些方剂药味庞杂，叙述夸张。此外，官府以之为法，医门传之以为业，患者据之以治疗，拘泥于“局方”，渐成流弊。对此，元代医家朱震亨《局方发挥》加以辩驳。

5.《圣济总录》

《圣济总录》又名《政和圣剂总录》，200 卷。北宋末年政府主持医家编纂，以宋徽宗名义颁行。政和年间（1111 ~1118 年），徽宗赵佶诏令征集当时民间及医家所献大量医方，又将内府所藏的秘方合在一起，由圣济殿御医整理汇编而成。全书包括内、外、妇、儿、五官、针灸、养生、杂治等，共 66 门，而把运气内容列于全书之首，这与宋徽宗崇信五运六气学说有关。“运气”之下还有“叙例”、“治法”等篇，相当于全书的总论部分，自“诸风”起至“神仙服饵”各门，相当于全书的各论部分。每门之中部有论说，词简义赅，总括本门，其下又分若干病症。凡病因病机、方药、炮制、服法、禁忌等均有说明。全书共收载药方约 2 万首，既有理论，又有经验，内容极为丰富。在理论方面，除引据《内经》、《伤寒论》等经典医籍，亦注意结合当时的各家论说，并加以进一步阐述，在方药方面，以选自民间经验良方及医家秘方为主，疗效比较可靠。本书较全面地反映了北宋时期医学发展的水平、学术思想倾向和成就。

六、明 清 时 期

明代（1368～1644 年）是中国历史上政治比较稳定，封建经济高度发展的王朝，明代中后期出现了资本主义萌芽，商品经济推动着对外交流、科学技术和文化发展，医学水平有了明显提高。大批知识分子由儒入医，改善了医生的文化素质和知识结构，改变了宋时攻外科者“多是庸俗不通文理之人”的状况，使医生的社会地位相应提高。明初，药物学发展缓慢，到了后期，发展速度加快，出现了像《本草纲目》、《本草经疏》等影响深远的著作。据文献记载，明代编写的本草著作不下百种，在药物学的研究深度和广度上都有巨大进步，是中国药物学史上的重要时期。清代前中期的医学发展呈现出一个比较错综复杂的局面，中医学传统的理论和实践经过长期的历史检验和积淀，至此已臻于完善和成熟，无论是总体的理论阐述，抑或临床各分科的实际诊治方法，都已有了完备的体系，而且疗效在当时的条件下是卓著的，与世界各国医药状况相比还略胜一筹。整个清代，虽然难以找出具有划时代意义的药物学杰作，但药物学研究也异常繁荣，至少在本草著作的数量空前，种类空前丰富。

1. 宫廷医案档案

明清宫廷医药档案实则分脉案与药方两种。因御医的治疗涉及皇帝、后妃及王公重臣的性命，所以，每看病须保留这些脉案、药方，以备考查。且这些档案要由御医与太监连名签字或用印，共同负责。其档案则由太监及内务府保管，现在中国第一历史档案馆所存的清内务府档案中，有不少此类医药档案。清宫廷医药档案对继承古老的中医学具有重大作用。第一历史档案馆与有关部门合作，汇编了《清宫医案研究》、《慈禧光绪医方选议》等。

除官方的医药档案外，明清时期的私人医药档案也有较大的发展。除了较完善的内含外，清代的医案档案在数量上、形式上的多样化上也超过了前代，各种医案汇编举不胜举，如《临证指南医案》、《柳选四家医案》、《张聿青医案》、《王孟英医案》等。在这些医案汇编中，影响最大的当首推江南名医叶天士的《临证指南医案》。在这部医案汇集里，汇编有叶天士积累的治疗各种疾病的近 2000 多医案。这些医案对积累中医经验、提高医疗水平有很大作用。当时甚至有人说：“若要金针暗度，全仗叶案搜寻。”可见，这种医疗档案的汇集传播具有非常大的科学意义。

明代的医案较前代已有了进一步发展，其标志之一是在形成、保存医案的基础上，进行医案汇编和医案研究。如薛已的《薛氏医案》、江瓘的《名医类案》等。对于医案的格式、内容也提出了进一步的确切要求。《韩氏医通》中明确指出，写医案的格式应为：“某处有某人，某年、月、日填写医案一宗，按次填写望形色、闻声音、问情状、切脉理、论病原、治方术。”他把这种式样称之为“六法兼施”。由此，我们可以看出，明代医家已经把医案作为一门学问来研究，医案向着科学化、统一化的方向发展。

随着医学的发展，古人对医案的编写和研究更加重视，要求也越来越高了。清初，名医喻嘉言在他写的《寓意草》一书中，对医案的写法提出了更加具体、完整的格式，并称之为“议病式”。他的“议病式”包括：“某年某月，年纪若干。形之肥瘦长短若何，色之黑白枯润若何，声之清浊长短若何，人之形态苦乐若何。病始何日，初服何药，次后再服何药，某药有效，某药不效。时下昼夜孰重，寒热孰多，饮食喜恶多寡，二便滑涩无有。脉之三部九候，何候独异，二十四脉中何脉独见，何脉兼见。其症或内伤，或外伤，或兼内外。依经断为何病，其标本先后何在。汗吐下和寒温补泻何施，其药宜用七方中何方，十剂中何剂，五气中何气，五味中何味。以何汤名为加减和合，其效验定于何时。一一详明，务令丝毫不爽。”

喻嘉言的这种“议病式”医案的内涵已很全面，是一种较完善的医案，它不仅包括了病人的姓名、年龄、地址、就诊日期、外观特征等，还包括发病的时间、发病后的情况、用药与药效、饮食、大小便、脉象等，然后根据中医基本理论进行辨证施治，选方投药，最后还提出了应在什么时候来检验治疗效果。

2. 《本草品汇精要》

《本草品汇精要》，简称《品汇精要》或《品汇》。此书是明孝宗弘治年间，由政府诏令编纂的本草专书。具体负责撰写的有太医院院判刘文泰等，参加编修的达 40 余人。该书仿《神农本草经》体例，分上中下三品。每药又按 24 项分别论述，涉及药物的形态、产地、鉴定、炮制、性能功效及配伍使用等。文字简洁精要，尤以五彩实物绘图而闻名于世。该书是《证类本草》之后，《本草纲目》之前的一部集大成的本草学专书。其总结了明代弘治以前的本草学成就，反映了公元 16 世纪初中国本草学所达到的水平。但因宫廷斗争而未能及时刊行，故对明清时期的药物学影响甚小。

3. 《普济方》

《普济方》是中国现存最大的一部方书，也是明代最大的方书。它搜罗极广，篇幅很大，几乎收录了 15 世纪以前所有保存下来的方书内容，并兼及传闻、小说、道藏、佛书内的相关内容，还收入大量的时方，可谓集十五世纪以前方书之大成。《普济方》是由朱元璋第五子周定王朱橚组织编辑，由教授滕硕、长史刘醇等参与编辑考订而成，刊于永乐四年（1406 年），原作 168 卷，《四库全书》改为 426 卷。共分为 2175 类，718 法，收入 61 739 方，239 幅图，总论包括方脉总论、药性总论、五运六气、脏腑总论等。各论包括脏腑各论，按人身头面、体表、五官、口齿和内部器官分述病候；伤寒杂病，包括急、慢性传染病与内科疾病；以后为外科、骨伤科、妇产科、儿科、针灸等。每种疾病有论有方，治疗方法多样，包括汤药、罨敷、针灸、按摩等。它的主要贡献是保存了古代大量医学文献，价值已超出方剂学范围。李时珍编修《本草纲目》时，虽说浏览参考文献800多种，实际上当时已有不少文献失传或成为罕见的孤本，李时珍并未能一一亲阅，其中不少是通过《普济方》间接读到的。

4.《医方考》

吴昆的《医方考》，撰于万历年间。作者15岁学医，行医后深感业医者知识贫乏，必须对医者的素质进行提高。他从历代方书中选出常用方剂700余首，编成本书，共6卷。按病症分为中风、伤寒、感冒、暑湿等72门，每门下列一证，先论病因，次列诸家治疗方法，再汇集名方。《医方考》虽汇集群方，却不追求方剂数量，而是严守质量，“揆之于经，酌以心见，订之于证，发其微义”，重在阐发分析。如中风门，首述中风名义、病因及各家认识，“风者，百病之长，得行天之象，故其发也暴。然上世论风，主于外感，乃河间主火，东垣主气，丹溪主湿，而末世之论纷纷然。今考名方23首，为风、为火、为气、为湿，皆时出而主之，初不泥于一说也”。论下先列乌梅擦牙关方、稀涎散、通顶散、苏合香丸、许胤宗黄芪防风汤熏蒸法等治标之方；次列治半身不遂、语言蹇涩、口眼歪斜等后遗症之方。有主风的牵正散、省风汤、小续命汤、防风通圣散；史国公药酒方，主火的泻青丸；主气的四君子汤加竹沥姜汁方、八味顺气丸，主痰湿的二陈汤、星香汤等。每方下列适应证及详细的方义分析，条理清晰，因证致用，说理是很透彻的。本书出版后影响广泛，清代汪昂的《医方集解》、吴仪洛的《成方切用》等均循《医方考》所开之学风，《医方考》出版后，连续刊刻近十次，在医学界起了积极作用。

第三节　中国古代医药档案间接遗存

中国古代科学主要是实用科学和经验科学，它们多依赖于观测、观察、记录、传承。因此，即使是著作类文献，也往往与档案记录有关，常常内含数量不等的档案遗存。这些档案遗存与其他内容（如作者的观点、议论等）融在一起，经过了作者的加工、整理，它们与档案原件有所不同，是新的创作物，所以我们称之为间接遗存。这种间接遗存以官方史志和私人科技著述为主，它们不仅仅是引用了档案的内容，还添加了作者个人的观点及论述，这与直接遗存（档案的原件或原件的汇编）不同。

一、先秦至魏晋南北朝时期

中国最早的医药文献资料可以追溯到商代。商代，人们对药物的性能及副作用已有了一定的了解。如《尚书·说命上》有“若药弗瞑眩，厥疾弗瘳”的记载，这可能与当时多用大剂量副作用较大的药物治病有关。《礼记·月令》云“孟夏月也……聚蓄百药”，说明人们已经学会在初夏季节采集与储存药物。这一时期虽尚无药学专书，但在很多先秦文献中载有有关药物的资料。如《周礼·天官》所载的“五药”，汉代郑玄注“五药，草、木、虫、石、谷也”，这可能是对药物的最早分类。书中还记有用胆矾、丹砂、雄黄、磁石等炼制的外用药，这可能是中国古代使用化学药物的最早记录。先秦至魏晋南北朝时期，是科技萌芽与形成的重要阶段，作为间接囊括医药内容的档案遗存，既有古代传说，也有官方修史，更有民间私人著作。下面列举该时期几个较为典型的医药档案间接遗存加以分析介绍。

1. 《山海经》

《山海经》是中国现存最早的地理书，主要记载了中国古代传说中的名山大川及物产。其成书年代大约在春秋战国时期，秦汉期间又有所增益。书中收载了不少植物、动物和矿物药，并明确指出其性能和功效，为后世中药学的发展创造了条件。其所收载的药物数量，一般认为有120余种，其中动物药67种，植物药52种，矿物药3种，水类药1种，另有几种不详其类属。此外，还有约60种仅记有药名，如桂、杞、桔梗、麝、雄黄、芍药、术、门冬、椒、桃、杏、葱、韭等。这些药都被后世的本草著作所收载，并被临床所应用。《山海经》对药物形态有详细的描述，如植物药的根、茎、叶、花、实，动物药的喙、翼、足、尾等，并在药物功效和使用方法上，也作了详细的说明。

2. 《史记》

《史记》是中国第一部纪传体通史，作者西汉司马迁（公元前145～前87年）。书中对汉武帝以前有关名医的传记、医药史事、医籍文献等都有所反映。《史记·扁鹊仓公列传》，是司马迁为先秦名医扁鹊和西汉医家淳于意所立的传记，开创了在正史中为名医立传之先例。《史记·仓公传》的主体部分，是取材于淳于意答诏的实录，选用了淳于意往日诊病的簿记——“诊籍”中的25则医案。其中既有成功的经验，也记载有失误、死亡的案例。所治的病人有王公贵族，也有贫民奴婢。从涉及范围看包括了临床各科；在诊疗方法上反映了淳于意在临床上脉证合参、针药并用等特色；在医理方面，淳于意有一套独到的见解。在淳于意的传中所反映的学术内容、史料的真实性方面，超过了扁鹊传。

3. 《伤寒论》和《金匮要略》

《伤寒杂病论》是东汉名医张仲景在《内经》理论指导下撰写而成。全书共16卷，成书后不久即散佚。至西晋，经医家王叔和收集整理，将其分编成《伤寒论》和《金匮要略》二书。该书汇集了东汉前历代医家的临证经验，以六经论伤寒，以脏腑论杂病，提出了包括理、法、方、药在内的辨证论治原则，使中医学的理论基础与临证实践紧密结合起来，成为中国临证医学发展的重要里程碑。

该书对药物的炮制也非常重视，书中载有多种炮制方法。所用剂型之多，远远超过了以往医籍和简帛的记载。书中对于药物的煎服方法，亦多有论述。从整部《伤寒杂病论》来看，实际上已经概括了中医的望、闻、问、切四诊，阴阳、表里、寒热、虚实八纲，以及汗、下、吐、清、温、补、消（利）等八种治疗方法。该书理、法、方、药齐备，正式确立了辨证论治法则，为中国临证医学和临床中药学的发展奠定了坚实的基础。

二、隋唐至宋辽金元时期

这一时期经历了中国封建社会的鼎盛时期，医药文化也绚丽纷呈，医药学思维活跃，内外交流频繁，出现空前昌盛的局面。以前只以局部地区或医学个人经验从事医疗实践和著述活动的局面已被打破。全面综合整理以前的医学成就，吸取当代医家、人民群众和来自外国和兄弟民族的有效方药经验，在总结新经验和吸收新成就的基础上，继往开来，为医学的理论和实践在更高的层次上继续发展奠定了新的基础。这一时期的史书、方志、政书、类书及私人著述中蕴藏着丰富的医药档案内容，都从不同的角度记录并反映了当时的医药发展程度，下面将通过举例略述一二。

1. 《隋书》

《隋书》是唐代长孙无忌撰写的一部记述隋代历史的断代史书。著录隋代四部经传3127部，36 708卷，又据隋代以前旧目录，在注文内附载隋代佚书或政府图书馆未入藏之书1064部，12 759卷，总计存、佚的书籍共4191部，49 467卷。另有释、道两类，仅具各类总数，未列书名。全书分经、史、子、集四部。《隋书·经籍志》总结了中国历史上唐代以前所存佚的书籍，在目录学史上也占有十分重要的地位，与《汉书·艺文志》几乎并重。有关医学方面的内容，主要著录于子部，列为“医方”，共收医书256部，4510卷。隋唐医家在有关药物的采集、栽培、炮制和保管方面又有了新的发展和提高，中药大多是生药，且大多是植物性生药，在生长发育的各个时期，由于采集季节之不同，不同部位有效成分的含量往往各异，药性的强弱也多有差别。因此，生药的采集，应该在其含有效成分最多的时候进行。有关这方面的本草学著作，在《隋书·经籍志》载有《入林采药法》二卷等4种，8卷。这些本草著作的出现，表明本草学研究的一大进步。孙思邈进一步强调和发展了重视采药时节的重要意义，指出：“不依时采取，与朽木无殊。”他还提倡医家要自采药物。为了便于学者掌握时节和进行辨别，他对233种药物的采集时节以及阴干、暴干、火干等，进行了集中的论述，并于每味药名之下，简述了各家的意见，并加以说明，是一部很有价值的药物采集的专论，对后世颇多影响。

2. 《桂海虞衡志》

《桂海虞衡志》是一部记述广南西路（宋广南西路辖区包括今广西全境及雷州半岛

和海南岛等地，“广西”之名即来源于此）风土民俗的地方志。宋范成大撰，一卷。范成大虽然不是医家，但他在广西为官多年，对当地的医药有相当的了解，并加以记录，如《桂海虞衡志》中记载矿物药、动物药植物药品种繁多，有治疗瘴气类的，有解各种中毒的，有清热药及芳香药材等①。

从这部地方志记载来看，壮族地区盛产毒药，壮医善于制造和使用毒药，除了与广西的水土环境有关外，尚与当时的法律未能在壮族地区全面执行有关。对于买卖毒药，国家都有明确的法律规定，凡是以毒药害人的都要给予严厉的制裁，或处以极刑。因此，在中原一带买卖毒药是非法的，但在偏僻的壮乡，由于交通不便，统治阶级鞭长莫及，这些法令难以生效。从《诸病源候论》记载的岭南俚人使用的五种毒药，以及《肘后备急方》提及的“俚人药毒”，充分说明了壮族地区出产的毒药，在当时已通过买卖进入了中原。

3. 《唐六典》

《唐六典》，是现存最早的一部会典，所载官制源流自唐初至开元止。六典之名出自周礼，原指治典、教典、礼典、政典、刑典、事典，后世设六部即本于此。记叙唐朝中央、地方各级官府的组织规模、官员编制（定员与品级）及其职权范围。据《唐六典》载，刘宋元嘉二十年（443 年），太医令秦承祖奏请置医学以广教授，这是中国最早由政府设立的医学学校。但该校到元嘉三十年（453 年）即告停办。隋代正式设立太医署，作为医学教育机构，下设医、咒禁及按摩三科，每科设博士及助教各二人，以教授学生。到了唐代，宫廷的医学组织已比较完善，医学教育的规模也随之扩大。624 年成立的太医署设有医、药两个部分，并附设药园。医学部分又分为四科，即医科、针科、按摩及咒禁，而以医科的规模为最大。太医署有严格的考核制度，每月、每季、每年都要对学生进行考核。考生按考试成绩优良程度的不同，分别被授予医师、医工等职称。学生的学习年限 3 ~7 年不等。唐代的太医署是当时世界上最早、规模最大、组织最完备的医学校。

《唐六典》卷十四注记载：“晋代以上，手医子弟代习者，令助教部教之。宋元嘉二十年，太医令秦承祖奏置医学，以广教授。至三十年省。”这说明早在晋代已有医官教习之设，刘宋元嘉二十年（443 年）奏置医学教育一事，则是政府创办医学教育最早的明确记载。北魏太和元年（477 年）九月，孝文帝“诏群臣定律令于太华殿”②，北魏设“太医博士”、“太医助教”③ 之制，可能就在此时。从此，政府举办医学教育开始形成制度，为隋唐时代医学教育高度发展奠立了基础。

---

① 王柏灿．壮族医药史上的里程碑——《壮族医学史》述评［J］．中国民族民间医药杂志，1999（05）．

② 郑樵．通志·后魏孝文帝纪．光绪二十八年（1902 年）上海鸿宝书局石印本．

③ 魏收．魏书·官氏志．上海集成图书公司 1908 年据乾隆四年本重印．

4.《太平御览》

《太平御览》是宋代四大类书之一，由宋太宗命李昉等 14 人编辑，始于太平兴国二年（977 年），成于八年（983 年）。初名《太平总类》，太宗按日阅览，改题此名。全书 1000 卷，分 55 部，每部之下又分若干子目，共 4558 类，以引证广博见称。据书前“图书纲目”所载，引用图书 1690 种，连同杂书、诗、赋、铭、箴等，引书实用 2579 种（据近人马念祖考订，见《水经注等八种古籍引用书目汇编》）。所引用的古书十之七、八已失传，是保存古代佚书最为丰富的类书之一。此书体例是每条引证都先写书名，次录原文，按时间先后排列。不加己见，所采多为经史百家之言，小说和杂书引得很少。该书包含丰富的医学内容，如除方术部、疾病部、药部外，在职官部、道部、人事部、香部中有医学内容，另在天部、百谷部、饮食部、等也有大量的医学内容①。相关内容也体现在对于养生的记载，共两卷，分列在“道部十”卷六百六十八与“方术部一”卷七百二十。所收养生论著，前者摘自道家诸书，后者摘自儒家、诸子、博物等书。所收资料，保存了不少宝贵的古代养生文献，反映出道家思想对于医药方面的影响颇为深刻。

三、明清时期

明代是中国历史上政治比较稳定，封建经济高度发展的王朝，明代中后期出现了资本主义萌芽，商品经济推动着对外交流、科学技术和文化发展，医学水平有了明显提高。清代前中期的医学发展，呈现出一个比较错综复杂的局面，中医学传统的理论和实践经过长期的历史检验和积淀，至此已臻于完善和成熟，无论是总体的理论阐述，抑或临床各分科的实际诊治方法，都已有了完备的体系，而且疗效在当时的条件下是卓著的，与世界各国医药状况相比还略胜一筹。下面笔者将介绍几部典型的医药档案间接遗存，用以窥视明清时期医药档案的发展的综合情况，它们分别从不同的角度和方向为我们展示了该时期的医药档案的存在形式及特点。

1.《明史》

《明史》是二十四史最后一部，共三百三十二卷，包括本纪二十四卷，志七十五卷，列传二百二十卷，表十三卷，是一部纪传体明代史。《明史·职官志》采取由朝廷至地方，由文及武，由内及边的记述方法，其中第三卷记录了太医院的设置情况，即《明史·职官三》卷七十四载：“珍视御脉，使、判、御医，参看校同，会内臣就内局选药，连名封记药剂，具本开写药性证治之法以奏。烹调御药，院官及内臣监视，每二剂合为

---

① 严世芸．中医学术史．上海：上海中医学院出版社，1989 年．

一，候熟，分二器，一御医、内臣先尝，一进御。仍置历簿，用内印钤记。细载年月缘由，以凭考察。王府请医，本院奉旨遣官或医士往。文武大臣及外国君长有疾，亦奉旨往视。其治疗可否，皆具本复奏。”由此不难得知，明设太医院，掌管宫廷医事。

2. 《清会典》

《清会典》是清代制定的行政法典，包括康熙、雍正、乾隆、嘉庆、光绪五朝会典。清会典不仅是中国封建时代行政立法的总汇，也是研究清代典章制度的重要资料。由于清会典所记载的是“宏纲巨目”，“礼乐刑政大端”和所谓“经久常行之制”，因而有人称之为“清帝国之宪法”。

透过大清五朝会典，可以考证，医学分科曾 3 次改制，顺治间分为大方脉科、小方脉科、痘疹科、伤寒科、妇人科、疮疡科、针灸科、眼科、口齿科、咽喉科、正骨科等 11 科。嘉庆二年（1797 年）痘疹科并入小方脉科，口齿咽喉合为一科成为 9 科。嘉庆六年（1802 年）奉旨以正骨科划归上驷院蒙古医生兼充，成为 8 科。道光二年（1822 年）奉旨以针灸之法究非奉君之宜，太医院针灸一科永久停止，成为 7 科。同治五年（1866 年）改为大方脉科（伤寒科、妇人科并入）、小方脉科、外科（即疮疡科）、眼科、口齿咽喉科等 5 科。教学内容主要是《内经》、《本草纲目》、《伤寒论》、《金匮要略》以及有关本专科的医书，后来又增习《医宗金鉴》，并渐以之为主要教科书。一般肄业生学习 3 年期满，由礼部堂官来主持考试，合格者标为医士，不合格者继续肄业，以待再考。凡肄业一年以上，经季考 3 次，名列一等者，遇粮生有缺，可呈报礼部递补，不再考试。清代在地方虽也开办医学，并规定了考试制度，但规模小。府设正科，州设典科，县设训科，名额各为一人，俱未入流。雍正元年（1723 年）题准，命各省巡抚，详加考试所属医生，对精通《内经注释》、《本草纲目》、《伤寒论》者，题请作为医学官教习，每省一人，准其食俸三年，此间，如果工作曲奋慎重，品德正派，即上调太医院，授为御医，其遗缺由本省习医人内拣送补授。

3. 《广西通志》、《云南通志》

地方志虽然不是专门记录医药学知识的，但其中对地方上出产的药物，乃至有关药物的用法的记载，也可以从侧面一窥医药发展的情况。明代林富、黄佐编纂的《广西通志》在二十一卷《食货》一章下，立“属”节，记载了一百余味广西产药物。明末清初，几乎各府县均有医学署。如郭世重纂辑的《南宁府志》记有“本府治居城中西南……后堂设有医学”，“武缘县开设医学”，“横州治设有阴阳医学，永淳县亦有医学，上思亦有之”。道光年间，在忻城土司衙门西侧建起一练“大夫第”，莫氏土司第十九代孙莫述经就是“大夫第”里的专职医师，主管土司衙门大小官员及其眷属的医疗保健，兼理一些民间疾患。清代地方志有关科学技术方面的记载范围很广，《云南通志》物产门所记医药内容尤详。至于医理、医案、医方以及名医的高尚品德，在方技（人物）有所反映。地方志是自然科学史料、社会科学史料的渊薮，也是中国医药学史料的宝库，现在尚未充分发掘利用①。

4.《古今图书集成》

《古今图书集成》是清代最大的类书，1726年刊行，由清代陈梦雷编撰，原书分6个汇编，其中医学书籍内容丰富，主要见于原书博物汇编艺术典。全书收录医学书籍文献从秦汉到清初为止，120多种，并分门别类进行编纂，所引用的资料标明出处，便于检索利用。全书结构严谨，层次分明，纵向从基础理论到临床各科治疗，成为自成系统的综合性医书，横向以各科疾病为纲，先引用历代医家的论述，后附选方用药，纲目分明，便于阅读。

医经注释部分主要采用王冰、马莳、张志聪的注文对《素问》、《灵枢》、《难经》进行注释；脉法外诊法部分收录了30多种医籍中有关四诊的论述；脏腑身形部分收录了50多种医书中论述脏腑、经络、运气、身形学说的内容，分脏腑门、经络门、身形门、运气门、头门面门等；诸疾部分共52门，包括风门、痹门、寒门等，主要介绍内科疾病的证治，以内科疾病为主；外科部分多取材《证治准绳》、《外科精义》、《疮疡全书》、《外科正宗》、《医学纲目》等书籍，分11门；妇科部分介绍经脉、子嗣、胎前、临产、产后、崩漏等妇科疾病；儿科部分包括小儿一般疾病25门和痘疹专论。总论、列传、艺文、纪事、杂录和外编。总论内容从《周礼》、《易经》、《素问》、《灵枢》等收集医学概论性资料；列传中介绍清代以前医家1200多人；艺文医书中的序和医家的诗文；纪事有关史书中、笔记中医药纪事；杂论介绍医学事迹和寓言；外编为非医学书籍中有关医学的传说②。

5.《本草纲目》

《本草纲目》是一部被公认为内容丰富、影响深远的医药学巨著，成为中国古代科学文化宝库中的一颗明珠，它的贡献是多方面的。

首先是对明代以前药物学的全面总结：《本草纲目》是李时珍在极端艰苦的条件下，深入实践、认真总结所取得的伟大成果。他以宋代唐慎微的《经史证类备急本草》为蓝本，先后读过《素问》、《灵枢》、《难经》、《甲乙经》等古代医书277家；《神农本草经》、《16类本草》等本草著作84家；引据《说文解字》、《字说》、《名苑》等今古经史诸子440家；转引《易经注疏》等151家。李时珍在广泛阅读文献资料的基础上，深入实地，亲自采集标本，进行研究考察。

其次是提出先进的药物分类法：《本草纲目》对以往本草著作的分类方法进行了变革，采用多级分类法，以水、火、土、金石、草、谷、菜、果、木、器服、虫、鳞、

① 森正夫．关于明末社会关系的秩序变动［J］．名古屋大学文学部三十周年纪念论文集．1979.

② 周易，刘德荣．清代福建医家编撰的部分医籍述评［J］．中国医药学报，2008（01）．

介、禽、兽、人16部为纲，纲下设62类为目。每味药又“标明为纲，列事为目”。同一基原药物，“但标其纲，而附列其目”。如标龙为纲，而齿、角、骨、脑、胎、涎，皆列为目。这种提纲挈领，眉目清晰的方法，便于应用时的检对。各部排列则采取“从微至巨”、“从贱至贵”的原则，与由无机到有机、从低级到高级发展的顺序吻合，体现了进化发展的思想，是当时世界上最先进的分类方法，其意义已超出了药物学。

再次是系统论述药物知识：《本草纲目》卷5～52，对各药按释名、集解、辨疑、正误、修治、气味、主治、发明、附方等项分别解说。对药物名称由来、产地、品种、形态、炮制、性味、功效、主治等都作了详细说明。所列“发明”一项，在于探讨药性及用药要点，多为李时珍对药物应用研究中的新见解，如通过以黄芩治愈自己骨蒸咳嗽的体会，指出黄芩汤能泻肺经气分之火，他将三七的功效概括为“止血、散血、止痛”，肯定延胡索止痛、大风子治麻风的功效，都是很有见地的。

第四是纠正以往本草著作中的错误：李时珍通过研究，纠正了以往本草著作中的一些错误。不仅纠正对个别药物认识上的具体错误，还批判了某些错误观点、方法。分析造成错误的原因，如指出葳蕤与女萎本为二物而误合为一；南星与虎掌本为一物而误分为二。历代本草在水银项下载有不少迷信内容：“大明言其无毒，本经言其久服神仙，甄权言其还丹无母，抱朴子以为长生之药。六朝以下贪生着眼食，致成废笃而丧厥躯，不知若干人矣！”李时珍批判了这些记载，痛心地指出：“方士固不足道，本革岂可妄言哉！”李时珍靠实践，靠调查研究，纠正了前人不少错误。

最后是对药物理论的充实提高：《本草纲目》对药性理论十分重视。该书前两卷以大量篇幅介绍了历代药物学说，其中以金元诸家之言居多，间或发挥个人见解。经过他的整理，使分散于各书中的药性理论系统化和完整化。如将升降浮沉理论概括为：“酸咸无升，甘辛无降，寒无浮，热无沉，其性然也。”质轻者如花、枝、叶等多升；质重者如根、果、矿物、介壳等多降。但也有“一物之中有根升稍降者”。他还认为，可以通过炮制配伍，以改变药物的升降趋势，“升者，引之以咸寒，则沉而直达下焦，沉者，引之以酒，则浮而上至巅顶”，李时珍对药性理论的丰富和发展是多方面的。“反药”古人只言18种，李时珍扩展为31种。在性味、归经、七情合和、“十剂”等方面，李时珍也有不少创见。在各论“发明”项下，有不少发展药性理论的内容。

6.《医方集解》

清代在方剂学方面影响最大的著作要首推汪昂的《医方集解》。该书在分类编排上打破了过去方书以病症分类的传统，而采用根据方剂功效分门别类的方法，按补养、涌吐、发表、攻里、表里等21门归纳诸方。这样既便于查阅，又避免了重复。每一具体医方又分项分别论述介绍组成、方解、附方等，条理清晰，眉目分明。这种方法一直沿用至今。其次选方精炼。该书选取正、附方各300余首，选取原则是“诸书所共取，人世所常用”。由小见大，有精见博。所选方剂皆药味简洁，药物平易者，便于实用。

书中虽有少数峻猛之剂，亦为攻坚夺病所必需者，而对冷僻，专治奇症怪病或药味超过20味以上者，则不收录。其三议论有独到见解，该书中作者个人发明则以“昂按”标明。作者每每对待学术上的争鸣直陈己见，影响深远。

汪氏非常推崇吴昆的《医方考》，但又觉得吴氏仅一家之言，对于阐明蕴藏的深奥含义，或未透彻详尽。因此博采广搜，网罗群书，辑数十家之言，精心详析方剂的深奥含义，故名《医方集解》。全书搜集正方与附方各300多首，均系常用的方剂，药专效宏。所选方剂分为补养、发表、涌吐、攻里、表里、和解、理气、理血、祛风、祛寒、清暑、利湿、润燥、泻火、除痰、消导、收涩、杀虫、明目、经产等21门，末尾附救急良方。每门开始有概述，然后每方依次叙述其适应证、药物组成、方义解释、附方加减等。而且，对于采用每方时的有关病源、脉候、脏腑、经络、药性服法均有所论及。本书是一部取材得当，论述简要，有一定实用价值，应用较广的方剂学著作。

第四节　中国古代医药档案遗存的科学文化价值

中国古代医药档案遗存是中华民族的科学与文化瑰宝。5000多年的实践发展史、2000多年的理论体系发展及理论实践发展史证明，其价值不仅仅存在于纯粹的文化层面，亦体现于其科学与文化高度统一的体系。在中医药学体系中，科学事实与科学认识浑然一体，科学内涵与人类精神文明高度融合，是完全迥异于现代科学体系（包括医学）的传统科学体系，是中华民族科学与文化的瑰宝与奇葩，是中华民族的科学文化优势对世界文明的贡献。

一、古代医药档案是构建中医药学理论体系的说理方法和工具

古代医药档案的实用价值首先在于能较快提高中医学术。中医药学术要向前发展，必然得从基础理论上入手，这是振兴中医学术的关键。从各类非专题的古医药档案中筛选、整理出历代食疗档案，结合专题食疗本草档案，研究总结食疗理论与经验，发掘继承先人经验，开发食疗保健产品，已成为发展的必然，从而为人类健身疗疾作出贡献。通过对大量方剂文献的统计、分析、归纳，可以进一步探明药物的性味、归经、功效特点，以及各种不同配伍方法与适应证之间的关系，从中就可产生出许多新药来。从历代医籍中搜集、整理药方的相关资料，着眼于组方理论和临床疗效，探索合成新的复方，可达事半功倍之效。

在春秋战国时期，中国社会急剧变化，政治、经济、文化都有了飞跃的发展，诸子蜂起，百家争鸣，学术繁荣，文化成熟，科学技术也日趋成熟而自成体系。这是中医药学得以诞生的重要的外部条件。特别是在战国末年已具雏形的“元气论”（气一元论）自然观和阴阳五行学说等哲学思想，为古代先哲们总结医事药事实践活动经验，构建医

药学理论体系提供了重要的思想方法和说理工具。

至秦汉，《黄帝内经》（以下简称《内经》）问世，标志着中医药理论体系的成立，标志着中医药学的认知从自发走向自觉，从感性走向理性。它是古代中国先进的科学技术和生产力水平与哲学有机结合的系统理论。

至两汉期间，药学专著《神农本草经》问世，收载中药365味，按药物性能和功效不同，分成上、中、下三品；提出了中药的君、臣、佐、使，七情和合，四气、五味等药物学理论，创立了中药药物学理论。

东汉末年，伟大的医学家张仲景写成《伤寒杂病论》，创立了中医学的临床诊疗模式，使基础理论与临证实践紧密地结合起来。

至此，作为古代医学科学的中医药学，以当时的多学科知识和方法为营养源，以阴阳五行学说等哲学思想和方法为析理工具，总结整合了此前长期的医事和药事实践经验，初步形成了自身特有的学科范式，构建了基本的学科构架，具有自身独有的科学与文化价值。其后的两千多间，中医药学随中国社会和科学文化技术的发展，不断地完善和发展，其科学与文化价值也日益丰富。

二、古代医药档案是服务于中医药学研究活动的数据记录

有一些科学技术研究活动是以数据记录档案为基础条件的，中医药学即是其一。中医药学是一种经验科学，它需要档案的经验积累。诊籍，是中国古代最早的医案档案。据司马迁《史记·扁鹊仓公列传》记载：西汉著名医学家淳于意，“所诊者，皆有诊籍”。这些诊籍详细记载了患者的姓名、籍贯、职业、病名，分析了病因、病理、脉象，并载明了治疗方法和治疗结果等。淳于意不但师从名医，博览各种秘方、脉书，而且深知收集资料、积累经验的重要性。对于所诊治的每一个患者，他都要“表籍所诊，期决生死，观所失所得者合脉法”。也就是说，建立起病人的医案，随时查阅，以与脉法相比照，总结自己诊治中的经验与教训。汉文帝对淳于意的精湛医术颇为欣赏，曾很感兴趣地询问淳于意：“皆安受学？受学几何岁？”并问淳于意所为治病“尝有所验，何县里人也？何病？医药已，其病之状皆何如?”淳于意即从自己的“诊籍”中选择了25例医案，回答了汉文帝所提出的问题。

在对名方的研究方面，古代医药档案遗存也有起到了重要作用。古代流传下来的名方都有一个不断认识、化裁、发现新疗效的过程。如张仲景的肾气丸被后人化裁为六味地黄丸及其他地黄丸系列。中药组方理论不断完善，临床使用后反馈回来的信息也被记载在历代医籍中。小柴胡汤至今风行在东南亚地区，不是偶然的事。《伤寒》、《金匮》中的成方，若能力加阐明和发挥其隐秘之处，找出其不为人知的“新功效”，使之在整个中医领域里能充分发挥其疗效，获益是无法估计的。浩瀚的医药遗存中蕴藏着丰富的中医理论和临床知识，医家们只有通过对既往医药遗存的深入研究、验证与总结，才可

能提出新的理论，并用以指导临床。中医古文献研究并不是脱离实际的“空中楼阁”，并非是单纯为了学术的学术，它也有其他研究所无法替代的社会效益和经济效益，这要看研究者采用何种态度和方法进行研究。当然，我并非否定实验室研究的作用，随着科技的进步，实验室研究势必成为一种趋势。但是任何重要的科技发明和进步，都是站在前辈巨人肩头上而取得的，中医也不例外，没有医药遗存作为基础，中医的发展便是舍本逐末。只有将文献研究和实验室研究结合起来，这样的研究才是完美的，才能以最快速度，最大限度地取得经济效益。

三、古代医药档案是凝聚中国传统科技精髓的历史见证

在中国古代生产力尚不发达的条件下，中国的先哲们以丰富而广泛的实践经验为基础，创造了中国古代的传统科学技术。他们借助这些科学技术手段和较为先进的哲学思想及其方法，从整体联系和人体的功能状态出发，认识生命，维护健康，诊治疾病，形成了完备的医学体系，并发展延续应用至今，因而成为中国传统科学技术体系之精要部分。

第一，以“司外揣内”方法建立的“藏象”理论，确立了中医药学以人体功能状态为依据，从整体认识生命、维护健康、治疗疾病的独特的认识角度及其科学技术方法。

第二，以综合分析为基本研究方法，集中国古代科学技术之大成。

《黄帝内经》借助当时的哲学思想，立足于综合分析，集中了当时的天文、气象、地理、物候、数学的有用知识与方法，系统地阐述了对人体生理、病理的认识以及疾病的诊治原则等，奠定了中医理论的基础，确立了中医学的基本观念和基本理论。

第三，创下若干世界自然科学及医学之第一。

譬如，在晋代，葛洪所著的《肘后备急方》一书为诊治临床急症之专著。其所记若干的诊治病种中，首次记叙了“恙虫病”（即沙虱病）早于西方数百年。在防治天花中，中国的先哲们首先发明了人痘防治天花。李时珍历20余年著成的《本草纲目》，不仅收载药物之多为空前，且创新了植物分类方法。

在中药新药开发研究方面，向本草学和古方书要新药已成为学术界的共识。每一味药在各个时期有不同的认识，有关性味、归经、功效的记载不尽相同。如清代吴仪洛的《本草从新》指出：“远志为补火药，可补肾强志益精；巴戟恶丹参。”现在我们要继承哪些内容，如何去伪存真，如某些药物表现出的功能，并非其本身的性能，而可能是在方剂中与它药发生协同作用而产生的功能，这就需要每一味药的完整史料，中药的基础研究和临床研究都需要这方面的资料。只有建立一个全面的中药认识史的文库，才能对其进行整理、筛选，同时亦极有可能启发某种药物的未知功能，为中药新药的开发研究提供课题。

中药应用于临床并发挥各种治疗作用，往往是通过药物与药物之间的相互作用来实现的。在中医理论的指导下，药物按一定的组方原则和配伍方式组合在一起所形成的方剂，其功效并不是组成方剂各药作用的简单相加，而是在各药作用的相互影响下所产生特殊的综合效用。如桂枝，配麻黄能发汗解表，配芍药则调和营卫，配黄芪则止汗，配茯苓则利尿，配甘草则平心悸，配附子能止痹痛，配桃仁能治上焦淤血等。因此，药物在不同的方剂中所产生作用各不相同。要全面了解、准确把握药物的效用，开发研究中药新药，以药为纲，从方剂文献探讨药物的具体运用不失为一种有效的方法。

下面介绍两个实例以说明中国古代医药档案遗存的重要价值及意义。

（1）马王堆汉墓医书——把中医理论基础体系的形成时期提前几百年。

《五十二病方》是中国已发现的最早的医方专著。《却谷食气》和《导引图》是中国现存最早记述气功导引的专著。《胎产书》是中国现知专论妇产科的最早文献。《足臂十一脉灸经》和《阴阳十一脉灸经》，是中国现存最早的两部人体经脉和灸疗的专著。

马王堆汉墓医书，出自湖南长沙马王堆三号汉墓，共 14 种。其墓葬年代为汉文帝十二年，各书抄录年代约在公元前 4 世纪初或前 3 世纪末，多为战国末期写成书的《黄帝内经》以前的著作。这些医书多未题书名，亦没有序跋、后记和作者姓名，但是均有其独立的体例和完整的内容。它们分别写于大小不同的 5 张丝帛和 200 枚竹木简上，出土时均已有不同程度的残缺破损，业经缀合复原，全部医书可辨认字数约 2. 3 万字，估计破损前总字数为 3 万字左右。为便于整理和研究，整理小组根据各书的主题和内容分别拟定了书名。包括 10 种帛书：《足臂十一脉灸经》、《阴阳十一脉灸经》（甲乙两部）、《脉法》、《阴阳脉死候》、《五十二病方》、《却谷食气》、《导引图》、《养生方》、《杂疗方》、《胎产书》；3 种竹简医书：《十问》、《合阴阳方》、《天下至道谈》；1 种木简书籍：《杂禁方》。

马王堆汉墓医书的出土，是中国和世界史上的一件大事。它们与《黄帝内经》构成了中医学的理论基础体系，把中医学理论基础体系的形成时期提前了好几百年。

（2）法医检验——让刑侦和法律在传统医学的服务下更加权威而完善。

中国古文献中最早涉及法医检验的是《礼记》，其中提到的法医检查报告是世界上最早的法医检验鉴定标准格式。三国时中国已有以弟血滴兄尸骨的滴骨验亲法，被后人认为是现代亲权鉴定血清学的先声。《洗冤集录》是中国也是世界上第一部系统的法医学著作。

法医学是服务于刑侦和法律的一门科学，它的产生和发展与古代的法律制度密切相关，它的产生和发展与古代的法律制度密切相关。中国很早就有了成文刑法，公元前 536 年郑国子产铸刑书；公元前 513 年晋国又铸刑鼎；特别是公元前 407 年魏国颁布的李悝《法经》，更是一部集各国法律之大成的杰作，亦是以后历代封建法典的蓝本。除此之外，在中国古代，存在着一个庞大的封建官僚体系，这是封建法典实施的一个重要保障。在这种背景下，中国古代在法医学上取得了很高成就。

汉唐时期，中国已积累了大量的法医学知识。如《素问·玉版论要篇》指出确定死亡的两个主征是“脉短、气绝”；《丧大记·郑注》提出以新棉置口鼻上证明呼吸停止；《论衡》首次记载了雷击纹，并以烧伤作比喻，解释其成因，等等。

宋代是中国法医学发展的鼎盛时期。举世闻名的《洗冤集录》的作者宋慈就曾四任提点刑狱的官职。《洗冤集录》是集宋慈以前尸体外表检验之大成的法医学专著，书中对尸体现象、窒息、损伤、中毒、堕胎、个人识别、现场检查、尸体检查等各方面，都作了大量的科学观察和归纳，范围涉及现代法医学的大部分中心内容。《洗冤集录》先后别译成朝日英俄等国文字，广泛流传于海外，在世界法医史上享有崇高的地位，宋慈也因此而家喻户晓。

第八章　中国古代气象档案遗存及其科技文化价值

中国古代人们就知道对自然寒暑进行观测，在甲骨、简牍、缣帛和纸张等载体上形成了以旱、风、云、雨、晕等大气现象为主的气象观测记录——气象档案。它们以直接和间接两种形式的气象档案遗存记载了人们对于四时更替、气候变化等规律的掌握过程，不断地为后代人们利用，对于探究古代气候变迁规律、中西方文化交流历史和气象灾害统计等具有重要的科技文化价值和作用。

第一节　中国古代气象档案的形成和管理

原始社会时期，由于农牧业发展的需要，促成了物候、地学等气象知识的早期积累。人们对风雨寒暑“节以制度”①，逐渐形成了对气象的早期认识。而对于物候、气候和节气形成学问，并进行有规律的记录大气现象大约始于奴隶社会的夏代。文字产生之前的气象认识可从神话故事和考古发掘得到印证。现存最早的有字记载的气象档案是殷商时期的甲骨档案。从殷商时期的甲骨气象档案，直至明清时期的晴雨录等纸质气象档案的形成和管理，反映了官方对气象观测工作的重视，促使气象档案以不同遗存形式延续至今。

一、中国古代气象档案的起源

人类产生以后，为了生存，就需要同大自然作斗争，形成同自然气象灾害作斗争的经验。到了氏族社会晚期，气象知识已经被广泛的应用在农、牧业、制陶业及生活祭祀中，已经有了十分清楚的八卦符号、阴阳、十进位记数等方面的知识和记载。从神话人物和传说可以看出早期人类对气象的感性认识。中国古代在“神农氏”的传说中，神农“依天之时，分地之利，制耒耜，教民农作”，说明当时已认识到天时的重要。《山海经・大荒北经》提到，南方多雨是因为南方为雨师应龙所居，北方干旱是因为旱神女魃居于赤水之北。古人认为风、云、雷、雹都各有神，各司其职，而传说中的“后羿射日”则反映了人们战胜干旱燥热的美好愿望。另见《广博物志》卷九引《五运历年记》：“盘古之君，龙首蛇身，嘘为风雨，吹为雷电，开目为昼，闭目为夜。”这里的风雨、雷电都是对气象问题的原始认识。

---

① 谢世俊．中国古代气象史稿［M］．重庆：重庆出版社，1998：10.

从古代文献追溯，中国最早的书是气象书，所记的事为气象之事或者说阴阳之事。最早的八卦图之一——气象太极图，它是以其太极图解释一年、一日之象的图式。一年气象图将二十四节气配以太极图，说明一年之气象。这些以图形（如地图）和记号（如八卦）作为表现形式的记载是气象档案的雏形。

奴隶社会时期，随着农业、手工业的发展，奴隶主的统治日益规范，开始应用气象知识，对于天象的观测形成了数量可观的气象档案。夏朝初期，人们已经会考虑一些气象问题。当时最大的气象问题是农业发展面临的水旱灾害。《大戴礼记·五帝德》：禹平水土，“左准绳，右规矩，履四时，据四海，平九州岛，载九天”①。这里指出了大禹治水所用的测量工具、技术和所用的气象知识。夏代重视云物观测，亦有专人负责。由于夏代已有文字，所以开始总结、整理以前的经验和当时的观测记录。于是“夏后制德，昆吾列神”，总结历来的物候及天象经验，诸如风、雨、晴、霁、寒、暑、动物、植物的物候现象，天上的日月星辰运行等，不过，还没有夏代的气象文字原件的出土。今天能够见到的最早的气象档案是殷商的甲骨气象档案。其中，最早的一份甲骨气象档案记录是3000年前形成的。这件甲骨文的译文是：丙子日举行“立中”的仪式，没有风，晴天②。

二、中国古代气象档案的形成主体

在古代，气象和天文一直不分家，并称天象，对于它们的观测也一并进行。历代观象机构兼有观天象、望云气、察物候、测地动、制历法等多种职能，正如恩格斯所说：“必须研究自然科学各部门的顺序发展。首先是天文学——游牧民族和农业民族为了定季节，就已经绝对需要它。”③ 恩格斯所说的天文学，实际上也包括了天文和气象两门科学，定季节需要二者共同完成。古代气象档案主要是由天象观测人员在世室、明堂和灵台等处进行天象观测活动过程中形成，负责气象观测的天象机构是气象档案的形成主体，气象档案的管理也是由官方的气象观测人员集中统一完成的。

中国古代观测气象和观测天文的工作，是在同一个场所、由同一官署、同一批人员进行。三代时期官方的气象观测工作主要在宗庙——世室（夏）、重屋（商）、明堂（周）进行。夏代世室的气象活动规整、有序。河南偃师二里头发掘的夏代初期大型宫殿遗址，已被证明是夏代的明堂——世室。夯土台基东西长108米、南北宽100米，占地面积合15亩以上。南北轴线约偏西北8°。台基上建筑殿堂、庭院、廊庑、门楼。《周礼·冬官考工记》：“殷人重屋，堂修七寻，堂崇三尺，四阿，重屋。”

秦汉之时，中央政权中由太史令主管天象之事。太史还下辖两个分支机构明堂与灵

① 王聘真．大戴礼记解诂［M］．北京：中华书局，1983.

② 李学勤．英国所藏甲骨集［M］．北京：中华书局，1985：680.

③ 恩格斯．马克思恩格斯全集第20卷［M］．北京：人民出版社，1972：523.

台，各设负责人丞一人。根据有关记载，当时太史令为太常之属官，其具体机构设置如下：太史令一人，六百石。本注曰：掌天时、星历……凡国有瑞应、灾异，掌记之。丞一人，明堂及灵台丞一人，二百石。本注曰：二丞，掌守明堂、灵台。灵台掌日月星气，皆属太史①。《汉官》曰：灵台待诏四十二人，其十四人候星，二人候日，三人候风，十二人候气，三人候晷景，七人候钟律，一人舍人。“候钟律”是在侯气室一缇室里进行的，其设置严密。由以上可见，灵台是负责天象（包括气象）观测的机构，“守明堂、灵台”，实则是观测天象，其天象观测另有大典星、望气等进行。其记录除自存外，重要的观测记录如瑞应、灾异等还要上奏，故宫中与太史令官署都保存有此种天象观测档案。

隋朝也设太史局和观象台负责气象观测工作，唐朝的太史局多次改名和改制，曾用过浑天监、浑仪监、太史监、司天台等名称。元代建有回回司天台、明代设有钦天山观象台进行天文、气象观测。明清时期，“司天监”、“钦天监”掌管观象事宜。清乾隆年间的《历代职官表》第三十五卷《钦天监》，以朝代先后为序，广泛引用各有关古籍，说明各朝代天文气象机构情况。钦天监设钦天监监正（钦天监的最高主持，隋初以前多称太史令）、钦天监监副、时宪科五官正、五官司书、天文科五官灵台郎、五官监侯、漏刻科五官挈壶正、五官司辰、博士、天文生、阴阳生、主簿厅主簿和笔帖式。从各朝建置看来，汉、唐较为重视，分工也较科学系统。南朝时，南京便设有测候机构和专司观测天文和气象的官员。宋代的编制情况不详，元代的机构和人员较多，但成绩不如明、清。此外，各地州、县也都有设置司天机构编制，负责观象工作。

地方和民间的气象测量普及，其观天机构也是形成气象档案的主体之一。在夏代国家形成之前，在专业的天文、气象人员出现以前，观天候气的工作本是具有广泛群众性的。随着社会分工的细化，出现民间和官方同时测天的气象工作，也就是说，在夏代除了专职人员在世室里从事有关气象的工作而外，各个地方、各个氏族都会有人在观天。那时夏朝设方国、国下设社，通常二十五家为一社，每个社需要有人观天候气，以便从事祭祀和生产。并且，地区间定季节所观测的星星也有不同。夏、商时期的商丘、晋地两族后人，直到春秋时代还“实守其祀”，各用各的历法。

三、中国古代气象档案的基本内容

古代气象档案历经了漫长的奴隶社会、封建社会的历史阶段，其形成领域的专业性、载体的有限耐久性、政权的更迭、长期的战乱及社会生产力落后等原因，使今天的人们有少量可见的气象档案原件，即气象档案直接遗存；而许多珍贵的气象档案原件已流失，它的再现多是通过历史文献的转录得以延续，即气象档案的间接遗存。气象档案

① 范晔. 后汉书 · 百官二.

的间接遗存是对气象档案直接遗存的反映，二者共同记载了气象科学的发展过程。同时，对于气象档案的两类遗存情况又按时间顺序得以新旧互补，如夏代的《夏小正》，可以说是气象档案的最早直接遗存。《夏小正》原本虽没有遗留下来，但它被转录作为《大戴礼记》的一篇被保存下来。后又被见于《礼记·月令》、《吕氏春秋·十二纪》，内容被转为气象档案的间接遗存得以延续。

中国古代气象档案是以气象记录档案为主（表现为物候观测、农作物、牧草、牲畜发育状况等农业气象档案记录）、气象科学技术管理档案（表现为气象规定）为辅的档案整体。气象记录档案内容比较单一，多是关注于灾异气象的记载，如大风、陨霜、大雨雹、涝、旱等灾害的记载。比如，在《二十四史·宋书·五行志》中，有关于"恒雨"记录12条、"恒阳"记录76条、"水不润下"记录78条、"恒寒"记录77条、"雷震"记录48条、"恒风"记录61条。

中国古代气象档案多以直接定性观测的气象记录档案为主，包括气象观测原始记录和农业气象观测中的物候观测档案。较少的是定量观测的气象记录档案。气象档案的定性观测内容一直持续到明朝。"从三国到明代，各种地方志已经不下数千种。那是没有温度、湿度等仪器观测，所记气候状况多是定性的，没有定量数据。"① 明朝以后才逐渐形成一些由气象仪器观测完成的定量的气象记录档案。雨量器是重要的气象仪器之一，中国人很早即开始研究每年的降雨量，并使用雨量器。早在东汉时代，就已经有各郡国上报雨量的规定，即"后汉自立春至立夏尽立秋，郡国上雨泽，若少，郡县各扫除社稷，公卿宫长以次行雩礼"②。据史料记载，中国在明朝就已普遍使用气象观测仪器。明朝永乐末年（1424年），国家已给全国各州县颁发雨量器，其范围一直发至朝鲜。清代康熙和乾隆时，也先后向全国颁发雨量器，当时中国和韩国各地都设有测雨台，其上置有高一尺，广八寸之雨量器，并有标尺，以测雨量，每雨后测之，均系黄铜所制。利用这些仪器进行气象观测过程形成了大量的气象档案。到了明清时期，开始形成有规律的日常连续的天气记录，并且，有气象仪器观测的定量记录。在清代，许多地方都有定期上奏《晴雨录》、《雨雪分寸》等报告，各地官员也有大量的有关当地天气、气候及气象灾害的奏折，从内容上日趋接近今天意义的气象记录。

具有今天意义的观测记录"在中国主要是1900年以后的事。但在此之前，也有一些零星的观测记录。最早是18世纪中叶耶稣会士钱德明测量了北京1757～1762年的日气温，后来1867年有俄罗斯科学院在北京建立气象与地磁站。据我所知，19世纪前期还有西洋人在广州的气象记录（包括气温，雨量，风向等）。这些记录虽与现代的仪器观测的精密度有一定距离，但仍是很好的参考数据"③。

---

① 温克刚．中国气象史［M］．北京：气象出版社，2004：193.

② 《后汉书·礼仪志》第五以及宋代《郑樵通志》．

③ 竺可桢．中国五千年来气候变迁的初步研究［J］．考古学报，1972（1）．

四、中国古代气象档案的管理

中国古代气象档案的管理与统治者对天象工作的重视密切相关。中国古代从原始社会人们就懂得“观天候气”，开始历法和节气的创造。在《史记·五帝纪》中，已有“轩辕……治五气”，“五气”是雨、旸、燠、寒、风，书中谈到帝尧：“乃命羲和，敬顺昊天，法日月星辰，敬授民时。”即专门任命了掌管天象、时令的官，根据黄昏时最初出现的鸟、火、虚、昴四星确定四时，安排生产。到了夏代，在那些擅长与观天候气的氏族集团中产生了专职、世袭的天文、气象人员。

中国古代气象档案的管理是由中央统一规定而进行的。从殷商甲骨气象档案中的每日必记天气的做法可以看出，到商代已经形成一定规模的气象档案管理工作。春秋时期，随着物候学的进展，节气知识进一步发展。秦汉时期，高度严密的二十四节气知识完成，各项知识系统整理成书，气象记录档案也趋于正规化，政府规定要上报农作物生长时期的雨泽。1975 年在湖北云梦县睡虎地 11 号秦墓发掘中，出土了一批竹简，其中有《秦律十八种》，在《田律》中规定“稼已生后而雨，亦辄言雨少多，所利顷数”①，以法律形式规定要向朝廷上报雨水情况。汉代也有命天下郡县上雨泽的记载，“自立春至立夏尽立秋，郡国上雨泽”②，即在整个农作物生长期间，各地都要向中央上报降雨情况。如《汉书·魏相传》：“或有逆贼、风雨、灾变，郡不上，相辄奏言之。”由此可见，各郡须将气象、特殊天象等上报相国，由丞相转奏皇上。

明清时期，建有“观象台”，进行天文、气象观测，其中有著名的北京古观象台和南京鸡鸣山观象台。此外，各地州、县，也负有观测职责，凡有灾异现象，特别是风灾、雨灾等气象灾害，都必须呈奏。朱元璋下令全国各州县进行雨量观测。据顾炎武《日知录》记载：“洪武（1368 ~ 1398 年）中，令天下州长吏，月奏雨泽。”明太祖和明仁宗时，国家曾令全国州县长吏，每月将雨情上报朝廷，还曾要求北京、杭州、江宁（南京）、苏州等地上报逐日晴雨。在清代，许多地方都要定期上奏《晴雨录》、《雨雪粮价》等报告，各地官员也有大量的有关当地天气、气候及气象灾害的奏折。晴雨录的收集、存藏主要由钦天监及礼部负责。钦天监向皇帝进呈的恭楷精抄本，接年分册，用满汉两种文字。如今，在中国第一历史档案馆，还珍藏有大量的古代雨雪粮价、黄河水文灾情、气象灾害、自然现象及天文地理方面的档案。明清时期气象档案的完整、齐全离不开中央的统一管理措施。清统治者为了保证有关气象文件的真实性，采取了一系列的措施：

第一，气象文件由多个系统编制。清代的雨情和灾情文件的主要形成者是各省督

① 《睡虎地秦墓竹简》编写组．睡虎地秦墓竹简［M］．北京：文物出版社，1978：24.

② 温克刚．中国气象史〔M〕．北京：气象出版社，2004：146.

抚。同时，各地的军事长官也负有向朝廷报告有关情况的义务。此外，盐政、织造、关税、河道总督、海塘、漕运总督以及学政也都按期作雨情和灾情报告。皇帝还时常面嘱某些出差、赴任、巡察的官吏报告有关地区的这方面的情况。

第二，核对来自不同渠道的报告。对来自各地的报告，朝廷都一一进行核对，皇帝也时常亲自核对，并作朱批。如乾隆元年（1736 年），皇帝对广东巡抚和直隶总督的奏文批示曰："以为君臣于吏治民生之间既无一不当，未必能仰邀风雨时若之赐；而吏治民生间有阙失，即未有不致水旱之儆告，此皆非卸过之词。"皇帝指责了掩盖灾情的现象。乾隆二年一月二十八日（1737 年 2 月 27 日）。山东巡抚法敏上奏雨雪情况，皇帝批曰："岂有三日降雪而入土止三寸之理。"之后法敏上折请罪，原来本是两次降雪，而在奏折中未予交待。

此外，对于某些严重谎报的奏折，皇帝还派专人调查，情节严重者则严加处理。《清实录》康熙五十五年五月条载："……至于奏报雨足与否，及浸地几许之处，实系礼部专责，不行明白具奏，甚属溺职，应将礼部堂官等交待与吏部、都察院，严加议处。"总之，清代通过一套检查、核对和惩罚措施，基本上保证了气象档案的真实、准确。气象档案管理工作因国家重视气象观测工作而被间接加强。

第二节　中国古代气象档案直接遗存

从殷商到清朝，官方及民间的气象观测和气象记录规定和制度的实行，为中国古代积累了丰富的气象档案直接遗存。中国古代气象档案的直接遗存包括气象观测活动中直接形成的以甲骨、金石、简牍、缣帛和纸质为载体的原始记录，以及内容上忠于这些原始记录的气象档案汇编。由于古代气象与天文的共管性，也使气象档案从开始就是缺乏独立性，其形成的直接遗存多以混记形式存在，而少有独立的气象档案原件和气象档案汇编。

一、气象档案原件

气象档案直接遗存中具有原始记录意义的称为气象档案原件，主要包括少部分的纸张载体出现前的甲骨、简牍、缣帛等非纸质气象档案及大量较完整的以纸张为载体的气象档案。这部分档案遗存为历代官方观测所形成的第一手材料，其记录气象内容之全、覆盖面之广，是世界上其他国家无法比拟的。

1. 非纸质载体气象档案

非纸质载体是指使用纸张前的甲骨、金石、简牍和缣帛载体的统称，这些档案载体主要在汉代以前的不同时期，被广泛用于记录包括气象档案在内的各类科技档案。这些非纸质载体档案距今久远、存在时间断限短、承载信息量少，到汉代纸张出现后逐渐被取代。总体上看，这类气象档案直接遗存以甲骨气象档案规模最大、数量最多，简牍、缣帛气象档案次之，金属、石刻气象档案较少见。

（1）甲骨气象档案

甲骨气象档案是甲骨档案的重要组成部分，甲骨卜辞中有关于气象、物象的观测、天气预测及事后验证情况的记载。殷代的甲骨中有数千件记载着与求雨、求雪有关的占岁与贞旬记录。根据《安阳考古报告》将殷墟卜辞分为12类，其中有4类占卜关于气象问题：卜年、卜雨、卜霁和卜旬。还有一些云雾异常现象，在杂卜之内。甲骨气象档案保留了大量天气现象的记录，出现了晴、云、阴、霾、雾、虹、霓、霜、雪、雷、电、雨、风、雹等名称，包括降水、天空状况、风、云雾和大气光象等内容，记录已经较详细。例如记载的日照状况分七种：晴（再细分为晴朗无云、昼晴、夜晴、大晴、小晴、阴间晴、继续放晴等）、雨止日出、阴云蔽日、阴、浓云蔽日、昼盲、日晕。

尤其可贵的是，甲骨档案中保存有一种连续的天气情况的记录。在1936年出土的一片殷墟卜辞①，证明了殷王文丁六年三月二十日（公元前1217年3月20日，癸亥）一次贞旬的验辞。“癸亥卜，贞旬。乙丑，夕雨，三夕。丁卯，明雨。戊辰，小采风雨。己巳，明启。壬申，大风自北。”意为：癸亥日进行占卜，预测未来10天的天气（10天的第一天甲子日，转阴天。）第二天乙丑，从昨夜开始下雨，下了三夜。到第四天丁卯，天亮时还下雨。第五天戊辰，傍晚起了风雨。第六天己巳，早晨云开天晴。（第七天庚午，第八天辛未继续是晴天）。第九天壬申，起了北大风。（第十天癸酉，晴天，该做下一次占卜了）。这份连续10天的天气实况记录，表明那时不仅要制作10天天气预报，而且事后还要逐日进行验证。这片“公元前13世纪文丁时期的卜辞中连续十天的气象记录”②，是世界最早的气象记录之一，也是后来传统气象记录的先声。“但人们似乎更关心旱涝，而不大注意冷暖。殷代气候变化的幅度是很大的，旱涝都很严重，但文献对旱灾记载很多，而对洪灾记载较少。甲骨文中也是卜雨、祁雨的记录多于卜晴、祁晴的记录，但这并不说明洪涝不严重。”③ 殷商时期气象档案内容中旱灾大大多于洪灾的记载。

（2）简牍气象档案

目前，出土的简牍主要是秦汉时期，简牍中的气象档案主要记录在《日书》、《五行占》部分。例如，1993年湖北江陵荆州镇郢北村王家台出土的秦《日书》、《灾异占》；1975年湖北云梦睡虎地11号秦墓的《秦律十八种》；1993年江苏连云港东海县尹湾村出土的西汉《日书》，2000年湖北省随州孔家坡的西汉早期《日书》；1977年安

---

① 陈少峰，张海东．中国气象事业与国际交往［A］，当代中国与它的外部世界——第一届当代中国史国际高级论坛论文集［C］．2004.

② 董作宾．殷文丁时卜辞中一旬间之气象记录［J］．气象学报，17（1～4）.

③ 温克刚．中国气象史［M］．北京：气象出版社，2004：37.

徽阜阳双古堆出土的西汉早期《日书》等。

《秦律十八种》中的《田律》以法律形式规定上报雨泽，在天降及时雨之后要报庄稼得雨的农田顷数，包括雨水不足、多、正适宜三种情况的农田顷数；遭受旱灾、暴风雨、水灾时的农田顷数。还规定了报送雨泽报告的途径。这可以说是最早的气象业务管理档案。

（3）缣帛气象档案

缣帛气象档案载体存在时期短，价格贵且不易留存，现存数量少。1971 年在河北安平县逯家庄发掘的东汉墓藏中一幅绘有大型建筑群的鸟瞰图字物上，看到在主要建筑物后面的一座钟楼上，立有相风乌和测风旗，这是目前中国最早的相风乌图形，甚为珍贵。1974 年出土的湖南长沙马王堆 3 号汉墓帛书有《天文气象杂占》、《五星占》。长沙马王堆三号汉墓出土的帛书《天文气象杂占》，其写作年代应在三家分晋的公元前 369 年以后，和楚国灭亡的公元前 232 年之前。其内容应是楚人根据当时各国天文与星占家长期观测记录档案编纂而成的，是难得的天文气象档案汇编。

《五星占》帛书的写作时间实在公元前 177 ~ 前 168 年。反映了西汉进行气候预测的方法。根据七十年观测资料，总结了木星司岁和占侯的规律。帛书还记载了用金星预测水旱、彗星、天矢等自然灾害。帛书里的这些天文气象预测，是以严密的观测资料和总结了以往经验为其基础的，是以行星运行状况和周期来预测气候变化，对当时生产起了一定作用。

2. 纸质气象档案

魏晋以后，形成的纸质气象档案原件保存到今天的不多，以私人日记形式为主。现有敦煌石室所出土的唐代天宝初年的《占云气书》，该书的“观云章第一”共绘了 70 多幅云图。另有南宋吕祖谦（1137 ~ 1181 年）的《庚子 · 辛丑日记》，是 1180 ~ 1181 年进行的物候观测记载，是迄今发现的最早的实测物候记录。虽然名为日记，但实际上是物候观测实录，具有气象档案的性质。他在逝世前两年，居家患病期间，每天都写日记，并记录下了所留心观察的物候。日记从淳熙七年（1180 年）正月初一到八年七月二十八日，记有腊梅、樱桃、杏、桃、紫荆、李、海棠、梨、蔷薇、蜀葵、萱草、莲、芙蓉、菊等二十多种植物开花和第一次听到春禽、秋虫鸣叫的时间。不过他是按阴历日期记载的。

现存浙江省图书馆的元代《郭天锡日记》，记载了 1309 年冬天两个月的天气情况。《袁小修日记》①，明万历三十六年至四十五年（1608 ~ 1617 年）间，袁小修留居湖北沙市附近的日记。清杭州人谈迁著的《北游录》②，叙述 1653 ~ 1655 年三年间在北京的

① 袁中道. 袁小修日记［M］. 上海：上海杂志公司重印，1935.

② 谈迁. 北游录［M］. 北京：中华书局，1960.

所见所闻。这两本书，详细记载了桃、杏、丁香、海棠等春初开花的日期。

值得一提的是，清代法国传教士张诚的日记共四次，第一次的日记被整理为《张诚日记》①，记载作者在 1689 年 6 月 13 日至 1690 年 5 月 7 日期间的见闻，张诚外出 124 天，留有日记 122 天；其中有行 10 里、20 里、75 里等路程记载，对经过的地方和地名等也有记载，提到了沙河、南口、宣化、张家口、归化（呼和浩特）等许多地方名称，也有对草地、沙漠、树林等地理环境的记载与描述，有 120 天记载了天气现象，其日记中对气象的记载有时详细，有时简单，但是比较有规律。还有全天的日记内容都是气象记载的情况。张诚日记中有不少天里记载了当天的风、雨、雷、冷热等情况，对阴、晴、黄沙、暴风雨、冰雹、霜等天气现象也做有记录，有的还有风向和风向变化的记录。再如，日记中有两天的记述，全部是气象内容，将其摘录如下：“（9 月）13 日阴，气候温和，白天一直无风，日落下了场小雷雨，转晴后，强劲的西南风又一直刮了半夜，有风和雨，转晴后，刮起强劲的西南风，直到深夜。14 日上午的天气寒冷，遍地白霜，整个白天直至日落以前，天气晴朗而寒冷，间或刮着西南风。”这批记录成为 300 多年前的中国北方和蒙古地区的珍贵气象档案直接遗存，为后人了解当时中国北方地区的气象和气候情况提供了真实的佐证。

明清时期，对天气现象的观测记载工作，无论在质和量上都超过以往各代。中国的历史气象记录，距今 2000 年来的较为系统，各种项目的记录都可见；距今 1000 年来的数量较多，尤其在距今 500 年间，记录的数量陡增；而在距今 300 年左右，有逐月逐日的连续观察记录可资利用②。明清气象科学的进一步发展使气象观测系统化，形成的气象档案同时具有距今近的优势，大量的珍贵的气象档案得以被保存。它们主要包括雨量观测记录、雨雪分寸记录档案、晴雨录档册。

（1）雨量观测记录

明朝时期，朱元璋下令全国各州县进行雨量观测。据顾炎武《日知录》记载：“洪武（1368 ~ 1398 年）中，令天下州长吏，月奏雨泽。”③ 据《明实录》永乐二十二年（1424 年）记载：“通政司请以四方雨泽奏章类送给事中收贮。上曰：祖宗所以令天下奏雨泽者，盖欲前知水旱，以施恤民政，此良法美意。今州县雨泽奏章，乃积于通政司，上之人何由知？又欲送给事中收贮，是欲上之人终不知也。如此徒劳州县何为？自令四方所奏雨泽至，即封进朕亲阅。”由此可知，这类雨量记录档案，在明代原贮于通政司，后则应贮于宫中。其数量相当大，否则通政司则不会欲送给事中收贮。

（2）雨雪分寸记录档案

清代从乾隆元年（1736 年）至宣统三年（1911 年），在全国范围内对每次下雪的积雪厚度，或者每次下雨后雨水渗入土壤的深度，均以尺寸（市尺）记录，古文称雨

① 陈霞飞译，（法）张诚．张诚日记［M］．北京：商务印书馆，1973.

② 张德二．中国历史文献档案中的古环境记录［J］．地球科学进展，1998，（3）：274.

③ 顾炎武．日知录，卷十二。

雪分寸。下表为乾隆三年（1738 年）正月十四日顺天府等的雨雪奏折①（见表 8-1）。

表 8-1　今将乾隆三年正月十四日同得春雪之各州县卫分寸开列于后（节录）

顺天府属	
昌平州	得雪四寸
顺义县	得雪三寸
怀柔县	得雪四寸
密去县	得雪五寸
平谷县	得雪五寸
延庆卫	得雪二寸
霸　州	得雪五寸
保定县	得雪五寸
文安县	得雪四寸
大城县	得雪八寸
固安县	得雪二寸
永清县	得雪三寸
东安县	得雪三寸
香河县	得雪五寸
良郑县	得雪三寸
宁河县	得雪三寸
通　州	得雪五寸
武清县	得雪二寸
三河县	得雪三寸
宝坻县	得雪五寸
蓟　州	得雪三寸
武强县	得雪三寸
饶阳县	得雪二寸
定州并所属	
定　州	得雪四寸
曲阳县	得雪三寸
深泽县	得雪五寸
易州属	
广昌县	得雪四寸

以上连大宛二县正月十四日得雪，共一百一十三州县卫。此外有雪寸余者，俱未具报在内，合并声明。

在这份雨雪奏折上，有皇帝御批："览得雪分数究未沾足，另有旨谕，部卿可将先

① 转引自龚高法等．历史时期气候变化研究方法［M］．北京：科学出版社，1983：24～25.

事绸缪之处，速为料理可也。”

雨雪分寸的奏报单位形成者随地区有所差异，有的以县为单位，有的以府或州为单位。奏报的详细程度也随地区而有所不同。一般说来，直隶（今河北）、山西、陕西、甘肃、河南、山东、江苏、浙江、江西、安徽、福建、湖南、湖北奏报比较详细，两广、云南、贵州、四川、盛京（今辽宁）较粗略，台湾也有这方面的记录，附于福建之后，其他边远地区这方面的记录较少。此外，奏报的详细程度和频繁次数还随朝代的不同而有所差异。乾隆（1736～1795年）60年间，雨雪分寸奏折档达24 000余件，平均每年约400件；嘉庆（1796～1820年）25年间共有17 000多件，平均每年达700余件。总之，这种雨雪分寸记录档案，无论是其内容涉及的时间与地区上，还是其本身的数量上，都是世界上独一无二的。

（3）晴雨录档册

全国各州县晴雨观测造报晴雨录是从康熙二十四年（1685年）十月开始的，并将观测结果按月报送朝廷。现存原内阁大库藏晴雨录康熙二十四年黄册册首云：“钦奉上谕，钦天监将京都一年内晴雨日期，年终奏闻。各省奏闻晴明风雨日期，并不增添事件，着督抚等亦于年终将一年内晴明风雨日期奏闻。”另安徽巡抚薛柱斗的奏文，较详细地说明了晴雨录的编制情况：“臣薛柱斗奏：为钦奉上谕事，准礼部咨开，奉旨，钦天监将京都一年内晴雨日期年终奏闻。各省奏闻晴明风雨日期并不增添事件。着督抚等亦于年终将一年内晴明风雨日期奏闻。交与该部。钦此。等因。移咨到臣，遵即檄令安徽布政司造报去后，今据安徽布政司造送安徽等拾府州晴明风雨日期，于文到之日为始，至康熙二十四年十二月二十九日止，造册呈送前来。该臣复核无异，除缮造清册送部、科查核外，臣恭缮清册……”（见表8-2）

晴雨录记载的内容，包括逐日阴、晴、雨（微雨、雨、大雨）、雪（微雪、雪、大雪）和风向（八个方位）等，每天天气皆有较详细的记载，并且每年每日对晴、雨、雪三项还单独进行总日数的统计。每次雨、雪不但有大、小、细、微等字义标量，而且还有起讫时刻。风向则分八个方向记载。因此，它实际上就是中国最早的近代气象观测记录档案。如表8-2康熙二十四年安徽省桐城的晴雨录。这份晴雨录档案可以说是迄今所见的世界上年代较早的地区性晴雨观测材料。遗憾的是，从康熙二十五年（1686年）三月起，由原来专以“黄册”奏报改为“可乘奏事之便，细字折子，附于疏内以闻”①。这种做法，不但使其形成失去规律，而且，作为附件，其保管也很混乱，致使许多材料散失。到18世纪初期，只有江宁（今南京）、苏州、杭州、北京四地仍继续记载。据《大清宣宗成皇帝实录》道光元年辛巳十一月条记载：“向来苏州织造每月具奏晴雨录及粮价单一次，各处盐关、织造均无此奏。且江苏巡抚驻留苏州，业将各属雨水粮价情形按月具奏。该织造夏行陈奏，实属重复。嗣后着即停止，以省繁文。将此传

① 《大清圣祖仁皇帝实录》，卷一百二十五，康熙二十五丙寅三月条下。

谕嘉录知之。”因此，道光元年（1824 年）苏州的晴雨录也停止奏报。唯北京的晴雨录一直持续到光绪二十九年（1903 年）。

表 8-2　安徽桐城晴雨录［康熙二十四年（1685 年）十、十一、十二月］

月份日期　内容	十月	十一	十二月
初　一		晴东北风	微雨西南风
初　二		晴西南风	晴西北风
初　三		晴西南风	晴北风
初　四		晴北风	晴西南风
初　五		阴北风	晴西南风
初　六		阴北风	晴北风
初　七		微雨北风	晴西南风
初　八		雨北风	晴西南风
初　九		微雨北风	晴西南风
初　十		微雨北风	晴东北风
十　一		微雨北风	晴东北风
十　二		微雨北风	阴北风
十　三		阴南风	微雪北风
十　四		晴南风	阴北风
十　五		晴北风	晴北风
十　六		晴南风	晴北风
十　七		阴北风	晴北风
十　八		晴北风	阴北风
十　九		阴北风	晴北风
二　十		阴北风	晴东南风
二十一		阴北风	晴南风
二十二		阴北风	晴西南风
二十三		阴北风	晴北风
二十四		晴西南风	阴东北风
二十五		晴西南风	雨东北风
二十六	晴南风	晴西南风	雪东北风
二十七	晴南风	阴西北风	阴东北风
二十八	晴南风	阴北风	阴东北风
二十九	晴北风	晴北风	晴北风
三　十		晴北风	

有些“晴雨录”已包括阴晴、雨雪、雷电、风向等内容，关于雨雪情况还特别注明下雨和下雪的起止时间和程度，实际上已很接近于现代的气象观测记录簿。此外，对于特殊的天气现象如初雷情况等，钦天监要进行详细观测并以“题本”形式奏呈。现在国家第一档案馆（见表8-3）里还保存有北京、江宁、苏州和杭州等地呈报皇帝的《晴雨录》——每年一本（北京的有两本，一本汉字的，一本满字的，又杭州的有几年有两本），以及钦天监题本、各地奏折等气象档案。

表8-3　中国第一历史档案馆清代气象档案收藏状况

全宗号	全宗名称	全宗内容
02	内阁	天文气象类：有日食、月食、星异、历法等内容的文件
03	军机处	天文地理：日月食、星辰变化、地震、气象方面的文件
04	宫中档案	天文地理：观测日月食、星辰变化以及地震、气象方面的文件；有编纂、修改历法的有关文件；有关于怪异自然现象的文件
07	责任内阁	自然现象的文件
20	民政部	赈济、垦务类：各省水、旱、风、雹、云南地震等灾害的赈济、移民、仓储、粮价问题的文件
29	山东巡抚衙门	农田水利类：有奏报漕运、旱灾虫灾、银粮完欠、雨雪情况的折稿
30	黑龙江将军衙门	光绪十七年绥化厅及上集厂两地区全年晴雨情况的报告和莫尔根城降雹的报告等
33	珲春副都统衙门	农业类：有珲春地区雨雪气候情况，受灾和赈济的报告等
53	钦天监	测月食的奏付及月食图，观测天象、风占的图册，顺义县雨雪阴晴全年平均数量统计表、晴雨录等

二、气象档案汇编

中国古代气象档案在形成的同时，有些还被依样收录于档案汇编中，使今天仍然得以见到当时的真迹面貌，成为研究古代气象档案不可多得的资源。如《夏小正》和《春秋》等。

《夏小正》是关于物候最早、最系统的汇编。根据《夏小正》书中的天象推算，《夏小正》大约产生于西周初期，但其中的某些认识很可能是夏代流传下来的。其原件已经不见，它转作为《大戴礼记》中的一篇而留存的。《大戴礼记》中的《夏小正》一篇，是中国现存最古老的一部月令，包括“经”与“传”两部分。篇中被学者称作“经”的文字，据说传自夏代，生动具体地按一年十二个月（夏历，即阴历）的顺序分别记载物候、气象、天象和重要的政事农事（如农耕、养蚕、养马等），其中最突出的部分就是物候，可以说它是中国古代的一本物候历。现以正月、九月为例把有关内容列表说明如下（见表8-4）。

表8-4　《夏小正》中部分相关内容的分类列表

月份	物候	气象	天象	农事政事
正月	启蛰，雁北乡，雉震呴，鱼陟负冰，囿有见韭，田鼠出，獭献鱼，鹰则为鸠，柳稊，梅、杏、杝桃则华，缇缟，鸡桴粥	时有俊风，寒日涤冻涂	鞠则见，初昏参中，斗柄悬在下	农率均田采芸
九月	遰鸿雁，陟玄鸟，熊罴豹貉鼠鼪，鼬则穴，荣鞠，雀入于海为蛤	王始裘	内火，辰系于日	树麦

表中的正月相当于现在阳历二月，翻译成现在的话是："物候"：冬眠的虫苏醒了；大雁北飞；野鸡振翅鸣叫（是求偶的表示）；水温上升，鱼从水下向水面游动，这时水面还有薄冰；园子里种的韭菜发芽了；田鼠开始出洞活动；水獭开始捕食鱼类，鱼多得吃不了，弃置水边，好像祭祀似的；鹰去鸠来（鹰化为鸠是一种误解，鹰和鸠都是候鸟，来去有一定时期，所以应解释为鹰去鸠来）；柳树生出柔荑花序；梅、杏、山桃都开花了；缟（一种莎草）已经结实（记结实是观察上的错误，应该是已经生出花序，缟草的花序和果实相似）；鸡又开始下蛋了。"气象"：常有和风吹来，虽然还有寒意，却能消融冻土。"天象"：天空又看到鞠星了；黄昏的时候参宿在南方上空；北斗七星的斗柄指向下方。"农事活动"：修理农具耒耜；整理疆界，规定一个奴隶要为奴隶主耕种多少田地；采摘供祭祀用的芸菜。

《春秋》是春秋时代的汇编，"中国对于气象灾异的记录，自《春秋》发轫"①，汉代以后就记载的完整而系统。《春秋》是按照年、时、日、月的顺序来记叙当时所发生的历史事件和人物。记事自鲁隐公元年（公元前722年）至鲁哀公十四年（公元前481年），记242年的以鲁国为主的"天下大事"。具体内容包括祭祀、征伐、会盟、公侯的死与葬、各种天灾等。其记事简练，独对灾异现象的记录却不厌其烦，相当准确地描述出当时鲁国的气候及水、旱、虫灾等，其中气象类（见表8-5）是灾异记载里的一

① 温克刚．中国气象史［M］．北京：气象出版社，2004：160.

类，7 项，共 59 次①。其中关于气象档案记录有很明确的记载：“九年（鲁隐公九年、公元前 714 年）春，……三月癸酉，大雨震电，庚辰大雨雪。”《春秋左氏传》解释为：“九年春王三月癸酉，大雨霖以震，书始也。庚辰大雨雪，亦如之书，时失也。凡雨自三日往为霖，平地尺为大雪。”《春秋》中有鲁国“春正月无冰”、“春二月无冰”、“春无冰”等多次冰的记载。这些气象档案间接遗存的详细也从一个侧面反映归于周代众多的司天职官和大批观天人员认真工作的程度。

表 8-5 《春秋》气象灾异记载情况一览表

顺序号	气象灾异类型	次数	备注
1	旱	31	含大旱、雩、不雨
2	涝	12	含大水、大雨、雪
3	风	6	
4	温度异常	5	含无冰，陨霜杀禾菽
5	雷电冰雹	5	
6	雨淞	1	雨木冰
7	年景	4	含有年，无禾、苗

第三节 中国古代气象档案间接遗存

气象档案间接遗存是指转记于史书、私人著述等文献中的非原件形式遗存下来的气象档案内容。从明初到清末的气象档案间接遗存的内容大大增加，有记载传统农业气象科学技术进一步发展的，有记载天气和海洋预报的。明清时期气象档案间接遗存的数量及层次都有所提高。气象档案间接遗存在内容上具有相互转录的特点。“从《礼记·月令》、《吕氏春秋·十二纪》、《淮南子·时则训》这些书可以看出，它们是在相互转录。”② 这些间接遗存主要散见于古代史书、类书、地方志中，还有少部分的混存于日记、游记等私人著述中，是对一些气象原始记录进行加工和个人创作结合的产物。

一、史志等典籍中的气象档案间接遗存

由于中国古代政权更迭、长期战乱及社会生产力落后，使许多珍贵的历史气象观测记录流失。因此，气象档案多以间接遗存的形式留存与史书典籍中。写有气象档案间接遗存的史书主要包括正史编年史《竹书纪年》、《二十六史》等。这些史书中，记载大

① 谢世俊. 中国古代气象史稿［M］. 重庆：重庆出版社，1998：370.
② 谢世俊. 中国古代气象史稿［M］. 重庆：重庆出版社，1998：168.

量的雨、雪等气象记录，在《二十四史》中，降雪记载之多，首推宋史，而尤以南宋为最多。计上自高宗绍兴五年（1131 年），下迄理宗景定五年（1264 年），133 年间，专关于首都杭州春间降雪之记载，共有 41 次之多。其间有 2 次仅记月而不记甲子，其余均有甲子可按①。

战国，出现了专门的编年史《竹书纪年》。《竹书纪年》是西晋时出土的一部先秦编年史书。记事自夏迄魏，《竹书纪年》中记载周孝王时汉江有两次结冰，不过一二百年以后的春秋时期，天气又再度转暖。《竹书纪年》之“卿云歌”：“卿云烂兮，纠缦缦兮。”歌云之美从这时开始。伏无忌《伏侯古今注》，汉桓帝元嘉年间写成，其中《天文》，《灾异》两部分，记载了汉光武帝建武六年至质帝本初元年（30～146 年）计 116 年的天文、气象事件。《灾异》记事分为旱、火、水、雨、雹、天变等项。其中以旱灾记载最多，共发生 23 年。怪雨发生 6 次、无变记载有 14 年，包括大雪、雨土、陨石等。

气象档案间接遗存的内容在《二十六史》中，绝大多数都有气象档案间接遗存的专卷记载。宋元明三代的史书，记载更为翔实，明代最突出的灾害是旱灾，史书中多有记载。气象档案遗存多在五行志部分，也有少许记入符瑞志、灵征志、灾异志。《五行志》最早为《汉书》所记，后有《宋书·符瑞志》、《魏书·灵征志》、《南齐书·祥瑞志》、《清史稿·灾异志》等，但是它们的记录内容大同小异，专记各种“祥瑞”和“灾异”等气象内容，是气象档案间接遗存的主要部分。天文志中载云气、日月晕珥，五行志中则载大水、大旱、大风、大雨、大雪、雷雹、雾、羽虫之孽，毛虫之孽等等。如《汉书》五行志中：“安帝永初元年，大风拔树。”“安帝，永初六年夏，旱。”“灵帝光和六年东，大寒，北海、东莱、琅邪井中冰厚尺余。”“和帝永元五年六月，郡国三雨雹，大如鸡子。”② 又见《汉书·五行志第七上》记载：“成帝建始三年（公元前 30 年）夏，大水，三辅霖雨三十余日。”可以想象，当时气象档案间接遗存的积累的数量应是相当可观的。

在《隋书·五行志》记载：“武平七年七月，大霖雨，水涝，人户流亡。”“梁普通二年三月，大雪，平地三尺。”在《旧唐书·五行志》记载：“总章二年七月，冀州奏：六月十三日夜降雨，至二十日，水深五尺，其夜暴水深一丈以上，坏屋一万四千三百九十区，害田四千四百九十六顷。”书中也有将“祥云”、“怪气”列入五行志者。从《明史》和《清史稿》中可以看到各地恒寒、恒阴、雨雪、陨霜、冰雹、雷震、水潦、恒燠、恒雨、恒风、风磊、大水、少雪、大雨、旱、淫雨以及飓风等灾害性的天气和反常的气候现象，均有详细的记载③（见表 8-6）。

---

① 见《宋史》卷六十二《五行志》第十五.

② 司马彪. 二十六史·后汉书［M］. 长春：吉林人民出版社，1995：1848.

③ 洪世年. 中国气象史［M］. 北京：农业出版社，1983：58.

表 8-6　二十六史中的气象档案间接遗存一览表

序号	史书名及位置		气象记录的内容
1	史记	天官书	关于云气观测距离远近及云状的经验；记载土炭测湿
		律书	解释季风
2	汉书	律历志	律吕和气象的关系
		五行志	罕见天象及陨霜、大风、雨雹等风云雷电等灾异天气记载
3	后汉书·五行志		淫雨 、旱大水、雹、大寒、冬雷、大风拔树
4	晋书·五行志		十辉、恒寒、大雨雹、陨霜、雷震、庶征恒风、恒阴
5	宋书	五行志	木不曲直、恒雨、恒阳、恒燠
		符瑞志	水不润、恒寒、雷震、恒风、常阴
6	南齐书·五行志		雨雪、雷鸣、雹、大风、大旱、大水
7	魏书	天象志	日晕
		灵征志	大水、雨雹、雪、霜、无云而雷、雷、雾
8	隋书	天文志	云
		五行志	木冰、大雨雪、常雨水、常燠、寒、常风
9	旧唐书·五行志		雷电、降霜、大风雨
10	新唐书·五行志		常风、水不润下、常寒、雷电、霜、雹、常阴、雾
11	旧五代史·五行志		水淹风雨
12	新五代史·司天考		雨雹、大雾
13	宋史·五行志		水上、水下、木（雨木冰）
14	辽史·历象志		二十四气
15	金史·五行志		风、霜、大寒、雷
16	元史·五行志		水不润下、木不曲直、金不从革
17	明史·五行志		恒寒、恒阴、陨霜、冰雹、雷震、恒燠、恒雨、恒暘、恒风
18	清史稿·灾异志		大雾、陨霜、大雨雹、雷鸣、雷电、霪雨、大风、雨土

除国史外，还有诸蕃志的气象档案间接遗存，有佚名的《越史略》、《吴越备史》和《诸蕃志》等。

二、类书中的气象档案间接遗存

古代的类书中也有气象档案间接遗存的部分。主要有唐代的《北堂书钞》、《艺文类聚》和清代的《古今图书集成》等。《艺文类聚》是唐初高祖李渊时所撰修的一部类书。全书一百卷，46 部，727 子目。气象档案间接遗存在祥瑞部（ 25 子目）和灾异部（7 子目）两部中。《艺文类聚》的灾异部，有旱、祈雨、蝗、螟、螯、贼、域等子目。

《渊鉴类涵》则无灾异部，将旱、水涝等子目放入岁时部。

《古今图书集成》是中国现存历史上最大而又完整的综合性类书。其书分6编，32典，6117部。6编是历象、方舆、明伦、博物、理学和经济汇编，涵盖的气象档案间接遗存的情况大略见表8-7。

表8-7　《古今图书集成》历象汇编中的气象档案间接遗存情况

典	部
乾象典	天地、阴阳、五行、七政、日月星辰、风、云、故、雾、霓、虹、雷电、雨、露、霜、雪、火、烟等
岁功典	春夏秋冬四季及各种节气、节日；寒暑、干支、晦朔弦望、晨昏、昼夜等
历法典	历法、仪象、漏刻、测量、算法、数目等
庶征典	天地、山水、人、神怪、禽兽、鳞介、草木等的各种变异资料，以及旱灾、火灾、水灾、丰歉、疫灾等

在《古今图书集成》中，关于气候、节令的知识主要在《历象》、《方舆》两编中，特别是《庶征典》，庶征一词，按《洪范》第八畴“念用庶征”，内容是雨、阳、燠、寒、风，汇集的是历来的气象灾害。《庶征典》第七十六至七十九卷汇集明代以前历代史籍记载的雨灾（淫雨之灾），八十六至九十二卷汇集历代旱灾，第一百二十四至一百三十二卷汇集历代水灾（海啸、河决之灾）。

三、地方志中的气象档案间接遗存

古籍中有关水旱和特殊天气的记载，除史书中遗存的一部以外，各地地方志中遗存不少。竺可桢论述的气象变迁的第三个时期就是方志时期，“只是第三时期重点使用中国丰富的方志，其物候记录更加集中，易于利用”①。地方志中的气象档案间接遗存占相当大的比例。到了明朝（1368～1644年）即14世纪以后，由于各种诗文、史书、日记、游记的大量出版，物候的材料散见各处，即使搜集很少一部分已非一人精力所能及。幸而此种材料大多收集在各省、各县编修的地方志中。中国地方志有5000多种。这些地方志，除仪器测定的气候记录外，对于一个地区的气候提供了很可靠的历史资料。

三国时，《临海水土志》记载了夷州的地形、气候、制备、农业等；唐代有气象记载的志书，有刘恂的《岭表异物志》、沈怀远的《南越志》等。关于气象的记载在宋代以前的地方志中是不突出的。从宋（10世纪）以后的地方志已开始普遍修编，省志、

① 竺可桢．天道与人文［M］．北京：北京出版社，2004：66～100.

府志、州志、县志极其丰富。据统计，自宋熙宁（11 世纪中叶）年间到 1933 年，约 900 年间，地方志共有 7000 多种。其中有很多宝贵的气象记录，特别是灾害和特殊天气现象的记录。诸如郑瑶、方仁荣的《景定严州续志》，范志明的《岳阳风土记》和范成大的《吴郡志》等。

自元、明、清以后盛世修志成了传统，从全国的总志到各级地方志书都是官修。地方志保存的气象史料比以往任何时代都丰富。有台风的记载，如康熙《台湾府志 · 风信》指出："清明以后，地气自南而北，则以南风为常风。霜降以后，地气自北而南，则以北风为常风。若反其常，则台飓将作，不可行舟。"关于气象灾害的记载，如《新纂云南通志 · 气象考》共记载明代洪武至崇祯 200 多年间发生在云南的水灾较大者 24 项①，如"洪武十年，永平大水，坏民居数百家"，"正统五年秋七月，顺宁大雨弥旬，山崩水溢，冲没田亩，不可胜计"。乾隆时期傅恒等纂修的《西域图志》、椿园《西域闻见录》、《西藏志》等，都是著名的地理学著作，同时也载有关于气候知识的丰富内容，其详细和准确程度也是历代同类著作所难以相比的。

中国气象记录蝉联过百年的，仅北京、上海少数地点，然而一般城市至少有三五百年其他形式的文字记载②。以南京而论，因为当时这里是国都，气象记录长达 1600 余年，其中 3 世纪中叶至 6 世纪末叶记载相当宝贵。地方志的记录可以补气象台站观测记录太短之不足。

四、私人著述中的气象档案间接遗存

除史书、类书和地方志外，还有一些气象档案间接遗存散存于个人的著述中，这些气象档案间接遗存内容的记述多是个人行为，有观察、有总结，对于气象情况多记录突出事件，主要在游记和个人著作中。

1. 游记中的气象档案间接遗存

中世纪的科学家、学者、文人和出家人很多是旅行家，写了许多记有气象档案间接遗存的游记，主要形成于元明两代。元代大臣耶律楚材的游记《西游录》记载所经历的地方的重要事件，包括自然气象气象情况。道士丘处机的《长春真人西游记》以日记形式详记旅途见闻、准确的气象记载。《徐霞客游记》是旅行家徐宏祖在 1613 ~ 1639 年的旅行记载，按日记载了地理、水文、生物等各种现象，其中也包括了一些气象、物候情况，对旅游气象和洞穴小气候的描述，是其他游记所不具备的特殊贡献。其他还有张诚的《使西域记》、刘献廷的《广阳杂记》。

---

① 李健. 明代云南地区水灾问题初探［J］. 甘肃农业，2006（11）：297.

② 洪世年. 中国气象史〔M〕. 北京：农业出版社，1983，57.

2. 诸家著述的气象档案间接遗存

中国古代气象档案遗存还有许多见于其他个人著作中，这部分著作不包括农学著作（后面专述），战国末年，《吕氏春秋》关于天文、气象方面的知识，主要是综述前人成果，《吕氏春秋·审时》篇开头就说："凡农之道，候之为宝。"如《十二纪》对《逸周书·时训》、《礼记·月令》的综合等。在《吕氏春秋》里的气象档案遗存三要是在《十二纪·季夏纪》的《明理》篇，较系统地记载了对云、日、月、星、气、物等各类自然现象的观测①。

（1）古人著作中的气象档案间接遗存

古代的文人、学者研究范围颇广，很多都涉及气象记载、气象知识，这些书籍为后人提供了气象档案间接遗存的许多内容。如沈括的《梦溪笔谈》、赵希鹄的《调燮类编》、谢肇淛的《五杂俎》、黄省曾的《西洋朝贡典录》和张燮的《东洋西考》等。

唐代邵谔的《望气经》也讲了各地云的差异，有的颜色不同，有的形状有别。唐代黄子发撰有《相雨书》，总结了测雨的方法。在敦煌莫高窟中，还保存有占云气书，它是唐朝军队使用的手册，以云推测天气变化。北宋沈括撰写的《梦溪笔谈》中有18处涉及气象。《五杂俎》是一部笔记体的书，每一部都有许多条记录，有关气候的记载多在天、地二部中。《东西洋考》是明代福建龙溪张燮所编，对海洋占候记载最为详尽的书。书里《占验》记载了用各种现象预测天气变化的经验，包括占天1条、占云10条、占风10条、占日6条、占雾3条、占电3条、占海4条和占潮4条等多条预报谚语。占云的有："朝看东南黑，势急午前雨；暮看西北黑，半夜看风雨。天外飞游丝，久晴便可期，清朝起海云，风雨霎时辰。……云从龙门起，飓风连急雨。西北黑云生，雷雨必声訇，云势若鱼鳞，来朝风不轻。"占雾的有："晓雾即收，晴天可求；雾收不起，细雨不止；三日雾蒙，必起狂风。"②

此外，还有关于气象台的气象基建档案的间接遗存——《三辅黄图》，书中利用当时的资料，对汉代灵台类建筑作了详细记载。其中，记载中国最古老的观象台——周文王（公元前11世纪中叶）的灵台，在汉长安城西北四十里，高二十丈，周回二百步。《三辅黄图·台榭》记载，汉武帝元鼎元年在长安县西北秦代故城修建柏梁台，上面建有测风的铜凤凰。

清初游艺编著的《天经或问》中，《地》卷比较全面他讲解了气象方面的知识，对于云、雨、露、霜、雾、雹、雪、霰、风、雷、电、霞、虹、晕、霾等天气现象，大多作了有一定科学依据的解释，其中有些内容来自西学。"若居南北两极之下者，以南北极为天顶，……日轮旋转如磨焉。而春分后皆昼，秋分后皆夜者，北极下也；而秋分后

① 温克刚．中国气象史［M］．北京：气象出版社，2004：122.

② 洪世年．中国气象史［M］．北京：农业出版社，1983：79.

皆昼，春分后皆夜者，南极下也。此外诸方，各有永短，天下不可一律也如此。”此外，书中对风、雷电、雪、鲁克以及霞、虹、晕、霍等，也有各自的解释。

（2）今人著作中的气象档案间接遗存

今人著作中有关于气象档案原件的“翻译本”——编纂物，如董作宾等的甲骨文、马先醒《居延汉简新编》（台湾版）、《居延汉简》甲乙编（国内版）、《睡虎地秦墓竹简》等，这些译本间或有少量的气象档案内容，成为载有气象档案间接遗存的特色载体的著作。这类著作内容古老、散杂、缺乏气象档案内容的系统性。

古代鲜有专门的气象档案间接遗存，现代才有专门的古代气象档案间接遗存。2004年张德二著的《中国三千年气象记录总集》是对古代气象档案的直接和间接遗存的汇总，可以说是今人完成的气象档案的最大部头的专门遗存，是古代气象档案直接遗存和间接遗存的集大成者。从37座城市的75家图书、档案馆，采用“通读”的方式，查录了古籍8228种①。另外还有一些气象灾害等方面的气象专门汇编，如1981年地图出版社出版发行的《中国近五百年旱涝分布图集》。1992年，张波《中国农业自然灾害历史资料方面观》（《中国科技史料》1992年第3期）对农业灾害史料的分布情况做了研究，指出中国农业灾害史料主要分布于历代正史、政书、类书、古农书等十大方面。2005年12月由气象出版正式出版发行的《中国气象灾害大典 · 山西卷》。宋正海主编的《中国古代重大自然灾害和异常年表总集》（广东教育出版社，1992年）对中国历史上的各种灾异史料予以分类编排。

地方性的气象灾害档案间接遗存的内容主要记录在各省、地（市）、县编制的灾害史料集和具有典型区域特点的灾害史料集中。这方面的成果主要有：四川文史馆编《四川省历代灾异记》（《人民日报》1956年9月2日），广东省文史馆编印《广东省自然灾害史料》（1961年初版，1963年增订二版），“中央”气象局、“中央”气象研究所《华北、东北近五百年旱涝史料》（1975年），曹冀鲁《中国乾隆年间的气象仪器及观测记录》等。

五、农书、占候书中的气象档案间接遗存

古代农书、占候书主要是在唐朝后形成的多，集中于元明清几代，从这方面的一些书中也可见气象档案的间接遗存的内容。商周之际有《洪范》、《月令》、《逸周书》等。《逸周书》里开始有每个节气三候，全年七十二候的记载，使“气”、“候”密切结合，形成了农业气候的概念。《礼记 · 月令》指出：仲春行夏令，“则国乃大旱，暖气早来，虫螟为害”。孟夏行春令，“则蝗虫为灾，暴风来格，秀草不实”等。

---

① 贾朋群. 气象软科学［J］. 2005（1）：6 ~ 13.

1. 农书

中国古代的许多农书专著留存到今天，或为本人真作或伪托所作，内容上不同程度反映了当时的基本真实的气象档案间接遗存情况。

远在战国时期，中国已产生载有相关气象记录的一些专门农书，可惜都已失传。汉代《淮南子·天文训》中已有二十四节气的完整记载。在西汉农书中，节气已被用作确定耕作栽培时间的农时。汉代以后，农书逐渐增多，但散失的也不少，至今还存留的，主要有后魏的《齐民要术》，南宋的《陈旉农书》，元代的《农桑辑要》、娄元礼的《田家五行》和《王祯农书》，明代的《农政全书》等。这些著作中都把天时、气象条件放在相当重要的地位。这些私人著述中，都有丰富的观云测天记录，诸如测风、测雨、测湿、观云和察看虹、晕、露、霜、雪等自然景象的记载。

《齐民要术》是后魏（386～534 年）遗留下来的一部农业书。作者把所讨论地区的气候条件，结合各种农事提出了具体进行农事活动的时间。“四月亢旱，不浇则不长。有雨则不须。四月以前虽旱，亦不须浇，地实保泽，雪势未尽故也。”（种葵第十七）特别提出的是，《齐民要术》中对于霜害的预报和防霜措施，一直使用到今。《农桑辑要》是元司农司撰，成书于 1273 年前后。内容大多辑自古代至元初的农书，好些已佚农书中的宝贵资料，因而得以保存。《王祯农书》（1313 年）在农业气象上贡献最大的是他设计了一个“授时之图”①，将月份、物候、星象、二十四节气、农事活动等归纳于一图。这是对物候历、农事历表达形式的一种革新。该图主要适用于洛阳地区，对其他地区实用性不大，但它的设计，却又进一步推动了各地的农事历的制定按二十四节气、七十二候逐一编排农事活动，构成全年农事历，当时对农时节令的认识已较成熟。

明清时期，一些学者还根据古今的经验，同时有的还结合自己亲身对大自然现象的观察实践，其中很多谈到气候和物候方面的内容，是一分可贵的。明人冯应京编纂的《月令广义》、明代杨屾在《知本提纲》中讨论了作物的风土与栽培区域的关系。明代杨屾在《知本提纲》中讨论了作物的风土与栽培区域的关系。这一时期有关农业气象预报、占验的著作和民间谚语大量出现。《农政全书》谓：“东南风及成块白云，起至半月，舶棹风，主水退，兼旱。无南风则无舶棹风，水卒不能退。”②

2. 占侯书

载有气象档案间接遗存的占侯书的留存主要是唐朝。包括李淳风的《观象玩占》、《乙巳占》和梁章钜撰《农候杂占》等。

唐太宗时期的科学家李淳风所著的《观象玩占》一书中，曾详细介绍了当时观测

① 温克刚．中国气象史［M］．北京：气象出版社，2004：257.

② 徐光启．农政全书．卷十一．占候．

风的方法："凡候风必于高平远畅之地，立五丈竿。以鸡羽八两为葆，属竿上。候风吹葆平直，则占。"这里指出测风的场地要求，同时也说明了风观测器的构造。

唐李淳风撰《乙巳占》十卷。始于天象，终于风气，凡分一百篇。《乙己占》中九土异气象占六十四，共 11 类气象占。另将军气象占五十四"凡赤气上与天连，军中有名将。一云贤将"。军事气象占五十五"日晕，有云气入晕中者，随所入击之胜"、军败气象占五十六"军上有白虹及蜺屈者，败"。"日晕，气后至，先去者败。凡日月晕与气，以先有者为发，以先去者为败。军上有日旁虹蜺及犯逆之，战者败。"

此外，还有一些图录，如明代《天象灾瑞图解》和清代载有云图的《白猿献三光图书》。其中，大约成书于清代初年的《白猿献三光图》（略称《三光图》，抄本），主要描述云与天气的关系，共附有云图 132 幅。《三光图》序称，按此图所绘云象可"预知风雨之期"，如"东西黑白云来掩日，无风自长，两边会合，主当夜子时有暴风猛雨"，"满天淡白云若鱼鳞，散后日色无光，主有大风七日"，前者可解释为夏季白天两块对流云发展合并后，积雨云体扩大，对流更为强烈，易导致严重的雷雨天气，后者表示卷积云变化很快，多见于气旋或锋面前部，反映上层大气处于不稳定状态，因此未来易有大风天气。这类图文结合的记述生动形象，易于掌握，可说是在气象观测和天气预报方法上的一大进步。

上海图书馆藏《诸葛武侯白猿经风雨占图说》附有一幅《日火下降旸气上升图》。这幅图以图解形式说明了太阳辐射在空气对流中的作用，并且对于风、云、雷、电、雨等的形成原理和过程，以及水汽上升，成云致雨，润湿地面及渗入地下的水分循环情况，作了较合理的解释，这是中国古代气象理论的一项杰出成就。在其他一些著作中也有不少涉及天气经验的气象档案遗存内容，至今仍有一定的参考价值。

第四节　中国古代气象档案遗存的科技文化价值

气象档案遗存的科技文化价值指中国古代气象档案遗存中所含有的数据、信息、知识在科技文化方面对满足人类社会活动等具有的研究意义和有用性。古代气象档案遗产作为中国古代科技文化遗产的组成部分，可以说是通过人们的气象观测等科技文化劳动获得的，有着形成时代久远、时间断限长、内容的原始性和不可替代性等特点，成为进行气象领域研究的最宝贵的证据，因而具有较高的科技文化价值。气象档案遗存的作用是其科技文化价值的进一步体现，利用气象档案遗存可以发挥多方面的作用。

一、揭示古代气候变迁的历史

中国古代先民将奇寒、大燠的气象和气候记录下来，构成冗长的气候数据。这些数据型的气象档案遗存，为今人从事研究古代气候的变迁研究提供重要凭证。古代虽然没有气象仪器观测气候的变化，但却有丰富的物候记录档案。中国物候的观测积三千年之久，经验丰富，记载翔实，是一笔宝贵的历史气候研究资料。殷商甲骨档案中表明商代气候比现在温暖湿润。“今夕其雨，获象”，意为狩猎时捕获一只大象。殷代猎获的野兽中，还有竹鼠、水牛这些热带和亚热带的动物。竺可桢在 1973 年《中国近五千年来气候变迁的初步研究》① 一文得出了这样的结论：“……殷墟时代是中国的温和气候时代，比现在平均温度高 2℃左右，正月份的平均温度高 3 ~ 5℃。”通过物候方面的气候档案遗存研究了殷商时期的气候状况。

可以说，根据古代气象档案遗存的记载，竺可桢将五千年的中国气候变迁大势分为四个阶段：第一阶段，考古时期。公元前 3000 ~ 前 1100 年，当时没有文字记载（刻在甲骨上的例外）。第二阶段，物候时期。公元前 1100 ~ 公元 1400 年，当时有对于物候的文字记载，但无详细的区域报告。第三阶段，方志时期。1400 ~ 1900 年，在中国大半地区有当地写的而时加修改的方志。第四阶段，仪器观测时期。中国自 1900 年以来，开始有仪器观测气象记载，但局限于东部沿海区域②。这里，凭借气象档案的直接遗存和间接遗存划分了气候变迁的阶段。“在每一个 400 ~ 800 年的期间里，可以分出 50 ~ 100 年为周期的小循环，温度范围是 0. 5 ~ 1℃。”③ 利用气象档案遗存研究中国气候在历史时代的波动情况。

根据大量的地方志中的旱涝记载，中国东南地区自公元初以来，水灾相对减少，旱灾相对增加，以公元 1000 年为界线，此前 1000 年的旱期持续时间短，湿润时期持续时间长；此后的湿润时期短，干旱时期长。最近 500 年来旱涝材料排成年表显示，旱灾明显地多于水灾。竺可桢根据方志记载，将太湖、鄱阳湖、洞庭湖与汉江、淮河的结冰情况以及两广热带地区降雪落霜的情况分列成两个表格，那就可以发现，在 14 世纪以后的五百年中，中国的寒冷天数不是均等分布的，而是分组排列的。北魏的著名农书《齐民要术》中，有许多关于当时华北的物候记载，如阴历三月（阳历 4 月中旬）杏花盛开，阴历四月上旬（约阳历 5 月上旬）枣树开始展叶，桑花凋谢。把这些与现在黄河下游的物候资料比较一下，可知道公元六世纪的杏花盛开和枣树展叶比现在迟了 2 ~ 4 周，与现今北京的物候期大致相似，说明当时较冷。以植物展叶、开花的早晚确定某历史时期的冷暖。

1942 年，吕炯根据《山海经》及大量其他古籍的气象档案遗存等内容，撰写的《关于西域及西蜀之古气候及古地理》，是中国第一篇阐明中国古代洪水发生原因的著作。由于大冰期后高山冰川融化，冰水向下泛滥，造成洪水灾害，并在戈壁沙漠中产生不少湖沼。所以在汉代，昆仑山北麓小国林立，如楼兰、小宛、戎卢打弥等。以后水源枯竭，这些小国也就变成废墟埋于沙漠之中了。

---

① 竺可桢．中国近五千年来气候变迁的初步研究［N］．人民日报，1973.

② 竺可桢．天道与人文［M］．北京：北京出版社，2004：69.

③ 竺可桢．天道与人文［M］．北京：北京出版社，2004：66.

二、分析异常气候对于战乱、朝代变迁的影响

人们利用遗存下来的气象档案，分析古气候条件的恶劣与战乱、朝代变迁的关系。“有专家指出，冷期战争率显著高于暖期，70%～80%的战争高峰期、大多数的朝代变迁和全国范围动乱都发生在气候的冷期。中国历史的朝代更替，以及大乱和大治的交替，气候的波动变化是决定性因素之一。”① 说明古气候条件是影响古代的历史变迁的一个重要因素。

唐代的气象档案遗存说明唐朝兴衰与气候有着直接的关系。唐朝统治的300年中，大雪奇寒和下霜下雪的年数都比较少，冬天无雪的年数竟达19次之多，居中国历史上各朝代之冠，属于中国历史上的一个温暖期。唐代后期，气候开始由温暖转而冷湿，寒冬和雨灾相继到来，有时春秋两季也出现了霜雪冻坏庄稼的现象。《资治通鉴》记载“淫雨”一下长达六十余日。冷湿的气候对北方游牧民族的威胁很大，为了生存，他们只有向南推进，形成对中原农业民族的威胁。安史之乱后，盛唐不再有。

气象专家张德二也认为，气候因素与人类文明进程有着重要的关联。比如从气象档案遗存情况可知，明朝时的气候条件不好，气象灾害频繁发生，社会不安定，这是明朝灭亡的一个重要因素。但气候因素不一定总是文明兴衰的决定因素。同样的，清朝康熙年间的气候条件也不好，但依然出现繁华盛世。分析气象档案遗存的记载可以说明气候的恶劣不是决定朝代变迁的唯一因素。

三、展示中国古代气象科学的发展状况

气象档案遗存从文献角度来说，属于科技文献范畴，具有知识属性，也就具有普遍意义的文化价值，成为人类社会文明发展的见证之一。因此，气象档案遗存具有气象专门领域的文化价值，通过气象档案遗存展示古代气象科学的纵向文化发展连续性，从民族文化层面上揭示气象档案遗存作为世界文化宝库的组成部分，有许多气象档案的内容代表了当时世界气象科学的先进水平。比如，甲骨气象档案中关于“晕”的记载，就是世界上最早的。清代的晴雨录是世界上最完整系统的气象观测记录档案，等等。

中国古代不同历史时期的气象档案遗存，都不同程度地反映出当时的气象科学进展情况、气象学的分支学科的萌芽。历代农学家、军事学家等都注重对气候环境和天气变化的掌握，促进了农业气象学、医疗气象学和军事气象学等分支学科的发展。比如，农业气象方面，唐代黄子发撰有《相雨书》，总结了测雨的方法。在小气候利用方面，宋

---

① 德国科学家研究称中国唐朝因干旱而灭亡〔EB/OL〕. http：//news. cyol. com/content/2008-05/07/content_ 2172064. htm，2008-05-07.

代已知大面积水体有调节小气候的作用，因而在太湖的洞庭山种植柑橘。元时《王祯农书》中还有利用风障进行农业生产的记载。通过气象档案间接遗存研究医疗气象理论体系的产生。《左传》昭公元年记载："……天有六气，降生五味，发为无色，徵为五声，淫生六疾。六气曰：阴、阳、风、雨、晦、明也。分为四时，序为五节，过则为灾。阴淫寒疾，阳淫热疾，风淫末疾，雨淫腹疾，晦淫惑疾，明淫心疾。女阳物二晦时，淫则生内热惑蛊之疾。今君不节，能无及此乎?"这里的"天有六气"指阴、阳、风、雨、晦、明，过则为灾。后面的"六淫"指冷、热、风、雨、阴天、晴天日晒，过度即会得病。军事家孙武在《孙子·记篇》中指出："兵者，国之大事，死生之地，存亡之道，不可不察也。故经之以五事，校之以计而索其情：一曰道，二曰天，三曰地，四曰将，五曰法。""天者，阴阳、寒暑、时制也。……"这一观点认为，气象在战略中占有重要地位，除了最重要的"道"，再没有什么比掌握天时更重要的事。

四、体现古代的天命哲学思想

古代气象档案遗存多被记于五行中，且多为灾异气象为主，而其往往是结合时间，雨水和霜雾等灾害，辅以朝廷大事，也就是说，将朝廷之事与气象的异样结为因果关系。早在《五星占》帛书里就有亡国、甲兵、夭丧之类，受传统天命论思想影响，把个别历史现象提高到普遍规律。《后汉书》也有多处记载："建光元年，京都及郡国二十九淫雨伤稼。是时羌反久未平，百姓屯戍，不解愁苦。""灵帝建宁元年夏，霖雨十余日。是时大将军窦武谋变废中官。""熹平元年夏，霖雨七十余日。是时中常侍曹节等，共诬曰渤海王悝谋反，其十月诛悝。""延光元年四月，郡国二十一雨雹，大如鸡子，伤稼。是时安帝信谗，无辜死者多。"① 多处出现利用灾异天气来解释朝代的混乱的记载。

另外，古代思想家利用古籍中的气象档案遗存方面的事实表述其思想。从春秋末年开始到战国时代的百家争鸣中，出现了围绕天道观的思想争鸣。气象知识和医疗气象知识是各学派代表人物阐述天道观的基本依据。战国时郑国人列子列御寇的思想见《列子·天瑞》："虹霓也，云雾也，风雨也，四时也，此积气之成乎天者也。"意为大气中的光象、云雾、风雨、四时变化，都是天之积气形成的。《庄子·则阳》："是故天地者，形之大者地；阴阳者，气之大者也。"《孟子·梁惠王上》："七、八月之间旱，则苗槁矣。天油然作云，沛然下雨，则苗渎滐然兴之矣。"孟子以气象对于农业的重要性，说明了治国的道理。西汉时期，唯心主义哲学家董仲舒的思想见于《春秋繁露·王道通三》："春气爱，秋气严，夏气乐，冬气哀。爱气以生物，严气以成功，乐气以养生，哀气以丧终，天之志也。"董仲舒认为，爱、乐、严、哀变化是上天的意志，这

① 司马彪. 二十六史·后汉书［M］. 长春：吉林人民出版社，1995：1848.

里所依据的气象现象，是建立在天人感应的唯心思想上的。汉代王充在自然观上继承了先秦的唯物思想，否定了天或自然有意志的神学观点和上天造人的目的论。《论衡·明雩篇》："不祭，沛然自雨：不求，旷然自旸。夫如是，天之雨旸，自有时也。一日之中，旸雨连属，当其雨也，谁求之者？当其旸也，谁止之者？"①

五、见证中西文化的交流

中国与西亚、欧洲、东南亚的交流，从汉代开始就逐渐增多，到隋唐不断扩大，涉及社会生活的诸多方面。以遗存形式把各国的天文、气象和风土人情等做了丰富的记载，如《佛国记》、《大唐西域记》。晋僧法显（337～422年）于399年从长安出发，行历14年，访30余国，带回多卷梵文佛经，撰有《佛国记》（也叫《历游天竺记传》），其中记载了沙河中的"恶鬼热风"，即黑风暴，是气象史上对这种沙尘暴天气最早的描绘。唐僧玄奘（602～644年）627年从长安出发去印度，645年返回，写有34国情况的《大唐西域记》十二卷，对每一国的地理、气候、物产和风土人情，都做了准确、细致的记述。第二卷《岁时》，提及印度历法对一年气候季节的划分"分一年为六时：正月十六日至三月十五日，渐热也；……或为四时：春三月为：制呾逻月、吠舍佉月，逝瑟咤月，当此从正月十六日至四月十五日"②。"六时"是印度本土立法的季节划分；"四时"则是引用了中国历法的四季划分。中国汉代的测风器相风乌、铜凤凰、铁鸾凤，传到巴比伦成了相风鸡，在唐代传回广东怀圣寺，到西方则成为中世纪基督教尖顶上的测风鸟。这些都说明，当时已经有以亚洲范围为主的中外气象文化交流。

元代战争及于欧洲，东西方交流自是不少。明末清初，西方文化开始在中国进行传播。气象档案遗存从一个侧面反映了西学东渐的历史，并且交流的范围也较以前有很多的突破，这也一定程度上促进中国气象科学的发展。清初天文学家游艺，曾参考中学、西学有关著作一百余种，编著了《天经或问》，这部著作曾传入日本，在日本产生了不小的影响。徐光启、利玛窦（1552～1610年）的合作也反映出气象领域的中西方交流。二人合著《几何原本》，后徐光启和熊三拔等合作译著了天文、气象、水利方面图书多种。他还主张中西相参地开展《崇祯历书》的工作，聘请汤若望等参加，在工作中，即引进西方的理论和计算方法，又引进了象限仪、纪限仪、望远镜等观测工具和观测方法。

---

① 温克刚．中国气象史［M］．北京：气象出版社，2004：148.

② 温克刚．中国气象史［M］．北京：气象出版社，2004：203.

六、解读气象灾害的规律

古代文献中关于台风、洪水、干旱、冰冻等自然灾害的记载，关于气象学与物候学的遗存，在世界上都是无可比拟的。古代气象档案遗存可以用来为现代许多研究项目做参考，如气象灾害的统计、发生的规律。通过研究古代气象档案遗存中的灾害状况，得出统计数字，进而掌握灾害发生的地带、分析原因，以便采取措施减灾、防灾（见表8-8）。

早在古代，就有利用气象档案遗存统计气象灾害，以利农事。徐光启著的《农政全书》，在《荒政》一篇中，他用物候统计的方法，将万历以前历史上所记载的蝗灾共一百一十一次，通过分析归纳得出蝗灾最盛于夏秋之间，尤以旧历六月百谷成熟的时候最多。得出了蝗虫出生的地点，必在湖水涨落很大的地方这样的统计结论。

今天人们越来越多地利用古代气象档案遗存，详细统计气象灾害的发生数量。邓云特（邓拓）在1937年著的《中国救荒史》①，对历史上发生的各种灾害统一按年次计算，认为公元前1766～公元1937年的3700多年间，发生水灾1058次，旱灾1074次，蝗灾482次，雹灾550次，风灾518次，此外还有疫灾、地震、霜雪、歉饥等，总计5258次。马雪芹在1998年撰的《明清河南自然灾害研究》一文中，从旱、涝、蝗、盐碱、风、沙、雹、震等各方面分析明清时期河南自然灾害的发生情况、主要原因及其采取的对策。

研究气象灾害多发区，尽力防御和减轻暴雨、冰雹、洪涝、干旱等重大气象灾害的发生和破坏的程度，提高气象灾害的防御能力。通过分析大量的灾害史料，还可以发现灾害的发生具有一定的规律性。以期刊形式利用古代气象档案间接遗存的成果（见表8-8）。陈家其建立了近2000年来中国重大气象灾害的发生频率分布，发现11世纪之前是低发期，11～12世纪之后迅速增多，经两峰两谷于19世纪之后进入群发期；气象灾害群发期均在数百年气候变化暖（冷）的背景下的暖期（冷期）。另如，袁林就陕西隋朝至民国时期水涝灾害的类型、频次、周期、阶段、区域差异等进行数理统计与分析。

表8-8　气象档案间接遗存的部分利用情况一览

序号	作者	出版社（期刊）	发表时间	名称
1	王振忠	福建人民出版社	1996	《近600年来自然灾害与福州社会》
2	陈家其	《地理科学》	1989（1）	《太湖流域南宋以来旱涝规律及其成因初探》
3	陈家其	《自然灾害学报》	1996（2）	《近二千年中国重大气象灾害气候变化背景初步分析》
4	袁林	《中国历史地理论丛》	2002（1）	《陕西历史水涝灾害发生规律研究》
5	周跃三、何业恒	《第四纪研究》	2002（2）	《试论野生水牛、四不像鹿和中国鼍在黄河中下游的绝迹》
6	陈育宁	《宁夏社会科学》	1993（3）	《宁夏地区沙漠化的历史演进考略》

① 邓云特．中国救荒史［M］．北京：商务印书馆，1937.

此外，气象档案遗存为研究自然气候变化对动植物迁移和土地沙漠化等方面的影响提供重要的依据。周跃三、何业恒在《试论野生水牛、四不像鹿和中国鼍在黄河中下游的绝迹》一文中认为，中国鼍距今2500年以前在黄河中下游地区广泛分布，而到了东周至西汉时期则从这一区域相继退出。广泛分布是由于当时气候温暖多雨、河湖密布、人口稀少，适宜于这些动物栖息繁育，后来退出除了气候变得冷干之外，还与黄河中下游地区人口增多、植被减少、水土流失等存在密切关系。再如，陈育宁探讨了宁夏地区的沙漠化情况，认为干旱多风、近百年气候干旱是土地沙化的重要因素。

第九章　中国古代水文档案遗存及其科技文化价值

水的元素成分是氧，作用如同人体的血液不可缺少。无论过去和现在，我们的生存方式主要还是“人努力天帮忙”，而水就是上天对人类最好的恩赐，它是人类生存的必要条件。然而事物总是利弊参半，古人为了生存，既离不开河流湖泊，又饱受水患之害。先人始自“择丘陵而处之”躲避洪水灾害，进而修筑堤埂，积极抵御、疏寻洪水。同时，先人们在同水患作斗争的过程中，积累了丰富的水文观测经验，留下了大量珍贵的历史水文档案资料。这些珍贵的历史水文档案资料在今天仍发挥着重要的作用。

第一节　中国古代水文档案的形成与管理

中国水文档案源远流长、成因复杂、管理相对松散，现本着古为今用、他为我用、重在实用的原则，对其整个过程、环节进行归纳、总结、探索如下：

一、中国古代水文档案的形成

水文档案是在水文观测活动中产生并归档的原始观测材料。包括水位、水质、水温、流量、水情、地下水位、降水、蒸发等的观测记录，水文手册及图集和水文年鉴等。水文档案反映水文气象、陆地水文、海洋水文、水文地质等不同领域长期观测积累的水文变化和洪水旱情预报的情况，为水利和其他国民经济建设部门提供基础资料。水文档案具有时间性、系统性和连贯性强等特点，其形成也具有必然性、连续性、实践性。

1. 中国古代水文档案的起源

人类最早的水文记录应源于契刻和图画，特别是以石头为载体的刻画（结绳虽然有反映水文方面内容可能性，但它只是一种助记方式，无法留下明确记录）。由于劳动和生活的需要，上古人常把所观察到的和自己生活有密切关系的事物画在所居住洞穴的石壁上。水与人们的生活密切相关，所以，在人类的刻画时代就出现水文方面的记录就不足为奇了。在中国，原始社会末期的新石器时代，相关的契刻和图画主要有陶器刻符和岩画。据现有考古资料支持黄河中上游是史前彩陶起源的关键地区。在渭河流域，大地湾一老官台文化阶段出现了彩陶，一般在大口的钵、碗和三足钵等器皿口沿内外用红彩绘宽带纹，也有的还在内壁绘“水波”、“短线”、“箭头”等符号，这是最早的内彩纹样①。这无疑证明了当时人们已对水文有了零星了解，至少知道了水的纹态。

中国远古时期还发明了特有的记号体系——八卦和河图洛书。八卦的基本内容中就包含了水文方面的内容；河图洛书也包含了相关内容。它们都是早于文字出现于中国的记录符号。

从现有资料看，较早记载水体类别名称等水文内容且具有相当数量遗存的是甲骨档案。殷墟甲骨中关于“雨”的记载相当多，约占全部甲骨文的五分之一。这说明当时已非常注意对降雨的观察和研究。可见，目前所见的甲骨水文档案应该称得上是最早的内容成型、初具规模、保管有序的水文档案。

2. 中国古代水文档案的形成

由于水是人生存必不可少的元素，古人希望通过掌握水的规律而达到更好利用水的目的，因而自古人们（特别是官方）就对其比较关注，形成了形态各异的水文档案，如著作档案、碑文石刻、硃批奏折等，其内容大部分与水利工程和洪涝灾害有关。

历代古书中对水文现象时有记载，且不少已形成系统记录，具有一定规模。早在春秋战国时期，当时的一些诸侯国，大概为了卜占吉祥，就注意对黄河异常现象的观察，由此形成了记载黄河含沙量突增现象的档案材料。如古本《竹书纪年》：“梁惠成王四年（公元前368年），河水赤于龙门三日。”② 就是指含沙量激增的现象。

石刻的起源很早，大致“流衍于秦汉之世，而极盛于后汉，逮于魏晋”，到隋唐时，“事无巨细，多刻石以纪之”，再以后“大盛，于是石刻文字几遍中国”③。在当时历史环境下，形成一定数量的水文石刻档案是必然的，较具代表性的是长江流域有关洪旱水位的碑文档案，数量之众、内容之详都是历史罕见。据中国水文考古工作者调查，唐宋以来形成的分布在长江干、支流的洪水题刻有近1000处。枯水水位的题记也很多，仅在长江宜昌至重庆段就有11段，题刻362处。这些题刻记录了长江水文变化的规律。

还有关于江河治理硃批奏折类特殊水文档案的形成，主要源于历朝历代统治者对水情高度重视，每到汛期相关硃批奏折频繁传递于皇宫内外，数量颇丰，尤以清朝居多，后人将其汇编成书。

纵观水文档案的形成，既反映了中国水情的变化，又折射了中国古代文明以及科学技术进步的过程。

---

① 严文明．中国考古学研究的世纪回顾·新石器时代考古卷［M］．北京：科学出版社，2008：102～103.

② 方诗铭，王修龄．古本竹书纪年辑证（修订本）［M］．上海：上海古籍出版社，2005：117.

③ 张学会．河东水利石刻［M］．太原：山西人民出版社，2004：2～3.

二、中国古代水文档案的管理

在中国古代，水文档案的形成者即是其管理者（其形成者分为官方和民间，因民间部分较零散，资料稀缺，本书暂只探析官方部分），所以考察古代水官的起源和沿革就能从中了解水文档案的管理情况。中国古代官制中，水官的设立应是较早的，它源于管水或治水的部落领袖。战国时管仲提出了水行政主管部门职能的概念以及设官置署的构想。先秦以后水行政管理机关在中央和地方官制中一直都有设置，机构和职能也逐步完善。

夏商及春秋时，由于防洪、供水等公益事业和公用工程管理的需求而产生了行使专门职责的官吏，同时出于对大自然的敬畏，又赋予官与神一体发号施令的权力。据《周礼》记载，西周时天下各官分别为天、地、春、夏、秋、冬六官，或金、木、水、土各官，管理粮农、户籍、税赋、兵制、刑法等，其中冬官为水官。这就是水工为官、玄冥为神的水管理的职官起源。

春秋战国时水官之属有川师、川衡、水虞、泽虞等，都是执掌水资源和水产的水官。如水虞和渔师是征收水税。到了东汉，出现了专业机构形态的三公制，同时水行政机构及其属官也出现了，这无疑是历代水官设置的一次飞跃，使其走上了专业化轨道。以后，各朝都是在沿袭前朝体制的基础上结合本朝实际对水官的设置稍作调整。

历代水官设置大都是沿袭前朝的体制，再予以变动，现以唐代水官设置为例，探析其具体职责分管。

据《新唐书·百官志一》载：尚书省，工部，其属有四：一曰工部，二曰屯田，三曰虞部，四曰水部。其中水部主事二人，水部郎中、员外郎各一人，掌津济、船舻、渠梁、堤堰、沟洫、渔捕、运漕、碾硙之事①。又据《新唐书·百官志一》载：都水监，使者二人，正五品上。掌川泽、津梁、渠堰、陂池之政，总河渠、诸津监署。凡渔捕有禁，溉田自远始，渠长、斗门长节其多少而均焉。府县以官督察。丞二人，从七品上。掌判监事。凡京畿诸水，因灌溉盗费者有禁，水入内之余，则均王公百官。主簿一人，从八品下。掌运漕、渔捕程，会而纠举之②。可见，当时水官的职责权限已比较明晰，形成了较成熟的体系。

总之，水文档案管理进入了行政管理范围，管理方法逐年增多，管理机制逐步完善。

---

① 张芳．二十五史水利资料综汇［M］．北京：中国三峡出版社，2007：170.

② 同注①，171 页．

第二节　中国古代水文档案直接遗存

水文档案直接遗存是指古人对水位、水质、水温、流量、水情、地下水位、降水、蒸发等进行观测形成的原始观测记录或对原始记录汇编成的各种一次历史文献，它们都是第一手的原始资料，是未经过人为更改和伪造的，因此其价值弥足珍贵。今幸存的水文档案直接遗存形式主要有甲骨、敦煌遗书、碑文、图文、档案部门保存的档案原件、汇编等，现按类介绍如下：

一、甲骨水文档案遗存

甲骨档案是世界四大古老档案之一，主要形成于殷商时期。现在保藏的甲骨，多为盘庚迁殷到纣王的273年间的遗迹。其中绝大部分是卜辞，是占卜的记录。也是人类文明历史的第一手文字记录，具有重要的科学价值。

从现有资料来看甲骨档案应该算是水文档案家族中的元老，河南安阳殷墟出土甲骨文中有大量水文、气象方面的记录，特别是记载关于“雨”的卜辞相当多，约占全部甲骨文的五分之一。据目前研究表明，殷墟甲骨档案不仅是最早记载水体类别名称的，且对雨的记载亦很详尽。那时古人对降雨的观察已是十分仔细了，对雨量大小的区分也十分详细，将雨按雨量大小分为大雨、小雨、细雨（毛毛雨）、祉雨（延绵不断地下）、耳雨（小雨不断地下）；按降雨状况分为多雨、雨少、雨疾（雨下得很快）、从雨（雨下得很密）；在什么时候下雨，甚至在哪月、哪旬下雨，哪天、什么时候下雨，卜辞上都有记载；就连雨是从什么方向开始的，在卜辞中也有详细记载。还有洹水（今河南安阳河）发生洪水的扑卜辞。不少卜辞中有“来自西（或东、北、南）”的记载，还有专门的字词指代传递情报信息的人，如从边防来或从河边来，传递敌人入侵的消息或洪水暴涨的信息。可见在甲骨档案中关于水情的内容还是比较丰富的。因而无论是甲骨水文档案的数量还是内容都充分证明了早在商代就较重视水文的观察和研究了。殷墟甲骨水文档案也可以视作水文档案比较成型的雏形。

二、敦煌遗书中的水文档案遗存

敦煌遗书是指敦煌所出5～11世纪的古写本及印本。其总数超过5万件，年代上起东汉下至元代（即2～14世纪）。涉及三国、两晋、隋、唐、北宋、元朝等十多个朝代，成为研究各个朝代历史和文化的珍贵资料。敦煌遗书从内容上可分为宗教典籍、官私文书、中国四部书、非汉文文书等类。具体内容涉及数学、地理、历史、政治、贸易、哲学、军事、音乐、文学、医学、兽医、工艺、体育、水利、翻译等多个领域，是研究古代社会生产、生活的重要资料，其中不少是历史文献中没有的，具有较高的学术价值、保存价值。

敦煌藏经洞出土文书中的科技文献资料相当丰富，总数大约在五百号上下，年代大致属于南北朝至宋初，其中唐、五代时期较多。科技类文献的卷子，以卷轴装为主，但大多已经残损，完整无缺的卷子比较少见，仅见《寿昌县地境》首尾完整。内容以天文、历算、医药类文献居多，同时也涉及一些水文方面的内容，如地理方面的关于河西地方山川形势的部分文献，除了这些专业性科技文献外，其他类文书中也包含有少部分科技类资料。由于文书的内容比较庞杂，科技内容只能是其中的一部分。一般来说，多见于类书和字书。类书和字书中往往有各类明确的科技资料。此外，地籍、户籍、什物帐文书之类，也不乏关于地理、人口、水道等方面的科技资料。

敦煌遗书中散见于宗教典籍、语言文字、社会经济文书及民族文献中的科技资料很多，有待进一步发掘，而其中关于水文这个小分支的内容更是分散繁杂，要将其全部系统归类，非一朝一夕之功，本书暂将其主要内容举要如下：

1. 法 Pel. chin. 2507 残卷

成书于开元年间，首尾皆残，无书题。据《白氏六帖》卷二十二引《水部式》文证明，知为《水部式》，它是关于农田水利管理、碾硙设置及其用水量的规定、运河船闸管理及维修、桥梁管理维修、内河航运船只及水手管理、海运管理、渔业管理以及城市水道管理的记载等，是见于文献记载的由中央政府作为法律正式颁布的中国第一部水利法典。该残卷为考察唐代农田水利状况的珍贵资料①。

2. 法 Pel. chin. 3560《敦煌水渠》

又名《唐代沙州敦煌地区灌溉用水章程》，亦首尾残缺。该章程制定于唐永徽六年（655 年）至开元十六年（728 年）之间，记载了敦煌水渠 80 条、渠口斗门 5 处，其中 21 条水渠乃独家记载，未见于他卷②。

另外，《齐民要术》是北朝时期记载农事和手工业技术的重要著作，在敦煌文献中亦有该书残卷。敦煌地理文献中关于水文水利方面的记载对于古代灌溉制度与古渠道水系的研究具有重要意义。

---

① 参见上海古籍出版社，法国国家图书馆编．法藏敦煌西域文献（15）［M］．上海：上海古籍出版社，2001：1～4.

② 参见上海古籍出版社，法国国家图书馆编．法藏敦煌西域文献（25）［M］．上海：上海古籍出版社，2001：315～317.

三、题刻碑文类直接遗存

立石人和水则进行水位观测，是古人掌握水情的重要方法。最早的水则是都江堰三个石人，是以水淹至石人身体某部位，衡量水位高低和水量大小。唐以后在灌溉用水季节，按月或按旬向省的主管官员报送都江堰的水位。北宋时江河湖泊已普遍设立水则，当时已改为刻石十画，两画相距一尺的水则，且主要河道上已有记录每日水位的水历。明清时为了报汛、防洪、往往上下游都设有水则。古代还常用水中岩石来刻划水位，如长江中的涪陵石鱼，上面刻有唐广德二年（764 年）以来的枯水位及有关题刻。古人还在沿海用石刻记载潮水位涨落的高低。因而形成了一批数量可观的碑文题刻水文档案。如唐宋以来长江的洪水题刻有近 1000 处，其上游忠县两处题记，被鉴定为现存最早的洪水题记。其一为“绍兴二十三年（1153 年）六月十七日，水此”①。当时，对同次洪水，往往有多处题刻标明水位，如 1788 年的一次大洪水，仅上游就有 19 处题刻，说明当时对洪水水位的观测已相当普遍。

题刻长江枯水水位的题记也很多，最早的枯水题刻为唐广德二年（764 年），这种记载枯水水位的题刻群，以江津莲花石、重庆丰年碑、涪陵白鹤梁、云阳龙脊石、奉节记水碑等最显目。其中以四川涪陵县白鹤梁最为著名，国内外各大河流尚没有发现有如此完整的枯水题刻群，长约 1600 米，在白鹤梁砂岩上刻鱼形为标记，记载了自唐广德二年以来 1200 多年间的枯水水位和年份。涪陵白鹤梁位于长江南岸，人们在砂岩上刻鱼图作水标。枯水年份，石鱼露出水面时，人们就在石鱼附近题刻出露时间，形成一系列枯水题刻。

宋朝从统计中得出了石鱼“三、五年或十年一出”的周期性结论。如王象之在《舆地纪胜》卷 174 中说：“石鱼，在涪陵县下，江心有双鱼刻石上，……三、五年或十年一出，出必丰年。”②

这些题刻水文档案包含丰富内容，具有民族特色，现略举各朝时期的几例以示说明③：

1. 历史洪水题刻

（1）宋代洪水题刻，数量上并不很多，但因有现今发现最早的两块洪水题刻，故在历朝题刻群中地位举足轻重，这些题刻记录都较简明扼要，如：

---

① 水利部长江水利委员会.《长江三峡工程水库水文题刻文物图集》［M］. 北京：科学出版社，1996：3.

② 王象之撰，李勇先校点. 舆地纪胜［M］. 成都：四川大学出版社，2005：第九册，5083.

③ 参见水利部长江水利委员会.《长江三峡工程水库水文题刻文物图集》［K］. 北京：科学出版社，1996：1～148.

① 宋绍兴二十三年题刻（1153 年）

地点：四川省忠县忠州镇汪家院子后石壁

尺寸：60 厘米×60 厘米

刻文：绍兴二十三年，癸酉，六月二十六日，江水泛涨去耳，史二道士吹箎书刻，以记岁月云耳。

② 宋绍兴二十三年题刻（1153 年）

地点：四川省忠县忠州镇选溪沟岩壁

刻文：绍兴二十三年，六月二十七日，水此。

（2）元、明朝的洪水题刻，数量相对较少，但对说明当时的洪水情况也已足够，如：

① 元大德元年题刻（1297 年）

地点：四川省彭水县鼎屏汉葭镇绿阴轩岩壁

刻文：大德丁酉，江涨至此。甲辰夏中山书。

② 明嘉靖三十九年题刻（1560 年）

地点：四川省涪陵市南沱镇供销社后岩石上

尺寸：85 厘米×140 厘米

刻文：加（嘉）靖三十九年，庚申年，水安（淹）在此处。

（3）清代的洪水题刻，数量颇丰，尤以同治年间数量最大，且时间几乎都集中在同治九年，该年的洪水题刻有近 100 处；最高洪水水位也是该年。由于这些题刻内容区别并不大，本文也就从简而列：

① 清乾隆五十一年题刻（1786 年）

地点：四川省巴县青山镇十村

尺寸：190 厘米×160 厘米

刻文：乾隆五十一年，丙午年，六月二十一，山水长（涨）上好年成。

② 清乾隆五十三年碑刻（1788 年）

地点：湖北省秭归县香溪镇小屈原庙

刻文：乾隆戊申，江水泛涨，墙屋不无颓坏，沙泥淤积，金身未免。……皇清乾隆五十四年十月二十五日立。

注：此题刻为屈原庙《重修碑记》的部分碑文，记载了清乾隆戊申年该庙遭水毁后第二年重修的情况。

③ 清道光二十七年题刻（1847 年）

地点：四川省忠县石宝镇和平村

尺寸：40 厘米×40 厘米

高程：153. 92 米

刻文：丁未大水。

④ 清同治九年题刻（1870 年）

地点：四川省合川市小沔溪红思村

尺寸：35 厘米 ×40 厘米

刻文：同治九年，庚午岁，六月十五，洪水徒（陡）涨，淹到廿日止。淹在此处。

⑤ 清同治九年题刻（1870 年）

地点：四川省忠县新生镇石佛村四方碑

尺寸：50 厘米 ×50 厘米

高程：166.21 米

刻文：大清同治，庚午，六月廿日，大河潮水至此。

⑥ 清光绪十八年题刻（1892 年）

地点：四川省永川市朱沱镇朱沱一小学侧

尺寸：120 厘米 ×13 厘米

高程：217.08 米

刻文：光绪壬辰年，六月十九，水涨至此。

⑦ 清宣统元年题刻（1909 年）

地点：四川省涪陵市白涛镇陈家嘴

刻文：宣统元年，水涨自（至）土地庙石庄（桩）。己酉年五月拾八，涨大水。

2. 历史枯水题刻

长江三峡工程库区及边缘地区，历史枯水石刻题记较多，其中以涪陵白鹤梁枯水题刻群最为著名，它已被国家列为重点文物保护单位。其他题刻有：江津莲花石、重庆丰年碑、云阳龙脊石、奉节记水碑、江北县枯水题刻等。

（1）涪陵白鹤梁枯水题刻

白鹤梁位于涪陵市长江南岸大江之中，自西向东伸延，与江流平行，全长 1600 余米，平均宽度约 15 米，是目前保存最好，最具价值的枯水题刻群，其中有雕刻石鱼 14 尾。迄今为止发现石梁上有文字题刻 163 段，3 万余字。以宋代最多，约有百段左右；元、明、清代次之。题刻记载了自唐广德二年至今 1200 多年间的 72 个枯水年份的长江水位资料。在白鹤梁枯水题刻中，与水文有关的题刻有 100 余段，多以“石鱼”为水标，来描述江水高低。

“石鱼”水标，就是在石岩上雕刻的鱼形图案，并用它来作为衡量江水水位高低的标志。关于“石鱼”的始刻年代，最早的文献见于宋代乐史《太平寰宇记》，原文：“开宝四年黔南上言，大江石梁上有古刻云：广德元年二月江水退，石鱼见部民相传丰稔之兆。”

白鹤梁题刻的科学价值，主要体现在通过这些题刻，来确定一千多年来长江历史枯水的水位，现存“石鱼”水标共二枚，均为线雕。一前一后，呈溯江而上的姿态，前者体长 1 米，口含莲花；后者体长 1.05 米，口含蓂草。两鱼均三十六鳞，为清康熙二十四年（1685 年）涪州知州肖星拱重刻的双鱼。仔细观察可发现在两条石鱼首尾相接处的下部，可见一条较小而模糊的线雕石鱼痕迹。其上部还存有清晰可辨的隶书体“石鱼”二字。这“石鱼”二字便是最早的水标命名，这隐约可见的单鱼图案，也就是最早的枯水水标了。

（2）江津莲花石枯水题刻

江津莲花石枯水题刻，在三峡库尾，也是长江上游地区枯水题刻的重要部分。莲花石位于江津城靠近对岸的大江之中。莲花石下部有一朵线刻莲花，系八瓣莲花形。莲花心的高程为 180.89 米。莲花石的上下部均有题刻，目前发现的最早题刻年代为明洪武二十六年（1393 年）。此外，较为重要的枯水题刻还有清道光三年（1823 年）、清光绪十一年（1885 年）、1915 年和 1937 年等题刻多处。

（3）重庆丰年碑枯水题刻

重庆朝天门枯水题刻，又称灵石题刻，俗称丰年碑。在重庆至宜昌河段，是史料记载中发现最早的枯水题刻。从史料分析看，丰年碑题刻记载了汉、晋、唐、宋、清各代计 17 个枯水年份。其中“乾隆五年（1740 年）正月中，水涸极，下碑石尺余”的题刻，是对枯水位具有定量说明的题记。

（4）云阳龙脊石枯水题刻

龙脊石位于云阳县城南长江中，是一砂岩石梁，靠张桓侯庙下游约 150 米处。据云阳县志载：“小南门外，江中有石梁，长百余丈，冬涸乃见，号曰龙脊，亦犹涪陵之石鱼矣。……”据调查，龙脊石上高程在多年平均枯水位以下且有年代可考的题刻有 68 段，以宋代最多（30 段），明清两代次之，元代最少，只有 1 段。龙脊石上题记还有“古渝之义熙（即重庆丰年碑），涪陵之石鱼，云阳之龙脊石，虽地各异，然意皆同”的记载。从题刻内容上看，都是游记。

现存最早的题记是宋元祐三年（1088 年），最低的题记是明正德十二年（1517 年）。由于龙脊石题刻中没有衡量水位高低的相对标志，因而这些题刻所显示出的枯水年份在水文分析中仅能作为参考使用。

（5）其他

除了上述四个比较著名的枯水题刻外，还有江北县枯水题刻一处，该题刻记述了后蜀明德三年（936 年）的枯水情况，题刻年代较早，目前没有测量水位高程；奉节落水碑枯水题刻一处，该处碑刻除述及 1915 年枯水年份外，还追溯了清嘉庆元年（1796 年）枯水情况。前者在白鹤梁枯水题刻中没有相应年份，可作为补充；后者是白鹤梁题刻中 1796 年枯水年份的旁证。

3. 其他碑文题刻

（1）《黄河图说》碑

明朝嘉靖十四年（1535 年），治河总督刘和天经过长期调查研究，刻制了《黄河图说》碑，碑首呈半圆形，刻长方形额，篆书“黄河图说”四个大字，碑身刻黄河图，右上、左上、左下角分别刻“国朝黄河凡五入运”、“古今治河要略”、“治河意见”三项文字说明。图中河流用双线、山用形象符号表示。黄河除主要表示嘉靖十四年分三道：一支出涡河口；一支出宿迁小河口；一支出徐州小浮桥，总汇于淮河入海的现状外，还将此前明代黄河历次决徙入运河主要径流路线，决口处所，以及与运河会和形势分别绘于图上，又用文字注记年代、决流、徙道与修治等情况。右上角“国朝五次入运”，不仅是明代中叶以前黄河变迁的扼要概括，也是此图的详细文字说明，合现状与历史变迁于一图，是此图的一个特点。全碑记述了黄河的含沙量、河床特点、水情、地形、地质以及流域内降水特点等。现存西安碑林博物馆第四展室内，高 1.76 米，宽 0.975 米，厚约 0.19 米①。

(2)《海潮论》石碑

在海洋水文档案中，有关海洋潮汐的记录占有相当大的比重。如北宋燕肃（961～1040 年）在广西、广东、浙江任职期间，曾对潮汐进行了 10 年之久的观测记录，著成了《海潮论》，并曾在浙江会稽刻成石碑，保存下来，成为古代重要石刻档案材料之一。

(3) 苏州立水则碑

光绪二年，江苏巡抚吴元炳令仿制吴江水则碑立于苏州胥门外河滨，以验河水消涨，而悉农情。此碑现收藏于苏州市碑刻博物馆内。

四、水文地图类直接遗存

中国古代导航所用的水路簿、针经和海图，均尽可能地详载航线上可用于导航的地貌：山形、水势、岛屿、暗礁、港湾和海底泥等。这些水文地图档案在水文档案中占了较大的比重。例如保存至今的明代著名学者郑若曾《筹海图编》中的《沿海山沙图》、《沿海郡县图》、《登莱辽海图》，《郑开阳杂著》中的《万里海防图》、《海运全图》，茅元仪《武备志》中的《海防图》和《郑和航海图》等。其中，记载海洋地貌最为详尽的是《郑和航海图》，该图是中国传统绘图方法绘制海图的高峰，较正确地绘有中外岛屿 846 个，并分出岛、屿、沙、浅、石塘、港、礁、硖、石、门、洲等 11 种地貌类型。这些图在当时具有重要的使用价值，那些经过时间洗礼，能够留存下来的就更是弥足珍贵了。

1. 古人绘制水文地图原件

古人为了治河和海防，绘制了不少水文地形图，不仅反映了当时的水文情况，而且

① 周伟州．明《黄河图说》碑试解［J］．文物，1975（3）．

也体现了当时的科技水平。现将其介绍如下：

（1）长沙马王堆汉墓出土的“地形图”

1973 年在长沙马王堆三号汉墓出土的一幅公元前 168 年前后随葬的湘桂粤地图，即当时的长沙国地图，据推算其测绘年代的在 2100 多年的西汉初期。此图是长江流域迄今发现的最早水系图，此图以水系为基本格局，将深水干支流的布局作为绘制的出发点，山脉的分布则随着若干水道的流向而成为分水岭或与河流相平行。全图共绘有大小河流 30 多条，其中有九条注了河名，统一注记在河口，还有两处注明了河源，即深水源和浅水源。主要河流的平面形状、交汇关系相当正确，主支流划分明显。这幅地图虽以地形图命名，但其基本格局是水系，且是世界现存最早绘有水道图的地图珍宝，因而将其归入水文地图也不为过。

图幅尺寸 96 厘米 ×96 厘米 ，现藏于湖南省博物馆。

（2）《西湖图》

南宋咸淳四年（1268 年）雕版墨印。地图突出表示了杭州西湖及四周的著名风景点，用写实方法将六和塔、断桥、岳庙、雷峰塔、苏堤、白堤北高峰、南高峰表现得恰到好处。本图采用鸟瞰图的方式，配以中国画的手法表现风景及人文结构，既直观易读，又具有艺术感染力，是中国现存最早的杭州西湖地图，现藏于北京图书馆。

（3）《万里海防图》

明朝嘉靖四十年（1561 年），郑若曾绘成。它在明代的海防图籍中居首要地位，是中国第一幅全海设防图，影响很大，后来海防图籍中的地图，多以他的海防图为蓝本。此图有多个版本，本文所介绍的是现藏于美国国会图书馆的《万里海防图说》中版本。《万里海防图》卷首右上方墨书图题，全图所涵盖的地理范围起自钦州安南界河，止于辽东义州鸭绿江。从图的内容可以看出，本图所展现的重点是沿海的山川、岛屿、府州县及卫所分布形势，对关隘、港口也有所涉及，并对一些地段的军事设置进行了点评，显示出了明显的军事地图的性质。本图图式上为海洋，下为陆地，不考虑实际方位，从右向左展开。以传统山水画式形象画法，展现明代万里海岸的山川、岛屿，用符号来标记沿海的城镇、卫所及其他军事设施。如“府”用灰色方块表示；“州”用红色长方块表示；“县”用红色圆块表示；“卫”用黄色方块表示；“所”用灰边长方框，旁边有旗杆、旗帜之图样；“巡检司、寨”等用旗杆、旗帜表示。

图幅尺寸 30 厘米 ×274 厘米，分切 19 幅折叠装裱，纸本彩绘，此图为现藏于美国国会图书馆的《万里海防图说》中的其中一幅。

（4）《河防一览图》（石刻拓本）

图说题款为“万历十九年，总理河道兼理军务都察院右都御史潘季驯谨识”。此图为潘季驯河防一览图的石刻拓本，该图有些地方虽因原石剥蚀，图像比较模糊，但从总体来看，经与《河防一览》一书的插图相较，知石刻《河防一览图》实为《全河图说》的底本。全国以黄河为主，并将南北大运河与黄河并列绘出。

图幅尺寸 42 厘米 ×2010 厘米，现存于中国国家图书馆舆图组。

(5)《河防一览图》(精绘本)

题款时间为万历十八年九月。此图乃潘季驯在编撰《河防一览》前绘制，据考证应该是为了编辑此书的需要而绘制的，此图绘制精美，黄河、堤坝涂黄色，运河及其他河流涂绿色，山岭、城池涂蓝色，显得眉目比较清晰。图中文字说明，并非直接写到绢本上，而是用小纸签贴上去的，即所谓的“贴说”，这在明代舆图中是一种比较普遍的做法。

图幅尺寸 45 厘米 ×2008 厘米，彩绘绢本，现藏于中国历史博物馆。

(6)《河防一览图》(粗绘本)

此图前后略残，图中说明亦用“贴说”。各方面情况均与潘季驯绘制的《河防一览图》相似，此图无包首题签，后人称之为《黄河运河图》。但根据后人对此图细加审查后，发现此图乃潘季驯之河防一览图。

此图缺图前之图说，无法知道这一部分的原本面貌。画工比较粗糙，不及上述绘本精致。图中的说明文字基本与精绘本相同，但比其要多出许多，这些多出的文字，大半是具体的工程数字。这些工程数字，如不是参与当时治河的官员，别人是无法捏造出来的。因而可以肯定此绘本必然是由潘季驯及其幕僚绘制的。此图原收藏于交通部船务管理局，由国家文物局调给中国历史博物馆。

图幅尺寸 43.3 厘米 ×1834 厘米，前后略残，彩绘绢本，现藏于中国历史博物馆。

(7)《郑和航海图》

《武备志》所收《郑和航海图》共 24 页，其中有序一页，海图 20 页，《过洋牵星图》二页，空白一页。序文出自茅元仪之手，甚为简略，仅 142 字。序文中说：“明起于东，故文皇帝航海之使不知其几十万里，天实起之，不可强也。当是时，臣为内竖郑和，亦不辱命焉。其图列道里国土，详而不诬，载以昭来世，志武功也”。说明了这部图集与郑和远航有密切的关系。向达认为：“这一部地图所表现的大概是明宣宗朱瞻基宣德五年（1430 年）郑和最后一次下西洋，图上的航程、地理与祝允明《前闻记》所记宣德一次下西洋相合。所以《武备志》里的这部航海图，可以假定为 15 世纪中叶传下来的。”① 此说法被不少学者所采用。

《郑和航海图》是记载海洋地貌最为详尽的，中国地图史上第一个有方位的导航图，也是中国现存的闻名世界的实用航海图。该图是中国传统绘图方法绘制海图的高峰，较正确地绘有中外岛屿 846 个，并分出岛、屿、沙、浅、石塘、港、礁、硖、石、门、洲等 11 种地貌类型。因而在明朝的众多地图中，《郑和航海图》是其中一幅具有重大影响的航海图。郑和七次航海，是中国航海史上的伟大创举，在世界上也是一次罕见的大举，1405～1433 年，前后近 30 年访问了亚洲、非洲等 30 余国，对促进中国与

---

① 向达整理．郑和航海图［M］．

世界的交往，对政治、经济和文化均有极大的作用。这其中据郑和航海经历编成的航海图，是中国地图学史上的一大创作，更是一部专为指导航海用的地图。其表示内容、表示方法与编制方法上有其独特之处：从方便使用出发，从起点开始至终点，图幅呈一字排列展开的连续拼接。采用“对景图”的画法，绘制山形形象与有方位意义的地物，可把图与实地一一对景，尽快判断出自己所处的位置。绘出平潮时的浅沙、礁石和港口、海岛等航海用的地物要素与居民地、山地等。此图收藏在明代茅元仪编纂的军事巨典《武备志》中，而《武备志》现藏于美国国会图书馆，中国国家图书馆存有其影印本。

(8)《胶莱河辩议图说汇辑》

明万历二十九年（1601 年）绘成此图。图式不考虑实际方位，右卷首起自山东昌邑县北海口，左卷尾止于胶州陈村闸；分九段描绘胶莱河全程地形、河床、水源、桥闸，并附图说。根据图说中的文字我们可以得知，明胶州灵山卫指挥使谈九畴“以守御世职，从事河工，阴识曲折利害，兼采吏牍”，于明万历二十九年绘成此图，到 104 年之后的清康熙四十四年（1705 年），与谈九畴后人有姻亲关系的张谦宜得到此图后，即加以摹绘，并撰文以“详其源流”。但在本图末段，又有《录明总河工部尚书潘季驯河防一览载覆止胶莱河二疏》一文，其题识为雍正三年（1725 年），显为后来所补录。也有可能此图说为雍正三年摹绘补录。但在此图说中，张谦宜的文字被打断成数篇，且段与段之间被插入显然不同的文字，如“张谦宜曰胶州惟北面洼平”一段与“皇朝不仰海运而通市舶”一段之间，就插入了“沽河在东，新河在西……尝试更不可解已”这样一段文字，不仅文意上不好理解，而且字号略小，在文字的排列上位置也偏高，甚至高于下段顶格的“皇”字，这是不合规制的。出现这种情况似乎可以说明，此图说在形成以后也经过后人的“改造”。

图幅尺寸 30 厘米 × 1600 厘米，分切 30 幅叠装，彩绘纸本。此图为现藏于美国国会图书馆的《万里海防图说》中的其中一幅。

(9)《乾坤一统海防全图》

全图分为十幅，每幅纵 170 厘米，横 60.5 厘米。若左右相接，即合成一幅纵 170 厘米，横 605 厘米，自今广西钦州湾至鸭绿江口的全国沿海图。绘图时间约稍晚于明万历二十年（1592 年），它是董可威依据郑若曾《万里海防图》摹绘准备付梓的摹本。图右上方有万历三十三年（1605 年）南京吏部考功司郎中徐必达的题识。编绘此图的目的是为了防御倭寇的侵袭，所以在此图上可以看到沿岸绘有许多用旗帜和旗杆表示的军事设防的符号，海上绘有运道，以较粗的白色曲线表示。其图详细表示了沿海地区的自然地理特征、政区建置、军事设防状况。陆地部分用计里画方的方法，绘制州府、山脉、河流的相应位置。该图对于研究明代沿海历史地理海防军事制度都有重要参考价值。

图幅尺寸 170 厘米 ×605 厘米，彩绘绢本，现藏于中国第一历史档案馆。

（10）《福建海防图》

作者不详。全图稍有破损，特别是开头部分的文字注记略有残缺。图上的海澄县，为嘉靖四十五年（1566 年）所置，隶属漳州府。注记中又论及万历二十年（1592 年）和二十五年设防之事。所以此图可能是明万历中后期（1597 ~ 1619 年）为了防御倭寇而绘制的。

图自右至左“一”字展开式。自福建与广东交界的柘林湾、南澳岛绘至福建与浙江交界的沙埕湾一带。图以海居上方，并在开头的注记中称“南系前左，而北系右后”，即以前左方为南。图主要绘沿海的山川形势和设防情况。山川以中国山水画形式表现，河流于入海处大都绘有一座桥。府城、县城、卫、所和巡司都用城楼符号表示。文字注记均括以方框。

图幅尺寸 41 厘米 ×580 厘米，彩绘纸本，现藏于中国科学院图书馆。

（11）《福建沿海图》

成图于清康熙二十二年（1683 年）。地图的方向为上东下西，采用形象画法，将福建沿海地带的府城、海岛、村落房舍、山梁、港湾等都绘得详尽、逼真，因而具有古代海防图的性质，图中许多地名至今还在沿用。

图幅尺寸 36 厘米 ×661. 5 厘米，彩绘绢本，现藏于北京图书馆。

（12）《黄河图》

该图采用俯瞰画法，以工笔手法，浓艳彩，精确细致的描绘了西自黄渭交汇口东至大海的黄河及其两岸形势，图内反映出两岸城池地物等相对位置及其名称注记，城镇之间偶有距离标注，因此具有地图的效用，此图是清康熙皇亮帝南巡时，河道官员所进呈。

图幅尺寸 80 厘米 ×1260 厘米，彩绘绢本，现藏于台湾“中央”图书馆。

（13）《京杭运河全图》

此图采用西晋地理学家裴秀所提出的《制图六体》法则（分率、准望、道里、高下、方邪、迂直）绘制的，详细地绘出了北起北京通州南至杭州绍兴府的京杭大运河的全貌，将大运河沿途地形用绘画形式表现出来，既有相应的地理方位，又生动地反映出山水风光、城市桥梁、江河船楫，并点缀人物或拉纤、行走，栩栩如生。城市、山形、河流均用金粉安注记。图上未注明绘制年代和作者。有关学者根据图上的内容、绘制风格及所用纸张考证鉴定，该图系清朝河道官员于光绪初年实地绘制，是清河道官员进呈的运河形势图，属原绘真品。它不但是一幅地图与绘画相结合的杰作，且对研究中国历史、地理、河湖变迁和运河水利工程等具有非常宝贵的参考价值。

图幅尺寸 19. 8 厘米 ×798 厘米，彩绘绢本，现藏于国家测绘档案资料馆。

（14）《浙江省全海图说》

此图未标作者与成图时间。据图说可知为浙江水师所绘，图上标有“海宁州”，由此可知此图不早于乾隆三十八年（1773 年），又图上标有“石浦所”，故此图不晚于道光三年（1823 年）。全图“分别营县山屿岛屿”，图说详备“水程更数”，是一幅重要的浙江海域军事地图。

图幅尺寸 42 厘米 ×646 厘米，彩绘。

(15)《福建沿海图》

此图未标作者和成图时间。据图上“福宁府”一名可知，此图不早于雍正十二年（1734 年）；又据“诸罗县”一名可知，此图不晚于乾隆五十二年（1787 年），即绘于乾隆年间。由此图所标内容来看，它是一幅福建海防地图。该图所载军事组织之详细，非一般人所能知，由此可以推断此图为福建水师所绘。此图以台湾部分（即东向）为上方，福建沿海（即西向）为下方，海峡两岸岛屿、山岭、城池、炮台、村落尽绘于其中。

图幅尺寸 63 厘米 ×440 厘米，彩绘。

(16)《九江附近长江大观》

此图未标作者及成图时间。据图中地名“江苏布政使司”可知，应绘于康熙六年（1667 年）以后，又图上有“九江水师营”名，可知此图绘于道光二年（1822 年）以前，因此年以后“九江水师营”改为长江水师所属的“湖口总兵”。此图以南为上，上方绘制了九江城，包括城墙、官署和民居。图的中部为长江，长江中绘有九江水师营的战船，图下部为长江北岸，主要标绘了重要的关口及聚落。

图幅尺寸 141 厘米 ×355 厘米，彩绘。

(17)《长淮全图》

此图未标作者和成图时间。图上有“同治十二年（1873 年）”的年号，说明此图绘于此年以后。此图绘有方格，每方五十里。所绘区域主要为淮河中下游地区，东至东海，西至颍州阜阳县，北至微山湖，南至凤阳县。图上绘制此区域内众多的水系，并有详尽的注记文字，是一幅珍贵的水文水利图。

图幅尺寸 59 厘米 ×107 厘米，彩绘。

(18)《扬子江流图》

此图未标作者和成图时间。图中所注的“长江水师”设立于同治三年（1864 年），由此可知此图绘于此年以后。此图以南为上。所绘区域南至洞庭湖，北至长湖，东至洪湖以东的长江，西至公安县城。图中所标为长江水师江陵公安千总、把总所辖范围和各塘的位置及此区域内的水体、城池等。

图幅尺寸 69 厘米 ×112 厘米，彩绘。

(19)《太湖图》

此图未标作者和成图时间。图中所标的元和、震泽、阳湖、金匮和荆溪县是雍正二年（1724 年）九月所置，表明此图绘于此年以后。又图上未标乾隆元年（1736 年）在洞庭东山中所置“太湖厅”，因而此图不晚于此年。此图所绘区域为太湖及周围地区，图中详细标绘了太湖及周围的水体、军事机构。

图幅尺寸 56 厘米 ×95 厘米，彩绘。

(20)《长江水利闸口形势全图》

此图为“太子太保文渊阁大学士兼军务督办海防事宜全权大臣李鸿章”呈给皇帝的地图，当为李的幕寮所绘。李在光绪二十六年（1900 年）任上述职务，次年即去世，表明此图绘于 1900 ~ 1901 年。此图所绘地域北起砀山县，南至镇江府。所绘主要为黄河、运河及两岸的水道、湖泊、水闸及城池。图中水体用黑绿双色表示，部分地名由红签题写。

图幅尺寸 34 厘米 ×266 厘米，彩绘。

(21)《广东水师海防驻军图》

此图是湖北一位收藏爱好者收藏的一幅清代地图长卷，经 14 年与陈建平先生研究，认为这是一幅罕见的清中期广东水师海防部署图。比较现存的同类海防图，这幅图以其绘制精美细致、内容丰富翔实，应为同时期地图收藏的一件精品。

本图纸本设色，展开一长卷，高 32.5 厘米，长 482 厘米。全图起自福建水师防地最北端“乌龙江”及驻军的“定海所”，迄自广东水师防地最西端的北仑河口“交阯墩”，包括中国东南沿海全线境域，并包括了台湾西海岸的部分。原图的绘制者有完好的绘画功底，全图以中国山水画的绘制方式，其山形屋宇用彩墨绘制，草木庙塔有 32 座，军用粮仓（火药库）54 座，并对主要城市及 650 驻兵的督、抚、镇、标、汛塘有精细标注，并对 110 处沿海港口、水道、泊地及泊地海底泥质有详细注记。原图无图题，但另有一“大清国海防线驻军地图”手书题签，疑为后人书写。据收藏者介绍，是图系其 20 世纪 80 年代在湖北麻城县扶贫时，从一福建籍施姓老妇处获得，图为祖传，原图的图题在“文革”时期为避乱而毁弃，但老妇也不记得原来的图题。从其收藏的来源判断，我们原以为这幅图与康熙年间施琅收复台湾战役有关，或为施氏后人的家藏；但仔细研究该图，发现其对广东水师的整个防地及部署有详细的注记，而对福建沿线，则只有一般地名注记。所以判断其必与广东水师有关，因而定名为《广东水师海防驻军图》。

图幅尺寸 32.5 厘米 ×482 厘米，彩绘。

2. 水文地图整理汇编

中国古代绘制的水文地图，现今留存下来的，由于各种原因，分散保存在各地，还有的辗转到了国外，为了使之能够广为流传，近代对部分地图进行了汇编整理，其中包括了不少水文方面的地图，现将这些相关地图汇编辑录如下：

(1)《水道寻往——天津图书馆藏清代舆图选》

天津图书馆编，中国人民大学出版社，2007 年出版。

本书收录水道图和古迹图等两大类图籍，其中包括《治河全书》、《山东省黄河图说》、《山东黄河全图》、《山东黄河简明全图》、《水道提纲》、《保定府属河图》、《冀赵深定易五直隶州属河图》、《正定府属河图》等水道图8种，《大沽炮台图》、《圣驾回銮行宫图》、《文登威海等地古迹图说》等古迹图3种。

(2)《中国古代地图集》(战国至元代)

曹婉如、郑锡煌、黄盛璋、钮仲勋、任金城、秦国经、胡邦波编，文物出版社，1990年出版。

本册收入战国至元代绘制的地图60种，205幅。时代最早的两种17幅是战国时期（公元前476～前221年）绘制的；两汉时期（公元前206～公元220年）绘制的8种19幅；五代（907～960年）的1种5幅；两宋（960～1279年）绘制的最多，计35种，115幅；金代（1115～1234年）的2种6幅；元代（1280～1368年）绘制的12种43幅。这些地图有的用金银作线条，镶嵌在青铜板上；有的绘在木板上、帛上、墓壁上、洞窑中；有的刻在石、砖、崖壁或木板上。其中以雕版印刷保存下来的地图最多。现在所能见到最早的印刷地图是宋代的。本册所收宋元时期以印刷形式流传下来的地图112幅。

(3)《中国古代地图集》(明代)

曹婉如、郑锡煌、黄盛璋、钮仲勋、任金城、秦国经、胡邦波编，文物出版社，1995年出版。

本册计收入地图68种248幅，其中彩绘地图21种96幅，墨绘地图3种13幅，石刻地图7种28幅，木刻地图（绝大多数为明刻本）37种111幅。对本地图集所收每种地图，都用中英两种文字撰写简要说明。又选择其中部分地图撰写研究性文章，并附英文提要。图目排列按时间顺序，并将彩色、墨、石排在木刻之前。地图的成图年代无确切记载者，则由撰写简要说明的作者根据图的内容研究推定。地图的绘制者如无考则缺。

(4)《中国古代地图集》(清代)

曹婉如、郑锡煌、黄盛璋、鈕仲勋、任金城、秦国经、汪前进编，文物出版社，1997年出版。

本书收入地图84种212幅，其中以彩绘本地图为主，计58种137幅，约占本卷选收地图的70%。所选彩绘地图以康熙、雍正、乾隆时期的居多，约占彩绘地图的50%。选收石刻地图2种。刻本地图以单幅大图为主，占刻本地图的三分之二，其余三分之一为刻本书中的地图。

附212种地图目录：盛京城阙图、地球仪、地球仪局部（中国东部）、坤舆全图(南怀仁)、云南府图、楚雄府图、曲靖府图、大理府图等。

(5)《欧洲收藏部分中文古地图叙录》

李孝聪著，国际文化出版公司，1996年出版。

由于不少古地图在形式上与书本有别，因而保存比较困难，易于散失毁损，因此，在浩如烟海的中国古籍中，地图的数量是相当少的。《叙录》收录了一批流散在海外的中文地图，其中有不少属珍稀之品，为地图学史的研究提供了一批很有价值的资料，从而为学科的发展作出了贡献。

《叙录》是一部对所收录欧洲收藏部分中文古地图给予说明的中、英文联合文献目录。该书所收录的古地图凡 300 幅，所收地图的编制时代，截止于 1900 年以前。《叙录》将所收录古地图分为世界图、外国图、山脉图、河流湖泊图、海岸图、交通图、城市图、历史地图、天文星象图、中国全图、连省合图、地图集、地区图等 11 类，分类编排，同类地图按绘制时代先后排列。所收地图的著录项目有图名、作者、绘制时间、印制地、载体形态、制版类型、尺寸、比例尺、描述、收藏地、参考文献等，并由分类号、本目录的序列号和绘制年代组成编码。该书所著录地图的收藏地点、收藏号，以及已发表的研究该图的中、外文参考文献，尤便于读者查阅和深入探索。

（6）《美国国会图书馆藏中文古地图叙录》

李孝聪编著，文物出版社，2004 年出版。

美国首都华盛顿国会图书馆地图部收藏了大约 300 幅中国绘本和木刻本地图，其中包括从 12 世纪以来的长卷地图、扇子地图、石刻地图拓片等。这批丰富的地图收藏是在国会图书馆 200 年的历史中逐渐积累起来的，主要来源于中国政府赠品和那些长期对中国文化感兴趣的研究者或地图收藏家的捐赠。该馆历代中国传统制图方法绘制的地图收藏，一直被国际地图史学界视为中国境外最集中的几处收藏地之一，有些地图在国内也很少见到。美国国会图书馆的藏图可以说是一个研究中国古代制图学的未经开发的宝藏，本书作者李孝聪先生于 2002 年，利用与美国国会图书馆合作的机会，系统研究整理了这批从未面世的古地图资料，对其进行了全部编目和鉴定，对中国古地图的研究作出了较大的贡献。

全书分为四卷，分别为：卷一，世界总图、域外图、全国总图；卷二，区域地图：省、府、州、厅、县；卷三，专题图：城市、宫殿、园林、陵墓图；卷四，专题图：河流、山脉、海岸图。

（7）《清代地图集汇编》（全 6 册）

古道编委会编，西安地图出版社，2005 年出版。

此汇编出版的目的是为了保护、继承和利用清代一批宝贵原始文献，充分发挥其作用，特选择影印一批清代地图集。据初步统计，清一代编制出版了上百种地图集，包括全国性地图集、区域性地图集、世界地图集和专题地图集等，其中区域性地图集所占比重最大。以省级地图集为例，自清初以来，先后编绘了《江南通省府州县舆地图说》、《江西省舆图》、《云南舆地图说》、《山西省舆地图说》、《西域图志》以及咸丰年间编制的《安徽省舆图》、《直隶通省舆图》等。从同治年起，特别是光绪十二年（1886 年）成立“会典馆”以后，为编制《大清会典图》之需，又有大量省级地图集面市。清代编制的地图集大多具有编制者权威、内容丰富、图文并茂的特点，是研究清代历史地理的重要原始文献。可惜的是，这些珍贵的文献存世数量非常有限，即使有幸保存下来，也由于已有上百年历史，甚至数百年历史，不少地图集破损已很严重，非常不利长久保存或不便阅读利用，因而此汇编选择清代有影响的地图集30余种影印分五编出版，对这些珍贵地图的保护和留存起到了一定的帮助作用。

(8)《中国古地图辑录：康雍乾盛世图》

王自强主编，星球地图出版社，2002年出版。

本书以康雍乾三朝一百余年作为一个时间截面，收录在此期间编绘的地图约1700幅，有总图、境域图、城池图、水系图、山脉图、沿海图及少部分景观图等。所有收集的地图未加任何修改，可使读者了解那个时代的真实面貌。这些地图分别录自《乾隆大清一统志》、三朝其间纂修的各省通志、各个府州县志，以及其他地理类典籍，如《皇舆西域图志》、《广东舆图》等。

全书共三卷，8开精装，每面又分上下两栏，每栏一幅图，书前有目录，书后有索引。第一卷辑录了《乾隆大清一统一志》中全部298幅地图，其排序是首为总图，再为分省图（边疆图），各省图（边疆图）后是分府（直隶州）图或分区图等；第二卷和第三卷以雍正末年到乾隆初年各省通志，以及乾隆年间纂修的《盛京通志》、《皇舆西域图志》中辑录出的地图作为主干，并从近百种府、州、县志及其他一些地理类典籍中辑录出一些县（散州）图、州（县）城图等作为补充，另含城池图200余幅。第二册和第三册中十八省图的排序是，首为省总图，然后是分府（直隶州）图，再后是山川湖海及人文景观图，最后是分县（散州）图，如有城池图则置于其所属行政区域图之后。

(9)《中华古地图集珍》

阎平、孙果清等编著，西安地图出版社，1995年出版。

全书纲举目张，有条不紊，大体贯穿三条主轴线：一是反映人类科学思维的普遍规律，即由假设推测，逐渐出现历史记载和实物考证，然后形成生产规范，上升到科学原理；二是反映地图作品的演进阶段，即由原始意境地图开始，经过利用规矩、勾股弦原理测绘的平面地图，发展到以经纬度控制的三维地图；三是反映地图应用领域的扩展，早期主要应用于宫廷、墓葬、地籍、城池、矿山、水利等小区域的规划和管理，中期适应封疆、领土、天文、地理、山川、土壤、农事、物产等较广泛的行政管辖范围，后期出现专用于边防、海防、河防、航海的地图，作为战略决策者的工具。该书21万字，有56幅插图和100幅缩小的古地图，其中碑刻地图还附有墨线图作对照。包括的水文类地图主要有《洱海图》、《咸淳临安志》、《西湖图》、《筹海图编》、《广东沿海图》、《全海图注》、《绍兴府水系水利图》、《20世纪中外大地图·世界水陆图》、《海运全图》、《黄河源图》、《黄淮合流故道入海图》等珍贵地图。

(10)《中国古地图精选》

刘镇伟主编，中国世界语出版社，1995年出版。

本图集中的地图，大部分是首次发表。本图集所选最早的图是《太华山图》，它上石于明万历乙卯年（1615年），后又于崇祯年间刻上了王维、李白、杜甫、韩愈、孟郊、陈抟、韩琦、邵雍等人的诗句。所选清代康熙年间绘制的地图有《甘肃图绘》和

《海口要隘水陆远近形胜全图》等，雍正年间的《太湖图》等，乾隆年间的《福建沿海图》、《山西省兵备图》和《晋省地舆全图》等。所选绘制形式较珍贵的彩色手绘地图有不少，如军事类有《直隶各海口大小炮台图》、《山东各海口炮台图说》、《九江附近长江大观》、《长门海口炮台图》和《荆州八旗牧马图》等；城市图类有《福州城图》、《武昌汉口鸟瞰图》、《潮州图绘》、《北京城地图》和《平乐城图》等；风景名胜类有《避暑山庄图》、《恒山图绘》、《焦山全景》、《热河图绘》等；风水类有《大明十三陵图绘》、《陵寝图》、《东陵风水地图》、《永陵全图》和《福陵图》等；水利类有《长淮全图》和《扬子江流图》等；经济类有《鄂省厘金局卡全图》等。由于碑刻地图多经战乱，不易保存，也极为宝贵，本图集收入的有《晋省地舆全图》、《泰山全图》、《华岳图》、《太华全图》、《太华山图》、《关山八景》、《龙门山全图》和《沧浪亭图》等。

(11)《中华古地图珍品选集》

俞沧主编，闫平副主编，金迎春编辑，哈尔滨地图出版社，1998 年出版。

此选集是以中国古地图发展史为理论基础，以珍品地图为主体，精选了从现存最早的古地图——《中山王墓兆域图》（公元前 300 年）至清末杨守敬《历代舆地图》（1911 年）两千多年绘制并保存至今的文物地图珍品。利用精湛的复制技术，再现中国古地图文化之风貌。精选的珍品地图配以说明和附录，图、文、史料相互印证，组成了一部有很高学术价值和收藏价值的图集。它是中国第一部全面系统介绍中国地图发展史的古地图集。地图集的 166 个图目，共收入 113 种 142 幅古地图，含 235 张各种类型的底片。此选集反映了中国古代地图测绘技术，为研究水文地理、地名沿革、测绘技术的珍贵资料。

(12)《 舆图要录 》

北图善本特藏部舆图组编，北京图书馆出版社，1997 年出版。

北京图书馆善本部是全国收藏古地图较多的，不仅藏有清廷阁的明清绘本地图百余种，还有历次出土的古代地图，清末以来公私团体、个人所测绘的各种舆图，以及部分外文地图。此图集是在《国立北平图书馆中文舆图目录》基础上，为 6800 余种舆图悉心著录，撰写提要编成。即是对北图馆藏的重要揭示，又便于海内外人士对图书资料的研究利用。

(13)《中国历史地图集》

谭其骧主编，中国地图出版社，1996 年出版。

此图集的编撰源于热爱历史的毛主席，是由复旦大学、中央民族大学、南京大学、云南大学以及中国科学院的历史、考古、民族和近代史研究所等单位百余人参加编绘，历时 35 年之久的以中国历代疆域政区为主的地图集。共分八册，上起原始社会、下迄清末，包括 20 个图组、304 幅地图（未计插图）和约 7 万个地名，全部采用古今对照。内容包括：已公布的原始社会遗址和其他时期的重大遗址，各民族政权的疆域或活动范围、政区和一些部族的分布，秦以前可考地名、秦以后全部可考县以上政区（含县）

和县以下重要地名的位置或范围，可考的长城、关津、堡塞、谷道、陵墓、庭帐等，主要的河流、湖泊、山岭及海岸线、岛屿等。

此图集是中国一部前所未有的比较完整、准确的大型历史地图集，是研究中国历史地理的基础，也是研究和学习中国历史地理的必备工具书，为繁荣中国历史地图事业作出了重大贡献，对以后历史地理学的发展起了不可替代的作用。

3. 书籍水文插图

由于水文地图单图不多，但书籍中记载的水文图较多，一般随书留存，鉴于此类书中插图繁多、重复，而《江南经略》中的江防图和湖防图较具代表性，本文就去繁从简，以此为例：

《江南经略》，明代郑若曾著。编绘了《筹海图编》后，郑若曾又开始编绘长江防御图与太湖防御图。他和两个儿子各操小舟，遨游于三江五湖间，辨别江河的水流通畅及河岸道路的形势险阻，道路水坝的修筑情况，并向当地居民父老访问，两年后完成10万字的《江南经略》。隆庆二年（1568年）在他的留耕书房里写成了《江南经略序》，在这部书里，他提出了江防、湖防的观点，认为太湖很重要，从水利方面讲关系到三郡地域农业丰收与否及税赋收缴的多少；从抵御外来侵入的角度来讲则关系到三郡地域的安危；江南地区的社会安定和社会富足没有大过于此的，“向来论经略者多未之及”，他“遍阅史志及访耆老，太湖图古所未有”，于是“乃操小艇，历五湖半载，始有所得。凡港渎通塞之迹，古今同异之名，何者为水利之所关，何者为兵防之所要，悉详识之，而绘为二图。……庶司兵者得有所军以便规画也”①。

此书中包括46幅《江防图》和29幅《湖防图》，这些地图是明代江南江河湖泊（太湖）战备图的集中代表。所绘《江防图》的范围主要为长江下游，西起今江西瑞昌县，沿江而下，东到长江口的金山卫，这个范围也是倭寇进犯可能到达的地方。《江防图》幅面为16开纸大小，对江岸具有导航意义的山峰、寺院、塔楼等采用写景绘图法。图上重点描述军事要素，包括江防设施、哨所驻地、各营防区范围及其界线、倭寇出没路线等。图上注记文字较多，除了地名、山名、港名、寺名之外，还标注了防区的起止地点，不同巡司间的距离，巡逻水军的兵员多少、舰只数量、巡逻周期等。南京以东江段的地图更为详细。湖防图有1幅8开纸大小的《太湖全图》和28幅16开纸大小的《太湖沿边设备之图》。前者描绘了太湖的全景，并附有太湖考②，后者详细描绘了沿太湖周边的港渎及其防备情况。有资料统计，图上共有港渎等约250处，其中湖5个，渎104个，港101个，另有溪、浦、口、泾、门约40处。现藏于国家图书馆的《文津阁四库全书子部·儒家类·兵家类》内。

---

① 郑若曾．江南经略［M］．

② 商务印书馆四库全书工作委员会编．文津阁四库全书·子部·儒家类、兵家类·江南经略［M］．北京：商务印书馆，2005：563.

五、档案部门保存的中国古代水文档案原件

中国第一历史档案馆和各级地方档案馆都保存有相关的水文档案，尤其是某些专门档案馆，其所存数量更非一般。

1. 中国第一历史档案馆保存的水文档案

中国第一历史档案馆保存了大量以清代为主的明清时期科技档案原件。共 23 个全宗，其中涉及水文方面内容的有内阁全宗（全宗号—02）、农工商部档案全宗（全宗号—20）、舆图汇集档案全宗（全宗号—47）、其他征集档案（舆图）等。每个全宗都从不同角度保存了相关水文档案，如内阁全宗中的农业类：有题报雨水粮价、禾麦收成分数的文件及农业耕作、开垦地亩、森林畜牧等方面的文件；军需工程类：有关于水陆军营修造、军装器械、火药铅弹的制造及采买硝磺等事务的文件；水利工程类：有关于修筑和疏浚各省河道、湖港、渠堰、城市沟渠工程及题报海塘沙水于河湖汛情的文件等①。

另外，在馆内所藏众多档案中还有一种特殊的水文档案，其重要地位是不可忽视的，那就是奏折类水文档案。中国历朝帝王对水的治理和利用都是相当重视的，尤其每到洪水泛滥之季，关于此类的硃批奏折络绎不绝传递于宫廷内外，数量较大，以清朝居多，不少被后人汇编成书，如《清乾隆奏折》。现摘录其中部分："五月十八、十九等日，辰沅山水骤下，武陵城外长堤正当其冲以致堤口溃漫，该县城乡房屋多有坍塌，人口亦有淹毙。武陵、桃源……等县被灾较重，抚恤一月。沅陵、泸溪二县情形也重，应须抚恤及借给籽种。……"在沅水五强溪坝址上游 58 ~ 91 公里范围内，发现有该年洪痕石刻 7 处。经调查计算，沅水沅陵最大流量为 38 700 立方米每秒，五强溪为 41 700 立方米每秒。为沅水干流自 1766 年以来发生的最大洪水，其重现期为 140 年左右。又如光绪年间湖北巡护奏："再湖北滨临江汉各州县地势低洼向赖隄胜以资捍卫臣等迭各地方官督率业人等随时加意防护讵意本年六月初旬大雨连朝通宵达旦汉水涨二丈有余……"漕运总督松椿奏："在案兹查六月初一日至二十九日止洪泽湖长水二寸现存水四尺六寸高邮玉马头水无长落淮阳里运河各汛长水一尺余寸至四尺余寸……"河东河道总督奏："……臣查微山湖定志收水在一丈四尺以内丰工漫水灌注量验湖底积受新淤恐不敷济运奏准加收一尺以志椿存水一丈五尺为度本年六月分存水一丈二尺二寸七月内长水三寸实存水一丈二尺九寸较上年七月水小三寸……"等。现对《清代黄河流域洪涝档案史料》详述如下：

此汇编于 1988 年 6 月开始编纂，由水利电力部水管司科技司和水利水电科学研究

---

① 参见丁海斌、陈凡：中国科技档案史［M］. 沈阳：东北大学出版社，2007：216 ~ 223.

院整编，中华书局1993年10月第一版。此书整编的史料，主要来自国家第一历史档案馆所保存的清代档案，即1736～1911年（乾隆元年至宣统三年）间的部分“宫中”、“硃批”及“军机处录副”档，也就是清代地方政府各类官员，根据其所属州县厅营所报各项内容分别汇总奏呈给皇帝的奏折。此书所搜集整编的洪涝史料，并非清档的全部。因为这些档案，由于种种原因自清末至新中国成立前近四十年间，造成了一些损失，现存各年档案数量多少不一，相差悬殊，所以并未能将其全部收入。

全书整编的范围是黄河流域、山东省诸河、西北内陆河（湖）等，一并收录；整编的内容包括雨情、水情、灾情（含风潮灾情）、河道情况等；整编的方法是，以年为单位，将有关洪涝（包括风潮）档案史料，按水系分布，再以奏报先后的顺序逐条整理编排。

全书结构分为十大部分：（1）整编说明。（2）黄河流域清代州县一览表［附：山东省诸河、西北内陆河（湖）］。（3）黄河流域清代州县名称与现名对照表［附：山东省诸河西北内陆河（湖）］。（4）1736～1911年各年资料分类统计简表。（5）1736～1911年洪涝州县所占年次表。（6）1736～1911年黄河流域洪涝州县分县索引［附：山东省诸河、西北内陆河（湖）］。（7）1736～1911年黄河流域洪涝分布［附：山东省诸河西北内陆河（湖）］。（8）史料，为奏折，如：“乾隆三十三年六月二十八山西巡抚苏尔德奏：汾州府属之永宁州青龙渡地方，向因渡口山陕要津，商贩往来……乾隆元年（1736年）间，黄河水决，淹没庐舍，居民迁徙他处……”；“六月十八日陕西巡抚硕色奏：五月二十八、九日（7月6、7日）大雨滂沱，三十日（7月8日）渭河泛涨，以致武功县所属之康家庄至薛固镇，兴平县所属屈胡桥至清化坊等村，沿河一带低洼地亩，俱被浸漫”。（9）附编：①1736～1911年黄河决溢简摘表；②清代档案有关水利术语浅释。（10）黄河流域清代行政区划图［附：山东省诸河、西北内陆河（湖）］。

2. 各级地方档案馆保存的水文档案

各地方档案馆也存有水文档案。如天津市档案馆收藏有，天津海关档［档号—旧（外）1］：1909年出版的《海务科报告》及海河治理工程、大沽口航道航标的资料；河海工程局档［档号—旧（外）3］：光绪二十七年至宣统三年历年章程会议的稿件、年报、工程进度报告等，光绪二十六年以来各种河道工程的资料、合同、契约、备忘录、航海日志等文件等①。这些档案不同于中国第一历史档案馆接收的清中央政府档案和清皇室档案，它们大都是地方档案馆收集的本地古代档案等，具有较鲜明的地方特色和对当地情况的详细记载，对于弥补中央档案中有关各地内容的不全、不详起着不可替代的补充作用。

① 丁海斌、陈凡：中国科技档案史［M］. 沈阳：东北大学出版社，2007：224.

六、汇编类水文档案直接遗存

虽然水文档案与农业水利、洪涝灾害等有关，统治者比较重视。但中国古代的官方水文档案常与其他档案混杂在一起，不够系统、明晰，因而能够流传下来的各类水文档案并不多，而其汇编就更是凤毛麟角了。其内容主要与治河、航运有关，现就已掌握的资料以时间为序整理如下：

1.《尚书》

原称《书》，到汉代改称《尚书》，意为上代之书。这是中国第一部上古历史文件和部分追述古代事迹著作的汇编，它保存了商周特别是西周初期的一些重要史料。《尚书》相传由孔子编撰而成，但有些篇是后来儒家补充进去的。《尚书》是中国最古的记言的历史。所谓记言，其实也是记事，不过是一种特别的方式罢了。记事较多是间接的；记言多是直接的，其大部分是照所说而录。《禹贡》是《尚书·夏书》之首篇，成书于战国时期（公元前 476 年～前 221 年）。它借大禹治水之事介绍了九州的划分及九州内的山川、薮泽（湖泊）、土壤、贡赋等。对此，司马迁有过精当的评价："唯禹之功为大，披九山，通九泽，决九河，定九州，各以其职来贡，不失其宜……"全文虽然字数不多，但内容比较充实而具有系统性。在中国水文地理发展史上具有重要的影响。

2.《筹海图编》

明代筹划沿海防务的专著。郑若曾（1503～1570 年）编著，字伯鲁，号开阳，口山（今属江苏）人。全书共十三卷。天启本题为"胡宗宪辑议"，《明史·艺文志》题为胡宗宪撰，均有误，实为胡宗宪总督府幕僚郑若曾所辑。

《筹海图编》图论结合，有 8 开纸大小的地图 114 幅，约 26 万字。首卷有 1 幅《舆地全图》，作为全书的统揽。72 幅《沿海山沙图》是最多的种类，图上详细绘制了从广东、福建、浙江、江苏、山东到辽东沿海一线的海防设施，包括卫所、堡寨、烽堠、巡检司等，以及沿海岛礁等概略地形。卷二绘有《日本国图》《日本入寇图》各一幅，详细描绘了倭寇来犯的路线，在 17 处重要地点还进行了标注。卷三到卷七，分别绘制了从广东到辽东沿海州府的地图。"图以志形胜，编以纪经略"（胡宗宪《筹海图编序》），图文结合。凡沿海地理形势，明代海防部署，海防方略，海战器具，中日历来的交往，倭寇劫掠沿海的历史，倭寇入侵的时间和路径、武器装备，战略战术以及平倭之功绩等，均有叙述。书中注重记叙地理形势，认为"不审形势，不可以施经略"，详细描述了自广西至辽东的沿海边塞形胜，或当巡哨之海域，或为设防之要地，一目了然。其《沿海山沙图》是迄今所见中国最早而又详备的沿海地图和海防图。

《筹海图编》总结了明初以来的沿海防卫经验，对其后抗倭战争有指导意义，也为后人筹划海防提供了借鉴。它是研究明代沿海地貌、海防及抗倭战争的重要文献。

3.《两河经略》

明代潘季驯撰，全书共四卷，为浙江范懋杜家天一阁藏本。书中所记载的都是当时有关治黄的南北两河奏疏所载皆其万历六年第三次治河时相度南北两河的奏疏。首冠以图，末附书一通，未注明所上奏疏者为何人。此书不但可以补史志等书的疏略，还可备舆图等的考证，具有重要的史料价值。

4.《行水金鉴》及其续编

清傅泽洪主编，郑元庆辑，成书雍正三年（1725 年），共 175 卷。关于黄河、淮河、长江、运河等主要水系水利史料的总汇编。为研究水利和水文提供了最丰富的资料线索。该书按河流分类，按朝代、年代编排，上起《禹贡》、下迄康熙六十年（1721 年）。每条记载均注明出处，非常方便查考原著。所收文献资料达 370 种以上。傅泽洪在该书《序》中提到此书编排的宗旨和原则是：“凡四渎、运河兴废之由及疏、筑、塞、防一切事宜之得失缓急，犁然悉备。”还指出此书对运河资料的处理是，“其于古也，不嫌其略；于今也，务得其详”。全书卷首载有诸图，各类分为：“河水”60 卷，“淮水”10 卷，“汉水、江水”10 卷，“济水”5 卷，“运河水”70 卷，“两河总说”8 卷，以及“官司、夫役”等 12 卷，其中“运河”篇幅最长。

道光十一年（1831 年），由黎世序“总裁”，俞正燮等纂修《续行水金鉴》，该书以《行水金鉴》为范本，上起康熙末年，下迄嘉庆二十五年（1820 年），分黄河、长江、淮河、运河、永定河五大部分。文稿多引自当时章牍奏稿及官书册籍，每河首叙源流，次记章牍，最后为各项工程。所论述的各河，对《行水金鉴》中内容有一定的补正。全书共 156 卷，其中关于长江流域的水利共 11 卷。现有清道光十二年刻本。《行水金鉴》、《续行水金鉴》二书共 320 万余字，《再续行水金鉴》约 700 万字，三本书共 1000 万余字，这是中国水史料的三部巨著，对全面研究历史上水利和水资源有关科技成就，都是最基本的参考资料。而且这三部书对保留历史上大量的水文资料也起了重要作用。

第三节　中国古代水文档案间接遗存

由于水文学科是直到近代才被独立出来的，以前人们在各种活动中形成的水文档案未能得到系统归类和整理，作为间接遗存的水文资料信息就更为零碎分散了。它们相对于直接遗存而言，多散存于各类私著、官史、方志中，尤以地方志中居多，私著中也有不少是具有重要价值的。

一、私著类水文档案间接遗存

水文档案间接遗存大都体现在各类著作中，有的是水文方面的专著，还有的是分散在其他古著中，这些著作大都是根据作者实际勘测或他人实地考察的第一手资料完成，其中不少辑录了有关水文水利工程的奏折、诏敕等。比较著名的有明代潘季驯所著的《河防一览》，书中卷七至卷十二辑录了他200多道治河奏疏中的精萃41道，是他四次主持治河过程中解决一些重大问题的原始记录；再如明末张国维所纂《吴中水利全书》中也辑有许多历代治理吴中水利的诏敕、奏章、状疏、案牍等等。另外，由于不少专著图文并茂，其所附水文地图大都是作者根据实际情况亲笔所绘，无疑是原始的一手资料，因而不可否认这些著作是继承了古代水文档案原件精髓的。

1. 《穆天子传》

它是一部记录周穆王西巡史事的著作，书中详载周穆王在位五十五年率师南征北战的盛况。名为传，实际上属于编年，其体例大致与后世的起居注同。所以，《隋书·经籍志》、《新唐书·艺文志》都把它列入史部起居注。据顾实所著《穆天于传西征讲疏》（成书于1931年）中考证：由周史官记于周穆王十三年至十四年之际的《穆天子传》，以日记形式记述了穆王及随从于十三年闰二月自宗周（今河南洛阳）出发，经今河北、山西、内蒙古河套入宁夏、甘肃、青海、南疆，西过帕米尔，经中亚，于十二月到达欧洲大平原之波兰华沙，休整三个月后，于十四年三月起程东归，十一月回到宗周，前后历时二年。沿途跋山涉水，行程三万五千里，所记经过之河流湖泊达19处之多，并记有雨雪风旱等天气情况。是中国最早的一部水文地理游记著作。

2. 《诗经》

《诗经》是周代的一部诗歌总集，其中含有丰富水文信息，有不少关于泥沙、泉水、河流、天气等方面的记述。如：《小雅·四月》："相彼泉水，载清载浊。我日构祸，曷云能穀?"《邶风·谷风》："泾以渭浊，湜湜其沚。"这是以水体的清浊来比喻事物的变化。《邶风·北风》："北风其凉，雨雪其雱。"《鄘风·蝃蝀》："朝隮于西，崇朝其雨。"这是关于天气的记述。《小雅·沔水》："沔彼流水，朝宗于海。"《小雅·十月》："烨烨震电，不宁不令。百川沸腾，山冢崒崩。"这是关于河流和地震的记述。《大雅·公刘》："笃公刘，逝彼百泉，瞻彼溥原。""笃公刘，既溥既长，既景乃冈，相其阴阳，观其流泉，其军三单，度其隰原。"这是公刘为人们定居和农田灌溉而进行查勘测量、气候观测和寻找水源等活动的记述。《邶风·凯风》："爰有寒泉，在浚之下。"《曹风·下泉》："冽彼下泉，浸彼苞稂。"《大雅·瞻卬》："觱沸槛泉，维其深矣。"《小雅·大东》："有冽氿（音轨）泉，无浸获薪。"《邶风·泉水》："我思肥泉，兹之永叹。”这里“下泉”（即下降泉）、“氿泉”（即裂隙泉）、“槛泉”（即上升泉）、“肥泉”（即出同归异泉，见《词源》“肥泉”释文）等的分类，可见当时人们对地下水已有较多认识。

3.《山海经》

《山海经》约成书于从春秋末年到汉代初年（公元前500～前200年）。除保存有大量的神话资料外，还涉及宗教、历史、地理、天文、民族、民俗、哲学、动物、植物、矿物、医药卫生……等各个学科，“被称为是古代人们的生活日用百科全书”。全书十八卷，其中《山经》五卷，《海经》八卷，《大荒经》四卷，《海内经》一卷，共约31 000字。记载了100多邦国，550座山，300条水道以及邦国山水的地理、风土物产等信息。其中《山海经》所载的大部分是历代巫师、方士和祠官的踏勘记录，经长期传写编纂，具有较高的参考价值。书中描述了不少水文信息，如《南山经》中有：“又东三百里，曰青丘之山，……英水出焉，南注于即翼之泽。”《北次三经》中记有“教水出焉，西流注于河，是水冬干而夏流，实惟干河。”等的叙述多处。它作为先秦的一部古地理著作，具有重要的科技文化价值。

4.《管子》

《管子》一书托名管仲所作。是战国时各学派的言论汇编，内容很庞杂，包括法家、儒家、道家、阴阳家、名家、兵家和农家的观点，现在版本的《管子》是在西汉时由刘向编定的，原有86篇，现只有76篇，内容分为八类：《经言》9篇，《外言》8篇，《内言》7篇，《短语》17篇，《区言》5篇，《杂篇》10篇，《管子解》4篇，《管子轻重》16篇。

书中记载有较多的水文概念。如《度地》篇记述有对河流的分类：“水有大小，又有远近。水之出于山而流入于海者，命曰经水，水别于他水，入于大水及海者，命曰枝水；山之沟一有水一无水者，命曰谷水（季节河）；水之出于他水，沟流于大水及海者，命曰川水；出于地而不流者，命曰渊水。此五水者，因其利而往之，可也；因而扼之，可也。”将河流分为“经水”（干流）、“枝水”（支流）、“谷水”（季节河）、“川水”（人工河）和“渊水”（湖泊），这在水文地理学上，是世界上最早提出的河流分类概念。又如《水地》篇有：“夫水，淖弱以清……素也者，五色之质也。淡也者，五味之中也。”说到纯水无色无味，为淡为素。水能中和五味（酸、咸、辛、苦、甘）而成为淡水。据此，并对春秋诸国的水质作了评价：“夫齐之水，遒躁而复；楚之水，淖弱而清；越之水，浊重而洎；秦之水，淤滞而杂；晋之水，枯旱而浑；燕之水，萃下而弱，沉滞而杂；宋之水，轻劲而清。”说明北方河水多泥沙，含多种化学元素，以致易淤、易浑、易浊、易滞。南方河水则较清纯。在《地员》篇中，还对地下水的埋深与水质的关系作了描述。

5.《吕氏春秋》

是战国末年（公元前239年前后）秦国丞相吕不韦组织属下门客们集体编撰的杂家著作，又名《吕览》。此书共分为十二纪、八览、六论，共12卷，160篇，20余万字。书中对水文现象已有了初步认识，如《冬纪》篇中记有：“孟冬之月……水始冰，地始冻；……仲冬之月，……冰益壮，地始拆；……季冬之月，……冰方盛，水泽腹坚。”① 说明在先秦时期，黄河流域人民对冰情现象已有所认识。且当时对水循环也有了一些认识，《圜道》篇中提出了中国早期对水循环的概念：“云气西行，云云然，冬夏不辍；水泉东流，日夜不休；上不竭，下不满，小为大，重为轻，圜道也。”② 揭示了地处太平洋西岸的中国水循环的途径和规律。水汽从海洋不断吹向大陆，在大陆上空回旋，凝降为雨；地上、地下的水流向海洋，日夜不息，海洋也常注不满，涓滴汇合成河海，海水又蒸发为浮云，形成水的大循环。《吕氏春秋》中水循环的论述为中国先秦时期的水文瑰宝。

6.《华阳国志》

中国早期的水文地理著作，东晋常璩（约291～361年）撰，共12卷，附录1卷。记述今陕南汉中、甘南及川、滇、黔等长江上游各省自远古到东晋永和三年（347年）间的建制沿革、统辖郡县之境域、道里、土地、水文地理、水利、物产、民俗及人物等史事。史料精详，为中国现存早期的水文地理著作。

7.《水经注》

北魏郦道元（约466～527年）所著，成书于北魏孝昌二年（526年）前，是公元6世纪记述全国河道水系、水利为主的综合性著作。原书40卷，宋代已部分遗失，现存本仍有分40卷的，系后人的分割凑数。郦道元历任河南、冀州鲁阳郡等地方官吏。由于职务关系，足迹遍及山东、河北、山西、河南、陕西、内蒙古、江苏、安徽、湖北等地。他热爱祖国的大好河山，对河道、水系或者说水文地理研究尤其怀有一种特殊的感情，他在《水经注》的自序中说，天下最多的是水，它浮天载地，高下无所不至，万物无所不润。郦道元在阅读《禹贡》、《周礼·职方》、《山海经》、《水经》等古代地理学著作时，深感这些著作的记载往往过于简略，于是细心收集历代地理资料，选用《水经》为底本，决心以注释《水经》的方式撰写一本新的水文地理研究著作。《水经》一书记载河流137条，而《水经注》以多于它二十几倍的文字来进行注释。所提到的水道《唐六典·注》说是“引支流一千二百五十二”，实际今本所记达5000多个。

---

① 廖名春，陈兴安．吕氏春秋全译［M］．成都：四川出版集团巴蜀书社，2004：435.

② 同注①，390页．

郦氏在书的自序中指出：这类著作要取材广泛，“布广前文”，内容系统全面，叙述周密细致，文字简练通畅。不只是主观上表达自己的学术见解，还要在实际上能为治水兴利除害作参考。他所采用的方法是依据《水经》，以大河为主干，查明“枝流之吐纳”，弄清干、支分合和流经地区。不单是文献查证，而是通过亲自实地考察，汇辑编缀。在这基础上，并对《水经》原文某些谬误之处，进行考证订正。凡属不是经常通水的河谷，就从略不注。他又指出：远古以来，改朝换代更迭频繁，城镇有兴废，水道有变改，名称今昔不同，有的两水合流，名称却很古怪；有的两水交义，彼此又可通用同一名称。水流曲折错综，繁复混杂，有名气的大河流，尚且难说，至于轻流细水，更是难以追究。正因存在这些问题，所以应当贡献自己的研究心得，这也算得上备供采纳的舆论。凡是自己还未知道的，就缺而不谈。他最后还再次指出，所以为《水经》注释考证，并“附其校要”的原因是，一方面为了备供参考，免得遗忘致误，另一方面也是为了查阅方便，易于理解原文。另外，全书还摘录了不少汉魏时期的碑刻，这些古籍、碑刻现在大多数都已失传，靠着《水经注》才保存下来。

《水经注》写作的最大特点是以全国水道为纲，共分黄河、济水、淮河、污水（汉江）、长江五大水系。每一水系又按大小顺序，先叙述干流，再叙述大小支流。对每一条河流的发源、流经地区、交汇和所注入的河、湖、海域，以及沿河的风土人情、城市面貌，历史沿革、史事掌故等都一一有详细的说明。《水经注》所记水文，分地表水和地下水。地表水共记1252条河流，几乎比《水经》扩大了10倍，所谓地下水是指井、泉和伏流，记有泉水30多处，伏流也有30多处。全书提纲挈领，体例分明，条理清楚，结构严谨，既为我们提供了丰富的水文历史地理资料，又开创了中国撰写水文地理研究著作体例的先河。其对水文地理研究的科学贡献和社会经济发展的推动作用是不言而喻的。因此，千百年来一直受到人们的重视，具有很高的学术地位和学术价值。

后人将其拜为泰斗级水文著作，较多朝代都曾对其进行过考释，如明清以来的学者在考订和校释《水经注》方面做了大量工作，其中以明朱谋韦，清全祖望、赵一清、戴震以及近人杨宋敬等成绩较著，常用的有《永乐大典》本、王先谦合校本和《水经注疏》等本。

8. 《吴中水利书》

北宋单锷著，共一卷。锷字季隐，宜兴人。这是第一部研究太湖地区水利问题的专著，作者在这一地区生活三十余年，亲历每一沟、渎调查，都遍览其源流，其主张对后代治湖影响颇大。今有四库本、守山阁本及墨海金壶本。

9. 《岭外代答》

宋代地理名著。周去非撰，共十卷。周去非（生卒年不详）字直夫，浙东路永嘉（今浙江温州）人。南宋孝宗淳熙（1174～1189年）初，周去非曾“试尉桂林，分教宁越”，在静江府（今广西桂林）任小官，东归后于淳熙五年撰此书。书中有“广西水经”专篇，论述西江水系郁、柳、桂等各大河的源流、走向及其他水文地理概况。书分地理、边帅、外国、风土、法制、财计等共二十门，“今有标题者十九门，一门存其子目而佚其总纲”。它记载了宋代岭南地区（今两广一带）的社会经济、少数民族的生活风俗，以及物产资源、山川、古迹等情况。参考价值甚高，是研究岭南社会历史水文地理的重要文献。原本已佚，今本从《永乐大典》中辑出。

10. 《三吴水利论》

明代伍余福著，共 1 卷。全书分 8 篇，一论五堰，二论九阳江，三论夹苧千，四论荆溪，五论百渎，六论七十三溇，七论长桥百洞，八论震泽，都是吴中水利要害。现存金声玉振集本，借月山房本。

11. 《浙西水利书》

作者不详，全书共 2 卷。收录前代治水文字，凡奏记、书状、疏论、或问之类予以并列。其中宋文 19 首，元文 15 首，明文 12 首，而宋以前没有采录。此书可能为未成之书。其明文载至弘治间止，据推测应为正德年间所撰集的。

12. 《吴中水利通志》

成书于明代，作者不详，全书共 17 卷。前 7 卷分序苏、松、常、镇并杭、嘉、湖诸府之水以及历代修濬之迹；后 10 卷分别为《考议》2 卷、《公移》3 卷、《奏疏》3 卷、《纪述》2 卷。其叙事止于嘉靖二年，每卷末都题有嘉靖甲申锡山安国活字铜板印行。

13. 《两种海道针经》

成书于 16 世纪的《两种海道针经》，该书由《顺风相送》和《指南正法》两部分组成。第一部分主要内容有三：一是关于天文、气象等方面的观测方法；二是关于地文、水文方面的航路指南；三是关于航行操纵与仪器使用。在第二部分中，记载了国内外各州府港口的山形、水势、水深、泥沙、礁石，还有中国沿海及其与东、西洋之间的往返针路，并详注了罗盘航向、航道测深数据、潮汐消长时辰、水中危险物和抛锚避泊条件等。据查考，在《顺风相送》中所记国内地貌达 19 处、国外 74 处，书中提到的地貌类型有石牌（排）——礁石、古老浅——岸礁、坤身——沙堤、泥尾——水下泥滩、拖尾——水下沙滩等。

14. 《治水筌蹄》

明万恭（1515～1592 年）在万历元年成书，书中万恭首倡“束水攻沙”法，提出："如欲深北，则南其堤，而北自深。如欲深南，则北其堤，而南自深。如欲深中，则南北堤，两束之冲中坚焉，而中自深。此借其性而役其力也。"这一"束水攻沙"法在其后任的潘季驯（1521～1595 年）治河工作中得到了实施。潘在黄河下游治理中注意修筑两岸堤防，还筑洪泽湖出口高家堰以增蓄来自淮河的清水，并相继放泄清水入黄，冲刷其下游泥沙入海，这就是著名的"蓄清刷黄"的方法。书中还描述了黄河塘马报汛等其他相关水文信息，其记述："黄河盛发，照飞报边情，摆设塘马，上自潼关，下至宿迁，每三十里为一节，一日夜驰五百里，其行速于水汛。凡患害急缓，堤防善败，声息消长，总督者必先知之，而后血脉通贯，可从而理也。"这是黄河从上游潼关向下游传送水情的最早记载。在当时通信条件下，用"塘马"制（即驿站快马）是传送水情最快的办法。万恭在总督河道工作中深知水文情报的重要，故有此创举。还提到："凡黄水消长，必有先几。如水先泡，则方盛；泡先水，则将衰；及占初候而知一年之长消；观始势而知全河之高下。旧日识水高手者，唯黄河之滨有之。"这是介绍黄河边的人们根据洪水来势情况作预报的记述。

15.《淮南水利考》

明代胡应恩著，全书共 2 卷。该书广采明代万历五年以前历代史志河渠诸书中关于淮南水利问题的论述，编年记载，首载《禹贡》。现存南京图书馆藏明刊本，北京图书馆藏天尺楼抄本。

16.《郑开阳杂著》

明代郑若曾撰，11 卷。若曾字伯鲁，号开阳，昆山人。嘉靖初贡生。此书原本分《筹海图编》、《江南经略》、《四隩图论》等编，本来是各自成书。至康熙年间，其五世孙起泓及子定远，又对其重新编排，将其合为一帙。定为《万里海防图论》2 卷，《江防图考》1 卷，《日本图纂》1 卷，《朝鲜图说》1 卷，《安南图说》1 卷，《琉球图说》1 卷，《海防一览图》1 卷，《海运全图》1 卷，《黄河图议》1 卷，《苏松浮粮议》1 卷，除《苏松浮粮议》外，都是以地图为主的著述。其中《海防一览图》是《万里海防图》的初稿，但因二者详略不同，可以互鉴，所以同时收存其中。书中《江防图考》和《苏松浮粮议》两卷为长江水利内容。这些书中江防、海防形势都是实地考察，亲眼所见，有关日本部分也是得其实据，并非听信传闻。与那些听信他人之言而纸上谈兵的闭门之作还是有本质不同的。

17.《三吴水利录》

明代归有光撰，全书共 4 卷。该书采集前人水利议 7 篇，自作《水利论》2 篇，并附有三江水利图。强调治吴中之水，宜专力于松江，松江既治，则太湖之水东下。现有涉闻梓旧本，北京图书馆藏抄本。

18. 《东吴水利考》

明代王圻著。全书共 10 卷，前 9 卷为图并附说，后 1 卷为历代名臣奏议。该书论述了太湖地区的水利问题，尤详于苏、松、常、镇四郡。现有北京图书馆藏明代万历年间刊本。

19. 《河防一览》

成书于万历十八年（1590 年），此书乃明代潘季驯晚年之作。全书由他四任河道总督的治河经验及总结前人的治河理论和经验汇辑成，该书卷 1 是皇帝玺书和黄河图说，反映了当时的历史背景，黄、淮、运三河的总形势和工程总体布置；卷 2 是《河议辩惑》，集中阐述了潘季驯“以河治河，以水攻沙”的治河主张；卷 3《河防险要》全面指出了黄、淮、运各河的要害部位、主要问题以及应采取的措施；卷 4《修守事宜》，系统规定了堤、闸、坝等工程的修筑技术和堤防岁修、防守的严格制度；卷 5《河源河决考》是前人研究黄河源头和历史上黄河决口记载资料的汇集整理，是研究河道演变的重要资料；卷 7 ~ 12 是从潘季驯 200 多道治河奏疏中挑选出的精萃计 41 道，是他四次主持治河过程中解决一些重大问题的原始记录，概括了他治河的基本过程和主要经验，又是《河议辩惑》中所提出的各种观点的详细注释；13、14 两卷是潘季驯为阐明自己的观点、批驳反对派的意见而引证的古人以及同时代人的著述、奏疏、题记、批文等，后附有《河防一览图》。此书是明代河工专家潘季驯（1521 ~ 1595 年）的代表作，是中国古代最重要的河工专著之一，对后世治河影响很大。

20. 《温处海防图略》

明万历二十四年，蔡逢时所撰，全书共 2 卷。蔡逢时字应期，宣城人，为明朝温处兵备副使。因为温处为两浙海疆门户，明季倭寇出没，号曰要冲，蔡逢时根据当时各类相关文献册籍编次成帙，对于地形船械以及战守选练之法，皆详细记载。全书共有子目 43 条，附图 4 幅，为《浙江温州图》、《处州图》、《温区海图》和《日本倭寇图》，其中的《温区海图》所绘海防设置及文字注记较详，故此图最重要。

21. 《两浙海防类考续编》

明万历二十九年（1601 年），海道副使范涞所撰，全书共 10 卷。范涞字原易，休宁人。此书是根据《筹海图编》、《海防考》、《海防类考》等诸书，复加增广，故名曰续编，前有史续辰序，并类考旧序二首，共 41 目，附图 4 幅，对于兵卫巡防饷额各事宜，都记载较详。是明代继《筹海图编》之后有关海防的图籍。

22. 《吴江水考》

明代沈启著。全书共 5 卷，前 2 卷为水道考、水图考、水源考、水官考、水则考、水年考、提水岸式水蚀考、水治考、水栅考，后3卷为水议考。该书大旨以吴江为太湖之委、三江之首，凡苏、松、常、镇、杭、嘉、湖七郡之水，共潴于湖、流于江而归于海者，都予以汇总。清代黄宗羲有增辑。现存有乾隆刊本，光绪二十年刻本。

23.《三吴水考》

明代张内蕴、周大韶撰。书中载有御史怀安林应训的奏疏、条约等，皆署衔署姓而不署其名，全书共16卷，韶令考1卷，水道考3卷，水年考1卷，水官考1卷，水议考3卷，水疏考3卷，水移考1卷，水田考1卷，水绩考1卷，水文考1卷。对于诸水的源流，诸法的利弊，都予以一一详赅。

24.《南湖考》

明代陈幼学撰。该书成于明万历三十七年（1609年），记载了浙江南湖的有关情况，前为图说，后为南湖志考。全书共1卷。

25.《农政全书》

明代徐光启（1562～1633年）所著，徐光启，字子先，号玄扈，上海人。这部农书由他的门人陈子龙等人负责修订，于崇祯十二年（1639年），亦即徐光启死后的6年，刻板付印，并定名为《农政全书》。全书分为12目，共60卷，50余万字。12目中包括农本3卷，田制2卷，农事6卷，水利9卷，农器4卷，树艺6卷，蚕桑4卷，蚕桑广类2卷，种植4卷，牧养1卷，制造1卷，荒政18卷。

《农政全书》基本上囊括了古代农业生产和人民生活的各个方面，而其中又贯穿着一个基本思想，即徐光启的治国治民的“农政”思想。贯彻这一思想正是本书不同于前代大型农书的特色之所在。前代农书，无论是北魏贾思勰的《齐民要术》，还是元代王祯的《农书》，虽然也都是以农本观念为中心思想，但重点在生产技术和知识，可以说是纯技术性的农书。《农政全书》按内容大致上可分为农政措施和农业技术两部分。但前者是全书的纲，后者是实现纲领的技术措施。于是在书中我们看到了开垦、水利、荒政这样一些不同寻常的内容，并且占了全书将近一半的篇幅，这是前代农书所鲜见的。水利作为其中一目，有9卷之多，位居全书第二。其主要内容有：水利总论、西北与海河流域水利、东南水利、浙江水利、海塘与滇南水利、利用多种自然水体的工程方法、灌溉提水机械图谱、水力机械图谱、西方水利技术介绍等，其中详载了“汽试”、“盘试”、“缸试”、“火试”等寻找地下水源的方法及“煮试”、“味试”、“称试”等评定水质的方法。这9卷中既有徐光启掌握的水利科技的系统归纳，也有他的水利思想的集中阐述；既有其一生水利实践经验的深刻总结，也有他发现的西方水利科技的全面介绍。这不仅使得该书成为当时中国农业科技的集大成者，也使他成为总结此前中国最高水利科技成就的杰出代表。此书在农业、水文水利等方面有着突出业绩。

26. 《吴中水利全书》

明崇祯九年（1636 年），张国维纂。张国维（1595 ~ 1646 年），浙江东阳人，明崇祯七年至十三年（1634 ~ 1640 年）任江南巡抚，期间编撰完成《吴中水利全书》。全书共 28 卷，首卷绘有苏州、松江、常州、镇江四府及所属十七县的水利、水道、水口、水港图 53 幅，其余各卷详细记述了吴地的水源、水脉、水名及水道流程长度，并辑有历代治理吴中水利的诏敕、奏章、状疏、案牍和有关论说、序记以及诗歌、歌谣等资料，是一部内容丰富的综合水文水利著作。全书在编排体例上，继承了中国图经和地方志图文并茂的优良传统，所绘图幅之多、之精，则为一般方志所不及。

27. 《徐霞客游记》

徐弘祖（字霞客，1586 ~ 1641 年）于万历四十一年（1613 年）至崇祯十二年（1635 年）间经过 23 年的野外实地考察，以日记形式记述了旅行观察所得，写有天台山、雁荡山、黄山、庐山等名山游记 17 篇和《浙游日记》、《江右游日记》、《楚游日记》、《粤西游日记》、《黔游日记》、《滇游日记》等著作，除佚散者外，遗有 60 余万字游记资料。他的日记由后人季梦良整理成书，名为《徐霞客游记》。编成 10 卷、12 卷、20 卷诸种版本，今流行多为十卷本。

全书对地理、水文、地质、植物等现象，均作详细记录，所记南北方的地况，皆是亲自观察所得。尤其在水文学方面他纠正了文献记载的关于中国水道源流的一些错误，如否定自《尚书·禹贡》以来流行 1000 多年的“岷山导江”旧说，在《江源考》中第一次指出金沙江为长江上源，纠正了前人的错误观点。并且它是最早记述岩溶水文的，对广西、云南、贵州、四川石灰岩地区的岩溶地貌和水文地理记述具有较高的科学价值，并早于国外同类著作近 300 年。他不仅正确指出河岸弯曲或岩岸近逼水流之处冲刷侵蚀厉害，河床坡度与侵蚀力的大小成正比等问题。对喷泉的发生和潜流作用的形成也有科学的解释，而且还对岩溶地貌、流水作用及气候等方面进行了一些规律性探讨，冲破了旧的地理传统，开辟了新的探索方向，在中国水文地理学的发展中占有突出的地位。

28. 《全吴水略》

明代吴韶著，全书共 7 卷。该书首载松、苏七府总图，次作捍海塘纪，后列太湖三江及诸水原委，并详采疏导、修筑历代职官情况。现存天一阁藏本。

29. 《輶辑纪闻》

明代陈仁锡著。全书共 1 卷，分 4 篇，一为西北水利；二为治河上流议；三为东南水利；四为太湖说。第 3、4 篇都论说长江流域水利。北京图书馆藏有明刊无梦园集本。

30.《明经世文编》

明代陈子龙、徐孚远、宋徵璧等选编。编者从松江以及全国各地搜集文集千种以上，然后从四百二十余人的文集和奏议当中，“取其关于军国济于实用者，上自洪武，下迄皇帝改元，为经世一编”。该书收录的文集中阁臣的占十分之五，督抚大臣的为十分之四，儒臣、言官的占十分之一，保存了许多今已不传的史料。该书以人物为纲，以年代先后为次。书中收载有关时政、边防、赋役、刑法、海运、漕运、水利等文章、奏疏3000余篇，共6册、504卷。其中第一册和第四册选录有夏原吉和归有光有关论治太湖水利的文章、奏疏。现有中华书局影印本。

31.《两河清汇》

清代薛凤祚撰，全书共八卷。薛凤祚（1599～1680年）字仪甫，号寄斋，山东淄川人，明末清初著名的天文学家、数学家。薛凤祚做学问讲求实用，由于他专心于地理，利用所学知识深入探究两河利病，著成此书。卷首列黄河、运河两图。1～4卷为运河修筑形势，北自昌平、通州，南至浙江等处，河、湖、泉、水诸目，都一一详载在内；5、6卷则专记黄河职官、夫役、道里之数，及历代至本朝的治河成绩；7卷辑录了前明朝潘季驯的《河防辨惑》、国朝崔维雅的《刍议或问》此二书；8卷则是作者本人的所著，共4篇，分别为《刍论》、《修守事宜》、《河防绪言》、《河防永赖》。书中所述事例、经验教训，对于河防得失，解析较明。

32.《今水经》

清代黄宗羲著，全书共1卷。该书分北水、南水两大纲，南水自大江以下列55条，叙述长江及其支流行经分合。书前列诸水之名，共为一表，皆以入海者为主，而来会者以次附之，如汴入河、须郑入汴、京入郑、索入京之类。自下流记其委，后各自分说，分南北二条，皆以发源者为主，而所受之水以次附之。如卫河出辉县苏门山，迳卫辉府北，东流淇水来注之，又过濬县内黄界，漳水入焉之类，自上流记其源。其所说诸水，用今道不用故道，用今地名不用古地名。现存有知不足斋丛书本，《四库全书》有提要。

33.《天下郡国利病书》

记载中国明代各地区社会政治经济状况的历史地理著作。此书为明末清初地理学家顾炎武于崇祯十二年（1639年）开始编纂。该书广采各地方志、历代奏疏文集、明代实录中有关各地利害史料，历时二十余年类编而成，该书先叙舆地山川总论，次叙南北直隶、十三布政使司。除记载舆地沿革外，所载包括赋役、屯垦、水利、漕运等资料，其中关于黄河、淮河、长江流域等的水文水利史料十分丰富，是研究明代社会政治经济的重要史籍。原稿旧为清代藏书家黄丕烈收藏，分34册，其中佚失第14册，全书所附图计有 29 幅。现通行商务印书馆《四部丛刊》三编影印本。

《天下郡国利病书》以讲究郡国利病贯穿全书，重点辑录了兵防、赋税、水利三方面内容。作者十分重视研究各地兵要地理，深感兵防之重要，所以书中对全国各地的形势、险要、卫所、城堡、关寨、岛礁、烽堠、民兵、巡司、马政、草场、兵力配备、粮草供应、屯田以及有关农民起义和其他社会动乱等方面资料，都有详细摘录。所以梁启超在《中国近三百年学术史》中称此书为“政治地理学”。水利方面，书中收集了主要河道、漕运诸河（运河、胶莱运河等）、航运、主要作物区特别是三吴地区农田水利以及明代水利专家治水方略、奏折等主要资料。全书实际汇总了政治、经济、军事、历史、地理等各方面资料，这些资料除了摘自方志外，同时也辑录于实录、文集、邸抄及其他各种史料，其中不少今已失传，或已成罕见的碑刻和地方史志材料，十分珍贵。《四库全书总目》称其“杂取天下府州县志书及历代奏疏文集，并明代实录，辑录成编”。至于说到这部书的价值，除了前面已叙过它保留了许多珍贵资料和进行了实地考察加以厘正以外，更重要的是它对明史研究有特殊史料价值。正如赵俪生研究后所云：在考查明朝社会经济方面，《利病书》与《明实录》、《皇朝经世文编》有三足鼎立之妙。自上而下的材料，多见于实录，《经世文编》中主要是来自中层士大夫的意见，唯有《利病书》是透过基层人们的回忆、总结、评论及一些下层的意见，可以补足《实录》自上而下材料的片面性，对研究明代社会经济是很有价值的。

34. 《东南水利》

清代沈恒曾著，恺曾，归安人，康熙壬戌进士，官至山东道监察御史。全书共 8 卷，前 4 卷辑录康熙以来关于太湖、刘河、白茆、孟河各处兴修开浚奏议公牍，第 5 卷录折解、缓征、议赈、兵粮、关税各奏议。第 6、7 卷是前代水利沿革，在郡城修筑之外，还附录了赋额、田税、均粮、盐口等事。现存有《四库全书》本。

35. 《禹贡锥指》

清代胡渭著，全书共 20 卷，附图 1 卷。该书是研究《禹贡》的重要地理著作，对长江流域的水道系统有详细考释。有漱六轩刊本。

36. 《海国见闻录》

成书于 1730 年，陈伦炯著，分上下两卷，上卷“记” 8 篇，叙述中外海洋地理风貌，范围广及中国沿海、东亚、东南亚、中亚、西亚及欧洲与非洲。下卷“图” 6 幅，包括东半球、中国沿海、台湾东西岸、澎湖与海南岛等地区的地图。其中在《天下沿海形势录》中，系统论述了中国北起渤海湾、南至北部湾，包括台湾岛与海南岛在内长达 32 000 多里海岸线的海岸地貌、水文、航运和经防态势，特别是在描述中国南海诸岛的地貌形势时，具体细致，极为详尽。

37.《六河总分图说》

清代黄士杰著。雍正年间，黄士杰任云南粮储水道副使，为云贵广西总督鄂尔泰兴办云南水利的得力助手。他多次参与兴修昆明六河及滇池海口的指导和实践活动。所撰《六河总分图说》（亦称《六河图说》）分《六河总图说》、《金汁河图说》、《银汁河图说》、《宝象河图说》、《马料河图说》、《海口河图说》等六章，每章有图有文，详细介绍昆明六河的源流、水文特征、治理及效益、存在问题等，具体说明修建堤堰、渠道、涵洞和桥梁的位置，并提出了规划设想，其中不少见解对滇池治理有重要参考价值。云南图书馆有藏书。

38.《三江水利纪略》

清代乾隆年间官书，全书共 4 卷。三江，书中主要指淞江、娄江、东江。太湖之水常经由三江分流入海，因三江经常淤积，导致江浙时有水患，不得不组织人员疏浚水道，该书专记其事，详载了乾隆二十八年（1763 年）苏抚庄有恭兴修苏、松、太三江水利事。首列三江图及奏议公文，次列章程条议，然后叙述各河源委、工程量及经费。现有乾隆甲申刊本。

39.《湖北安襄郧道水利集》

清代王概著，全书共 2 卷。成书于清乾隆十一年。该书收有江汉全图、襄阳、当阳、钟祥、荆门、京山、潜江、天门、沔阳诸堤图各一幅和当时的奏稿，还收录了部分碑刻等文。北京图书馆有乾隆十一年刊本。

40.《太湖海塘纪略》

清代宋楚望著。该书辑录了当时兴工奏稿、谕札、公檄、禀贴、告示等吏牍之文，首冠苏、松、太三府州属及镇洋县沿海土石塘工图 2 幅，可作为海塘工事的参考。北京图书馆有乾隆刊本。

41.《敕修两浙海塘通志》

清代方观承等撰，全书共 20 卷。该书为整理两浙海塘之专书，辑录了相关帝旨、图说、工程修建、物料、坍涨、潮汐、职官等情况，凡是历代以来有关两浙海塘之兴建等文字记载，予以甄录。北京图书馆藏乾隆辛未年刻本。

42.《海塘新志》

清代琅玕撰。是方观承《敕修两浙海塘通志》的续书。首录当时皇帝谕旨、诗文 2 卷；次形势 2 卷，详细记录了当时潮水冲刷之地、筑塘捍御之道；次修筑 2 卷。另有

《续志》4 卷，记载了清道光间工事，首列谕旨，次防汛、修筑、工程各一卷。

43.《水道提纲》

清初齐召南（1703～1768 年）撰，成书于 1761 年。清代前期全国水系专著。书中序言道："《水道提纲》博考旁稽乃参以耳目所闻，互相钩校以成是编……"全书共 28 卷（篇）（浙江巡抚采进本），首篇为海，以后各篇分别为盛京至京东诸水、直沽所汇诸水、北运河、河及入河诸水、淮及入淮诸水、江及入江诸水、江南运河及太湖入海港浦、浙江、闽江、粤江、云南诸水、西藏诸水、漠北阿尔泰以南水及黑龙江、松花诸江、东北海朝鲜诸水、塞北漠南诸水，末篇以西域诸水为终。作者所叙，不是按地名分类，而是将河流水系和以湖泊为中心分门别类系统阐述，详述了全国主要水道及其支流的行径、分合，其中长江流域河道的叙述很清楚，对边疆水系也记述较详。在清初测绘制图技术大发展的基础上，此书对河湖记述的准确程度也达到新的高度。

44.《太湖备考》

清代金友理著，全书共 16 卷。友理字玉相，吴县人。该书详述了太湖的山川水道、土地田赋，收集了有关奏议、文章，内容比较丰富。卷首为巡幸图说；卷 1 总志太湖；卷 2 为沿湖水口、滨湖山；卷 3 为水治、水议；卷 4 为兵防、湖防、论说、记兵、职官；卷 5 为湖中山泉、港渎、都图、田赋；卷 6 为坊表、祠庙、寺观、古迹、风俗、物产；卷 7 为选举、乡饮；卷 8 为人物；卷 9 为列女；卷 10、11 为诗；卷 12、13 为文；卷 14 为书目、灾异；卷 15 为补遗；卷 16 为杂记。其中卷 2 专记沿湖水口与滨湖丘山，卷 5 专记湖区山泉港渎，正可补诸地志之阙略。有《四库全书》本、艺兰圃刊本。

45.《海塘录》

清代翟均廉著。该书取材于各史纪志及《玉海》，乾道、咸淳《临安志》，《四朝闻见录》，《明实录》诸书，考订征引而成。全书共 26 卷，首冠康熙至乾隆四十九年两朝诏谕，有图说 1 卷，疆域 1 卷，建筑 4 卷，名胜 2 卷，古迹 2 卷，祠祀 2 卷，奏议 5 卷，艺文 8 卷，杂志 1 卷。有上海商务印书馆影印《四库全书》本。

46.《海塘览要》

清代杨镃撰，全书共 12 卷。该书记述了海塘的有关情况。首冠图说，以后依次为潮迹、沙水、修筑、工程、职官后附兵制。安徽省图书馆收藏有此书。

47.《浙西水利备考》

清代王凤生撰。该书记述了作者奉命勘查浙西的途中见闻，并证以前贤之论。其中，首冠东南七府水利总图，系据《吴中水利书》原本略为增改；接着为三江大势情形；再次为杭、嘉、湖三府所属州县水道。

48.《读史方舆纪要》

清代顾祖禹（1631～1692年），字瑞五，号景范，人称宛溪先生，历其一生著成的一部地理著作。全书共130卷约280万字，是作者在参加《大清一统志》修撰中，毕其一生，用二十多年完成的。此书前9卷为历代州域形势，后7卷为山川原委，异同分野，其中第4、5卷论长江及主要支流情况。当中114卷，以省、府、州、县来记述。每省冠以总序一篇。先论其地位，后叙述疆域、沿革、山川、险要及全省形势概况，全书体例严谨明晰，是一部博大精深的世界地理名著。

49.《广东新语》

清屈大均撰。屈大均（1630～1696年），原名绍隆，字翁山、介子，号莱圃，广东番禺人，为清代"岭南三大家"之一。

《广东新语》成书于屈大均晚年，是一部有价值的清代笔记。有康熙三十九年（1700年）木天阁原刻本和乾隆年间翻刻本。另有1985年中华书局断句排印本。全书共28卷，每卷述事物一类，即所谓一"语"，卷1～5为天、地、山、水、石五语，分别记载广东的气候、地形山貌、湖泊泉池、名胜古迹和诸山石质优劣。卷6～9为神、人、女、事四语，分别记广东民间传说和神话、历代名人、孝女烈妇、民间风俗等。卷10～13为学、文、诗、艺四语，记广东理学名人、诗文大家及其著作、书画印章等。卷14～16为食、货、器三语，记稻麦豆茶油盐、金银铜铁珠玉和刀剑钟鼓战车等。卷17～19为宫、舟、坟三语，记广东台馆祠庙园林、船舶战舰、陵墓冢塔等。卷20～24为禽、兽、鳞、介、虫五语，记广东各种动物杂类。卷25～27为木、香、草三语，记广东花木、香料、花草等。卷28怪语，记神怪报应。其下各系以事目，共869条。由于作者态度严谨，不仅广泛参考各种地方文献，酌加考证，且有许多材料出自实地考察，"验之以身经，徵之以目睹"（《广东新语·序》），因而其内容都是丰富翔实的。全书不仅记载了广东岭南地区的天文地理、民情风俗、人物史迹、文学艺术、宗教传说等，还介绍了许多实用性的科学知识，正如潘耒在序言中所称："游览者可以观风土，仕宦者可以知民隐，作史者可以徵故实，摛词者可以资华润。"此书对于研究明清之际的科技史、文化史、经济史、风俗史等，都具有相当重要的史料价值。

50.《四大水考》

作者不详，成书于清代。该书以禹贡为宗，对黑水、弱水、河水、江水的源流进行了考证。有存素堂藏抄本。

51. 《练湖志》

清代黎世序撰，全书共 10 卷。该书收集了历代关于练湖治理的奏章、公牍、论说、图考、碑记、诗文等。民国四年孙国钧又增辑嘉庆十八年以后事，合刊印行。有清嘉庆刊本，民国孙国钧增辑本。

52. 《东南水利论》

清代张崇傃著，全书共 3 卷。上卷论吴松江水利，中卷论嘉宝水利，下卷论松南水道，各卷均有图说。有北京图书馆藏光绪七年刻本。

53. 《东南水利略》

清代凌介禧撰。全书共 6 卷。卷 1 为太湖沿湖水道图，共 25 幅；2、3 两卷论三江太湖源流异同；4、5 两卷分论各地水道要害；6 卷为当道往来讨论书札。有存素堂藏道光十三年刊本。

54. 《扬州水道记》

清代刘文淇著。此书记扬州一带运河通江水道工程，共 4 卷。卷首为古今沿革图十幅，即《吴沟通江淮图》、《汉建安改道图》、《晋永和引江入欧阳埭图》、《晋兴宁治津湖东穿渠图》、《隋开皇改道图》、《唐开元开伊娄河图》、《唐宝历开埋港河图》、《宋湖东接筑长堤图》、《明开康济宏济河图》、《运河图》；卷一、二为江都运河事；卷三为高邮运河事；卷四为宝应运河事。有存素堂同治壬申淮南书局补刊本。

55. 《楚北江汉宣防备览》

清代王凤生著。全书分 2 卷共 4 篇：一、楚北江水来源及境内诸水考；二、江汉现在情形及堤工积弊；三、江汉宣防略与各县水道；四、湖北堤工章程与修防善后事宜。有北京图书馆藏道光十二年刊本。

56. 《楚北水利堤防纪要》

清代俞库烈著，成书于道光年间，全书共 2 卷。第 1 卷为长江、汉水及二川所经州县堤工图说；第 2 卷辑录会典、通志以及臣僚奏疏中有关湖北水利的内容。有同治四年湖北藩署刻本。

57. 《淮扬水利图说》

清代冯道立著。该书前半部分为淮扬水利图 8 幅，后半部分为治水论，涉及长江与黄淮二河的关系及治理方略。有道光十九年刻本。

58.《荆楚修疏指要》

清代胡祖翮著，全书共3卷。该书包括修防事宜3卷：首列湖北省当道公牍；次述岁修、分修防汛工事，以及算方器具定式。后附水道参考4卷，叙述湖北江、汉水道。有同治十一年湖北崇文书局刻本。

59.《平滩纪略》

清代李本忠著，全书共6卷，附1卷。该书记载嘉庆道光年间整治宜昌至奉节间长江三峡中四十多险滩的工程始末，附有蜀江职掌，叙述三峡航道情况。有北京图书馆藏道光二十年刻本。

60.《江南水利书》

清代陶澍等修，陈銮等纂。该书记载道光间治理长江下游太湖地区水害的工程情况，首冠江苏水道图等11幅，末考历代治水事迹。全书共75卷，附叙录8篇。有道光刊本。

61.《楚漕江程》

清代董恂著，全书共16卷。该书全记水程道里形势，详记了湖北长江干流及湖南各支流水道情况，可作了解当时航运参考。有咸丰四年刻本。

62.《海盐兴办塘工成案》

清代汪仲洋著，全书共3卷。该书辑录了兴办塘工的有关公牍，末附以图说，论筑法比较详尽。可补浙江塘志的不足。有清华大学藏道光四年刻本。

63.《荆州万城堤志》

清代倪文蔚撰，全书共10卷，首末各1卷。该书按志书体例分类编为十二门，首列谕旨，次为图说、水道、建置、岁修、防护、经费、官守、私堤、艺文、杂志，末附志余。为研究荆州一带河道堤防变迁的重要史籍。有光绪二年刻本。

64.《荆州万城堤续志》

清代舒惠撰，全书共10卷，首末各1卷。该书为续倪文蔚《荆州万域堤志》之作，所述上起光绪元年，下迄光绪二十年。有光绪二十二年刻本。

65.《襄堤成案》

清代陈少泉、胡子修辑，全书共4卷。该书为明清两代有关汉水流域兴筑堤防闸坝的公文书的汇辑，史料价值非常丰富。有光绪二十年刻本。

66. 《续纂江苏水利全集》

清代李庆云等纂，全书正编 40 卷，卷首 1 卷，附编 12 卷。该书为续陈銮《江南水利书》，体例亦相仿。系收集记载同治五年至光绪十四年兴修江苏四府一州水利案牍编纂而成。有光绪十五年水利工程局活字刊本。

67. 《清经世文续编》

清代贺长龄、魏源等编，全书 120 卷。搜集道光初至光绪二十三年间诸家文集、公私议论。其中《工政》达 26 卷，内述有关河防及各省水利，有长江流域若干省份水利材料。有中华书局影印光绪刊本。

68. 《江苏水利图说》

清代蒋师辙著。该书共有 28 幅水利图，各图后面均有文字说明。有宣统二年重刊本。

69. 《云南水道考》

清代李诚著。该书详考北盘江、南盘江、金沙江、澜沧江、潞江等云南境内水道行经。全书共 5 卷，辨误 1 卷。有嘉业堂刻本。

70. 《西徼水道考》

清代黄懋材著。作者自四川西部，经西藏去印度，沿途考察各水道，然后写成此书。有金沙江、雅砻江、澜沧江、潞江、龙川江等源流考。有光绪十二年刊本。

71. 《江西水道考》

清代蒋湘南撰。该书专考江西水道源流，先江水，次为赣水，而附以彭蠡辨。体例依《水经》之法，提纲疏目，并引用《水道提纲》、《读史方舆纪要》等历代史志诸书，互为考证。

72. 《蜀水经》

清乾隆时人李元所撰，共计 16 卷，144 则。该书所述四川各水均有考辨，论记 144 则，引用他书均详注出处。此书是继郦《水经注》后全面记述四川水道的一部图经考订著作，以四川江河源流考证为主要内容，细化了蜀地的本土特征，可补郦氏之阙。其对四川历代江河源流、水系变迁及当时的水利设施均有概略介绍。此书在考证江河源流的同时，另搜集了一些疏漏于正史的重要史实资料。据李元自述，撰著此书的出发点在于自元魏以来，“各邑乘山无形势，水无源流，图不与文符，县不与州合，名字改革，辄复重书，道路迂回，竟成错记，私心窃憾之”。

全书对四川的江河记载较详，如对四川省广安市邻水县境内的两条干流，即古代所称的大小邻水，现为东槽的大洪河和西槽的御临河记道：“邻水有二源，俱出大竹县西邻山……大邻水为东溪，小邻水为西溪。谓之邻者，重山邻此而相次也”。又如卷三，江水三记载：都江又南经二江寺，受双流之水。水自温江而来，分为汶江、流江，至此合流入江。……卷四，江水四记载：江水又南经彭山县东北，都江与皂江会流为武阳江，即合水也。对四川境内的大小水都有较详的记载。

73.《蜀水考》及《增补蜀水考分疏》

《蜀水考》为清代陈登撰。该书全面记述了四川的水道情况，“以岷江为经，众水为纬，纲罗载籍，剪裁熔铸，溯源折流”。全书共 4 卷。

《增补蜀水考分疏》为清代陈登龙撰，朱锡谷补注，陈一津分疏。原书蜀水考为 2 卷，详析四川水道干、支情况，后经朱、陈二人注疏，成为 4 卷。有光绪二十二年成都书局原版本。

74.《西域水道记》

徐松（1781～1848 年）撰，清道光元年（1821 年）成书，正文 5 卷。是作者对《新疆识略》中有关新疆水道内容的进一步扩充，是他在遣戍新疆期间，对天山南北进行了大量的实地调查，龙万育在《西域水道记序》中写道：“于南北两路壮游殆遍，每所之适，开方小册，置指南针，记其山川曲折，下马录之……”，正是这样一种写作的态度与方法，使其著作具有可以征信的品质。在《新疆识略》的“新疆水道表叙”中，作者说：“《水经注》以水出而流入海者，命曰经流，引他水入于大水及海者，命曰支流。中国之海，新疆谓之淖尔，今以发源自注淖尔这，为经流，附他水以入淖尔者为枝流，至其余细水，自行自止，……”他根据内陆河流归宗于湖泊现象，创造性地将西域水道归为十一个水系，并在体例上模仿《水经注》的写作方式，自为注记。其所包括的范围，是乾隆《皇舆西域图志》中天山南北路、安西南北路四个区域，即嘉峪关西直至巴尔喀什湖以东以南的广大西北西区。在详细记载各条河流情况的同时，对于流域内政区的建置沿革、重要史实、典章制度等都有丰富的考证。书中的各个水系，都有详细的官方地图进行对照；所有的地名，都以《西域同文志》为准进行了统一。附录在 2～5 卷之后的水系地图，也是构成《西域水道记》非常重要的内容。因为本书的主旨是根据河流、湖泊的走向来表述西域舆地，有些没有进入到具体水域的地方被作者放弃了。这可能是一个遗憾。

75.《水学赘言》

钱泳著，成书于清道光年间，全书共 1 卷。该书先总论，次太湖、三江来源、枝河、水利、水害、建闸、围田、浚池、专官、协济等共 12 篇。天津南开大学藏有道光四年刻本。

76. 《长江图说》

清代马征麟著。全书共 12 卷。前 8 卷为图说，后 4 卷为杂说。记述了作者对长江历史的考辨意见。有同治十年刻本。

77. 《江苏海塘新志》

清代李庆云撰，全书 8 卷，卷首冠图 1 卷。该书记录了清代同治七年到光绪十五年的江苏海塘工程情况。北京图书馆藏有光绪十六年刻本。

78. 《开浚镇洋干支各河图说》

清代吴镜沅撰，全书不分卷。该书记录了开浚镇洋诸河工事，各为绘图，详加说明，并附纪事、叠韵诗十二首。

79. 《续浚南湖图志》

清代光绪年间官书。该书记述了光绪十六年至三十二年兴修浙江南湖水利工程的情况。首冠总图，附图说；次辑章程等吏牍之文。是研究南湖水利的直接资料。现存浙江书局刊行本。

80. 《江南河道图案》

作者不详，成书于清代，全书共 9 册 17 卷。该书广采江南地区主要是太湖流域水道地图。有道光刻本，北京图书馆有藏书。

81. 《湖北汉水图说》

清代田宗汉著，全书共 2 册。该书记载湖北境内汉水流域情况。作者亲履其地考察，以近代科学方法实地测绘，复“访之舟子、商人、并参考数家，细加校订，绘为汉水图稿”，从而为我们提供了有关汉水下游地区地理景观的直观而较为科学的认识。有光绪二十七年刻本，北京图书馆有藏书。

82. 《峡江图考》

清代江国璋辑，全书共 2 册。该书反映长江三峡的河道情况。首列“峡江图考叙”，次为宜昌至夔府水道程途图及夔府至重庆水道程途图。有光绪间印本。

二、史书、志书中的水文档案间接遗存

在中国编史修志代代相传，盛世尤甚。而史志多源于档案，所以，其中也包含水文档案资料。《春秋》已有了关于大水、大旱、暴雨等水文现象的记载。《二十四史》中的《五行志》、《地理志》、《河渠志》，数千种地方志及其他文献中记载的2000多年来的水文方面的内容多达数十万条。

（一）纪传体史书中的水文档案间接遗存

纪传体史书即正史，是经历朝政府规定的史书。其名始创于梁阮孝绪《正史削繁》。正史的体裁是由司马迁《史记》开创、班固《汉书》定型的。非正史的纪传体史书，传统目录学中一般归入“别史”以别于正史之称，而从编纂体裁而论仍属纪传体。在中国正史中大都把《河渠志》、《地理志》、《五行志》等列为专篇。水文在古代的各类正史中并未单设，基本是包含在五行或河渠等项中，述及内容详尽不一；关于水文的专书就更不多了，且大部分已佚失，许多已散佚的书之内容，偶尔能从各类史书中查到零散片段，但已无法窥其全貌，不免令人惋惜。属于先秦时期，尚在流传的涉及水道和水的叙述大都分散在民间著作中，如《山海经》、《管子·水地》、《尔雅·释水》等；旧史如《左传》等也有一些资料。秦汉以后，隋代以前的有关文献大致都包括在正史里面。如《汉书·五行志》记载大雨和水旱等自然灾害。《晋书·五行志》记载了三国时期的水灾和大雨，北朝各史惟《魏书》，水、旱灾、霖雨则分别记于《灵徵志》和《天象志》。各史的《地理志》有时有水道或水文的记载。如《汉书·地理志》是记古代水道的经典文史，其叙述水道时，于发源地郡县下注明某水出某山，流向何方，于某地入某水，流经若干郡，长若千里；也记有人工渠道、支河、大泽，包括汉代全国范围。《新唐书·地理志》编记各地渠、塘，最有特色。各代正史中所含水文信息的志书类目虽大致相同，但个别朝代也偶有差异，现将其相关情况统计如下：

《史记》：	河渠书
《汉书》：	五行志　地理志　沟洫志
《后汉书》：	五行志
《晋书》：	五行志　地理志
《宋书》：	五行志　符瑞志
《南齐书》：	五行志　祥瑞志
《魏书》：	天象志　灵徵志
《隋书》：	五行志　地理志
《旧唐书》：	五行志　地理志

《新唐书》：　五行志　地理志

《旧五代史》：五行志

《宋史》：　　五行志　地理志　河渠志

《辽史》：　　地理志

《金史》：　　五行志　地理志　河渠志

《元史》：　　五行志　地理志　河渠志

《明史》：　　五行志　地理志　河渠志

《清史稿》：　灾异志　地理志　河渠志

据上述所记，各代正史的水文信息基本包括在五行志、地理志和河渠志中，对于研究中国水文史是必不可少的资料。

此外，除正史外，别史中也包含有一些水文的相关内容，如梁武帝《通史》，宋苏辙《古史》，明邵经邦《宏简录》、李贽《藏书》等；断代史如晋司马彪《续汉书》、陆游两种《南唐书》等等。

（二）其他史书中的水文档案间接遗存

中国古代史书种类较多，除了纪传体体裁外，还有编年体和纪事本末体等，它们或以时为纲，如编年体按时间记史事；或以事为纲，如纪事本末体。它们体例不同，都含有丰富的史料，其中包括水文档案间接遗存。

1. 编年体

编年体是以年代为线索编排有关历史事件的史书体裁，即以时间为中心，按年、月、日顺序记述史事。以时间为经，事实为纬，其优点是给人以明确的时间观念，容易反映出史事发生、发展的时代背景；缺点是所记一事前后被其他事件割裂，首尾不连贯，不易集中反映同一历史事件前后的联系。在记载史事时，追叙往事或附记后事，能起到一定的弥补作用。编年体史书数量较多，著名的有《春秋》、《左传》、《资治通鉴》等。《春秋》是中国现存最早的一部编年体史书，相传为孔子依据鲁国史官所编的《春秋》加以整理修订而成的，按鲁君世系，记载了自鲁隐公元年（公元前 722 年）至鲁哀公十四年（公元前 481 年）共十二君 242 年的各国军政大事。文辞简约，用语谨严，含有鲜明的倾向性。对后世史学家、文学家皆有一定影响。《左传》是中国第一部较为完备的编年体史书，原名《左氏春秋》，依《春秋》体例，用鲁君世系编年，记述了自公元前 722 年（鲁隐公元年）至公元前 468 年（鲁哀公二十七年）间共 255 年的历史。其作者旧说是左丘明。现在一般认为此书系战国初年人汇集各国史料编辑而成。《资治通鉴》是中国第一部编年体通史，也是中国编年体通史的杰作，北宋司马光（1019～1086 年）主编，上起周威烈王二十三年（公元前 403 年），下至五代周世宗显德六年（959年），记载了1362年的历史，共294卷，花了19年的时间编写成的，司马光在序中称该书“叙国家之兴衰，著生民之休戚”，重点在有关国计民生的政治史。

实录，以编年体记录每一帝王在位时的大事。不以史书为名，但属编年体史书。如清蒋良骥《东华录》、王先谦《东华录》、朱寿朋《光绪朝东华录》等。特别是唐以后历代官修的“实录”，如唐代《顺宗实录》、宋代《太宗实录》、《明实录》、《清实录》等都用编年体。作为官修著作，实录也是以档案为根据编纂的，档案学界往往把它作为档案或准档案看待。但由于它们不是档案原件，且在编纂过程中有部分修饰过，故将其归入间接遗存，它们保存了丰富的原始史料，原始性程度要高于其他著作。现以《明实录》为例分析其中所含水文科技档案间接遗存。

《明实录》原称《大明实录》，俗称《皇明实录》，是现存最早、保存较为完整的实录。洪武五年（1372年），明太祖命令建立比较完备的保存官方档案的制度。新帝即位后，即命史官根据档案撰修先帝的实录。有明一代的270年中，共修成明太祖朱元璋到明熹宗朱由校十三期实录，记录共十五代皇帝的史实。其中建文朝实录附于《太祖实录》中，景泰朝实录附于《英宗实录》中。全书共13部，2909卷。实录修成，誊写两本，正本藏于宫内，嘉靖年间皇史宬建成后，实录正本改藏于此，实录副本则藏于内阁。今海内外留下的各种传抄本达十余部之多，并有两种影印本。一种是1941年梁鸿志所影印的南京国学图书馆所藏抄本（简称梁本）共500册。另一种是台湾“中央”研究院历史语言研究所1962年于台湾影印的原北平图书馆所藏“红格本”，除正文外还附校勘记29册，以及《崇祯实录》、《崇祯长编》、《皇明主训》等21册，全书共计183册，这两种本中，某些实录的卷数有所不同。

本文以台湾影印本为据，其内容共分为洪武实录257卷，太宗（成祖）实录274卷，仁宗实录10卷，宣宗实录115卷，英宗实录361卷，宪宗实录293卷，孝宗实录224卷，武宗实录197卷，世宗实录266卷，穆宗实录70卷，神宗实录596卷，光宗实录8卷，熹宗实录87卷，共3045卷。另有崇祯实录17卷是清初修《明史》时补辑的。纂修此书，是以朝廷诸司部院所呈缴的章奏、批件等为本，又以遣往各省的官员收辑的先朝事迹做补充，凡明王朝的政策法令，典章制度，册立皇太后、皇妃、皇太子、册封郡王、王妃、公主、皇帝巡边、亲征及各种礼仪、祭祀、诸王公主冠婚、亲王之国、各级衙门的新设及革罢、边疆各族的往来、邻国的贡市战事原委、重要人物小传以及天文、地理、气象、水文水利、赋税、人口、土田、农桑、坑治、漕运、屯田、商税、茶法、盐法、马政、钱钞等，均有比较系统的记载，叙述时以帝王及阁臣的活动为中心。

《明实录》篇幅庞大，保存了大量的原始资料，其中涉及不少科技档案内容，就水文这方面而言，历代关于洪水灾情、水利工程中的水文情况记载甚详，如《太祖实录》卷32载：“（洪武元年五月戊辰）江西永新州大风雨，蛟出江，水暴溢入城，深八尺，居民荡析，男女多溺死者。”《宣宗实录》卷89载：“（宣德七年四月己丑）河东陕西都转运盐使司奏：盐池近地，旧有姚暹河水流入五星湖，转流黄河，河两岸尘下，近岁霖雨，水涨冲流，至解州界，水急浪涌，南岸冲决，没民地三十余坦克，坏盐池……”《世宗实录》卷2载“（正德十六年五月乙卯）总理河道都察院右副都御史龚弘言：黄河自正德初载变迁不常，日渐北徙……臣先尝筑堤一带，起自黄垣，由黄陵冈抵山东阳家口……上从之”等。此类记载比比皆是，为研究明代水文水利事业提供了数量丰富的史料。

2. 纪事本末体

是以历史事件为纲的史书体裁。以事件为主线，每事一题，为一专篇，将有关专题材料集中在一起按时间先后加以集中叙述，详于记事，以时为序，独立成篇，能够完整地反映历史事件的全过程，可补编年体记事分散和纪传体记事重复的不足。缺点是以事为专题，事与事之间缺乏联系，难以从中寻出历史发展的基本线索。始创于南宋袁枢的《通鉴纪事本末》，此后有不少仿效此体者，如宋杨仲良《皇宋通鉴长编纪事本末》，明陈邦瞻《宋史纪事本末》、《元史纪事本末》，清谷应泰等《明史纪事本末》、张鉴《西夏纪事本末》、李有棠《辽史纪事本末》、《金史纪事本末》、魏源《圣武记》、倪在田《续明纪事本末》、杨陆荣《三藩纪事本末》等。下面以《宋史纪事本末》为例：

《宋史纪事本末》，明代陈邦瞻撰写，是继《通鉴纪事本末》之后，用纪事本末体裁记载宋代（960～1279年）三百多年历史的史书，共一百零九卷。陈邦瞻字德远，江西高安人。万历二十六年（1598年）进士，曾任南京吏部稽勋司郎中，后官至兵部左侍郎，《明史》卷二四二有传。在他之前，冯琦、沈越都用纪事本末体编写过宋代史事，只是均未完成，后来二人的弟子请陈邦瞻将二人之书加以增订。陈邦瞻将二书合为一编，于万历二十二年（1604年）着手编撰，历时约一年完成。此书以较少的篇幅，按历史事件把大量的史料加以剪裁、整理和集中，清晰表现出纪事本末体的那种前后始末，一目了然的特色。书中涉及的问题较为广泛，除政治事件外，如治河、茶盐、学术思想等都有专题叙述，还记载了金和蒙古早期的历史情况。篇中有关水文水利方面的史料对于当代研究、分析宋代的科技史、档案史都是有所帮助的。

（三）地方志中的水文档案间接遗存

地方志，简称方志，是对一个地方自然地理、人文地理、经济地理的记载、记述。它要求对该地区的全部已有事业、客观条件、社会状况等作如实记载，是地方史；地方志的地方，不仅仅是针对中央的那个地方，也不只是行政区划界定的区域，而是广义上的某个区域。它既可以是某个行政区域，如省域、市域、县域等。也可以是一个地理概念，如江河的流域、山脉所在的区域、海域等。地方志按它记述的空间不同可以分为行政区域志和非行政区域志两大类。记述空间是行政区域的有：国志、省志、自治区志、直辖市志、市志、县志、乡志、镇志、村志等。记述空间不是行政区域或跨行政区域的有：山志、江（河）志、海域志、海岛志、寺（庙）志、南极志、远东志、西欧志、北美志等①。在这两大类地方志中都记载了不少水文信息，其重要价值同样不容忽视。

各类《方志》中记载了大量的全国或区域水文信息，一般记录在水利志内，其内容主要是指对水文的观测、管理、利用。其作用主要是向朝廷报告当地的水文情况及满足本地自身防汛抗灾、修筑利用的需要，如《浙江通志·水利志》（清代李卫、嵇曾筠等撰），通志全书二百八十卷，第五十二至六十一卷为水利志，记载了全省水道、各州府河湖堤防等水利事项。由于各地方志中水文信息虽内容有异，但形式相近，本文无需一一罗列。现以唐代全国地理总志《元和郡县图志》和清代地方志《西域图志》为例，以点概面。

《元和郡县图志》是中国现存最早的全国性的地理总志。此书由李吉甫（字弘宪，唐宪宗时宰相）撰，完成于元和八年（813年）。全书40卷，另有目录2卷，共42卷，今存34卷，原有图47幅，宋代以后，该书的图和目录均已亡佚。该志书以贞观时划分的10道为纲，配以宪宗时的47镇，每镇有图，冠于叙事之前。以唐宪宗元和八年（公元813年）为准，依次记述了当时全国10道及道属各府、县户数、沿革、道里、山川、古迹，贡献、物产等内容，尤其留意于山川形势，攻守利害，是后世研究唐时疆域、水利、经济、人口等方面的重要史料。该书取材广泛，引用书籍，碑记达100多种，体例完备，对后世方志的编纂有很大影响，《四库全书总目》曾评价此书说“舆记图经、隋、唐志所著录者，率散佚无存；其传于今者，唯此书为最古，其体例亦为最善，后来虽递相损益，无能出其范围”。此书对唐代水文的记录、研究深入全面，是此地理志中重要的组成部分。由于此书在宋代以后仅存34卷，第十九、二十、二十三、二十四、二十六、三十六诸卷已佚，第十八卷和第二十五卷缺一小部分。该书现存最早的刻本是乾隆三十八年（1773年）武英殿聚珍本，在此之前仅有抄本流传下来。现在通行的比较好的本子是1983年中华书局校点本。

《西域图志》全名为《钦定皇舆西域图志》，这是关于西域的第一部方志，乃官修钦定之书。全书共五十二卷，乾隆二十一年奉敕撰，乾隆二十七年完成初稿，以大学士刘统勋主办其事，派都御史何国宗等率西洋人分别由西、北两路深入吐鲁番、焉耆、开都河等地及天山以北进行测绘。于二十七年十一月由军机处方略馆进行编纂完稿。四十二年，高宗下令增纂《西域图志》，于四十七年五月告成。高宗亲自审定，即今本《钦定皇舆西域图志》。前四卷为天章，汇录有关论述西域全局的御制诗文；自此以下四十八卷，分为图考列表、晷度、疆域山水、官制、兵防、屯政、贡赋、钱法、学校、封爵、风俗、音乐、服物、土产、藩属、杂录十九门。自疆域、山、水至藩属，计有总图、分图二十一幅，历代西域图十二幅。由于收集了所有正史、有关书籍和清代西域军营奏章、地方的文告等资料，并且进行了实地测量和调查，其中次水五卷，对新疆地区

① 王照伦．理论方志学纲要［J］．海南史志，1995（3）．

的河流、水系进行了详细的记载。所以《西域图志》是研究中国汉代至清代前新疆地区重要的历史资料。又因为它是一部纂辑体的方志，收录了传世史籍中的相关内容，因而具有集历代相关文献资料之大成的性质。

三、政书、类书中的水文档案间接遗存

史志之下，政书、类书与档案的关系较为密切，政书一般为官修，多取材于档案，类书系摘录古籍中的资料。两者不同程度的保存了科技档案信息。与史志相同，因不以原件形式显示，且有少量创作成分，所以亦列为间接遗存。

（一）政书中的水文档案间接遗存

政书是专门记载历代或某一朝代的典章制度及其沿革的专书。它按类汇集政治、经济、军事、文化等方面的资料，涉及政治制度、经济制度、文化制度、科技制度（天文、地理、医药等）等，范围较广，具有资料汇编的性质。

学术界一般认为，政书最早出现于唐代。唐代著名史学家刘知几之子刘秩通过收集大量典章制度资料，于唐玄宗开元年间（713～741 年）编成《政典》。此书是中国最早的一部政书，共三十五卷，分门别类地记述自黄帝自唐代开元、天宝年间的典章制度，可惜现已失传。唐代著名史学家杜佑在此基础上完成的《通典》（两百卷），是中国现存第一部系统地记载历代典章制度沿革变化的政书。该书分食货、选举、职官、礼、乐、兵、刑、州郡、边防九门，每一门下再分若干子目。以时代为序，采用叙、说、评、论、注等方法，系统揭示了各类典章制度的沿革历史。《通典》确立了政书的基本编纂方法，奠定了政书在历史著作中的地位。此后，历代都有政书问世。《四库全书总目》把政书分为通制、典礼、邦计、军政、法令、考工六小类，所涉科技内容相对较丰富。

政书按其收录典章制度的时代范围，可分为两大类：一类为记述历代典章制度的“通史式政书”，以“十通”、《历代兵制》、《营造法式》为代表；另一类是记述单一朝代典章制度的“断代式政书”，即所谓“会要”、“会典”，如：《唐会要》、《五代会要》、《宋会要辑稿》、《春秋会要》等。

政书始于唐代，而清朝和民国是其鼎盛时期，期间不少著作纷纷问世，著名的有《清朝文献通考》、《清朝续文献通考》、《清朝通典》、《清会典》、《皇朝政典类纂》、《六典通考》等。本文以《六典通考》为例，对其所含水文科技遗存予以剖析。

《六典通考》清阎镇珩撰，字季容，号嵩阳。本书是“六典”方面的通史性著作。全书共 28 考，200 卷，220 万字。该书自清光绪十一年搜集资料，十四年起草，历时十七年，于光绪二十七年完稿。全书内容全面，自周代至明末前后近三千年间有关职官制

度及各官所司事务依年代顺序总汇一编，书中不仅移录、汇辑了前人著述成果，而且有作者本人的评论和考证，因此史料更为翔实可信。全书按《周礼》六官职掌分目，记载西周初到明末的典章制度建置沿革。计有设官、爵命、禄制、宫政、邦计、膳饮、庵寺、医政、民政、教典、宾兴、委积、荒政、市政、礼制、乐制、礼器、司天、建国、兵制、军礼、王政、职方、刑典、宾礼、都邑、工政、沟洫等28考，每考又各分子目。其中在医政、荒政、礼器、司天、建国、、职方、都邑、工政、沟洫等考中涉及大量科技档案遗存，在沟洫考中包含有部分水文档案遗存，比较清楚的反映了当时的水文状况。

（二）类书中的水文档案间接遗存

类书是辑录古籍原文中的部分或全部资料，按内容性质分门别类地编排组织，以供人们查考用的工具书。其内容广阔，博采群书，是中国古代百科全书性质的一种资料汇编，为后人保存了大量的古代文献，其中也包括有关科技档案信息的间接遗存，成为中国古籍辑佚、校勘和考证的重要资料来源。

中国古代的类书，一般认为始于三国魏文帝曹丕时（220～222年）刘劭、王象等编撰的《皇览》。据《三国志·魏志·文帝纪》载：魏文帝曹丕时“使诸儒撰集经传，随类相丛，凡千余篇”①。此书早已散佚，后世虽有一些辑佚本，但所存不多，难以窥其全貌。以后历代均有纂修。现存较早的类书有隋末唐初虞世南编撰的《北堂书钞》，唐高祖武德年间欧阳询主编的《艺文类聚》、唐玄宗时徐坚等编撰的《初学记》等。明成祖永乐年间纂修的《永乐大典》是中国最大的一部类书。清代康熙末年雍正初年陈梦雷等主持纂修的《古今图书集成》，是中国现存最大的一部类书，达到了古代类书编纂的高峰。

类书体例有两种：一为集录各科资料于一书的综合性类书，如唐代的《艺文类聚》、宋代的《太平御览》等；另一种是专收一门资料的专科性类书，如宋代的《册府元龟》、清代的《格致镜原》等。其编辑方式，一般分类编排，也有按韵、按字分次编排的。

由于类书所收内容广泛，往往上至天文，下至地理，旁及科学、文化、社会生活等多方面，为后人保存了大量价值丰富的文化遗产，因其保存了中国古代大量接近原作的珍贵资料，既可供校勘典籍、检索诗词文句、查检典故成语出处之用；又能为研究者直接提供专题研究的资料。其博采众书的编撰方式，使其也包含部分中国古代科技档案信息的间接遗存，尤其是科技性类书，其内容往往是档案记录汇集，如《格致镜原》中就包含有关于水文、地理、农业等方面的科技内容。下面以《格致镜原》为例，予以

① 陈寿．三国志［M］．

说明。

《格致镜原》，清陈元龙编。清康熙五十六年（1717 年）在广东刊刻成书，后有雍正十三年（1735 年）的重印本及江西、苏州等地的翻刻本，光绪年间又有上海大同书局、积山书局的石印本传世。这是一部查考事物起源沿革，具有博物学性质的专门性类书。中国古代把研究自然知识和自然科学称为“格致”之学。它仿宋高承的《事物纪原》而编，是宋以来考察事物起源类书的发展和总结。全书 100 卷，分为 30 类，包括乾象、坤舆、身体、冠服、宫室、饮食、布帛、舟车、朝制、珍宝、文具、武备、礼部、乐器、耕织器物、日用器物、居处器物、香奁器物、燕赏器物、玩戏器物、谷、蔬、木、草、花、果、鸟、兽、水族、昆虫等。类下分目，共 886 子目。某种名物资料比较多的，再以总论、名类、称号、纪异等分别标列。全书对山川草木，工艺器具等进行考证溯源，并按事物性质分门别类，取材以历代经史典籍为主，旁及杂记、俗说和野乘，采撷极广博，编次有条理，每记一事一物，必考究其原委，详述其名号，所引资料皆注明原书名。该书包含不少水文信息在内，反映了明代以前人们对自然的认识及科技发展，为研究中国古代水文情况提供了可靠的依据。

第四节　中国古代水文档案的科技文化价值与作用

水文档案是历史的记录、国家的宝贵财富，在社会主义现代化建设中，具有极其重要的历史和现实作用，在开发治理江河、抗击洪涝灾害、繁荣中华文化、改善生态环境等方面效果显著、作用重大，是实现人类与自然和谐发展的基础和动力。所以借助水文档案，我们能够更好地了解过去、把握现在、展望未来。

一、水文档案利用的起源

中国古代传说的大事之一，就是大约四千年前的大禹治水的故事。由于大禹治水有功，把统治天下的位子让给他，建立了夏代。这说明，中国上古时期在与自然的争斗中，治水就成为一项重要的工作，而且取得了伟大的成就。当然相关水文档案也发挥了重要作用。但那时并没有关于水文的专门著作，最早描述水的著作是《山海经》和《禹贡》。《山海经》一般认为成书于春秋时代，以周朝都城洛阳为中心，分东、西、南、北、中五个方位，以山川为纲目进行地理描述，提供了包括水资源在内的自然资源的分布状况。全书共计有 300 多条河流和湖泊，说明了各级河流的发源地、流向和汇注，粗略地勾画出北自黄河和海河，南至长江中下游的水系分布。成书于战国时期的《禹贡》分别记述了弱水、黑水（位于今甘肃张掖一带）、黄河、漾水（汉水上源）、长江、阬水（古济水，自河南武陟注入黄河）、淮水、渭水、洛水等河流的经行。对于黄河的描述较为具体，记述黄河发源于青海积石（今循化撒拉族自治县），东流至龙门

（今山西河津县西北之禹门口），南至华阴（华山之北），折而东向至底柱（三门峡），再东至河南孟津，继至洛河口和大伾山，然后北折过洚水（古漳水），经大陆泽（河北之宁晋泊等湖），更北则分作九支，并最终汇为逆河（受潮河段）入于海。勾画了一幅古代水系图。

春秋战国时期对全国的水资源也有系统的描述，并集中体现在《周礼·职方氏》中。职方氏是掌管全国的地图和九大行政区（九州）的资源和经济情况的官员。记述内容包括九州的主要山岭、泽薮（湖泊和沼泽）、川（通航河流）、浸（灌溉水源）、人口、农作物、家畜、特产等。其中对泽薮、川、浸等的系统记述，可以看作原始的水资源区划。

以上证明，水文档案的利用是随着人类与水害作斗争产生的，是人类走向主宰自己、改造环境、创造先进文明之路的科学之举，对人类的生产发展有着重大的意义。

二、水文档案的科技文化价值和作用

设计河工、航渠、灌溉、水力发电等工程，先应知道河川流水的变化规律；设计排水、阴沟等工程，也应当掌握降水数量的多少；在利用地下水工程建设中，也要查清地层内水流现象。从事水利工程者，如对水文情况，了解不足，估计不准，都有可能使工程失败；就是从事铁道、公路、桥梁、房屋建筑等其他工程，也应熟悉了解水文情况。另外，中国幅员辽阔、川渎纵横，每一河流各具特性，其治导方策、设计依据，都应先明悉各河流脉络分合之势，与水文变化迹象，即水位高低、流速缓急、流量消长、含沙多少，以及流域区风雨、气温、气压、蒸发、渗漏等差异，如差之毫厘则谬以千里，就必须依靠水文档案的记载，作为治导设计依据，提供各类工程的安全经济效益。现对古代水文档案的价值与作用归纳如下：

（一）水文档案的科技文化价值

水文档案的科技文化价值是指对水文档案的利用，从宏观上能够促进创造发明、带动科技进步、推进社会发展；从微观上可以改进工程质量、减少工程成本、提高经济效益等，具有价值和使用价值。

1. 水文档案的凭证价值

由于水文档案是在实践活动中直接形成的原始记录，记录了中国古代几千年的水文情况，是历史的真实凭证。如出土文物中的甲骨档案证明了中国早在商朝就对水文现象有了一定的认识和了解，其水文历史可谓源远流长。再如在各种古代水文官方和民间的著作中都记录了许多重要内容，它们或对中国领土或对中国历史有着相关的重要凭证价值，是不可替代的，也是弥足珍贵的，尤其是对于中国版图问题，古代的海域地图起着至关重要的凭证作用。还有古代水文奏折，都盖有地方的行政印章和有关官员的签署。奏折经皇帝御批后，都盖有玉玺，有的还有皇帝亲笔书写的谕旨。这些题奏在处理过程中所形成的各种历史凭证，也能确鉴无疑地证明中国历代的疆土归属，可见水文档案遗存的凭证价值无可非议。

2. 水文档案的知识和信息价值

古代水文档案中记载了许多先人的知识结晶，如《吕氏春秋》中水循环的论述为中国先秦时期的水文史料中的瑰宝；汉朝大司马张戎论黄河水沙关系；明万历元年万恭撰写的《治水筌蹄》，书中万恭首倡“束水攻沙”法，提出：“如欲深北，则南其堤，而北自深。如欲深南，则北其堤，而南自深。如欲深中，则南北堤，两束之冲中坚焉，而中自深。此借其性而役其力也。”① 这一“束水攻沙”法在其后任的潘季驯（1521～1595年）治河工作中得到了实施。明代潘季驯所著《河防一览》一书，全书由他四任河道总督的治河经验及总结前人的治河理论和经验汇辑成，概括了他治河的基本过程和主要经验。以上水文档案是中国古代最重要的河工记载，对后世治河影响很大。这些水文档案记载的知识和信息对现代中国的水文事业发展起到了一定的推动作用。

3. 古代水文档案的文物价值

中国古代的水文档案从某种意义上来说也是文物，出土于河南安阳的殷墟甲骨水文类档案，以及代代相传的书籍和地图等，这些都是见证中国历史变迁的文物。

碑文档案属于水文档案中较有特色的一类，且数量、种类较多，在不少博物馆都保存有相关的水文碑刻档案，如收藏于苏州市碑刻博物馆内苏州立水则碑，是光绪二年江苏巡抚吴元炳令仿制吴江水则碑立于苏州胥门外河滨，以验河水消涨的；还有现存西安碑林博物馆第四展室内明朝嘉靖年间的《黄河图说》碑，高1.76米，宽0.975米，厚约0.19米。碑文记述了黄河的含沙量、河床特点、水情、地形、地质以及流域内降水等内容。

水文地图档案也是博物馆中收藏较多的一类，如藏于中国国家博物馆内的河防一览图，是中国现存最大的一幅古代治黄工程图，全图以黄河为主，并将南北大运河与黄河并列绘出。详细描绘了自然地理要素及河防工程。

还有，长江首个水文博物馆将落荆州，已征集186件藏品入馆，年代最早的是清朝道光十年用于测量长江水位的石制水尺桩，这相对于那些零散保存在各博物馆的文物而言，这个专业博物馆在不断丰富藏品后，将全面见证水文历史的变迁和发展。

以上的文物价值将随着在实践中的应用和时间的推移递增。

---

① 万恭. 治水筌蹄［M］.

（二）水文档案的现实作用

水文档案既然具有保存价值，就必定有其具体应用的各种作用，也具有其他档案所不可替代的重要功能。

1. 水文档案在防汛抗灾中的作用

（1）水文档案是洪水预报的重要依据

面对严重的洪涝灾害，做好水文档案的整理，强化洪水预报工作显得尤为重要。洪水预报就是在分析以往洪涝灾害发生变化的基础上对自然界未来情况的变化进行预报。其主要资料来源于长期的观测、整理、计算出来的有关水文、气象档案。水文档案的准确性、长期性、广泛性直接影响预报结果的科学性。

水文系统是利用水文档案的大户，尤其是每年六至九月防汛期间，就需要查阅历年的水文测验设施、水毁情况、工程勘察、设计等水文档案资料。使水文档案为防汛水文测报工作中的领导指挥、决策发挥重要作用，如：1905 年（光绪三十一年乙巳岁）洪水，《再续行水金鉴》载：光绪三十一年九月初三日，四川总督锡良奏报："再七月以来，迭接叙州、泸州、重庆、南溪、江安、合江、江津、江北、长寿……等府厅州县电称：八、九、十一、十二等日，均因上游雨泽过甚，大江暴涨，滨河城市，田庐多遭漫溢，冲毁无算。"① 的档案记录，为这些地区的防汛预报提供了可靠的历史资料，为战胜洪灾打下了坚实的基础。

（2）水文档案在水利工程中的作用

防汛工作是通过工程措施和非工程措施来实现的。工程措施是指通过兴建水库、河道、闸坝等水利工程来达到防洪、蓄水、减灾的目的。中国古代一些水利工程如都江堰、郑国渠、灵渠和大运河等，建成后较长时间内发挥较大效益，都与有效的运用水文知识有关，尤其是2000 余年前建成的、至今仍在发挥巨大效益的都江堰工程，它能随上游来水量自动按一定比例把水引入灌渠并维持灌渠一定水深；而当洪水来时又能自动把多余的上游洪水和大部分推移质泥沙排入外江，保持渠道不被冲淤；同时为了能维持这一水文控制条件，还规定了一整套维修管理制度。再如现代北京已建成大、中、小型水库八十多座，向城市输水的大型渠道两条，机井四万余眼。在这些水利工程开工前，水利专家们要查阅大量的水文地质档案、资料，对历史上的降雨量、洪涝灾害、水流等数据计算、分析水利工程的规模，库容大小、堤坝高度等；为制定工程规划、施工方案提供科学依据。非工程措施是指防汛组织、通讯、预报、调度、分洪等，具体就是通过

---

① 中国水利水电科学研究院水利史研究室编校．再续行水金鉴·长江［M］．武汉：湖北人民出版社，2004：749.

对水的观测后产生的水文数据——水文档案进行分析、研究来实施。可见，防汛工作是建立在档案工作基础之上的，没有档案，防汛工作就无法进行。如北京官厅水库拦洪大坝近年来由于泥沙淤积已经达到总库容的三分之一，使得水库防洪标准降低，为此，水利工作者参照历年水文档案记载的最大洪水的雨型，重新计算最大洪水来量后，采取对上游实施小流域治理保土固沙提高植被覆盖率等措施，较大幅度地提高了防洪标准，为京城汛期防洪安全提供了更大的保证。

修建三峡工程是中国人的百年梦想，革命先行者孙中山就曾提出要修建三峡，伟人毛泽东也为此写下高峡出平湖的壮丽诗篇，经过数百万劳动者十多年的艰苦奋斗，三峡大坝横空出世，创多项世界之最，现已全面建成，三峡工程的建设无论是论证阶段、建设阶段还是发电阶段都离不开对历代水文档案的参考利用，三峡工程中水文档案发挥的功效是不可估量的。

（3）水文档案在抗旱中的作用

为了解决水资源紧缺、旱灾频发、生态环境恶化等一系列水问题，需要对水文基本数据进行科学研究。通过对中国历年来的降雨量次、水库水情、河道水情、地下水的分析得出，中国基本上是南涝北旱、东雨西干，为此国家决定建设南水北调工程，在工程建设前对工程项目进行了反复认证，关键是对饮水地、流经、使用地历年的水文水貌、地下水源、河床地质、旱涝状况等进行档案查阅、实地勘察、综合分析，充分发挥水文档案在此工程建设中的作用。经过广大建设者的艰苦努力，水文档案的科学运用，南水北调工程已初战告捷，已逐步向京津地区供水。有效缓解了南涝北旱的紧张状况，也为水文档案增添了历史的光彩。

2. 水文档案在治理江河中的作用

治理黄河在古代开始就一直被当朝者重视，许多朝代的史书都对其记载甚详，如《汉书·沟洫志》记载，西汉时已测得“泾水一石，其泥数斗”① 和黄河“一石水而六斗泥”② 的含沙量。其中，黄河的含沙量与现代在黄河中游小浪底水文站多年实测的最大含沙量相近。又如汉朝大司马张戎论黄河水沙关系，据《汉书·沟洫志》载：汉平帝元始四年，“大司马史长安张戎言：水性就下，行疾则自刮除成空而稍深。河水重浊，号为一石水而六斗泥。今西方诸郡，以至京师东行，民皆引河、渭山川水溉田。春夏干燥，少水时也，故使河流迟，贮淤而稍浅；雨多水暴至，则溢决。而国家数堤塞之，稍益高于平地，犹筑垣而居水也。可各顺从其性，毋复灌溉，则百川流行，水道自利，无溢决之害矣。”③ 张戎根据黄河多沙的特点，提出在春季枯水时期，停止中、上游引水灌溉，以免分水过多，造成下游河道淤积而遭决溢之患；要保持河水自身的挟沙

① 张传玺主编·汉书·沟洫志［M］．西安：三秦出版社，2004：636.
② 同注①，页 638.
③ 同注①，页 638.

能力，排沙入海。这是史书上关于黄河的水沙关系和利用水力冲沙的第一次记载。

黄河河源问题，也是中国古代统治者比较关心的问题，曾多次派人进行河源调查，形成了宝贵的黄河河源调查档案。元至正十七年（1280 年），官方首次派人实地考察河源。"命都实为招讨使。佩金虎符，往求河源。都实既受命，是岁至河州，州之东六十里，有宁河渠。驿西南六十里，有山曰杀马关，林麓穹隘，举足浸高，行一日，至巅。西去愈高，四阅月，始抵河源。是冬还报，并图其城传位置以闻。"① 中国古代有关黄河的水文档案数量较多，光清代与黄河有关的档案就达 23 000 件，数量较大。现存关于黄河的档案中，经过选印、汇总、编辑和研究后，已经在治黄工作中发挥了重要作用。1975 年 8 月淮河发生特大洪水灾害后，为尽快查清黄河历史上特大洪水的具体情况，以便及时采取措施确保黄河下游安全，黄河水利委员会规划设计院水文组充分利用清代水文档案，结合沿河古代遗物，从地层学的途径论证了清代道光年间的洪水是唐代末年以来最大的洪水，查清了这次水患的确切时间、最大流量、洪水来源、分布地区以及洪水重现期等重大关键问题，获得了国家科研成果奖，成为水文档案利用的一个范例。

长江是中国两个最大的水系之一，且古代文明又很发达，因而古代水文档案中以此居多。长江三峡库区的历史洪枯水，除有各种石刻碑记外，沿江各地方志在大水之后也多有记载，而且题刻内容与地方志的描述能相互印证，互为补充。葛洲坝水利枢纽是三峡工程的反调节水库，系径流式水电站，影响枢纽规模和建筑物安全的洪水数据主要是设计洪峰流量。在确定大坝设计标准及相应的设计流量时，正是根据宜昌上下游 2000 多年有关洪水方面的水文档案，经综合分析，选定 1788 年洪峰流量 86 000 立方米 / 秒作为设计洪水，1870 年洪峰流量 110 000 立方米 / 秒（上限值）作为校核洪水。以上历史洪水资料也同样应用在三峡工程设计上。中国现行设计洪水计算主要采用频率分析方法，即根据洪水样本，用数学模型推求设计标准的峰量。就总体而言，实测洪水样本代表性不够，由此推算的设计洪水成果往往有较大的抽样误差，因此将历史洪水、特别是久远的历史洪水应用于频率计算，可以大大减小抽样误差，使计算成果趋于合理。在三峡工程洪水频率分析中，尽管宜昌站迄今已有 110 余年实测资料，但样本的代表性仍嫌不够。然而，由于三峡库区有大量的水文题刻及丰富的历史文献资料，据此推算出宜昌从 1153 年以来的历史洪水的洪峰及时段洪量，将其加入洪水频率计算，则较好解决了洪水频率曲线稀遇部分外延的问题。

3. 水文档案在处理历史问题中的作用

此处所提历史问题主要是指中国疆界的确定、古城古貌的原址定位以及江河海岸的变化测定。

---

① 中华书局编．四部备要·元史·地理志·河源附录［M］．北京：中华书局，1989：485.

（1）关于疆界的确定

历朝历代关于内外领土疆界的纷争从未停止，如钓鱼诸岛位于中国台湾省基隆市东北约 92 海里的东海海域，是台湾省的附属岛屿，主要由钓鱼岛、黄尾屿、赤尾屿、南小岛和北小岛及一些礁石组成。

钓鱼诸岛自古以来就是中国的领土，它和台湾一样是中国领土不可分割的一部分。中国对钓鱼诸岛及其附近海域拥有无可争辩的主权。中国的这一立场有充分的历史和法律依据。近年来，日右翼分子在钓鱼岛问题上不断制造事端。中国均通过外交途径向日方提出了严正交涉，日方表示日本政府的基本立场是既不参与，更不支持右翼团体的行为，右翼的行为有害日中关系发展，也背离了日政府立场。鉴于日方在钓鱼岛问题上有不同主张，中国政府从发展中日关系出发，在坚持我一贯立场的前提下，与日方达成了此问题留待以后解决，不采取单方面行动，避免这一问题干扰两国关系大局的谅解。据史籍记载，钓鱼岛 1373 年即由一位名叫杨载的人所发现。早在 15 世纪初，明朝永乐年间出版的《顺风相送》一书中，就有关于钓鱼岛列岛的记载，首度出现“钓鱼屿”一词，这比日本声称的琉球人古贺辰四郎 1884 年发现钓鱼岛要早 400 多年。如现今所存的水文档案中，明朝大臣胡宗宪，在所编绘的军事地图“万里海防图”，钓鱼岛群岛已列于其中，这表明钓鱼岛当时已在中国明朝政府的管辖之下，为中国的领土。

（2）古城古貌的原址定位

中国的古城故址历经灾害的冲击和岁月的洗礼，有的早已面貌全非、踪迹全无，很难确定这类文物古迹的具体地点、面积规模，如何从流逝的岁月中挖掘出这些珍贵的文物地址，在很大程度上就需要依靠水文档案资料，靠这些记载内容和所附地图对存在疑惑的地址加以甄别鉴定。如吴壮达教授利用《水经 · 水注》关于“水浪陵”的记载，解决了广州前身古番禺城的城址问题。

（3）江河湖海岸址变迁的测定

俗话说“三十年河东三十年河西”，地壳运动使陆地江洋不断变迁，茫茫东海很可能原是巍巍群山，水中鱼虾的天地也可能成为牛羊的草场，水陆变迁影响着自然环境、矿产储藏，为了掌握变迁的规律，探明矿区的水文地质，永葆中国陆地的青春和江洋的浩荡，使中国的经济社会处在先进的水平，就需要利用水文档案提供的地情地貌、水情水况、水流水质，确定原少雨区或丰雨区所影响的江河海岸的消长变迁。如青海省的青海湖解放初期面积达 1400 多平方公里，由于草场过度开发、全球气候变暖、湖区雨雪逐减等原因，现已缩小为 1200 多平方公里，但据相关水文资料记载，并经实地勘测，该湖原面积应为 2000 多平方公里，有关部门现正在根据水文档案资料提供的历史数据总结面积缩小的各类原因，寻找有效的解决办法原因，逐步恢复青海湖的原面积。又如陈吉余教授利用《水经注》的记载，结合贝壳堤的查勘和放射性碳素资料，精确的画出了《渤海湾海岸历史变迁图》，对保护渤海湾海岸的生态平衡起到了一定的作用。

4. 水文档案对繁荣文化的作用

水文档案记录着各地的人情风俗、人文典故、社会变迁，其写作形成、收集整理等无不与文化相连，可以说，水文档案越丰富，档案事业越发展，由此形成的档案文化一定更繁荣，也必然对中华文化产生深远影响。

如盖山林先生根据《水经·河水注》中郦道元的目击记载，在内蒙古阴山一带查勘了绵延21 000平方公里的古代岩画，这些岩画的第一个发现者就是郦道元。

水文地图档案在水文档案中占了较大的比重，地图一般分为绢质和纸质，大都色彩鲜艳，手法细致，具有一定的绘画功底，对现代的绘画艺术有着借鉴作用，能更好地促进中国绘画艺术的提升，也能使中国的绘画艺术与西洋绘画相比，具有自己鲜明的民族特色。

水文碑刻档案的主要所在地系长江流域，其中不但有文字碑文还有不少石鱼类图像雕像，数量及种类都不少，体现了当时的文化水平，丰富了中国的文化内容。特别是白鹤梁题刻多出自历代文人墨客之手，除有北宋著名文学家、书法家黄庭坚的题刻外，还有不少名人的诗文、题记。这些题刻档案，篆、隶、行、楷书皆备；颜、柳、苏、黄体俱全。此外，也有少数民族文字和雕刻精巧、栩栩如生的石鱼。白鹤梁题刻素有“水下碑林”之称，既有科学历史价值，为历代专家学者珍视，又在艺术上颇具特色，不少为上乘之作，对长江流域的文化兴起起到了画龙点睛的作用。

此外，各种涉及古代社会的文学创作，也需借鉴水文档案，否则，水地颠倒，指鹿为马，不免贻笑大方。

后　　记

在我25年来的学术生涯中，有一种事物成为我的重要研究对象，并对我以往和以后的学术研究方向产生了重大影响，这一事物就是“中国古代的科技档案”。

我最初研究中国古代科技档案，源于我在学校里讲授“科技档案管理学”。讲授当代的科技档案管理，怎能不回答科技档案的起源、历史发展过程等问题呢？怎能不涉及历史上的科技档案管理问题呢？但那时这些问题是没有答案的。于是，我决定自己寻找答案。这是一段难忘的学术经历，年轻、学术水平低但有热情、有勇气的我，这一投入就长达20多年。这期间，我在这个学术领域中发表了数十篇文章，出版了《中国科技档案史纲》、《中国科技档案史》等著作。更具重要意义的是，我由对中国科技档案史的研究，进而发展到对中国科技史的研究、对科技哲学的研究、对“科技与社会”（STS）问题的研究，大大扩展了我的学术视野，引导我走向更为广袤的学术天地，并出版和发表《清代“官科技”群体的养成与结构研究》等著作和文章。

从研究中国科技档案管理的历史发展，并以此为基础，我又进一步地考虑到中国古代科技档案的遗存问题。它们是重要的科技文化遗产，值得我们关注和了解，并进一步地加以发掘、利用。基于以上考虑，我申请了国家社科基金课题“中国古代科技档案遗存及其科技文化价值的调查研究”，并幸运地获得了批准。于是，我带领青年教师赵彦昌（辽宁大学副教授，负责地理档案部分）、冷静（辽宁科技学院副教授，同时也是我的研究生，负责气象档案部分）及我的研究生刘维贵（负责天文档案部分）、杨晴晴（负责医药档案部分）、董婷（负责建筑档案部分）、蔡金蓉（负责水文档案部分）、郭娜和刘凤华（负责手工业档案部分）、宋宁和王越（负责农业档案部分）等，开始了项目的研究工作。辽宁大学历史学院实验室的任杰同志也参与了部分工作。在此书成书之前，我们分别在《档案学研究》、《历史档案》、《科学技术与辩证法》、《辽宁大学学报》等刊物上发表了多篇关于这一问题的研究文章，并在经历了约两年的研究工作之后，完成了著作的写作工作，并获得“优秀”的结题评级。

这些年来，我基本实现了每届学生和我一起做一个课题的想法。而这届学生尤其幸运，毕竟国家课题不会每年都有。我培养的又一批研究生就要毕业了，成熟了也毕业了，带走的有我和其他老师送给他们的一些知识、方法和观念，带着他们和我一起完成的著作和文章（尽管这些著作和文章的出版与发表往往具有滞后性）。虽然总是有些舍不得，但看着他们一步步成长起来，喜悦总是如“润物细无声”般地袭来。这些喜悦积累着、增加着，包围着我，使我成为一个幸福的教师。

话题还是回到这部书上来。本书虽然字数宏富，但作为关于这一课题的第一部著作，且涵盖天文、地理、手工业、建筑、水利、水文等多方面内容，所以，其细致、深入的程度还是不够的。希望本书起到抛砖引玉的效果，期待更为深入、细致的著作不断出现。

这一书稿的完成，虽然对我的研究有一定的阶段性意义，但它也是新的研究工作的开始，它将引导我开展进一步的扩展性研究。我的近期关于这一方向的扩展性研究计划包括："中国古代科技文献史"和"中国古代科技文献学"、"中国古代科技档案遗产的现代应用"等的研究工作。

在结束这个"后记"之前，我还想回答一个问题：我为什么要研究中国古代的科技档案？关于这一点，除了教学的原因之外，最大的理由就如一位非洲女科学家所说：是因为自己动了心。是谁让我动了心，这和两个我敬仰的人有关：英国的中国科技史家李约瑟博士和中国的席泽宗院士。

李约瑟博士对中国科技史研究的贡献、对传播中国古代文明的贡献，怎样形容都不为过。尤其令我感佩至深的，是他在接触和研究中国古代科技史的过程中，所表现出来的科学精神和科学态度。作为英国皇家学会的院士，作为一个颇有成就的化学家，他曾对自己在对中国古代科技知之甚少的情况下妄加评论而倍感羞愧。值其中、晚年，他曾利用自己在中国执行和平使命之机，行千里路、阅万卷书，并在英国聚众设馆，皓首穷经，精研苦修，终成伟业。一个外国人，尚且能为阐扬中华文明做出如此努力和贡献，吾辈中华儿女更应当仁不让。

席泽宗院士从另一个角度启发了我。席院士根据中国古代天象记录档案，编写了《古新星新表》等汇集，并以此为依据发表研究论著，对超新星爆发等问题的研究做出了重大贡献。取得了国际天文学界的高度评价，也为中国古代科技档案的发掘、利用树立了典范。

档案所保存的原始记录是科学研究的事实基础，历史上许许多多伟大的科学家都极其重视这些原始记录的积累：亚里士多德、伽利略、沈括、第谷、开普勒、哈雷、李时珍、达尔文、牛顿……近代以来，西方科学的实证、实验方法论传统，其最终的实践归宿和依据就是原始数据等档案记录。

前辈们的工作和求实、求真的科学传统，打动了我，启发了我，也鞭策着我。让我更加深刻地认识到我的研究工作的重要意义。愿所有读到这部书的人，从不同的角度，取得或多或少的收获。希望相关专业的科技人员看到这部书能受到启发和指引，使中国古代科技档案遗存的宝藏得以更好地开发，光耀世界；希望档案学、文献学的研究者看到这部书，可以深化对中国古代科技档案及其遗存的认识，深化对对中国古代档案文献遗产的认识；希望通过它的出版，能促使社会大众对这些宝贵的历史财富有所认识。

丁海斌

2011 年元月 6 日于简志斋